本书受西北农林科技大学"推广团队"培育项目
"'西农模式'对县域农业与农村社会发展的贡献力研究"
的资助（项目编号：2017XNMS08）

社 科 学 术 文 库

LIBRARY OF
ACADEMIC WORKS OF
SOCIAL SCIENCES

中国天文考古学

冯 时 ◉ 著

中国社会科学出版社

图书在版编目（CIP）数据

中国天文考古学/冯时著．—北京：中国社会科学出版社，
2007.1（2024.10 重印）

ISBN 978-7-5004-5919-4

Ⅰ.①中… Ⅱ.①冯… Ⅲ.①天文学史－研究－中国－古代
Ⅳ.①P1-092

中国版本图书馆 CIP 数据核字(2006)第 155377 号

出 版 人　赵剑英
责任编辑　黄燕生
责任校对　林福国
责任印制　戴　宽

出　　　版　中国社会科学出版社
社　　　址　北京鼓楼西大街甲 158 号
邮　　　编　100720
网　　　址　http://www.csspw.cn
发 行 部　010－84083685
门 市 部　010－84029450
经　　　销　新华书店及其他书店

印　　　刷　北京明恒达印务有限公司
装　　　订　廊坊市广阳区广增装订厂
版　　　次　2017 年 5 月第 3 版
印　　　次　2024 年 10 月第 9 次印刷

开　　　本　710×1000　1/16
印　　　张　37.25
字　　　数　673 千字
定　　　价　98.00 元

1. 绘刻北斗（猪）的河姆渡文化斗形陶钵

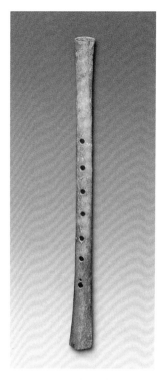

3. 新石器时代骨制律管

2. 红山文化玉龙

4. 绘刻星象的新石器时代陶尊

图版二

1．雕有猪首图像的良渚文化玉琮

2．陶寺文化陶盘上的勾龙社神图

3．云南沧源崖画日中立射图像

4．良渚文化玉琮上的太一神徽

1. 马王堆西汉墓出土社神图

2. 马王堆西汉墓出土帛画

3. 战国曾侯乙墓漆箱盖面天文图

图版四

1. 河南濮阳西水坡 45 号墓
   仰韶文化蚌塑星象图

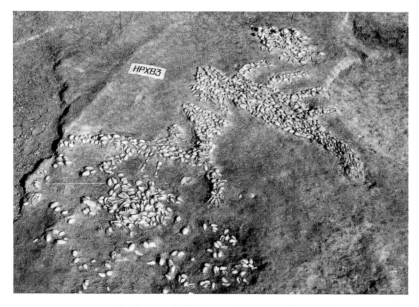

2. 河南濮阳西水坡第三组仰韶文化蚌塑遗迹

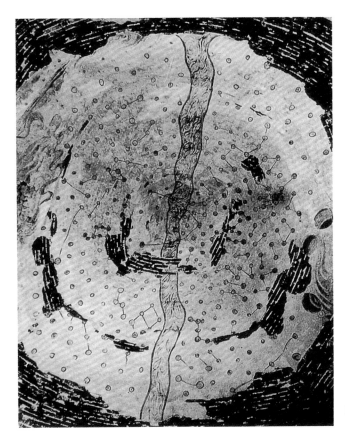

1．洛阳北魏墓室星图

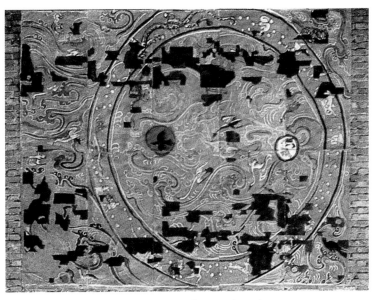

2．西安交通大学西汉墓星象图

图版六

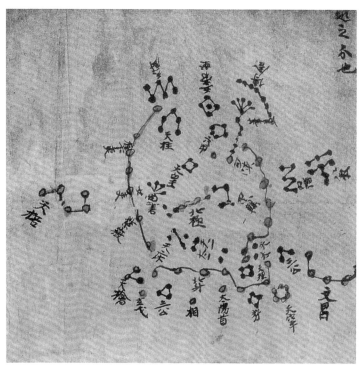

1. 敦煌卷子唐代星图（甲本）

2. 河北宣化辽代墓室星象图

1. 红山文化圜丘

2. 红山文化方丘

1. 安徽含山凌家滩出土新石器时代洛书玉版

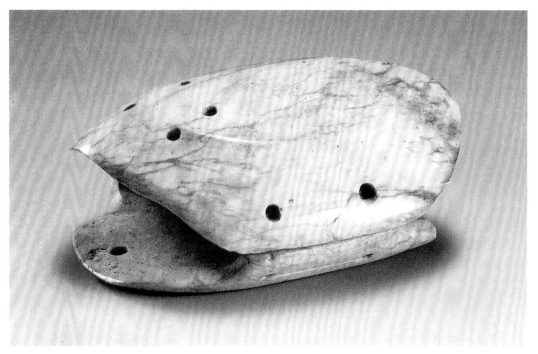

2. 夹放洛书玉版的玉龟

冯时同志的专著《中国天文考古学》，在中国文化的背景下，以考古学、甲骨金文学、古代文献和民族学等史料为基础，系统地研究了自新石器时代以降的天文考古学诸重要问题，多有独到见解，初步构建了中国天文考古学体系。

——任式楠

中国社会科学院考古研究所前所长、研究员

该研究成果运用考古学、历史学、古文字学、古文献学、天文学、民族学等多学科综合研究的方法，取得了诸多可喜成果，展现了中国天文考古学研究的重大进展。作者首次初步建立了中国天文考古学的基本框架，为该分支学科的成立打下了重要基础，具有填补空白的开创性质。该成果较已有的零星研究具有系统性强、涉及面广和更为深入的特色。作者的新见解或可补前人研究的空白，或可成一家之言，大有助于认识的深化。从中国天文学史研究的角度看，也是近年来最主要的进展之一。

——陈美东

中国科学院自然科学史研究所前所长、研究员

冯时同志的《中国天文考古学》是以研究中国天文史的考古遗迹和遗物为对象的中国考古学分支学科——中国天文考古学的专著。中国天文考古学的研究，伴随着近代考古学在中国的出现而逐渐发展，但此前这一方面的研究仅限于"个案"。冯时同志在总结前人有关天文考古学具体研究成果的基础上，首次初步建立了中国史前天文考古学的学科框架，提出并构建了中国天文考古学的学科

体系，这主要反映在作者对中国天文考古学学科的科学界定，研究范围的明晰确认，学科基本理论和方法的系统阐述，学科任务与学科发展及主要课题的准确提出。《中国天文考古学》在中国史前天文考古学方面研究的重要突破，有着学科奠基性意义，同时也推进了中国考古学上的重大课题——中国文明起源的深入研究。

——刘庆柱

中国社会科学院考古研究所前所长、研究员

天文考古学是一种新兴的交叉学科，过去尚无学者作系统的论述。冯时在书稿中，从论述学科思想入手构筑学科体系，讨论该学科的理论特点、研究范围、研究方法、主要课题，以及发展历史等诸多问题，对该学科的进一步发展是很有益的。

作为一名青年学者，冯时同志独立完成《中国天文考古学》这一难度较大的科研项目，取得了令人欣慰的成绩。书稿表明，他在考古学、古文字学、文献学和天文学方面，都具有颇为坚实的基础，掌握资料相当充分，治学态度严肃认真，富有创见和钻研精神，对一系列问题提出自己独到的看法。

——王世民

中国社会科学院考古研究所研究员

目　　录

Contents

CHAPTER THREE　ANCIENT OBSERVATIONS OF CELESTIAL PHENOMENA FOR TIME SERVICE

四版自序

　　中国天文考古学研究并不以解决科技史问题为其根本目的，而是旨在重建中国传统的宇宙观。天文考古学研究提供给我们从天文学视角探讨天人关系的契机，这对解释诸如时空观、政治观、宗教观、祭祀观、典章制度、哲学观与科学观等相关思想与制度的形成和发展都具有重要的意义和无可替代的作用。中国考古学近年的发展为天文考古学研究积累了许多有价值的史料，从而使对上古宇宙观的全面探索成为可能。这不仅推动了中国天文考古学的研究，同时也使中国早期文明以及文明起源的研究渐臻深入。

　　以安徽蚌埠双墩为中心的淮水流域呈现着异常深厚的文化传统，考古资料显示，至迟在公元前五千纪的新石器时代，这一地区的古代先民就已完成了对时空制度的构建，并形成了一种与之相适应的宗教体系。这些思想与知识代代传承，对东周乃至汉代以后的政治、宗教、哲学与科学都产生着极为深刻的影响。有关问题的系统探索，我已撰成《上古宇宙观的考古学研究——安徽蚌埠双墩春秋锺离君柏墓解读》，发表于台北《历史语言研究所集刊》第八十二本第三分。将一种完整的宇宙观体系从上下五千年的文化中追溯出来，并可与考古材料及文献史料相互阐释，这样的实例并不很多，这不仅使我们领悟了中国天文学的古老，而且更可以懂得从天文学发展形成的古代文化的渊深，并由此梳理出上古天文、思想与制度的绵永脉络与不变传统。

　　人类文明的形成是从他们有意识地规划空间和时间开始的，因此，槷表的出现对于文明的发展便有着至关重要的意义，它使人们通过二绳、四维的规划完成了对四方五位和八方九宫的空间体系的构筑，并使时间体系及相关的人文制度得以建立和完善。这意味着对早期圭表的证认成为天文考古学及早期文明史研究的基础工作。如果说河南濮阳西水坡仰韶时期遗存已经展示了公元前五千纪的"周髀"遗迹，那么山西襄汾陶寺遗址的考古工作则使我们找到了夏代或先夏时代的圭表实物，而对两周槷表的揭示更使我们得以系统建立中国早期文明的一种一脉相承的致日传统，并据此探寻相应的人文思想与制度。这方面的问题，我已在《陶寺圭表及相关问题研究》（《考古学集刊》第 19 集，科学出版社，2013 年）和《祖槷考》（《考古》2014 年第 8 期）两文中做了系统考证。

　　槷表作为建立时空标准与人文制度的圭臬，用途相当广泛，其中之一便是用以求测天地之中，这个工作当然是在居中而治的政治传统的背景下为王庭的选建奠定时空、政治与宗教的基础。长期以来，人们始终认为天地之中位于以嵩山为中心的河洛地区乃是亘古不变的固有传统，这里至今还留有唐人所建的传为周公测影的遗迹。然而清华大学所藏战国竹书《保训》则记述了一则湮灭已久的重要史实，它告诉我们，天地之中的地点并不是一成不变的，早期的地中由传说中的帝舜所测得，地在历山，当今河南濮阳一带；而晚期的地中则由商汤的六世祖先上甲微重新求得，地在河洛地区，至周公于嵩山测影校验了这个新得的地中，并为后世所继承。这种早晚地中的变化当然适应着不同时代的政治形势及地理格局，而早期地中位于濮阳一线纬度地区的记载恰好又与濮阳及陶寺两遗址发现早期圭表的事实甚相吻合，它为传世文献中留存的那些与传统地中观念相左的史料赋予了新的意义。当然，这个重要史实的揭示不仅可以获得考古学、文献学与天文学多重证据的支持，而且对三代都邑考古学的研究也具有重要的价值。相关问题我已以《〈保训〉故事与地中之变迁》一文在 2013 年 11 月为纪念董作宾先生逝世五十周年而于台北召开的第四届古文字与古代史国际学术研讨会上宣读，并将刊发于《考古学报》2015 年第 2 期。

　　由槷表规划建立的空间体系以四方五位为基础，而后发展为八方九宫。古人以十干配伍四方五位，当九宫体系形成之后，配属中央的戊己又必须兼配四维四门。然而戊己与四维如何配置，汉代的式盘则呈现为两种形式，一种以戊、己二天干对维而配，即以己属东北报德之维与西南背阳之维，戊属东南常羊之维与西北蹄通之维；另一种则以戊、己二干分维而配，即以戊属东北报德之维与东南常羊之维，而己属西南背阳之维与西北蹄通之维。这两种配伍形式孰早孰晚，囿于史料一直无从判断。

　　近年陕西韩城梁带村 27 号墓出土西周时期的兽纹青铜尊（M27∶1014）（见陕西省考古研究院、渭南市文物保护考古研究所：《陕西韩城梁带村遗址 M27 发掘简报》，《考古与文物》2007 年第 6 期），则为这一问题的解决提供了弥足珍贵的资料。铜尊的尊盖设计特别，盖高 28.9 厘米，口径 25.6 厘米，形状呈穹窿形，象征天盖。盖虽圆形，但圆中见方，且具有明确的空间划分。盖顶中央立圭形柱，锐首，先据其确定二绳，以明四正，从而将盖面的空间分为四方；次定四维，四维起脊而使盖面形成四坡，并于四维处树立四个鸟首形扁柱，以明八方九宫；四维之间的外环带内布划竖线十二条，分四方空间各为十二栏，以合法天之数而象十二月。整个尊盖的设计所表达的时空意义与历数象征颇为明确。值得特别注意的是，在四维柱相对两柱的右侧竖栏内分别铭有"己"字，显示出先民本以戊、己二干对维配属九宫的古老传统。相关问题，我在《祖粜考》中已有论列。不仅如此，西周时期以戊、己二干分配四维四门的明确材料为传统时空体系的完善建立了重要的环节，成为正确解读殷墟易卦卜甲的基础。当然，在这样的时空与数术背景下认识卜甲所载帝乙归妹而文王亲迎的礼制，其启以坤卦并合乎己为阴位，正与婚礼所具有的幽阴之义相侔。

古人在学会立表测影之前应该经历过一段借助自然标志物观测天象的历史，这个古老传统甚至在天文学相当进步的晚近时代，仍在民间为人们所沿袭。山东地区的大汶口文化曾经发现过刻画在大口陶尊上的神秘图像，其作有翼太阳从五峰山上升起的形象。这一图像如果作为某一地区的先民借助他们熟悉的地理环境对太阳观测的记录固无不可，但是如果在不同的地区也发现了同样的图像，这样的推论就显得不足信据了。安徽蒙城尉迟寺新石器时代遗址的发掘为这一问题的探讨提供了重要启示，它使我们不仅在远距山东的淮水流域发现了与大汶口文化相同的刻划图像，而且更看到有翼太阳之下五峰山图像的变形，甚至五峰山还有被其他图像取代的实例（见中国社会科学院考古研究所：《蒙城尉迟寺》，科学出版社，2001 年）。这些现象说明，山东与安徽两地发现的大汶口文化有翼太阳的图像并不宜视为先民借助自然标志物观测天象的遗存，由于其具有超时空的特点，因此应该属于早期的文字。而在夷夏东西的文化背景下认识这些文字，将其纳入古夷文的系统则完全可以获得正确的解读。有关问题我已撰作《试论中国文字的起源》，于 2009 年 4 月发表在《韩国古代史探究》创刊号。

天文学对传统哲学的影响源起于古人对阴阳的思辨，在人们学会用"阴阳"两个文字概括阴阳观念之前，阴阳的表述形式其实是丰富多彩的，其中最具特色的应该就是天极阴阳的观念。中国上古天文学曾经有过以北斗充为极星的历史，时人并以猪比附北斗，这当然服务于一种独特的天极观。北斗因其围绕天极运动而指建四方，故而具有以一官兼含阴阳的特点。《史记·天官书》言北斗建时而分阴阳，又以斗建之法为昏时建杓，平旦建魁，裴骃《集解》引孟康则云杓为斗尾主西属阴，魁为斗首主东属阳，这种阴阳北斗的观念显然决定了比附北斗的猪也必须同时呈现为雌雄双体，而且二体的方向是相反的。安徽蚌埠双墩新石器时代文化遗存已经发现象征阴阳北斗的双体异向的猪的刻画，将这一观念的起源时代上溯到了距今七千年前。这种双体异向的猪后来简化为一体双首的造型，通过河姆渡文化、红山文化、凌家滩文化先民的传承，直至西汉仍可见其孑遗。《淮南子·天文》所载："北斗之神有雌雄，雄左行，雌右行。"即是这种极星阴阳观念的反映。至于古人缘何以猪比附北斗，我在新近出版的《中国古代物质文化史·天文历法》（开明出版社，2013年）一书中已有所讨论。

拙作此次承中国社会科学出版社及黄燕生编审的惠渥重版，使我有机会订正旧版的疏误，规范体例，并补充个别注释以清是非。特附记于此，以申谢忱。

冯　时

2015 年 1 月 10 日于尚朴堂

三版自序

　　《论语·阳货》引孔子云："女为《周南》、《召南》矣乎？人而不为《周南》、《召南》，其犹正墙面而立也与？"正像古人以为学《诗》可以洞彻社会一样，天文考古学也提供了从天文学角度探求传统文化与思想的门径。随着天文考古资料的日益丰富，这一点已看得愈来愈清楚。十年前，我在初版自序中曾经征引《诗·小雅·十月之交》的文句"黾勉从事，不敢告劳"，这仍然反映着我此时的心境。

　　近些年来，人们已渐渐习惯了以天文学的视角探讨古代遗迹遗物的文化内涵，取得了很多成果，但也存在不少问题。这些问题，归根结底则是观念和方法的失当。历史学研究要在重古据，尊传统，作为历史科学的天文考古学研究当然也是如此。有关天文考古学的研究方法，我在拙作第一章中已有所阐述。结论的获得不能仅凭计算的机巧，而必须在客观的考古学研究的基础上占有坚实的古证古据，更需要将其所论纳入中国天文学与中国文化的固有传统。史学研究最忌横空出世的玄想，一些前无古人、后无传承的妙论虽然新奇，但它很可能并非古人的真实作为，而只是我们自己的臆度与设计。《论语·子罕》云孔子绝四病——毋意、毋必、毋固、毋我，这既是做人的原则，也是为学的原则。

　　中国传统天文学的计时基础在于观测，而观测的工具之一则为圭表。古人称表为"髀"（见《周髀算经》），或称"槷"（见《周礼·考工记·匠人》），又称"中"（见《论语·尧曰》）。我们已经通过对濮阳西水坡天文遗迹的论释梳理了古人使用圭表的悠久历史，然而早期天文仪器或许囿于质料所限，很难发现，因此对这一问题的探索始终成为天文考古学研究的薄弱环节。多年以来，我一直留心寻找早期圭表遗存，尽管西水坡45号墓星象图北斗的特殊造型显示出当时的人们已经学会了立表测影，但三代甚至更早的表的实物却无缘发现。2004年秋，我有幸参观陶寺遗址文物库房，高炜先生引我观看了早年发现的长木杆和十字足圆形仪器，并征询我对其用途的看法。我观后异常兴奋，指出长木杆其实就是时人用以定位计时的表，而十字足圆形器则应为校正地平的水地。这些天文仪器发现于陶寺，价值弥重。随后何驽先生又向我介绍了已经报道的ⅡM22（《考古》2003年第9期）的部分资料，包括漆木长杆及伴出的其他遗物，其中长木杆分段糅漆，十分精致，同出者则有盛放于漆盒内的一件方形圆孔玉器及两件玉圭、装于箙中的箭镞以及两支木弓。由于简报并未对这些遗物的性质做出解释，甚至对漆木杆的形制也没有任何描述，所以我当时坦率地向何君陈述了下述意见：其一，漆木杆的意义非常重要，其性质显然与高炜先生早年发现的长木杆一样，同为定位计时的槷表。其二，方形圆孔玉器应与《考工记·匠人》"置槷以悬"的悬物有关。其三，两件玉圭当为《周礼·地官·大司徒》及《考工记·玉人》所谓之土圭。其四，箭镞似既有垂绳正表的作用，也有时间的象征意义。后世漏壶仍以计时之刻尺称"箭"，制度盖源于此。这些遗物真正展现了陶寺先民使用的观象授时的天文仪器。

由于这一发现太过重要，以致我在多次演讲中不得不反复提及它的价值，这甚至可以帮助我们重建古人的致日观念和方法。《匠人》云："匠人建国，水地以悬，置槷以悬，眡以景。"郑玄《注》："于所平之地中央，树八尺之臬，以悬正之。眡之以其景，将以正四方也。"贾公彦《疏》："云置槷者，槷亦谓柱也。云以悬者，欲取柱之景，先须柱正；欲须柱正，当以绳悬而垂之于柱之四角四中。以八绳悬之，其绳皆附柱，则其柱正矣。然后眡柱之景，故云眡以景也。"正表之八绳既需垂于表之四角四中，故明表下必有正方形物可供校准。据此我们知道，方形圆孔玉器实为校正表直之用，其圆孔套表于中，平置于表根地面，如此则可使校正表直的垂绳参诸其下的方器而方便地对准四角四中，方法与文献所载密合无间。然垂绳轻质，极易飘游，不便引悬，其端必宜垂以锥形重物，一方面可使直绳悬垂，另一方面则可依锥尖定准位置。犹今日用以测量垂直之线锤，绳下的重锤必制为圆锥的形状。这使我们有理由推测，同出箭镞的作用或许也在于配合垂绳而使用，其系于绳末，并使镞尖对准表根方器的四角四中，从而使槷表最终得以校正。准此，则玉圭作为土圭的可能性便不能排除。《玉人》云："土圭尺有五寸，以致日，以土地。"古代圭表有两种形制，一种为建置于露天的常设观测仪器，早期的如《三辅黄图》卷五所载西汉太初四年（公元前101年）于长安灵台所置之八尺铜表，圭长一丈三尺，正合冬至影长。因此种圭表不能随意拆卸，故度圭的长度必须足够读出一年中任何一天的影长数据。江苏仪征发现的东汉铜圭表即为此类圭表的模型。另一种则为可以随时装拆的圭表，土圭的长度只有一尺五寸，唯为适合夏至致日的需要。这种方法见于《尧典》，而《周礼》所记正是这种古法的孑遗。惜简报于玉圭未能详备，无法深入研考。至于与漆木杆同出之弓，则让人联想到先民将天穹想象为弓的比喻。古人称天为"穹"，正因其形穹隆。《史记·天官书》："故北夷之气，如群畜穹闾。"司马贞《索隐》："邹云：一作弓闾。《天文志》作弓字，音穹，盖谓以氈为闾，崇穹然。"知穹本物状隆起之形，正取象于弓。唐韦庄《浣花集》一《关河道中》诗："但见时光流似箭，岂知天道曲如弓。"古人以弓形比喻天盖，观念甚古。很明显，尽管我们还没有获得有关陶寺ⅡM22的更为详尽的资料，但上述遗物已足以使我们确知当时的人们圭表致日的完整仪器和基本做法。事实上，这套天文仪器的存留不仅系统地建立了从西水坡到《周礼》连续不断的圭表计时工作的发展传统，而且也揭示了陶寺先民观象授时活动的真实内涵，因而具有重要的意义。

陶寺ⅡM22的时代属于陶寺文化中期，正应相当于我们论定的夏禹时代。《论语·尧曰》追述尧、舜、禹禅让云："尧曰：'咨！尔舜！天之历数在尔躬，允执其中。四海困穷，天禄永终。'舜亦以命禹。""允执其中"之"中"即为槷表，由于西周先民追述古史尚仅及禹，而禹以上之古史难以证信，因此我们对《尧曰》史料真实性的鉴别也应溯至夏禹为宜。故夏禹执表而治事，于史有征。这或许对于墓主人身份的判定有所帮助，但事实上我们更应重视其所反映的这一时代的天文与人文精神。

二里头文化绿松石镶嵌龙形器也是近年发现的重要的天文考古遗存。同样是2004年秋在陶寺的时候，许宏先生将龙形器资料交我，并嘱为研究。经过一段时间的思考，我于2005年10月写成《二里头文化"常旜"考》的初稿，考证龙形物实即王旗太常之旜画，其入葬覆身，用为明旌。龙章法象天官，成为古代礼仪制度的重要内容。显然，常旜的揭示涉及对商周时期以龙为母题的装饰图像及其含义的解释，这些题材所蕴含的礼制与宗教意义长期以来难以廓清，如果不从天文学的角度加以探索，我们将很难触寻到其思想的本质。同时更为重要的是，商周龙母题的装饰图像明显体现着时人所具有的阴阳观念，这对中国古典哲学的研究也十分重要，这促使我于2007年12月完成了《〈周易〉乾坤卦爻辞研究》的论文。这些工作以天文学的视角观察古代礼仪制度及古典哲学问题，令人有豁然开朗之感，它们都是我有关天文学与中国传统文化关系研究的一部分，这当然也是我必须黾勉不懈的原因。前文最终以《二里头文化"常旟"及相关诸问题》为题载于《考古学集刊》第 17 集，后文曾于台湾东吴大学演讲，容整理刊发，有兴趣的读者可以参看。

拙作三刷再版，并忝列"当代中国学者代表作丛书"，这对于我的治学无疑是莫大的鞭策。此次重梓除个别误字的订正及插图的移换外，一仍其旧。黄燕生主任对拙作的荐藉与鼓励令我铭感在心。我的学生赖彦融协助校核了英文目录，在此也致以诚挚的谢忱。

冯　时

2009 年 9 月 7 日白露

记于尚朴堂

再版自序

关于古史研究的史料问题，学者已有很多讨论。然而在今天中国考古学空前发展的情势下，所谓的"二重证据"显然已不能再是文字与文字的互证，而更应包括对古人留弃的遗迹和遗物等实物史料的研究。很明显，新学问的创立其实在很大程度上有赖于新史料的发现，这意味着新史学从某种意义上说就是新的史料学，而考古学不仅能为我们提供前所未见的文字史料，更能提供崭新的非文字史料，因此，考古学对于新史学的建立与推动作用是颇为独特的。

天文考古学研究首先需要运用考古学的资料和方法探讨古代先民的天文思想和天文活动，进而深入于上古政治史、宗教史、哲学史和科学史的研析。这些工作当然有助于考古学完成其关于古代精神文化的重建。事实上，天文考古学展现着对古代人文与古典科学的新的研究视野和研究方法，它使我们学会从天文学的角度，在更本质的层面研求文明起源的动因和发展脉络，从而直探人类思维的原始及文明的初基。本书正是为实践这一学术目的而进行的探索。

中国古人对于天的理解与天人关系的阐释直接影响着传统文化的形成，而天文考古学对于探讨中国天文学的起源与文明的起源则有着得天独厚的作用和意义。古代的宇宙观必须建立在先民对于时空认识的基础之上，因此，天文学不仅是古代科学的渊薮，同时也是文化的渊薮。这些认识我已在本书和继之出版的《中国古代的天文与人文》（中国社会科学出版社，2006 年）中做了系统的论述。

本书自出版至今已历五年，距书稿杀青甫就也逾八载，其间不仅又陆续有许多新的考古发现足资研究利用，而且我对一些问题也有了新的思考，观点间有修正和补充，其中两点认识不同于旧作，需要在这里做特别的说明。

第一，初版第二章第二节之一有关甲骨文"巫"字构形的解释，本系采择张光直先生矩尺交合之说，并据《周髀算经》所载古人合矩为方的用矩之法周加圆通。但深思之后，则颇觉未安，故于《中国古代的天文与人文》书中提出新的看法。简而言之，尽管"合矩"的形式可以通过将两支矩尺的垂直叠交而完成，但我已不认为"巫"字取形于这种做法。因为在殷人的观念中，方位之"方"与方圆之"方"其实是两个不同的概念，而"巫"字只与方位的含义相关，却与方圆的意义无涉。况且殷巫之官以"戊"命名，也与矩尺不合。

第二，初版第三章第三节之二涉及古代太阳历的讨论，曾怀疑郑州大河村出土仰韶文化彩陶所绘十二个太阳的图像可能与太阳历有关，然而金沙遗址太阳四鸟金箔饰的出土则使这种怀疑必须被放弃。理由很简单，金箔饰以太阳十二芒暗喻十二月的事实是清楚的，因此，古人以"日之数十"应合十天干，为阳历系统，又以"十二"应十二地支与十二月，属阴历系统，自成传统。显然，这些史料应该反映了阴阳合历的起源情况。事实上，中国古人所具有的传统的阴阳观念正是他们选择这样一种历法制度的根本原因。有关问题，我在近撰《天文考古学与上古宇宙观》中则有论述，已收入中研院历史语言研究所建所八十周年纪念文集《中国史新论》。

至于其他一些与本书相关的研究，凡有可羽翼旧说者，也扼要介绍如下。

初版第三章第二节之四有关新石器时代礼器图像中猪母题的天文学阐释，详细论述了上古先民以猪比附北斗的传统观念，这种认识不仅获得了新的考古资料的印证，同时更重要的是，通过对红山文化猪形北斗遗迹的研究，更明确证实了我们对于北斗阴阳观念及交泰思想的认识。相关研究已撰成《天地交泰观的考古学研究》和《洛阳尹屯西汉壁画墓星象图研究》两文，前者曾于 2004 年 10 月台湾大学东亚文明研究中心宣读交流，收入《出土文献研究方法论文集初集》（台湾大学出版中心，2005 年）；后者则刊发于《考古》2005 年第 1 期。

在中国传统文化中，以青、赤、白、黑、黄五色分别配属东、南、西、北、中五方的观念何时产生，向为学术界所关注。考古学如果能够提供解决这一问题的确凿物证，那么对于追溯这一体系的起源年代当然为传世文献所望尘莫及。事实上，红山文化的猪形北斗遗迹不仅显示了先民对于阴阳的思辨，同时也体现着五色配伍五方的观念，其史料的存留与鉴别极其难得，对于探讨传统的方色观念具有特别重要的意义。有关问题，我在《天地交泰观的考古学研究》中已有讨论。

初版第四章第四节有关早期漏刻制度的讨论，囿于史料，颇难稽考。后作《殷代纪时制度研究》，发现商周甲骨文、金文"录"字实即当时挈壶之象形，于早期漏刻制度的研究或有帮助。是文已载《考古学集刊》第16辑。

初版第六章第四节之二探讨西水坡45号墓殉人与分至四子的关系，根据发掘简报，虽论及墓中所殉三子应为二分神及冬至神的象征，但夏至神的阙如却始终是一个问题。尽管我推测墓地中的31号墓主可能与45号墓中缺失的夏至神有关，因为他的胫骨已被特意移入45号墓而作为北斗的杓柄，但苦于没有其他证据，只得存疑待考。2003年春，我借赴濮阳之机，曾就31号墓于墓地中的具体位置问题特别请教发掘主持人孙德萱先生，始知该墓实与45号墓及另两处蚌塑遗迹实同处于一条南北子午线上，而且四处遗迹均呈等间距分布，从而印证了我的判断。孙先生并提供给我西水坡遗址的总平面图，使我对诸遗迹的分布情况有了更全面的了解。这样，31号墓必须与45号墓和第二、第三组蚌塑遗迹被视为一个整体的事实便清楚了，其作为夏至之神的象征，已成为西水坡这座完整的原始宗教遗迹不可或缺的部分。显然，遗址中分至四子的遗迹不仅完整，而且体现着古人对于分至四神的丰富的文化理解。有关问题我已撰成《四子神话的考古学研究》，收入拙作《中国古代的天文与人文》。

此外，初版第二章第二节之二有关上古天极的讨论，曾根据考古资料与文献的互证，探讨了古代的天极观以及作为天极的璇玑。后在撰写《中国古代的天文与人文》时，逐渐领悟到古人对于天极中央呈现凸耸的璇玑的认识，除去客观的观测印象之外，帝廷观念的建立恐怕也是重要的原因。准确地说，上帝之所以具有至高无上的地位，首先就需要他在空间上区别于帝臣，而璇玑的顶点高于天盖，正好可以借此建立起天帝的神威。这种上古天文观与宗教观的相互阐发，正是中国早期天文学的特点。

当然，帝廷的建构也直接影响到四象体系的最终建立。我们已经指出，原始的四象体系以龙配东宫，虎配西宫，鸟配南宫，鹿配北宫。待阴阳观念渗入天文学后，鹿则转变为麒麟而具有了阴阳致养的色彩。而古代的帝廷观念显然适应着五方的观念，其中社神作为帝五臣中位居中央的一神，具有与天帝同样的化育万物的权能，而这种权能自然需要通过一位具有阴阳相生能力的灵物来体现。事实上，古人对于阴阳合和以生万物的思想不仅根深蒂固，而且正是由于这种思想的影响，本具阴阳属性的麒麟才由北宫之象转配为中宫。然而，北宫作为方位、五行、历算的起始方位必须体现阴阳的思想，于是古人进而创造出具有阴阳象征的玄武。如此，五宫的配置终于完整，四象的体系也最终定型。

上述问题直接关系到上古政治史、宗教史、思想史及科学史的认知方式与认识背景，因而颇显重要。读者如欲了解我对这些问题的详细意见，敬请参看相关论著。

此次拙作再版，为保持初版原貌，惟重订正文字，补苴罅漏，个别史料或有增删，书中观点则几仍其旧。中国社会科学出版社的黄燕生主任不仅为本书的再版给予多方臂助，且于书中第六章"中国与印度二十八宿对照表"中印度宿名的梵文译写有所是正，使我重取 W. Brennand 于 1896 年及 P. D. Sharma 于 2004 年出版的两种《印度天文学》（*Hindu Astronomy*）所载印度二十八宿资料与此表复作核校修订。附识于此，谨志铭感。中国社会科学院考古研究所曹楠女士校订了拙作英文目录，在此一并致以谢忱。

冯　时

2006 年 10 月 7 日

记于尚朴堂

自　序

　　在 1988 年底我对河南濮阳西水坡星象图的论证工作完成以后，便萌生了建立中国天文考古学体系的想法，并开始着手对有关天文考古学的史料进行彻底的清理。但由于其他研究课题的牵缠，工作未能专心，时断时续，直至 1995 年才得以集中精力从事此项研究。1996 年，集若干心得而成的《星汉流年——中国天文考古录》（四川教育出版社）一书初版再版，反映很好，这使我更有信心申请中国社会科学院青年科研基金，资助"中国天文考古学研究"这一课题的结穴。至 1998 年 6 月正式结题，前后共耗十年之力。当然，这一工作如果从学术史的角度考虑无疑是初步的，我们虽然根据新资料对中国古代天文与人文的关系看得更清楚了一些，但是随着考古学的发展，某些观点必将得到丰富或修正，这是今后需要继续的工作。《诗》云："黾勉从事，不敢告劳。"其是之谓欤！

　　由于对英国著名的索尔兹伯里巨石阵的研究，天文考古学在西方已有逾百年的历史，但是在中国，这还是一门年轻的学科。中国古人对天的景仰和畏惧使他们留下了大量的相关遗迹，这些遗迹不仅是一种物质的留弃，同时也是精神的留弃，它可以帮助我们从一个新的角度去重新审视我们的文明历史，这便是天文考古学研究的意义所在。

　　长期以来，人们似乎已习惯于将中国古代天文学史仅仅作为一部科学史来看待，这或许多少有些片面。我们知道，东西方天文学存在着本质的差异，这种差异根植于两种不同的文化。古希腊亚里士多德天体完善的理论深深影响着西方天文学，甚至分数的出现都被视为不可想象的事情，这使他们几乎放弃了对天文学中某些领域的研究。中国人在这方面虽然没有受到禁锢，但天文学与星占学的密切联系却极大限度地束缚了中国人的思想。因此，天文考古学研究不仅要求我们客观地探究中国天文学的科学历史，而且更应探究造就这部科学历史的思想基础及文化基础。

　　最后我想特别提及，社会科学文献出版社黄燕生主任的鼎力支持使本书得以早日问世。中国社会科学院考古研究所韩慧君女士和马怀民先生为本书清绘了部分插图或配置图版。今藉拙作付梓之机，谨重申谢意！

作　者

2000 年 6 月 21 日夏至

第一章　天文考古学概论

　　天文考古学属于人文科学的领域，是考古学的重要组成部分。它的任务在于通过对古代人类的天文观测活动或受某种传统天文观所支配而遗留下来的实物及文献的天文学研究，进而研究人类古代社会的历史。考古发掘资料是这一学科研究资料的主要来源，对考古资料的天文学研究是这一学科研究的主要特点。这两方面奠定了天文考古学的基础。

　　天文考古学是一门年轻的学科，它包括史前天文考古学和历史天文考古学两个分支。确切地说，天文考古学作为一门科学诞生于西方。中国天文学的历史虽然悠久，古代天文学文献虽然丰富，但长期以来，中国天文学的研究只停留于利用文献的科学史研究，而并不存在严格意义上的天文考古学研究，尤其是史前天文考古学研究，这个局面直至近几十年才有所改变。因此，中国天文考古学是以中国天文学史研究为背景独立发展起来的。作为一门新兴的学科，天文考古学逐渐形成了自己一套独特的理论和方法，并且在这一学科建立之初就已确定了它的最终目的。天文考古学是一门跨学科的边缘科学，因此，同考古学和天文学以及与此有关的人文科学、社会科学、自然科学及技术科学领域内的许多学科都具有密切的关系。

第一节　天文考古学的理论特点

　　尽管利用古代遗迹的天文学研究并不是很晚才有人注意，但天文考古学作为一门学科的建立则是近几十年的事情。天文考古学是以古代有关天文的遗迹和遗物为研究对象的近代考古学的重要分支，这个定位使它虽然兼涉天文学与考古学两个领域，但天文学在天文考古学研究中严格地说只能起到揭示某种历史发展规律的手段作用，而并不是这一学科研究的最终目的。因此，天文考古学实际是要通过一种有效的天文学研究进而解决历史问题，显然它只能纳入历史学的范畴。

一、天文考古学的定义

天文考古学起源于欧美，它的英文原称只是将天文学与考古学这两个学科的名称简单地加以缀合而作 Astro-Archaeology 或 Archaeoastronomy，译为天文考古学或考古天文学。很明显，天文考古学作为天文学与考古学相结合的产物，于此可以看得相当清楚。

天文考古学的定义事实上来源于考古学的定义，一般认为，考古学的定义包括三项主要内涵①，它们的具体化实际便构成了天文考古学的内涵核心。准确地说，天文考古学首先是指通过对考古资料的天文学研究所获得的天文学知识和相关的历史知识，同时包括记录这些知识的文献。其次，它还特指借以获得这些知识的天文学与考古学两个领域的专门知识和方法，对考古学而言，它主要包括考古学对于资料的保存和研究的方法及技术，这是天文考古学研究的基础；对天文学而言，它则特别强调从事天文学研究所必备的天文学知识，这是天文考古学研究的主体。最后，天文考古学必须具有理论性的研究和解释，用以阐明考古资料所蕴蓄的古代天文现象的因果关系，通过论证存在于古代社会的天文学发展规律，进而阐释其所体现的历史规律。因此，天文考古学事实上是一门利用考古资料和方法、运用天文学知识及手段研究古代人类文明的有关物质遗存，揭示古代天文学的发展水平以及天文与人文的相互关系的学科。对于考古学，它在充分尊重和参考考古学自身理论的前提下，对考古资料则应给予通彻的研究；而对于天文学，则更主要的是利用它的知识和研究手段。

古代文化的面貌包括物质文化和精神文化两部分内容，前者是指经济生活、生产技术和生产工具等，后者则指社会组织及意识形态等。考古学的主要特点当然是研究考辨古代人类留弃的物质遗存，因而也就特别适宜于阐释古代的物质文化，但它同时并不放弃利用那些能够表现精神生活的物质遗存以研究古代人类的精神文化，诸如宗教、艺术及科学思想②。显然，天文考古学更侧重于古代精神领域的探索。因此，天文考古学属于广义的历史学，它与考古学的根本区别在于，考古学是根据古代人类通过各种活动遗留下来

---

① 夏鼐、王仲殊：《考古学》，《中国大百科全书·考古学》，中国大百科全书出版社 1986 年版。
② 夏鼐：《中国考古学和中国科技史》，《考古》1984 年第 5 期。

的实物以研究人类古代社会历史的学科，而天文考古学则是更有意识地对古代人类礼天活动留弃的各种物质遗存及原始文献的天文学研究，以阐释古代人类的社会历史的学科。

二、天文考古学的研究范围

天文考古学可按其研究年代划分为史前天文考古学和历史天文考古学两大分支。史前天文考古学的任务之一就是探讨天文学的起源问题，这意味着天文考古学研究的年代上限完全取决于考古学所能提供的相关资料的时代，从目前的证据看，这个时间至少推溯到新石器时代早期应该没有问题。当然，随着考古学的发展，上限时间还有可能更为提前。而天文考古学研究的年代下限一般认为应与考古学同步，在我国则大约止于明末。

史前天文考古学与历史天文考古学虽然都以古代遗迹和遗物为主要研究对象，但历史天文考古学则必须参诸出土或传世的铭刻文献资料。由于文字是人类文明发展到一定阶段的产物，而考古遗迹和遗物是探讨此前人类活动唯一可以凭借的依据，因此，天文考古学更多地关注史前期。当然，这并非等于我们可以忽略历史天文考古学的研究。尽管在早期历史时期文字已经产生，但由于原始史料的缺乏，考古发掘所得的有关天文学内容的文字资料及非文字资料也同样特别为天文考古学所关注，这实际决定了史前天文考古学乃至历史天文考古学的早期阶段（一般认为可定在三代），其研究价值是此后的天文考古学研究所无法比拟的。简而言之，历史年代越古老，古代留弃的文字资料便越稀少，天文考古学的研究也就越显重要。事实上，即使我们认为晚期历史天文考古学研究只是将考古资料作为文献不足的一种必要补充的话，这一研究也不是无足轻重。诚然，唐宋以后的天文考古学研究虽然距实现这一学科的最终目的相对疏远了一些，但在解决天文学与历史学的某些具体问题方面，其作用仍不可替代。

三、天文考古学的理论内核

天文考古学由于是考古学与天文学相互结合的产物，因此它的研究必须同时兼顾考古学与天文学两个学科的理论和方法，这自然成为天文考古学的理论内涵。一方面，考古学的理论无疑应是天文考古学的理论基础，因为天文考古学的时空框架必须首先借助考古学的地层学与标型学以及考古学得以利用的其他有益手段才能建立起来。而另一方面，天文学理论则是天文考古学研究的理论指导。

　　必须注意的一点是，东西方天文学理论的不同决定了东西方天文考古学的本质区别。在天文学的宏观理解方面，中国传统天文学的官营性质以及它与占星术的密切关系是其区别于西方天文学的根本特点。在观测体系方面，西方天文学使用黄道坐标，并主要观测黄道星座和恒星的偕日出与偕日没；中国人则将注意力更多地投向拱极星，因而独立地发展起一套完整的赤道坐标体系以及与之相适应的二十八宿体系，并且普遍采用冲日法观测恒星，这种方法不仅克服了偕日法所经常遇到的因地平线附近云雾遮蔽天体而造成的麻烦，同时也促进了纪时系统和子午线概念的完善。在历制方面，中国的传统历法为阴阳合历，不同于西方的纯阳历，因此历法的编算涉及到日、月、五星运动、交食、节气等一系列天文研究，从而带动了整个天文学的发展。在宇宙学说方面，中国人认为天体在一层球壳上运动，这与亚里士多德的多层水晶球模型——天体在不同层球上运动——的体系不同。这些主要特点又决定了中国与西方天文学其他一些方面的差异，例如西方天文学以 360 度划分周天，而中国天文学则建立了以四分岁实 $365\frac{1}{4}$ 度划分周天的标准；欧洲在 16 世纪以前一直沿用古希腊托勒密的 48 星座 1022 颗星，而中国天文学则把可见星空划为三垣二十八宿，共分 283 星官 1464 颗星。因此，由于中国天文学体系鲜明的自身特点，中国天文考古学研究必须严格遵循中国天文学的基本理论。

四、天文考古学的研究方法

　　天文考古学研究是以解决天文学问题而最终达到解决历史问题的目的，因此，利用考古资料的天文学研究始终是这一学科研究的最基本的内容，这要求研究者必须具有兼跨考古学与天文学两个领域的研究能力。换句话说，研究者不仅要有系统的考古学知识，而且要有系统的天文学知识；不仅具备良好的史学素养，同时要具备良好的科学素养；不仅谙熟科学史，也要谙熟科学史的社会背景及经济背景。这些方面对于胜任天文考古学研究是不可或缺的。

　　天文考古学研究必须是以利用考古资料为前提，这意味着天文考古学同考古学一样重视古代遗迹和遗物的年代、文化属性及文化特征等因素，而不能脱离这些人文及历史的因素进行纯天文学的考证，这显然是由天文考古学的最终目的所决定的。然而，天文考古学的研究方法又有其自身特点，具体说来，假如考古学能够提供与天文学明显相关的古代遗存，如四象或星辰遗迹等，这当然十分理想，但是在更多的情况下，研究者却不得不通过古代遗留的某些并不为人注意的现象去寻找线索。譬如我们应该对这样一些现象给予特别的关注：古代遗迹的方向、遗迹之间彼此的位置关系、遗物与遗迹的相对位置等涉及方向和方位的问题；一些具有特殊意义的圆形或方形遗迹。此外，由于中国传统天文学的特点，古代遗存出现的一些特殊的布数原则也应引起足够的注意，如 12 以及它的倍数，朔策或岁实数字等。这些线索往往可以帮助我们最终揭示古代相关遗迹或遗物的天文学内涵。

古代人类礼天活动所留弃的遗存是多方面的，因此，天文考古学所关注的考古资料也不应有所局限。一般而言，天文考古学所利用的考古资料大致包括两类，一类为古代人类有意识地创造或加工的遗留物，另一类则是古人加工利用过的自然物。前一类资料为研究的主流，古代的都市、城堡、坟墓、居址等的建筑形状、建筑方位以及布局可以间接反映古代的天文学水平；而某些特殊的祭祀遗迹甚至直接与天文有关；或许一些具有特别意义的圆形器，陶质、玉质和青铜礼器上的雕绘图像以及这些礼器本身就是古人的礼天遗作；当然这还包括某些不符合常规解释的特殊器物。后一类资料虽然很少，但却有它不可取代的独特意义。譬如，我们可以通过古人对于陨铁的利用研究当时人们对陨星的观测[①]，因为陨铁只可能来自于陨星。需要特别强调的是，天文考古学研究在重视实物资料的同时并不排斥文字资料，事实上，根据中国天文学文献丰富的特点，中国天文考古学研究应该是一种结合考古学、天文学、文献学而终使彼此相互阐发的综合性研究。由于天文考古学研究是以对考古资料的研究为基础，因此，对于考古资料的利用必须是在对古代遗迹和遗物的充分的考古学研究的基础上完成的。

五、天文考古学的目的

由于天文考古学属于人文科学中的历史科学，而不属于自然科学，这决

---

① 实例有河北藁城台西村商代遗址发现的铁刃铜钺，见河北省博物馆、文物管理处：《河北藁城台西村的商代遗址》，《考古》1973 年第 5 期。夏鼐先生推测为陨铁，说见前文《读后记》。金相分析结果证实了这种推测，见李众：《关于藁城商代铜钺铁刃的分析》，《考古学报》1976 年第 2 期。另可参见 Rutherford J. Gettens, Roy S. Clarke, Jr. and W. T. Chase, *Two Early Chinese Bronze Weapons with Meteoritic Iron Blades*, Berlin, 1971. 北京市文物管理处：《北京市平谷县发现商代墓葬》，《文物》1977 年第 11 期。

定了天文考古学不能等同于利用考古资料的天文学研究。准确地说，它不能以解决古代天文学问题作为这一学科研究的终结，而必须通过对于古代人类的各种天文观测活动探讨和解决历史问题，并进而从一个新的天文学角度把握历史发展的一般规律。这使得天文考古学研究必须要以人文科学的观点去看待古代的天文学问题，而不能脱离开社会的因素，仅将天文学简单地纳入纯自然科学的范畴。因此，天文考古学实际并不仅仅关心天文学本身，尽管这是这一学科研究的主要内容，而更注意钩沉古代天文学背后的社会背景、社会心理及思想意识，注意探赜古代天文学产生和发展的动因，注意研究天文与人文的相互关系，它其实是要通过对古代天文学研究这样一条独特的途径，进而揭示古代社会的科技史、思想史以至社会史。显然，天文考古学不仅对于古代乃至现代天文学研究具有意义，对于考古学研究也同样具有意义。

天文考古学把古代天文学视为人类早期文明的重要组成部分。由于古代人类农业生产对于时间的需要及原始的宗教祭祀活动对于星占的需要，天文学实际已成为人类最早获得的严格意义上的科学知识，因此，天文学的发祥与古代文明的诞生便有着密不可分的关系。这使得天文考古学研究其实并不仅是为解决古代天文学方面的某些具体问题，而更重要的则在于探究古代文明起源与天文学起源之间的相互关系。事实上，这是天文考古学诞生之初就已确定了的这一学科的最终目的。

六、中国天文考古学的任务及主要课题

中国天文考古学的任务随着史前天文考古学与历史天文考古学的划分而各有侧重。对历史天文考古学而言，它在探讨古代科技史方面的意义似更显重要，晚期历史天文考古学则尤其如此。但是对于史前天文考古学而言，任务则相对艰巨得多，这意味着我们将要努力寻找中国天文学一切方面的渊源流变，这包括早期的宇宙观，二十八宿及四象体系的形成和发展，以拱极星作为看不到的赤道星座中天的指示星，原始的天官体系，早期的天极与极星，原始历法的内涵，星图的绘制及其所使用的坐标系统，日月交食的研究，天文仪器的逐步发展，重要天象的完整观测记录，以及促使天文学发展的经济基础与思想基础，这些研究到目前为止都还相当薄弱。当然，所有各方面的研究都是为着一个共同的目的，那就是中国传统天文学的起源时间。事实上，这直接涉及了中国早期天文学与文明起源的关系的理论探索这样一

个根本性问题，相信这不会只是天文学家感兴趣的课题，考古学家当然更感兴趣。

第二节　天文考古学的产生与发展

天文考古学兴起于 20 世纪初对英国著名的索尔兹伯里巨石阵 (Stonehenge) 的研究（图 1—1）。尽管早在二百多年以前，人们已经注意到巨石阵的主轴线指向夏至时的日出方向，而另一些石头的连线指向冬至时的日落方向①，但是直至洛克耶（Joseph Norman Lockyer，1836—1920 年）提出史前巨石阵在公元前 2000 年时已被用于观测太阳的结论以后，对它的研究才逐渐深入。洛克耶是英国著名的天文学家，也是现代最著名的科学杂志《自然》的创刊人。他后来把自己的研究领域扩大到对遗留于英国各地的环状立石建筑的研究，并且指出，如果从索尔兹伯里巨石阵的中心望去，有一块石头（今编 93 号）正指向 5 月 6 日和 8 月 8 日日落的位置，而另一块石头（91 号）则指向 2 月 5 日和 11 月 8 日日出的位置。由此他进而推论，在建筑巨石阵的时代（约公元前 2000 年），已经形成了一年分为八个节气的历法。

洛克耶的天文考古学研究事实上可以追溯到 19 世纪末。1890 年初，他在对希腊和埃及古代遗迹的实地考察中获得了一些惊人的发现。洛克耶认为，古代希腊的遗迹，尤其是那些古代建筑物的构造与天文学有着密切的关系。他在把这一观点于《自然》杂志发表之前，做了以"关于史前天文学之问题"为主题的讲演。那时，洛克耶实际已萌生了建立天文考古学的想法，但是在当时，几乎没有人对于将古代遗迹或遗物同天文学加以联系做过认真的考虑，洛克耶的想法可以说大大出乎人们的意料。

洛克耶的工作终于在他对埃及金字塔以及其他建筑构造与天文学的关系的研究之后逐渐完善了起来，他发现古代埃及各种建筑物的方位绝不是与太阳的周年运动毫无关系，他特别详细地测定了卡纳克（Karnak）神庙的建筑

---

① William Stukeley, *Stonehenge, a Temple Restored to the British Druids*, London, 1740. John Wood, *Descriptions of Stanton Drew and Stonehenge*, Harleian MSS, 1740; *Choir Gaure, Vulgarly Called Stonehenge, on Salisbury Plain, Described, Restored, and Explained*, Oxford, 1747. John Smith, *Choir Gawr, the Grand Orrery of the Ancient Druids, commonly called Stonehenge, Astronomically Explained*, etc., Salisbury, 1771. Edward Duke, *Druidical Temple of the County of Wiltshire*, Salisbury, 1846.

图 1—1　英国索尔兹伯里巨石阵

构造，推定了古人观测日出、日落方位的方法。洛克耶将他的研究成果汇集为于 1894 年出版的《天文学的黎明》一书①，这一具有深远影响的工作尽管在当时受到了埃及学家的嘲笑，但这并没有能阻止他的继续探索，并使他于 20 世纪初完成了另一部名为《巨石阵及英国其他巨石遗迹的天文学考察》的著作②，成为天文考古学的两部开山经典。

　　洛克耶的工作虽然将他与一场旷日持久的争论联系在了一起，但它毕竟引起了许多考古学家和天文学家的关注，并使他们重新对索尔兹伯里巨石阵产生了兴趣。人们普遍猜想，巨石阵可能是远古人类为观测天象而建筑的，于是对它进行了多次发掘③。20 世纪五六十年代，一些天

---

　　① J. Norman Lockyer，*The Dawn of Astronomy：a study of the temple worship and mythology of the ancient Egyptians*，London，1894.

　　② J. Norman Lockyer，*Stonehenge and Other British Monuments Astronomically Considered*，London，1906；2nd ed.，1909.

　　③ W. Hawley，Excavations at Stonehenge. *Antiquaries Journal*，Ⅰ，1920；Ⅱ，1921；Ⅲ，1923；Ⅳ，1924；Ⅴ，1925；Ⅵ，1926；Ⅷ，1928. Rosamund M. J. Cleal，K. E. Walker，and R. Monlague，*Stonehenge in its Landscape：Twentieth-century Excavations*，English Heritage Archaeological Report No. 10，London，1995.

文学家在洛克耶研究的基础上，利用新的手段对巨石阵重新进行了研究①，其中最著名的便是美国哈佛史密森天文台的英裔天文学家霍金斯（Gerald S. Hawkins）。他于 1963 年发表了题为《巨石阵的解读》的论文②，利用电子计算机对巨石阵中由巨石构成的各种指向线进行了分析计算，在肯定洛克耶关于巨石阵年代的推论的同时，又找出许多新的指示日、月出没方向的指向线。考虑到现存的巨石阵遗迹是分三次、前后相隔几个世纪建造的，而每次建造中都有指向日、月出没方位的指向线，因此霍金斯指出，巨石阵实际是古人用于观测太阳和月球的天文台。他甚至认为，巨石阵中 56 个呈圆周分布的奥布里洞（Aubrey Holes）可以用来预报月食③，这一论点后来更被英国天文学家霍伊尔（Fred Hoyle）发展为能够预报日食④。

霍金斯的研究受到了考古学家和天文学家的更为普遍的关注。在他有关巨石阵研究的第一篇论文发表两年之后的 1965 年，霍金斯又出版了关于古代人类如何利用巨石阵进行天文观测的长篇论著⑤，首次明确提出了"天文考古学"这一新的概念⑥，这实际标志着由洛克耶创立的这一新的学科已经作为一个独立的分支而正式诞生⑦。从此，天文考古学在考古学与天文学两个领域都确立了自己的地位。

事实上自洛克耶之后，考古学家和天文学家已逐渐学会了用一种新的眼

---

① Alexander Thom，The Solar Observatories of Megalithic Man. *Journal British Astronomy Association*，64，1954；Megalithic Astronomy：Indications in Standing Stones. *Vistas in Astronomy*，7，1965.

② Gerald S. Hawkins，Stonehenge Decoded. *Nature*，Vol. 200，No. 4903，1963.

③ Gerald S. Hawkins，Stonehenge：A Neolithic Computer. *Nature*，Vol. 202，No. 4939，1964；Sun，Moon，Men，and Stones. *American Scientist*，Vol. 53，1965.

④ Fred Hoyle，Stonehenge - an Eclipse Predictor. *Nature*，Vol. 211，No. 5048，1966；Speculations on Stonehenge. *Antiquity*，Vol. XL，No. 160，1966；*On Stonehenge*，Freeman Co.，London，1977.

⑤ Gerald S. Hawkins，*Stonehenge Decoded*（in collaboration with John B. White），Delta，1965；Souvenir Press Ltd.，1966. Gerald S. Hawkins，Astro-Archaeology. *Smithsonian Astrophysical Observatory Special Report* 226，Cambridge，Mass，28th October 1966.

⑥ 事实上在 20 世纪初，英国牧师格里菲思已经有了这一概念的清晰的萌芽。见 J. Griffith，Astronomical Archaeology in Wales. *Nature*，Vol. 78，No. 2022，1908。

⑦ A. F. Aveni（Editor），*Archaeoastronomy*，Austin，Texas，1975. John Michell，*A Little History of Astro-Archaeology：Stages in the Transformation of a Heresy*，Thames and Hudson，London，1977.

光来看待古代存留的遗迹和遗物①，尽管某些新见解常常伴随着激烈的争论②。20 世纪 70 年代以后，这方面的研究更趋广泛，学者们开始重新审视古代埃及、两河流域、古代印度、美洲印第安文明、玛雅及印加文明、古代日本以及波斯存留的一些环状巨石建筑、碑刻文字、岩石绘画、墓葬遗物乃至城市布局，从而大大拓展了天文考古学的研究范围③。随着天文考古学研究的发展，不仅专门的学术组织相继产生④，而且形成了诸如岩石美术天文学（Rock-art Astronomy）等天文考古学的新的分支。

中国天文考古学的诞生与发展是同中国考古学的发展休戚相关的，而且似乎看不出有受西方天文考古学影响的痕迹。西方天文考古学经历了从对古代遗迹的天文学研究进而扩展到对遗物研究的转变，而中国天文考古学的发展过程则恰好相反。事实上，中国天文学的悠久历史足以使中国天文考古学可以自然地从对中国科学史的研究中逐步发展起来。尽管中国古代并不多见

---

① Alexander Thom，*Megalithic Sites in Britain*，Oxford University Press，London，1967.

② Richard John Copland Atkinson，*Stonehenge*，London，Hamish Hamilton，1956；Moonshine on Stonehenge. *Antiquity*，Vol. XL，No. 159，1966；Megalithic Astronomy‐a prehistorian's comments. *Journal for the History of Astronomy*，Vol. 6，Part 1，No. 15，1975.

③ A. F. Aveni（Editor），*Archaeoastronomy*，Austin，Texas，1975. John Michell，*A Little History of Astro-Archaeology：Stages in the Transformation of a Heresy*，Thames and Hudson，London，1977. Zbynek Zaba，L'orientation astronomique dans l'ancienne Egypte et la précession de l'axe du monde. *Archiv Orientalni*，Prauge，Czechoslovak Academy of Sciences，1953. Steven C. Haack，The Astronomical Orientation of the Egyptian Pyramids. *Archaeoastronomy*，Vol. 15，No. 7，1984. Virendra Nath Sharma，The Great Astrolabe of Jaipur and its Sister Unit. *Archaeoastronomy*，Vol. 15，No. 7，1984. C. L. N. Ruggles and H. A. W. Burl，A New Study of the Aberdeenshire Recumbent Stone Circles，2：Interpretation. *Archaeoastronomy*，Vol. 16，No. 8，1985. John North，*Stonehenge*，*Neolithic Man and the Cosmos*，Harper Collins Publishers，London，1996. A. S. Thom，J. M. D. Ker and T. R. Burrows，The Bush Barrow gold lozenge：is it a solar and lunar calendar for Stonehenge? *Antiquity*，Vol. 62，No. 236，1988. A. F. Aveni，*Native American Astronomy*，Austin，Texas，1977；*The Lines of Nazca*，Oklahome，1987. T. Morrison，*Pathways to the Gods：The Mystery of the Andes Lines*，Wilton，Wiltshire，1978. Von Del Chamberlain，Astronomical Content of North American Plains Indian Calendars. *Archaeoastronomy*，Vol. 15，No. 6，1984. H. G. Macpherson，The Maya Lunar Season. *Antiquity*，Vol. 61，No. 233，1987. Anthony Aveni and Horst Hartund，*Maya City Planning and the Calendar*，American Philosophical Society，Philadelphia，1986. M. Jane Young，The Interrelationship of Rock Art and Astronomical Practice in the American Southwest. *Archaeoastronomy*，Vol. 17，No. 10，1986. 薮田嘉一郎：《益田岩船考》，《論集終末期古墳》，塙書房 1973 年版；斉藤国治：《益田岩船は天文遺跡か、岩船実測記》，《東京天文台報》第 17 卷第 650 号，1975 年；斉藤国治：《飛鳥時代の天文学》，河出書房新社 1982 年版。

④ 如美国马里兰大学的天文考古学中心，该中心有学术专刊《天文考古学》（*Archaeoastronomy*）出版。

像西方文明那样的巨石遗迹，但是，系统的天文学文献以及许多珍贵的天文遗物的存留，从一开始便成为中国天文考古学研究最先关注的对象。中国天文考古学正是走着这样一条独特的发展道路。

纵观中国天文考古学的发展历史，可以划为三个时期，即滥觞期、形成期和成熟期。

中国天文考古学的滥觞期大约从20世纪初延续到1965年。这一时期，天文考古学研究其实与天文学史研究并没有什么显著区别，因为在考古学家或天文学家尚未能自觉地利用考古资料作为他们的研究对象之前，依凭传世文献及传世遗物研究天文学史应该是一种通常的做法，况且那时考古学本身也没有能为学者充分利用考古资料提供更多的机会。值得注意的是，朱文鑫于1933年出版了《天文考古录》一书①，尽管这并不是一部将考古学与天文学相结合的著作，而且他所提出的"天文考古"这一名称也与霍金斯首倡的所谓"天文考古学"的本义大相径庭②，但我们还是可以借助其与现代天文考古学研究的某些相似之处看到，远在霍金斯之前三十余年，朱文鑫实际已将探讨天文学与古代文明的关系的想法酝酿于心了。

《天文考古录》是朱文鑫一系列重要的天文学史著作中的一种，他将散见于经史子集的天文学史料系统整理，分十五个专题加以讨论，凡古人对于日斑之观测，日食之推算，彗孛流陨之记载，俱探本穷源，钩深致远，前人未发之秘，使粲然大著于世。正像叶楚伧和胡朴安在为该书所作的序文中指出的那样，朱文鑫写作此书的目的一方面是为弘扬科学，发扬国光，而另一方面则在于探讨中国天文学与中国文化互为表里的关系。这与洛克耶提出的天文考古学的最终目的可谓不谋而合。

中国天文考古学严格地说始于自20世纪初开始的对秦汉日晷的研究，汤金铸与周暻首先就发现于内蒙古托克托城的属于该时期的日晷的用途展开讨论③，其后，刘复则在此基础上使这一研究渐趋系统④。除此之外，利用自1899—1937年陆续出土的殷代卜辞进行殷代历法和交食的研究，也是中

---

① 朱文鑫：《天文考古录》，商务印书馆1933年版。
② 朱文鑫《天文考古录》一书的英译名为 *A Study of the Chinese Contribution to Astronomy*，因此它实际是利用传世文献的天文学史研究。
③ 端方：《陶斋藏石记》卷一，清宣统元年十月（1909年）石印本。
④ 刘复：《西汉时代的日晷》，国立北京大学《国学季刊》第三卷第四号，1932年。

国天文考古学早期研究工作的特点之一，董作宾①、刘朝阳②、郭沫若③、胡厚宣④、陈梦家⑤于此都做出了显著成绩。

当然，对古代遗物及铭刻资料的有效利用并不是这一时期中国天文考古学研究的唯一形式。石璋如先生首先开始从天文学角度阐述20世纪30年代安阳后冈发现的殷代墓葬和建筑的布建方位，认为其南北线是依太阳子午线的方向定设的⑥，这意味着我们第一次从考古学上证明了殷人已能准确地测定四方。尽管这一研究尚不完善，但它却为后人留下了许多重要启示。

中国天文考古学的形成期始自20世纪60年代中期，新中国考古事业的发展，为天文考古学的形成提供了可能的保证。几乎是在霍金斯提出天文考古学这一概念的同时，夏鼐于1965年发表了他对洛阳西汉壁画墓星象图的研究⑦，首次根据考古资料系统探讨了中国古代的恒星观测。夏鼐的个人学养使他谙熟考古学与天文学两个领域的艰深知识，并把它们有机地熔于一炉。十年之后，夏鼐的另一篇题为《从宣化辽墓的星图论二十八宿和黄道十二宫》的宏论再次引起轰动⑧，他客观地对中国二十八宿的起源时间和地点作了详细阐述，成为其本人及中国天文考古学的代表性论作。

如果说五六十年代的考古发现并没有为天文考古学研究提供充分的可利用的资料的话，那么到80年代末，中国考古学经过自新中国成立以来四十年的积累，这种情况已大为改观。这一时期，虽然西汉以降墓室及其他各种

---

① 董作宾：《殷历谱》，中央研究院历史语言研究所1945年版；《殷代月食考》，《历史语言研究所集刊》第二十二本，1950年；《卜辞中八月乙酉月食考》，《大陆杂志特刊》第一辑下册，1952年。

② 刘朝阳：《殷末周初日月食初考》，《中国文化研究汇刊》第四卷上册，1944年；《甲骨文之日珥观测记录》，《宇宙》1945年第15期；《殷历质疑》，《燕京学报》第十期，1931年；《再论殷历》，《燕京学报》第十三期，1933年；《晚殷长历》，《华西大学文史集刊》B辑，1945年第3期；《殷历馀论》，《宇宙》1946年第16期。

③ 郭沫若：《甲骨文字研究》，大东书局1931年版；人民出版社1952年重印本。

④ 胡厚宣：《甲骨学商史论丛初集》、《二集》，成都齐鲁大学国学研究所1944、1945年石印本。

⑤ 陈梦家：《殷虚卜辞综述》，科学出版社1956年版。

⑥ 石璋如：《河南安阳后冈的殷墓》，《六同别录》上册，中央研究院历史语言研究所集刊外编第三种，1945年。

⑦ 夏鼐：《洛阳西汉壁画墓中的星象图》，《考古》1965年第2期。

⑧ 《考古学报》1976年第2期。

天文星图逐渐成为研究的重点①，但这并不意味着天文考古学研究仅仅局限于这样一个狭小的范围。陕西兴平、河北满城及内蒙古伊克昭盟杭锦旗曾相继发现三件西汉铜制漏壶，江苏仪征则首次出土了东汉铜制圭表，促进了对西汉天文记时仪器的研究②。20 世纪 70 年代的中国考古学以其一系列的重大发现渐入繁荣，面对出土的各种与天文有关的珍贵遗物，考古学家与天文学家适时找到了携手合作的良机，人们更多地关注新的考古发现，甚至开始有计划地揭示某些古代天文遗迹。湖北随州曾侯乙墓二十八宿漆箱的再现，证明至迟在公元前 5 世纪初，中国二十八宿体系已经形成③；殷墟小屯南地发现的大批殷代卜辞，丰富了殷代的原始天文史料④；马王堆汉墓出土的《五星占》、《天文气象杂占》等一批罕见的天文写本，使我们对诸如秦汉时期五星会合周期、公转周期及彗星观测水平等过去难以探讨的问题有了全新的认识⑤。此外，山东临沂银雀山出土了汉元光元年历谱，成为我国迄今发现最早的完整历谱⑥；安徽阜阳双古堆出土标有二十八宿古度的漆制圆仪，

---

① 雒启坤：《西安交通大学西汉墓葬壁画二十八宿星图考释》，《自然科学史研究》第 10 卷第 3 期，1991 年；周到：《南阳汉画象石中的几幅天象图》，《考古》1975 年第 1 期；王车、陈徐：《洛阳北魏元乂墓的星象图》，《文物》1974 年第 12 期；席泽宗：《敦煌星图》，《文物》1966 年第 3 期；夏鼐：《另一件敦煌星图写本——〈敦煌星图乙本〉》，《中国科技史探索》，上海古籍出版社 1982 年版；马世长：《敦煌星图的年代》、《敦煌写本紫微垣星图》，俱见《中国古代天文文物论集》，文物出版社 1989 年版；伊世同：《临安晚唐钱宽墓天文图简析》，《文物》1979 年第 12 期；伊世同：《最古的石刻星图——杭州吴越墓石刻星图评介》，《考古》1975 年第 3 期；潘鼐：《〈新仪象法要〉中的星图》，《中国古代天文文物论集》，文物出版社 1989 年版；潘鼐：《苏州南宋天文图碑的考释与批判》，《考古学报》1976 年第 1 期；河北省文物管理处、河北省博物馆：《辽代彩绘星图是我国天文史上的重要发现》，《文物》1975 年第 8 期；伊世同：《河北宣化辽金墓天文图简析——兼及邢台铁钟黄道十二宫图象》，《文物》1990 年第 10 期；刘南威、李启斌、李竟：《过洋牵星图》，《中国古代天文文物论集》，文物出版社 1989 年版；中国科学院紫金山天文台古天文组、江苏省常熟县文物管理委员会：《常熟石刻天文图》，《文物》1978 年第 7 期；莆田县文化馆：《涵江天后宫的明代星图》，《文物》1978 年第 7 期；伊世同：《北京隆福寺藻井天文图》，卢央、薄树人、刘金沂、王健民：《明〈赤道南北两总星图〉简介》，李迪、盖山林、陆思贤：《呼和浩特市石刻蒙文天文图》，俱见《中国古代天文文物论集》，文物出版社 1989 年版。

② 陈美东：《试论西汉漏壶的若干问题》；车一雄、徐振韬、尤振尧：《仪征东汉墓出土铜圭表的初步研究》，俱见《中国古代天文文物论集》，文物出版社 1989 年版。

③ 王健民、梁柱、王胜利：《曾侯乙墓出土的二十八宿青龙白虎图象》，《文物》1979 年第 7 期。

④ 中国社会科学院考古研究所：《小屯南地甲骨》，中华书局 1980 年版。

⑤ 刘云友（席泽宗）：《中国天文史上的一个重要发现——马王堆汉墓帛书中的〈五星占〉》，《文物》1974 年第 11 期；席泽宗：《马王堆汉墓帛书中的彗星图》，《文物》1978 年第 2 期。

⑥ 陈久金、陈美东：《临沂出土汉初古历初探》，《文物》1974 年第 3 期。

为研究久已失传的汉以前赤道坐标系的起源和发展提供了重要资料①。更有意义的是，中国社会科学院考古研究所对东汉光武帝建武中元元年（公元56年）营建于洛阳南郊的灵台进行了全面发掘②，使人第一次直观地了解了当时国家天文观象台的真实面貌。这些对于诸多专题的广泛涉猎虽然更多探讨了历史时期的天文学问题，但事实上则为史前天文考古学的研究奠定了基础。

伴随着新石器时代陶器刻绘图像的发现，学者们终于开始把他们的注意力投向了史前时代③。与此同时，在石璋如有关殷墟墓葬及建筑方位研究的基础上，卢央、邵望平④、宋镇豪⑤分别就新石器时代及殷商时代的墓葬方位做了更为系统的讨论，取得了令人满意的成果。

这一时期的中国天文考古学研究得到了及时总结⑥，尽管对于史前天文考古学这一重要领域的研究尚嫌不足，但它毕竟形成了自己独特的研究规模和手段，从而为中国天文考古学走向成熟准备了条件。

中国天文考古学自20世纪90年代步入它的成熟期，这当然取决于中国考古学所提供的前所未有的机遇以及天文学研究自身的进步。成熟期的天文考古学研究主要表现在对史前遗迹的天文学研究的不断完善，这种变化使得天文考古学已与传统的天文学史研究分道扬镳。

对于河南濮阳西水坡45号墓天文学意义的全面阐释，无疑可以视为这一时期天文考古学研究的重要标志，它所具有的广泛影响使得中国史前天文考古学研究开始逐渐为人所关注。这一研究首次利用新石器时代的相关遗迹，系统论证了史前时期的恒星观测和宇宙理论，从而将中国传统天文学有确证可考的历史提前了近三千年⑦。就天文学自身而言，它不仅使我们不得不重新思考中国天文学史中的一系列重大问题，进而重新估评中国天文学在

---

① 王健民、刘金沂：《西汉汝阴侯墓出土圆盘上二十八宿古距度的研究》，《中国古代天文文物论集》，文物出版社1989年版。

② 中国社会科学院考古研究所洛阳工作队：《汉魏洛阳城南郊的灵台遗址》，《考古》1978年第1期。

③ 邵望平：《远古文明的火花——陶尊上的文字》，《文物》1978年第9期；李昌韬：《大河村新石器时代彩陶上的天文图象》，《文物》1983年第8期。

④ 卢央、邵望平：《考古遗存中所反映的史前天文知识》，《中国古代天文文物论集》，文物出版社1989年版。

⑤ 宋镇豪：《释督昼》，《甲骨文与殷商史》第三辑，上海古籍出版社1991年版。

⑥ 中国社会科学院考古研究所编著：《中国古代天文文物图集》，文物出版社1980年版；中国社会科学院考古研究所编辑：《中国古代天文文物论集》，文物出版社1989年版。

⑦ 冯时：《河南濮阳西水坡45号墓的天文学研究》，《文物》1990年第3期。

人类科学史及文明史中的地位，而且使对诸如古代星图的历史①、早期宇宙理论的内涵②、上古人类的天数思想③以及史前天文考古学所涉及的一切问题的探讨得以全面推向深入④。这些研究已不再像西方天文考古学那样更多地关注某些方位指向线，从而丰富了天文考古学的研究内容和方法。事实上，西水坡 45 号墓与红山文化三环石坛的时代已被限定在公元前第五千至前第三千纪，这意味着对这一时期的天文考古学研究实际已经与中国文明起源的研究相接轨。

作为天文考古学的重要内容，殷周年代和交食的研究此时也获得了新的突破⑤。一方面，各种高精度天文年代表谱的编就为这一研究奠定了基础⑥；另一方面，早期交食的考定又使天文年代学研究日臻精密。

这一时期的天文考古学研究在继续研究古代遗物和写本的同时，更多地关注了史前遗迹的天文学意义，并将两者有机地结合，探讨古代天文学对于文明起源的作用及影响，从而使这一学科最终目的的实现成为可能。

由于中国考古学与古代天文学的特殊魅力，中国天文考古学始终备受国际学术界的关注。西方学者如马伯乐（H. Maspero）、德莎素（Leopold de Saussure）、恰特莱（H. Chatley）、艾伯华（W. Eberhard）、席文（N. Sivin）及李约瑟（J. Needham）等，日本学者如饭岛中夫、能田忠亮、新城新藏及薮内清等，都对斯学有所贡献。因此，中国天文考古学已经成为一门国际显学。

古人持续不断的天象观测与他们创造文明的活动密切相关。农耕文明的发达当然需要观象授时，而敬授人时与占星术预言又是统治者维持统治的必要工具，显然，天文学对于农业与祭祀无疑有着重要意义。古人对于天文学

---

① 冯时：《中国早期星象图研究》，《自然科学史研究》第 9 卷第 2 期，1990 年。

② 冯时：《红山文化三环石坛的天文学研究——兼论中国最早的圜丘与方丘》，《北方文物》1993 年第 1 期。

③ 冯时：《史前八角纹与上古天数观》，《考古求知集》，中国社会科学出版社 1997 年版。

④ 冯时：《星汉流年——中国天文考古录》，四川教育出版社 1996 年 9 月第一版；1996 年 12 月第二版。

⑤ 冯时：《殷历岁首研究》，《考古学报》1990 年第 1 期；《殷历月首研究》，《考古》1990 年第 2 期；《殷卜辞乙巳日日食的初步研究》，《自然科学史研究》第 11 卷第 2 期，1992 年；《晋侯稣钟与西周历法》，《考古学报》1997 年第 4 期；张培瑜：《西周天象和年代问题》，《西周史论文集》上册，陕西人民教育出版社 1993 年版。

⑥ 张培瑜：《中国先秦史历表》，齐鲁书社 1987 年版；《三千五百年历日天象》，河南教育出版社 1990 年版；刘宝琳：《公元前 1500 年至公元前 1000 年月食表》，《天文集刊》第 1 号，1978 年。

的需要犹如他们对衣食的需要一样重要，而这些在当时称得上严肃而隆重的观象活动不可能不于先民的遗迹和遗物中留有痕迹，天文考古学正是在这样的动因下起源并发展起来的。

中国古代文明是天文学发端最早的古老文明之一，因此我们可以认为，文明的起源与天文学的起源大致处于同一时期。这意味着天文考古学研究提供了从天文学角度探索人类文明起源的可能，这是洛克耶在创立天文考古学之初就一直恪守的原则。事实上，天文考古学研究所取得的成果已经告诉我们，如果我们懂得了古代人类的宇宙观，其实我们就已经在一定程度上把握了文明诞生和发展的脉络。可以相信，人们将会在已经进行或正在进行的研究中看到，天文考古学为考古学研究带来了许多新的见识。

第二章　上古时代的天文与人文

中国天文学的历史在今天看来无疑可以同世界上的任何古老文明相媲美，这意味着一个具有悠久天文观测传统的民族，它的文明史也一定同它的敬天历史一样深永绵长。当然，这并不是说天文学的发端可以与文明的发端等量齐观，但是对于早期农业民族而言，掌握天象规律并进而敬授民时却往往成为最原始的权力的来源。因此，中国古代天文与人文的关系应是值得我们特别关注的课题。

天文学与其说是一切科学中最早诞生的学问，倒不如说是最早诞生的宗教。早期人类对于大自然的无知，恐怕没有什么能比日月星辰在天地间的游移更令人不可思议。这种对于宇宙的神秘理解显然是先民们自觉地将某种奇异天象与人间祸福加以联系，并努力在星辰之间寻觅人事沧桑的答案的原因。因此，天文学从一开始其实只是作为星占术而为人类服务。这种原始的天文观相对于科学的天文观当然十分落后，但这并不意味着一种落后的天文观不能与一种先进的天文观测水平相并存。事实恰恰相反，正是这种人类对于天宇崇拜的落后的敬天心理，才最终促进我们的先人虔诚地考察天象而不敢有所疏失，中国古代天文学正是在这样的背景下孕育并发展起来的。

作为中国传统文化的主干，数术之学具有充分体现原始思维的特点，而天文与历法则是这一重要内容的核心。由于古人对于各种他们无法控制的超自然力的畏惧，由于远古先民生产实践的需要，处于萌芽状态的天文与历法知识在构成早期天文学的雏形的同时，也为原始宗教的建立奠定了基础。在漫长的史前期及早期文明时代，天文学始终以一种巫术的面貌得以充实和发展，较之中国的文明历史，它无疑有着更为深刻和久远的渊源。

第一节　中国天文学的传说时代

肯定不是今天的人们才开始对宇宙的来历产生兴趣,在科学的宇宙观出现之前,古代先民早已凭藉自己的理解赋予了天地宇宙无穷的生命。尽管人类不可能目睹过宇宙以及各种天体的诞生,然而正像一切文明的历史无例外地都是从神话开始的一样,在没有文字的洪荒时代,古人对于天地起源的种种玄想同样伴随着一段段美丽神话,靠着先民们的口传心授而代代相传,从而为我们探讨天文学的起源以及与此相关的一系列问题留下了有价值的资料。为了追溯这段久已湮灭的历史,我们需要先来读一篇真正的天书。

一、战国楚帛书创世章释读

闻名中外的战国楚帛书是一件中国天文考古学的罕有文献。1942 年 9 月,帛书于湖南长沙东南郊子弹库楚墓被盗出土,其后数经辗转流传,今藏美国赛克勒美术馆[①]。1973 年,湖南省博物馆在当年盗墓者的引导下,对这座曾经出土帛书的楚墓进行了正式发掘,取得了重要收获[②]。除获得一件罕见的战国帛画外[③],更通过对随葬器物组合的研究确定了墓葬的年代,从而判定帛书写本完成时间的下限应在战国中晚期之交。

帛书书写于一块正方形的缯上,设计形式由内外两部分内容组成。内层为方向互逆的两篇文字,第一篇文字居右,共八行三段,内容为创世神话;第二篇文字居左反置,共十三行两段,内容为天文星占。外层分帛书四周为十六等区,其中居于四隅的四区分别绘有青、赤、白、黑四色木,其馀十二区则依次绘有十二月神将,并以每三神将为一组分居四方,分别代表四季的孟、仲、季三月。月将之后均书月名与季名以及各月用事宜忌,月名形式同于《尔雅·释天》所载的月名体系。各月的排列格式以夏历孟春之月为首,起于与内层第二篇文字平行的位置,而后依次顺时针沿帛书边缘与十二月神将相间书写,从而形成青木统领春三月居东、赤木统领夏三月居南、白木统

　　① 蔡季襄:《晚周缯书考证》,1945 年;李零:《楚帛书的再认识》,《中国文化》第十期,1994 年。
　　② 湖南省博物馆:《长沙子弹库战国木椁墓》,《文物》1974 年第 2 期。
　　③ 湖南省博物馆:《新发现的长沙战国楚墓帛画》,《文物》1973 年第 7 期。

图 2—1　长沙子弹库出土战国楚帛书

领秋三月居西、黑木统领冬三月居北的配合形式（图 2—1）。帛书既有这样的设计，因此读法也很特别，起读当从内层第一篇文字开始，然后需将帛书顺时针左旋 180 度，使内层第二篇文字处于正方向而续读。内层文字读毕之后，再接读与内层第二篇文字并列的外层孟春之月的内容，并依次左旋顺读外层十二月宜忌各篇。帛书的设计当以古代式图为基础，因此这种以左旋方法读解帛书的过程实际也就暗寓着天盖的旋转。

帛书作为迄今所知最早、且最为完整系统的天文学文献无疑具有重要的价值，因此，尽管帛书的发现已逾半个世纪，但学者对它的兴趣却始终没有减退。随着研究工作的逐步深入，我们对帛书的内容又有一些新的理解。帛书三部分内容的重要性虽难分伯仲，但第一篇创世章的价值尤显独特。现在我们在前人研究的基础上，对该章的相关问题做些新的探索。

1. 释　文

曰故（古）大龕電虘（戏），出自□〔华〕霍（胥），居于瞿（雷）□〔夏〕，毕（厥）田（佃）魚魚（漁漁），□□□女。梦梦墨墨，亡（盲）章弼弼，□每水□，风雨是於（阕）。乃取（娶）叔遥□子之子曰女皇，是生子四□，是襄天埈（地），是各（格）参佥（化）。螣（法）逃（兆）为禹为萬（卨），以司堵（土）襄（壤），咎（晷）天步遇（数），乃上下脁（腾）逊（传）。山陵不疏，乃命山川四晦（海）□〔之〕寅（阳）昀金（阴）昀以为其疏，以涉山陵、泷汩、凶（沼）滿（漫）。未又（有）日月，四神相戈（代），乃步以为散（岁），是佳（唯）四寺（时）。

伥（长）曰青榦（榦），二曰朱四兽（单），三曰□黄难，四曰□〔泊〕墨榦（榦）。千又（有）百散（岁），日月炱生。九州不平，山陵备峡（矢）。四神乃乍（作），至于逯（覆），天旁違（動），攼（扞）敝（蔽）之青木、赤木、黄木、白木、墨木之精（精）。炎帝乃命祝融以四神降，奠三天，□〔维〕思敦（缚），奠四亟（极）。曰：非九天则大峡（矢），则毋敢蒉（蔑）天需（灵）。帝炱乃为日月之行。

共攻（工）夸步十日，四寺（时）□□，□神则闰，四□毋思；百神风雨晨（辰）禕乱乍（作），乃逆日月，以遇（传）相□思。又（有）宵又（有）朝，又（有）昼又（有）夕。

2. 考　证

第一段

[录文]

曰故大龕電虘，出自□霍，居于瞿□，毕田魚魚，□□□女。梦梦墨墨，亡章弼弼，□每水□，风雨是於。

[考释]

曰故大龕電虘。“曰故”，读为“曰古”。墙盘与痰钟铭并云：“曰古文王。”文例与帛书同，学者多已详论。

“大”字唯留残字，旧多释“黄”，然残形与帛书“黄”字下部字形不类[①]。

---

① 李零：《长沙子弹库战国楚帛书研究》，中华书局 1985 年版，第 64 页。

巴纳教授假定为"天"字残形①，近是。饶宗颐先生谓"天螽"即大熊②。
或可径释为"大"，字残形与帛书"大"字相同。"螽"即"大能"合文，
"能"读如本字。《说文·能部》："能，熊属，足似鹿。"《左传·昭公七年》：
"昔尧殛鲧于羽山，其神化为黄能。"《国语·晋语八》、《天问》皆作"化为
黄熊"。王引之《经义述闻》卷十九辨"熊"为本字，段玉裁《说文解字注》
谓《左传》、《国语》"能"作"熊"者皆浅人所改。今证以帛书，段说是也。
《归藏·启筮》："鲧死三岁不腐，剖之以吴刀，化为黄龙。"③ 知黄能实即黄
龙④。据此，则帛书"大能"应即大龙。伏羲为人面蛇身之神，文献与出土
遗物所见甚明。

　　"雹虐"即雹戏，金祥恒先生考定为伏羲⑤，甚是。《易纬乾凿度》："黄
帝曰：太古百皇辟基，文籍遝理微萌，始有能氏。"郑玄《注》："有能氏，
庖牺氏，亦名苍牙，与天同生。"又云："苍牙有能氏庖牺得易源。"此"有
能氏庖牺"与帛书"大能雹戏"全同。

　　出自□霱。"□霱"，人名或族名。"霱"字从雨走声，上古为精纽侯部
字。林巳奈夫及姜亮夫先生皆释为"霱"，并连其上残字读为"崇霱"，谓即
颛顼⑥。饶宗颐先生则谓之有蟜氏⑦，皆以为即楚之先。然此句文意当连上
句谓伏羲之所出，而非楚之所出，故本述伏羲母族之名。据文献所载，伏羲
母族为华胥氏。《诗纬含神雾》："大迹出雷泽，华胥履之，生伏牺。"宋均
《注》："华胥，伏牺母。"司马贞补《史记·三皇本纪》："庖牺氏，风姓，继
天而王，母曰华胥，履大人迹于雷泽，而生庖牺于成纪。"是帛书"□霱"
应读为"华胥"。上古"胥"属心纽鱼部字，精、心二声发音部位相同，侯、
鱼二部旁转可通。《史记·廉颇蔺相如列传》："胥后令邯郸。"司马贞《索
隐》："案胥须古人通用。"《淮南子·说林训》："华乃大旱者不胥时落。"《文

---

　　① Noel Barnard, *The Ch'u Silk Manuscript-Translation and Commentary*, Studies on the Ch'u
Silk Manuscript Part 2, Monographs on Far Eastern History 5, The Australian National University,
Canberra, 1973.

　　② 饶宗颐：《楚帛书新证》，《楚帛书》，中华书局香港分局1985年版，第4—7页。

　　③ 《山海经·海内经》郭璞《注》引。

　　④ 袁珂：《山海经校注》，上海古籍出版社1980年版，第473—475页。

　　⑤ 金祥恒：《楚缯书"雹虐"解》，《中国文字》第28册，1968年。

　　⑥ 林巳奈夫：《長沙出土戰國帛書考補正》，《東方學報》第37册，1966年；姜亮夫：《离骚首
八句解》，《社会科学战线》1979年第3期。

　　⑦ 饶宗颐：《楚帛书新证》，《楚帛书》，中华书局香港分局1985年版，第7—8页。

子·上德》"胥"作"须"。《荀子·君道》："狂生者不胥时而落"。《韩诗外传》卷五"胥"作"须"。"须"字上古乃心纽侯部字，是鱼、侯二部互通之证。"霍"上一字残甚，金祥恒先生释"华"，并读"华霍"为"华胥"①，可从。故帛书"出自□霍"即言出自华胥，意为伏羲乃华胥氏之后。

居于瞿□。此承上句述伏羲所出而言其所居之地。"瞿□"，地名。何琳仪先生释上字为"瞿"，读如"雷"，以"瞿□"即雷夏②，可从。《帝王世纪》："燧人之世，有巨人迹出于雷泽，华胥以足履之，有娠，生伏羲。"雷泽又名雷夏泽。《尚书·禹贡》："雷夏既泽，灉、沮会同。"《汉书·地理志》："济阴郡成阳，《禹贡》雷夏在西北。"张守节《史记正义》引《括地志》："雷夏泽在濮州雷泽县郭外西北，雍、沮二水在雷泽西北平地也。"是雷夏乃伏羲所居之地。

乒田漁漁。"乒"即"厥"。"田"，读为"佃"。"漁"，读为"渔"。此谓伏羲从事渔猎。《周易·系辞下》："古者包牺氏之王天下也，……作结绳而为罔罟，以佃以渔。"陆德明《释文》："佃，本亦作田。渔音鱼，本亦作鱼。"李鼎祚《集解》"佃"本作"田"。虞翻曰："以罟取兽曰佃，取鱼曰渔。"帛书所记与文献密合。

□□□女。文辞残甚，意未能明。

梦梦墨墨。或以为即"蒙蒙昧昧"，昏暗之意，非是。《吕氏春秋·应同》："芒芒昧昧，因天之威，与元同气。"高诱《注》："芒芒昧昧，广大之貌。"此即帛书所言之"梦梦墨墨"。

"梦梦"，读如"芒芒"。《诗·小雅·正月》："民今方殆，视天梦梦。"王先谦《诗三家义集疏》谓《齐诗》"梦"作"芒"。《文选·陆士衡叹逝赋》："咨余今之方殆，何视天之芒芒。"即用此诗。李善《注》："芒芒，犹梦梦也。"五臣本作"茫茫"，是"芒芒"之义与"梦梦"同，字亦相通。《诗·商颂·玄鸟》："天命玄鸟，降而生商，宅殷土芒芒。"郑玄《笺》："国日以广大芒芒然。"《诗·商颂·长发》："洪水芒芒，禹敷下土方。"《左传·襄公四年》："芒芒禹迹，画为九州。"皆用此意，以广大旷远为训。

"墨墨"，读如"昧昧"。《左传·昭公十四年》："贪以败官为墨。"杜预《集解》："墨，读如昧。"是其证。《文选·左太冲吴都赋》："相与聊浪乎昧

---

① 金祥恒：《楚缯书"霍虑"解》，《中国文字》第28册，1968年。
② 何琳仪：《长沙帛书通释》，《江汉考古》1986年第1、2期。

莫之垌。"刘渊林《注》："昧莫，广大貌。"此"昧莫"也即帛书"梦梦墨墨"之省语。"梦"、"莫"上古皆明纽字，双声可通。

"梦墨"、"芒昧"之叠语实皆"冯翼"之转。古音"冯"属并纽，"梦"属明纽，韵同在蒸部，"翼"、"墨"韵亦同在职部，皆叠韵联语，同音可通。《淮南子·天文训》："天墬未形，冯冯翼翼，洞洞灟灟，故曰太昭。"高诱《注》，"冯翼，无形之貌。"《广雅·释训》："冯冯翼翼，元气也。"闻一多谓"冯翼"又可读为"愊臆"，郭注《方言》云："愊臆，气满也。"是其义，即元气盛满之貌。《汉书·礼乐志》引《安世房中歌》："冯冯翼翼，承天之则。"师古《注》："冯冯，盛满也。翼翼，众貌也。"故"梦墨"、"芒昧"、"冯翼"、"愊臆"，古皆形容无形广大之辞。《淮南子·俶真训》："及世之衰也，至伏羲氏，其道昧昧芒芒然。"所述与帛书正合[1]。高诱《注》："昧昧，纯厚也。芒芒，广大貌也。"纯厚也指广大无形言之。

亡章弼弼。"亡"，读为"盲"。《尚书·微子》："天毒降灾荒殷邦。"《史记·宋微子世家》作"亡殷国"。《史记·扁鹊仓公列传》："搦髓脑揲荒。"《说苑·辨物》"荒"作"盲"。是"亡"、"盲"相通之证。"盲"训昏冥，《吕氏春秋·明理》："有昼盲。"高诱《注》："盲，冥也。"《荀子·赋》："旦暮晦盲。""盲"亦冥意。《晏子春秋·内篇·杂上》："冥臣不习。"《韩诗外传》卷八、《文选·陆士衡演连珠》李善《注》引"冥"俱作"盲"。"章"，昭明也。《尚书·尧典》："平章百姓。"郑玄《注》："章，明。"《论语·公冶长》："夫子之文章。"何晏《集解》："章，明也。"《国语·周语中》："章怨外利，不义。"韦昭《注》："章，明也。"《楚辞·九章序》："章者，著也，明也。"《后汉书·郭太传》："今录其章章效于事者。"李贤《注》："章章犹昭昭也。"故"盲章"即冥昭、幽明也。

"弼"，读为"闵"。古音"弼"声属并纽，韵在物部，"闵"声属明纽，韵在文部，音同可通。《说文·弜部》，"弼，辅也。从弜丙声。"徐锴曰丙非声，是。按弼当从弜声，殷卜辞有"弜"字，通作"勿"，《说文》"弼"或作"弗"，从弓弗声。《左传·襄公二十八年》："何独弗欲？"《晏子春秋·内篇·杂下十五》"弗"作"勿"。古音"勿"属明纽物部字，与"弼"同音。《说文·口部》："吻，口边也。从口勿声。脗，或从肉从昏。"段玉裁《注》："昏声也。凡昏皆从氏，不从民。字亦作脣、作脗，皆脗之俗也。"是"弼"、

① 严一萍:《楚缯书新考（中）》,《中国文字》第27册,1968年。

"昏"互用。古文"勿"、"昏"多与"闵"通。《尚书·君奭》："予惟用闵于天越民。"郑玄《注》："闵，勉也。"《汉书·谷永传》："闵免遁乐。"师古《注》："闵免犹黾勉也。"《诗·邶风·谷风》："黾勉同心。"《文选·为宋公求加赠刘将军表》李善《注》引《韩诗》"黾勉"作"密勿"。《诗·小雅·十月之交》："黾勉从事。"《汉书·刘向传》引"黾勉"作"密勿"。《汉书·刘向传》："臣甚愍焉。"师古《注》："愍，古闵字。"《左传·庄公十二年》："宋闵公捷。"《史记·宋微子世家》"闵"作"湣"。又《庄公十二年》："宋万弑闵公于蒙泽。"《宋微子世家》作"湣公"。《战国策·燕策一》："齐闵王。"《史记·燕召公世家》作"湣王"。凡此皆"弼"、"闵"相通之证。"闵"有昏闇之意，《史记·范睢列传》："窃闵然不敏。"司马贞《索隐》："邹诞本作'愍然'，音昏。又云一作'闵'，音敏，闵犹昏闇也。""闵"与"愍"同，《说文·心部》："愍，不憭也。"《诗·大雅·民劳》："以谨愍恢。"陆德明《释文》："愍亦不憭也。"《战国策·秦策一》："皆愍于教。"高诱《注》："愍，不明也。"帛书"弼"字重言，意亦相同。《管子·四时》："五漫漫，六愍愍。"《注》："愍愍，微暗貌。"《广雅·释训》："愍愍，乱也。""闵"又通"惽"，《尚书·康诰》："暋不畏死。"《孟子·万章下》引"暋"作"闵"。《尚书·立政》："其在受，德暋。"《说文·心部》引"暋"作"惽"。《法言·问神》："著古昔之嘻嘻，传千里之惽惽者，莫如书。"李轨《注》："嘻嘻，目所不见。惽惽，心所不了。"王念孙《广雅疏证》："嘻嘻与愍愍同。"故帛书"弼弼"即昏乱不明之意，"盲章弼弼"乃幽明不别而难知也。《淮南子·精神训》："古未有天地之时，惟像无形，窈窈冥冥，芒芠漠闵，澒濛鸿洞，莫知其门。"《太平御览》卷一引作"幽幽冥冥，茫茫昧昧，幕幕闵闵"[①]。帛书"弼弼"与此"闵闵"同意。

《天问》："曰：遂古之初，谁传道之？上下未形，何由考之？冥昭瞢闇，谁能极之？冯翼惟像，何以识之？"此"冥昭瞢闇，谁能极之"，意同《淮南子·精神训》之"古未有天地之时，惟像无形，窈窈冥冥，芒芠漠闵"之辞，而"冯翼惟像，何以识之"，其意则同《淮南子·天文训》之"天墬未形，冯冯翼翼"之辞，是知"冯冯翼翼"与"窈窈冥冥"意有不同。洪兴祖

---

① 《庄子·天下》："芒乎昧乎，未之尽者。"成玄英《疏》："芒昧，犹窈冥也。言庄子之书，窈窕深远，芒昧恍忽，视听无辩，若以言象征求，未穷其趣也。"上引《淮南子·精神训》："窈窈冥冥，芒芠漠闵。"《太平御览》引作"幽幽冥冥，茫茫昧昧，幕幕闵闵。"知芒昧与窈冥所指非一。

《楚辞补注》：“冥，幽也。昭，明也。瞢，目不明也。闇，闭门也。此言幽明之理，瞢闇难知。”帛书“盲章弼弼”正合此训。《老子》第四十一章：“大象无形。”《韩非子·解老》：“故诸人之所以意想者皆谓之象也。”曹耀湘《天问疏证》：“像者想像也，无形但可想像耳。”知帛书“梦梦墨墨，盲章弼弼”实即《天问》“冥昭瞢闇，冯翼惟像”。马王堆帛书《道原》：“恒先之初，迥同大虚。虚同为一，恒一而止。湿湿梦梦，未有明晦。”① 所论与帛书俱同，皆言天地未形之时，元气充盈，广大无形，混沌莫辨，幽明难分之状。

　　□每水□。《说文·屮部》：“每，艸盛上出也。”段玉裁《注》：“每是艸盛，引申为凡盛。”《左传·僖公二十八年》：“原田每每。”杜预《集解》：“喻晋军之美盛，若原田之草每每然。”帛书“每”字用如本义，其上残字漫漶，疑即明指草木之字。“水”下一字也残，盖亦形容水盛之辞。故帛书是言宇宙之初始，草木深茂，洪水浩瀚。

　　风雨是於。“於”，读为“阏”②。《山海经·大荒北经》谓烛龙“不食不寝不息，风雨是谒”，句与帛书同。郭璞《注》：“言能请致风雨。”毕沅《注》则谓：“谒，噎字假音。”即以风雨为食，经文既言“不食”，故此解以风雨为食未谛。是帛书“阏”字与《山海经》“谒”字皆当“遏”字之假借。《尚书·尧典》：“遏密八音。”《春秋繁露·煖燠孰多》引“遏”作“阏”。《左传·襄公二十五年》：“昔虞阏父为周陶正。”《史记·陈杞世家》司马贞《索隐》引“虞阏父”作“虞遏父”。《穆天子传》卷三：“阏氏胡氏。”郭璞《注》：“阏音遏。”《列子·杨朱》：“勿壅勿阏。”《释文》：“阏与遏同。”是“阏”、“遏”互通之证。《诗·大雅·文王》：“无遏尔躬。”陆德明《释文》：“遏或作遏。”《春秋经·襄公二十五年》：“吴子遏伐楚。”《公羊传》、《穀梁传》并“遏”作“谒”。是“谒”、“遏”互通之证。《吕氏春秋·古乐》：“民气郁阏而滞著。”高诱《注》：“阏读曰遏止之遏。”《尔雅·释天》：“在卯曰单阏。”李巡《注》：“阏，止也。”《淮南子·天文训》“单阏”作“单遏”。《史记·历书》司马贞《索隐》：“单阏，卯也。丹遏二音。”故《山海经》“风雨是谒（遏）”当言烛龙能止风雨，郭璞恰用其反意。而帛书之“风雨是阏”则承上句“□每水□”，言宇宙初始，风雨止塞而未兴。

---

　① 《淮南子·诠言训》：“洞同天地，浑沌为朴，未造而成物，谓之太一。”
　② 李学勤：《楚帛书中的古史与宇宙观》，《楚史论丛》，湖北人民出版社 1984 年版。

［韵读］

戏、胥（霚）、［夏］、渔、女、于，鱼部；

墨（昧）、弼，物部。

［录文］

乃取叡遅□子之子曰女皇，是生子四□，是襄天堘，是各参佥。

［考释］

乃取叡遅□子之子曰女皇。严一萍先生读"取"为"娶"，并谓"女皇"即女娲[1]，说甚是。汉代石刻画像中普遍以伏羲、女娲交尾为夫妻，应是当时流行的传说。《初学记》卷九引《帝王世纪》："女娲氏亦风姓也，承庖牺制度，亦蛇身人首，一号女希，是为女皇。"与帛书所记女娲称女皇合。据帛书可知，女娲为"叡遅□子"之子，是时人以"叡遅□子"为女娲先世。

是生子四□。此言伏羲、女娲共生四子，即帛书下文所云司掌分至四时之神。

是襄天堘。"襄"训成。"堘"字从土为意符，高明先生以为"地"字之别体[2]，谓"是襄天堘"犹言天地是成，其说至确。古人以天为圆，地为方。《周髀算经》："天圆地方。"《吕氏春秋·圜道》："天道圜，地道方。月躔二十八宿，轸与角属，圜道也。"《拾遗记》卷一言伏羲"规天为圆，矩地取法"，是知成天地即定天为圆、定地为方也。文献与帛书合。此言伏羲、女娲开天辟地，定立天盖地舆。其后禹、契步算天周度数，划定九州，才最终确立了天地的广狭大小，从而为星辰的行移与观测奠定了基础。

是各参佥。"各"，读为"格"。《淮南子·天文训》："摄提格之岁。"高诱《注》："格，起。言万物承阳而起也。""参佥"即参化，陈邦怀先生谓即《礼记·中庸》之"可以赞天地之化育，则可以与天地参矣"[3]，是。《天问》："阴阳三合，何本何化?"屈复《校正》："三与参同，谓阴阳参错。"刘盼遂《校笺》："三，读为参，古三、参通用。"说甚是。洪兴祖《补注》以《穀梁传·庄公三年》"独阴不生，独阳不生，独天不生，三合然后生"解"三合"，然帛书"参"、"三"有别，"参化"作"参"。时天地已定，故伏羲、女娲以阴阳相错而化生万物。《天问》明言"阴阳三（参）合"，实指此也。《吕氏春秋·大乐》："阴阳变化，一上一下，合而成章。……万物所出，造于太一，化于阴

---

① 严一萍：《楚缯书新考（中）》，《中国文字》第 27 册，1968 年。

② 高明：《楚缯书研究》，《古文字研究》第十二辑，中华书局 1985 年版。

③ 陈邦怀：《战国楚帛书文字考证》，《古文字研究》第五辑，中华书局 1981 年版。

阳。"高诱《注》："阴阳，化成万物者也。"《大戴礼记·本命》："化于阴阳。"王聘珍《解诂》："化谓变化。独阴不生，独阳不生，阴阳变化，品物流行。"《淮南子·齐俗训》："唯圣人知其化。"高诱《注》："其化视阴入阳，从阳入阴。""化"即参合阴阳而化育万物，《礼记·乐记》言"而百化兴焉"，又言"和而百物皆化"，是阴阳和则万物化育而生。故"是格参化"意即参化是兴，言阴阳参错合和，万物化生。《周易·系辞上》："知变化之道。"虞翻《注》："在阴称化。"《素问·天元纪大论》："在地为化。"古以女娲为万物之祖。《说文·女部》："娲，古之神圣女，化万物者也。"与帛书合。

　　[韵读]

　　皇，阳部；"是生子四□"之残字疑与阳部为韵。

　　地、化，歌部。

　　[录文]

　　虘逃为禹为萬，以司堵襄，咎天步逿，乃上下朕逿。山陵不疏，乃命山川四晦□蕒煕金煕以为其疏，以涉山陵、沱汩、囟漢。

　　[考释]

　　虘逃为禹为萬。"禹"即夏禹，"萬"即商契[1]。上古"萬"在元部，"契"在月部，一声之转，同音可通。"萬"字或可径释为"卨"。《说文·米部》："卨，偰字也。"[2]《内部》："卨，虫也。从厹。象形。读与偰同。"又云"萬，虫也。从厹。象形。"知"卨"、"萬"字形相近，义训相同。

　　"虘逃"旧属上读，按帛书上言"是襄天地，是格参化"，以歌部为韵，逃在宵部，与歌韵不叶，当属下读。

　　"虘逃"读为"法兆"。《庄子·天下》："兆于变化。"陆德明《释文》："兆本或作逃。"是"逃"、"兆"互通之证。"法"，法则也。《礼记·曲礼上》："畏法令也。"孔颖达《正义》："法，典则也。"《国语·周语上》："修其训典。"韦昭《注》："典，法也。""兆"，界域也。《周礼·春官·小宗伯》："兆五帝于四郊。"郑玄《注》："兆，为坛之营域。""兆"又作"垗"。《说文·土部》："垗，畔也。为四畔界祭其中。"段玉裁《注》："四畔谓四面有埒也。界祭其中，界当为介，介，画也。"《国语·周语上》："修其疆畔。"韦昭《注》："畔，界

　　①　商承祚：《战国楚帛书述略》，《文物》1964 年第 9 期；陈邦怀：《战国楚帛书文字考证》，《古文字研究》第五辑，中华书局 1981 年版。

　　②　《说文·人部》："偰，高辛氏之子，为尧司徒，殷之先也。"

也。"兆"又作"肇"。《诗·商颂·玄鸟》:"邦畿千里,维民所止,肇域彼四海。"郑玄《笺》:"肇当作兆。王畿千里,其民居安,乃后兆域正天下之经界。"故"法兆"意即经定疆界,勘划立法。当指禹、契分布九州,划定天周。《尚书·尧典》:"肇十有二州。"马融《注》:"禹平水土,置九州。舜分冀州之北广大,分置并州。燕、齐辽远,分燕置幽州,分齐为营州。于是为十二州也。在九州之后也。"《尚书大传》则作"兆十有二州"。郑玄《注》:"兆,域也。为营域以祭十有二州之分星也。新置三州,并归为十二州。更为之定界。"帛书"法兆"所言恰为此意,唯文献所言多述禹分九州经界,十二州为舜所定,当在禹分九州之前,而帛书则更言其为天盖布界立度。

帛书下文续言禹、契规划天地,正此法兆之为。《周礼·天官·掌次》:"掌王次之法。"郑玄《注》:"法,大小丈尺。"《礼记·少仪》:"工依于法。"郑玄《注》:"法谓规矩尺寸之数。"故法兆天地即为天地勘划立度,则下文"以司土壤,晷天步数",当述禹、契平治水土,范围九天九州,定立天周度数,从而最终界定天地之广狭的劳绩。

以司堵襄。"堵襄"读为"土壤"。叔夷钟铭云:"处堣(禹)之堵。""堵"即读为"土"。帛书以禹、契并举,《尚书·尧典》载伯禹作司空而平水土,《史记·殷本纪》:"契长而佐禹治水有功。"所记与帛书正合。是帛书此言禹、契下司水土,当指其卒定九州之事。《天问》:"九州安错?川谷何洿?"王逸《章句》:"言九州错厕,禹何所分别之?"《尚书序》:"禹别九州,随山浚川,任土作贡。"《尚书·禹贡》:"禹敷土,随山刊木,奠高山大川。"马融《注》:"敷,分也。"郑玄《注》:"敷,布也。布治九州之水土。"《史记·夏本纪》作"行山表木,定高山大川"。司马贞《索隐》:"表木,谓刊木立为表记。"其解甚谛。故《禹贡》所述实乃禹为区分九州之疆界,于行经之山刊木以为标记,并定高山大川之名。《山海经·海内经》:"帝乃令禹卒布土以定九州。"此与帛书言禹、契以司土壤正合。帛书下文言"九州不平",是九州乃此时由禹所立,契则辅成之。

晉天步遣。"晉",读为"晷"[1]。"遣"即"数"字[2]。"晷"、"步"皆规画测度之意[3]。《释名·释天》:"晷,规也,如规画也。"《国语·周语中》:

---

[1] 李零:《长沙子弹库战国楚帛书研究》,中华书局 1985 年版,第 66 页。
[2] 冯时:《楚帛书研究三题》,《于省吾教授百年诞辰纪念文集》,吉林大学出版社 1996 年版。
[3] 李学勤:《楚帛书中的古史与宇宙观》,《楚史论丛》,湖北人民出版社 1984 年版。

"规方千里以为甸服。"韦昭《注》："规，规画而有之也。"《易纬通卦验》：
"冬至之日，立八神，树八尺之表，日中视其晷，晷如度者则岁美，人民和
顺，晷不如度者，其岁恶，人民多讹言，政令为之不平。"是晷之为度规，
乃象晷以成度。故"晷"即规画，"晷天"意即分天盖为九区，亦即定立九
天，说详下考。帛书下文明言"九天"，乃禹、契于此时所规划。《尚书大
传》郑玄《注》："步，推也。"《周礼·考工记·匠人》："野度以步。"《国
语·周语下》："夫目之察度也，不过步武尺寸之间。"韦昭《注》："六尺为
步。"知"步"之为度起于步算。此法虽古，今犹行之。帛书下文言四子
"步以为岁"，也即以步算之法度四时。故"步"即步算，"步数"意即步算
天数。天数即历数，乃周天度数，古人分赤道周天为三百六十五度又四分度
之一，即此也。帛书以为周天历数乃禹、契步算而得，故"数"字从辵为意
符。《尚书·尧典》："历象日月星辰。"曾运乾《尚书正读》："历，数
也。……象，像也。……古历定天周三百六十五度又四分度之一。日，每日
行天一度。月，每日行天一十三度又十九分度之七。星，二十八宿环列于
天，四时迭中者也。日月之所会是谓辰。分二十八宿之度为十二次，是为十
二辰。稽四者之度，象四者之行，以审知时候而授民也。"《史记·五帝本
纪》引《尚书》作"数法日月星辰"，司马贞《索隐》："夫周天三百六十五
度四分度之一，是天度数也。"张守节《正义》："历数之法，日之甲乙，月
之大小，昏明递中之星，日月所会之辰，定其天数，以为一岁之历。"《尚
书·洪范》："四，五纪。一曰岁，二曰月，三曰日，四曰星辰，五曰历数。"
曾运乾《尚书正读》引戴东原云："分至启闭以纪岁，朔望胐晦以纪月，永
短昏昕以纪日，列星见伏昏旦中日躔逡以纪星晷，赢缩经纬终始相差以纪
历数。"《尚书·洪范》："五曰历数。"蔡沈《集传》："历数者，步占之法所
以纪岁月日星辰也。"是历数实乃分度天周，确立赤道周天之广狭度数，以
定天周之大小，以纪日月星辰之行次。

帛书"晷天步数"于日月产生之前，知所度不为日月之行或日月之会，
且后文又言分至四子"步以为岁"，知亦非立一岁之历，而应仅限考定列星
之盈缩进退。战国之时，二十八宿体系已备，古代二十八宿环布赤道周天，
《石氏星经》及西汉汝阴侯占盘俱载其古度，故依其时楚人之天文观，二十
八宿之周天立度与赤道周天之度数，其实一也。

《周髀算经》首以"古者包牺立周天历度"，显系讹托，帛书则云禹、契
所为，与文献密合。《国语·周语下》："其后伯禹念前之非度，釐改制量，

象物天地。"高诱《注》:"取法天地之物象也。在天成象,在地成形也。"伪《古文尚书·大禹谟》云禹"地平天成"。《周髀算经》:"数之法出于圆方,圆出于方,方出于矩,矩出于九九八十一。故折矩以为勾广三、股修四、径隅五,既方之外,半其一矩,环而共盘,得成三、四、五。两矩共长二十有五,是谓积矩。故禹之所以治天下者,此数之所生也。"即言禹发明勾股之数而治天下,均将度量天地之功归于大禹,合于帛书。勾股之数需配用矩之道,《周髀算经》:"平矩以正绳,偃矩以望高,覆矩以测深,卧矩以知远,环矩以为圆,合矩以为方,方属地,圆属天,天圆地方。……智出于勾,勾出于矩,夫矩之于数,其裁制万物唯所为耳。"勾即表影,矩则为表股与表影之合。王蕃《浑天象说》:"以晷景考周天里数。"是知古人立表测影,运用勾股重差之术,丈量大地,定立天周,此不仅可释"夫天不可阶而升,地不可得尺寸而度"之疑,而且也正是帛书所言禹、契下司土壤,晷天步数所采用的方法。《周髀算经》:"立二十八宿以周天历度之法,术曰:倍正南方,以正勾定之,即平地径二十一步,周六十三步,令其平矩以水正,则位径一百二十一尺七寸五分,因而三之,为三百六十五尺四分尺之一,以应周天三百六十五度四分度之一。"知古人以为禹平水土,立度周天,皆运矩测度而生。《周髀算经》详言步数与度数之换算,犹存古法。《广雅·释天》:"天圜广南北二亿三万三千五百里七十五步,东西短减四步,周六亿十万七百里二十五步,从地至天一亿一万六千七百八十七里半,下度地之厚与天高等。"俱列天度。帛书言禹、契步算天数,故天之广狭及周径皆在测度之列。

　　帛书前言伏羲、女娲"是襄天地,是格参化",知其时天地已成。《吕氏春秋·圜道》:"天道圜,地道方。"天形既成,形然后数,遂由禹、契规画九天,定立周天分度,以纪星移之迹。

　　乃上下朕𤳹。"上下",天地也。《尚书·尧典》:"光被四表,格于上下。"郑玄《注》:"言尧德光耀及四海之外,至于天地。"《天问》:"上下未形,何由考之?"王逸《章句》:"言天地未分,溷沌无垠,谁考定而知之也。"皆其证。"朕𤳹",读为"腾传",上升下递也[1]。"腾传",文献或作"转腾"。《汉书·司马相如传上》:"横流逆折,转腾潎洌。"《洪范五行传》:"天者,转于下而运于上。"帛书"上下腾传"意即往来于天地之间。帛书言禹、契达于地,平治水土,以定九州,又升于天,以立天周广狭之度,故云

---

① 陈邦怀:《战国楚帛书文字考证》,《古文字研究》第五辑,中华书局 1981 年版。

其"乃上下腾传",奔走于天地。

山陵不疏。《说文·疋部》:"疏,通也。""不疏"即不通,乃指山陵横拦阻塞导致水患。故帛书自此以下实述禹平治水土之事,亦即《禹贡》导山导水之内容。《禹贡》:"导岍及岐,至于荆山,逾于河。"顾颉刚先生认为,导水必先导山,岍、岐、荆三山皆在雍州区域内,雍州地高,又岍是汧水所出,岐、荆为漆、沮与渭水所经,所以先自岍、岐说起①。"导"训通。《国语·周语上》:"是故为川者决之使导。"韦昭《注》:"导,通也。"《周语下》言禹治洪水,"疏川导滞",韦昭《注》:"导滞,凿龙门,辟伊阙也。"故帛书"山陵不疏"即引起下文大禹导山之事。山陵不疏则水之不通,帛书以此为洪水泛滥之原因。

乃命山川四晦□寅熙金熙以为其疏。"晦",读为"海"。"寅熙金熙",即阳气阴气②。残字拟补为"之",故帛书此句意为大禹借助山川四海之阳气阴气疏通山陵。此禹导山,即导水之先。《淮南子·天文训》:"水气之精者为月","远山则山气藏"。是知山水皆有气。《国语·周语下》:"川,气之导也。夫天地成而聚于高,归物于下。疏为川谷,以导其气。"《周易·说卦》:"山泽通气。"可助此说。

以涉山陵泷汨凼澫。"泷",激流奔湍也。唐元结《元次山集》四《欸乃曲》:"下泷船似入深渊,上泷船似欲升天。"《全唐诗》卷四八○李绅《逾岭峤止荒陬抵高要》:"万壑奔伤溢作泷,湍飞浪激如绳直。……泷夫拟檝劈高浪,瞥忽浮沈如电随。"《注》:"南人谓水为泷,如原瀑流。自郴南至韶北有八泷,其名神泷、伤泷、鸡附等泷,皆急险不可上。南中轻舟迅疾可入此水者,因名之泷船,善游者为泷夫。"是泷为激流乃楚之方言。"汨",即《说文·川部》之"𣲎",水流急也。《楚辞·离骚》:"汨余若将不及兮。"王逸《章句》:"汨,去貌,疾若水流也。"《方言六》:"汨,疾行也。南楚之外曰汨。"郭璞《注》:"汨汨,急貌也。"《广雅·释诂一》:"汨,疾也。"《列子·汤问》:"汨流之中。"《释文》:"汨,疾也。"《汉书·司马相如传上》:"汨乎混流,顺阿而下,……潏潏鼎沸,驰波跳沫,汨淢漂疾,悠远长怀。"师古《注》:"汨,疾貌也。言水波急驰而白沫跳起,汨淢然也。"故帛书"泷汨"即言激流。

<hr>

① 顾颉刚:《中国古代地理名著选读》,科学出版社1959年版,第33页。
② 高明:《楚缯书研究》,《古文字研究》第十二辑,中华书局1985年版。

"凼"，饶宗颐先生释为"洎"①，可从。《说文·水部》："洎，泥水洎洎也。"《玉篇》："洎，泥也。"《广韵·感韵》："洎，水和泥。""漭"，又见于《石鼓文·汧殹》之"漭又（有）小鱼，其斿（游）趚趚（散散）"，郑樵云："漭即漫，从萬，通作曼。"② 说是。"漫"训散、遍。《公羊传·定公十五年》："漫也。"陆德明《释文》："漫，犹遍也。"《列子·黄帝》："漫言曰。"《释文》："漫，散也。"《汧殹》之辞则云水中到处都有小鱼，犹今之言漫山遍野。帛书"洎漫"则谓泥潭广无涯际，犹今之言漫无边际。此谓禹治洪水，跋涉于山陵、急流与泥沼之间。《史记·夏本纪》言禹治洪水，"乃劳身焦思，居外十三年，过家门不敢入。……陆行乘车，水行乘船，泥行乘橇，山行乘樏。"此记禹于陆、水、泥、山之行，与帛书言禹"以涉山陵、泷汩、洎漫"若合符契。

［韵读］

萬、传、漭，元部。

疏、疏，鱼部。

［录文］

未又日月，四神相戈，乃步以为散，是佳四寺。

［考释］

未又日月。"又"，读为"有"。帛书此言日月尚未诞生。

四神相戈。"四神"，即上文所言伏羲、女娲共生之四子，主司四时。"戈"，读为"代"③，轮流交替也。《楚辞·离骚》："春与秋其代序。"王逸《章句》："代，更也。春往秋来，以次相代。"《吕氏春秋·大乐》："四时代兴，或暑或寒，或短或长，或柔或刚。"遣辞均与帛书相同。

乃步以为散。"步"，步算也，与上文"晷天步数"之"步"同意。"散"即"岁"，年岁也。

是佳四寺。"寺"，读为"时"。"四时"即春、夏、秋、冬，又指定立四时的四个历点，即春分、夏至、秋分和冬至。帛书此四句之意为，在日、月尚未产生的时代，时间的决定完全依靠伏羲和女娲所生的四子分守四方，轮流步算而得，他们交替步测，以确定季节和年历。

四神即司掌二分二至之神，亦即《尚书·尧典》之羲和四子。古以四方

---

① 饶宗颐：《楚帛书》，中华书局香港分局1985年版，第19页。

② 王昶：《金石萃编》卷一，中国书店1985年影印扫叶山房本，第2页。

③ 李家浩：《战国𬮿布考》，《古文字研究》第三辑，中华书局1980年版。

象征四时，春分主东，秋分主西，夏至主南，冬至主北，此实四神所居之地，文献及式图均有明确反映。然四神各守一方，其步算季节实际则以启闭四点为起始之点，于天周步行一个象限，于地便相当于地之一方。帛书于四维处绘有四色之木，以象征四时之起始，暗寓启闭。帛书方形，以象地理，故四维之间各辖一方，也合四神各守一方之意。

〔韵读〕

月、戈（代）、岁，月部。

寺（時），之部；与月部合韵①。

第二段

〔录文〕

伥曰青榦，二曰朱四兽，三曰□黄难，四曰□墨榦。

〔考释〕

伥曰青榦。"伥"，读为"长"。商承祚先生谓字为长幼之长的异文，在兄弟行居长，故加人旁为意符，明其非长短之长②。其说甚谛。此指上文步算四时的四神之长者。"榦"，读如"榦"。"青榦"乃四神之长者，也即东方春分神之名。帛书以四木居四方象征四时，故此名实亦即帛书左下角之青木名。

二曰朱四兽。"朱"字竖笔中间特粗，别于帛书"未"字③，故释"朱"字无疑。"兽"，为"单"字异写，金文"战"字或从兽，知是"单"字。"朱四单"即四神之仲者，也即南方夏至神之名及帛书左上角之赤木名。

三曰□黄难。"黄"上一字残，饶宗颐先生据残形释为"翟"，训为白④。实此神以"黄"明其色，则"□黄难"应为四神之叔者，也即西方秋分神之名及帛书右上角之白木名。秋分神名舍主杀之白色而取主生之黄色，显然是传统就阳避阴、任德远刑的固有阴阳观的反映。

---

① 之月合韵之例于《诗》屡见，参见王力《诗经韵读》，上海古籍出版社 1980 年版，第 168—413 页。其中多有月质合韵及脂歌合韵。月为歌部入声，质为脂部入声。顾炎武及江永的古音学均将之脂合为一部。见顾炎武《音学五书》及江永《古韵标准》。甲骨文"或"、"臧"从戈声，金文"臧"或从或声，或从戈声，上古或、臧皆属之部入声，戈属歌部，是之、歌同音之证。见冯时《甲骨文、金文"戈"与殷商方国》，《华夏考古》1988 年第 3 期。

② 商承祚：《战国楚帛书述略》，《文物》1964 年第 9 期。

③ 严一萍：《楚缯书新考（中）》，《中国文字》第 27 册，1968 年。

④ 饶宗颐：《楚帛书》，中华书局香港分局 1985 年版，第 23 页。

四曰□墨榦。"墨"上一字残，旧或释"敫"①，或释"油"②，或释"浼"③。字从水从由，当以释"油"为是。"墨"即黑色，帛书下文墨木即黑色木。"榦"，读如"榦"。"油墨榦"乃四神之季者，也即北方冬至神之名及帛书右下角之黑木名。

上述四木名也即分至四神名。四神于《尚书·尧典》称羲仲、羲叔、和仲、和叔，即以长幼论之，同于帛书。《尔雅·释天》："春为青杨，夏为朱明，秋为白藏，冬为玄英。"此四时之名犹当帛书四神之名。

[韵读]

榦、单、难、榦，元部。

[录文]

千又百散，日月夋生。九州不平，山陵备欰。四神乃乍，至于复，天旁達，孜敓之青木、赤木、黄木、白木、墨木之精。

[考释]

千又百散。"散"即"岁"。此指四神始步四时之后的千又百岁。"千又百岁"，言时间漫长，意有成百上千，非实指一千一百言之。

日月夋生。此与下文"帝夋乃为日月之行"互为因果，故商承祚先生谓为"夋生日月"④，至确。"夋"即帝喾。《史记·五帝本纪》："帝喾高辛氏，黄帝之曾孙也。……高辛于颛顼为族子。"司马贞《索隐》引皇甫谧云："帝喾名夋也。"故帛书称其为"帝夋"，文献多作"帝俊"。《山海经·大荒南经》："东南海之外，甘水之间，有羲和之国。有女子名曰羲和，方浴日于甘渊。羲和者，帝俊之妻，生十日。"《大荒西经》："有女子方浴月。帝俊妻常羲，生月十有二，此始浴也。"此帝俊生日月之传说与帛书"日月夋生"正合。

九州不平。九州乃禹所定，帛书前已言之。"平"字又见于子弹库残帛书⑤，文云："左平辆，相星光。""平"即指文献中的平星⑥。帛书"平"当读如本字，即正平、水平之意。《诗·商颂·那》："既和且平。"毛《传》：

① 商承祚：《战国楚帛书述略》，《文物》1964 年第 9 期。
② 曾宪通：《楚帛书文字编》，见饶宗颐《楚帛书》，中华书局香港分局 1985 年版。
③ 何琳仪：《长沙帛书通释》，《江汉考古》1986 年第 2 期。
④ 商承祚：《战国楚帛书述略》，《文物》1964 年第 9 期。
⑤ 商志醰：《记商承祚教授藏长沙子弹库楚国残帛书》，《文物》1992 年第 11 期。
⑥ 伊世同、何琳仪：《平星考——楚帛书残片与长周期变星》，《文物》1994 年第 6 期。

"平，正平也"《周髀算经》："即平地径二十一步，周六十三步，令其平矩以水正。"赵爽《注》："如定水之平，故曰平矩以水正也。"《墨子·经说上》："平，同高也。"《周易·泰卦》："无平不陂，无往不复。"即用此义。故帛书"九州不平"则谓九州地势倾斜也。《天问》："康回冯怒，地何故以东南倾。"《淮南子·原道训》："昔共工之力，触不周之山，使地东南倾。"高诱《注》："倾，犹下也。"所记与帛书同。

山陵备峡。"备"，尽也。《仪礼·特牲馈食礼》："主人备答拜焉。"郑玄《注》："备，尽也。"《礼记·月令》："家事备收。"郑玄《注》："备，犹尽也。""峡"，读为"矢"，倾斜也[①]。《说文·矢部》："矢，倾头也。"又《人部》："倾，矢也。"山顺地势，九州地势不平则山陵倾斜。帛书此二句当言共工争帝所导致的结果，其因怒触不周之山，致使地势倾斜。

四神乃乍。四神即帛书前言伏羲、女娲之四子，亦即步算四时之神。"乍"同"作"，兴事之辞。《说文·人部》："作，起也。"《周易·文言》："圣人作而万物睹。"陆德明《释文》引郑康成云："作，起也。"又云："作，马融作起。"《春秋经·僖公二十年》："新作南门。"杜预《集解》："言作以兴事。"《汉书·礼乐志》："作者之谓圣。"师古《注》："作，谓有新兴造也。"

至于遻。"遻"即"復"，古文字"彳"、"辵"形旁义近互通[②]。"復"，读为"覆"，《周易·乾卦·象传》："反复道也。"陆德明《释文》："复，本亦作覆。"《左传·定公四年》："我必復楚国。"《淮南子·修务训》高诱《注》引"復"作"覆"。《战国策·秦策三》："独不重任臣者后无反覆于王前耶。"《史记·范睢蔡泽列传》"覆"作"復"。《老子》第五十八章："正復为奇，善復为妖。"严遵本"復"作"覆"。是"復"、"覆"通用之证。"覆"于此当言天盖[③]，《淮南子·原道训》："夫道者，覆天载地。……故以天为盖，则无不覆也。以地为舆，则无不载也。"《左传·成公二年》："所盖多也。"杜预《集解》："盖，覆也。"《小尔雅·广诂》："盖，覆也。"知"覆"即天盖之谓。

---

① 李学勤：《楚帛书中的古史与宇宙观》，《楚史论丛》，湖北人民出版社 1984 年版。
② 高明：《中国古文字学通论》，文物出版社 1987 年版，第 158—159 页。
③ 李零：《长沙子弹库战国楚帛书研究》，中华书局 1985 年版，第 71 页；连劭名：《长沙楚帛书与中国古代的宇宙论》，《文物》1991 年第 2 期。

天旁遉。"天"为天覆，也即天盖。"遉"，读为"动"①。"旁动"即旁转。《晋书·天文志》引周髀家言："天员如张盖，地方如棋局。天旁转如推磨而左行，日月右行，随天左转，故日月实东行，而天牵之以西没。""旁转"又作"旁旋"。《晋书·天文志》引葛洪难盖天云："又今视诸星出于东者，初但去地小许耳。渐而西行，先经人上，后遂西转而下焉，不旁旋也。"盖天家认为，天盖如磨盘一样自东向西回环左行，此即所谓之天盖旁转。郑玄《尚书考灵曜注》："天旁游四表。"洪兴祖《楚辞补注》："天旁行四表之中。"此"旁游"、"旁行"皆指天盖旁动。后世浑天家沿用此称，又指天体围绕北极旋转。《旧唐书·李淳风传》言浑仪之四游仪以玄枢为轴，"北树北辰，南距地轴，傍转于内"，即此意也。故帛书"天旁动"即言天盖旁转，这是盖天家对天盖运动的独特解释。

孜敫之青木、赤木、黄木、白木、墨木之精。"孜"即"扞"。"敫"，从支畀声②，读为"蔽"③。上古"畀"属帮纽质部，"蔽"属帮纽月部，声为双声，韵为旁转，同音可通。《汉书·邹阳传》："封之于有卑。"师古《注》："卑音鼻，今鼻亭是也。"《孟子·万章上》："象至不仁，封之有庳。"《汉书·武五子传》、《后汉书·东平王传》、《袁谭传》并"有庳"作"有鼻"。是"畀"、"卑"互通之证。《列子·杨朱》："卑宫室。"《释文》："卑作蔽。"可明"畀"、"蔽"互用。"扞蔽"即扞卫、护守之意。《左传·文公六年》："亲帅扞之。"杜预《集解》："扞，卫也。"《左传·成公十二年》："此公族之所以扞城其民也。"杜预《集解》："扞，蔽也。言享宴结好邻国，所以蔽扞其民。"《国语·齐语》："以卫诸夏之地。"韦昭《注》："卫，蔽扞也。"《汉书·陈徐传》："请以南皮为扞蔽。"师古《注》："扞蔽，犹言藩屏也。"五色木，李零先生以纳西族《创世纪》所载支撑天盖的五柱解之④，甚是。是五色木即立于四方和中央的擎天之柱。"精"，读为"精"，气也。《淮南子·天文训》："天地之袭精为阴阳。"高诱《注》："精，气也。"中国传统哲学认为，精乃精气，指元气中精微细致的部分。《论衡·论死》："人之所以生者，

① 李零：《长沙子弹库战国楚帛书研究》，中华书局 1985 年版，第 71 页；饶宗颐：《楚帛书》，中华书局香港分局 1985 年版，第 26 页。

② 杨树达：《积微居金文说》，科学出版社 1959 年版，第 272 页。

③ 李零：《长沙子弹库战国楚帛书研究》，中华书局 1985 年版，第 71 页；饶宗颐：《楚帛书》，中华书局香港分局 1985 年版，第 27 页。

④ 李零：《长沙子弹库战国楚帛书研究》，中华书局 1985 年版，第 71 页。

精气也，死而精气灭。……人之精神藏于形体之内，犹粟米在囊橐之中也。死而形体朽，精气散，犹囊橐穿败，粟米弃出也。粟米弃出，囊橐无复有形，精气散亡，何能复有体而人得见之乎？……夫生人之精在于身中，死则在于身外。"故精气乃生命之根源，精气存则生命在，精气散则生命亡。人有精气，木亦如之，木生则精在，木朽则精亡。帛书以五色木为撑天之柱，木朽精亡则天必塌落，故帛书之扞蔽五木之精则言四神推动天盖绕北极转动之后，便护守五木之精气使其不致散亡，从而擎天长立，永生不朽。

〔韵读〕

生、平、精，耕部。

作，铎部；动，东部；俱与耕部合韵。

〔录文〕

炎帝乃命祝融以四神降，奠三天，□〔维〕思敦，奠四亟。曰：非九天则大欹，则毋敢蔑天霝。帝夋乃为日月之行。

〔考释〕

炎帝乃命祝融以四神降。《吕氏春秋·孟夏纪》："其帝炎帝，其神祝融。"《淮南子·天文训》："南方，火也，其帝炎帝，其佐朱明。"高诱《注》："旧说云祝融。"刘文典《集解》："《尔雅·释天》云'夏为朱明。'故《淮南》以为南方之帝佐。《山海经》曰：'南方祝融，兽身人面，乘两龙。'郭璞《注》：'火神也。'《楚辞·九叹》云：'绝广都以直指兮，历祝融于朱冥。'冥、明声相近，是朱明即祝融也。"说是。四神即前文之四时之神。"降"，自天降至人间。

奠三天。"奠"，定也。春秋子犯编钟铭云："子犯佑晋公左右燮诸侯，俾朝王，克奠王位。"《吕氏春秋·贵直》："城濮之战，五败荆人，围卫取曹，拔石社，定天子之位。"《尚书·禹贡》："奠高山大川。"《史记·夏本纪》作"定高山大川"。是"奠"、"定"互用之证。定者，正也。《尚书·尧典》："以闰月定四时。"《史记·五帝本纪》作"以闰月正四时"。是其证。"三天"，即盖天家所言二分二至的太阳周日视运动轨迹①。《周髀算经》所载"七衡六间图"对此有着形象的描述。该图绘有太阳于全年十二个中气的视运行轨迹，其中最重要的为内、中、外三衡。赵爽《周髀算经·七衡图注》云："内第一，夏至日道也；中第四，春秋分日道也；外第七，冬至日道

---

①　连劭名：《长沙楚帛书与中国古代的宇宙论》，《文物》1991年第2期。

也。"三衡的概念至少自新石器时代即已产生①，而且直至明代天坛的祈年殿及圜丘依然有着形象的反映②。帛书"奠三天"意即四神定立二分二至的日行轨道，并使其端正有序而可行日月。尽管四神从此再不用辛劳地步算时间，而把这个任务交给了太阳，但太阳的运行仍需要靠四神的负载。

维思敦。"思"，句中语气词③。《诗·周南·关雎》："寤寐思服。"《诗·小雅·桑扈》："旨酒思柔。"用法与帛书同。"维"字残，旧不识。此字"糸"符清晰，残符似为"隹"字，拟释"维"。维本指系天之纲绳。《天问》："斡维焉系？天极焉加？"王逸《章句》："斡，转也。维，纲也。言天昼夜转旋，宁有维纲系缀，其际极安所加乎？"《文选·张平子西京赋》："尔乃振天维，衍地络。"薛综《注》："维，纲也。"《诗·小雅·白驹》："絷之维之。"毛《传》："维，系也。"《广雅·释诂二》："维，系也。""敦"，读为"缚"。"敦"字从攴孚声，"缚"字从糸專声，上古"孚"属并纽幽部，"專"属并纽铎部，双声可通。伪《古文尚书·汤誓》："上天孚佑下民。"《尚书·金滕》："乃命于帝廷，敷佑四方。"西周大盂鼎铭云："匍（抚）有四方。""孚佑"即"敷佑"、"匍有"，是"孚"、"敷"相通之证。《周易·需卦》："有孚。"陆德明《释文》："孚又作旉。""旉"即古文"敷"字④，"專"、"旉"皆从"甫"声，且互用不别。《尚书·禹贡》："禹敷土。"《荀子·成相》"敷"作"傅"。《尚书·洪范》："用敷锡厥庶民。"《史记·宋微子世家》"敷"作"傅"。《诗·周颂·赉》："敷时绎思。"《左传·宣公十二年》"敷"作"铺"。是其证。《说文·糸部》："缚，束也。"义即捆缚。《左传·文公二年》："晋襄公缚秦囚，使莱驹以戈斩之。"《史记·陈涉世家》："宫门令欲缚之。"皆用此义。故帛书"维思缚"意即将天盖用纲绳捆缚于地之四隅，以固定之。因固定天盖的纲维系之于地的四隅，故四隅亦称四维，其平分四钩。《淮南子·天文训》："子午、卯酉为二绳，丑寅、辰巳、未申、戌亥为四钩。东北为报德之维也，西南为背阳之维，东南为常羊之维，西北为蹄通之维。"高诱《注》："四角为四维。"帛书于四维处绘有四色木，盖即捆缚天

---

① 冯时：《河南濮阳西水坡 45 号墓的天文学研究》，《文物》1990 年第 3 期；《红山文化三环石坛的天文学研究——兼论中国最早的圜丘与方丘》，《北方文物》1993 年第 1 期。

② Joseph Needham, *Science and Civilisation in China*, Vol. Ⅲ, The Sciences of The Heavens, Cambridge University Press, 1959.

③ 王引之：《经传释词》卷八，岳麓书社 1984 年版；杨树达：《词诠》卷六，中华书局 1954 年版。

④ 玄应《一切经音义》卷二："敷，古文作旉。"

盖之所。《淮南子·天文训》："帝张四维，运之以斗。"这是以地平方位为基础而建立的斗建法。帛书四维已张，十二月平均布列于四方，与此正合。《淮南子·天文训》："昔者共工与颛顼争为帝，怒而触不周之山，天柱折，地维绝。""地维绝"意即系天之纲绳断折，故帛书言四神"维思缚"，所云实指此事。

奠四亟。"奠"者，定也，正也。"四亟"，旧读为"四极"，甚是。四极即地之四方极远之地。《尔雅·释地》："东至于泰远，西至于邠国，南至于濮铅，北至于祝栗，谓之四极。"郭璞《注》："皆四方极远之国。"黄佐《文艺流别》卷十七引《五行传》："东方之极，自碣石东至日出榑木之野"，"南方之极，自北户南至炎风之野"，"西方之极，自流沙西至三危之野"，"北方之极，自丁令北至积雪之野"。均明言四极之具体名称。《尚书·尧典》言羲和四子宅四方，其中东宅旸谷，西宅昧谷，南宅南交，北宅幽都。事实上，四极即分至四神于四方宅居之所，其中东极和西极是日出日入之地。《天问》："出自汤谷，次于蒙汜。"《淮南子·天文训》："日出于旸谷，浴于咸池，拂于扶桑，是谓晨明。……至于蒙谷，是谓定昏。"此蒙汜、蒙谷即《尧典》之昧谷。故帛书"奠四极"意即定立东、南、西、北四方之极，实际即指使四方端正。《淮南子·览冥训》："苍天补，四极正。"所述盖源于帛书。

曰，非九天则大妖。"曰"，乃指炎帝所说，这里有教督、警告之意。《尚书·洪范》："曰皇极之敷言，是彝是训，于帝其训。"伪孔《传》："曰者大其义。""非"，若非也。《庄子·秋水》："吾非至于子之门则殆矣。""则"，用同"之"[①]。《诗·齐风·鸡鸣》："匪鸡则鸣，苍蝇之声"，"匪东方则明，月出之光"。"匪"同"非"，句法与帛书同。"九天"即中央与八方，又谓九野、九部，其说有三个系统。其一，《天问》："九天之际，安放安属？"王逸《章句》："九天，东方皞天，东南方阳天，南方赤天，西南方朱天，西方成天，西北方幽天，北方玄天，东北方变天，中央钧天。"此说又见《尚书考灵曜》及《广雅·释天》。其二，《吕氏春秋·有始》："天有九野，中央曰均天，东方曰苍天，东北曰变天，北方曰玄天，西北曰幽天，西方曰颢天，西南曰朱天，南方曰炎天，东南曰阳天。"此说又见《淮南子·天文训》，与前说小别。其三，《太玄·太玄数》："九天，一为中天，二为羡天，三为从天，四为更天，五为睟天，六为廓天，七为减天，八为沈天，九为成天。"此九

---

① 杨树达：《词诠》卷六，中华书局 1979 年版。

天之规画即帛书前文所言禹、契"晷天"之举。"岰",同前言"山陵备岰"之"岰",读为"屰",倾斜不平也。《楚辞·离骚》:"指九天以为正兮。"王逸《章句》:"九天,谓中央八方也。正,平也。"是九天的正常状态应为平正之势。《淮南子·天文训》:"天倾西北。"这是因共工之故,天盖在特殊情况下失去正常状态的平正之势而向西北倾斜。故帛书"大屰"则是形容天盖严重倾斜,"大"犹甚也,引申则谓失常无序。

则毋敢蔑天霝。"蔑",意训懱①,轻漫也。"霝",读为"灵"。《吴越春秋》:"蒙天灵之佑。"《楚辞·离骚》:"夫唯灵修之故也。"王逸《章句》:"灵,谓神也。"《风俗通义·祀典》:"灵者,神也。"《尸子》:"天神曰灵。"是天灵即为天神。此二句意谓如果不是天盖严重倾斜而失常无序,就不敢轻蔑天神之灵威。

帝夋乃为日月之行。"帝夋"为至上神,史传又即帝喾高辛氏。《史记·五帝本纪》:"高辛生而神灵,……历日月而迎送之。"帛书前言"日月夋生",乃帝夋生日月,此则言日月产生之后,日行轨道已由四神定立,帝夋于是使之正常运行。《尚书·洪范》:"日月之行,则有冬有夏。"

[韵读]

降,冬部;敦,幽部;极,职部;职幽合韵。

霝,耕部;行,阳部;耕阳合韵。

第三段

[录文]

共攻夸步十日,四寺□□,□神则闰,四□毋思;百神风雨晨祎乱乍,乃逆日月,以遄相□思。又宵又朝,又昼又夕。

[考释]

共攻夸步十日,四寺□□。"共攻"即共工。"夸",奢也,大也。《说文·大部》:"夸,奢也。"《广雅·释诂一》:"夸,大也。""步"同前文"晷天步数"、"乃步以为岁"之"步",步算之意。"十日",旧或以为《楚辞·招魂》所言"十日并出"之十,如此则与下文所述闰制之创不合。饶宗颐先生则谓当宜解为自甲至癸之十天干②。然十天干源于羲和生十日的神话,

---

① 饶宗颐:《楚帛书》,中华书局香港分局 1985 年版,第 31 页。
② 饶宗颐:《楚帛书》,中华书局香港分局 1985 年版,第 33 页。

十二地支则源于常羲生十二月的神话，两事俱见《山海经》。羲和或作常羲，乃帝俊之妻，此与帛书"日月夋生"的记载相合。是知十干十二支乃帝俊所生，非共工所创。十日周期为旬，属阳历系统，十二支则属阴历系统。故帛书"夸步十日"当言共工步日过大而成之所谓岁余，从而导致阳历长于阴历十日，故十日即指阳历长于阴历之余。"四寺"即四时，其后所残二字当属对四时失序的描述。《国语·周语下》言大禹匡正共工之祸，致使"时无逆数"。韦昭《注》："逆数，四时寒暑反逆也。"正可反证四时失序乃共工所为，与帛书所述契合。由此观之，四时失序既是共工步历过大的结果，同时又是帛书下文明言置闰的原因。

　　□神则闰。"闰"即置闰。《白虎通·日月》："月有闰余何？周天三百六十五度四分度之一，岁十二月，日过十二度，故三年一闰，五年再闰，明阴不足，阳有余也。故《谶》曰：'闰者阳之余。'"《淮南子·天文训》："日行十三度七十六分度之二十六，二十九日九百四十分日之四百九十九而为月，而以十二月为岁，岁有余十日九百四十分日之八百二十七，故十九年而七闰。"中国传统古历为阴阳合历，阴历太阴年与阳历回归年并不同长，平朔长度约 29.5306 日，故太阴年约长 355 日，与回归年长度 365 日适差十日，这是阳历长于阴历的部分，也即《白虎通》所云之"阳之余"。帛书以为"阳之余"本由共工步日过大所致，因称"夸步十日"。《淮南子》明言"岁有余十日"，与之密合。《尚书·尧典》："朞三百有六旬有六日，以闰月定四时成岁。"以羲、和建立闰法。帛书"神"上一字残，盖指四神，故创设闰制似为伏羲、女娲之四子。

　　四□毋思。"毋"，读为"无"，文献"毋"、"无"通用不别[①]。"思"，虑也。《尚书·洪范》："五曰思。"孔颖达《正义》："思，心之所虑。"《荀子·解蔽》："仁者之思也恭，圣人之思也乐。"杨倞《注》："思，虑。""无思"即无所忧虑也。《淮南子·原道训》："是故大丈夫恬然无思，澹然无虑。"又云："恬然无虑。"此"无思"与"无虑"或对文或互文，是"无思"、"无虑"即帛书之"毋思"也。银雀山竹简《孙膑兵法·十问》："兵强人众自固，三军之士皆勇而毋虑。""毋虑"同帛书"毋思"。"四"下一字残，疑指四时之辞。文云虽共工夸步十日而导致四时失度，但四神归岁余为闰，终使四时有序而无忧矣。

---

　　① 　高亨：《古字通假会典》，齐鲁书社 1989 年版，第 772—776 页。

百神风雨晨褌乱乍。"乍"，读为"作"。"晨"字从辰从臼，当释"晨"，与帛书乙篇"日月星辰"、"星辰不同"之"辰"写法不同，义也当别。《左传·昭公七年》："日月之会是谓辰。"此盖即帛书"晨褌"之"晨"的本义。《诗·齐风·东方未明》："不能辰夜。"《白孔六贴》一引"辰"作"晨"。《左传·僖公五年》："丙之晨。"《汉书·律历志》引"晨"作"辰"。文献虽"辰"、"晨"互通，但帛书二字有别，义自不同。"褌"，读为"纬"①。纬即七曜之五星。《史记·天官书》："水、火、金、木、填星，此五星者，天之五佐，为纬，见伏有时，所过行赢缩有度。"《晋书·天文志》引张衡云："文曜丽乎天，其动者有七，日月五星也。……日月运行，历示吉凶，五纬躔次，用告祸福。"古人常借观测五星运动以与日月之行次相互校正。《史记·天官书》："察日月之行以揆岁星顺逆。……察日行以处位太白。……察日辰之会，以治辰星之位。"帛书所言之辰本指日月之会，也即以朔为始的太阴月周期，细观则也指日与月。蔡邕《天文志》："浑天名察发敛，以行日月，以步五纬。"②故"辰纬"即言此日月五纬，实即七曜。"辰纬乱作"则云行星失次，日月之次无常，故朔晦失序。

帛书言乱作者又有"百神风雨"，是其时众乱并兴。作者，兴也。《尚书·泪作序》："作泪作。"伪孔《传》："作，兴也。"《文选·班孟坚两都赋序》："昔成康没而颂声寝，王泽竭而诗不作。"李善《注》："作，兴也。"帛书此言"百神风雨辰纬乱作"，与前言"夸步十日，四时□□"为并列句，俱因共工所致。《国语·周语下》："昔共工弃此道也，虞于湛乐，淫失其身，欲壅防百川，堕高堙庳，以害天下。皇天弗福，庶民弗助，祸乱并兴，共工用灭。"《淮南子·天文训》："昔者共工与颛顼争为帝，怒而触不周之山，天柱折，地维绝。天倾西北，故日月星辰移焉。"所记与帛书相合。

乃逆日月。"乃"，于是。"逆"，迎也。《说文·辵部》："逆，迎也。关东曰逆，关西曰迎。""逆日月"意即迎日月。《史记·五帝本纪》谓黄帝"迎日推策"，张守节《正义》："迎，逆也。"《大戴礼记·五帝德》："历日月而迎送之，明鬼神而敬事之。"此言高辛氏迎送日月，敬事鬼神，与前文所言"帝夋乃为日月之行"恰相印合。但帛书所记逆日月之事与前述四神建立闰法应为并列形式，故迎送日月者固非帝夋，而为四神。《尚书·尧典》载

---

① 何琳仪：《长沙帛书通释》，《江汉考古》1986 年第 2 期。

② 颜师古《汉书·律历志注》晋灼引。

羲和四子"寅宾出日"、"寅饯纳日",与帛书同。

以遄相毋思。"遄"同前文"上下朕遄"之"遄",读为"传",转也。《释名·释书契》:"传,转也。"《史记·卫将军骠骑列传》:"为麾下搏战获王。"司马贞《索隐》:"今《史》、《汉》本多作'传'。传犹转也。"《汉书·高帝纪上》:"转送其家。"师古《注》:"转,传送也。"《广雅·释诂一》:"转,行也。"《楚辞·九叹·愍命》:"却骐骥以转运兮。"王逸《章句》:"转,移也。"《文选·谢玄晖拜中军记室辞隋王笺》李善《注》引《庄子》司马彪《注》:"转,运也。"《广雅·释诂四》:"运,转也。"《周髀算经》:"凡日月运行四极之道。"赵爽《注》:"运,周也。"帛书此言日月之运行。"相",交互也。《广韵·阳韵》:"相,共也。"《周易·咸卦》:"柔上而刚下,二气感应以相与。"此所运者唯日、月二体,故云"相"。"毋"字残,据残形释。"毋思"意同前文"四□毋思"之"毋思"。日行黄道,月行白道,乃各行其道而互不相扰,故无所忧也。帛书此言因共工致祸乱并兴,日月五星乱行而朔晦失序,四神遂恭敬地迎送日月,终使日月各沿其道运行,有序而无忧矣。

又宵又朝,又昼又夕。"又",读为"有"。"宵"与"朝"对文。《说文·倝部》:"朝,旦也。"故宵当指暮昏。《尚书·尧典》:"宵中,星虚。"《史记·五帝本纪》作"夜中",不合此意。此述秋分昏见之星[1]。太史候昏旦之星乃古之恒制。《周礼·秋官·司寤氏》:"禁宵行者。"郑玄《注》:"宵,定昏也。""昼"与"夕"对文,昼为白昼,夕为夜晚。殷卜辞以夕为夜,西周默簋铭云:"余亡康昼夜,经雍先王。"以昼、夜对举,旧作"夙夜"或"夙夕"。西周虎簋铭云"夙夕享于宗。"帛书"夕"字是用此义。《战国策·楚策四》:"昼游乎茂树,夕调乎酸醎。……昼游乎江河,夕调乎鼎鼐。"夕与昼对文,义为夜晚,似楚之习语。《淮南子·天文训》:"日出于旸谷,浴于咸池,拂于扶桑,是谓晨明。登于扶桑,爰始将行,是谓朏明。至于曲阿,是谓旦(朝)明[2]。至于曾泉,是谓蚤食。……至于虞渊,是谓黄昏。至于蒙谷,是谓定昏。……行九州七舍,有五亿万七千三百九里,禹以为朝、昼、昏、夜。"所述与帛书合。王念孙云:"禹字义不可通,禹当为离。俗书离字作雝,脱去右畔而为禹耳。离者,分也。言分为朝昼昏夜也。"[3] 其说甚

---

① 竺可桢:《论以岁差定〈尚书·尧典〉四仲中星之年代》,《科学》第 11 卷第 12 期,1927年。

② 《艺文类聚》卷一、《初学记》卷一、《太平御览》卷三引此文,"旦明"俱作"朝明"。

③ 王念孙:《读书杂志》第十二册,商务印书馆 1933 年版。

是。帛书此言四神负日而行，运行有常，故有宵、朝、昼、夕之别。

[韵读]

日，质部；闰，真部；思，之部；之质通韵。

月，月部；思，之部；月之合韵。

作、夕，铎部。

二、原始古史观与原始创世观

帛书创世章的内容已被揭示，现在，我们先把这则对我们来说显得有些陌生的创世神话概要地写在这里：

在天地尚未形成的远古时代，大能氏伏羲降生，他生于华胥，居于雷夏，靠渔猎为生。当时的宇宙广大而无形，晦明难辨，草木繁茂，洪水浩渺，无风无雨，一片浑沌景象。后来伏羲娶女娲为妻，生下四个孩子，他们定立天地，化育万物，于是天地形成，宇宙初开。以后夏禹和商契开始为天地的广狭周界规画立法，他们于大地裁定九州，敷平水土，又上分九天，测量天周度数，辛勤地往来于天壤之间。大地上山陵横阻而淤塞不通，致使洪水泛滥，禹和契便导山导水，跋涉于山陵、急流与泥沼，命令山川四海的阴气阳气疏通山川。当时日月还没有产生，于是伏羲、女娲的四个孩子依次在天盖上步算时间，轮流更替，确定了春分、夏至、秋分和冬至。

在分至四时产生的千百年之后，日月由帝俊孕育而产生。当时九州的地势不平，大地和山陵都向一侧倾斜。四子这时又来到天盖之上，推动天盖开始绕北极转动，并护守着支撑天盖的五根天柱，使其精气不致散亡而朽损。接着炎帝又命祝融，让四子定出春分、秋分和冬至、夏至时太阳在天盖上运行的三条轨道，又将天盖用纲绳固定于地之四维，同时定出东、南、西、北四正方向。在三天四极奠定之后，帝俊终于开始操纵着日月正常地运行起来。

后来因为共工步算历法过疏而使阳历长于阴历十日，从而导致四时失度，但四子归岁馀为闰，创设闰法，终使年岁有序而无忧。共工的疏失又使风雨无定，七曜之行无常，朔晦失序，四子于是恭敬地迎送日月，使日月各行其道而安然无忧。人间这才有了朝、昏、昼、夜的分别，创造宇宙的过程终于完成了。

呈现在我们面前的这个神话世界显然不能作为信史来看待，尽管如此，在我们所能见到的先秦著作中，还没有一篇在谈论古史的形成和宇宙的创造方面能比帛书创世章更为系统完整，因此它在史学及天文学两方面的价值都是毋庸置疑的。事实上，帛书创世章所展现的原始古史观与原始创世观不仅新颖，而且也相当独特。帛书描述了十二位上古时代传说人物的创世历史，通过其与传世文献的比较，我们可以看到新一派的战国古史观与创世观的原型。

帛书开篇提到大能氏伏羲，伏羲其号有能，生于雷夏，母家华胥，相关内容俱见于汉代纬书，但先秦文献却未见记载。通观帛书的内容，与《天问》等楚国史料最为接近，尽管它的直接的史料来源尚不清楚，但有关内容却可以视为汉代纬书史料的渊薮。

《周易·系辞下》云：

> 古者包牺氏之王天下也，仰则观象于天，俯则观法于地，观鸟兽之文与地之宜，近取诸身，远取诸物，于是始作八卦，以通神明之德，以类万物之情。作结绳而为罔罟，以佃以渔，盖取诸离。

《系辞》言伏羲王天下在神农、黄帝、尧、舜之前，为传说中时代最早的神祇。文献又述他以佃以渔，与帛书全合。《庄子·缮性》云：

> 古之人，在混芒之中，与一世而得淡漠焉。当是时也，阴阳和静，鬼神不扰，四时得节，万物不伤，群生不夭，人虽有智，无所用之，此之谓至一。当是时也，莫之为而常自然。逮德下衰，及燧人、伏羲始为天下，是故顺而不一。

陆德明《释文》引崔譔《注》解"混芒"云："混混芒芒，未分时也。"成玄英《疏》："谓三皇之前，玄古无名号之君也。其时淳风未散，故处在混沌芒昧之中而与时世为一。"燧人氏之称又见于《荀子·正论》及《韩非子·五蠹》，《五蠹》云："上古之世，人民少而禽兽众，人民不胜禽兽虫蛇，有圣人作，构木为巢，以避群害，而民悦之，使王天下，号之曰有巢氏。民食果蓏蚌蛤，腥臊恶臭，而伤害腹胃，民多疾病，有圣人作，钻燧取火，以化腥臊，而民悦之，使王天下，号之曰燧人氏。"《世本·作篇》载"燧人造火"。故知燧人氏实乃战国后期的人们对人类始知用火时代的追忆，大约相当于考古学的旧石器时代中期。伏羲氏居燧人氏之后，其时"梦梦墨墨，盲章弼弼，□每水□，风雨是阏"，宇宙混沌未分，广大无形，反映了其时人类尚未有认识天地的要求，或者说还没有明确的天地的概念。这大概描述了整个旧石器时代人类处于蒙昧时期的真实情况。帛书言伏羲"厥佃渔渔"，也是对农业发明之前人类依靠渔猎为生的事实的客观写照。

《汉书·律历志》引刘歆《三统世经》以"太皞伏羲氏"连称，恐悖于史实。据《左传·昭公十七年》，太皞是位于黄帝之后的第四位人王。与刘歆《世经》所建立的古史系统不同，先秦乃至西汉早期的文献都没有将伏羲与太皞联系在一起的记载，因此，这显然属于汉儒依五德终始说为原则编制的伪古史系统①。《左传·昭公十七年》："太皞氏以龙纪，故为龙师而龙名。"而帛书只言"大能伏羲"，未及太皞。太皞以龙纪，而大能也即大龙，汉代的正统儒学或许正是根据这种联系将太皞与伏羲同等看待，从而造成先秦古史系统的逐步复杂化。

真正的开天辟地的工作是从伏羲娶女娲为妻之后才正式开始的。先秦文献对于女娲只有零星的记载。《天问》云：

> 登立为帝，孰道尚之？
> 女娲有体，孰制匠之？

王逸《章句》："言伏羲始画八卦，修行道德，万民登立为帝，谁开导而尊之也？传言女娲人头蛇身，一日七十化，其体如此，谁所制匠而图之乎？"王逸生于楚地，又去古未远，故所论古史犹可信从。《天问》将伏羲、女娲并称，与帛书创世章所体现的创世思想属同一系统。王逸《天问章句叙》云："《天问》者，屈原之所作也。……屈原放逐，忧心愁悴。彷徨山泽，经历陵陆。嗟号昊旻，仰天叹息。见楚有先王之庙及公卿祠堂，图画天地山川神灵，琦玮僪佹，及古贤圣怪物行事。周流罢倦，休息其下，仰见图画，因书其壁，何而问之，以渫愤懑，舒泻愁思。"顾颉刚先生则以《天问》非屈原所作，其完成时间当在战国早期②。依王逸之说，《天问》之作乃就楚先王庙及公卿祠堂壁画之诘问文章，知于《天问》之前，楚国庙祠已普遍绘有天地山川神灵及创世内容的图像，故文中所记当为楚地长期流传的创世观念。

帛书直言伏羲娶女娲为妻，这种传说渊源甚古，至少到汉代仍十分流行。《淮南子·原道训》云：

---

① 顾颉刚：《五德终始说下的政治和历史》，《古史辨》第五册下编，上海古籍出版社 1982 年版。
② 顾颉刚：《三皇考》，《古史辨》第七册中编，上海古籍出版社 1982 年版。

夫道者，覆天载地，廓四方，柝八极，高不可际，深不可测，包裹天地，禀授无形。……横四维而含阴阳，紘宇宙而章三光。……山以之高，渊以之深，兽以之走，鸟以之飞，日月以之明，星历以之行，麟以之游，凤以之翔。泰古二皇，得道之柄，立于中央，神与化游，以抚四方。是故能天运地滞，轮转而无废，水流而不止，与万物终始。

《淮南子·精神训》亦云：

古未有天地之时，惟像无形，窈窈冥冥，芒芠漠闵，澒濛鸿洞，莫知其门。有二神混生，经天营地，孔乎莫知其所终极，滔乎莫知其所止息。于是乃别为阴阳，离为八极，刚柔相成，万物乃形，烦气为虫，精气为人。

这里出现的"二皇"与"二神"都是最早经营天地的神祇，高诱以"二皇"为伏羲、神农，未得的解。又以"二神"为阴阳之神，似窥端倪。闻一多先生以"二皇"与"二神"皆指伏羲、女娲[1]，所说极是。《春秋运斗枢》："伏羲、女娲、神农，是三皇也。"《春秋元命苞》及郑玄注《中候敕省图》俱同，皆以伏羲、女娲为三皇之中的首二皇。帛书言女娲为"女皇"，正与此同。古以女娲为阴帝[2]，故高诱以"二神"为阴阳之神。《淮南子·览冥训》更以女娲所创立的种种功绩称为"虑戏（伏羲）氏之道"，以女娲联系于伏羲，视其为同时代之神祇。古代美术品中常可看到二神的画像，伏羲执矩，女娲执规，人首蛇身相互交合，也是将他们视为夫妻（图2—2）。王逸之子王延寿曾作《鲁灵光殿赋》，述殿中画像时则云："神仙岳岳于栋间，玉女窥窗而下视。忽瞟眇以响像，若鬼神之髣髴。图画天地，品类群生。杂物奇怪，山神海灵。写载其状，托之丹青。千变万化，事各缪形。随色象类，曲得其情。上纪开辟，遂古之初，五龙比翼，人皇九头，伏羲鳞身，女娲蛇躯。"[3]鲁灵光殿乃西汉初年景帝之子鲁恭王刘馀所立，通过王延寿的描述，

---

① 闻一多：《伏羲考》，《闻一多全集》第一册，《神话与诗》，生活·读书·新知三联书店1982年版。

② 《淮南子·览冥训》高诱《注》："女娲，阴帝，佐虑戏治者也。三皇时，天不足西北，故补之。师说如是。"

③ 见《文选》卷十一。

图 2—2   东汉伏羲、女娲石刻画像（山东嘉祥武梁祠）

可以想见当时殿中应该绘有与我们常见的东汉石刻画像中那种伏羲、女娲交尾图像相似的装饰题材。

《风俗通义》："女娲，伏牺之妹。祷神祇，置婚姻，合夫妇也。"[1] 以伏羲、女娲为兄妹。这种观念后来被南方少数民族所承传[2]，与帛书的思想不同，应属晚起的传说。《通志·三皇纪》引《春秋世谱》："华胥生男子为伏羲，女子为女娲。"言二神同出华胥，自是兄妹。然帛书记伏羲虽出华胥，而女娲则出自"叔逪□子"[3]，其本非兄妹自明。

女娲又作"女絓"，见于四川简阳鬼头山东汉晚期画像题记[4]（图 2—3）。画像中右为伏羲，左为女娲，但二神手中并未执有人们常见的规矩。伏羲、女娲的下方为玄武，女娲之后则有一鸟，题记名"九"，知为鸠鸟。伏羲、女娲虽俱作人首蛇身之形，但女娲皆生羽翼，是他处画像中所未曾见到的。画像展示的这些现象，使我们有机会将它与《山海经》中记载的女娲联系起

---

① 据吴树平校释本。《路史·后纪二》引作"伏希"。

② 芮逸夫：《苗族的洪水故事与伏羲女娲的传说》，《人类学集刊》第一卷第一期，1938 年。

③ 《史记·夏本纪》司马贞《索隐》引《世本》云："涂山氏女名女娲。"《路史·后纪注》引作"后娇"。张守节《正义》又引《帝系》云："禹娶涂山氏之子，谓之女娲，是生启。"今本《大戴礼记·帝系》则作"女娇"。《天问》谓禹"焉得彼嵞山女，而通之于台桑。"洪兴祖《补注》："嵞山氏女即女娲。"且《天问》别述女娲事迹。《尚书·皋陶谟》、《史记·夏本纪》均言禹娶于涂山，而未言女娲，故此"娲"字当据"娇"之坏字而讹。

④ 内江市文管所、简阳县文化馆：《四川简阳县鬼头山东汉崖墓》，《文物》1991 年第 3 期。

来。《山海经·北山经》云：

> 又北二百里，曰发鸠之山，其上多柘木。有鸟焉，其状如乌，文首，白喙，赤足，名曰精卫，其鸣自詨。是炎帝之少女名曰女娃，女娃游于东海，溺而不返，故为精卫，常衔西山之木石，以堙于东海。

图2—3　东汉伏羲、女娲石刻画像
（四川简阳鬼头山出土）

《山海经》之《山经》的写作时间大约在战国早期。经文讲到，女娃溺死之后化为精卫，精卫即一种文首、白喙、赤足的鸟，居于发鸠之山。这里，发鸠之山的"鸠"字值得特别注意，它可能正指女娃所化之精卫鸟。如果是这样，那么《山海经》的记载则恰好为鬼头山石刻中女娲生翼，且女娲一侧绘出鸠鸟的主题作了注脚。不仅如此，鬼头山石刻题记将女娲写作女娃，也与《山海经》作女娃相一致。这似乎表明，精卫填海的神话也当自女娲的事迹演变而来。

《北山经》以女娃为炎帝之女，次序虽然不对，但与帛书创世章对读，似乎也有合理的成分。《山海经·海内经》："炎帝之妻，赤水之子听訞生炎居，炎居生节并，节并生戏器，戏器生祝融，祝融降处于江水，生共工。"以炎帝、祝融、共工为一系，与帛书全同。帛书炎帝以上直溯伏羲、女娲，如果将其视为同一系统的神祇，则正与《北山经》的记载暗合。

三国吴人徐整作《三五历纪》，始创盘古开天辟地之说，这是后出的古史。夏曾佑先生以"盘古"乃"槃瓠"之音变，为南蛮之祖[①]，其事可追溯至东汉应劭所作之《风俗通义》[②]。顾颉刚先生指出，在盘古未出现之前，女娲实为开辟天地的第一人[③]，乃真知灼见。帛书创世章体现的正是这样一段未经后人渲染的先秦古史观。帛书显示，伏羲、女娲开创天地的具体内容是

---

① 夏曾佑：《中国古代史》，商务印书馆 1933 年版。
② 见《后汉书·南蛮西南夷传》及李贤《注》。今本《风俗通义》无此文，诸家之本俱附于"佚文"。
③ 顾颉刚：《三皇考》，《古史辨》第七册中编，上海古籍出版社 1982 年版。

定天为圆形，定地为方形，并化育万物。这些事迹与文献所述完全相同。

伏羲、女娲创世纪的传说在秦汉之际极为流行，汉代及其以后的画像常以伏羲执矩、女娲执规为题材，甚至将他们与各种星象合绘在一起（图2—4），以显示其作为创世始祖神的形象。《淮南子·精神训》称"二神混生，经天营地"，《原道训》称"泰古二皇，得道之柄，立于中央，神与化游，以抚四方。是故能天运地滞，轮转而无废，水流而不止，与万物终始"。俱道伏羲、女娲定天奠地之绩。这些内容虽然已显得隐晦莫测而难以探赜，却自是对帛书创世章所体现的古史观与创世观的继承。东汉武梁祠画像题记云："伏戏仓精，初造王业，画卦结绳，以理海内。"称述其为最早的创世神祇，尚与《周易·系辞》的思想一致。

女娲定立天地、化育万物的事迹显然有着日臻具体化的趋势，这种趋势事实上使原始的创世观念愈来愈有失真实。《淮南子·览冥训》在叙述"虑戏氏之道"时云：

图2—4　麹氏高昌伏羲、女娲帛画

　　往古之时，四极废，九州裂，天不兼覆，地下周载，火爁炎而不灭，水浩洋而不息，猛兽食颛民，鸷鸟攫老弱。于是女娲炼五色石以补苍天，断鳌足以立四极，杀黑龙以济冀州，积芦灰以止淫水。苍天补，四极正，淫水涸，冀州平，狡虫死，颛民生。……考其功烈，上际九天，下契黄垆，名声被后世，光晖重万物。

似乎当时天地已成，女娲只是在天地有所亏缺之时才补天奠地，立了天的四极支柱，定了冀州的大地，并治洪水。事实已由伏羲、女娲定立天道演化为女娲补天。

在《淮南子·天文训》中还记载着另一则传说：

> 昔者共工与颛顼争为帝，怒而触不周之山，天柱折，地维绝。天倾西北，故日月星辰移焉；地不满东南，故水潦尘埃归焉。

表明远古之时曾经有过共工与颛顼争帝致使天地亏损的事情。事又见载于《淮南子·原道训》，文云：

> 昔共工之力，触不周之山，使地东南倾。与高辛争为帝，遂潜于渊，宗族残灭，继嗣绝祀。

共工之敌又由颛顼一变而为高辛氏帝喾①。不过我们可以清楚地看到，《览冥训》中所述女娲补天之事其实与共工颛顼之争并没有关系，而《天文训》中所记之传说也与女娲毫不相干。然而，女娲既是因天地亏缺而补天，这亏缺也就定要有个原因。于是后人开始把这两则本无干系的传说牵强地凑合在一起，愈扯愈远。王充在《论衡》中指斥它的虚诞，不过也使我们有机会了解了这种虚诞。《谈天篇》记道：

> 儒书曰：共工与颛顼争为天子，不胜，怒而触不周之山，使天柱折，地维绝。女娲销炼五色石以补苍天，断鳖足以立四极。天不足西北，故日月移焉；地不足东南，故百川注焉。此久远之文，世间是之言也。

《顺鼓篇》记道：

> 传又言共工与颛顼争为天子，不胜，怒而触不周之山，使天柱折，地维绝。女娲消炼五色石以补苍天，断鳖之足以立四极。

王充所闻源于儒传，且将其视为"久远之文"，想必此说流传甚广。将这个传说与帛书创世章对读，我们只能承认其中虽然确有某些合理的成分，但却

---

① 后世又有共工与祝融争战导致女娲补天的传说，见司马贞《三皇本纪》。

远非先秦创世观的原型，而汉初文献《淮南子》所记之传说应与帛书更为接近。

帛书讲述天地的形成并不是一个自然演化的过程，这与至少在汉代已经形成的宇宙观存在一定距离。《淮南子·天文训》云：

> 天墜未形，冯冯翼翼，洞洞灟灟，故曰太昭。道始于虚霩，虚霩生宇宙，宇宙生气。气有涯垠，清阳者薄靡而为天，重浊者凝滞而为地。清妙之合专易，重浊之凝竭难，故天先成而地后定。天地之袭精为阴阳，阴阳之专精为四时，四时之散精为万物。积阳之热气生火，火气之精者为日；积阴之寒气为水，水气之精者为月。日月之淫为精者为星辰。天受日月星辰，地受水潦尘埃。昔者共工与颛顼争为帝，怒而触不周之山，天柱折，地维绝。天倾西北，故日月星辰移焉；地不满东南，故水潦尘埃归焉。天道曰圆，地道曰方。

《天文训》的这种将天地的本源视为气的观念已经十分进步，这种思想甚至可以追溯到先秦时期[①]。帛书的创世观则与此不同，分析帛书创世章全篇并借助《览冥训》所记女娲补天的传说可以看到，天道虽先于地道而定，次序不错，但圆形的天——准确地说应称天盖——却是由五根柱子支撑起来的，这说明伏羲、女娲定立天道的过程，实际也就是他们立柱撑起天盖的过程。五柱立于东西南北中五方，但五方尚没有最终固定下来，故天盖虽立却并不端正，遂有天柱折、地维绝而天倾西北的传说。其后伏羲、女娲的四个孩子——四神——定立四时，推动天盖运转，并护守五柱的精气，奠定三天、四极，才使天盖得以正常地运转，四方得以端正，系统地完成了立天立地的工作。四神虽是女娲的后代，但他们的工作与女娲已经没有关系，这是文献失载的重要史料，同时也是澄清所谓女娲补天神话的关键线索。不难发现，《天文训》所记共工与颛顼争帝，致使天柱折断，天盖倾斜，遂有日月星辰的行移，所以这场争斗实际只是天盖得以运转的原因，而推动天盖运转的工作在帛书中却正是由四神完成的。不仅如此，四神在完成推动天盖运转的同

---

① 郭店战国楚简《太一生水》："太一生水，水反辅太一，是以成天。天反辅太一，是以成地。……下，土也，而谓之地。上，气也，而谓之天。"见荆门市博物馆《郭店楚墓竹简》，文物出版社1998年版。

时，并捍卫五天柱之精气，使其不致朽损，又可与《览冥训》所记女娲"断鳌足以立四极"的传说巧相印证。很明显，如果说共工与颛顼争帝的传说是古已有之的神话，那么这个神话也只能与四神巩固天柱、推动天盖运转的活动互为因果，而不会是女娲补天的原因。同时帛书也清楚地表明，所谓女娲补天的传说，事实上乃是伏羲、女娲定立天地以及其四子巩固天地的先秦创世观的融合与讹变。

女娲的另一项劳绩是化育万物，王逸《楚辞章句》："传言女娲人头蛇身，一日七十化。"而帛书言伏羲、女娲"是格参化"，意也即参错阴阳，万物化生。知其时天地奠定，已有阴阳的区分。《周易·系辞》述伏羲始作八卦，别为阴阳。帛书创世章在谈到大禹治水时，也表述了万物具有阴气阳气的思想。因此，女娲化育万物实际就是使阴阳和洽协调。《淮南子·本经训》："天地之合和，阴阳之陶化万物，皆乘人气者也。"高诱《注》："天地合和其气，故生阴阳，陶化万物。"故阴阳和则万物生。

女娲化育万物，为万物之主，因此也就出现了女娲创造人类的神话。《淮南子·说林训》云：

> 无古无今，无始无终，未有天地而生天地，至深微广大矣。……黄帝生阴阳，上骈生耳目，桑林生臂手，此女娲所以七十化也。

高诱《注》："黄帝，古天神也。始造人之时，化生阴阳。上骈、桑林，皆神名。女娲，王天下者也。七十变造化。此言造化治世，非一人之功也。"高诱以女娲为王天下者，其群下黄帝、上骈、桑林之辈助其造化与治世，非由女娲一人之力，但造人却是其一日七十化中的一项。黄帝负责造人体的阴阳区别，即分别男女的不同，上骈负责造耳目，桑林负责造手臂。这一说法到东汉时期又有了新的发展。《太平御览》卷七八引《风俗通义》云：

> 俗说天地开辟，未有人民，女娲抟黄土作人，剧务，力不暇供，乃引绳于泥中，举以为人。故富贵者，黄土人；贫贱凡庸者，绠人也。

显然在东汉时期，人们仍相信人类是由女娲所造，万物是由女娲所化，而这些思想都统统可以追溯到帛书之中。创造人类毕竟是一件繁重的工作，于是后世又有女娲创置婚姻制度的传说。《绎史》卷三引《风俗通义》云：

女娲祷祠神祈而为女媒，因置昏姻。

这样，女娲在奠定天地及造人之后又创设了婚姻制度，从此以后的人类就无须她自己动手制造了①。

伏羲、女娲定立了天地，但这时的天并没有运转起来，地也没有敷平戡划，因此这充其量也只能表明当时的人们开始对天和地有了初步的概念，而并不像过去那样对它浑沌不分、茫然无知了。天地形成以后，接下去的工作便是如何对它们进行布测戡划。帛书系统讲述了禹、契在这方面的功绩，这也是在传统文献中难以读到的。

帛书言禹、契"法兆"天地，明确讲到天地在定立之后由这两位神祇规定了它们的大小范围。"法兆"之"兆"意为分画经界，也就是《尚书·尧典》"肇十有二州"之"肇"。"法"意则为典法，是说天地的经界一旦划定则成为典制，不能轻易更动。"兆"的义训大概来源于占卜灼龟之坼，其后引申为划分区域。《大戴礼记·曾子天圆》："龟非火不兆。"《周礼·春官·大卜》："掌《三兆》之法，一曰《玉兆》，二曰《瓦兆》，三曰《原兆》。其经兆之体皆百有二十，其颂皆千有二百。"郑玄《注》："兆者，灼龟发于火，其形可占者，其象似玉瓦原之罍罅，是用名之焉。"又《卜师》："掌开龟之四兆，一曰方兆，二曰功兆，三曰义兆，四曰弓兆。"黄以周云："四兆谓龟兆。"又《占人》："凡卜筮，君占体，大夫占色，史占墨，卜人占坼。"郑玄《注》："体，兆象也。"《礼记·玉藻》："君定体。"郑玄《注》："定体，视兆所得也。"兆所得，则有象可见，是兆象即象。《国语·吴语》："天占既兆。"韦昭《注》："兆，见也。"《周易·系辞上》："见乃谓之象。"韩康伯《注》："兆见曰象。"故"法兆"犹言法象也。《周易·系辞上》："是故法象莫大乎天地。"李鼎祚《集解》引瞿氏曰："见象立法，莫大过天地也。"兆象即有天地五行之象②，故法象而立制，乃占龟决疑之法之创也。古以伏羲作八卦，

---

① 顾颉刚：《三皇考》，《古史辨》第七册中编，上海古籍出版社 1982 年版。

② 《左传·哀公九年》："晋赵鞅卜救郑，遇水适火。"孔颖达《正义》引服虔云："兆南行适火。卜法，横者为土，直者为木，邪向经者为金，背经者为火，因兆而细曲者为水。"《周礼·春官·占人》贾公彦《疏》："云体兆象也者，谓金木水火土五种之兆。言体言象者，谓兆之墨纵横，其形体象以金木水火土也。凡卜欲作龟之时，灼龟之四足，依四时而灼之。其兆直上向背者为木兆，直下向足者为水兆，邪向背者为火兆，邪向下者为金兆，横者为土兆，是兆象也。"与服说小异。又见《唐六典·大卜令职》。

是知筮法起源甚早。而龟卜之创或可与禹、契联系起来。《汉书·五行志》："刘歆以为虑戏氏继天而王，受河图，则而画之，八卦是也。禹治洪水，赐洛书，法而陈之，《洪范》是也。"洛书又名龟书，《春秋说题辞》："河以通乾出天苞，洛以流坤吐地符，河龙图发，洛龟书成。"此已为安徽含山凌家滩出土之玉龟版所证实，则龟书似与龟卜有关。《诗·大雅·绵》："爰始爰谋，爰契我龟。"毛《传》："契，开也。"《周礼·春官·菙氏》："掌共燋契，以待卜事。"杜子春云："契谓契龟之凿也。"是契当即钻凿之类。契龟之契古乃溪纽脂部字，商契之契经传多作"契"，或作"偰"、"卨"，古乃溪纽月部字，两字双声，韵也相近，读音相同。故商契之名似亦源于契龟之事。由帛书"法兆"之文推测，古似以禹、契为龟卜之法的发明者。

　　古凡大事，必命龟决疑。《礼记·曲礼上》："为日，假尔泰龟有常，假尔泰筮有常。"郑玄《注》："大事卜，小事筮。"《周礼·春官·大卜》："凡国大贞，卜立君，卜大封，则眡高作龟。"大封即正封疆境界。《周礼·春官·大宗伯》："大封之礼，合众也。"郑玄《注》："正封疆沟涂之固。"禹画天地之广狭，义犹大封，当以龟卜而定。《尚书·洪范》："鲧则殛死，禹乃嗣兴。天乃锡禹洪范九畴，彝伦攸叙。"伪孔《传》："天与禹，洛出书，神龟负文而出，列于背，有数至于九。禹遂因而第之，以成九类，常道所以次叙。"九畴即《洪范》的九部大法，以九部大法皆书于龟背，显系妄说。隋萧吉《五行大义》以为九畴常道与它们在龟背上的方位有密切关系，并引《黄帝九宫经》以配之，似乎九畴即来源于九宫。将此与《春秋纬》及含山玉龟版龟书的事实对观，九畴、九宫与龟的联系应是毋庸怀疑的。盖古人以为圣人当以龟背兆纹为法而立九宫，定九畴。《说文·川部》："一曰州，畴也。"似禹分九州、定九天也受兆纹分域的启发，仿效龟兆之象画定九州、九野之疆界。或以龟有天地之象，故以其为喻。

　　《拾遗记》卷二云："禹尽力沟洫，导川夷岳。……玄龟，河精之使者也。龟额下有印，文皆古篆，字作九州山川之字。禹所穿凿之处，皆以青泥封记其所，使玄龟印其上。今人聚土为界，此之遗象也。"文虽荒诞，却非空穴来风。《拾遗记》卷二有"鲧自沉于洞渊，化为玄鱼，……见者谓为河精"的玄谈，与玄龟为河精之说相应，知禹定九州确与龟有关。鲧与龟的关系又很密切。《天问》："鸱龟曳衔，鲧何德焉？顺欲成功，帝何刑焉？承遏在羽山，夫何三年不施？"洪兴祖《补注》："此言鲧违帝命而不听，何为听鸱龟之曳衔也？"是鲧之治水自有鸱龟的指引，则禹法兆而定九州，似来源于这则神话。

帛书言禹、契下司土壤，是说其分定九州之事。禹得契辅佐，勤于水土，经行甚广，经传称之为禹迹。

> 秦公簋：罴宅禹之蹟。
>
> 《诗·商颂·殷武》：天命多辟，设都于禹之绩（蹟）。
>
> 《诗·大雅·文王有声》：丰水东注，维禹之绩（蹟）。
>
> 《尚书·立政》：以陟禹之迹。
>
> 《逸周书·商誓》：登禹之绩（蹟）。
>
> 《左传·哀公元年》：复禹之绩（蹟）。

禹在禹迹上辛劳，画定九州。

> 《左传·襄公四年》引《虞人之箴》：芒芒禹迹，画为九州，经启九道。
>
> 《尚书序》：禹别九州，随山浚川，任土作贡。
>
> 《诗·商颂·玄鸟》：奄有九有（毛《传》："九有，九州也。"《韩诗》作"奄有九域"。韩说曰："九域，九州也"）。
>
> 《诗·商颂·长发》：洪水芒芒，禹敷下土方。外大国是疆，幅陨既广。有娀方将，帝立子生商。帝命式于九围（毛《传》："九围，九州也。"孔颖达《正义》引王肃云："外，诸夏大国也。京师为内，诸夏为外。言禹外画九州境界"）。
>
> 叔夷钟：夷典其先旧及其高祖，虩虩成唐（汤），有严在帝所，溥受天命，遍伐夏后，敗厥灵师，伊少（小）臣唯辅，咸有九州，处禹之土。
>
> 《山海经·海内经》：禹鲧是始布土，均定九州。……洪水滔天。鲧窃帝之息壤以埋洪水，不待帝命。帝令祝融杀鲧于羽郊。鲧复生禹，帝乃命禹卒布土以定九州。

很明显，华夏各族都自认为居住在禹所敷布的土地上，而禹对九州的划分事实上则是对大地范围的规定，这反映了早期人类所具有的原始地理观。

帛书称禹、契在范围大地的同时还将天盖划分为九区，定立九天，并对天周的广狭度数进行了步算，这一点除帛书阐述得最为明确外，传世文献也有一些反映。《左传·僖公二十四年》引《夏书》云："地平天成。"文入伪《古文尚书·大禹谟》，是载帝因禹陈九功而叹美之，曰："俞！地平天成，六府三事允治，万世永赖，时乃功。"伪孔《传》："水土治曰平，五行叙曰成。"孔颖达《正义》："禹平水土，故水土治曰平。五行之神佐天治物，系之于天，故五行叙曰成。"均未得的解。《大戴礼记·五帝德》言禹"平九州，戴九天"，与帛书契合。《史记·夏本纪》引此经则作"载四时"，以四时释九天，已不明真义。然太史公读"戴"为"载"，是也，故《五帝德》之"戴九天"当读为"载九天"。《国语·周语上》："奕世载德。"韦昭《注》："载，成也。"《小尔雅·广诂》："载，成也。"《白虎通·四时》："载之言成也。"是"载九天"意即成九天，故"地平天成"即言禹平九州，成九天。与帛书对读，知此乃对禹下司土壤，敷布九州，上成九天，且步算天数，定立天周度数作为的颂赞。

秦汉以后，禹、契治理天周的事迹并没有像他们治理大地的事迹那样得以广泛流传，如果没有帛书创世章的记载，上述文献中的零星材料肯定不足以唤起人们对这种先秦创世史的记忆，从而抹杀了禹、契在这方面的功绩。大地敷平划定，人们便可安居乐业，这是关系到人类切身利害的大事，因而禹平水土的故事得以广泛传扬。天周的广狭度数划定之后，天象观测也才有可算度的依据，但天文占验毕竟只为少数统治者所垄断，因此相关的创世神话便逐渐湮没无闻。《山海经·海外东经》云：

> 帝命竖亥步，自东极至于西极，五亿十选九千八百步。……一曰禹令竖亥。一曰五亿十万九千八百步。

将步算天地之事归于大禹一系，可以明显看出留有帛书创世观的痕迹。《太平御览》卷八一引《春秋运斗枢》云：

> 舜以太尉受号，即位为天子。五年二月东巡狩。至于中州，与三公诸侯临观河洛。有黄龙五采，负图出，置舜前，蹙入水而前去。图以黄玉为匣，如柜，长三尺，广八寸，厚一寸，四合而连有户，白玉检，黄金绳，芝为泥，封两端，章曰"天黄帝符玺"五字，广袤各三寸，深四分，鸟文。舜与大司空禹、临侯望博等三十人集发。图玄色而绨状，可

> 舒卷，长三十二尺，广九寸，中有七十二帝地形之制，天文位度之差。

讲得活灵活现。文中虽多荒诞不经之辞，但说禹受图的内容有地形之制及天文位度之差，似乎确有对先秦创世思想的继承。《拾遗记》卷二也有类似的记载：

> 禹凿龙关之山，亦谓之龙门。至一空岩，深数十里，幽暗不可复行。禹乃负火而进。……禹计可十里，迷于昼夜，既觉渐明，见向来豕犬变为人形，皆著玄衣。又见一神，蛇身人面。禹因与语。神即示禹八卦之图，列于金版之上。又有八神侍侧。禹曰："华胥生圣子，是汝耶？"答曰："华胥是九河神女，以生余也。"乃探玉简授禹，长一尺二寸，以合十二时之数，使量度天地。禹即执持此简，以平水土。蛇身之神，即羲皇也。

明确讲到伏羲授禹玉尺，使其度量天地。帛书记禹在伏羲之后晷天步数，这里晷与玉尺前后契合，一脉相承。

禹为天神[①]，其为人主的神明化，契也应具有同样的身份，帛书中反映得都很清楚。禹、契下司土壤，上步天周，故而"上下腾传"，往来上下于天地。《天问》："禹之力献功，降省下土四方。"洪兴祖《补注》："降，下也。"是言禹自天而降，下司水土，将禹视为天神，与帛书所记正合。《诗·商颂·玄鸟》："天命玄鸟，降而生商。"毛《传》："春分，玄鸟降汤之先祖。有娀氏女简狄，配高辛氏帝，帝率与之祈于高禖而生契，故本其为天所命，以玄鸟至而生焉。"《诗·商颂·长发》："有娀方将，帝立子生商。"顾镇《虞东学诗》云："帝立子生商，立如'天立厥配'之立，子如'大邦有子'之子，生商义同《玄鸟》篇，谓生契也。契始封商，生契所以生商也。"马瑞辰《通释》："此诗'帝立子生商'，亦谓立有娀之女子为妃而生契，因契受封于商，遂以生契为生商耳。"早期文献中的"帝"均指天帝，契虽为商之始祖，但为天帝所生，应该反映了契作为人王而向天神的转变，这种转变当然富有宗教的意义。

帛书在阐明禹、契"地平天成"之后，则叙述了禹得契的辅佐平治水土

---

① 顾颉刚：《与钱玄同先生论古史书》、《讨论古史答刘胡二先生》，俱载《古史辨》第一册中编，上海古籍出版社 1982 年版；刘起釪：《我国古史传说时期综考（上）》，《文史》第二十八辑，中华书局 1987 年版。

的传说，其中许多细节可与文献所记相互印证。值得注意的是，帛书明言大禹导山浚川系依靠山川四海本身具有的阴气阳气的帮助，则为传世文献所不载。不过《国语·周语下》在记述共工与鲧相继治水失败后有着这样一段记载，很值得玩味：

> 其后伯禹念前之非度，釐改制量，象物天地，比类百则，仪之于民，而度之于群生，共之从孙四岳佐之，高高下下，疏川导滞，锺水丰物，封崇九山，决汩九川，陂鄣九泽，丰殖九薮，汩越九原，宅居九隩，合通四海。

韦昭《注》："共，共工也。从孙，昆季之孙也。四岳，官名，主四岳之祭，为诸侯伯。佐，助也。言共工从孙为四岳之官，掌帅诸侯，助禹治水也。"韦昭的注释将神话作为信史看待，自不成理。然而《周语》云禹治水得四岳相助，似与帛书的古史系统有关。四岳之"四"于先秦文字作"𝍦"，与"大"字作"𠆢"似形近而讹，故"四岳"本可为"大岳"。大岳佐禹治水当然不能是指山岳本身，而只能指禹凭依山川之气疏川导滞。文中又述及"合通四海"，也可与帛书比观。

天地开辟并规划之后，四时便相继而生。帛书所讲的四时并非指春夏秋冬四季，而应是指春分、秋分、夏至和冬至四个时间标记点。分至由四神所司，四神便为分至之神。帛书讲到他们为伏羲、女娲所生，与文献记载相合。《尚书·尧典》云：

> 乃命羲和，钦若昊天，历象日月星辰，敬授人时。分命羲仲，宅嵎夷，曰旸谷。……申命羲叔，宅南交。……分命和仲，宅西，曰昧谷。……申命和叔，宅朔方，曰幽都。

陆德明《释文》引马融云："羲氏掌天官，和氏掌地官，四子掌四时。"羲即伏羲之省，和即女娲之省变①。四子为四时官守，同系伏羲、女娲的后嗣。四子的名字分别为春分神羲仲、夏至神羲叔、秋分神和仲、冬至神和叔（图2—5）。不过对照更早的商代卜辞资料，四子则有另一套更为简单的名

---

① 李零：《长沙子弹库战国楚帛书研究》，中华书局1985年版，第67页。

图2—5　《尚书·尧典》四子图

字——析、因、彝、几，他们分别住在东、南、西、北很远的叫作旸谷、南交、昧谷和幽都的地方，精心掌管着春分、夏至、秋分和冬至。

帛书称四时产生于日月出现之前，这个次序与《尧典》不同。日月尚未产生，分至当然只能靠四神在天盖上轮流步算而得，《尧典》所述四神居住于东西南北四至之旸谷、昧谷云云，似乎可以视为这种古老观念的孑遗。况且当时日行轨迹——三天——尚未由四神奠立，显然，四时的取得也不可能依靠太阳而定。事实上，禹、契已先于四神将天周的广狭度数裁定，这使四神步算四时成为可行的工作。很明显，这一创世过程在逻辑上十分严密。四神先于太阳为人类掌握四时，这是明显不同于传统认识的原始创世观。

从宇宙浑沌不分到四时诞生大致经历了四个阶段："梦梦墨墨，盲章弼弼"，这是宇宙浑沌无际的状态；其后伏羲、女娲分立天地，禹、契戡划天地，终使地平天成，这是天地的开辟；天地分立自有阴阳之别，而万物之化育也为阴阳之协和，这是阴阳的形成；最后四神定立四时，完成了创造世界的第一步工作。这一创世过程充分体现了中国传统的哲学思想。《礼记·礼运》："必本于太一，分而为天地，转而为阴阳，变而为四时。"《淮南子·天文训》："天地以设，分而为阴阳。阳生于阴，阴生于阳。阴阳相错，四维乃通。或死或生，万物乃成。"与帛书体现的创世思想吻合无间[①]。《淮南子·诠言训》："洞同天地，浑沌为朴，未造而成物，谓之太一。"太一借喻天地未分之混沌元气，这也正是帛书作者所认为的宇宙的原始。

天覆地载，天盖当然是由天柱支撑起来的。《淮南子·览冥训》："于是女娲炼五色石以补苍天，断鳌足以立四极。"高诱《注》："天废顿，以鳌足

---

① 《文子·九守》："老子曰：天地未形，窈窈冥冥，浑而为一，寂然清澄，重浊为地，精微为天，离而为四时，分而为阴阳。"次序略有不同，似为传抄之误。

柱之。"《天问》："八柱何当？东南何亏？"则以为撑天者有八柱。帛书所记
与此不同，而以青木、赤木、黄木、白木、墨木五色木为天柱，分配五方。
其中四方之木皆详其名，且有长幼之分，亦与四神有关。四木绘于帛书四
角，当是天柱最初所立的位置。《淮南子》谓共工触折天柱，故天向西北倾
斜，证明天柱确立于地之四隅。中央黄木既不见于帛书，也无详名，可能有
它特殊的意义。纳西文《延寿经》在描写神人九兄弟和神女七姊妹开天辟地
的故事时这样讲道："在东方立起白海螺顶柱，在南方立起绿松石顶柱，在
西方立起黑玉顶柱，在北方立起黄金顶柱，在天地的中央立起顶天的铁
柱。"[1] 这种以五柱承覆天盖的传说虽然在汉文典籍中已无迹可寻，但与帛书
的记载却完全相同。不仅如此，在世界其他一些民族的传说中，例如从斯堪
的那维亚半岛的芬人（Finns）、拉普人（Lapps），北欧的 Samoyed，北亚的
阿尔泰诸群，直至北美的加州土人，天柱都常常与北极星加以联系，而且各
族多称北极星为天柱、金柱或铁柱[2]。这不仅与纳西族创世神话以中央天柱
为铁柱的传说相合，甚至在中国东方新石器时代文化中也完全可以找到这种
古老思想的渊源（详见第三章第二节）。因此，帛书的中央黄木是否可以作
为极星的象征，值得深思。

　　在建立天地四时的相当漫长的一段时间之后，日月才由帝俊创造而产
生。当时九州的地势不平，山陵顺应地势而倾斜，似乎乃由共工与颛顼争夺
帝位，盛怒而头触不周之山所致，这是其后四神巩固天地的原因。共工与颛
顼争帝之后，四神来到天盖之上，推动天盖围绕北极回环运转，并守护住撑
天五柱，使其精气不致散亡而损朽。接着四神又受炎帝和祝融之命，定立了
二分二至的日行轨道，将天盖用纲绳捆缚于地之四维，使其牢固而不可动
摇，并且勘定了东、南、西、北四方之正，最后炎帝告诫人们：如果不是九
天出现严重倾斜而失序，对天之威灵则不敢有所轻漫。这一切工作完成之
后，帝俊终于操纵着日月正常地运行了起来。

　　很明显，四神的上述巩固天地的作为基本上构成了后世女娲补天神话的
主要内容。但是由于《淮南子》所记共工争帝与女娲补天之事本不相干，因
此，后人虽然将这两则神话互为因果地合并了起来，但其中因共工之祸所造

---

　　[1]　李霖灿、张琨、和才：《么些象形文字延寿经译注》，《民族学研究所集刊》第八期，1959 年。

　　[2]　Uno Holmberg, Finno-Ugric, Siberian. *The Mythology of All Races*（C. J. A. MacCulloch ed.），Boston，M. Jones，1927. H. B. Alexander, North American. *The Mythology of All Races*（L. H. Gray ed.），Boston，M. Jones，1916.

成的麻烦，并没有在女娲这里彻底得到补救。《天文训》云："天柱折，地维绝。"天柱折断可以由女娲断鳌足以立四极得到修复，但地维绝是说拴系天盖的纲绳折断，然女娲对此却无所作为。帛书明言"维思缚"，则恰可与此相应。《天问》云："斡维焉系?"是问系天盖之纲维系在哪里，与帛书恰合。因此，帛书的记载不仅说明女娲补天神话的本质乃为四神巩固天地的传说，而且更以其叙事的丰富使文献的有关内容臻于完善。

分至四时日行轨道的奠定无疑是日月得以运行的前提，四神从此把司掌四时的任务交给了太阳，这反映了上古天文观的进步。共工触山致使天倾西北，所以日月星辰由东向西移动；地不满东南，因而水潦尘埃由西向东流泄。这虽出于神话，但是根据岁差计算得到的公元前 5000 年的天象却表明，当时的赤道圈确实向着西北倾斜。假如我们同时把中国地理西北高、东南低的特点考虑在内，那么这种"天倾西北"、"地不满东南"的天文地理现象显然早就被古人注意了①。

图2—6　东汉伏羲、女娲捧持日、月石刻画像（宜宾出土）

帝俊创造了日月，显然是主宰万物的天帝。相关神话见诸《山海经》，唯帛书人物前后分明，比《山海经》的传说更为系统。帝俊妻羲和生十日，常羲生十二月，常羲之名为羲和之变，而羲和则为伏羲、女娲的合称。事实上，伏羲主日、女娲主月的神话在汉代依然经常作为石刻作品的主题（图2—6）。《山海经·大荒西经》："帝俊生后稷。"郭璞《注》："俊宜为喾。"郝懿行《笺疏》："帝喾名夋，夋、俊疑古今字，不须依郭改俊为喾也。是帝俊即帝喾也。"《初学记》卷九引《帝王世纪》："帝喾，姬姓也。其母不觉，生而神异，自言其名曰夋。"《太平御览》卷八〇引作逡。《史记·五帝本纪》司马贞《索隐》引皇甫

---

① 郭店战国楚简《太一生水》："［是故天不足］于西北，其下高以强。地不足于东南，其上□□□。"见荆门市博物馆《郭店楚墓竹简》，文物出版社 1998 年版。沈括对于"天常倾西北，极星不得居中"的天文现象有过详细议论，见《宋史·天文志一》。

谶云："帝喾名夋也。"《大戴礼记·帝系》："帝喾卜其四妃之子，而皆有天下。上妃，有邰氏之女也，曰姜原氏，产后稷。"所记与《山海经》同。知帝俊与帝喾实为一人。《山海经·大荒东经》又云："帝俊生中容。"郭璞《注》："俊亦舜字，假借音也。"帝俊亦即帝舜。《山海经·大荒南经》："帝俊妻娥皇，生此三身之国，姚姓。……有渊四方，四隅皆达，北属黑水，南属大荒，北旁名曰少和之渊，南旁名曰从渊，舜之所浴也。"郭璞《注》："姚，舜姓也。"① 经于帝俊之下又云"舜之所浴"，明俊之为舜。又《海内经》云："帝俊生子八人，是始为歌舞。"袁珂引《朝鲜纪》："舜有子八人始歌舞。"也可为证。不营如此，俊、舜于其他诸细节也多有关联。如俊妻娥皇而舜亦妻娥皇；《海内经》"帝俊生三身，三身生义均"，义均即舜子商均。《路史·后纪十一》："女莹（女英）生义均，义均封于商，是为商均。"故学者多论俊、舜为一人②。是帝俊、帝喾、帝舜，三而一也③。

帝俊创造日月，四神则随后奠定日月所行移之轨道，故帝俊与四神的关系颇值得探究。帝俊的称谓采用"帝某"的形式，而不同于炎帝之称为"某帝"，知其本为帝。先秦文献中的"帝"字多指为天帝④，殷卜辞及殷周金文"帝"字的含义亦指天神。因此帝俊实即天神，乃帛书所提及诸神祇中地位最高的至上神。秦公簋铭云："十又二公在帝之坏。"十二公在天帝之周围，足见天帝的位置居于天之中央，所以帝即天帝，也就是天极帝星。天帝人格化之后，自然要有其形象特征。帝俊以"俊"为名，帛书作"夋"，当为本字，"俊"乃后起字。《说文·夂部》："夋，行夋夋也。一曰倨也。"《说文·允部》"鮥"字下云："夋，倨也。"《山海经·大荒东经》："有一大人踆其上。"郭璞《注》："踆，或作俊，皆古蹲字。"郝懿行《笺疏》："疑俊当为夋字之讹也。蹲踞其义同，故曰皆古蹲字也。"帝俊之名一作"逡"，"逡"、"踆"字通⑤。很明显，天神帝星当以蹲踞姿态为特点，故名帝夋。早期的帝

　　① 　参见《天问》、《左传·哀公元年》。
　　② 　袁珂：《山海经校注》，上海古籍出版社 1980 年版；刘起釪：《我国古史传说时期综考（下）》，《文史》第二十九辑，中华书局 1988 年版。王国维以殷卜辞之高祖夒为帝喾、帝舜（见氏著《殷卜辞中所见先公先王考》，《观堂集林》卷九），学者多疑之。王襄释"夒"为卨，见氏著《簠室殷契征文考释·帝系》，天津博物院 1925 年版。
　　③ 　郭沫若：《卜辞通纂》，《郭沫若全集·考古编》第二卷，科学出版社 1983 年版，第 259 片考释；《青铜时代·先秦天道观之进展》，《郭沫若全集·历史编》第一卷，人民出版社 1982 年版。
　　④ 　刘复：《"帝"与"天"》，《古史辨》第二册，上海古籍出版社 1982 年版。
　　⑤ 　《尔雅·释言》："逡，退也。"《文选·张平子东京赋》李善《注》引"逡"作"踆"。

星即为北斗，今天我们已有缘于良渚文化的礼玉上目睹了它的形象，具体问题留待第三章再做讨论。

帝俊之事迹与鸟的关系十分密切。《山海经·大荒东经》："有五采之鸟，相乡弃沙。惟帝俊下友。帝下两坛，采鸟是司。"言帝俊下与五采鸟为友。《大荒西经》："有五采鸟三名：一曰皇鸟，一曰鸾鸟，一曰凤鸟。""有五采之鸟仰天，名曰鸣鸟。爰有百乐歌舞之风。""有五色之鸟，人面有发。爰有青鸴、黄鹜、青鸟、黄鸟。"而《山海经》凡言帝俊之裔，也多述其役使四鸟。《大荒东经》云：

> 帝俊生中容，……使四鸟，豹、虎、熊、罴。
> 帝俊生晏龙，……食黍，食兽，是使四鸟。
> 帝俊生帝鸿，……黍食，使四鸟，虎、豹、熊、罴。
> 帝俊生黑齿，……黍食，使四鸟。
> 有蒍国，黍食，使四鸟，虎、豹、熊、罴（袁珂《校注》："蒍国或当作妫国。妫，水名，舜之居地也。妫国当即是舜之裔也。《山海经》帝俊即舜，则此蒍国（妫国）实当是帝俊之裔也"）。

《大荒南经》云：

> 帝俊妻娥皇，生此三身之国，……使四鸟。

帝俊为造日之主，故太阳则与帝俊有关。《淮南子·精神训》："日中有踆乌。"高诱《注》："踆，犹蹲也，谓三足乌。踆音逡。""踆"同"夋"，即帝俊本名。帝俊一名"逡"，"踆"、"逡"均乃"夋"字之后起，故此以帝俊之名附于日也。帝俊虽然创造了太阳，但是如果太阳的行移轨道不曾奠定，帝俊也无法使之运行。古人认为，太阳的运动乃由赤乌载负而行，而帛书则称四神奠定三天——分至日行轨道，从而使太阳的运行成为可能。这些线索显然可以将赤乌与四神有机地联系起来，就像文献所述太阳由赤乌相助而行一样，帛书向我们展示的则是四神助日而行的事实。这意味着四神的本质实际就是四鸟，而帝俊之裔役使四鸟的神话当然也应由此而来。四神为分至之神，本为四鸟。殷卜辞秋分之神名"彝"，《山海经》作"夷"，又作"噎鸣"。上古"彝"、"夷"属喻纽脂部字，"噎"属影纽质部字，影喻双声，脂质对转，同音可通。"嘻"字缀以"鸣"，似与鸟有关，其证一。殷卜辞冬至之神名"九"，即"旭"之本字，《山海经》作"鹓"，意为凤子，其证二。殷卜辞分至四时之风俱借凤鸟之"凤"，其证三。《左传·昭公十七年》："玄鸟氏，司分者也；伯赵氏，司至者也。"其证四。此皆四神本为四鸟传说之孑遗。鸟是负日的使者，这种观念至少来源于古人对于鸟知天时的理解。帝俊造日，而四神布设日行轨道并负日而行，事实上，四神虽把测度分至四时的任务交给了太阳，但太阳的运行依然要靠四神的负载才能完成。《山海经·大荒东经》："一日方至，一日方出，皆载于乌。"郭璞《注》："言交会相代也。"与帛书言四神相代而步岁如出一辙。

　　如果说帛书在四神步算四时之前描述的是一种纯粹意义上的开天辟地的神话的话，那么自此之后，帛书的字里行间便充满了鲜明的原始宗教色彩。首先，帛书讲述了以五色与五方的配置关系，中方黄木虽然在第一次阐述这种关系时未曾道明，那是将中方留给极星帝俊的刻意安排。帝俊之后又有炎帝、祝融和共工，炎帝称为"某帝"而不同于帝俊之称，为五方之帝，地位显然低于天神帝俊。炎帝又称赤帝，神话中把他说成是五行之一的火神。《左传·昭公十七年》："炎帝氏以火纪，故为火师而火名。"祝融的世系比较复杂，《山海经》既将他视为炎帝的后代，也将他视为颛顼的后代。《山海经·海内经》："炎帝之妻，赤水之子听訞生炎居，炎居生节并，节并生戏器，戏器生祝融，祝融降处于江水，生共工。"而《大荒西经》则云："颛顼生老童，老童生祝融。"所记不同。包山楚简 217 号云：

　　　　墨祷楚先老僮、祝融、娲禽各一牂，甶攻解于不殆。

237 号云：

　　　　墨祷楚先老僮、祝融、娲禽各两羖[1]，享祭。

所载祝融世系乃颛顼之后，看来这种说法比较可靠。

　　祝融同炎帝一样，也是世传的火神。文献以为祝融即是重黎，曾作高辛氏

---

①　娲禽，李学勤先生释为鬻熊。见《论包山简中—楚先祖名》，《文物》1988 年第 8 期。

的火正，死后为火神之官。《山海经·大荒西经》："颛顼生老童，老童生重及黎，帝令重献上天，令黎邛下地。"郭璞《注》："祝融即重黎也，高辛氏火正，号曰祝融。"《左传·昭公二十九年》："颛顼有子曰犁，为祝融。"杜预《集解》："犁为火正。"又将祝融列为颛顼之子，但同为火正。重、黎本为二人，后因传说之演变，则以二人并为一人。《大戴礼记·帝系》："颛顼娶于滕氏，滕氏奔之子，谓之女禄氏，产老童。老童娶于竭水氏，竭水氏之子，谓之高緺氏，产重黎及吴回。"① 则以重黎为一人，而吴回为又一人。《山海经》及《世本》分重黎为二人②，而裴骃《史记集解》引徐广所称《世本》则又同《大戴礼记》③。黎即吴回。《潜夫论·志氏姓》："黎，颛顼氏裔子吴回也。"高诱《淮南子·时则训注》亦云："祝融，颛顼之孙，老童之子吴回也。一名黎，为高辛氏火正，号为祝融，死为火神也。"并以黎即吴回。《山海经·大荒西经》："有人名曰吴回，奇左，是无右臂。"郭璞《注》："吴回，祝融弟，亦为火正也。"《史记·楚世家》："楚之先祖出自帝颛顼高阳。高阳者，黄帝之孙，昌意之子也。高阳生称，称生卷章④，卷章生重黎。重黎为帝喾高辛火正，甚有功，能光融天下，帝喾命曰祝融。共工氏作乱，帝喾使重黎诛之而不尽。帝乃以庚寅日诛重黎，而以其弟吴回为重黎后，复居火正，为祝融。"则以重、黎相继为火官，皆名祝融。《国语·楚语下》："颛顼受之，乃命南正重司天以属神，命火正黎司地以属民。"韦昭《注》："南，阳位。正，长也。"南位配以五行之火，故太史公之说似有来源。中国的古文献普遍以炎帝为南方之帝，祝融为帝佐，主配南方，将他们视为同一系统的神祇。《吕氏春秋·孟夏纪》："孟夏之月，其日丙丁，其帝炎帝，其神祝融。"高诱《注》："丙丁，火日也。炎帝以火德王天下，死托祀于南方，为火德之帝。祝融为高辛氏火正，死为火官之神。"五行以火配夏，又配南方，与楚国地居南方的形势相同，所以帛书称祝融受命于炎帝，遣四神奠定三天四极，正体现了这种传统思想。

　　共工作为祸乱历纪的魁首，有关内容，帛书和文献的记载也相一致。

---

　　① 《山海经·大荒西经》郭璞《注》引《世本》："颛顼娶于滕璜氏，谓之女禄，产老童也。"与《大戴礼记·帝系》所记全同。

　　② 《山海经·大荒西注》郭璞《注》引《世本》："老童娶于根水氏，谓之骄福，产重及黎。"

　　③ 裴骃《集解》引徐广曰："《世本》云老童生重黎及吴回。"

　　④ 裴骃《集解》引谯周云："老童即卷章。""老童"又称"耆童"。《山海经·西山经》："骢山，神耆童居之。"郭璞《注》："耆童，老童，颛顼之子。""老"、"耆"形近而讹。江陵王家台秦简《归藏》："而支占老考，老考占之曰。"《博物志·杂说上》引《归藏》："而枚占耆老，耆老曰。"是"老"、"耆"互讹之证。"老童"之作"卷章"，也形近而讹。

《国语·周语下》载共工虞于湛乐，淫失其身，致使祸乱并兴，讲得还很笼统。《淮南子·天文训》说他头触不周山，使天柱折，地维绝，故天倾西北，日月星辰移焉，则是有关他祸乱天文的劣迹。帛书认为，太阳年（365日）与太阴年（355日）之所以长度不同，其岁实相差的十日是因共工步算历日过大所致；朔晦月见、历纪误差也是因共工导致七曜运行失序的结果。看来古人曾经有过这样的认识，共工虽使天倾西北而导致了日月星辰的行移，但当时众星的行移次序却是混乱的。所以才有后来四神建置闰法，迎送日月而使日月星辰行移有常的工作。

共工夸步十日而出现所谓"阳之馀"，这则神话恐与夸父逐日的传说有关。《山海经·海外北经》云：

> 夸父与日逐走，入日。渴欲得饮，饮于河渭。河渭不足，北饮大泽。未至，道渴而死。弃其杖，化为邓林。夸父国[①]，在聂耳东，其为人大，右手操青蛇，左手操黄蛇。邓林在其东，二树木。一曰博父。

夸父之名以义求之，当即大人。大人善走，与日竞逐，渴死道中，似乎夸父与太阳有一种特殊的关系。关于这一点，《山海经·大荒北经》记载得更明晰：

> 大荒之中，有山名曰成都载天。有人珥两黄蛇，把两黄蛇，名曰夸父。后土生信，信生夸父。夸父不量力，欲追日景，逮之于禺谷。将饮河而不足也，将走大泽，未至，死于此。

据此可知，夸父逐日实际追逐的正是太阳的影子[②]。《海外北经》说他死后弃其杖，化为邓林，高诱《淮南子·墬形训注》："邓，犹木。"甚是，经文明言"邓林二树木"。因此，夸父逐日实际就是古人对于先民立表测影历史的形象化追述。夸父测影暗示着人身测影的事实，而夸父所持之杖显然又可以

---

① 经本作"博父国"。郝懿行《笺疏》："（博父）或云即夸父也。《淮南·墬形篇》云夸父在其北，此经又云邓林在其东，则博父当即夸父。盖其苗裔所居成国也。"袁珂《校注》："博父国当即夸父国，此处博父亦当作夸父，《淮南子·墬形篇》云：'夸父耽耳在其北。'所谓是也。下文既有'一曰博父'，则此处不当复作博父亦已明矣；否则下文当作'一曰夸父'，二者必居其一也。"所论甚是。今径改。

② 郑文光：《中国天文学源流》，科学出版社1979年版，第38页。

理解为测影之表，反映了由人身测影向立表测影转变的历史。立表测影的目的之一是度量回归年的长度，这是太阳历的系统，岁实测定之后，才能比较出太阳年与太阴年的差馀。帛书将测得阳馀十日的工作归于共工，但描述他的测影过程却遣用"夸步"一词，与逐日夸父的称谓具有相同的寓意。

共工与夸父的关系也很密切。《大荒北经》讲述他们的世系时将夸父视为后土之孙，而后土在《海内经》及《春秋》内外传中却被视为共工之子，故夸父旧以为共工之裔。夸父为巨人，而神话中共工之力足以摧山，也非巨人莫属。因此根据帛书的内容分析，夸父逐日的神话很可能是从共工的有关传说中分化而成的。

太阳年与太阴年的周期差造成了布历的极大麻烦，于是置闰的方法便应运而生。帛书以为古代闰制乃四神所创，这个思想也可以在《山海经》中找到线索。《海内经》云：

> 共工生后土，后土生噎鸣，噎鸣生岁十有二。

噎鸣被作为共工之孙，似乎不妥。《大荒西经》云：

> 颛顼生老童，老童生重及黎。帝令重献上天，令黎邛下地，下地是生噎，处于西极，以行日月星辰之行次。

郝懿行以为文有缺脱，可从。噎即噎鸣，据此则为颛顼之裔。经言噎处西极，以司日月星辰之行次，故实即四神之一的秋分神。四神本为四鸟，噎又作噎鸣，前已言《山海经》以帝俊使四鸟，并与五采鸟为友。又据《大荒西经》："五采之鸟仰天，名曰鸣鸟。"郝懿行《笺疏》："鸣鸟盖凤属也。"知噎鸣与四神俱合。噎鸣生岁十有二，郭璞以为"生十二子皆以岁名名之"，似已脱离神话。"岁十有二"意即一岁之十二月。十二月以成岁，这是平年，并未涉及闰法。然帛书言四神建闰，故《海内经》言噎鸣生岁十有二，重在岁而不在月。一岁十二月乃常制，故如此言之。《尚书·尧典》在详述四神职守四时之后，继云："汝羲暨和，朞三百有六旬有六日，以闰月定四时成岁。"此"以闰月定四时成岁"者，当即《海内经》所言之噎鸣生岁十有二。唯《尧典》以闰制为羲和所创，而《国语·周语下》在讲述大禹釐改共工之祸时，其中一项功绩便是"时无逆数"，韦昭《注》："逆数，四时寒暑反逆也。"岁时失闰则必寒暑反逆，似闰制又由大禹所定。今以帛书证之，则为羲和——伏羲、女娲——之子四神所创。

四神创造世界的最后一项工作是拯救因共工造成的七曜失序的局面，并为此建立了恭祭日月的制度，且为后世所沿习。《尚书·尧典》云春分神羲仲"寅宾出日，平秩东作"，秋分神和仲"寅饯纳日，平秩西成"，即言四神恭敬地迎送日出与日入，辨察日月星辰始发与终行之次序，与帛书所记正合。古朝日夕月之礼沿行甚久，《国语·鲁语下》："是故天子大采朝日，……少采夕月。"韦昭《注》："以春分朝日，秋分夕月。《礼》：天子以春分朝日，示有尊也。"古人以为，因有四神恭祭日出日入，日月运行才守则有常，于是朝、昏、昼、夜分明矣。

殷墟卜辞日、夕对贞，日是白昼，夕是夜晚；朝、暮或朝、昏对贞，朝是旦明，暮、昏是黄昏。与帛书朝、宵、昼、夕分别对举相同，故帛书所体现的时辰观念相当古老。《淮南子·天文训》以日出于旸谷，经咸池、扶桑、曲阿、曾泉、桑野、衡阳、昆吾、鸟次、悲谷、女纪、渊虞、连石、悲泉、虞渊而入于蒙谷，分一日为十六时，皆四神负日而行所致，是对帛书以四神迎送日月始定时辰的观念的承传。

帛书创世章所描述的种种神话具有十分丰富的内涵，它不仅系统阐明了先秦古史观与创世观，而且也正是由于这种系统性，为我们了解中国古代天文学的起源给予了极大帮助。帛书显示，天地乃由伏羲娶女娲为妻之后才得以开辟，这意味着人类对于天地的认识似乎与一种固定的婚姻制度的产生同步出现，而最早的严格意义上的婚姻制度正是标志着母系氏族社会诞生的族外婚制，女娲作为古人心目中的女性祖先及婚制的创立者，也正可视为母系制诞生的标志。帛书所讲伏羲迎娶女娲，其实不过是后人以父系对偶家庭为模式对祖先生活的追忆而已。因此，大约在旧石器时代晚期，先民显然已具备了明确的天与地的概念。当然，这些概念应该适应着一种原始的对祖先神的景慕心理，它表现为早期先民对于人类生死异界的朴实的想象。事实上，这种想象不仅最终导致了天文学的产生，同时也造就了独具特色的原始宗教。

对于说明这些问题，考古学所能提供的证据相当充分。我们可以从山顶洞人在死者身上和周围刻意散布赤铁矿粉及随葬品的做法探寻到这种原始观念的滥觞，因为借助近代一些仍处于原始社会阶段的民族学资料可以知道，红色代表鲜血，是生命的来源和灵魂的寄所，人死之后，灵魂会离开肉体到另一个世界里去，过着和人间同样的生活，而以鲜血所代表的活着的灵魂应该升上天界。大约到公元前第五千纪，这种观念显然已经相当成熟。河南濮阳西水坡出土了属于这一时期的人骑龙遨游于星空的蚌塑造型，使我们有机会直观地感受到祖先灵魂升天的场景。而殷周时代留弃的大量卜辞及金文资料，更明确反映出天神上帝早已作为至上神受到先民们的普遍奉祀，那里无疑已被想象为祖先灵魂的归处。西周天亡簋铭云：

> 乙亥，王有大礼，王凡（般）三（四）方，王祀于天室，降。天亡又王，衣祀于王，丕显考文王，事喜上帝。文王德在上，丕显王乍省，丕緒王乍庚，丕克乞衣王祀。

铭中"上帝"即指天神，文谓文王在天上监临下土，这与《诗·大雅·文王》所云"文王在上，于昭于天。……文王陟降，在帝左右"一样，都以为文王死后升居天界。天亡簋为西周武王时代之重器，其时去文王未久，这样真实的文字记录不得不使我们相信，灵魂升天的思想在当时的社会中早已作为一种传统观念而深入人心。春秋叔夷钟铭云：

> 虩虩成唐（汤），有严在帝所。

文云成汤恭敬地在天帝左右。叔夷为殷人后裔，可以看出，殷遗民在追述自己祖先的时候也同样具有这种观念。不啻如此，我们在两周金文中可以读到大量的相关遗文。

> 牆钟：先王其严在帝左右。
> 狱簋：其格前文人，其濒在帝廷陟降。
> 狱钟：先王其严在上。
> 疾钟：卡皇祖考高对尔刺，严在上。
> 番生簋：丕显皇祖考穆穆，克慎厥德，严在上。
> 叔向父簋：其严在上。
> 士父钟：乍朕皇考叔氏宝蘙钟，用喜侃皇考，其严在上。
> 井人钟：用追孝侃前文人，前文人其严在上。
> 虢叔旅钟：皇考严在上，異（翼）在下。

晋侯稣钟：前文人其严在上，虞（翼）在下。

彝铭"上"即上天，"帝廷"同于"帝所"，都指上帝天神所居之处。《尚书·文侯之命》："追孝于前文人。"伪孔《传》："使追孝于前文德之人。"是知"前文人"乃对众先祖的统称。古人以为，祖先死后升于天庭，恭敬地侍候于天帝左右。猷簋之"濒"为"频"之异体。《国语·楚语下》："群神频行。"韦昭《注》："频，并也。言并行欲求食也。"故簋铭更明言众先祖并在帝廷而上下于天地①。《庄子·大宗伯》："傅说得之，以相武丁，奄有天下，乘东维，骑箕尾而比于列星。"陆德明《释文》引司马彪云："东维，箕斗之间，天汉津之东维也。《星经》曰：傅说一星在尾上，言其乘东维，骑箕尾之间也。"又引崔譔云："傅说死，其精神乘东维，托龙尾，乃列宿。今尾上有傅说星。"实际天象以傅说一星于尾、箕二宿之间。今见西汉星图上恰于尾、箕之间绘有傅说形象②，使我们有机会直观地领略傅说死后升天的景象。毋庸置疑，上述遗文可以使我们清楚地看到，古代先民于天神的拟人化及祖先的拟神化是相依并重的，两者的交流逐渐形成了天人合一的古老观念③。尽管殷周两代甚或其前的先民对天与天神的认识有所不同，但是，这种灵魂不灭而升居天庭的观念在整个中国传统文化中却是根深蒂固的。

　　古人对于天地的认识虽然是他们获取的一切天文知识中最初始的部分，但是随着生产实践的发展，这种对于天地的简单理解却在不断丰富。在原始农业出现之前，男子的社会分工主要是从事狩猎和捕鱼，这与帛书及《周易·系辞》讲到的伏羲"以佃以渔"的情景十分相符。其实，这种适时性劳动从一开始便或多或少地体现出劳动者对于掌握时间季节的渴望，尽管这种劳动对于时间的要求并不像农业生产对于农时的要求那样严格，因为渔猎活动可以终年从事并相互补充，而作物失时则无法补救。因此在农业发明之初，农业生产对于农时的需要便使得先民对于时间的辨识格外措意。学者普遍认为，原始农业的发明乃由女性通过长期的采集活动而逐渐完成，古人则以"神农耕而作陶"④，赋予了它鲜明的父权制色彩。历史上曾以伏羲、女

---

　　① 张政烺：《周厉王胡簋释文》，《古文字研究》第三辑，中华书局1980年版。
　　② 陕西省考古研究所、西安交通大学：《西安交通大学西汉壁画墓》，西安交通大学出版社1991年版。
　　③ 陈梦家：《古文字中之商周祭祀》，《燕京学报》第十九期，1936年。
　　④ 《太平御览》卷八三三引《周书》。

娲、神农并称三皇①，将神农排于女娲之后，似乎合乎历史的发展规律。《白虎通·号》云："古之人皆食禽兽肉，至于神农，人民众多，禽兽不足，于是神农因天之时，分地之利，制耒耜，教民农作，神而化之，使民宜之，故谓之神农也。"明确讲到农业的产生要"因天之时"。因此，天文学作为一种观象授时的神秘学问，它的进步严格地说应该伴随着原始农业的发展，这个时间在今天看来似乎可以追溯到新石器时代早期。

帛书中记述的十二位神人显然可以作为最早的天文官，至于帛书未曾提及的一些与天文占验有关的人物，则可据传世文献略作补苴。《世本·作篇》以羲和占日，常仪占月②，后益作占岁，臾区占星气，大挠作甲子，隶首作算数，伶伦造律吕，容成则综斯诸术而著历法。这些记载所要说明的问题十分清楚，它表明中国天文学的主要部分似乎在黄帝时代就已完成了。尽管我们现在还无法确知黄帝时代究竟能够古老到多久，但是种种迹象显示，中国传统天文学中的这些主要内容的起源确实相当古老。

第二节　上古巫觋历史的背景与实证

中国早期天文学在描述一般天体形成的同时，还具有强烈的政治倾向，这种倾向事实上体现了一种最原始的宇宙观。天地开辟之后如何建立天与地的联系，这是古人首先考虑的问题，而巫觋则是建立这种联系的有效人物。在中国天文学史与中国上古史中，巫觋以其独特的身份不仅操纵着天地时间，而且操纵着人间的权力。在读完下面的内容之后，我们将会看到，早期的宇宙世界经历了怎样一个由乱到治的变革，而中国天文学究竟具有哪些根本特点。

一、巫觋通天

自远古以来，尽管盖天家将天地的开辟视作是天盖与地舆的分离，但是，由于中国传统哲学中固有的阴阳学说的影响以及天文学自身的进步，气作为宇宙间基本要素的概念开始为人们相习接受，而从战国中期到西汉初

---

① 《春秋运斗枢》："伏羲、女娲、神农，是三皇也。"《春秋元命苞》："伏羲、女娲、神农为三皇。"

② 据《山海经·大荒西经》，知"常仪（仪）"当为"常羲"之讹。

期，这种思想显然已经相当成熟。《淮南子·天文训》对此有着系统的描述：在天地尚未形成的时代，一片浑沌无形的景象，古人将此称之为"太昭"。后来宇宙中出现了元气，元气中的清气飞扬上升为天，浊气凝滞下降为地，于是形成了天地。这种进步的天文观虽然为科学的天文学的发展奠定了基础，但是对于探讨中国古代的天文学思想却没有多大帮助。

古人认为，天与地在相继形成之后，天上的神与地上的人是无缘往来的。神居于天，民居于地，永相隔绝。当时，民之圣智者作为巫觋，或敬恭明神祈福为祝，或典司祭祀以为宗伯，又立五行之官，各尽其职，不相混淆，世界显得有序而宁静。民因歆神而知忠信，神以严威而有明德。但是到了少暤氏时代，九黎族开始作乱，他们破坏了旧有的礼法德行，让天上的神祇与地上的民众混居在一起，人人都有权力参加祭祀，家家户户都可以为巫接神，民与神没有尊卑之别，从而使祭祀再无法度可依，言行汗漫不拘，神祇也因此而失去了严威。于是土地荒芜而寸草不生，以致祭祀时都难觅供品，天灾人祸接踵而至。面对这种神人自由陟降于天地的混乱局面，颛顼乃命重为南正，司理天上的神灵，又命黎为火正，司理地上的民众，绝地天通，切断了天地间的往来交通，恢复了旧有的秩序，使天上的神祇与地上的民众再不能随意往还。从此，世上便只有巫觋可以通天达地，成为沟通天人意旨的唯一通人。《尚书·吕刑》云：

> 若古有训，蚩尤惟始作乱，延及于平民，罔不寇贼，鸱义奸宄，夺攘矫虔。……皇帝哀矜庶戮之不辜，报虐以威，遏绝苗民，无世在下。乃命重、黎绝地天通，罔有降格。

将败坏世风的责任推给了蚩尤。《国语·楚语下》对这段神话的记载则更为系统：

> 昭王问于观射父，曰："《周书》所谓重、黎寔使天地不通者，何也？若无然，民将能登天乎？"对曰："非此之谓也。古者民神不杂。民之精爽不携贰者，而又能齐肃衷正，其智能上下比义，其圣能光远宣朗，其明能光照之，其聪能听彻之，如是则明神降之，在男曰觋，在女曰巫。是使制神之处位次主，而为之牲器时服，而后使先圣之后之有光烈，而能知山川之号、高祖之主、宗庙之事、昭穆之世、齐敬

之勤、礼节之宜、威仪之则、容貌之崇、忠信之质、禋絜之服，而敬恭明神者，以为之祝。使名姓之后，能知四时之生、牺牲之物、玉帛之类、采服之仪、彝器之量、次主之度、屏摄之位、坛场之所、上下之神、氏姓之出，而心率旧典者为之宗。于是乎有天地神民类物之官，是谓五官，各司其序，不相乱也。民是以能有忠信，神是以能有明德，民神异业，敬而不渎，故神降之嘉生，民以物享，祸灾不至，求用不匮。及少皞之衰也，九黎乱德，民神杂糅，不可方物。夫人作享，家为巫史，无有要质。民匮于祀，而不知其福。烝享无度，民神同位。民渎齐盟，无有严威。神狎民则，不蠲其为。嘉生不降，无物以享。祸灾荐臻，莫尽其气。颛顼受之，乃命南正重司天以属神，命火正黎司地以属民，使复旧常，无相侵渎，是谓绝地天通。”

这部天地交通的历史说得已经足够清楚。韦昭对于“绝地天通”有着这样的解释：“绝地民与天神相通之道。”可见当时天地交通的道路已经被阻隔。《山海经·大荒西经》：“帝令重献上天，令黎邛下地。”郭璞《注》：“古者人神杂扰无别，颛顼乃命南正重司天以属神，命火正黎司地以属民。重寔上天，黎寔下地。”《周语·楚语下》：“重寔上天，黎寔下地。”韦昭《注》：“言重能举上天，黎能抑下地，令相远，故不复通也。”① 从此以后，交通天地的事情再不是一般民众所能企望的了，巫觋通天则成为传达神人意旨的唯一途径。

天与地的再次分离为巫觋通天赋予了特殊的职能，他们逐渐成为垄断天地交通的神秘人物。据《楚语》所载可知，古之巫觋必为有智聪明者充之，这从客观上为古代天文学的发展创造了条件。

远古时代名巫云集，新石器时代之巫祝遗物目前已有发现②。《山海经·海内西经》云：

　　开明东有巫彭、巫抵、巫阳、巫履、巫凡、巫相，夹窫窳之尸，皆操不死之药以距之。

---

① 公序本作“今相远”。
② 冯时：《敖汉旗兴隆沟红山文化陶塑人像的初步研究》，《孙作云百年诞辰纪念文集》，河南大学出版社 2014 年版。

《大荒西经》又云：

> 有灵山，巫咸、巫即、巫肦、巫彭、巫姑、巫真、巫礼、巫抵、巫
> 谢、巫罗十巫，从此升降，百药爰在。

群巫之名或有异写，郝懿行认为巫凡即巫肦，巫履即巫礼，巫相即巫谢[1]，仍不出十巫的范围。《山海经·海内南经》："氐人国在建木西，其为人人面而鱼身，无足。"《大荒西经》："有互人之国。炎帝之孙，名曰灵恝。灵恝生互人，是能上下于天。"互人即氐人，其能陟降天地，盖即巫抵。《大荒南经》："有载民之国。帝舜生无淫，降载处，是谓巫载民。巫载民肦姓，食谷，不绩不经，服也；不稼不穑，食也。爰有歌舞之鸟，鸾鸟自歌，凤鸟自舞。爰有百兽，相群爰处。百谷所聚。"巫载民既独得天恩，盖亦神之裔，似为巫肦之属。《世本·作篇》："巫彭作医。"《楚辞·招魂》："帝告巫阳。"也在此列。至于巫咸，文献记载则更为丰富。唯巫咸之子巫贤，不见于《山海经》。

巫觋必为聪颖饱学之士，是当时社会中特殊的知识阶层，这一史实于现存的民族学材料依然反映得相当清楚[2]。巫与医的关系十分密切，《山海经》载十巫均掌不死之药，《玉海》卷六三引《世本》："巫咸初作医。"《吕氏春秋·勿躬》："巫彭作医。"郭璞也以《山海经》之十巫俱为古之神医，但巫的这种本领与他们上下天地，宣达神旨人情的本质相比，不过馀技而已。

群巫缘灵山陟降天地，灵山当然就是架设在天地间的天梯。《山海经·海外西经》云：

> 巫咸国在女丑北，右手操青蛇，左手操赤蛇，在登葆山，群巫所从
> 上下也。

此登葆山，《大荒南经》又作登备之山。郭璞《注》："即登葆山，群巫所从上下者也。"《淮南子·墬形训》："巫咸在其北方，立登保之山。"登葆山立于巫咸之地，且群巫从此上下天地，实即天梯灵山。除灵山之外，巫觋通天所依凭者又有建木。《山海经·海内南经》云：

---

① 郝懿行：《山海经笺疏》，巴蜀书社 1985 年版。
② 如彝族的巫师毕摩及纳西族巫师东巴。

有木，其状如牛，引之有皮，若缨、黄蛇。其叶如罗，其实如栾，其木若菫，其名曰建木。在窦窳西弱水上。

《海内经》又云：

有木，青叶紫茎，玄华黄实，名曰建木，百仞无枝，有九欘，下有九枸，其实如麻，其叶如芒，大皞爰过，黄帝所为。

袁珂《校注》谓"大皞爰过"非经过此木，乃止下于此至于天，甚是。建木又见《吕氏春秋·有始》及《淮南子·墬形训》，《墬形训》云："建木在都广，众帝所自上下，日中无影，呼而无响，盖天地之中也。"高诱《注》："众帝之从都广山上天还下，故曰上下。"知建木也为巫觋通天之梯。巫觋既以灵山为通天之梯，又司医术，故《楚辞·九歌·云中君》云："灵连蜷兮既留。"王逸《章句》："灵，巫也。楚人名巫为灵子。"而汉字灵（靈）与医（毉）俱从"巫"字为意符，可见巫觋下宣神旨，上达民意，并以灵山与医术为其拥有的特殊道具与鸿术。

巫是通天达地的使者，因而也就自然充当了掌管天文的人物，这一点通过"巫"字的造字本义反映得格外清楚。甲骨文和金文的"巫"字写作"甶"，而矩尺的"矩"字则写作"乇"或"工"，显然，"巫"字是由两把矩尺交合而成的①，这其实是一种极有意义的组合。古人认为，方圆图形最初都是用矩这一种工具画成的，因为当时无疑还没有规。我们注意到，最早的伏羲女娲是共执矩尺的（图2—7）。而《周髀算经》告诉我们，"环矩以为圆，合矩以为方，方属地，圆属天，天圆地方"。显然，圆形的画法是采用一种以矩尺短端定准圆心，然后旋转矩尺的所谓"环矩"的方法完成的，而方形则只需简单地将矩尺对合。耐人寻味的是，矩虽仅仅是方圆画具，然而用它画出的这两种圆方图形竟恰恰就是天地的象征，况且"巫"字本身的造型也很有一点环矩、合矩的味道。显然，由于矩是测影之表的象征仪具，而立表测影则是掌握天象的基本手段。因此，矩作为掌握天地的象征工具，使用这种工具的人自然便是通天晓地的人。巫既是知天知地又是能

---

①　张光直：《商代的巫与巫术》，《中国青铜时代》二集，生活·读书·新知三联书店1990年版。

图2—7　东汉伏羲、女娲共执矩尺石刻画像

（山东嘉祥武梁祠）

通天通地的专家，所以用矩的专家就是巫师①。

正是由于这样的原因，巫在中国社会中逐渐确立了他无可取代的重要地位，这使中国早期天文学从一开始便具有鲜明的星占学特点和强烈的政治色彩。《周易·贲卦·彖传》："观乎天文，以察时变。"《系辞上》："天垂象，见吉凶。"这里的"天文"就是天象。中国古代的星占家相信，天体与人间社会可相互感应，天象的变化乃是上天对人间祸福的示警。这种独特的文化心理不仅促使统治者垄断一切天文占验，而且使他们不得不辛勤地观测天象，以便寻找天象与人事的某种联系。因此在古代中国，帝王通常都是最大的巫祝，他向人民传达天神的意旨，预卜吉凶，颁告天象和历法，拥有神秘的通天法术。换句话说，在相当长的时期内，古人始终奉行这样一种信条：只有拥有通达祖神意旨手段的人才真正具有统治的资格。天文学是古代政教合一的帝王所掌握的神秘知识，对于农业经济来说，作为历法准则的天文学

---

① 张光直：《商代的巫与巫术》，《中国青铜时代》二集，生活·读书·新知三联书店1990年版。

知识具有首要的意义，谁能把历法授予人民，他便有可能成为人民的领袖①。伏羲、女娲分执规矩，各尽指天画地之职，而他们正是以万物之祖的面目出现的。

中国古代天数不分，天文学与数学总是相伴而进。《周髀算经》："请问数安从出？商高曰：数之法出于圆方。圆出于方，方出于矩，矩出于九九八十一。"故知天地之本皆源于数。《山海经·海外东经》："帝命竖亥步，自东极至于西极，五亿十选九千八百步。竖亥右手把算，左手指青丘北。一曰禹令竖亥。一曰五亿十万九千八百步。"以此与楚帛书对读，彼云禹、契晷天步数，此言禹令竖亥步算，所言一事。禹、契上下天地而宣达腾传，显为大巫，竖亥亦然。巫觋作筮，筮法源于布数。凡此均可明古代巫觋实乃掌握天数之重要人物。

君王及官吏皆出自巫，这是中国上古史的显著特点，因而古代的政治领袖一定是作为群巫之长。史载五帝圣王皆睿明通智，这是为巫的首要条件。《尚书·尧典》记帝尧取代重、黎之后，一统天下，他立羲和之官，明时正度，后来并将这种授时立法的权力传给舜。《论语·尧曰》："尧曰：'咨！尔舜！天之历数在尔躬，允执其中。四海困穷，天禄永终。'舜亦以命禹。"《史记·历书》："其后三苗服九黎之德，故二官咸废所职，而闰馀乖次，孟陬殄灭，摄提无纪，历数失序。尧复逐重黎之后，不忘旧者，使复典之，而立羲和之官。明时正度，则阴阳调，风雨节，茂气至，民无夭疫。年耆禅舜，申戒文祖，云'天之历数在尔躬'。舜亦以命禹。由是观之，王者所重也。"这种古代帝王垄断天文占验，并将掌握历数变化的权力代代相授的传说或许过于理想，但它毕竟反映了上古时代政治领袖与巫觋的一种特殊联系。《周髀算经》："是故知地者智，知天者圣。"显然他们深深懂得，只掌握大地，充其量仅算得上智者，而掌握天宇的人不仅无愧于圣者的称号，也才能真正掌握人类。这种天文与权力的联系，古人理解得相当深刻。有趣的是，中国文化所表现出的这种巫觋执矩并最终享有统治特权的特点，在西方文明中也并非无迹可寻，事实上，他们同样把掌握矩尺的人与统治者相提并论。

矩尺在天文学上具有多方面的象征意义，不过它最初显然是与一种测度

① Joseph Needham，*Science and Civilisation in China*，Vol. Ⅲ，The Sciences of The Heavens，Cambridge University Press，1959.

日影的工具联系在一起的，并且后来成为原始的盖天理论的重要内容。上面的种种讨论都显示出，这种理论伴随着规矩与方圆的各种神话逐渐酝酿而形成。古人通过立表测影发明了勾股，又通过勾股重差的方法测量天周和大地，于是象征勾股的矩尺便渐渐成为方圆画具，而以此绘出的方圆图形又恰恰就是天地的形象，这其实使我们找到了矩尺这种天文工具之所以作为权力的象征的真正原因。

二、殷周时代的巫与王

殷周时期禀承前代传统，王与巫有着特别密切的关系。我们在楚帛书中已经领教了禹、契上下天地的本领，因此他们都应具有巫的独特身份。《法言·重黎》："昔者姒氏治水土，而巫步多禹。"李轨《注》："姒氏，禹也。治水土，涉山川，病足，故行跛也。禹自圣人，是以鬼神猛兽蜂虿蛇虺莫之螫耳，而俗巫多效禹步。"《帝王世纪》："故世传禹病偏枯，足不相过，至今巫称禹步是也。"是巫步也称禹步，乃以禹为大巫而祖之。契为商人先祖，其同于禹，为大巫自明。

由巫而及史官诸官，形成群巫集团，君王虽为政治领袖，同时也为群巫之长，这一点在商代卜辞中反映得已很清楚[1]。《文选·张平子思玄赋》："汤蠲体以祷祈兮，蒙庬褫以拯民。"李善《注》引《淮南子》："汤时大旱七年，卜用人祀天。汤曰：'我本卜祭为民，岂乎自当之！'乃使人积薪，翦发及爪，自洁居柴上，将自焚以祭天。火将燃，即降大雨。"言汤为氏族祈雨竟以身殉，并声称"我本卜祭为民"，其为大巫可知。卜辞屡见焚巫尪以祈雨之辞[2]，客观地反映了殷代社会的真实情况。《太平御览》卷八三引古本《竹书纪年》："汤有七名而九征。"汤之七名，今于卜辞可征唐（汤）、成及大乙，文献则有履。《论语·尧曰》："予小子履敢用玄牡，敢昭告于皇皇后帝。"何晏《集解》："孔曰：履，殷汤名。"知汤又名履。《山海经·海内西经》载巫履，《大荒西经》又载巫礼，此巫履（巫礼）疑即成汤。

据文献所载，巫咸在群巫中是最有名望的一位，古人把他与甘氏、石氏一起作为中国传统的三家星官。关于巫咸的生存年代，说甚纷纭。《世

---

① 陈梦家：《商代的神话与巫术》，《燕京学报》第二十期，1936 年。

② 裘锡圭：《说卜辞的焚巫尪与作土龙》，《甲骨文与殷商史》，上海古籍出版社 1983 年版。

本・作篇》："巫咸作筮。"宋衷《注》："巫咸，不知何时人。"《太平御览》卷七二一引《世本》："巫咸，尧臣也。以鸿术为帝尧之医。"则以巫咸为尧医。《路史・后纪三》乃谓神农使巫咸主筮，又以巫咸为神农时人。《太平御览》卷七九引《归藏》："昔黄帝与炎神争斗涿鹿之野，将战，筮于巫咸，曰：'果哉而有咎。'"则又以巫咸为黄帝时人。《尚书・君奭》："我闻在昔成汤既受命，时则有若伊尹，格于皇天。在太甲，时则有若保衡。在太戊，时则有若伊陟、臣扈，格于上帝。巫咸乂王家。在祖乙，时则有若巫贤。"伪孔《传》："贤，咸子。巫，氏。"《尚书序》："伊陟相大戊，亳有祥桑穀共生于朝。伊陟赞于巫咸，作《咸乂》四篇。"伪孔《传》："巫咸，臣名。"陆德明《释文》引马融云："巫，男巫也，名咸。殷之巫也。"《史记・殷本纪》："帝太戊立伊陟为相。……伊陟赞言于巫咸。巫咸治王家有成，作《咸艾》，作《太戊》。"《封禅书》："大戊修德，桑穀死。伊陟赞巫咸，巫咸之兴自此始。"盖太史公承《书》说，以巫咸为殷王大戊时之人。《太平御览》卷七九〇引《外国图》："昔殷帝大戊使巫咸祷于山河，巫咸居于此，是为巫咸民，去南海万千里。"同主此说。《楚辞・离骚》王逸《章句》："巫咸，古神巫也，当殷中宗之世。"《史记・殷本纪》以殷王大戊为中宗，虽与殷卜辞所记中宗祖乙不合，但王逸之意仍可明矣，亦以巫咸为大戊时人。

诸说将巫咸视为殷代巫史，这种见解与殷代卜辞所记史实颇为一致。在殷人祭典中，常可看到一位名叫咸戊的人物作为殷人的先世而受到奉祀，他应该就是史传的巫咸[1]。可以说这是上古神话中少数可以被证实确有其人的一位。卜辞云：

1. 贞：侑于咸戊？　　　　《前编》1.43.5

2. 侑于咸戊？　　《缀合》173 反

3. 丁巳卜，侑咸戊？　　《甲编》2907

4. 丁未卜，扶：侑咸戊？

　　丁未，扶：侑咸戊，牛不？　　《合集》20098

5. 贞：勿侑于咸戊？　　《掇一》201

---

① 罗振玉：《增订殷虚书契考释》卷上，东方学会 1927 年石印本；王国维：《古史新证》，清华大学出版社 1994 年版，第 51—52 页。

6. 勿咸戉？　　　《合集》3508 正

7. 贞：䜴于咸戉？　　　《乙编》4309

8. 咸戉壱王？

　　咸戉弗壱王？　　　《合集》10902

9. 贞：咸戉不壱？　　　《南·坊》1.1

10. 辛未，王令⺬伐，先咸戉？　　　《佚》383

上录诸辞皆祭巫咸之辞。辞 8、9 占问咸戉是否为时王作祟，显然，殷人认为咸戉具有左右人间祸福的神威。巫咸之名当以咸戉为本称。《白虎通·姓名》："殷以生日名子何？殷家质，故直以生日名子也。以《尚书》道殷家太甲、帝乙、武丁也。于民臣亦得以甲乙生日名子何？不使亦不止也。以《尚书》道殷臣有巫咸，有祖己也。"清卢文弨以为文引巫咸无谓，王引之则辨之云："巫咸，今文盖作巫戉。巫戉、祖己皆以生日名也。《白虎通》用今文《尚书》，故与古文不同，后人但知古文之作咸，而不知今文之作戉，故改戉为咸耳。不然，则咸非十日之名，何《白虎通》引以为生日名子之证乎？"[1]王引之据此谓今文《尚书》巫咸当作"巫戉"，以合《白虎通》所道殷代名子之制，只说对了问题的一半。王国维以卜辞无巫咸而有咸戉，疑今文《尚书》当作"咸戉"，《书序》"作《咸乂》四篇"亦或当作"咸戉"，"作《咸戉》四篇"犹《序》言作《臣扈》、作《伊陟》也[2]。其说近是。咸戉之"咸"为氏名，而"戉"则为官名[3]。殷卜辞又见戉陟、戉學或學戉、尽戉。卜辞云：

11. 贞：戉陟、戉學祟？　　　《殷古》13.1

12. 丁未卜，扶：侑咸戉、學戉乎？　　　《合集》20098

辞 11、12 之戉陟、戉學及咸戉、學戉皆同见于一辞，故"戉"非生名日干

① 王引之：《经义述闻》卷四，江苏古籍出版社 1985 年版。

② 王国维：《古史新证》，清华大学出版社 1994 年版，第 52 页。

③ 陈梦家：《殷虚卜辞综述》，科学出版社 1956 年版，第 365 页。殷卜辞所记商代之巫以"戉"为官名，或指男巫；而"巫"则为巫觋集团及女巫之称，也言巫术。参见冯时《敖汉旗兴隆沟红山文化陶塑人像的初步研究》，《孙作云百年诞辰纪念文集》，河南大学出版社 2014 年版。

可明。"戉"字象钺戚之兵①，而"王"字则取形于钺刃②，古人以钺为王权的象征，毫无疑问，"戉"字与"王"字一样同取形于钺而名为巫官，其寓意显然是以商代的巫觋比拟于商王，因此，巫觋在殷代的特殊地位通过以"戉"字命名巫官的刻意表现已经再清楚不过了。故巫咸以"戉"为官名，本称"咸戉"。而今文《尚书》及《书序》以巫咸本作"咸戉"，恰合于卜辞。

　　商代的巫以戉为官，亦可省其官名而径称氏名，故咸戉于卜辞也可称咸。犹汤臣伊尹之尹为官名，卜辞也可省略官名而称伊氏。卜辞"咸"、"成"二字旧多混淆，陈梦家先生始作厘次，以"咸"从戉从口，而"成"则从戌丁声③，泾渭分明。"成"为商汤，"咸"为巫咸。在分别了两类卜辞之后，我们还可获读一些有关巫咸的卜辞。

　　13. 贞：王其入，侑升自咸？　　　　《合集》1381

　　14. 贞：侑〔升〕自咸？　　　　　　《合集》1382

　　15. 贞：侑升自咸，三牢？　　　　　《合集》1380

　　16. 丁丑卜，今来乙酉侑于咸，五牢？七月。　　《续编》1.48.3

　　17. 贞：侑于咸，五伐，卯五牢？　　《七》P109

　　18. 燎于咸？　　《簠·人》25

　　19. 贞：勿燎于咸，宋？

　　　　贞：燎于咸，宋？　　　　　《合集》1385 正

　　20. 贞：不唯咸？

　　　　唯咸？　　　《合集》1390

　　21. 贞：唯咸？　　　《合集》1392

　　22. 丁未卜，其工丁宗门，叀咸劦？　　　《屯南》737

"咸"字均从戉从口，乃咸戉之省，为巫咸氏名。

　　巫咸虽为殷代旧臣，但有关他的生存年代，文献与卜辞反映的却不尽一致。卜辞云：

---

　　① 郭沫若：《释支干》，《甲骨文字研究》，科学出版社 1962 年版。

　　② 吴其昌：《兵器论》，《金文名象疏证》，《武汉大学文哲季刊》第 5 卷第 3 号，1936 年；林沄：《说"王"》，《考古》1965 年第 6 期。

　　③ 陈梦家：《殷虚卜辞综述》，科学出版社 1956 年版，第 411 页。

23. 贞：咸、大甲日？　　　　《后编·下》18.9

祭典以咸与大甲并举，显为大甲时之神巫。我们从卜辞所反映的殷人对伊尹的祭典中可以证明这一点。卜辞云：

24. ［贞］：王其用羌于大乙，卯电牛，王受祐？
　　贞：其卯羌，伊宾？　　　《粹》151
25. ……伊尹……大乙……雨？　　　《京津》4104
26. 癸巳贞：侑升伐于伊，其又大乙乡？　　《后编·上》22.1
27. 壬戌卜，侑岁于伊、廿示又三？　　《京津》4101
28. ［壬戌］卜，［侑］岁［于］伊、［廿］示又三？　　《佚》211

伊尹为商汤之臣，文献所载甚明。春秋叔夷钟铭云："虩虩成唐（汤），有严在帝所，溥受天命，遍伐夏后，敗厥灵师，伊少（小）臣唯辅，咸有九州，处禹之土。"明言小臣伊尹辅佐成汤之事。《天问》："成汤东巡，有莘爰极，何乞彼小臣，而吉妃是得。"王逸《章句》："小臣，谓伊尹也。"与钟铭契合。卜辞伊尹省官名尹而称伊，钟铭亦然。伊尹为汤臣，《吕氏春秋·尊师》："汤师小臣。"高诱《注》："小臣，谓伊尹。"知伊尹又为汤师，故卜辞所记之殷祀典以伊尹与商汤大乙并举。辞24伊与大乙同见于一版，馀四辞则伊尹与大乙同见于一辞。辞27、28属"历组"卜辞，时代当在祖甲前后[1]。卜辞云：

29. 己卯卜，兄庚裸岁，电羊？　　　《佚》560
30. 己丑卜，兄庚裸岁，电羊？　　　《遗》636
31. 裸牛二，兄庚牛一？　　　《京津》4079
32. 戊辰卜，其延兄己、兄庚岁？　　　《南·明》639
33. 戊辰卜，其延兄己、兄庚［岁］？　　　《南·明》640
34. 己未卜，其侑岁于兄己一牛……兄庚？　　　《掇一》422

---

① 冯时：《殷卜辞乙巳日食的初步研究》，《自然科学史研究》第11卷第2期，1992年。

上录诸辞字画方折，也具"历组"卜辞书风。兄己、兄庚即武丁之子祖己（孝
己）、祖庚，故诸辞时代皆属祖甲时代。辞27、28所记之"廿示又三"，旧以为
自大甲以降至康丁的二十三王[①]，然"历组"卜辞的主要部分当属祖甲时代，故
此说可商。自祖甲以上逆推二十三王，恰至大乙，如此安排不仅与卜辞时代相
合，而且使得卜辞以伊尹与二十三王之首大乙相配的安排也很合理。因此，卜辞
"廿示又三"当指自大乙至祖庚的二十三位殷王的集合庙主。很明显，伊尹为汤
臣，其所配之集合庙主自然也应从与其同时代之殷王开始。以此例彼，咸与大甲
相配，当与大甲同时，所以巫咸似应为大甲之臣。

　　史载大甲为大丁之子，商汤之孙。《晋书·束皙传》引古本《竹书纪
年》："太甲杀伊尹。"《春秋经传集解后序》引古本《竹书纪年》："仲壬崩，
伊尹放大甲于桐，乃自立也。伊尹即立，放大甲七年，大甲潜出自桐，杀伊
尹，乃立其子伊陟、伊奋，命复其父之田宅而中分之。"此以伊尹为大甲所
杀，与传统之说不合。《孟子·万章上》："伊尹相汤以王于天下，汤崩，大
丁未立，外丙二年，仲壬四年。太甲颠覆汤之典刑，伊尹放之于桐。三年，
太甲悔过，自怨自艾，于桐处仁迁义，三年以听伊尹之训己也，复归于亳。"
《史记·殷本纪》："汤崩，太子太丁未立而卒，于是遂立太丁之弟外丙，是
为帝外丙。帝外丙即位三年崩，立外丙之弟中壬，是为帝中壬。帝中壬即位
四年崩，伊尹遂立太丁之子太甲。……帝太甲既立三年，不明，暴虐，不遵
汤法，乱德，于是伊尹放之于桐宫。三年，伊尹摄行政当国，以朝诸侯。帝
太甲居桐宫三年，悔过自责反善，于是伊尹遂迎帝太甲而授之政。……太宗
崩，子沃丁立。帝沃丁之时，伊尹卒。"[②] 说与《纪年》异，且以伊尹卒于沃
丁。《太平御览》卷八三引《琐语》："仲壬崩，伊尹放太甲，乃自立四年。"
反映之史实与《纪年》同，可证战国之时已有这种传说，故《纪年》之说可
从。伊尹卒于大甲之时，后其子虽继承父位，但势力已遭削弱，地位远不如
前，故巫咸当推为其时之重臣。

　　巫咸虽为殷王之臣，但其地位却很特殊。卜辞云：

---

　　① 陈梦家：《殷虚卜辞综述》，科学出版社1956年版，第465页。

　　② 《尚书序》："成汤既没，太甲元年，伊尹作《伊训》、《肆命》、《徂后》。"谓太甲直继汤后，
合于卜辞。卜辞外丙的祭序在大甲与大庚之间。《殷本纪》记外丙、仲壬共立七年，似即伊尹放逐太
甲于桐之七年，二主相继为王。参见陈梦家《殷虚卜辞综述》，科学出版社1956年版，第375—377
页。

35. 贞：祖乙弗其辥［王］？

　　贞：祖乙辥王？

　　贞：祖乙弗其辥王？

　　贞：祖乙辥王？

　　贞：咸弗佐王？

　　贞：咸允佐王？

　　翌乙酉侑伐于五示：上甲、成、大丁、大甲、祖乙？

　　翌乙酉侑伐自成，若？　　　《丙编》41

此辞与咸同版互见祭自上甲至祖乙五示，"成"为五示之一，字形与"咸"字不同，故"成"即成汤，"咸"即咸戊之省称，至为明确。辥意为灾，辥王即害王。"佐"字与其对举，即佐助之意。字本作"左"，读为"佐"①。《周礼·序官》："以佐王均邦国。"郑玄《注》："佐犹助也。"遣词与卜辞也同。巫咸可以佐助时王，这种地位似与殷代直系先王的地位相当。卜辞云：

36. □未卜，〔叡〕贞：祖乙弗佐王？　　　《佚》11

37. 贞：有家祖乙佐王？

　　贞：有家祖乙弗佐王？

　　王为我家祖辛佐王？

　　王为我家祖辛弗佐王？　　　《缀合》132 正

38. 贞：王在兹，大示弗佐？

　　王在兹，大示佐？　　　《缀合》177 反

祖乙、祖辛皆为殷代直系先王，"大示"则为殷代直系先王的集合庙主，也有学者认为仅指自上甲至示癸六先王之大宗②，或以为即上甲、大乙、大丁、大甲、大庚、大戊六直系先王③，然卜辞又有"七大示"之称（《屯南》

---

①　陈梦家：《殷虚卜辞综述》，科学出版社 1956 年版，第 414 页；饶宗颐：《殷代贞卜人物通考》，香港大学出版社 1959 年版，第 148 页。

②　金祖同：《殷契遗珠》，上海中法文化出版委员会 1939 年版，第 631 片考释；曹锦炎：《论卜辞中的"示"》，先秦史学会成立暨第一次年会论文，1982 年。

③　朱凤瀚：《论殷墟卜辞中的"大示"及其相关问题》，《古文字研究》第十六辑，中华书局 1989 年版。

1015），俱与是说不牟。巫咸与殷代的直系先王同等看待，一样可以佐助时王，知其地位至少不在直系先王之下。卜辞又云：

    39. 贞：咸宾于帝？

      贞：咸不宾于帝？

      贞：大甲宾于咸？

      贞：大甲不宾于咸？

      贞：大［甲］宾于帝？

      贞：大甲不宾于帝？

      甲辰卜，殷贞：下乙宾于［咸］？

      贞：下乙不宾于咸？

      贞：下乙［宾］于帝？

      贞：下乙不宾于帝？　　　《合集》1402 正

    40. 贞：大甲不宾于咸？　　　《合集》1401

卜辞帝即天帝，为殷人观念中的至上神。下乙即中宗祖乙。据此可以看出，巫咸可以与天帝并举，但地位低于天帝，然而与直系先王比较，巫咸的地位却显在其上。卜辞配祭者的地位也低于所诏之神祇。卜辞云：

    41. 癸丑卜，上甲岁，伊宾？　　　《南·明》513

    42. 丙寅卜，□贞：父乙［宾］于祖乙？一　王占曰："宾，唯□。"

      ……

      贞：父乙宾于祖乙？二

      父乙不宾于祖乙？二

      父乙不宾于祖乙？三

      ［父］乙宾于祖乙？四

      父乙不宾于祖乙？四

      父乙宾于祖乙？五

      父乙不宾于祖乙？五　　　《合集》1657 正、反

辞 41 以伊尹附祭于上甲，辞 42 连续五次卜问小乙附祭于祖乙。在世系上，上甲的地位自比伊尹为高，祖乙的地位比小乙为高。巫咸作为大甲、祖乙所

配祭之神祇，地位显然高于二王。很明显，巫咸虽属大甲之臣，但他却同天帝一样可使大甲等诸直系先王"宾于咸"，足见其与天帝又有相似之处。盖巫咸乃殷代神巫，故地位必高于殷王。卜辞云：

> 43. 褅于西，十牛？
>
> 　　侑于西？十牛？
>
> 　　告于咸？　　　　《英藏》86 反

西是西方之神。咸与方神并举，其地位似乎近于自然神祇。

巫咸的这种特殊地位在后世似乎得到了普遍的认同。《天问》："巫咸将夕降兮，怀椒糈而要之。"王逸《章句》："巫咸，古神巫也。降，下也。椒，香物，所以降神。糈，精米，所以享神。言巫咸将夕从天上来下，愿怀椒糈要之，使占兹吉凶也。"言巫咸上下天地，为天帝之使，与卜辞以巫咸介乎天帝与人王之间的情况颇相一致。《淮南子·墬形训》："轩辕丘在西方，巫咸在其北方。"高诱《注》："巫咸，知天道，明吉凶。"道明了其之所以能沟通天地的原因。《诅楚文·巫咸》："不畏皇天上帝及丕显大神巫咸之光列威神"，"求蔑法皇天上帝及丕显大神巫咸之卹祠"，"亦应受皇天上帝及丕显大神巫咸之几灵德赐。"俱以巫咸与上帝并举。《诅楚文·厥湫》凡"丕显大神巫咸"句皆改书"大神厥湫"或"大沈厥湫"，故巫咸与厥湫地位相若。厥湫即湫渊，《史记·封禅书》："及秦并天下，令祠官所常奉天地名山大川鬼神可得而序也。……自华以西，名山七，名川四。……湫渊，祠朝那。"裴骃《集解》引苏林云："湫渊在安定朝那县，方四十里，停不流，冬夏不增减，不生草木。"故厥湫乃名川之一，为自然神祇。巫咸虽与上帝并称，但地位却在其后而相当于自然神祇，自在上帝与人王之间，与殷卜辞所记之史实契合。

巫咸在殷人心目中具有崇高的地位，但是，巫咸地位的提升并不意味着巫作为商代社会中一个特殊的宗教集团，它的地位也一定像巫咸一样而凌驾于殷王。关于这一点，卜辞反映得也很清楚。

> 44. 壬戌卜，争贞：翌乙丑侑伐于唐？用。
>
> 　　贞：翌乙丑勿首侑伐于唐？
>
> 　　贞：翌乙丑亦褚于唐？

翌乙丑勿酚？

贞：侑咸戊？

勿侑？

侑于學戊？

勿侑？

翌乙丑其雨？

翌乙丑不雨？ 《乙编》753

这是武丁时期的龟腹甲刻辞。五条对贞卜辞均刻于壬戌一日，所诏神祇首为唐，即商汤大乙，次为咸戊、學戊。學戊是商代的另一位名巫。这里，巫咸并没有以单独的身份出现，而是与學戊并列作为商代巫觋集团中的一员，因此在祭序上排于大乙之后。显然，以巫咸为代表的商代群巫的地位应低于大乙。

然而问题还可以进一步深究下去，大乙的地位虽然高于商代的巫觋集团，那么商代先王的地位是否也像大乙一样都在群巫之上？下列卜辞对说明这一问题很有帮助。卜辞云：

45. 不唯咸戊？

贞：唯咸戊？

贞：不唯學戊？

贞：唯學戊？

贞：不唯祖庚？

贞：唯祖庚？

贞：不唯羌甲？

贞：唯羌甲？

贞：不唯南庚？

贞：唯南庚？

贞：侑于父甲？

勿侑？ 《合集》1822 正

这也是武丁时期的龟腹甲刻辞。六条对贞卜辞分别卜诏六位神祇。由咸戊、學戊组成的巫觋集团居首，而由祖庚、羌甲、南庚和父甲组成的王室集团居次。父甲为武丁诸父之一的阳甲，卜辞或称兔甲。祖庚先于羌甲，似为祖乙之弟或羌甲之兄，但未即位。羌甲、南庚、阳甲皆为旁系先王，地位不如直系先王，也显在巫觋集团之下。据此分析，由于次居群巫之下者迄今尚未见有直系先王，因此我们可以将殷代巫觋集团的地位定在商代的直系与旁系先王之间。如果说卜辞中的大示可以理解为直系先王的话，那么巫觋集团的地位则应仅次于大示。

商代群巫除巫咸之外，还有一些名巫也有迹可寻。辞 11、12、44、45所引卜辞有戊陟、戊學或學戊。戊陟似为伊尹之子伊陟[①]。戊學即學戊，"學"字或作"爻"，《说文·爻部》："爻，交也。象《易》六爻头交也。"字象巫作筮算而蓍草交错之形。巫觋作筮，筮则起于蓍草布卦，故學戊以爻为氏名，意乃取于巫官之职守。"學"即"教"之本字，《尚书·洛诰》："乃女其悉自教工。"《尚书大传》引"教"作"學"。《老子》第四十二章："吾将以为教父。"马王堆帛书甲本"教"作"學"。是"教"、"學"古通用不别。"學"、"教"皆从爻声，上古"教"在见纽宵部，"學"在群纽觉部，"爻"在群纽宵部，同音可通。《说文·教部》："教，古文作效。"是"爻"实即"學"、"教"之初文。故殷代之學戊于卜辞又作爻戊。卜辞云：

46. 丁未卜，扶：侑咸戊、學戊乎？

丁未，扶：侑咸戊，牛不？

丁未卜，扶：侑學戊不？

丁未卜，扶：侑咸戊？

《合集》20098＋20100（《甲缀》236）

47. 侑于爻戊、咸戊，南？　　《合集》7862

48. 贞：侑學戊？　　《乙编》2105

49. 贞：侑于學戊？

勿首侑于學戊？　　《合集》10408 正

50. 丁巳卜，侑學［戊］？　　《合集》20101

51. 侑學［戊］？　　《合集》3510

52. 贞：侑于爻戊？　　《后编·下》4.11

53. 侑于爻戊？　　《馀》8.2

---

① 陈梦家：《殷虚卜辞综述》，科学出版社 1956 年版，第 365 页。

54. □□〔卜〕，亘贞：于學戊？　　　《铁》157.4

55. 辛丑卜，晋：御步于學戊，其犬方？　　　《前编》1.44.5

56. 學戊？　　　《合集》3513

57. 爻戊？　　　《六》中 52

辞 46、47 以咸戊、學戊并举，是知學戊乃商代巫觋集团中的一员。學是氏名，因声求之，學戊似即《尚书·君奭》之臣扈。上古"扈"乃群纽鱼部字，双声可通。《君奭》言臣扈"格于上帝"，显为一代名巫。

卜辞又有尽戊，辞云：

58. 尽戊弗祟王？

　　尽戊祟王？　　　《合集》3521 正

59. 贞：侑于尽戊？　　　《合集》3515

60. 贞：侑于尽戊？　　　《前编》1.45.1

61. 侑〔于〕尽戊？　　　《续编》1.46.6

62. 贞：于尽戊？　　　《天》65

63. 于尽戊？　　　《前编》1.44.6

64. 尽戊？　　　《合集》3519

65. 尽戊？　　　《合集》3520

66. 庚戊卜，殷：祓于尽戊？　　　《合集》3516

尽戊可以为时王作祟，此与辞 8、9 所言咸戊壱王一样，同样具有左右人间祸福的神威。学者或以为尽戊即巫咸之子巫贤[1]，然尽为氏名，与咸氏不合。

在殷代卜辞中，"戊"作为巫的官名只配合某巫的氏名使用，而体现巫之职司的"巫"字却为巫觋集团的总称，不缀附氏名。卜辞云：

67. 辛亥卜，帝工壱我，侑卅小牢？

　　辛亥卜，禘北巫？　　　《合集》34157

68. 禘东巫？　　　《粹》1311

69. 癸亥贞：今日禘于巫，豕一、犬一？　　　《京都》2298

---

①　陈梦家：《殷虚卜辞综述》，科学出版社 1956 年版，第 365 页。

70. 癸卯卜，贞：酌祕，乙巳自上甲廿示，一牛？二示，羊？社，
燎？四戈，龗、牢？四巫，龗？　　　　《戬》1.9

卜辞有北巫、东巫，为禘祭的对象。"四巫"应是四方之巫的总称，均不附
记氏名，因而称巫而不称戊。旧以帝工为帝使帝臣之列，盖日月风雨之属[1]，
实际则为社神。北巫与帝工对举，显然已属自然神祇，四方之巫与四方之神
一样享受禘祭，已被作为自然神祇来看待，而不属于商人自己的先巫系统，
他们很可能就是四方之神的别称。

71. 壬辰卜，其宁疾于四方，□羌十又九、犬十？

《屯南》1059

四方即指四方之神。辞云禳疾于方神，而祛病恰为巫所司之职，这是四巫与
四方之神的联系。卜辞又见九巫，卜辞云：

72. 戊午卜，殼贞：勿呼御羌于九巫，弗其……　　　《戬》25.11
73. 丁卯王卜，贞：今圙巫九备，余其比多田于多伯征盂方伯炎，
虫衣，翌日步，亡左，自上下于敫示，余受有祐，不首戠，□告于兹大
邑商，亡徒在趴？[王占曰]："引吉。"在十月，遘大丁翌。

《甲编》2416

"九巫"或"巫九"，盖即《山海经·大荒西经》之十巫[2]，然卜辞唯见九巫，
盖十巫之中当有一周代名巫于后世补入，故九巫应是殷人对殷代及前代名巫
的一种拟神化的接受。这种被神化的先巫如同自然神祇一样，已不作为某一
小部分族群的直系祖先，而具有超越祖先崇拜意义的广泛的神性。尽管殷人
对当世的巫卜之人有时也以"巫"相称，但这与作为殷人祭祀对象的巫却有
本质的不同。

《周礼·春官·筮人》："筮人掌《三易》，以辨九筮之名。……九筮之
名，一曰巫更，二曰巫咸，三曰巫式，四曰巫目，五曰巫易，六曰巫比，七

---

[1]　陈梦家：《殷虚卜辞综述》，科学出版社 1956 年版，第 572 页。
[2]　唐兰：《天壤阁甲骨文存考释》，北平辅仁大学 1939 年版，第 12 页眉批。

曰巫祠，八曰巫参，九曰巫环，以辨吉凶。"郑玄《注》："此九巫读皆当为
筮"。孙诒让《正义》引刘敞、陈祥道、薛季宣并读九巫如字，谓巫更等为
古精筮者九人，巫咸即《世本》作筮之巫咸，巫易当为巫阳之讹。此九巫之
名亦当为殷代及殷代以前之先巫，唯较《大荒西经》夺去一巫。我们再对读
下列卜辞：

> 74. 壬午卜，燎社，延巫祸，二犬？　　　《拾》1.1
> 75. 壬辰卜，御于社？
> 　　　癸巳卜，其祸于巫？　　《掫续》91
> 76. 乙丑卜，酻伐辛未于巫？
> 　　　丙寅卜，酻伐于兇？　　《掇二》50
> 77. 先于母♥（央）？
> 　　　叀巫先？　　《南·明》103

辞74、75以巫与社并祭，犹辞67帝工与北巫并举，可明帝工为社。社即
地祇。辞76以巫与兇对举，兇乃神祇之类，非殷之先祖①。辞77以巫与
母央对举，母央或以为与东母、西母有关②。据《山海经》所记帝俊、羲
和与日月的关系，此母央似为天帝之配，实即地母社神。所以，这些前代
的巫神在殷人的观念中显然都属于自然神祇。《楚辞·招魂》："帝告巫
阳。"王逸《章句》："帝，谓天帝也。"巫阳为殷代以前的九巫之一，身为
帝使，其地位可见一斑。《史记·封禅书》："荆巫，祠堂下、巫先、司命、
施糜之属。"司马贞《索隐》："巫先谓古巫之先有灵者，盖巫咸之类。"是
巫咸声名远振，故古凡言巫者皆以其为先。实巫咸乃殷代名巫，其前辈之
巫有如巫阳者，则先于巫咸而以帝使之身份为人敬奉，卜辞所记前代之巫
事正同于此。

> 78. 弗祟王，叀巫？　　《金璋》530
> 79. 戊子卜，宁风北巫，犬？　　《南·明》45

---

① 屈万里：《殷虚文字甲编考释》，历史语言研究所1961年版。
② 参见陈梦家《古文字中之商周祭祀》，《燕京学报》第19期，1936年。饶宗颐先生以为辞
78之"巫先"为人名（参见氏著《殷代贞卜人物通考》，香港大学出版社1959年版，第648页），
可商。"叀巫先"与"先于母央"对贞，其非人名自明。因有虚词"叀"而使宾语"巫"前置。

80. 辛酉卜，宁风巫，九豕？　　　《库方》112
81. 癸酉卜，巫宁风？　　　《后编·下》42.4

巫既可以为王作祟，也可以宁息风雨。卜辞所记"宁风"者有社神、方神和伊爽，伊爽为伊尹之配，也有相当之神威。故卜辞所奉之前代先巫与帝使、巫先相若，皆属自然神祇。

　　商代巫的职事主要为占卜决疑，用以沟通人神的意旨，因而卜筮之人均可为巫。目前已发现相当数量的商代数字卦刻于卜骨卜甲和其他遗物，有些更附记卦辞，当是时巫的卜筮作品。商王决疑，卜筮并用。卜是龟卜，乃观龟之兆象变化而断吉凶；筮是数占，为揲蓍草布算，查其数字变化而定祸福。卜辞云：

82. 丙午卜，巫，由？　　　《乙编》106
83. 乙巳卜，巫，由？在浭。　　　《乙编》152

"巫"，读为"筮"。"由"，读为"咎"①。辞似卜筮并用之实录。《史记·龟策列传》："夫搜策定数，灼龟观兆，变化无穷，是以择贤而用占焉，可谓圣人重事者乎！……云龟千岁乃游莲叶之上，蓍百茎共一根。"裴骃《集解》引徐广曰："刘向云：龟千岁而灵，蓍百年而一本生百茎。"是古人以龟、蓍为灵物，故可占卜决疑。《周礼·春官·筮人》："凡国之大事，先筮而后卜。"考之春秋诸事，则殊不然。《左传·闵公二年》："成季之将生也，桓公使卜楚丘之父卜之，……又筮之。"《左传·僖公四年》："卜之，不吉；筮之，吉。……卜人曰：'筮短龟长，不如从长。'"《左传·僖公十五年》："龟，象也；筮，数也。物生而后有象，象而后有滋，滋而后有数。"是时人以先有象而后生数，则卜龟应较筮占为灵，此即所谓龟长筮短，故卜筮之次序又以卜为先。

　　商代建有庞大的贞人集团，以行占卜之事。商王作为群巫之长，或卜或筮。其行龟卜之事，于卜辞常称"王贞"、"王占曰"云云，知商王乃于龟卜活动中居首要位置。卜辞又有"元卜"，似亦为王者亲卜之辞②。然王于龟卜

---

① 于省吾：《甲骨文字诂林》第一册，中华书局1996年版，第715页。
② 宋镇豪：《夏商社会生活史》，中国社会科学出版社1994年版，第526页。

之外也行筮占。卜辞云：

84. 辛亥［卜］，□贞：王其［學］，衣，不遘雨？之日王學，允衣，
不遘雨。　　《续存》2.126

85. 丙寅卜，允贞：翌丁卯王其爻，不遘雨？
贞：其遘雨？五月。　　《燕》501

86. 庚寅卜，争贞：王其學，不遘［雨］？　　《宁沪》3.95

87. □子卜，吴贞：亡来羌？曰："用，學。"　　《七》W10

"學"乃"教"之本字，卜辞或写作"爻"。《周易·系辞下》："爻也者，效
此者也。"《广雅·释诂三》："爻、教、學，效也。"《说文·子部》："孝，效
也。"《史记·淮阴侯列传》："诸将效首虏。"司马贞《索隐》引晋灼曰：
"效，数也。"《史记·日者列传》："试之卜数中以观采。"司马贞《索隐》引
刘氏曰："数，筮也。"故"爻"、"教"于此皆揲蓍筮占之谓。辞84"衣"读
为"阴"。《诗·召南·殷其雷》建本"殷"作"隐"，陆德明《释文》："殷
音隐。"《礼记·中庸》："壹戎衣而有天下。"郑玄《注》："衣读如殷。"《尚
书·康诰》作"殪戎殷"。《白虎通·衣裳》："衣者，隐也。"《广雅·释器》：
"衣，隐也。"《史记·司马相如列传》："隐天动地。"《汉书·司马相如传》
"隐"作"阴"。《公羊传·庄公二十五年》："求乎阴之道也。"唐石经"阴"
作"隐"。是"衣"、"阴"互通之证。故辞84乃贞人行龟卜，贞问商王是否
为阴雨之事再行筮占之辞，验辞记王行筮占，果然阴天，但未遇雨。辞85、
86皆仿此。诸辞所示皆先卜后筮，而且王或贞人卜雨之后是否由王再行筮占
也需卜问而得，因此，卜后之筮似有对龟卜结果的效验作用。《荀子·议
兵》："臣请遂道王者诸侯强弱存亡之效。"杨倞《注》："效，验也。"《广
雅·释言》："效，验也。"爻、學、教之为效，意亦验也。辞87于占辞审断
曰"用"，乃对卜兆的肯定，其后又曰"學"，是希望龟卜决定之后再行筮占
加以效验，其意甚明。因此，商代筮占的目的恐与后世"龟长筮短"的观念
有所不同。

　　以筮占结果来验证龟卜的结果，这种做法似乎反映了古人的某种非常心
理。不过与龟卜可由贞人和商王分别操作的情况不同，作为效验的筮占似乎
只由商王亲自施行，这显示了王在群巫中所具有的不可替代的重要地位。除
商王之外，某些贞人在龟卜活动中或许也具有某种特殊身份，这表现在他们

有时可以代王而行占断之事。卜辞云：

88. 丙寅卜，㱿贞：卜竹曰"其侑于丁，牢"？王曰："弜畴，翌丁
卯率，若。"
　　己巳卜，㱿贞：㫃曰"入"？王曰："入。"允入。
《合集》23805

89. 丁酉卜，王贞：勿死？扶曰："不其死。"　《外编》240

90. 乙亥卜，㠯贞：王曰"有孕，嘉"？扶曰："嘉。"
《合集》21071

91. 丙寅卜，晋：王告取儿？晋占曰："若，往。"
《合集》20534

92. ……［旬］亡祸？晋占曰："吉。"　《京津》1601

93. 丁卯……大乙……燎……晋占曰……　《铁》222.2

94. 戊子卜，晋……亦有闻？晋占曰……　《京津》1599

95. 戊午卜，……嘉？晋曰……祖乙……豕……嘉。
《铁》142.3

96. 乙丑卜，晋……祖乙？晋曰："用二艮。"　《拾》1.13

97. □子卜，晋……祖乙？晋曰："岁……。"　《京津》698

98. 壬午卜，王贞：晋曰"方于甲午征，甲其……"？
《续存》2.583

99. 癸卯卜，王曰："湍其飘。"贞：余勿升延奠？晋曰："吉。其呼
奠。"　《前编》4.42.2

100. 丙戌卜，□贞：巫曰"禳贝于帚"？用，若。□月。
《合集》5648

101. 丙戌卜，［贞］：巫曰"御……百……于㠯……"？六月。
《合集》5649

102. 贞：巫妆不节？　《合集》5652

辞 88 乃由王作最后之审断，卜辞又作"王占曰"，这是常见的形式。辞 89
至 99 乃分别由扶、晋两位贞人代王占断，则暗示出个别贞人地位的提升。
贞人或为巫，巫有时也可取代王职，证明王与巫的身份不仅相同，而且其所
司之职事也有部分重叠。这一点通过辞 100、101 巫与上录诸辞贞人或商王

位置的互换可以看得更清楚①。扶、晋同为贞人自集团之成员，时代约在武丁早期，其代王宣命，可见在武丁时代，巫觋集团中的某一部分人物与商王的地位是不相上下的②。不过这种现象我们也只在龟卜活动中见过，而作为效验龟卜的筮占活动则尚未见有类似的情况。况且辞102之"妆"可读为"状"，《庄子·德充符》："自状其过以不当亡者众。"《注》："自陈其过。""节"字意即符合、诚信，辞系卜问巫的陈述是否可信，这种情况也不见于商王。看来商王在沟通神人交流方面的作用仍是无人可及的。

　　商代巫觋的另一项工作似乎与祛病禳灾有关，文献屡言巫术与医术并创，我们在前文已有过讨论。商代卜辞在这方面尚留有零星材料。卜辞云：

　　　　103. 王占曰："骨凡。"
　　　　　　咸戌？　　　《合集》13907

"骨凡"即骨疾，此辞乃商王占断某人身罹骨疾，卜辞一侧书巫咸之名，似有祈求巫咸禳病之意。惜文辞残断，仅度其大意。古巫医不分，巫觋以医药为其所拥有之鸿术，故巫咸又可为殷之医神。

　　通过分析我们看到，商代巫觋的地位显然是崇高的，作为一个特殊的知识分子集团，它拥有一批最具资格沟通天地神人意旨的人物，因而富有常人不可企及的神威。商代的巫觋构成了当时社会的统治阶层，而商王不仅是群巫的领袖，同时也是这个政教合一的王朝的主宰。先巫与时巫相比，地位似乎有所递升。当先巫集团被作为一个充满神秘色彩的群体看待时，它的地位在商代的直系先王与旁系先王之间，但这并不排除这个群体中的个别人物——譬如巫咸，其地位会超乎众巫而有相当的提高，以至于可以高于直系先王而匹于自然神祇。这种地位与巫作为沟通神人意旨而居于天人之间的特殊身份是吻合的。

　　尽管西周时代巫觋的权威是否还像商代那样备受尊崇还不能肯定，但是如巫咸一类具有绝对神威的人物在当时确实还存在，他们的能力甚至可以左右王朝的福祚。通过现有的金文资料，我们可以深切地感悟到这一点。西周

---

① 饶宗颐先生读辞100"巫曰"为"筮曰"，见氏著《殷代贞卜人物通考》，香港大学出版社1959年版，第40—41页。

② 参见丁骕《殷贞卜之格式与贞辞允辞之解释》，《中国文字》新二期，艺文印书馆1980年版。

恭王时期的墙盘铭云：

> 上帝司夒，九（尨）保受（授）天子绾（绾）令（命）、厚福、丰年，方蛮（蛮）亡不规视。

"司"，读如"思"，语中助词①。"夒"，又见于启卣及媵匜，读为"柔"②。《尔雅·释诂下》："柔，安也。"《左传·文公七年》："服而不柔。"杜预《集解》："柔，安也。"《公羊传·昭公二十五年》："而柔焉。"何休《注》："柔，顺也。""尨保"即巫保③。《楚辞·九歌·东君》："思灵保兮贤姱。"王逸《章句》："灵，谓巫也。"洪兴祖《补注》："古人云：诏灵保，召方相。说者曰：灵保，神巫也。"《史记·封禅书》："秦巫，祠社主、巫保、族累之属。"司马贞《索隐》：巫保、族累，"二神名"。"绾命"，意同永命、长命④。全辞的大意是说上帝之心惠和善顺，让神巫巫保授予天子（恭王）绵长的寿命、殷厚的福祉和丰收的年成，四方的蛮夷无不来朝见。巫保承上帝之命授予天子长命，也就是使其国运昌盛，国祚长久。伪《古文尚书·泰誓》："上帝弗顺，祝降时丧。"伪孔《传》："祝，断也。天恶纣逆道，断绝其命，故下是丧亡之诛。"乃言纣行无道，惹怒上帝，遂断绝其命，与墙盘用意适相反。墙盘铭文显示，天子的福寿非由巫保所授，而是天神上帝所授，巫保在这里实际只充当了交通天神与人王的使者的角色，天命由他宣达下来，天神与人王的联系也才能建立起来。尽管周王可以自诩"天子"，但是天子与天神之父的交流最终还是要通过巫来上呈下达。因此可以看出，在上古社会中，巫在沟通天地神人意旨方面发挥着何等重要的作用。《诗·小雅·天保》云：

> 天保定尔，亦孔之固。俾尔单厚，何福不除。
> 天保定尔，俾尔戬谷。罄无不宜，受天百禄。
> 天保定尔，以莫不兴。……君曰卜尔，万寿无疆。神之弔矣，诒尔多福。

---

① 李学勤：《论史墙盘及其意义》，《考古学报》1978 年第 2 期。
② 李学勤：《论史墙盘及其意义》，《考古学报》1978 年第 2 期。
③ 唐兰：《略论西周微史家族窖藏铜器群的重要意义——陕西扶风新出墙盘铭文解释》，《文物》1978 年第 3 期。
④ 裘锡圭：《史墙盘铭解释》，《文物》1978 年第 3 期。

《诗·小雅·楚茨》云：

> 祝祭于祊，祀事孔明。先祖是皇，神保是飨。孝孙有庆，报以介
> 福，万寿无疆。
> 神保是格，报以介福，万寿攸酢。
> 神具醉止，皇尸载起。鼓钟送尸，神保聿归。

马瑞辰《通释》谓神保犹言《楚辞》之灵保，即神也。实神保、天保同为《楚辞》之灵保，也即《封禅书》之巫保及墙盘之冱保，乃周之神巫。据《诗》可知，神保、天保下界安民，实为"受天百禄"，"报以介福"，乃传达天神对下民的降福赐寿，遣词与墙盘全同。

巫是古代社会中沟通天地的人物，因而他的主要职事应该就是考察天象，这其实是使其具有某种"神性"的先决条件。换句话说，巫在先民社会中的地位的取得并进而巩固，并不在于他是否能够依靠自己的简单劳动为部族获取更多的物质产品，而取决于他在观象授时的活动中，通过寻找天象与人间祸福的某种联系而作出预言的正确程度。显然，对于生产季节的准确把握，对于天灾人祸的及时示警，在一个生产力水平十分低下的早期社会是为先民们迫切需要的，这使巫这样一种身怀特殊技能的特殊人物以及由这些特殊人物组成的特殊集团无可争议地成为部族的主宰和政治领袖。与此同时，早期天文学也就被动地顺随着他们这种以星占为目的的观象活动而缓慢地发展，甚至在相当长的时期内都无法摆脱星占术的羁绊。

第三节　天文占验

东西方的天文学在尚未摆脱神学影响的时代，都或多或少地染上了占星术的色彩。西方的占星术来源于一种根深蒂固的观念，他们认为，日月众星对人体具有的某种作用，如同铁在磁场中受到磁力作用一样，而中国人则更相信天人感应和天人相通，有关内容我们在第二节中已经谈得很多。这种不同的思想背景所孕育的占星方法当然不同，因此，中国的占星术并不像西方那样完全根据人出生时日月五星在星空中的位置来预卜人的一生命运，而是把各种奇异天象看作是天对人间祸福吉凶发出的吉兆或警告。显然，中国的占星术更多地为统治者所利用，这与中国天文学官营的特点是密切相关的。

一、占星术的起源

占星术在天文学起源的同时便已萌芽了，并且始终与古代天文学的发展纠缠在一起，因此，早期的天文学如果与占星术等量齐观或许并不过分。占星术的发展显然有其自身的历史，中国古老的天人合一的思想可能使最早出现的占星术只是作为一种巫术。人们感到，一些天象可能给人带来吉祥，而另一些天象却使人蒙受灾难，尽管这些感觉有时还很朦胧，但却无例外地得到了古人极大的关注。我们在商代的日食记录中发现了"唯若"（吉）和"非若"（不吉）的贞问，可见当时的人们认为，日食现象有时也存在作为一种吉兆的可能，这与后来的看法截然不同。不过在那次日食结束之后，商人用九头牛祭祀他们的祖先上甲微来平息此事[①]，这种祭祀仪式比后世又要隆重。

商代无疑已出现了专职的占星家，其中最著名的一位就是巫咸。甲骨文中还有占卜命龟的各类贞人，其中某些人的记录充满了占星的味道，而另一些人的记录则与天文毫不相干，显然，那些以占星为业的贞人的身份也属于占星家，他们很可能就是周代保章氏的前身。

保章氏在周代是一个很重要的职位，而且官位是世袭的。《周礼·春官·保章氏》云：

> 保章氏掌天星，以志星辰日月之变动，以观天下之迁，辨其吉凶。以星土辨九州之地所封，封域皆有分星，以观妖祥。以十有二岁之相，观天下之妖祥。以五云之物，辨吉凶，水旱降丰荒之祲象。以十有二风，察天地之和，命乖别之妖祥。凡此五物者，以诏救政，访序事。

《周礼》对保章氏的职司介绍说：他掌管天上的众星，记录日月星辰的运动和变化，以考察尘世的变迁，预测吉凶。他依照九州与某些特定天体的相互关系，分划出它们的界域。所有的封地和君权分别与不同的星宿相关联，从这些星便可确定各国的繁荣或灾殃。他能根据木星的十二年周期预言世间的善恶，他能仰观五色云彩断定水旱丰歉的年景，他能倾听十二月风律感受天地阴阳的和谐，并记录下由此造成的各种吉凶征象。总之，他掌管这五类现

---

① 冯时：《殷卜辞乙巳日食的初步研究》，《自然科学史研究》第 11 卷第 2 期，1992 年。

象，以便告诫帝王补救失误，变更礼仪。保章氏的官名与保管记录有关，他的职司特点与商代的贞人极其相似。

从西周到东周的百年间，占星术显然已渐趋成熟，这并非仅仅因为当时的文献提供了比前代多得多的占星记录，更重要的原因则在于，作为占星学的全部基础在这时已经建立了起来。我们看到，两周的天文学较前有了长足的发展，特别是在春秋战国时期，中国天文学的各种体系都已奠立完备，其中的关键问题是中国传统星官的命名已基本完成，它实际成了人间社会在天上的复制品。地上有皇宫，天上就有紫微宫；地上有太子，天上也有太子；地上有郎将列国，天上也照样有相应的星官。这个天界的严密组织无疑是直接服务于占星的需要。然而，仅仅把人间社会搬到天上是远远不够的，它还必须建立起天上星宿与地上郡国的对应关系，这就是分野。通过分野，便可将天上日月五星的运动与地上列国的命运巧妙地联系起来了。

不仅中国古代的天文著作都是星占著作，而且早期的天文家也肯定都是占星家。《史记·天官书》云：

> 昔之传天数者，高辛之前，重、黎；于唐、虞，羲、和；有夏，昆吾；殷商，巫咸；周室，史佚、苌弘；于宋，子韦；郑则裨灶；在齐，甘公[①]；楚，唐眛；赵，尹皋；魏，石申夫。

张守节《正义》：巫咸"子贤，亦在此也"。这些人物都是上古时代著名的天文家，当然也自是星占家。众人之后，汉代的张良、京房、张衡，三国时代的诸葛亮、陈卓等也统属此类。这些人几乎都以他们精湛的占星术对当时的政治产生过不同程度的影响。裨灶根据"有星出于婺女"的天象断言晋平公的死期，三国东吴的占星家吴范更以他每占必应的巧术博得了孙权的器重。《三国志·吴书·吴范传》云：

> 初，权在吴，欲讨黄祖，范曰："今兹少利，不如明年。明年戊子，荆州刘表亦身死国亡。"权遂征祖，卒不能克。明年，军出，行及寻阳，范见风气，因诣船贺，催兵急行，至即破祖，祖得夜亡。权恐失之，范

---

① 裴骃《集解》引徐广曰："或曰甘公名德也，本是鲁人。"张守节《正义》："《七录》云楚人，战国时作《天文星占》八卷。"又以甘德为楚人。

曰："未远，必生禽祖。"至五更中，果得之。刘表竟死，荆州分割。

及壬辰岁，范又白言："岁在甲午，刘备当得益州。"后吕岱从蜀还，遇之白帝，说备部众离落，死亡且半，事必不克。权以难范，范曰："臣所言者天道也，而岱所见者人事耳。"备卒得蜀。

权与吕蒙谋袭关羽，议之近臣，多曰不可。权以问范，范曰："得之。"后羽在麦城，使使请降。权问范曰："竟当降否？"范曰："彼有走气，言降诈耳。"权使潘璋邀其径路，觇候者还，白羽已去。范曰："虽去不免。"问其期，曰："明日日中。"权立表下漏以待之。及中不至，权问其故，范曰："时尚未正中也。"顷之，有风动帷，范拊手曰："羽至矣。"须臾，外称万岁，传言得羽。

后权与魏为好，范曰："以风气言之，彼以貌来，其实有谋，宜为之备。"刘备盛兵西陵，范曰："后当和亲。"终皆如言。其占验明审如此。

据此对吴范的神占已可见一斑。占星家鬼使神差般的占验在我们尚不明了天象与人事间的真正联系之前确实感到不可思议。唐代天文学家李淳风也深谙占术，《旧唐书·李淳风传》记载了这样一桩奇事：

初，太宗之世有《秘记》云："唐三世之后，则女主武王代有天下。"太宗尝密召淳风以访其事，淳风曰："臣据象推算，其兆已成。然其人已生，在陛下宫内，从今不逾三十年，当有天下，诛杀唐氏子孙歼尽。"帝曰："疑似者尽杀之，如何？"淳风曰："天之所命，必无禳避之理。王者不死，多恐枉及无辜。且据上象，今已成，复在宫内，已是陛下眷属。更三十年，又当衰老，老则仁慈，虽受终易姓，其于陛下子孙，或不甚损。今若杀之，即当复生，少壮严毒，杀之立雠。若如此，即杀戮陛下子孙，必无遗类。"太宗善其言而止。

事情后来果如李淳风所言，太宗三世之后，那位十四岁即以美貌被太宗召入后宫的才人武则天代唐做了皇帝。史载李淳风每占候吉凶，若合符契，为时人大惑不解。古代占星家多将秘术守为绝学，不肯轻易传人，以致更增添了它的神秘色彩。

占星家关注的天象主要有两类，一类属于奇异天象，另一类则是五星运动。有关奇异天象的占验比较简单，某一颗星主掌某事都已形成一套固定的模式，于是占星家根据它们的变化特点，便可预测吉凶。《汉书·天文志》叙汉元帝初元元年（公元前48年）事云：

> 元帝初元元年四月，客星大如瓜，色青白，在南斗第二星东可四尺。占曰："为水饥。"其五月，勃海水大溢。六月，关东大饥，民多饥死，琅邪郡人相食。

星占家的占验依据在唐代文献中仍有部分存留。《史记·天官书》："南斗为庙，其北建星。"张守节《正义》："建六星，在斗北，临黄道，天之都关也。斗建之间，七耀之道，亦主旗辇。占：动摇，则人劳；不然，则不；月晕，蛟龙见，牛马疫；月、五星犯守，大臣相谋为，关梁不通及大水也。"不难看出，星占的原则与星名所具有的特殊含义关系紧密，可以说，作为星占学基础的星名体系的建立也就意味着星占学自身的完善，这些似乎并不难理解。建星是关梁的象征，因此古人认为，月亮或五星犯守南斗或其北的建星，则是关梁不通和洪水泛滥的征兆，显然这次占断是应验了。

类似的占法在古代典籍中还有许多。人们注意到，汉昭帝去世时的天象也有详细的实录。《汉书·天文志》叙汉昭帝元平元年（公元前74年）事云：

> 三月丙戌，流星出翼、轸东北，干太微，入紫宫。始出小，且入大，有光。入有顷，声如雷，三鸣止。占曰："流星入紫宫，天下大凶。"其四月癸未，宫车晏驾。

占星家以紫微宫主帝王，流星入紫宫，显为帝王的灾兆。

西汉末年王莽篡国前出现的天象可能也是真实的。《汉书·天文志》叙汉成帝元延元年（公元前12年）事云：

> 元延元年四月丁酉日餔时，天㬌晏，殷殷如雷声，有流星头大如缶，长十馀丈，皎然赤白色，从日下东南去。四面或大如盂，或如鸡子，耀耀如雨下，至昏止。郡国皆言星陨。《春秋》星陨如雨为王者失势诸侯起伯之异也。其后王莽遂颛国柄。王氏之兴萌于成帝［时］，是以有星陨之变。后莽遂篡国。

这是星占家对于流星雨的占验。不过王莽立政已是公元 9 年之事，去此则有二十年。星占家将这一天象视为王莽之兴而非其篡国的征兆，虽也不失道理，但已显得十分牵强。

《史记·天官书》叙秦并六国及楚汉战争事云：

> 秦始皇之时，十五年彗星四见，久者八十日，长或竟天。其后秦遂以兵灭六王，并中国，外攘四夷，死人如乱麻，因以张楚并起，三十年之间兵相骈藉，不可胜数。自蚩尤以来，未尝若斯也。

古以彗星出为荡涤之象。《汉书·天文志》："传曰：彗所以除旧布新也。"秦汉之际的巨大变革当然是社会内部各种矛盾激化的结果，但彗星在如此短的时间内频频出现，也为世所罕见。

如果说奇异天象的占验稍显浅近的话，那么五星的占验则相对繁复得多。它不仅表现在各星所具有的吉凶性质的不同，而且它们的动态所反映的吉凶情况也不同。占星家把已经掌握的五星在一个运行周期内的运动情况作为五星的常态，如果它们的运动与常态相违背，就可以依据不同的变化来确定吉凶。《汉书·天文志》记载了很多奇异的占星结果，其叙汉景帝三年（公元前 154 年）事云：

> 三年，填星在娄，几入，还居奎。奎，鲁也。占曰："其国得地为得填。"是岁鲁为国。

古以奎宿为鲁国分野，而土星主得地之利，故当年鲁地立为侯国。《天文志》又叙景帝中元五年（公元前 145 年）事云：

> 其五年四月乙巳，水、火合于参。占曰："国不吉。参，梁也。"其六年四月，梁孝王死。

又叙汉武帝元鼎间事云：

> 元鼎中，荧惑守南斗。占曰："荧惑所守，为乱贼丧兵；守之久，其国绝祀。南斗，越分也。"其后越相吕嘉杀其王及太后，汉兵诛之，灭其国。

可以看出，五星占验同样需要利用二十八宿分野体系。

古人认为，凡重大的历史变迁必会有奇异天象出现，如果圣人降作，则祥瑞显兆，若佞人篡国，则凶象陈临。不过需要特别注意的一点是，某些天象有时为着政治的需要却被篡改了，这方面的例子恐怕再没有我们马上要讨论的一件更能说明问题。我们先来读司马迁记录的两条原始史料。《史记·高祖本纪》云：

> 汉元年十月，沛公兵遂先诸侯至霸上。秦王子婴素车白马，系颈以组，封皇帝玺符节，降轵道旁。

明载秦亡的时间地点。《史记·天官书》则云：

> 汉之兴，五星聚于东井。

这里讲到的是一种五星聚舍的罕见景象，也就是我们通常所说的五星连珠，它是由五颗行星在天空中一字排开而组成的美丽天象，星占学上则将其视为明主出现、改朝换代的大吉之兆。司马迁显然是想为刘邦代秦找到星占学的依据，但他只说五星连珠见于"汉之兴"，措辞还很谨慎，语意也还笼统。然而这个天象在汉初是否真的发生过，它的出现与秦亡汉兴的事实究竟又有什么关系，这些问题事实上在南北朝时就已开始有人怀疑①。现代天文学的计算表明，汉高祖二年（公元前205年）的五月至七月，确实有过一次五星连珠的天象发生，当时金、木、水、火、土五大行星都在黎明时出现在东方天空，而且会聚在井宿，与司马迁含糊的说法是吻合的。但是这个天象毕竟出现在秦亡之后，在星占学上总不免觉得有失和谐，因此到班固作《汉书·高帝纪》时，这条史料便被悄悄篡改为：

> （汉高祖）元年冬十月，五星聚于东井，沛公至霸上。

从而与后来秦王子婴素车白马献印而降的结局正好可以彼此呼应。班固死后，其妹班昭与马续续作《天文志》，更把这一天象大加神话，索性直截了

---

① 参见《魏书·高允传》。

当地说："汉元年十月，五星聚于东井，以历推之，从岁星也。此高皇帝受命之符也。……东井秦地，汉王入秦，五星从岁星聚，当以义取天下。"我们看到，从司马迁到班昭记载的一步步精确化虽然只把五星连珠的天象提前了一年多，但意义却非常重大，这种改动显然为刘邦代秦称帝找到了星占学的依据，而且在班昭和马续的笔下，早已把它看作是承受天命的符兆，把刘邦享有天下视为天命所归的义举了。

星占学为适应政治的需要，有时是不择手段的，官方的天文学家为了突出显示星占预卜吉凶的能力，在篡改天象的同时甚至伪造天象记录。他们或者将没有发生的天象误作发生，或者将确实存在的天象略而不录，用这种方法以求天象与时事相应。我们注意到，对于五星连珠的天象已有附会或虚构的情况，相反，在汉吕后和唐韦后时曾经确实出现过的这类天象，却因世人对这两位女主的政治评价与星占学的解释相矛盾而遭隐略[1]。

中国古代另一个重要天象是"荧惑守心"，荧惑即五星中的火星，占星家常把它与贼乱、疾丧、饥兵等恶兆相连。心是二十八宿之一的心宿，按照星占学的解释，心宿三星的中间一星为天王，旁边两星为太子和庶子，它不仅代表天子祈福祀神的明堂所在，而且被视为"荧惑之庙"，与火星具有密切联系。因此，"荧惑守心"就是火星在心宿发生由顺行并停留在心宿一段时间的现象，在星占学上，这是一个被视为对最高统治者极为不利的天象。有的学者对中国古代的全部二十三次荧惑守心记录进行过研究，发现其中竟有十七次是虚构的，而在另一方面，自西汉以来实际发生过的近四十次这类天象却多未见于记载[2]。很明显，占星家为适应政治的需要，他们对天象的记载是极不忠实的。

伪造天象只有在占星家对某种天体的运动规律有了相当的认识，并且赋予这类特殊天象以星占学的特定意义的前提下才可能出现。中国最早的伪造天象出现在春秋晚期，显然，星占学在此前已经历过了漫长的发展时期，这意味着占星术虽然在形式上只是对某些天象做出吉凶的预告，但它却要求占星家认真地考察天象规律，中国的天文学正是在这样一种因果的循环中缓慢地发展着。因此，古代的星占活动常常反映出这样一种有趣的事实：占星术

---

[1]　黄一农：《星占·事应与伪造天象——以"荧惑守心"为例》，《自然科学史研究》第10卷第2期，1991年。

[2]　黄一农：《星占·事应与伪造天象——以"荧惑守心"为例》，《自然科学史研究》第10卷第2期，1991年。

实际只是进行有效的天文研究的一种神学外衣。

对于说明这一问题，《魏书》所记崔浩占星的著名事迹很有价值。《崔浩传》云：

> 初，姚兴死之前岁也，太史奏：荧惑在匏瓜星中，一夜忽然亡失，不知所在。或谓下入危亡之国，将为童谣妖言，而后行其灾祸。太宗闻之，大惊，乃召诸硕儒十数人，令与史官求其所诣。浩对曰："案《春秋左氏传》说神降于莘，其至之日，各以其物祭也。请以日辰推之，庚午之夕，辛未之朝，天有阴云，荧惑之亡，当在此二日之内。庚之与未，皆主于秦，辛为西夷。今姚兴据咸阳，是荧惑入秦矣。"诸人皆作色曰："天上失星，人安能知其所诣，而妄说无征之言。"浩笑而不应。后八十馀日，荧惑果出于东井，留守盘游，秦中大旱赤地，昆明池水竭，童谣讹言，国内喧扰。明年，姚兴死，二子交兵，三年国灭。于是诸人皆服曰："非所及也。"

这次星占一向被视为历史上有名的神占。崔浩之所以能成功地预报火星运动，原因就在于他不仅知道火星的轨道，而且知道火星有顺、留、逆等各种复杂的运动状态，所以他能断定火星向西顺行并将停留在西方天区，这实际只是对天象做了适时的预报。至于人间吉凶祸福的应验，则更主要的是基于崔浩本人对后秦情况的了解而做出的一种可能的附会①。

中国古代除星占之外的各种杂占也很丰富，它包括日占、月占、云占、气占、风角占、鸟情占等不同内容②。出土于马王堆汉墓的帛书中有一幅关于这种复杂占验的书籍，成书年代大致在战国晚期③。这部占书涉及云占、气占、恒星占、月掩星占和彗星占等许多方面，其中以研究气的占验内容最为详备，包括蜃气、晕和虹等不同占项，而云占实际也可以看作气占的一部分，因为古人普遍认为，云乃由气所组成。敦煌石室曾出有《占云气书》的残卷，约为晚唐五代时的抄本。抄本虽为未完之作，但从仅存的《观云章》

---

① 中国天文学史整理研究小组编著：《中国天文学史》，科学出版社 1981 年版，第 4 页。
② 相关著作在《汉书·艺文志》与《隋书·经籍志》中尚多有存留。
③ 顾铁符：《马王堆帛书〈天文气象杂占〉内容简述》，《文物》1978 年第 2 期。

和《占气章》来看，内容已相当丰富①。占云验气在中国有着悠久的历史，这些内容后来都以专门的形式流传于世。

占星术对中国古代政治的影响有时达到了绝对的地步，这就不可避免地造成两种极端现象的出现，一方面，占星家或史家为印证天命而附会或虚构某种实际并不曾发生的天象，而另一方面，他们却将那些与实际情况相矛盾的真实天象隐而不述。很明显，这两点事实表明，星占学作为一种方术有着极不科学的一面。然而，如果说占星术作为一门骗术而存在，这并不过分，因为不论占星应验与否，它都在形式上使大多数人处于迷惘之中，但要说占星术完全是荒谬无理的，则还缺乏根据。尽管在某一奇异天象发生之后，应验的事在时间上极不确定，但这并不足以否定占星术本身。目前对占星术还缺乏系统的研究，然而有一点似乎可以肯定，星占学由于要了解各种天体的运动规律，因而在早期，它对推动中国天文学的发展曾经起过积极的作用。但是它把自然天象视为上天的警告和人间祸福的征兆，从而在根本上淡化了人们对于这些天象的发生原因等问题的深入探索，以致最后终于成为束缚中国天文学发展的枷锁。

二、分野体系的建立与发展

中国古代的占星家认为，天上的某一区域与地上的某个地域会相互影响，这种影响是固定和持久的，如果某部分天区内出现不寻常的天象，这将意味着与这一天区对应的某一地域将有大事发生，这种为了用星象变化来占卜每个地方人世的吉凶，而将地上的州、国与天上的星空区域一一匹配的占星法就叫分野。先秦和两汉史料中保留了大量的分野记录，尽管它们的具体内容还有差异，但却都是遵循着这个原则制定的。

分野观念不仅在远古时代已具雏形，而且同其他事物一样，也经历了由简而繁的完善过程。中国古代的分野体系具有诸多不同的形式②，将其进行分类厘次虽然必要，但却不宜仅仅因为这样的厘次而割裂了不同分野形式之间的联系，从而混淆分野体系的源流变化。

---

① 陈槃：《影钞敦煌写本〈占云气书〉残卷解题》，《历史语言研究所集刊》第五〇本第一分，1979年；马世长：《敦煌县博物馆藏星图·〈云气书〉残卷——敦煌第五八号卷子研究之三》，《敦煌吐鲁番文献研究论集》，中华书局1982年版；何丙郁、何冠彪：《敦煌残卷〈占云气书〉研究（上、下）》，《文史》第二十五、二十六辑，中华书局1985、1986年版。

② 李勇：《对中国古代恒星分野和分野式盘研究》，《自然科学史研究》第11卷第1期，1992年。

分野事实上来源于一种最原始的恒星建时方法，通过对新石器时代有关天文遗迹的分析可知，这种方法在当时显然已经基本形成。古人对于天极的重视导致了一系列天文理论的产生，分野观当然也是由此派生的诸种理论中的一种。

最早的分野形式应该以北斗作为一种中介星象，因为在十二次诞生之前，二十八宿天区必须通过斗杓所指的方向才能与地平方位建立起联系，这显然解决了古人在如何将天区与地域合理配合时所遇到的困难。《史记·天官书》在这方面保留了最原始的记录，司马迁把北斗在分野体系中的这种作用视为由来已久的方法，而且他所列出的分野体系，明显是一种比二十八宿周天分野更原始的形式。《天官书》云：

> 北斗七星，所谓"旋、玑、玉衡以齐七政"。杓携龙角，衡殷南斗，魁枕参首。用昏建者杓；杓，自华以西南。夜半建者衡；衡，殷中州河、济之间。平旦建者魁；魁，海岱以东北也。

我们将这种分野形式整理如下：

> 斗杓　自华以西南
> 斗衡　中州河、济之间
> 斗魁　海岱以东北

北斗第七星分配华山西南地区，第五星分配黄河与济水的中间地带，而北斗前四星则分配东方海岱地区。裴骃《史记集解》引孟康云："《传》曰：'斗第七星法太白主，杓，斗之尾也。'尾为阴，又其用昏，昏阴位，在西方，故主西南。《传》曰：'斗第一星法于日，主齐分。'魁，斗之首；首，阳也，又其用在明阳与明德，在东方，故主东北齐分。"张守节《史记正义》："杓，东北第七星也。华，华山也。言北斗昏建用斗杓，星指寅也。杓，华山西南之地也。衡，北斗衡也。言北斗夜半建用斗衡指寅。殷，当也。斗衡黄河、济水之间地也。言北斗旦建用斗魁指寅也。海岱，代郡也。言魁星主海岱之东北地也。"这是迄今我们所知最早的分野形式。

中国新石器时代自山东地区的大汶口文化到浙江地区的良渚文化普遍流行着一种斗魁形象，这些形象或径制为斗魁形的礼玉，或作为神祇镌刻于礼玉和礼器之上（详见第三章）。假如我们以海岱地区主分魁星的传统思想分析，那么这种现象无疑体现了一种原始的分野观。因此有理由认为，早期分野思想的形成上溯至公元前第四千纪应该没有问题①。

由北斗建时而产生的识星系统则引发了恒星分野的另一种形式。人们或许对《左传·昭公元年》记述的参商别离的典故并不陌生，这一点我们在后面还会详细谈到。故事中高辛氏的长子阏伯和次子实沈分别定居在商丘和大夏之后，大火星和参星就成为殷人和晋人的主祀之星了，参星实沈配于晋而称晋星，大火阏伯配于商而称商星，这大概就是二十八宿分野体系的起源。

比这晚出的分野形式在司马迁的著作中同时得到了保留。《史记·天官书》云：

> 二十八舍主十二州，斗秉兼之，所从来久矣。秦之疆也，候在太白，占于狼、弧。吴、越之疆，候在荧惑，占于鸟衡。燕、齐之疆，候在辰星，占于虚、危。宋、郑之疆，候在岁星，占于房、心。晋之疆，亦候在辰星，占于参、罚。

这种分野形式可以整理为：

秦	太白	狼、弧
吴、越	荧惑	鸟衡（注、张）
宋、郑	岁星	房、心
燕、齐	辰星	虚、危
晋	辰星	参、罚

司马迁以为这种分野法以二十八舍与北斗兼合，由来既久②。事实上除秦分狼、弧之外，其馀四方之星的选择都恰好使其作为赤道周天四个象限宫的中心星宿。这种北斗建星方法由于补充了拱极星与南宫星宿的联系，因而比《天官书》所传承的"杓携龙角，衡殷南斗，魁枕参首"的古老天官体系更

---

① 西周金文所记载的殷商晚期的分野思想已很清楚。参见冯时《史墙盘铭文与西周政治史》，《第四届国际汉学会议论文集——出土材料与新视野》，中研院2013年版。

② 学者或以为此乃五星分野法，参见崔振华《分野说探源》，《中国科学技术史国际学术讨论会论文集》，中国科学技术出版社1992年版。然此法实用四星，未用土星。

为完善。

张守节《史记正义》:"鸟衡,一本作'注张'。"狼、弧、注、张、参、罚均为二十八舍之星宿,二十八舍则在某种程度上保留了二十八宿体系的早期形式,因此,这种分野体系的建立当比二十八宿恒星分野体系更为古老。宋为殷代遗民,宋、晋分别配以心宿和参宿,这是最早的既定配合。以此为基点,正可以将二十八舍方位与列国方位完好地对应起来,因而也最切实际。此后,周天的划分虽然日趋精确,但是,星宿与列国的分配却逐渐蜕化为一种纯粹形式的联系了。

《吕氏春秋》记载了另一种早期分野形式,它是将天上的九个区域与地上的九州相对应。《吕氏春秋·有始》云:

> 天有九野,地有九州。何谓九野?中央曰钧天,其星角、亢、氐;东方曰苍天,其星房、心、尾;东北曰变天,其星箕、斗、牵牛;北方曰玄天,其星婺女、虚、危、营室;西北曰幽天,其星东壁、奎、娄;西方曰颢天,其星胃、昴、毕;西南曰朱天,其星觜巂、参、东井,南方曰炎天,其星舆鬼、柳、七星;东南曰阳天,其星张、翼、轸。何谓九州?河、汉之间为豫州,周也;两汉之间为冀州,晋也;河、济之间为兖州,卫也;东方为青州,齐也;泗上为徐州,鲁也;东南为扬州,越也;南方为荆州,楚也;西方为雍州,秦也;北方为幽州,燕也。

这种形式使人很容易联想到禹平水土定九州的传说,并且可以放心地把它的时代定在春秋或战国。然而,九天与九州如何配合,不仅《吕氏春秋》没有讲到,《淮南子·天文训》与《墬形训》分录了九野九州,也同样没有讲到。司马迁在《天官书》中兼收的另一种分野形式发展了这一观点,这是按十三州的格局划定的。《天官书》云:

> 角、亢、氐,兖州。房、心,豫州。尾、箕,幽州。斗,江、湖。牵牛、婺女,扬州。虚、危,青州。营室至东壁,并州。奎、娄、胃,徐州。昴、毕,冀州。觜巂、参,益州。东井、舆鬼,雍州。柳、七星、张,三河。翼、轸,荆州。

将二十八宿与十三州分别匹合。张守节《正义》引《括地志》云："汉武帝置十三州，改梁州为益州广汉。"十三州即汉武帝所置十三刺史部，其中十一部沿用《尚书·禹贡》及《周礼·夏官·职方氏》中的州名，又将梁州改为益州。因此，这种分野形式的建立时间是相对明确的。

《淮南子·天文训》的分野体系与此十分相似，可以认为是武帝十三州分野的直接来源，所不同的是它采用了二十八宿与列国对应的形式。《天文训》云：

> 角、亢，郑；氐、房、心，宋；尾、箕，燕；斗、牵牛，越；须女，吴；虚、危，齐；营室、东壁，卫；奎、娄，鲁；胃、昴、毕，魏；觜巂、参，赵；东井、舆鬼，秦；柳、七星、张，周；翼、轸，楚。

将其与武帝十三州分野对观，不难发现，二十八宿中氐、牛、胃三宿的分野存在差异。尽管如此，我们还是可以明显看出，这种二十八宿列国分野与其后的武帝十三州分野一样，较之司马迁同时注意到的二十八舍北斗分野法已大不相同，它表现出的是一种十分混乱的组合，燕的分野已与过去同齐共分虚、危的情况不同，而分有尾、箕，吴的分野也与过去同楚共分七星与张宿不同，而分斗、牛、女，燕、越、吴三国分野比邻，已讲不出任何道理。魏、赵各有分野而取代了晋，证明这个体系显然是战国时期韩、赵、魏三家分晋（公元前 403 年）后形成的。魏分野合十二次的大梁，赵分野嗣晋而为实沈，从分野发展的角度看还勉强合理。

张守节《史记正义》引录《星经》的分野形式实际呈现出一种综合三种分野法的杂合体。其具体内容是：

> 角、亢，郑之分野，兖州；氐、房、心，宋之分野，豫州；尾、箕，燕之分野，幽州；南斗、牵牛，吴、越之分野，扬州；须女、虚，齐之分野，青州；危、室、壁，卫之分野，并州；奎、娄，鲁之分野，徐州；胃、昴，赵之分野，冀州；毕、觜、参，魏之分野，益州；东井、舆鬼，秦之分野，雍州；柳、星、张，周之分野，三河；翼、轸，楚之分野，荆州。

很明显，我们无法相信这种分野形式是《石氏星经》的原始内容，这种二十八宿州国分野虽然详备，但作伪的痕迹也同样明显。首先，它所采用的十三州名称全部取自于武帝十三刺史部。其次，女宿为齐国分野，异于《淮南子》为吴国分野；觜、参为魏国分野，异于《淮南子》为赵国分野。而这些内容都体现了更晚的分野形式。因此，所谓《星经》的分野内容实际是武帝以后的分野思想在《淮南子》郡国体系及《天官书》十三州体系的基础上杂凑而成的，其形成时间很可能在西汉后期。

东汉经学家郑玄在《周礼·春官·保章氏注》中揭示了另一种十二次分野，这实际只是二十八宿恒星分野的不同表现形式。其具体内容是：

> 星纪，吴、越也；玄枵，齐也；娵訾，卫也；降娄，鲁也；大梁，赵也；实沈，晋也；鹑首，秦也；鹑火，周也；鹑尾，楚也；寿星，郑也；大火，宋也；析木，燕也。

根据十二次与二十八宿的对应关系，我们可以将这个分野形式还原如下：

星纪	斗、牛	吴、越
玄枵	女、虚、危	齐
娵訾	室、壁	卫
降娄	奎、娄	鲁
大梁	胃、昴、毕	赵
实沈	觜、参	晋
鹑首	井、鬼	秦
鹑火	柳、星、张	周
鹑尾	翼、轸	楚
寿星	角、亢	郑
大火	氐、房、心	宋
析木	尾、箕	燕

这里，吴、越的分野合而为一，而赵与晋的分野并存，显然不合道理，这可能是占星家刻意追求的一种理想形式，但无论如何，它已是走入歧途的一种荒谬的分野格局了。班固在《汉书·地理志》中所列的分野体系继承了这些

空洞的形式，由于它常常被人引用，我们也不妨列在下面。《地理志下》云：

> 秦地，于天官东井、舆鬼之分野也。自井十度至柳三度，谓之鹑首
> 之次，秦之分也。魏地，觜觿、参之分野也。周地，柳、七星、张之分
> 野也。自柳三度至张十二度，谓之鹑火之次，周之分也。韩地，角、
> 亢、氐之分野也。自东井六度至亢六度，谓之寿星之次，郑之分野，与
> 韩同分。赵地，昴、毕之分野。燕地，尾、箕分野也。自危四度至斗六
> 度，谓之析木之次，燕之分也。齐地，虚、危之分野也。鲁地，奎、娄
> 之分野也。宋地，房、心之分野也。卫地，营室、东壁之分野也。楚
> 地，翼、轸之分野也。吴地，斗分野也。粤地，牵牛、婺女之分野也。

这个分野形式不仅有将十二次分野与二十八宿分野结合的趋势，而且与所谓
《星经》的分野形式最为接近，两者同以觜、参为魏国分野，乃是西汉武帝
以前分野形式所不见的内容。班固采用的分野体系以韩取代郑，粤取代越，
因此它的形成时间显然要晚在西汉。不过我们看到，虽然就整个体系而言，
这个分野形式与《淮南子》和《史记》的二十八宿恒星分野没有根本的差
异，但是可能由于班固本人受到当时某种错误观念的左右，赵、魏的分野却
被颠倒了。这些现象显示，分野体系在汉代已经比较混乱，甚至"政出多
门"。因此，占星术发展到这般地步，已与它的原义相去甚远了。

第三章 观象授时

　　不论是在远古还是今天，真正意义上的科学的计时方法都只源于天文。先民们经过长期的精心观测后发现，各种天体的运行变化实际都忠实地遵循着各自的规律，换句话说，不同天体在天盖上的位置变化也就意味着时间的变化。这个发现使古人第一次找到了决定时间的准确标志，并且通过频繁的观象授时活动，最终使古代的计时制度一步步地发展了起来。

第一节　有关恒星观测的两个基本概念的讨论

　　中国古代恒星观测的意义不仅在于它所具有的观象授时的作用，更重要的则是创立了一种中国独特的天文学体系，这个体系包括北极和赤道以及与此相适应的赤道星座和分区。古人如果要将所有天体纳入自己的观测范围，就必须建立相应的坐标框架；如果想使星表和历法编算得精确，就必须引入岁差的理论。这两点当然都是随着先民的观象活动逐步完善起来的。

一、天球坐标

　　宇宙是浩瀚无垠的，然而由于人们目力的局限，恒星在天空中其实仅仅呈现出明暗的差异，而并没有反映出远近的不同，这种错觉使得实际观测结果只表现为恒星从它们的实际位置投影到以地球为中心、以肉眼极限为半径的球面上，这个假想的球面就是天球。

　　进行恒星观测，人们首先需要解决的问题便是确定天体在天球上的位置。这种要求最终导致了一系列坐标体系的产生。在古代中国，主要的球面坐标系统有地平坐标、黄道坐标、赤道坐标和银道坐标，其中地平坐标系统虽产生最早也最为直观，但赤道坐标系统在天文学上则得到了最广泛的应用。

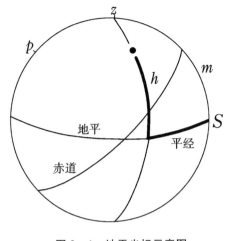

图 3—1 地平坐标示意图

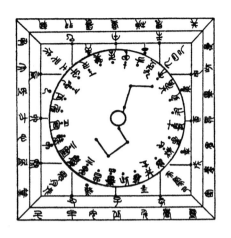

图 3—2 地平方位图（西汉六壬
式盘，安徽阜阳双古堆西汉汝阴
侯墓出土）

中国古代的地平坐标是以天顶和地平圈为基础建立的，它的两个坐标
分量是地平高度和方位（图 3—1）[①]，其中地平方位的概念在地平坐标系统
建立的初期便占有着重要地位，它广泛地用于以日晷测量太阳出没运行的
方位角上。尽管这一概念产生很早，但最初的方位角究竟如何表示却已很
难查考。

地平方位也就是地平方向，可以在地平经圈上加以标示。方位概念产生于
东、西、南、北四个正方向，这可以运用测量日影的方法直接取得。四方的表
示法有多种形式，通常配以子、午、卯、酉四支或坎、离、震、兑四卦。后来
四方增加四维而构成八方，进而又扩大为十二方和二十四方，则分别用四维
卦、十干、十二支表示。四维卦以艮示东北，巽示东南，乾示西北，坤示西
南；十干以甲乙为东，丙丁为南，庚辛为西，壬癸为北，戊己既示中央，亦示
四维；十二支则平分四方。我们在汉代的式盘上可以看到这种关系的完整配置
（图 3—2）。与今天不同的是，早期的方位概念指的并非某一定点，而是一个区
域，正如商代的"亞"字所显示的东、西、南、北、中五个方位一样（详见第

---

① 地平坐标示意图、黄道坐标示意图和赤道坐标示意图三图的绘制参考李约瑟先生图，见
Joseph Needham, *Science and Civilisation in China*, Vol. Ⅲ, The Sciences of The Heavens,
Cambridge University Press, 1959.

八章第二节）。这个传统直接影响了后世二十四方位的建立。

地平坐标的另一个概念是地平高度，它是指天体沿着垂直于地平经圈的大圆到地平的角距离，地平则为计算的起点。中国古人在相当长的时间内一直采用丈、尺、寸等长度单位来表示天体的高度，一寸大致等于一度，直到宋代以后，度的单位才正式得到应用。

中国古代的黄道坐标系统来源于古人对于黄道的认识。我们知道，太阳除了每天东升西落之外，还在恒星背景中向东移动约一度的角距离，因而一年大致行移一圈。太阳在天球上的这个周年视运动轨迹就称为黄道，它实际则是地球围绕太阳运转的公转轨道。由于中国古人对太阳和恒星运动的观测历史十分悠久，所以认识黄道也相对较早。中国传统的二十八宿体系自古被视为"日月舍"，显然在这个星宿体系创立之初，黄道概念就已经萌芽了。

传为战国时代的《石氏星经》虽然是最早明确提到黄道的古代文献，然而书中记述的冬至点位置似乎与这部著作的年代存在矛盾。《星经》云："黄道规牵牛初直斗二十度"，其中"黄道规"即指天球上的黄道圈，"牵牛初"则是冬至点。冬至点在黄道上的位置在离斗宿距星二十度的地方，这个天象的出现时间充其量也只能上溯到公元前 80 年左右。事实上，这些记录连同我们前面讨论过的分野内容，都显示了今本《石氏星经》的成书年代不可能像传统认为的那样早①。尽管如此，公元前 1 世纪的刘向还是将黄道的建立年代提前了很多，他在《五纪论》中说道："日月循黄道，南至牵牛，北至东井。"根据这个记载，黄道的南点，也就是冬至点位于牵牛，这个天象至少出现在公元前 5 世纪，因而比斗二十度更为古老。可以说，中国古人很早就开始了以黄道为基本大圆的天体位置测量是毫无疑问的。

中国黄道坐标系以黄道为基本圈，天体的位置可用黄经和黄纬两个坐标分量来表示（图 3—3）。黄道坐标系对于标示太阳运动较为适宜，同时，虽然月亮和行星的运行轨道不与黄道重合，但相交角度很小，因而用黄道来标示它们的运动也比较方便。《石氏星经》之后，史书中记载东汉初年傅安曾经使用黄道坐标来测量太阳、月亮的运动和弦、望位置，比当时太史官使用赤道的计算结果更为准确。

---

① 钱宝琮先生曾详细论证过《甘石星经》，认为《开元占经》中的《甘石星经》是梁时的作品。参见钱宝琮《甘石星经源流考》，《浙江大学季刊》1937 年第 1 期。席泽宗先生则认为书中的观测资料不排除有后汉时期积累所得。参见席泽宗《僧一行观测恒星位置的工作》，《天文学报》1956年第 2 期。

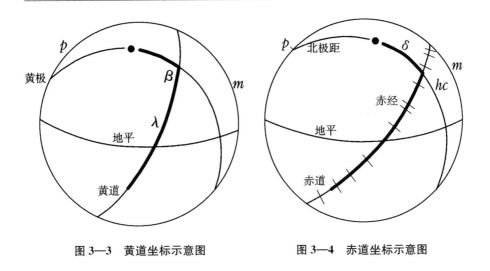

图 3—3　黄道坐标示意图　　　图 3—4　赤道坐标示意图

　　根据东汉史官利用他们制造的黄道铜仪所测量的二十八宿距星的黄道距度分析，中国黄道坐标系中的黄经概念与现代天文学有所不同。黄经差实际是指二十八宿距星的赤经差在黄道上的投影，因而黄经的起算点是二十八宿距星而并非春分点。这是由于黄道铜仪只是在赤道式浑仪上增加一个黄道圈而形成的缘故，从而使某宿的黄经距度其实就是量过这个宿和下一宿距星的两条赤经圈所夹的黄道弧长。所以严格地说，这个黄道度数的比较准确的叫法应该是"似黄经"。

　　与"似黄经"相配的另一个概念是"似黄纬"，它是以天体沿赤道圈到黄道的角距离。测量时需以黄道为基点，天体位于黄道以南叫黄道外，位于黄道以北叫黄道内。这种黄道内外度的引入年代，目前尚不清楚。

　　如果说中国黄道坐标系统的建立首先必须依赖于古人对黄道的认识的话，那么赤道坐标系统的形成则需要人们首先认识赤极，也就是天北极。可以说，这两个坐标系统的建立过程恰好是互逆的。

　　天球赤道是地球赤道平面向外延伸并与天球相交形成的大圆，也就是与极轴垂直的最大的赤纬圈。中国的赤道坐标承袭了古代二十八宿记录位置的传统，天体的位置用去极度和入宿度两个坐标分量来表示（图 3—4）。

　　二十八宿中的每个宿都有一颗作为测量其他恒星的标准星，这就是距星。距星的选择标准看来并不容易解释，其中一些距星因为明亮醒目，如角宿距星为角宿一（Spica α Virgo），似乎表明在远古时代，以亮星作为距星可能出于利于观测的需要。但这显然不是一项绝对的标准，因为多数距星的亮

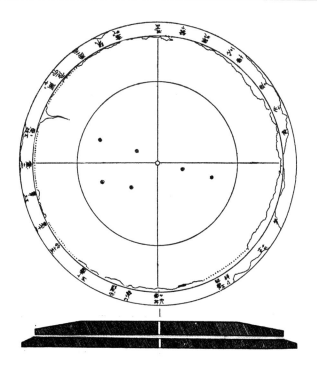

图3—5 西汉二十八宿占盘（安徽阜阳
双古堆西汉汝阴侯墓出土）

度并不很明亮，有些甚至称得上是暗星。然而有一个特点却不能被忽视，这
些距星在天球赤道上的分布竟呈耦合对应，也就是说，赤道两端相对分布的
两宿距星，它们的赤经差约等于180度。这可能是古人选择距星的又一项标
准。可以肯定的是，二十八宿体系的完善过程决定了古今距星的演变，有关
问题我们在第六章第二节将会详细讨论。

天体与其西邻的第一颗距星之间的赤经差构成了入宿度，这个坐标分量
的建立，使得传统的赤道坐标系统的赤经起算点不是一个，而是二十八个。
距星作为标准星，其与相邻距星间的赤经差必须首先测定，古人把这个值叫
作距度。由于岁差的原因，二十八宿距度总在不断变化，但在古人尚未明白
这个道理之前，他们只是简单地靠改换新的距度数值的办法来适应新的观测
结果。1977年，安徽阜阳双古堆西汉初年汝阴侯夏侯灶墓出土了一件属于汉
文帝十五年（公元前165年）的二十八宿圆形占盘，盘上注明了二十八宿距
度数据（图3—5），这些数据与《开元占经》所列二十八宿距星位置下标注

的古距度数据基本相同①。由于占盘本身并不是天文仪器，因而可以推断，盘上天文数据的测定年代要比占盘的制作年代早得多。这表明，至少在战国时代，入宿度和距度的概念已经形成。

天体去极度是指所测天体距北极的角距离，这个坐标分量最早明确记载在《周髀算经》之中。《周髀算经》虽然最迟成书于公元前1世纪左右，但其中有关赤道坐标的数据却是对前人工作加以改造的结果。很明显，这个分量在战国时代已经使用也是可能的。

这两个坐标分量的产生直接涉及了中国赤道坐标体系的最终完成时间。过去中国学者把它推定在战国时期②，日本学者上田穰通过对《开元占经》所引石氏给出的一部分恒星赤道坐标的研究，也得到了相同的结论③。这些见解与实际情况可能比较接近。尽管我们对古人恒星观测的历史可以追溯得很远，但是，提供早期星象基础与作为天文学规律性的认识和实践毕竟是两个不同的概念。不过从濮阳西水坡星象图所反映出的一个完整的识星体系来看，把公元前第五千纪看作是包括赤道坐标在内的各种坐标系统的起源时代似乎并不过分。至于说赤道坐标在战国时期的面貌，那显然已是一种相当完善的独立系统了。

中国赤道坐标体系的建立与中国古人重视观测拱极星的传统密切相关，事实上，这个传统最初造就的识星方法很可能只是一种综合各种坐标系统的混合物，因为从人类的认识过程考虑，当年人们所熟悉的只能是基于天体周日视运动而导致的黄赤道混合带，真正将黄赤道加以区别显然是更晚的事情。尽管如此，中国原始的识星体系由于受到拱极星观测传统的影响，从一开始就显示出了重视赤道的倾向。与此不同的是，其他文明古国，如古代埃及、巴比伦和古代希腊，都是以建立了完善的黄道坐标体系，并以这个体系方便地标示日月和行星运动而著称。但是，虽然黄道与赤道并不处于同一个平面，而是大致斜交成23.5度的夹角，然而由于地球自转，所有天体实际都参与周日视运动，并且其运动轨迹与天赤道平行，因此，中国先民重视拱极星的传统使他们最终选择了另一种利用赤道坐标观测恒星的方法，从而在世界天文学史上形成了独具特色的观测体系。

---

① 王健民、刘金沂：《西汉汝阴侯墓出土圆盘上二十八宿古距度的研究》，《中国古代天文文物论集》，文物出版社1989年版。

② 中国天文学史整理研究小组编著：《中国天文学史》，科学出版社1981年版。

③ 上田穰：《石氏星經の研究》，《東洋文庫論叢》第12期，1929年。

二、岁　差

岁差在中国是由东晋天文学家虞喜独立发现的，这一点在今天看来已经不成问题①。尽管唐初天文学家李淳风依然否定岁差现象的存在②，以致在他所撰写的晋、隋两代正史《天文志》、《律历志》中对虞喜的工作只字不提，但这种做法除了能证明李淳风本人所坚持的"天周岁终"的保守天文观之外，已没有任何其他的意义。唐《大衍历·历议》云："其七日度议曰：古历，日有常度，天周为岁终，故系星度于节气。其说似是而非，故久而益差。虞喜觉之，使天为天，岁为岁，乃立差以追其变，使五十年退一度。"③宋《明天历·历议》云："虞喜云：'尧时冬至日短星昴，今二千七百馀年，乃东壁中，则知每岁渐差之所至。'"④ 由此我们知道，虞喜的发现是在继续古代天文学的一种持续不断的昏旦中星的观测中，将当时冬至日的昏中星与《尧典》的观测记录加以比较的结果。当然，两代昏中星的改变在当时已经非常明显。

众所周知，在一定时期内，中国古人计算太阳的视位置总是习惯于从冬至点开始，这使他们对于冬至点在星空间位置的测定十分重视。传统的观测方法仍然是测定昏、旦时刻的中星，这样可以容易地推算出夜半时刻的中星位置，并进而根据此时与中星对冲的太阳的位置，按照太阳在天空中日行一度的规律求出冬至点。公元前 4 世纪，古人运用这种方法观测得到的冬至点在牵牛初度，这个观测结果在汉初的历法中一直在沿用。

然而，冬至点在星空间的位置并不是固定不变的，但在岁差现象被发现之前，这一点却始终没有得到承认。第一次可能认识岁差的机会出现在公元前 104 年，当时的天文学家邓平、落下闳等人奉汉武帝之命新制《太初历》，他们显然已经感觉到，当时的冬至点位置与战国四分历所定的起于牵牛初度确有不合，但这并没有影响他们最终仍然忠实地接受传统的观测结果。《汉书·律历志上》云："中冬十一月甲子朔旦冬至，日月在建星，太岁在子，已得太初本星度新正。"《太初历》显示，其时的实测结果则为冬至点在建

---

① 何妙福：《岁差在中国的发现及其分析》，《科技史文集》第 1 辑，上海科学技术出版社 1978 年版。

② 《新唐书·历志二、三》。

③ 《新唐书·历志三上》。

④ 《宋史·律历志七》。

星，而非牵牛初度。这个结果至少使后来的注释家大伤脑筋。李奇《汉书·律历志注》云："古以建星为宿，今以牵牛为宿。"试图混淆古今冬至点位置的差异。而孟康《注》则云："建星在牵牛间。"已不顾最基本的事实。百年以后，刘歆通过改定《三统历》终于使对冬至点位置的怀疑公开化了，但他对于究竟是将冬至点重新定在当时所观测到的斗、牛之间，还是因袭牵牛初度的旧说始终表现得犹豫不决，最后他只能含蓄地承认，冬至点常常会在牛宿和它之前四度五分之间移动①。这种左右为难的尴尬局面到东汉初年得到了彻底改变，当时的民间天文学家贾逵通过实测肯定地指出，冬至点的赤道位置已由牵牛初度移到了斗宿二十一度，颜师古《汉书·律历志注》引晋灼曰："贾逵论《太初历》冬至日在牵牛初者，牵牛中星也。古历皆在建星。建星即斗星也。《太初历》四分法在斗二十六度。史官旧法，冬夏至常不及《太初历》五度。《四分法》在斗二十一度，与行事候法天度相应。"贾逵的思想虽然不受束缚，但这种观点理所当然地遭到了来自官方的排斥。然而，冬至点的位移在当时已经十分明显，这个事实是不能无限制地忽略的，后来甚至连太史局的一般人员都懂得了冬至之日在斗宿二十一度的道理，于是朝廷不得不重新修订当时的历法。经过数年辩难，由编䜣、李梵等人主持修订的《四分历》终于颁行。新历确定了斗宿二十一度四分一为新的冬至点，从此，冬至点在牵牛初度的陈旧说法便无人再提了。

这种明显的天象变化之所以没能使汉代的天文学家获得任何不同于他们前人的认识，其原因并不在于冬至点的位移难以观测，而在于他们盲目地抱有"天周岁终"的成见。根据长期圭表观测的结果，古人以为，从冬至到下次冬至的一岁周内，太阳在星空间自西向东正好行移一周，这种天周与岁周不分的做法甚至导致了他们以岁实 $365\frac{1}{4}$ 日作为确定周天度数 $365\frac{1}{4}$ 度的依据。当然，早期的观测工作并非毫无意义，正是这些直至公元 4 世纪时还在进行的关于二分点与二至点位移的种种讨论，终于使虞喜完全认识了岁差。

冬至点在移动，因此冬至日的昏中星也会随之移动。人们也许还记得，《尚书·尧典》曾经留有冬至昴星昏中天的记录，这与东晋时的天象已有很大差异。到晋成帝时代（公元 330 年前后），天文学家虞喜注意到，当时在冬至日黄昏时出现于南中天的星宿已不再是昴宿。而是壁宿。这使他领悟到，太阳从冬至点出发环行一周天，经过一个回归年后，并没有回到原来的

---

① 《汉书·律历志下》云："三终而与元终。进退于牵牛之前四度五分。"

点上。换句话说，虽然一年的长度基本上固定不变，但太阳在天上并没有走完一周，而是每岁渐差。这种二分点（二至点）沿黄道连续不断地缓慢西退的现象就是岁差。

虞喜的工作当然远没有到此结束，他把《尧典》的记录看作是距他之前二千七百年的古老天象，并由此求得每五十年冬至点在黄道上西移一度。这个岁差值虽是基于昏中星的变迁得出的，但它反映的却是冬至点赤道度数的变化。按现代理论推算，东晋时代的赤道岁差积累值约为77.3年差一度，显然，虞喜所定的差值并不理想。公元7世纪初，这个差值得到了进一步改进。隋代天文学家刘焯和张胄玄分别提出冬至点沿黄道每75年或83年西退一度的新值[①]，与实际情况已相去不远。

冬至点为什么会在恒星间逐渐向西移动，对这个问题，虞喜当然没有能力回答。英国科学家牛顿（Isaac Newton）首先提出，产生岁差的原因是太阳和月亮对地球赤道隆起部分的吸引，这种引力作用造成地球自转轴围绕黄道轴（即与黄道面的垂直轴）旋转，从而引起与地轴垂直的赤道沿黄道向西滑行，相应地使赤道与黄道的两个交点（二分点）以及二至点也一起沿黄道向西缓慢退行，绕行一周约需26000年，折合每年50.3角秒或71.6年一度（图3—6）。这个差值看起来似乎微不足道，但逐年的累积则会引起节气时刻的显著改变，从而直接影响到历法的正确性。南朝时期，祖冲之克服了极大阻力，首先将岁差引入了历法计算。尽管他采用的岁差值不够精确，但仅就在历法中引入岁差这一点，便足以开辟中国天文学一个新的时代。

事实上，中国古代始终存在着可能发现岁差的另一条途径，这就是对天球北极的持续观测。我们知道，由于地轴的进动而产生岁差，岁差对于天极位置的确定则起着重要作用，它使天球赤极并非固定于一点而没有改变，相反却以黄极为中心，有规律地做着大的圆周运动，26000年完成一次循环。今天的天北极自然是和现代天文学的极星——小熊座α（勾陈一）——极其接近的，但大约11000年以后，它将移到天极"轨道"的另一端，即天琴座织女一（Vega α Lyra）附近，这意味着织女星将成为那个时代的北极星。由于中国传统天文学重视拱极星的特点，古代天算家对北天区的观测投入了极大精力，这使他们可能很早就发现了赤极环绕黄极旋转的现象，但是很不

---

① 参见《隋书·律历志》及《隋书·张胄玄传》。

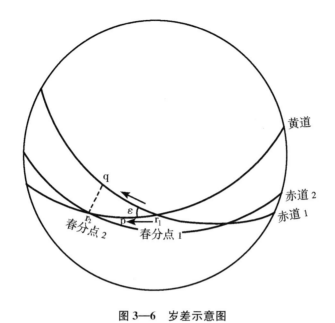

图 3—6 岁差示意图

幸，古人始终没有将这种认识与岁差加以联系。

中国数千年来的极星变迁反映出一些有趣的事实。我们在已经列出的天球赤极围绕黄极行移的示意图上可以清楚地看到（图 3—7），大约于公元前 3000 年，真天极的位置恰好处于紫微垣宫门的左枢（ι Draco）和右枢（α Draco）两星之间，自那时向后推去，我们可以沿天极所经过的路线找出一连串曾经在历史上不同时期充当过极星的星。最早的极星应该是北斗七星中的某些星，因为在真天极所在的左枢和右枢之间事实上并没有亮星，而基本上由二等星组成的北斗显然比三等星的左枢或右枢更有资格充当极星。这不仅因为北斗距真天极的位置较近，同时更取决于当时人们所具有的独特的天极观念，因此，作为极星的星也只有北斗的璇、玑二星最有可能，这一点我们后面还将详细讨论。大约到公元前 10 世纪北极位移至帝星（β Ursa Minor）附近的时候，帝星取代北斗而成为当时新的极星。随后是庶子（5 Ursa Minor）和后宫（4 Ursa Minor）。汉代的极星无疑是天枢（32^2H Camelopardalis），它的位置几乎恰好在天极的轨道上。然而随着时间的推移，汉代极星的位移已愈来愈明显，到公元 6 世纪初，祖冲之的儿子祖暅之发现它离开真天极已一度有余，而到 12 世纪，当时在真天极的位置上实际

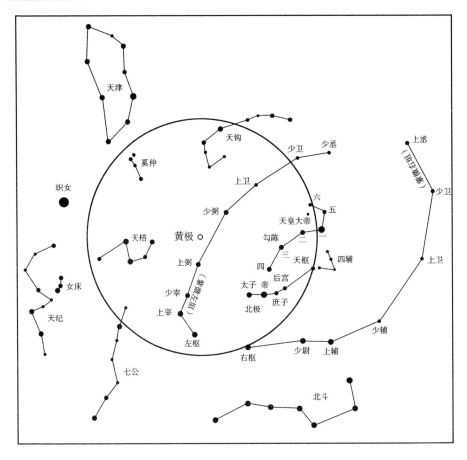

图3—7　天球赤极移动路线及古今极星变迁示意图

已经没有星了。北宋熙宁五年（公元1072年），沈括利用窥管试图找到真正的北极，最初，他通过窥管所能看到的星很快便移出了视野，于是他逐步扩大窥管，直至使极星只在视野内移动而不消失。用这种方法，沈括发现天枢与真天极已相去三度有馀[①]。

　　但是，在同一条轨道上既能放弃一串极星又能同时找出新的极星，这种现象却并没有使古人领悟到它可能是由于岁差造成的结果，他们只把极星的不断更新简单地归咎于前人观测的失误，即使像沈括这样有见地的学

---

　　① 沈括：《梦溪笔谈》卷七，清光绪二十八年（1902年）大关唐氏刻本；《宋史·天文志一》北宋熙宁七年（1074年）沈括上《浑仪议》。

者，也没有能摆脱传统观念的束缚，这在中国天文学史上是一件颇为令人遗憾的事情。

虞喜发现了岁差，从此人们才有可能将恒星年与回归年加以区分，它对于天文学的意义是怎么称道也不过分的。公元前 125 年，古希腊天文学家喜帕恰斯（Hipparchus）首先发现了岁差，他似乎比他的同代人幸运得多，因为至少从公元前 3 世纪开始[①]，多少次可能发现岁差的机会都与中国的天算家失之交臂，直至公元 4 世纪，虞喜才独立地认识了它。但另一方面，在隋代刘焯提出冬至点每 75 年差一度的积累值的同时，西方人却还在墨守着喜帕恰斯每百年差一度的旧值，这个值在当时已经很不准确了。

第二节　新石器时代的天极与极星

《论语·为政》："子曰：为政以德，譬如北辰居其所而众星共之。"[②] 关于"北辰"一词的意义，历来有两种解释。何晏《集解》引包咸曰："德者，无为。犹北辰之不移而众星共之。"北辰既固守不移，显然就是天北极，所以邢昺《疏》云："北极谓之北辰。北辰常居其所而不移，故众星共尊之。"《尔雅·释天》："北极谓之北辰。"郭璞《注》："北极，天之中，以正四时。"这是传统的解释。日人新城新藏则持另一种说法，认为北辰实指北斗[③]，比旧儒的说法更进了一步。然而，由于中国天文学的历史深永绵长，古人的很多做法或许早已被人遗忘，因此，诸如北斗与天极极星的关系究竟如何？北斗是否曾经充当过极星？这些疑问长期以来始终使人困惑不解。今天的考古资料为澄清这些问题提供了足够充分的证据，它使我们不仅了解了原始的北斗崇拜，同时也为我们展示了鲜为人知的早期天极观念。因此，重新看待中国传统天文学天极与极星的历史已是不容回避的客观现实。

一、北斗建时法则

中国古人对北斗的崇拜在世界文明史上极富特点，这个传统至少可以上

---

① 《吕氏春秋·有始》云："极星与天俱游而天极不移。"陈奇猷先生以为"天极"即黄极，参见《吕氏春秋校释》，学林出版社 1984 年版。这种解释恐非经文原意。

② 陆德明《释文》："众星共，郑作拱，拱手也。"阮元《校勘记》："按拱，正字。共，假借字。"说是。

③ 新城新藏：《东洋天文学史研究》，沈璇译，中华学艺社 1933 年版。

溯到公元前第六千纪甚至更远。北斗作为观象授时的重要星象不仅具有明确的指示时间和季节的作用，而且由于它自身的特殊性，还直接影响着中国传统天文学体系的建立。

古人重视北斗的传统是与他们所处的独特地理位置密切相关的。我们知道，地球的自转轴指向天球北极，这使地球的自转和公转所反映出的恒星周日或周年视运动，实际只表现为恒星围绕天球北极的旋转，而天极则可视为相对不动。由于华夏文明发祥于北纬36度左右的黄河流域，因此，这一地区的人们观测到的天北极也就高出北方地平线上36度，这意味着对黄河流域的先人来说，以北天极为中心，以36度为半径的圆形天区，实际是一个终年不没入地平的常显区域，古人把这个区域称作恒显圈。北斗当然是恒显圈中最重要的星象，而且由于岁差的缘故，它的位置在数千年前较今日更接近北天极，所以终年常显不隐，观测十分容易，从而成为终年可见的时间指示星。随着地球的自转，北斗呈围绕北天极做周日旋转，在没有任何计时设备的古代，可以指示夜间时间的早晚；又随着地球的公转，北斗呈围绕北天极做周年旋转，人们根据斗柄或斗魁的不同指向，可以了解寒暑季节的变化更迭。古人正是利用了北斗的这种可以终年观测的特点，建立起了最早的时间系统。

先民们所追求的这种计时方法简易而实用，它的具体做法在《夏小正》中曾被反复提及：

> 正月，斗柄悬在下。
> 六月，初昏斗柄正在上。
> 七月，斗柄悬在下则旦。

《鹖冠子·环流》对此也有类似的记载：

> 斗柄东指，天下皆春；斗柄南指，天下皆夏；斗柄西指，天下皆秋；斗柄北指，天下皆冬。

不难看出，关于斗建授时的所有描述不外乎反映了北斗围绕天球北极所做的周日或周年旋转的特点。这种通过观测斗杓的指向以决定时间的古老做法，使北斗更像是在天盖上环绕天极旋转的钟表指针。显然，这种授时特点相对于夜间某些恒星的出没或位置变化更便于识别。换句话说，由于北斗所处的终年可见的特殊位置，因此在作为传统的授时星象方面，这七颗亮星组成的图像自然较之任何黄道或赤道附近或隐或现的星官都更为适宜，它无疑可以随时为古人提供方便的时间服务。正是基于这样的原因，中国先民对于拱极星的观测投入了极大精力。

北斗围绕北天极的周年旋转，使斗杓在十二个月中分别指向十二个不同方向，如果地平经度按正方形割成十二等份，北斗恰好月指一份。古人不仅根据这个现象创立了中国传统的斗建体系，而且也将北斗的授时作用与地平坐标系统巧妙地结合起来，从而建立起中国特有的月建小时法则。《淮南子·天文训》云："斗杓为小岁，正月建寅，月从左行十二辰。咸池为太岁，……大时者，咸池也；小时者，月建也。天维建元，常以寅始，右徙一岁而移，十二岁而大周天，终而复始。……帝张四维，运之以斗，月徙一辰，复反其所。正月指寅，十二月指丑，一岁而匝，终而复始。"小时与太岁大时相对，广泛地应用于古代历法。

随着古人观测水平的提高，利用北斗决定时间的方法逐渐得到了完善。司马迁在《史记·天官书》中曾对这种古老做法有所概括，他所确定的原则是：

> 用昏建者杓，夜半建者衡，平旦建者魁。斗为帝车，运于中央，临制四乡。分阴阳，建四时，均五行，移节度，定诸纪，皆系于斗。

司马贞《索隐》引宋均曰："言是大帝乘车巡狩，故无所不纪也。"北斗的建时作用这时显然已发展得更为全面，方法也更为具体。人们可以根据斗杓的指向决定初昏的时间，可以根据北斗第五星（玉衡）的位置决定夜半的时间，同时也可以根据斗勺的指向决定平旦的时间。不啻如此，凡阴阳、五行、四时、八节都要依靠北斗来决定，它已成为无所不纪的授时枢纽。这时的北斗已不仅作为时间的指示星，而且被想象成天皇大帝的乘车。事实上，这种观念最早应该来源于北斗作为极星的史实，从这一点考察，北斗本身其实就是天帝的象征。它在天穹中央旋转，犹如天帝乘车巡行天界，指示着天下的时间变化。在汉代的美术品中，我们仍然有机会看到这种观念的形象描述（图3—8）。

北斗对于古人的授时作用在客观上完善了中国传统的天文学体系。不容

图3—8　东汉北斗帝车石刻画像（山东嘉祥武梁祠）

否定，简单地辨识某一颗星只能是恒星观测活动中最原始的一步，假如古人不满足于这种孤立的观测，而要建立星象之间完整的联系的话，那么，北斗就恰好可以作为这种能够起到中介作用的最合适的候选者，这实际也正是司马迁所说的北斗"运于中央，临制四乡"的奥妙所在。中国古人对于北斗的这种巧妙运用，实际使他们在时间和空间两方面都大受裨益。在时间方面，北斗当然是重要的授时主星；而在空间方面，它却使中国传统的天官体系最终得以确立。

二、天极与极星之原始

如果说"天倾西北"是一种非常古老的观念的话，那么我们便不能不承认古人对于天极的认识也同样古老。原因很简单，所谓天倾西北只能理解为天极的位置不在天之中央，而向西北倾倚。显然，对天极的认识是这种古老天文观得以建立的基本前提。

新石器时代的天极观与早期极星的选择曾使学者们长期困惑不解，文献资料所能提供的线索在尚未得到更多的出土遗物印证之前总是显得似是而非。极星的选择无非是要以对天极的确定作为先决条件，但是，人们习惯上接受的天极观念却并不足以帮助我们追溯出原始的天极思想。不过在今天，我们似乎比我们的先人幸运一些，考古学的发展已使这一问题的解决初露端倪。在对某些相关遗物的考辨之前，我们还是试图在理论上首先澄清一些问题。

天极与极星是两个截然不同的概念。天文学所指的天极实际是指某一时代北天中的不动点，也就是所谓的赤道北极。星辰的周日运动以北极为中心。尽管北极在岁差的作用下缓慢地围绕黄极做圆周运动，但在人们尚未了解岁差之前，北极则长期被认为是固守不动的定点。《吕氏春秋·有始》云：

"极星与天俱游而天极不移。"这里所讲的天极实际就是天球北极。因此，北极事实上只是一个固守不移的假想点。天文观测时，古人把最接近这个假想点——北极——的星定为极星，并借助对它的观测来判断真天极的位置。

中国传统天文学赤道坐标系统的建立取决于对天球北极的认定，这意味着在一个庞大的天学体系中，对天极的观测乃是首要工作。古人认识天极与他们持续不断的北斗观测活动有着直接联系，准确地说，观测北斗事实上是了解天极的唯一有效的手段。由于岁差的缘故，北斗在公元前第四千纪前后距真天极的位置十分接近，因而北斗的回天运转虽然只表现为北斗以斗魁为中心围绕北天极的旋转，但斗魁以天极为圆心所绘出的圆周其实非常有限，这使古人应该很容易认识天极。

早期文献中的某些记载一直被认为与天极和极星有关，但对它们的确切理解却始终存在分歧。《尚书·尧典》云：

> 在璇玑玉衡，以齐七政。

这些简淡的文字引起后人的种种猜测，对其本义的探究，两汉时期大致形成了三种具有代表性的意见。以司马迁为首的主流见解把"璇玑玉衡"看作是对北斗七星的不同表述，这一思想可能祖承了孔安国的主张，而且对后世产生了极大影响。《史记·天官书》云：

> 北斗七星，所谓"旋、玑、玉衡以齐七政"。

《史记·律书》云：

> 旋、玑、玉衡，以齐七政，即天地二十八宿。十母，十二子，锺律调自上古。建律运历造日度，可据而度也。合符节，通道德，即从斯之谓也。

璇、玑、玉衡明确被视为北斗七星的组成部分，这一思想在汉代的纬书中表现得更为具体。司马贞《史记索隐》引《春秋运斗枢》云：

> 斗，第一天枢，第二旋，第三玑，第四权，第五衡，第六开阳，第

七摇光。第一至第四为魁，第五至第七为标（杓），合而为斗。

又引《春秋文耀钩》云：

> 斗者，天之喉舌。玉衡属杓，魁为璇玑。

萧吉《五行大义》引《尚书说》则云：

> 璇玑，斗魁四星。玉衡，杓横三星。合七，齐四时五咸。五咸者，五行也。五咸在人为五命，七星在人为七端。北斗居天之中，当昆仑之上，运转所指，随二十四气，正十二辰，建十二月。又州国分野年命，莫不政之，故为七政。

由此可知，璇、玑、玉衡实际乃是北斗各部分的名称而已。

西汉时期的另一派意见与之不同，它以璇玑为北极，但对玉衡的含义则未做说明。《尚书大传》云：

> 璇者，还也。机者，几也，微也。其变几微，而所动者大，谓之璇机。是故璇机谓之北极。

伏生所说的北极是否能与极星同等看待显然并不清楚，然而刘向在《说苑·辨物》中则做了进一步的阐述。他以为，"璇玑，谓北辰勾陈枢星也。（玉衡谓斗九星也）。以其魁杓之所指二十八宿为吉凶祸福。天文列舍盈缩之占，各以类为验"。将玉衡特指包括玄戈和招摇二星在内的北斗九星，而以璇玑别指极星，且更具体指为汉代的极星天枢。显然，这已远非先秦人的理解。刘昭注《续汉书·天文志》引《星经》云："璇玑，谓北极星也。玉衡，谓斗九星也。"这种说法与其说出于石氏原本，倒不如说是两汉时期流行的思想。因此我们有理由认为，伏生以璇玑为北极的看法后来受到了严重曲解。

东汉的古文家提出了一种新的解释，他们把璇玑玉衡与当时使用的观测天体的浑仪联系起来。尽管早期浑仪各部分的名称我们还一无所知，但后世浑仪却一直沿用着璇玑玉衡的名称。马融云：

> 璇，美玉也。玑，浑天仪，可转旋，故曰玑。衡，其中横筒，所以视星宿也。以璇为玑，以玉为衡，盖贵天象也。七政者，北斗七星，各有所主：第一曰主日，法天；第二曰主月，法地；第三曰命火，谓荧惑也；第四曰伐水，谓辰星也；第五曰煞土，谓填星也；第六曰危木，谓岁星也；第七曰罚金，谓太白也。日月五星各异，故名七政也。日月星皆以璇玑玉衡度知其盈缩进退失政所在。圣人谦让犹不自安，视璇玑玉衡以验齐日月五星行度，知其政是与否，重审己之事也。

郑玄则云：

> 璇玑玉衡，浑天仪也。七政，日月五星也。动运为机，持正为衡，皆以玉为之。视其行度，观受禅是非也。

孔颖达《尚书正义》引蔡邕云：

> 玉衡，长八尺，孔径一寸。下端望之，以视星辰。盖悬玑以象天，而衡望之，转玑窥衡，以知星宿。

三种见解看起来似乎并没有什么联系，但仔细分析便可发现，无论以璇玑为北极抑或浑仪，最终都可以以北斗为线索加以解释。因此，对于璇玑的不同理解可能只是对一个问题的不同角度的阐释。浑仪中的窥管或许最初便是用来校订天极的仪器，而北斗第一星名为天枢，这虽与汉代极星以鹿豹座 32^2H 不同，但汉代的极星既名天枢，又叫北极枢，名称却完全一致。《晋书·天文志》云："北极，北辰最尊者也，其纽星，天之枢也。天运无穷，三光迭耀，而极星不移。"天枢就是天之枢纽，显然，北斗第一星天枢名称的由来一定反映了北斗曾经作为极星的久远历史。

对于璇玑含义的理解，《周髀算经》的相关记载似乎提供了更原始的史料。《周髀算经》卷下云：

> 欲知北极枢璇周四极，常以夏至夜半时北极南游所极，冬至夜半时北游所极，冬至日加酉之时西游所极，日加卯之时东游所极，此北极璇

玑四游。正北极，璇玑之中，正北天之中，正极之所游。

赵爽《注》："极中不动，璇玑也，言北极璇玑周旋四至。极，至也。……极处璇玑之中，天心之正，故曰璇玑也。"根据《周髀算经》的经文，北极枢、北极与璇玑是三个完全不同的概念，北极乃指真天极，即北天正中的不动点，它的位置在璇玑的正中心。而北极枢则是当时的北极星，它围绕北极运转，璇周四极，由此画出的圆形天区就是璇玑[1]。这在《周髀算经》经文和赵爽的注释中讲得非常清楚。

如果不是后人对于先秦的天极思想过早淡忘的话，那么至少他们也没有真正搞懂赵爽的明白解释。《周髀算经》的记载显示，将真天极聚焦于一点的工作是相对复杂的，从某种意义上说，它非得借助于某种仪器才能完成，显然，在相关的天文仪器产生之前，如果人们仅凭裸眼观测确定北极，最好的方法莫过于将天极的位置放大，不拘泥于一点，而将天极的不动点视作一个不动的区域。这个区域的规定事实上只能通过当时最接近北极而且充当着授时主星的星，以此作为极星并绕北极做拱极运动，从而画定一个以真北极为中心的圆形天区，这就是令数辈学人大伤脑筋的璇玑。璇玑由于是包括北极在内的中心天区，因此又可以称之为"北极璇玑"，而《周髀算经》经文所谓"璇玑四游"，实际则是指极星四游。可见，当年的极星既是画定璇玑的标准星，同时又是上古时代的授时主星。

璇玑是以真天极为中心的圆形天区，那么它显然是有面积可以测度的。《周髀算经》卷下云：

璇玑径二万三千里，周六万九千里，此阳绝阴彰，故不生万物。

赵爽《注》："春秋分谓之阴阳之中，而日光所照适至璇玑之径，为阳绝阴彰，故万物不复生也。"《周髀算经》经文皆取圆周率为三，因此按照赵爽的解释，日光的照射极限只到璇玑区域的边界为止，而璇玑之中15.87万平方里的范围内事实上是受不到日光的，因而是一个不生万物的黑暗寒冷的区域。

璇玑从平面上看去似乎只具有二维空间，但从天盖的侧面看去，它却是

---

[1]　江晓原：《〈周髀算经〉盖天宇宙结构》，《自然科学史研究》第 15 卷第 3 期，1996 年。

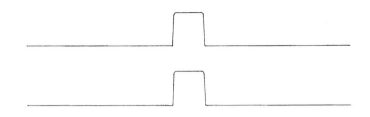

图 3—9　早期盖天说所认识的天地剖面形状

（上为天盖，中央凸起者为璇玑；下为地）

具有三维空间的实体。这一点于《周髀算经》卷下也有明确的描述：

> 凡日月运行四极之道。极下者，其地高人所居六万里，滂沲四隤而下，天之中央亦高四旁六万里。

赵爽《注》："四旁犹四极也，随地穹窿而高如盖笠。"赵爽的解释显然受到了汉代流行的"天如张盖，地法覆盘"的盖天观的影响，以这种观念注释《周髀算经》经文则远未贴切。《周髀算经》于"四旁"与"四极"所言分明，故四旁之意绝非四极。从对经文有关极下地理的描述可以知道，天极下方的地势明显高出四周人们所居之地六万里，而且陡然而下，这其实就是上通天盖的天柱所在。与此对应的中央天极亦是如此，它同样高出四周六万里。天与地的侧视形状完全一致。显然，天极中央隆起的柱状或锥状空间便是璇玑，它与天盖相交的圆周边界乃由当时的极星所画定，而人们从地面上观去，极星画定的中心天区陡然收成一锥状深穴，这个锥穴的顶点便是天极。

根据盖天理论，太阳在天盖上回环运转，而锥状璇玑深陷于天盖，不与天盖平面平行，因而受不到日光，故为万物不生的阴寒区域，这些内容无疑反映了原始的盖天思想和原始的天极观。事实上，根据《周髀算经》的相关记述所绘出的盖天图形（图 3—9）①，与中国东部新石器时代文化的各种天盖形玉饰及天盖形图像所表现的当时人们所认识的天盖别无二致（图 3—10）。图像的核心部分为中央尖耸凸起的天盖形状，而且普遍地作为冠或冠形饰的基本形象。早期先民对天盖的这种独特描述，通过今日留存的纳西族

---

① 江晓原：《〈周髀算经〉盖天宇宙结构》，《自然科学史研究》第 15 卷第 3 期，1996 年。

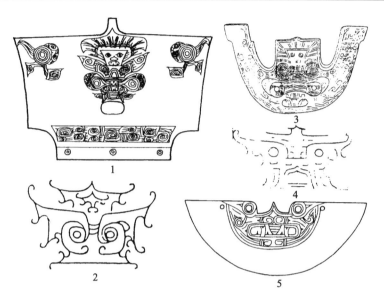

图 3—10　新石器时代遗物上的天盖璇玑雕饰及图像

（1、3、5. 良渚文化，2、4. 龙山文化）

象形文字"天"字仍可找到孑遗（图 3—11）。很明显，这些天盖图像中央尖耸凸起的部分就是璇玑。

璇玑乃由极星所规画，这一事实的澄清当然对探究早期极星很有意义。由于北斗作为上古时代的授时主星，而且其本身又与璇玑有着种种密不可分的联系，因此，当年的极星显然只能是距天极较近而又明亮的北斗七星中的某颗星。计算表明，约公元前 3000 年前，北斗的第六星开阳（ξ Ursa Major）距天北极约有 10 度的角距离；公元前 4000 年前，北斗的第六星开阳和第七星摇光（η Ursa Major）距天北极均约 13 度。很明显，北斗七星作为一个完整星官，

图 3—11　纳西文经卷（中层左起第二、三栏均有纳西文"天"字）

去当年真天极的距离已十分接近，这意味着北斗不仅完全有理由充当过当年的极星，而且也是唯一有资格成为极星的星。

北斗的第一星名为天枢，这实际已将北斗与极星紧密地联系了起来，因为在中国天文学史上，天枢的名称始终是由极星独享的。显然，我们只能将北斗第一星的这一名称视为古代极星的遗留。换句话说，天枢的名称暗示着北斗第一星曾经充当过早期的极星。有趣的是，假如我们认为远古先民有能力将真天极的位置定得相对准确的话——事实上这一点可以充分肯定，那么我们就有可能通过一系列星名的判断推定当年的极星。陈遵妫先生曾经对公元前20世纪以前一千年间最接近真天极的星做过精密计算[①]，我们将有关结果转写于下：

右枢 公元前 2824 年

天一 公元前 2608 年

太一 公元前 2263 年

我们并不认为这些接近天极的星曾经充当过极星，原因很简单，首先，它们都是些并不明亮的三、四等星，太一（3539 Boss）的星等则更低；其次，它们对于古人都没有明确的授时作用。这两点相对于北斗而言，显然是无法相比的。然而天一（i Draco）与太一二星的名称又颇值得玩味，其本义虽是古人天地数思想的反映，天一为本，即天数一，但已因"一"为万数之源而移用为万物之源，指为主气之神及主宰万物的天神上帝。这使我们想起商代卜辞及文献中有关殷王自诩"余一人"的称谓。"余一人"意有地上万民唯我一人之尊的深意，而"天一"作为天神，似乎也渐渐被赋予了同样的寓意。古文字"大"（太）、"天"往往不分，因此"太一"也就是"天一"。《史记·天官书》云："中宫天极星，其一明者，太一常居也。……前列直斗口三星，随北端兑，若见若不，曰阴德，或曰天一。"司马贞《索隐》引《春秋合诚图》云："紫微，大帝室，太一之精也。"张守节《正义》："泰一，天帝之别名也。刘伯庄云：'泰一，天神之最尊贵者也。'……天一一星，疆闾阖外，天帝之神。……太一一星次天一南，亦天帝之神。"显然在司马迁的笔下，太一还作为天神而不是星名，天帝之神为群天神之尊者，故其后称天神所居

---

① 陈遵妫：《中国天文学史》第二册，上海人民出版社 1982 年版。

之星为天一、太一，意犹人王之称"余一人"。然而古人缘何以此二星为天神天一所居？这却是解决上古时代天极与极星关系的症结所在。

据古今人类对于天极的认识水平考虑，原始的天极观一定是相对粗犷的。理由很简单，由于真天极的位置往往并不会恰好与某些星相重叠，这意味着原始的天极思想并不具有今天这种天极假想点的科学内涵。换句话说，原始人类辨察天体位置的方法总是以可见天体作为判断的标准，这种标准同样适合于对天极的识别。在人类尚未明了真天极与极星有时并不完全等同的时候，他们常常会以某颗居于北天中央相对不动的星作为他们心目中的真正的天极，天一、太一二星的命名可能正是这种观念的反映。由于二星距真极的位置太近，看上去很像天上固守不动的中心，因而这两颗星自然被认为是不同时代真天极的位置所在，也理所当然地成为天帝之神的居处。《史记·封禅书》司马贞《索隐》引《乐汁徵图》云："北极，天一、太一。"引宋均云："天一、太一，北极神之别名。"又引石氏云："天一、太一各一星，在紫宫门外，立承事天皇大帝。"很明显，天一和太一二星确曾被古人视为天极之所在。二星位于锥状璇玑的顶点，或者换一个角度考虑也很有趣，可能正是由于不同时代位居璇玑顶端的天一、太一二星太暗，似乎它们比处于天盖其他位置的恒星距人类更远，才诱发了古人对于北天中央呈尖耸锥状的独特想象，从而将其作为至高至远的天神上帝的居所。然而，所有这一切充其量也只能反映上古时代的原始天极观，于早期极星的确定并没有直接帮助。

真正的早期极星不仅一定是规画璇玑的星，而且也一定是接近天极的明亮的授时主星，这些条件都使我们不得不将目光聚集到传统的授时星象北斗身上。北斗的授时作用使它成为北天中央最重要的星官，这个传统甚至可以从新石器时代一步步追溯出来。《晋书·天文志》引张衡云："文曜丽乎天，其动者有七，日月五星是也。……其以神著，有五列焉，是为三十五名。一居中央，谓之北斗。四布于方各七，为二十八舍。"显而易见，北斗七星居北天之中，是最具神威的唯一的中天星官。七星又各有专名，故合二十八宿名而为三十五。北斗七星之中又以斗魁四星最显重要，其中三星的名称都与极星有关，这为确立早期极星提供了线索。事实上，如果我们以天一一星为天极之所在，而以北斗第一星天枢为极星围绕天一做拱极运动，它所绘出的璇玑圆周轨迹就恰好通过北斗的第三星天玑（图3—12）。准确地说，璇玑的范围就恰好规画在天璇与天玑二星之内。很明显，这种假设不仅可以合理地解释天枢、天璇、天玑——北斗第一至第三星——三星名称的由来，而且可

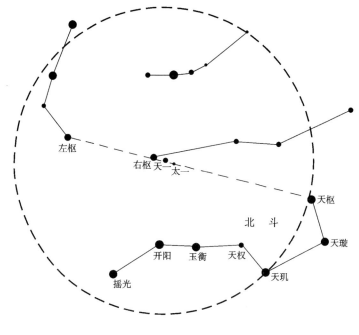

图 3—12　璇玑范围示意图

以满足早期极星所需具备的一切条件。

现在我们有可能对早期先民所具有的天极与极星思想做一番全面的描述，事实上，这些思想来源于一种最根深蒂固的盖天观。先民认为，天盖的中央部分深陷凸隆，这是璇玑，璇玑的顶点便是天极。先民以可见天体天一一星为天极之所在，但这却不是当年的极星。璇玑的范围由北斗的第一星天枢旋周四游规画而得，它不仅在北斗的天璇、天玑二星之内，而且天玑一星恰好落在天枢规画的璇玑周界的轨道上，这也就是天璇、天玑二名的由来。天枢于《周髀算经》又称北极枢，由于它成为北斗拱极运动的枢纽，因而充当了当年的极星。《周髀算经》所言"北极枢璇周四游"，实际则指北斗绕极四游。北斗四游而斗杓四指，建时立度，这些内容又可与《夏小正》、《鹖冠子》等文献相互印证。

先民们所具有的这些原始的天极与极星观是否可以看作不同先民集团普遍认同的思想目前还很难评断，考古学的证据显示，至少在新石器时代晚期，这些思想仅于中国东部黄河及长江两河下游地区广泛流行则是显而易见的事实。因此我们可以谨慎地说，这种独特的盖天思想作为诸种盖天学说中的一种虽然确实构成了新石器时代某一部分地区先民天学思想的基础，但它流播的局限性，或者说不同先民集团对于不同于自己认同的盖天思想的排斥，则造就了早期盖天思想的较大差异。这意味着《周髀算经》所反映的盖天思想似乎只可能是流行于某一时期及某一地区的产物，但无论如何，这一思想的揭示不仅使我们复原了早期天极与极星思想的真实面貌，而且对于探索新石器时代海岱地区的相关天文学遗迹也大有裨益。

三、早期北斗遗迹

《尚书·尧典》可以认为是记录中国古人对于北斗观测历史的最早文献，它所讲到的帝舜考察北斗七星中的璇、玑、玉衡，恐已政化有所疏失、不合天心的传说，至少在某种意义上已被新石器时代以来不断出现的先民观测北斗的遗迹证实了。

图 3—13　新石器时代女巫禳星崖画（山西吉县柿子滩发现）

大约距今万年左右，北斗七星大概已经被先民奉为尊贵的天神了。位于黄河之滨的山西吉县柿子滩曾经发现了可能属于这一时期的朱绘岩画[①]，画中一位头戴羽冠的女巫伸展双臂，头顶上绘有七颗星点（图 3—13）。如果我们认为这七颗星点呈东西方向分布的话，那么计算的结果表明，遗址的年代与北斗七星指向二分点的年代则完全吻合。女巫脚下所踏六颗星点，从位置上讲，符合与北斗七星相对的南斗六星，这使我们想起古人以北斗、南斗分主生死的古老观念，难道朱红色画卷所描绘的竟是原始的女巫禳星祈福的场面？

这种一字形排列的七星虽然在数字上符合北斗，但形象总还是有些欠缺，看来由于当时生产力水平的低下，北斗的特殊形象似乎尚处于无物可象的阶段。这种观念后来一直延续了很长时间，以至于古人常只简单地使用"七"这个数字作为北斗的象征，而并不去刻意描绘它的形象。

在属于公元前五千纪中叶的新石器时代遗址中，我们发现了以人骨作为斗柄的北斗形象，这种独特的安排很可能反映了斗建授时与度量日影的综合

---

① 山西省临汾行署文化局：《山西吉县柿子滩中石器文化遗址》，《考古学报》1989 年第 3 期。

含义（详见第六章第四节）。众所周知，早期的圭表叫作"髀"，"髀"字的本义就是人骨。显然，测量日影与观测北斗对于决定时间和季节的作用是异曲同工的。

先民们重视北斗的风习可能会帮助我们找到当时社会的某些礼器，这使我们不得不面对安徽潜山薛家岗出土的一批石刀①。那是一处属于公元前第三千纪的新石器时代遗址，三个碳十四测年数据（树轮校正）显示，遗址年代最早为公元前3360—前2920年，最晚为公元前3264—前2784年②。石刀分别出自薛家岗第三期文化的墓葬，大小七种，刀上各钻有不同数量的圆孔，从1至13共分七级，均为奇数（图3—14）。这些数字的含义颇耐人寻味，假如把它们依次相加，则可得到一组有趣的结果：

$$1+3+5+7+9+11+13=49$$

49恰好也是7的倍数！古代的方士禳星祭斗，正是采用这个数字。因此我们有理由相信，七件石刀可能就是古人崇祭北斗的礼器。

我们注意到，在两件石钺和一件九孔石刀上，精心绘制有红色的天盖璇玑图像（图3—15）。很明显，无论石钺还是石刀，为了表明器物上的钻孔乃是极星北斗的象征，将天盖璇玑符号绘附于圆孔上端，如此做法真可谓独具匠心！

江苏南京北阴阳营新石器时代遗址也曾有过相同的遗物出土③。在属于北阴阳营文化第三期的131号墓中出有两件七孔石刀（M131∶8、9），大小略同，其中一件（M131∶9）长24.3厘米，高6.1厘米，厚1.1厘米（图3—16）。两刀分置于墓主腰部的左右两侧，显为死者生前双手所持之物，似乎不应视之为生产工具。北阴阳营文化与薛家岗遗址的年代相当，文化面貌也多有相同的因素，看来两地先民对于北斗七星礼器有着共同的理解。

类似的七孔石刀在史前遗址中经常可以见到，甚至直至二里头文化，仍有更为规整的同类礼器出土④。尽管如此，恐怕也没有哪一件能够比得上我

---

① 安徽省文物工作队：《潜山薛家岗新石器时代遗址》，《考古学报》1982年第3期。

② 中国社会科学院考古研究所编：《中国考古学中碳十四年代数据集（1965—1991）》，文物出版社1991年版。

③ 南京博物院：《北阴阳营——新石器时代及商周时期遗址发掘报告》，文物出版社1993年版。

④ 吴大澂：《古玉图考》，清光绪十五年（1889年）古吴毛上珍摹刻本；偃师县文化馆：《二里头遗址出土的铜器和玉器》，《考古》1978年第4期。

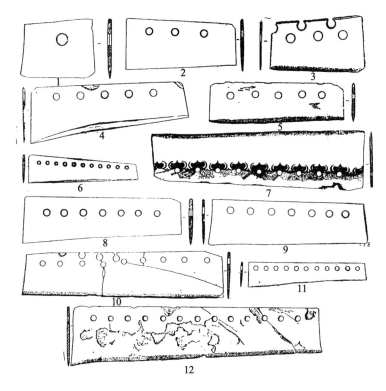

图 3—14　薛家岗第三期文化石刀

1. 单孔刀（M6∶5）　2. 三孔刀（M4∶2）　3、4、5. 五孔刀
（M44∶14、M44∶6、M58∶4）　6、11. 十一孔刀（M15∶3、M44∶12）
7. 九孔刀（M58∶3）　8、9. 七孔刀（M1∶2、M54∶5）
10、12. 十三孔刀（M40∶6、M44∶11）

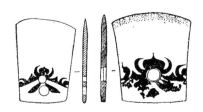

图 3—15　薛家岗第三期文化石钺（M58∶8、M44∶7）

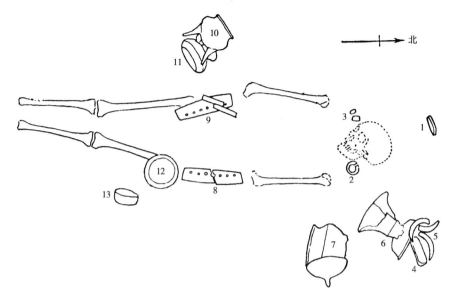

图 3—16　北阴阳营 M131 平面图

1. 石凿　2. 玉玦　3. 砺石　4. 石锛　5. 猪獠牙　6、11. 陶豆　7、10、12. 陶鼎
8、9. 七孔石刀　13. 陶罐

们下面将要看到的一件精致。这是一枚约于公元前 2500 年左右磨制的玉刀，
长 54.6 厘米，1967 年出土于陕西延安芦山峁[①]。玉刀质地青绿，上面钻有
七个圆孔（图 3—17）。圆孔的分布看似不甚规则，但是如果将它们连缀起
来，却正组成了一幅形象的北斗图像，这比我们过去发现的任何一件一字形
布列的七星图像都更为形象生动。因此可以肯定，这是一件镌有北斗七星的
大型礼器。

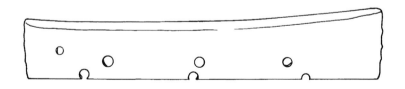

图 3—17　新石器时代七孔石刀（陕西延安芦山峁出土）

①　《中国文物精华》，文物出版社 1992 年版，图版 56。

　　七孔石刀的演进使我们不禁想起一段故事。据《史记·伍子胥列传》记载，春秋时期，逃亡中的伍子胥准备投奔吴国，当时追兵在后，几乎难以走脱。子胥逃至长江江边，江上有一位摆渡的渔父，得知子胥情势紧急，当即将他渡过了长江。伍子胥感激地解下自己的佩剑赠与渔父，对他说："这把宝剑有七星北斗，价值百金。"① 渔父坚辞不受，悻悻答道："楚国悬赏，凡捉拿到伍子胥的人可得粟米五万石，并赐高爵。我今日渡君过江，难道就贪图您这把价值百金的宝剑吗？"七星剑一向被视为古代方士求吉禳灾的法器，既然如此，如果认为新石器时代出现的刻有北斗的七星刀有与后世的七星剑同样的功用，这是否意味着我们真正找到了这种充满神秘色彩的法器的来源？

　　由于古代分野观念的影响，一种以斗魁四星构成的图像在中国东部新石器时代诸文化中似乎得到了普遍的重视。良渚文化先民创造出大量用玉雕琢的斗魁形饰品，崧泽文化出现了雕有猪图像的斗魁模型，甚至大汶口文化也发现了契刻在陶尊上的这类图像（图3—18）。这些图像不仅无例外地都与一个天盖形符号组合在一起，有些索性直接做成天盖的形状，而且在大汶口文化的斗魁图像之中，明确刻绘了四星或七星。更为有趣的是，我们甚至可以通过图像中七星最末一星的位置，判断出刻于斗魁上方的柱形空间实际就是北斗斗杓的象征。这使我们有充分的理由相信，斗杓下端以四星组成的斗形图像完全是对斗魁的形象化描述，或者换一个角度考虑，图像本身反映的应该就是一幅斗杓指向前方的北斗形象。不过可以肯定的是，斗魁作为极星而上立柱形斗杓，正是古人将极星视为天柱的缘起（参见第二章第一节）。

　　北斗的这个以斗杓前指的形象在后来道家的学说中是可以用来避邪的。东晋葛洪的《抱朴子内篇·杂应》记载了一桩古事，对说明这一问题或有启示。文云：

　　　　或曰："《老子篇中记》及《龟文经》，皆言药兵之后，金木之年，必有大疫，万人馀一，敢问避之道。"抱朴子曰："仙人入瘟疫秘禁法，思其身为五玉。五玉者，随四时之色，春色青，夏赤，四季月黄，秋白，冬黑。又思冠金巾，思心如炎火，大如斗，则无所畏也。又一法，

　　① 《太平御览》卷三四三引《吴越春秋》云："伍子胥过江，解剑与渔父，曰：'此剑中有七星北斗，文其直千金。'"《四部丛刊》本《吴越春秋》云："胥乃解百金之剑，以与渔者（父曰）：'此吾前君之剑，中有七星，价值百金。'以相答渔父。"

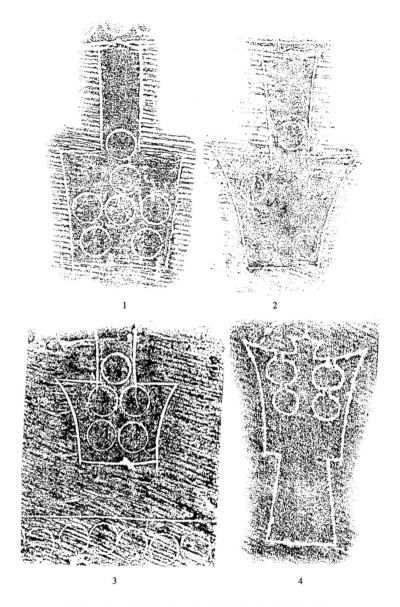

图 3—18　大汶口文化柱状斗杓形北斗（极星）陶符

1、2. 山东莒县陵阳河 M7 采集　3. 山东莒县大朱村采集　4. 山东莒县大朱村 M17 出土

思其发散以被身，一发端，辄有一大星缀之。又思作七星北斗，以魁覆其头，以罡指前。又思五脏之气，从两目出，周身如云雾，肝青气，肺

白气，脾黄气，肾黑气，心赤气，五色纷错，则可与疫病者同床也。"

这种禳灾方法与大汶口文化的北斗图像虽然并不完全一致，但是仍然可以看出，它却是龙山文化及良渚文化中普遍流行的斗魁形玉冠饰的直接来源，这一点与《抱朴子》以斗魁覆头的记载又十分吻合。大汶口文化先民的北斗作品无疑更充分体现了他们所具有的斗魁分野的独特观念，尽管如此，这种对于北斗图像的特殊处理，却也似乎暗示了其与古人利用北斗禳灾的传统思想的某种联系。

　　史前先民的种种北斗观事实上并没有影响他们对于这个重要星官的直观描述，而且作为一种最根深蒂固的观念，这种认识一直延续到今天。浙江余姚河姆渡遗址第 3 文化层曾经出土一件木制的北斗模型（T231③：23）（图

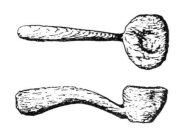

3—19），同层伴出的其他重要遗物还有陶塑人头像、陶塑鱼、双鸟朝阳象牙雕板以及一些骨器、陶器①。第 3 文化层属于河姆渡文化的早期文化，五个碳十四测年数据（树轮校正）几乎将其年代限定在公元前 4300 年至前 4000 年前后②。木制北斗的形状很像烟斗，斗首呈倒梯形，曲柄，长 28.5 厘米，斗头面宽 8.4 厘米。这件遗物过去一直被当作木槌来处理，但是不论从力学角度去分析它的结

图 3—19　河姆渡文化木制北斗（浙江余姚出土）

构，还是与同层位出土的其他遗物对比，这种推测都显得似是而非。因为木斗首面过大且木柄弯曲，都会使木斗在槌击物体时难以用力，从而失去其使用价值。相反，如果将其理解为北斗形象或许更合理，它不仅形状酷似北斗，而且斗魁中心也略显凹槽，这种做法在习惯于对事物进行直观摹录的史前时代是顺理成章的。显然，当时的人们已开始有了斗勺概念的萌芽，而河姆渡文化的木制北斗则是先民留弃的弥足珍贵的北斗遗物。

　　商代甲骨文的"斗"字已很像一把勺子，看来在当时，北斗被想象成斗勺的观念早已深入人心。殷代卜辞保留有一些殷人拜祭北斗的记录，它们的

---

　　①　河姆渡遗址考古队：《浙江河姆渡遗址第二期发掘的主要收获》，《文物》1980 年第 5 期。

　　②　中国社会科学院考古研究所编：《中国考古学中碳十四年代数据集（1965—1991）》，文物出版社 1991 年版。

真实性无疑比许多传世文献可靠得多。卜辞云：

> 1. 己亥卜，夕，庚比斗，延雨？
>   庚子，夕，辛比斗？
>   己酉卜，夕，翌庚比［斗］？
>   ［庚］戌，夕，翌辛［比］斗？　　《缀合》362
> 2. 己亥，夕，庚比斗？　　《乙编》440
> 3. 癸［卯］，夕，甲辰比斗？　　《缀合》361
> 4. 庚午卜，夕，辛未比斗？　　《乙编》174
> 5. 丙辰卜，夕，丁比斗？　　《乙编》117
> 6. 癸亥，夕，甲比斗？
>   甲子，夕，乙［比］斗？　　《乙编》134
> 7. 癸巳卜，夕，［甲］比斗？　　《缀合》395
> 8. 庚申卜，夕，［辛比］斗？　　《缀合》396
> 9. 丙申卜，夕，翌丁比斗？　　《邺二》36.8
> 10. 丁未，夕，翌日［戊］比斗？　　《邺二》35.11

"比"，读为"祉"，为祭名，"斗"是受祭者，其性质可由殷代受祉祭的对象推知。卜辞云：

> 贞：比（祉）日？　　《七》P102
> 比（祉）岳，雨？　　《库方》107
> 己未卜，贞：王呼□比（祉）河？　　《南·无》109
> 戊寅卜，王贞：比（祉）兕？　　《甲编》2591

日、岳、河均是自然神祇，兕亦神祇名，皆受祉祭，知祉祭的对象多为自然神。故"斗"显非羹勺之斗，而为星斗，从中国天文学重视拱极星的传统考虑，这个"斗"应该就是北斗[①]。因此这些卜辞都是殷人对北斗行祭的实录。

这类祭祷北斗的卜辞反映出一条共同的规律，斗作为受祭者，对它的祭

---

① 温少峰、袁庭栋：《殷墟卜辞研究——科学技术篇》，四川省社会科学院出版社 1983 年版，第 55—57 页。

祀不仅有时要连续数日举行，而且在行祭的前一天夜晚要举行另一项祭事——夕。"夕"字在这里实际已由专指夜晚的时间名词演变为祭名[1]，意即夕拜[2]，但夕拜的活动对祭斗来说却总是在祭斗的前一日夜晚举行，所以它的确切含义则可能是指一种特为某些祭祀而于前一夜专设的拜祭活动[3]。具体到北斗而言，殷人于祭祷北斗的前一夜必须首先举行夕拜祭仪，于是才能最终在第二天祧祭北斗。显然，殷人的斗祭规格是相当隆重的。

学者或释"夕比斗"为"月比斗"，"比"训并，谓即月犯斗之天象[4]。这种解释不甚可取。众所周知，月球绕地日行约十三度半，位置变化十分明显。因此月犯斗的现象只能在一天之中发生，而不可能出现月亮连续犯斗的天象。《宋书·天文志》："兴宁三年七月庚戌，月犯南斗。"《魏书·天象志》：天兴六年"六月甲辰，月犯北斗魁第四星"。天赐二年"八月丁巳，月犯斗第一星"。"五年五月丁未，月掩斗第二星"。都是描述一日之内的天象。由于月行速度快，月亮很快便会移出所犯之宿，因而不可能固守于一宿不动。而上录辞1、辞6或日辰相连，或日辰相距未曾逾旬，时间相间均不足一太阴月。显然，月球于一月之中数犯一宿的现象是根本不可能出现的。

祧祭的意义很特别。《说文·示部》："祧，以豚祠司命也。从示比声。《汉律》曰：'祠祧司命。'"司命古有两解，一为星名，一为神名。《史记·天官书》："斗魁戴匡六星曰文昌宫：一曰上将，二曰次将，三曰贵相，四曰司命，五曰司中，六曰司禄。"司马贞《索隐》："司命主老幼。"《周礼·春官·大宗伯》："以橧燎祀司中、司命、飌师、雨师。"郑司农云："司命，文昌宫星。"是司命乃文昌第四星。《礼记·祭法》载王为群姓立七祀，诸侯为国立五祀，皆有司命。郑玄《注》："此非大神所祈报大事者也，小神居人之间，司察小过，作谴告者尔。司命，主督察三命。"是司命又为人间小神，盖由天神转化而来。《祭法》孔颖达《正义》引皇侃云："司命者，文昌宫星。"孔氏以皇说为非，是不知其转变也。《风俗通义·祀典》："司命，文昌也。……今民间独祀司命耳，刻木长尺二寸为人像，行者檐篸中，居者别作小屋，齐地大尊重之，汝南徐郡亦多有，皆祠以脯（猪），率以春秋之月。"

① 王国维：《戬寿堂所藏殷虚文字考释》，仓圣明智大学印行，1917年，第14页。
② 陈梦家：《古文字中之商周祭祀》，《燕京学报》第十九期，1936年，第102—103页。
③ 岛邦男：《祭祀卜辞の研究》，弘前大学文理学部1953年版，第150—152页；《殷墟卜辞研究》，中国学研究会1958年版，第264—266页。
④ 姚孝遂：《释"月比斗"》，《亚洲文明》第三集，安徽教育出版社1995年版。

《楚辞·九歌》有大司命、少司命，孙诒让疑大司命为天神，少司命则为《祭法》之小神。殊不知《大司命》言司命"广开兮天门，纷吾乘兮玄云"，"高飞兮安翔，乘清气兮御阴阳"。《少司命》言司命"夕宿兮帝郊"，"登九天兮抚彗星"。其非宫中小神明矣。司命之祭多见于东周金文及简牍，汉代司命神像也有发现。而大、小司命又见于马王堆出土西汉帛画，已拟人化绘于天门内侧，显有接纳灵魂升天不死的职守[①]。司命本为北斗之神，《史记·封禅书》："寿宫神君最贵者太一，其佐曰大禁、司命之属。"《后汉书·赵壹传》："迺收之于斗极，还之于司命。"此即世俗所传南斗主生、北斗主死之说。故拜祭北斗或可能就是祂祭之本义。

周代人心目中的北斗更加浪漫了。《诗·小雅·大东》篇留有这样的诗句：

> 维南有箕，不可以簸扬，维北有斗，不可以挹酒浆。
> 维南有箕，载翕长舌，维北有斗，西柄之揭。

《楚辞·九歌·东君》也留有类似的文辞：

> 操余弧兮反沦降，援北斗兮酌桂浆。

商周时期的青铜斗勺已制作得相当精美，它们的用途显然是为挹注酒液或羹汤。这使我们真的很难断定，北斗最初究竟是因酷似这种挹取器皿而得名，还是这种器皿是为模仿北斗的形象而造？不过可以肯定的是，正是因为有了斗勺这样一种特殊器具的出现，北斗七星才终于有了魁杓之分。其第一至第四星像羹斗，为魁；第五至第七星像斗柄，为杓。至于商周时期及其以后羹斗实物的整理研究，著录及新见之器均有不少，王振铎先生曾有扼要的整理考辨[②]，大可参考。

四、新石器时代礼器图像中猪母题的天文学阐释

中国古人对于北斗的崇拜可能具有多重意义，因此，相伴而生的各种神

---

① 安志敏：《长沙新发现的西汉帛画试探》，《考古》1973 年第 1 期。
② 王振铎：《司南指南针与罗经盘——中国古代有关静磁学知识之发现及发明》，《中国考古学报》第三、四、五册。后收入王振铎著《科技考古论丛》，文物出版社 1989 年版。

话与传说，数千年来绵延不绝。从诸葛亮禳星祈寿到方相道士踏罡步斗，从神秘的七星法器到理天司斗的天蓬元帅，无不渗透了先人们崇祭北斗的遗俗。我们在公元 9 世纪中叶的典籍中曾读到一则唐代天文学家僧一行擒纵北斗的有趣故事，可能会帮助我们从一个新的角度去寻找史前的北斗遗迹。唐郑处诲《明皇杂录·补遗》详记此事云：

> 初，一行幼时家贫，邻有王姥者，家甚殷富，奇一行，不惜金帛，前后济之约数十万，一行常思报之。至开元中，一行承玄宗敬遇，言无不可。未几，会王姥儿犯杀人，狱未具，姥诣一行求救。一行曰："姥要金帛，当十倍酬也。君上执法，难以情求，如何？"王姥戟手大骂曰："何用识此僧！"一行从而谢之，终不顾。
>
> 一行心计浑天寺中工役数百，乃命空其室内，徙一大瓮于中央，密选常住奴二人，授以布囊，谓曰："某坊某角有废园，汝向中潜伺。从午至昏，当有物入来，其数七者，可尽掩之。失一则杖汝。"如言而往，至酉后，果有群豕至，悉获而归。一行大喜，令置瓮中，覆以木盖，封以六一泥，朱题梵字数十，其徒莫测。诘朝，中使叩门急召，至便殿，玄宗迎谓曰："太史奏昨夜北斗不见，是何祥也？师有以禳之乎？"一行曰："后魏时失荧惑，至今帝车不见，古所无者，天将大警于陛下也。夫匹妇匹夫不得其所，则殒霜赤旱。盛德所感，乃能退舍。感之切者，其在葬枯出系乎！释门以瞋心坏一切喜，慈心降一切魔。如臣曲见，莫若大赦天下。"玄宗从之。
>
> 又其夕，太史奏北斗一星见，凡七日而复。

北斗七星终于重新出现了，而当人们回到园中揭开藏着猪的陶瓮的木盖时，瓮内却是空的。这则故事听起来似乎有些荒诞离奇，然而对于追寻北斗的历史，却不啻为一个有益的启示，因为不论是把一群猪视为北斗七星的化身，还是用猪这样一个明确的概念去比附北斗，我们都会惊奇地看到，这种观念甚至可以一步步地推溯到远古时期。

李约瑟先生虽然第一个注意到《明皇杂录》的史料[1]，但是在当时，除

---

[1]　Joseph Needham，*Science and Civilisation in China*，Vol. Ⅲ，The Sciences of The Heavens，Cambridge University Press，1959.

文献学之外的其他任何学科都未能提供对这一问题做进一步研究的可能。事实上，李约瑟对于这一问题的文献学考察仍然很不够，在两汉文献中，有关猪与北斗关系的论述并非无迹可寻。《初学记》卷二九引《春秋说题辞》云：

> 斗星时散精为彘，四月生，应天理。

这段文字初读起来确实很令人费解，北斗如何会散精而化为猪？猪又如何会应合天理？这恐怕体现了古人的一种独特的占星理解和宗教传统。

天理四星在斗魁之中。《史记·天官书》："在斗魁中，贵人之牢。"裴骃《集解》引孟康曰："《传》曰：天理四星在斗魁中。贵人牢名曰天理。"《晋书·天文志》："魁中四星为贵人之牢，曰天理也。"天理之名似产生较晚，太史公言魁中四星而未言天理，其说甚古。班昭、马续作《汉书·天文志》，几袭《天官书》。孟康为魏明帝曹睿的散骑侍郎，尝注《汉书》，以天理之名释魁中四星，大概因袭了两汉时的说法。古人以北斗建四时，盖天理四星本正应合斗建四时之象。《大戴礼记·易本命》："六九五十四，四主时，时主彘，故彘四月而生。"卢辩《注》："彘知时。"王聘珍《解诂》："天有四时，春秋冬夏。"《诗·小雅·渐渐之石》："有豕白蹢，烝涉波矣。月离于毕，俾滂沱矣。"毛《传》："豕，猪。蹢，蹄也。将久雨，则豕进涉水波。毕，噣也。月离阴星则雨。"孔颖达《正义》："猪之白蹄进而涉入水之波涟之处矣，是在地为将雨之征也。又直月更离历于毕之阴星，在天为将雨之候。以此征候，果致大雨，使其水滂沱而盛矣。"毕即二十八宿西方七宿之第五宿，古有箕星好风、毕星好雨之说。《尚书·洪范》："星有好风，星有好雨。……月之从星，则以风雨。"伪孔《传》："箕星好风，毕星好雨。月经于箕则多风，离于毕则多雨。"故《诗》以豕知天时，与月历于毕宿并为将雨之征候。是古人以四为四时之象，豕知天时，其孕又四月而生，相当准确，而四月又恰应四时，故时主豕。此即所谓"四月生，应天理"之辞，知应天理实即应天理四星，也就是应四时。豕又主配北方，《周易·说卦》："坎为豕。"坎为水，于后天四时卦为北方之属。古代生成数以一六为水，属北方，处子位，与坎位合。郭店楚简言"大一（天一）生水"、"大一（天一）藏于水"[1]，均以天一神与坎位水配合。天一的本质为天数一，又为主气之神。上古天数观

---

① 荆门市博物馆：《郭店楚墓竹简》，文物出版社 1998 年版。

以一主坎位水，属豕，配北方，而北斗作为极星，实为天神太一（天一）所居，也即水和豕之所在，故古人以猪象征北斗。一行深明此理，遂封藏猪之瓮以"六一泥"，以合数术。从原始宗教的意义去考虑，司命本为北斗之神，而《说文》以"豚祠司命"，《风俗通义》谓祭司命"皆祠以猪"，又反映了古人以猪与主生死之北斗的联系，这些或许就是古人以猪象北斗的古老观念的由来。

汉代典籍中有关北斗与猪的关系的史料的存留，使我们对远古先民具有的早期北斗观认识得更清楚了一些。事实上，尽管先民们深信巫觋是可以通神升天的，但实际谁又能真的摘星步斗呢？然而，垄断天文占验的巫觋毕竟要明白地显示自己具有的特殊本领，于是，伴随着原始思维的种种特点，一个古老而新奇的观念便诞生了。他们以猪知天时又主配北方，且主祭司命，而以其比附作为天一常居之地的北斗，这样一个最基本的事实的澄清，终于使我们有机会讨论新石器时代文化中出现的一批以猪为母题的神秘作品的含义。

首先我们应该从一件新石器时代的绘刻陶器说起，那是 20 世纪 80 年代中期发现于内蒙古敖汉旗小山遗址的尊形器（F2②：30）[①]。器物口径 25.5 厘米，底径 10.6 厘米，领高 10.3 厘米，通高 25.5 厘米。器腹一周装饰着生动的图案，流云之间绘有一只奔鹿、一只飞鸟和一头生着獠牙的野猪。动物轮廓以阴线勾勒，内部填饰规整细密的网格纹，唯三灵的眼睛、猪的獠牙及鹿的耳孔留有器表的磨光面，从而使灵物形象栩栩如生（图版一，4；图3—20）。碳十四测年数据显示，遗址的年代大约相当于公元前 5000 年至前 4700 年[②]。因此，这件制作精美的陶器应是出自约公元前第五千纪的先民之手。当时的人们一定不会想到，七千年后的今天，他们的后人在重睹这幅先民遗作的时候，会为画中所表达的含义绞尽脑汁。

人们习惯于沿着图腾崇拜的思路去思考一切问题，事实上这是对史前文明的一种简单理解。就小山遗址的这件陶器而言，如果一旦我们将画中的野猪置于中央的位置，那么图中所有的内容便可以用天文学的观点加以诠释了。我们知道，中国古代天文学分赤道周天为四宫，四宫各以其中的授时主

[①]　中国社会科学院考古研究所内蒙古工作队：《内蒙古敖汉旗小山遗址》，《考古》1987 年第 6 期。

[②]　中国社会科学院考古研究所编：《中国考古学中碳十四年代数据集（1965—1991）》，文物出版社 1991 年版。

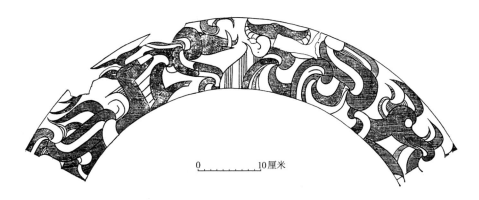

图 3—20　陶尊（F2②：30）纹饰展开图（内蒙古敖汉旗小山出土）

星表示，这就是四象。四象以南陆为朱雀，兼辖张、翼两宿；北陆早期为鹿，乃危宿所象，晚期演变为玄武，为龟蛇合体，兼辖虚、危两宿（详见第六章第五节）。在明白了这些最基本的常识之后，我们再回过头来看小山陶器上的图画，上面绘刻的鸟和鹿不正是南、北两象的象征！这一点几乎可以说明白无误。

其实图画中最令我们困惑的并不是鸟和鹿，而是猪，猪的意义是什么？一直令人百思不解。现在我们知道，它乃是北斗的化身！这样，一幅完整的天象图就立即建立了起来，因为根据中国天文学的传统，北斗作为拱极星有与四宫星象相互拴系的特点，其中南宫指向张宿，北宫指向危宿，这种关系的形象表述，正好就是鸟、猪、鹿的完整组合。我们可以借助公元前 5 世纪的曾侯乙墓漆箱星图重温这一幕，在那幅星图上，中央北斗被延长的南、北两笔恰恰指向张宿和危宿。事实上，如果我们把天盖想象成一个大圆，那么张、危两宿就恰好对称分布于这个大圆的两端，而且通过一条纵贯北斗的直线可以准确地将两个星象连接起来。这种关系通过小山星图直观地表现了出来，这甚至可以帮助我们追溯出中国天文学这种北斗与四宫星象拴系的古老传统的来源，因为人们总会发出这样的疑问：是什么原因使古人将天上的星宿把玩得如此精熟？唯一合理的解释只能是他们对两个分点（春分和秋分）和两个至点（夏至和冬至）的认识。原因很简单，从平气的角度讲，二分二至之间的距离是相等的，如果我们把小山星图看作是二分日的天象记录，那么对星象的计算表明，作为鸟象的张宿和作为鹿象的危宿于二分日时位于南中天的时间约为公元前 5000 年至前 4000 年，而小山先民恰好生活在那个时代。

　　大约是与小山星图同一个时代，分布于浙江余姚的河姆渡文化遗址也出现了相同的以猪为主题的绘刻陶器①。这是一件长方形夹炭黑陶钵（T243④：235），出土于河姆渡遗址第 4 文化层。碳十四测年数据显示，遗址年代大约相当于公元前 5000 年至前 4500 年②。陶钵圆角，平底，呈倒梯形斗魁形状。口径 17.5—21.7 厘米，底径 13.5—17 厘米，高 11.7 厘米。陶钵外壁两侧各绘刻一猪，形象逼真（图版一，1；图 3—21）。这种做法尽管可以视为河姆渡文化先民驯养家畜的反映，但显然很不够，原因是猪的中心还特意标示出一颗圆形的星饰，因此，陶钵及陶钵上所绘刻的猪图像无疑应具有比一般生活意义更重要的原始宗教的含义，也就是天文学的含义。很明显，如果说星饰的布刻并不在于提醒人们注意猪乃是北斗星官的象征，而确实富有其他寓意的话，那么唯一的解释就只能把它视为当年的极星，准确地说，当年的极星应该就是北斗星官中的一颗星——天枢。

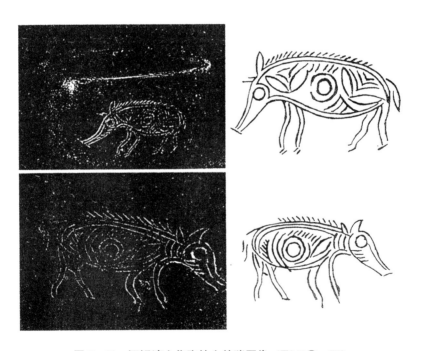

图 3—21　河姆渡文化陶钵上的猪图像（T243④：71）

---

　　① 河姆渡遗址考古队：《浙江河姆渡遗址第二期发掘的主要收获》，《文物》1980 年第 5 期。
　　② 中国社会科学院考古研究所编：《中国考古学中碳十四年代数据集（1965—1991）》，文物出版社 1991 年版。

古人以猪比附北斗，确切地说，根据对于"四月生，应天理"的理解，猪其实更应是斗魁四星及其中天理四星的象征。事实上，河姆渡文化的倒梯形陶钵不仅形象酷似斗魁，而且猪纹中央标示的极星也把猪的象征意义限定在斗魁四星，陶钵两面雕绘两猪并兼绘两星，明确表现了两星其实就是斗魁四星中规画璇玑的天枢和天玑二星的象征，这种安排与我们对于猪与北斗关系的考证吻合无间。不仅如此，两猪同时绘于陶钵之上，方向相反，形象稍异，恐怕还具有象征北斗阴阳的含义。

类似河姆渡文化的斗魁形器在时代更晚的崧泽文化中也有发现，上海青浦崧泽新石器时代遗址曾经出土一件雕有猪首的斗魁形陶礼器（M52：2）。陶器属于崧泽文化第三期，碳十四测定年代（树轮校正）为距今 5180±140 年，相当于公元前 3230 年[1]。此器呈圆倒梯形，顶部弧圜，器型厚实，沿部压印一周"S"形纹饰。上径 13.6 厘米，高 6.7 厘米。器物正面为一猪首雕像，眼、耳、鼻、嘴分明（图 3—22）。这件礼器过去一直被当作陶匜来处理，但此器出土时覆置，而且覆置摆放正好可使猪首雕像处于正位，应为原位，因此它恐怕不会是生活用器。此器呈倒梯形状，且雕出猪首，顶部弧圜又有天穹之象，显然，将其解释为斗魁形礼器是合乎情理的。

图 3—22　崧泽文化陶制斗魁模型

兴盛于公元前四千纪中末叶的红山文化先民创造了一种双猪首三孔礼器，为说明猪与北斗的关系提供了更为有力的证据。玉器出土于辽宁凌源三

① 上海市文物保管委员会：《崧泽——新石器时代遗址发掘报告》，文物出版社 1987 年版。

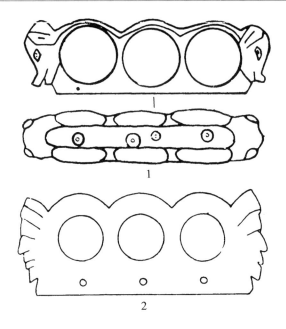

图3—23　红山文化三孔玉饰

1. 双猪首三孔玉饰（辽宁凌源三官甸子出土）

2. 双人首三孔玉饰（辽宁建平牛河梁出土）

官甸子红山文化墓地[①]，长8.9厘米，宽2.6厘米，主体部分为三个并列的圆孔，孔径1.9厘米。并列的三孔两端各雕有一个面向外的猪首，底部则钻有四个漏斗状小孔[②]（图3—23，1）。这件玉器的特殊造型显示，假如我们以位居两端的猪首作为斗魁的象征的话，那么，不论怎样看去，玉器中央的三孔都可以视为从斗魁引出的斗杓三星，位置非常合理。而北斗既为天极帝星，自为天一神之所在，因此猪首又可拟人化而成神面（图3—23，2）。红山文化先民以玉礼器象征北斗的设计思路甚为巧妙，猪从严格的意义上说只与斗魁四星及天理应合，因而礼玉不仅特以猪首表现，且底部别钻的四个漏斗形小孔也似乎是对猪首象征斗魁的具体说明。而斗杓三星无所象征，故以三圆孔直观表现。这种区别在使猪首（斗魁四星）与三孔（斗杓三星）构成了完整的北斗星象的同时，也使猪于北斗斗魁的象征意义得到了明确阐释。

---

① 辽宁省文物保护与长城基金会（筹备）、辽宁省文物考古研究所编著：《辽宁重大文化史迹》，辽宁美术出版社1990年版。

② 李淑娟：《红山文化玉器类型探究》，《辽海文物学刊》1995年第1期。

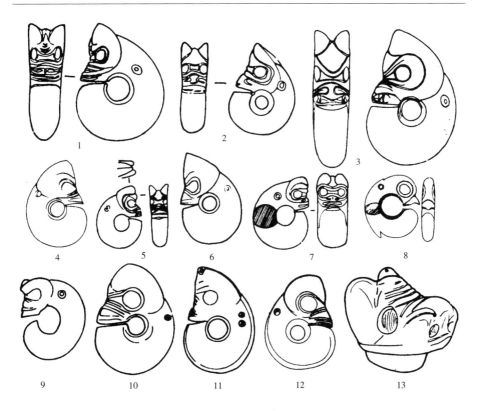

图 3—24　红山文化猪首形饰

　　1、2. 辽宁建平牛河梁 M4 出土　　3、4. 辽宁建平出土　　5. 内蒙古敖汉旗大洼乡出土
6. 内蒙古巴林右旗羊场出土　　7、8. 内蒙古巴林左旗那斯台出土　　9. 辽宁省文物店藏品
10、11. 天津历史博物馆藏品　　12. 河北围场下伏房村出土　　13. 天津市文化局藏品

　　红山文化的另一类猪形玉礼器其实也是北斗的象征，这类玉器于辽宁建平
牛河梁、喀左东山嘴，内蒙古敖汉旗大洼乡、赤峰巴林右旗羊场、巴林左旗那
斯台，河北围场下伏房村等遗址都有广泛的出土，为红山文化的代表性礼玉。
其基本特征为猪首，身体蜷曲如环，瞋目，个别的礼玉可见獠牙外露，背部近
头处皆钻有一孔（图 3—24）。礼玉最大者 15 厘米，最小者仅 4 厘米。制作有
序，绝无滥作之品①。通过比较我们可以清楚地看到，这些具有獠牙的猪与小
山陶器上绘于星图中央的生有獠牙的猪不仅形象一脉相承，而且也应具有相同
的含义。

――――――――――

　　①　李淑娟：《红山文化玉器类型探究》，《辽海文物学刊》1995 年第 1 期。

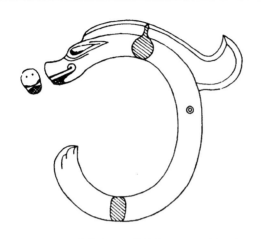

红山文化的猪形礼玉过去始终被赋予"玉猪龙"的名称，而与内蒙古翁牛特旗三星他拉出土的另一种玉龙作同样的看待（图版一，2；图3—25）。事实上，这两类玉器不论其外观形象还是形体大小都存在显著的区别。猪形礼玉的正视、侧视都很像猪，玉龙则不似；猪形礼玉多首尾衔接如环，玉龙则首

图3—25　内蒙古三星他拉出土红山文化玉龙

尾远分；猪形礼玉首大身小，玉龙则反之[①]；猪形礼玉不具鬃毛，玉龙则长鬣高扬；猪形礼玉一般高为5—10厘米左右，最大者仅高15厘米，而玉龙则高达26厘米。除此之外，两类礼玉在局部特征上的差异也十分明显，如猪形礼玉瞋目圆睁，而玉龙则长目乜斜；猪形礼玉鼻前多皱，生具獠牙，大耳上耸，玉龙则无；两者口部的表现也完全不同。因此，猪形礼玉与玉龙形象迥异，应该属于不同的礼器。

猪形礼玉的头部像猪是可以肯定的，天津市文化局收藏的一件猪形礼玉仅具猪头部分（图3—24，13），形象逼真，与红山文化猪形礼玉完全相同。根据我们对于原始北斗观的理解，先民将猪视为斗魁的象征，正可与红山文化猪形礼玉的独特表现相吻合。我们认为，猪形礼玉基本上构成封闭的环状，可能描述了斗魁四星绕极运动的圆形轨迹，这意味着环状猪形礼玉的特殊造型至少有两方面的象征意义，一方面，它可能表现了极星天枢围绕北极旋转而形成的中央璇玑天区，如果是这样，那么环状部分的中央圆孔就应该象征天极之所在；另一方面，它当然也是北斗拱极运动而建时的反映。

需要特别强调的是，在所报道的牛河梁红山文化墓葬资料中，唯规模最大的4号墓出土猪形礼玉。此墓墓口长1.98米，宽0.4—0.55米，墓底长1.7米，宽0.25—0.39米，深0.6米。墓主头向东，仰身直肢葬，两腿膝部相交，左腿在上。墓中随葬三件玉器，一件玉箍形器横枕于头下，两件猪形

---

① 孙守道：《三星他拉红山文化玉龙考》，《文物》1984年第6期。

图 3—26　辽宁建平牛河梁第 Ⅱ 地点 4 号墓

礼玉首部向外并排倒置于胸前[①]（图 3—26）。墓主的葬式使人不禁想起古文字的"交"字。《说文·交部》："交，交胫也。从大，象交形。"墓主呈交胫之形或许暗寓天地交泰之意。《周易·泰卦·象传》："泰，小往大来，吉，亨。则是天地交而万物通也，上下交而其志同也。"又《象传》："天地交，泰。"孔颖达《正义》："此由天地气交而生养万物。"墓主得以交天地之气，也必具有交通天地的本领，应为巫官一类的人物，这与其所拥有的墓葬规模是符合的。如果是这样，那么墓主胸前摆放的两件猪形礼玉便显然是巫官交通天地的道具。显然，巫官所具有的掌握天极及北斗而敬授人时的职能，与其胸前摆放的猪形礼玉象征北斗及天极的含义若合符节。

　　搞清礼玉的原始位置对于推断其含义及用途应有一定帮助，况且根据随葬品的情况分析，礼玉的位置明显未经移动。我们注意到，两件猪形礼玉的摆放位置是精心安排的，它们两背相对，头向外并列倒置，从而使头背之间的圆孔处于下方，这意味着如果将礼玉于小孔中穿绳系挂，则根本不可能出

　　① 辽宁省文物考古研究所：《辽宁牛河梁红山文化"女神庙"与积石冢群发掘简报》，《文物》1986 年第 8 期。

现类似的情况。因此，墓主生前一定是于礼玉中央大孔中系绳垂挂于颈间，或持握举于胸前，而礼玉头背之间小孔的作用显然并非系绳之用，而应自具象征意义。不过可以肯定的是，礼玉倒置的摆放位置应该反映了巫长生前系挂或持握的真实情况。

两件猪形礼玉倒置的情况颇不易理解，事实上，倒置的位置是从发掘者或他人的角度观察的结果，而从死者的角度看，两件礼玉的位置却是正置的。认识这一点十分重要，它有助于我们对礼玉的象征意义做出合理的解释。两件礼玉背对放置，似乎反映了北斗拱极运动的两种不同的运行方向，这两种方向实际取决于墓主生前面南或面北观测天体时所看到的天体运行方向。面南观测时，天体呈顺时针旋转，而面北观测时，天体则呈逆时针旋转，这两个方向当然暗寓着阴阳的不同。礼玉颈间的小孔如果从北斗拱极运动的意义而言，可能象征极星，如果从其位置考虑，也可能象征玉衡（北斗第五星）。假如我们认为猪首象征北斗的做法已使礼玉上表现极星的圆孔位置不必过分拘泥的话，那么极星的考虑似更为切实。其实，即使除去猪首部分不谈，圆孔的位置也恰好处于环形的顶端，这与以极星天枢规画璇玑的真实天象甚相契合。

先民们的这些雕绘猪形图像——北斗——的遗物无疑就是当年的祭天礼器，不过我们可以明显看出一种趋势，这种礼器后来正逐步被雕琢精致的礼玉所取代。早期的祭天礼玉最常见的有玉璧和玉琮，偶尔可能还要用上显示王权，实际也是一种代表天命特权的玉钺。因此，过去多在陶器上出现的北斗图像，这时则以一种更威严的面目被先民们雕绘于礼玉之上。

整个史前时期，最为灿烂夺目的礼玉制品出现在大约从公元前 3000 年开始的良渚文化，先民们为此花费了巨大心血以求得作品尽量完美，以至于那些古人视为可以通神的礼玉，在今天看来依旧精美绝伦。《周礼·春官·大宗伯》："以玉作六器，以礼天地四方。以苍璧礼天，以黄琮礼地，以青圭礼东方，以赤璋礼南方，以白琥礼西方，以玄璜礼北方。皆有牲币，各放其器之色。"这种以天地玄黄及东青、南赤、西白、北黑六色主配天地四方的制度尽管在《周礼》中已十分严整，但是新石器时代的礼玉似乎并未将玉色与玉类加以严格的区分，至少我们在早期礼玉中还没有见到这种完美配合的迹象。因此，《周礼》所反映的用玉制度与其说表现了不同玉类与方位的象征关系，倒不如说玉色在与玉类及方位的配合上起着更重要的作用，而这一点恰恰被以往的研究者所忽略。通过对早期不同玉类颜色的比较可以看出，《周礼》的理想制度起码在新石器时代尚未形成。

　　然而，《周礼》以璧琮礼祭天地的记载显然并非空穴来风，毫无疑问，如果仅仅从外形去考虑，璧琮的形状与天地具有密切的关系这一点也可以得到普遍的认同。璧是一种圆形而中央有孔的礼玉，这个形状显然可以视为天盖的象征。而琮的形状则呈外方内圆，这在认为天圆地方的古人看来，简直就是这种古老宇宙观的直观体现。因此，玉璧和玉琮实际都应是崇祭天地的礼器。

图 3—27　良渚文化玉璧（左）及其上雕刻的猪图像（右）

（采自邓淑苹《蓝田山房藏玉百选》）

　　在良渚文化的玉璧之上，我们又看到了雕刻精致的猪的图像（图 3—27）。玉璧为台湾许作立先生所藏，灰黄色。外径 15.6 厘米，孔径 4.6 厘米，厚 1.25 厘米。猪的图像刻于璧面中央，口微张，背有鬃毛，长尾上扬，一后腿系有绳索。图像长 4.8 厘米[1]。猪的寓意显然不可能是为反映当时畜牧业生产的进步，因为在同时代的礼玉之上，还可以经常见到鸟和云气的图像[2]，这些图像都与天文具有密切的联系。我们不能想象古人会在一种庄严的祭天礼玉上雕刻出与敬天无关的内容，显然，根据古人对于北斗的神秘理解，将雕刻在礼天玉璧上的猪视为北斗应是合乎情理的。事实上，图像中猪的身上特意镌有四个星饰，应是以猪应合斗魁四星的象征，而微扬的猪尾虽然显得过分夸张，但却像是连接斗魁四星的斗杓，这在形象上与北斗也十分接近。

　　类似的猪图像还见于同时代的玉琮，它所出现的普遍程度可以说在良渚

---

①　邓淑苹：《蓝田山房藏玉百选》，年喜文教基金会 1995 年版。

②　邓淑苹：《中国新石器时代玉器上的神秘符号》，《故宫学术季刊》第十卷第三期，1993 年。

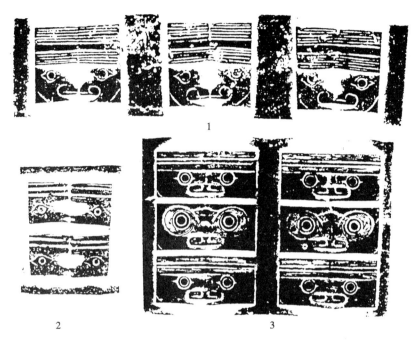

图 3—28　良渚文化玉琮上的猪首图像

1. 浙江余杭反山 M16：8　2. 江苏昆山少卿山 M1：2　3. 浙江余杭反山 M12：97

文化中没有任何一种图案可与之相匹。浙江余杭反山良渚文化墓地出土的乙型玉琮（M16：8）雕绘的猪首图像应是迄今所见这类图像中最逼真的一种（图 3—28，1），而且通过对多节玉琮上所绘图像的比较，可以看出猪首的形象有些并无明显的变化（图 3—28，2），有些则存在着各种繁简的变体（图版二，1；图 3—28，3）。有趣的是，这种猪首图像几乎总是与一种倒梯形的斗魁图案合刻在一起，它们或者作为一种带有斗魁形脸的神徽图像的一部分（图 3—29，1—4），或者在猪首之上或天盖璇玑之下雕绘出一个斗魁形象（图 3—29，5、6），或者索性绘刻于制成斗魁形状的玉冠饰之上（图 3—29，7），似乎斗魁图案与猪首图像具有相互阐释的独特作用。因此，将这些猪首图像视为北斗的象征是显而易见的。

　　良渚文化的玉冠形饰虽然具有不同的形状，但是呈倒梯形的斗魁形状却是其中最主要的一种。这种斗魁冠饰的来源现在已经比较清楚，它显然可以看作是对大汶口文化同类图像承传的产物。大汶口文化绘刻北斗图像的遗物迄今共存六件，所绘北斗也有一些变化，可以分为三个不同的类型。

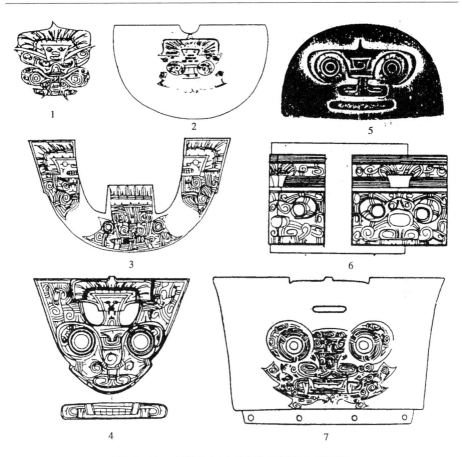

图 3—29 良渚文化玉器上斗魁与猪合璧图像

1. 浙江余杭瑶山出土冠状饰图像（M2：1）   2. 浙江余杭反山出土玉璜（M22：20）

3. 浙江余杭瑶山出土山字形饰（M7：26）   4. 浙江余杭瑶山出土玉牌饰（M10：20）

5. 浙江余杭反山出土半圆形玉冠饰（M12：85） 6. 浙江余杭瑶山出土玉琮（M12：1）

7. 浙江余杭反山出土玉冠状饰（M17：8）

A 型：2 件。一件出土于山东莒县陵阳河 17 号墓，另一件则为陵阳河 11 号墓扰土采集品①。图像均刻于陶尊上部。出土品完整，图像涂朱（图 3—30，1）。采集品残，未涂朱（图3—30,2）。图像由几部分组成，中央为北斗，绘于一倒梯形矮台之上，斗魁呈倒梯形，上方直立柱状斗杓，杓端呈天盖形状，天盖中央凸起璇玑。台上台下绘有羽饰，其下又绘一倒梯

① 王树明：《谈陵阳河与大朱村出土的陶尊"文字"》，《山东史前文化论文集》，齐鲁书社 1986 年版。

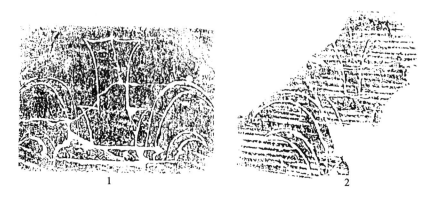

图 3—30 大汶口文化北斗神符

1. 山东莒县陵阳河 M17 出土   2. 山东莒县陵阳河采集

方形。相似的图像在北阴阳营文化的陶尊（H2：1）上也有发现[①]，惜残泐过甚。

B 型：3 件。其中两件分别出土于山东莒县陵阳河（图 3—18，1、2），另一件出自莒县大朱村（图 3—18，3）[②]。此型图像事实上是 A 型图像中央北斗的特写，唯将羽饰等其他附件省略。三件陶符皆经涂朱处理。

C 型：1 件。山东莒县大朱村 17 号墓出土[③]（图 3—18，4）。涂朱。此型图像仍为 A 型图像中央北斗的特写，但形状已有变异。

大汶口文化的这三类图像显示了一种有趣的变化趋势。A 型图像如果对比于龙山文化玉器所镌之羽冠形象，可以认为是羽冠的象形[④]。羽冠之上绘刻北斗，不仅具有权力的象征，而且至少在某种意义上反映了《抱朴子》所载以斗魁覆头而避邪的原始思维，这一点我们在前面已经谈过。B 型图像选择 A 型羽冠图像中的北斗独立绘出，显示了北斗于羽冠之中的重要意义。此型图像在倒梯形方框中皆绘刻四星，详写斗魁四星以象征斗魁。而陵阳河出土的一件 B 型图像则绘刻七星，正是北斗七星的写实。七星以斗魁四星在下，组成斗魁之形，斗杓三星直立于斗魁四星之上，而与斗魁上的柱状图像重合，恰好构成一

① 南京博物院：《北阴阳营——新石器时代及商周时期遗址发掘报告》，文物出版社 1993 年版，第 87—88 页，图四九，1，图版五○，1。

② 王树明：《谈陵阳河与大朱村出土的陶尊"文字"》，《山东史前文化论文集》，齐鲁书社 1986 年版。

③ 王树明：《谈陵阳河与大朱村出土的陶尊"文字"》，《山东史前文化论文集》，齐鲁书社 1986 年版。

④ 李学勤：《论新出大汶口文化陶器符号》，《文物》1987 年第 12 期。

幅完整的 B 型北斗图像（图 3—18，1）。这明确证明立于斗魁之上的柱状图像乃是斗杓的象征，唯另两件 B 型图像的斗杓位置仅将斗杓三星省为一星而已。事实上，B 型图像之中北斗星饰的描写不仅直观地阐明了此类图像乃是形象化的北斗，而且也证明与此相同的 A 型图像中央的图案也具有同样的意义。

A、B 两型北斗图像的斗杓顶端都绘有中央具有尖凸形璇玑的天盖形状，当然这是对此类图像确属北斗星官的另一种说明。天盖的形状似乎显示出从中央陡然尖耸发展到两边平滑斜尖的变化趋势，从而表明柱状的斗杓形象恐怕就是六瑞之一的礼圭的祖形。

C 型图像除继承 B 型图像于斗魁形图像之中详列斗魁四星的写实手法之外，倒梯形的斗魁图像已与柱状的斗杓图像重合了。这种做法或许表现了古人以极星北斗作为立于大地中央的擎天之柱的独特思维，有关内容我们在第二章中已有谈及。事实上，柱状斗杓的设计已明显具有极星天柱的象征意义。其实，斗杓与斗魁重叠可以使斗魁上方露出的斗杓并不像 A、B 两型图像那样高大，而形成了一个很小的象征性天盖。这些形象对后来龙山文化和良渚文化的相关礼玉都产生了深远影响。

大汶口文化的北斗图像在其演变过程中最为引人注意的现象是，倒梯形的斗魁图像普遍被猪首的图像所取代（图 3—31），甚至作为斗魁象征的良渚

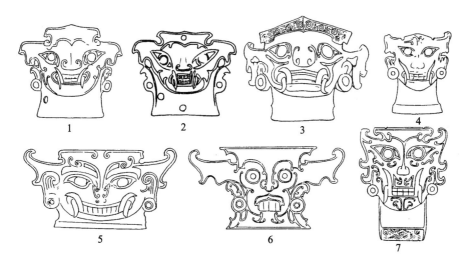

图 3—31　新石器时代及商周时期猪首形玉饰（1—4 天盖形冠顶可见璇玑）

1. 旧金山亚洲美术馆藏　2. 傅忠谟藏　3. 不列颠博物馆藏　4. 福格博物馆藏
5. 斯密塞纳美术馆藏　6. 芝加哥美术馆藏　7. 陕西长安沣西 M17：01 出土

文化倒梯形玉冠形饰，有的也干脆雕制成半斗形半猪形合璧的形状①（图3—32），极具特点。事实上在这种礼玉上，北斗斗魁、倒梯形与猪三者实为一体已经表现得再清楚不过，这种变化其实展示了古人对于某些星象不断形象化和人文化的认识过程。

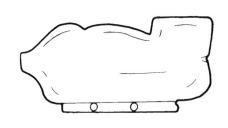

图3—32　良渚文化猪与斗魁合璧玉器（日本东京国立博物馆藏）

龙山文化时代雕刻在礼玉上的猪首形象多圆眼阔目，巨口獠牙，与我们考证的小山星图及红山文化玉猪北斗的特征完全相同。猪首的上端多绘有尖凸或斜尖的小型天盖图像，犹如大汶口文化的斗魁形图像上端绘刻的天盖。这种以猪象征的北斗图像有些已将獠牙省略，而与巨口獠牙的猪首同刻于礼玉的两面（图3—33），其形象在红山文化的玉猪及良渚文化多节玉琮的猪首形象上都有相同的表现。所不同的是，龙山文化礼玉上的猪首已不乏拟人化的作品（图3—33；图3—34，1、3），这似乎

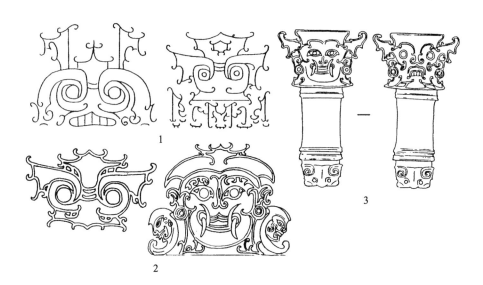

图3—33　龙山文化玉器上猪首人面合璧图像

1. 山东两城镇出土玉圭图像　2. 台北故宫博物院藏玉圭图像　3. 斯密塞纳美术馆藏玉饰

①　日本东京国立博物馆藏品。

图 3—34　新石器时代至商代天盖北斗人面形饰及图像

1. 台北故宫博物院藏玉圭图像　2. 四川广汉三星堆出土青铜面饰
3. 福格博物馆藏玉钺图像　4. 斯密塞纳美术馆藏玉饰　5. 赛克勒藏玉饰
6. 江西新干商墓出土玉饰　7. 芝加哥美术馆藏玉饰

暗寓了古人对于天人交合的某种理解。很明显，猪首取代了直观的斗魁形象而更具象征性，其后随着人文精神的发扬，天神与人主也有渐趋结合的必要，猪首的形象便出现了日趋人格化的倾向。

　　上海博物馆收藏的一件龙山文化玉钺之上也绘有形象的北斗[①]。玉钺两面各绘一猪首图像，内端双面合绘一常见于龙山文化礼玉的人祖形象，钺面对钻三孔，恰自猪首图像延出（图 3—35）。我们已经反复强调，中国古人曾

---

①　日本東京國立博物館編：《上海博物館展》，中日新聞社 1993 年版，图版 38。

图 3—35　龙山文化玉钺（上海博物馆藏）

以猪作为斗魁的象征，那么从猪首延出的三孔自可视为斗杓三星的写真。这个北斗图像是十分完整的。

另一类高冠形的猪首图像应该视为对大汶口文化 A、B 两型北斗图像的继承（图 3—34），猪首上方的高冠显然是大汶口文化陶符中倒梯形斗魁上柱状斗杓的再现，因此它们也应是具有极星天柱的象征意义的北斗。

这些拟人化的猪首图像，其雕刻风格基本一致，年代多属龙山时代，最晚不会晚于西周早期，虽然个别遗物出自晚期墓葬，但并不排除早期遗物代相传承的可能。遗物的出土地域也相当广泛，见于自黄河及长江下游的东部沿海地区，以及历长江中游直溯上游的四川盆地，证明这一广大地区间存在着密切的文化联系，至少在对北斗的原始理解上，这一新月形地域的先民具有不同寻常的广泛共识。

新石器时代文化的玉冠饰有些也在雕有猪首的斗魁形器上或斗魁形人面的冠顶表现出低矮的天盖（图 3—36），这与大汶口文化的 C 型北斗图像几乎如出一辙，因而也是形象鲜明的北斗遗迹。不啻如此，良渚文化的各种礼玉图像为我们展现了更为完整的北斗形象，这对进一步探讨早期北斗与天帝的关系大有裨益。

应该承认，中国东方新石器时代文化中广泛存在的北斗遗迹反映了当时人类普遍进行的北斗观测和对它的祭祀活动，这无疑是先民重视北斗建时的

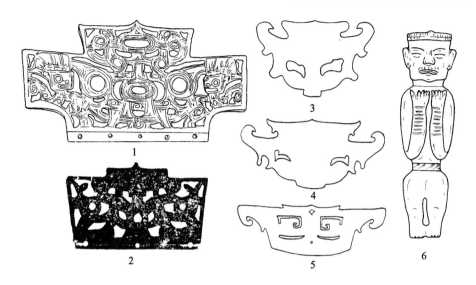

图3—36　新石器时代至商周时期雕有天盖的遗物

1. 浙江余杭反山 M16：4 出土　2. 浙江余杭反山 M15：7 出土　3. 安徽钟祥六合出土

4. 西雅图美术馆藏　5. 赛克勒藏　6. 安徽含山凌家滩出土

具体体现。安徽省含山县凌家滩新石器时代遗址出土的太一北斗与阴阳猪首合璧的雕塑作品再次表现了二者所具有的密切关系，猪作为北斗的象征物或古人生育观念的寄托，在此得到了清晰的展示。有关问题，我们在第五小节还会谈到。河南省渑池县班村新石器时代遗址曾经发现一祭祀坑，坑中埋有七头完整的小猪[1]，可能属于北斗祭祀活动的遗迹。这一传统对于中国文化的影响看来并不能低估，直至西汉中期，人们似乎还对先民以猪与北斗的联系的想法记忆犹新，致使卜千秋墓壁画仍然留有这一古老思想的孑遗。墓中于后室主墙正中由一块矩形方砖和两块三角形砖组成一个梯形的倒斗，上面绘有一清晰的猪头怪人，旁饰云彩[2]。猪头大耳，二目圆睁，与良渚文化礼玉上的猪首形象十分相似。猪头的额前饰有三个圆点，这个设计很有意味，因为猪首假如可以理解为斗魁的象征的话，那么三个圆点与之相配象征斗杓，正可以构成完整的北斗七星，这种命意我们在自红山文化到良渚文化的新石器时代礼玉上已是司空见惯了。猪头之下，左绘青龙，右绘白虎，乃为

---

① 袁靖：《研究动物考古学的目标、理论和方法》，《中国历史博物馆馆刊》1995 年第 1 期。

② 洛阳博物馆：《洛阳西汉卜千秋壁画墓发掘简报》，《文物》1977 年第 6 期。

二十八宿东、西两宫的象征。北斗与四象之中的龙、虎相配，这个传统不仅可以追溯到战国时期曾侯乙墓的漆箱星图，甚至可以上溯到濮阳西水坡的仰韶时代星象图。当然，猪的形象在西汉时期除去象征北斗之外可能还具有其他内涵①，但无论如何，这些内涵应该都是从以猪比附北斗这样一种原始意义上发展起来的。事实上，古人以猪比附北斗的传统做法的揭示，不仅使我们有机会更广泛地研究先民的礼天活动，而且可以更深入地探讨中国古人对于天文与人文的文化理解。

五、太一与帝俊

在中国天文学史上，极星是标示天极位置的重要星官，素被奉为天皇大帝，并且是天神太一的常居之地。事实上，由于数千年前北斗距当时的天极太近，因此它的拱极运动其实只表现为斗杓围绕斗魁的旋转，而斗魁则可视为相对不动，这使古人很自觉地想到魁星应该就是当时的天极帝星。

良渚文化的礼玉上出现有一种诡异的神徽（图版二，4；图3—37），这种神徽普遍见于玉琮、玉璧和玉钺之上，有些雕制得真切完整（图3—38，3、4），有些则趋于简化（图3—38，1、2、4、6）。神徽由上下两部分内容组成，下面是一猪首形象，瞋目圆睁，口中生具一对巨型獠牙。这对獠牙对我们来说已并不陌生，它在小山星图以及红山文化作为北斗象征的猪的身上早已见过。猪上方的图像我们也很熟悉，潜山玉石礼器及大汶口北斗图像中的那种表示天盖的符号实际在这里又重新出现了。天盖的下面是一张斗形方脸，除了没有獠牙之外，瞋目和鼻子都与其下猪的面孔别无二致，因此这还是一幅以猪为母题的图像。生具獠牙和不具獠牙的猪成对出现，这种现象我们在龙山文化礼玉双面绘刻的图像以及良渚文化多节玉琮上都曾见过（图3—33；图3—34），因此这应是当时流行的表现形式。神徽图像猪首上方的神怪生具的斗形方脸极富特点，在我们所见过的同类图像中，无一例外地都被描绘成这副模样。同时通过简化了的图像可以看出，斗形方脸与天盖的形象是合为一体的（图3—38，1、2、4、6）。很明显，问题说到这里，由于我们已经发掘出中国古人以猪比附北斗这样一个古老传统，解释这个神徽的含义已是易如反掌了。

神徽下方的猪乃是先民观念中的北斗化身，而猪的形象的确认已因日本东京国立博物馆所藏良渚文化斗形与猪形合璧礼玉的证实而无可置疑。很明

---

① 孙作云：《洛阳西汉卜千秋墓壁画考释》，《文物》1977年第6期。

图 3—37 良渚文化玉琮雕刻的北斗星君图像（浙江余杭反山 M12：98）

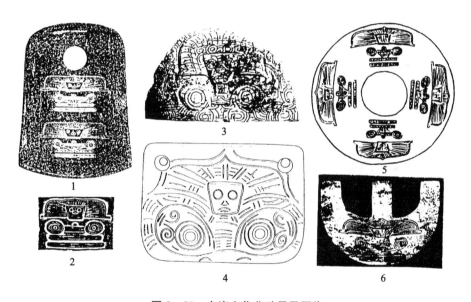

图 3—38 良渚文化北斗星君图像

1. 上海博物馆藏石钺 　2. 上海博物馆藏玉镯 　3. 纽约古墓展销会展品
4. 王震球《中国古玉》 　5. 台湾私藏玉璧 　6. 佛利尔美术馆藏山字形器

显，神徽图像猪首上方位于天盖之下生着猪面孔的斗魁形图像，实际则是形象化的斗魁。二者合为一体，正组成一幅北斗星君的原始图像！

事实上，由于天枢充当了当年的极星，从而使北斗理所当然地成为天空中最重要的星神——天神太一。因此，与其说良渚文化的礼玉图像描绘了星君北斗，倒不如说那简直就是太一神徽。现在我们就利用马王堆西汉墓出土

图3—39　马王堆西汉墓出土帛画

的帛画（图版三，1；图3—39），把太一的底蕴一步步地揭示出来。

　　根据画上的文字我们知道，中央的神人为太一，社神与之相配，太一左为雷公，右为雨师。雷公似生鸟喙，雨师的图像则已残损不清。这种布列形式及神怪形象与自河姆渡文化流传下来的有关图像几乎一脉相承。我们看到，河姆渡文化相同的图像绘刻于同一件器物的两侧（图3—40）①，图中在天神太一的位置绘有天盖和两星，两星虽然从形象上很难确定其性

① 浙江省文物管理委员会、浙江省博物馆：《河姆渡遗址第一期发掘报告》，《考古学报》1978年第1期。

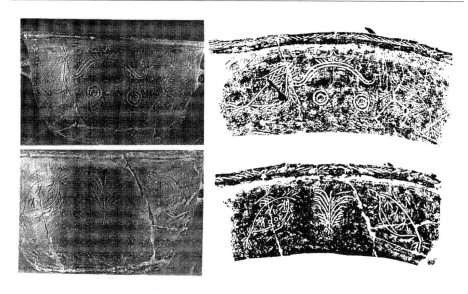

图3—40　河姆渡文化陶盆刻绘的太一与社神图像（T29④：46）

质，但据我们前面的考证，它们很有可能就是作为当年的极星，并规画璇玑的北斗魁首中的两颗星——天枢和天玑。同时参考绘于器物另一侧的图像可知，社树的图像在那里取代了天盖和极星，这显然意味着处于同一位置的社神与极星实际是相互配合的，因为在极星与社神的两侧都绘有相同的神物。社树性质的确认似乎并不困难，因为它可与出土于山西襄汾陶寺遗址的陶寺文化陶盘上绘制的勾龙衔木图像做直接的对比[①]（图版二，2；图3—41），而后者的勾龙衔木又完全有理由考定为被后人奉为社神的勾龙后土。《左传·昭公二十九年》："共工氏有子曰勾龙，为后土。……后土为社。"《国语·鲁语上》：后土"能平九土，故祀以为社"。古人立社植树，为社之标志，意在暗寓生木之土。战国中山王䥶鼎

图3—41　陶寺文化陶盘上的
社神图像

---

① 发掘资料见中国社会科学院考古研究所山西工作队、临汾地区文化局《1978—1980年山西襄汾陶寺墓地发掘简报》，《考古》1983年第1期。

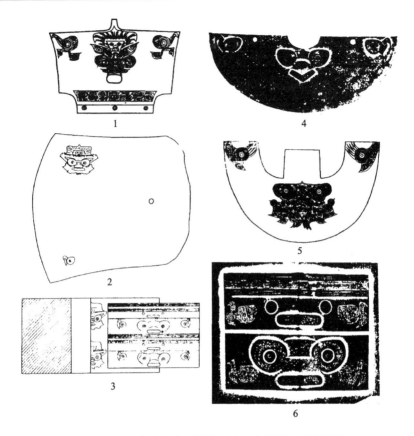

图3—42 良渚文化玉器上的太一与雷公、雨师图像

1. 浙江余杭瑶山出土玉冠饰（M2：1）　　2. 浙江余杭反山出土玉钺（M12：100）
3. 浙江余杭反山出土玉琮（M12：98）　　4. 浙江余杭反山出土玉璜（M23：67）
5. 浙江余杭反山出土山字形饰（M14：135）　　6. 上海福泉山出土玉琮（M6：21）

铭"社"字作"柱"，正象立木于土。而河姆渡文化社神与极星相配的事实，在马王堆帛画中更得到了明确的记述。

其实，河姆渡文化的天盖极星图像在良渚文化的礼玉上被雕绘得尤为逼真（图3—42），太一的位置已经绘上了与天盖合体的斗魁形象，左右两侧相伴两只云鸟，象征雷公、雨师，已不再是河姆渡文化中的那种似是而非的神物。显而易见，良渚文化的太一北斗图像上承河姆渡文化的极星北斗，下启马王堆西汉帛画的太一图像，演变有序。不仅如此，这种太一北斗形象发展到汉代，终于在龙山文化北斗图像拟人化的基础上彻底地人格化了。太一神的这种形象化的演进表明，北斗作为最早的极星和最重要的时间指示星，确

曾在相当长的时间里充当着天神太
一。

安徽含山凌家滩新石器时代遗址
的发掘，为猪、北斗、极星三者的联
系提供了新的证据。第三次发掘出土
于 29 号墓的一件玉鹰雕饰十分别致，
其胸前刻一圆环，环中雕有平行指向
四方的八角图形，鹰的双翼则分别雕
成猪首①（图 3—43）。这件作品的寓

图 3—43　安徽含山凌家滩出土新石器
时代玉雕（M29：6）

意十分清楚。我们曾经指出，这种特殊的八角图形实际就是九宫图形，九宫
布列于圆环中央实际体现了太一行九宫的古老观念，而汉代式盘行九宫之太
一多为北斗，证明太一之原始也就是北斗，其位居天极，充当着当年的极
星②（参见第八章第二节）。此件作品之太一九宫同样绘刻于圆环之中，故此
环实当古人观念中位于天极之璇玑，而两翼的猪首形象则显然是对中央作为
极星的太一北斗的形象描写。北斗重见于东西双翼，又暗寓斗建授时而周天
运行，且有北斗阴阳之喻。至于鹰的形象本身，那只是作为族氏标志的象征
徽识而已，反映了古人祭天与配祖的传统观念。于是我们看到，猪、北斗、
极星三位一体的事实再次得到了印证。

太一在楚人的观念中被称为"东皇"，而事实上这种太一北斗的神徽也
仅仅出现于东方的新石器时代文化之中，这为屈原的"东皇太一"真的找到
了膜拜的祖灵。一个真实的史实澄清了，我们不禁想起屈原描写舞祭东皇太
一的优美文辞。《楚辞·九歌·东皇太一》云：

> 吉日兮辰良，穆将愉兮上皇。
> 抚长剑兮玉珥，璆锵鸣兮琳琅。
> 瑶席兮玉瑱，盍将把兮琼芳。
> 蕙肴蒸兮兰藉，奠桂酒兮椒浆。
> 扬枹兮拊鼓，疏缓节兮安歌，陈竽瑟兮浩倡。

---

① 安徽省文物考古研究所、含山县文物管理所：《安徽含山县凌家滩遗址第三次发掘简报》，
《考古》1999 年第 11 期。

② 冯时：《史前八角纹与上古天数观》，《考古求知集》，中国社会科学出版社 1997 年版。

> 灵偃蹇兮姣服，芳菲菲兮满堂。
> 五音纷兮繁会，君欣欣兮乐康。

太一于文献又作"大一"。《荀子·礼论》云：

> 故至备情文俱尽，其次情文代胜，其下复情以归大一也。天地以
> 合，日月以明，四时以序，星辰以行，江河以流，万物以昌，好恶以
> 节，喜怒以当，以为下则顺，以为上则明，万物变而不乱，贰之则丧
> 也。礼岂不至矣哉！

《礼记·礼运》又云：

> 是故夫礼，必本于大一，分而为天地，转而为阴阳，变而为四时，
> 列而为鬼神。其降曰命，其官于天也。

"大"、"太"为古今字，是大一之称早于太一。大一也就是天一，古文字"大"、"天"二字形近易混，也多通用，故天一当为本称。天一最初并非星名，而是作为天上最尊崇之神名。天一之意本即天数一，"一"作为万数之始，与创造万物的天神具有相同的性质，因而引申为万物之神。天神居于天中之央而指建四时，故又为主气之神，而天神之居所则为极星。这些思想显然都来源于古人对于万数之本的"一"的理解。《淮南子·本经训》："太一，天之刑神也。"高诱《精神训注》："太一，天之形神也。"《诠言训注》："太一，元神总万物者。"《要略注》："太一之容，北极之气合为一体也。"元神实本作玄神，《本经训》、《俶真训》"玄光"，庄本避清讳皆改为"元光"。《原道训》、《览冥训》、《说山训》诸篇，高注皆曰："玄，天也。"《释名·释天》："天谓之玄。"是玄神即天神。此天神最尊，合北极之气，故居北斗之位。天神之称天一、太一，后来似乎也被赋予了天上诸神唯我一神独尊之意，犹殷卜辞及早期文献载殷王之称"余一人"，意即天下之人唯我一人为尊也。其至尊至上的地位一目了然。

太一为天神最尊者，而北斗则为天神太一的常居之地。《史记·天官书》以北斗为帝车，载帝巡行。东汉的石刻画像则将这一观念做了形象描述（图3—8），正可以印证天帝常居北斗的事实。两汉六壬式盘于天盘布列北斗，

而天一则为六壬式中具有最高权威的天神①。《金匮玉衡经》云：

> 天一贵神，位在中宫，据璇玑，把玉衡，统驭四时，揽撮阴阳，手
> 握绳墨，位正魁罡。

显而易见，这些描述同《史记·天官书》一样，都是对北斗星官所具有的重
要作用的说明。中国早期天文学以北斗规画璇玑以确立天极，以北斗的拱极
运动建时定纪，这些作用事实上是周天其他星官所不能替代的，因此在古人
心目中，北斗对于天文的重要意义是除天帝之外的任何天神所无法赋予的，
这也就是北斗作为天神太一常居之地的原因所在，也正是良渚文化先民将天
帝与北斗合绘于一体的理由所在。

天神的人格化是造成新石器时代晚期以猪为母题的北斗图像普遍拟人化
的重要原因，良渚文化礼玉上的北斗神徽图像则将这种天神的拟人化倾向发
展到了极致。我们可以在神徽上清楚地看到，头戴天盖的天神不仅生有斗魁
形的方脸，而且还生有同样弯曲的双臂和双腿，一副蹲踞于北斗斗魁（猪
首）之上的形象。这个形象显然可以视为东汉北斗帝车画像的直接来源，同
时也使我们将其与天神帝俊联系了起来。

帝俊是众神之中地位最高的至上神，他创造了日月并为其运行。"帝"
字在先秦文献中多指天帝，卜辞及金文中也指天神，因此帝俊是主宰万物的
天帝，这一点我们在第二章中已谈得很多。帝俊本名"夋"，《太平御览》卷
八〇引作"逡"。《说文》训"夋"为倨，即蹲踞之意。"俊"与"逡"又通
作"踆"，"踆"即古文"蹲"字。《庄子·外物》："帅弟子而踆于窾水。"陆
德明《释文》引《字林》："踆，古蹲字。"《山海经·南山经》："曰箕尾之
山，其尾踆于东海。"郭璞《注》："踆，古蹲字。"《史记·货殖列传》："下
有蹲鸱。"裴骃《集解》引徐广曰："古蹲字作踆。"《说文·足部》："蹲，踞
也。"是天神帝俊本以蹲踞姿态为其特点。《淮南子·精神训》："日中有踆
乌。"高诱《注》："踆，犹蹲也。"帝俊本为蹲踞之姿，又创造十日，故古以
日中之乌名为踆乌。以帝俊本名所表现的原始含义比于良渚文化礼玉上的太
一北斗神徽，其斗魁形方脸象征斗魁，踞坐之猪象征北斗，天神头戴天盖，
屈腿蹲踞于北斗之上，整个图像岂就不是"帝俊"二字的形象写照！

---

① 钱宝琮：《太一考》，《燕京学报》第十二期，1932年。

　　天帝的居所当然要随着极星的位移而变化。由于岁差的缘故，北斗的位置在商周时代已不再像过去那样接近天北极，这意味着古人必须重新选择一颗更接近天极的星作为新的极星。事实上，古人放弃天枢而选择新的极星的做法可能还有更重要的原因，这就是通过长期观测经验的积累，这时的人们已经能将真天极的位置限制在一个比北斗规画的璇玑天区更小的范围之内，从而使得天极的确定可以相对准确一些。这比早期人类依靠规画璇玑天区辨别北极的幼稚做法显然进步得多。大约公元前 10 世纪左右，真天极的位置已位移到帝星（β Ursa Minor）附近，帝星为较庶子（5 Ursa Minor）和后宫（4 Ursa Minor）更明亮的二等星，因而理所当然地成为当时的极星。星名显示，帝星不仅取代北斗而充当了新的极星，而且也成为天帝之神的新的居所。

　　春秋秦公簋对探讨帝星的位置也很有帮助。簋铭云：

　　　　秦公曰：丕显朕皇祖受天命，鼏宅禹迹。十又二公在帝之坏，严龚夤天命，保业厥秦，虩事蛮夏。

此器时代学者多定为秦景公[1]，近是。铭文"十又二公"，张政烺先生以为即法天之数，并非实指秦先王十二公[2]，极为精辟。"在帝之坏"之"坏"文献或写作"培"，本指墙垣[3]。十二公在帝之坏犹言在帝周围，帝的位置当然处在天的中心。秦公钟铭云：

　　　　秦公曰：丕显朕皇祖受天命，竈又下国。十又二公不坠在上，严龚夤天命，保业厥秦，虩事蛮夏。

命意遣词与簋铭相同。"十二公不坠在上"是说不坠在天，"上"指上天，文献及金文多有这种用法，十二公在天也就是在帝周围。先王死后灵魂升天，恭敬地奉侍于天帝左右，彝铭多有详载：

---

① 郭沫若：《两周金文辞大系图录考释》第八册，科学出版社 1957 年版。
② 张政烺：《"十又二公"及其相关问题》，《国学今论》，辽宁教育出版社 1991 年版。
③ 张政烺：《"十又二公"及其相关问题》，《国学今论》，辽宁教育出版社 1991 年版。

虢叔旅钟：皇考严在上，異（翼）在下。

番生簋：丕显皇祖考穆穆，克慎厥德，严在上，广启厥孙子于下。

晋侯稣钟：前文人其严在上，廙（翼）在下。

　簋：用康惠朕皇文剌祖考，其格前文人，其濒在帝廷陟降。

叔夷钟：虩虩成唐，有严在帝所，溥受天命，遍伐夏后。

　钟：先王其严在帝左右。

祖灵升天，居于天帝左右，可见天帝必位居天的中央。天帝常居住于帝星，因此帝的位置也就是帝星的位置。殷卜辞及两周金文于天神称帝，先民又以天帝常居之地作为极星而赋予帝星之名。显然，帝于天神与星名的联系不仅反映了早期天神居所的转变，同时也反映了极星的转变。

至此我们揭示了一个重要史实，由于古人以北斗的周日周年视运动作为决定时间的标志，同时出于他们对北斗主时主生，且猪知天时而生育能力强盛的认识，以及以天数一配合北方水，而水主坎位，坎位属猪的一系列相互联系的独特思维，终于习惯于以猪比附北斗。古人相信，天帝居于天之中央，北斗作为天极帝星，理所当然地成为天帝的居所。汉代人以斗为帝车，正是这种思想的遗留。而天帝之神作为万物之主宰，其性质又与天数一（天一）作为万物之本的性质相吻合。这些都决定了早期先民不仅以猪作为北斗的象征，而且也是天极帝星的象征，其本质则是天一（太一）之神的象征，也即天神上帝的象征。

第三节　历法起源考

中国古代的传统历法属于阴阳合历，所谓阴阳合历，其实是一种以朔望月与太阳年并行为基础的历法。朔望月是月亮围绕地球的运转周期，而太阳年则是地球围绕太阳的运转周期。由于回归年的长度约为 365.24 日，而太阴年的长度仅 354—355 日，中间相差 10—11 日，所以同时需要置闰以调整二者的周期差。

阴阳合历的基本要素包括日、朔、气三项内容，根据目前对各种古代文献的研究，我们虽然可以把中国古历中的这些内容从殷商时代系统地追溯出来，但是此前的历法情况究竟呈现一种怎样的面貌，过去却知之甚少。考古学的发展为我们了解当时的历法情况提供了更多的机会，通过古人留弃的各种遗迹可以看到，早期文明时代的授时活动是丰富多彩的。然而随着时代的变迁，尽管先民们的某些创造后来得到了继承和发展，但另一些创造则在比我们生活的早得多的古人那里就已经失传了。

一、先秦时代的火星观测

颛顼绝地天通的古老传说或许标志着历史上一次划时代的变革，他派南正重司掌天宇，派火正黎司掌下民，从此隔绝了天地间的自由往来。火正是一种掌管火的官职，但这并不意味着火只作为人间之火而存在，事实上正是由于先民们对火的异常重视，使他们最终认识了天上之火，并根据天上之火的运行变化，创造了后来人们早已忘却了的原始星历。《左传·昭公二十九年》："火正曰祝融。……颛顼氏有子曰犁，为祝融。"张守节《史记正义》："即火行之官，知天数。"火行之官而知天数，其所司一定不仅仅是人间之火，中国古文献于这方面的记载相当明确。《左传·襄公九年》云：

> 古之火正或食于心，或食于咮，以出内火，是故咮为鹑火，心为大火。

杜预《集解》："谓火正之官配食于火星。建辰之月，鹑火星昏在南方，则令民放火。建戌之月，大火星伏在日下，夜不得见，则令民内火，禁放火。"鹑火为十二次之名，也指柳星，又名"咮"。《尔雅·释天》："咮谓之柳。"乃二十八宿南宫七宿之柳宿。大火星则为二十八宿东宫七宿之心宿二（Antares α Scorpio）。古人缘何以火正配食火星，孔颖达《左传正义》讲得很清楚。其云："火正之官居职有功，祀火星之时以此火正之神配食也。……而火正又配食于火星者，以其于火有功，祭火星又祭之后稷，得配天，又配稷。"显然，古人出内火的活动来源于农业生产的需要。不过十二次的形成较二十八宿更晚，因此以鹑火配食恐怕并不是最原始的制度。

《周礼·夏官·司爟》："司爟掌行火之政令。四时变国火，以救时疾。季春出火，民咸从之。季秋内火，民亦如之。"郑玄《注》引郑司农云："以三月本时昏心星见于辰上使民出火，九月本黄昏心星伏在戌上使民内火。"皆以心宿之伏见指示农事，为此制之源。

原始农业以焚田为生产工作的第一步，这个时间一定要有准确的把握，过早烧田，种子发芽之后，如果没有雨水就会枯死；过晚烧田，又会受到雨水的干扰。古人通过长期的观象授时活动发现，这个时间确定在心宿二昏见于东方的时候最为适宜，而心宿二恰巧为一颗红色的一等亮星，它的颜色与焚田的烈火又如此契合，这很可能成为古人最初将心宿二名为大火星的根本原因。

火对于农业生产的意义使得大火星对于时间的重要性越发显现了出来，这使大火星逐渐成为中国古代传统的授时星象。实际天象显示，如果古人最初将以大火星昏见决定焚田的时间限定在春分附近的话——事实上这只是农时的需要与大火星出现时间的一种客观巧合，那么大火星昏伏西方的时刻则恰好会在秋分附近。这时大火星在夜空中消失，而位于黄道另一端的参宿则取代大火昏见于东方。这两个星象轮流指示半年的时间，但却绝不同现于夜空。参与大火在后人看来似乎只是在天幕上此起彼伏的两组恒星，其实并不尽然，对于揭示一部湮没已久的古老授时星历的历史，这却不啻为一个重要线索。

《左传·昭公元年》云：

> 昔高辛氏有二子，伯曰阏伯，季曰实沈，居于旷林，不相能也，日寻干戈，以相征讨。后帝不臧，迁阏伯于商丘，主辰，商人是因，故辰为商星。迁实沈于大夏，主参，唐人是因，以服事夏商。

这个参商二星不得相见的古老传说而今早已成为怨艾离别的熟典。故事的天文学意义十分清楚，商星也叫辰星，即指大火星。杜预《集解》："商丘，宋地，主祀辰星。辰星，大火也。"参星则是《史记·天官书》中所讲的白虎，在西方属于猎户座的主星。两个星座正好位于黄道的东西两端，每当商星从东方升起，参星便已没入西方的地平，而当参星从东方升起，商星也已没入西方地平，二星在天空中绝不同时出现，这便是参商离别故事的由来。

二子的事迹在同时代的文献中曾反复出现过多次。《左传·襄公九年》对此有着这样的描写：

> 陶唐氏之火正阏伯居商丘，祀大火，而火纪时焉。相土因之，故商主大火。商人阅其祸败之衅，必始于火，是以日知其有天道也。

《国语·晋语四》也有相同的记载：

> 吾闻晋之始封也，岁在大火，阏伯之星也，实纪商人。

这些记载虽与前面的故事同出一源，但已明显加入了大火与参星在古人观象授时方面所具有的重要意义。事实上，早期的恒星观测与古人观象授时的活动密切相关，在上古文献中，凡涉及星象起源的内容，几乎都不能回避这一点。前面我们已经谈到，大火星属红色一等亮星，古人之所以赋予它大火的名称，并不仅仅因为它是苍龙七宿中最明亮的红色巨星，关键还在于大火对于古人授时定候的指示作用，犹如火之对于农业的作用一样重要。换句话说，古人最初正是通过对大火星出没的观测来指导"出火"、"入火"的生产实践。

大火也叫大辰，它之所以有这样的名称，前人有过很好的解释。《左传·昭公十七年》孔颖达《正义》："大火谓之大辰。李巡云：'大辰，苍龙宿之心，以候四时，故曰辰。'孙炎曰：'龙星明者以为时候，故曰大辰。大火，心也，在中最明，故时候主焉。'"《公羊传·昭公十七年》："大辰者何？大火也。大火为大辰，伐为大辰，北辰亦为大辰。"何休《注》："大火谓心，伐谓参、伐也。大火与伐，天所以示民时早晚，天下所取正，故谓之大辰。辰，时也。"[①]何休的解释尤其透彻！所谓"天下所取正"，大概指的就是标准时间。辰以纪时，确实充当着"天上的标记点"[②]。

古人以大火为授时的标准星，先秦文献所提供的先民对于大火星的祭祀与观测资料相当丰富，从大火的出现到伏没，几乎周天运动中每一个重要的位置变化都给予了系统观测。现在我们根据先秦文献提供的材料，将大火星的周天变化情况揭示如次。

《国语·周语中》云：

> 火朝觌矣，道茀不可行。……驷见而陨霜，火见而清风戒寒。……
> 火之初见，期于司里。

---

① 《尔雅·释天》云："大火谓之大辰。"郭璞《注》："大火，心也。在中最明，故时候主焉。"均以大火为授时的标准星。

② Joseph Needham, *Science and Civilisation in China*, Vol. Ⅲ, The Sciences of The Heavens, Cambridge University Press，1959.

韦昭《注》："火，心星也。觌，见也。……朝见，谓夏正十月，晨见于辰也。……霜降以后，清风先至，所以戒人为寒备也。"

《左传·庄公二十九年》云：

火见而致用。

杜预《集解》："大火，心星，次角、亢见者。"孔颖达《正义》："十月之初，心星次角、亢之后而晨见东方也。"两条文献俱记大火星的偕日出。此周之天象。

《礼记·月令》云：

季冬之月，日在婺女，昏娄中，旦氐中。

孔颖达《正义》引《三统历》："大寒，日在危初度，昏昴二度中，去日八十度，旦心五度中。"这是记大火星的旦中天。此战国之天象。

《左传·昭公四年》云：

火出而毕赋。

杜预《集解》："火星昏见东方，谓三月、四月中。"杨伯峻《注》："则夏正三月，天蝎座 α 星于黄昏时出现，于是食肉者皆可以得冰。"这是记大火星昏见于东方。此战国以前之天象。

《左传·昭公六年》云：

火见，郑其火乎？

《左传·昭公十七年》云：

火出，于夏为三月，于商为四月，于周为五月。

《左传·昭公十八年》云：

夏五月，火始昏见。

此同记大火星之昏见，时值夏历三月。校之岁差，殷代大火星昏见于清明、谷雨间，此统言三月，若以较殷商晚十日计算，则相差约七百馀年。此战国以前之天象。

《尚书·尧典》云：

> 日永星火，以正仲夏。

《夏小正》云：

> 五月，……初昏大火中。

此同记大火星的昏中天。竺可桢先生定《尧典》之"日永"为夏至日，此则殷末周初之天象[1]。《夏小正》所记当亦如之[2]。

《左传·昭公三年》云：

> 火中，寒暑乃退。

杜预《集解》："心以季夏昏中而暑退，季冬旦中而寒退。"服虔《注》："火，大火，心也。季冬十二月平旦正中在南方，大寒退；季夏六月黄昏火星中，大暑退。"这是记大火星的昏、旦中天，古人视此可知寒来暑往。服虔、杜预不知岁差，他们所测大火星昏、旦中天的时间，比《左传》的记载要晚得多。《左传》反映的天象应属战国。

《诗·豳风·七月》云：

> 七月流火。

郑玄《笺》："大火者，寒暑之候也。火星中而寒暑退，故将言寒，先著火所在。"王先谦《集疏》："流火，火下也。火向西下，暑退将寒之候也。"这是

---

① 竺可桢：《论以岁差定〈尚书·尧典〉四仲中星之年代》，《竺可桢文集》，科学出版社 1979 年版。

② 赵庄愚：《从星位岁差论证几部古典著作的星象年代及成书年代》，《科技史文集》第 10 辑，上海科学技术出版社 1983 年版。

记大火星的西流。此周之天象。

《夏小正》云：

> 八月，……辰则伏。辰也者，心也。伏也者，入而不见也①。

这是记大火星的昏伏。

《夏小正》云：

> 九月，内火。……辰系于日。

王聘珍《解诂》："九月日躔心、尾，故大火入而不见也。"这是记大火星的伏没。此皆殷末周初之天象。

　　古文献所提供的材料应该说是充分的，几乎对大火星的每一次记录，都涉及了它的授时作用。同时我们也看到，古人所测大火星所在的天球视位置俱十分完美，这使我们有幸领略了先民对大火星周天变化规律的精审认识。事实上，我们根本找不出二十八宿的哪颗星能像大火星那样备受古人的重视。庞朴先生曾经指出，中国古代确曾存在过一部以火纪时的历法，它的滥觞约当大火处于秋分点的公元前 2800 年左右，即传说的所谓尧舜时代②。当然，这个时间或许还可能更早。古人通过长期的辛勤观测，对大火星运行规律的认识在逐渐深化。尽管随着时代的发展和人类文明的进步，人类具备的有关各种天象的知识在日益丰富，但是，这种以火纪时的古老方法却长时间地为人们所沿用③。

　　由于岁差的缘故，春分点在黄道上约每 71.6 年西移一度。我们以公元 1950.0 年为今之历元，则今日春分点在室 7°13′。兹将依此计算的公元前 1200 年前后的日躔和昏、旦中星情况列成表 3—1，以便核复不同时期的实际天象。

---

　　① 依卢文弨校刻本，程荣本、沈泰本、毕本、孙本、李本并同。

　　② 庞朴：《"火历"初探》，《社会科学战线》1978 年第 4 期；《"火历"续探》，《中国文化研究集刊》第一辑，复旦大学出版社 1984 年版；《火历钩沉——一个遗失已久的古历之发现》，《中国文化》创刊号，1989 年。

　　③ 有关大火星的星占资料，在早期星象图中也有反映。参见冯时《中国古代物质文化史·天文历法》第一章第三节，开明出版社 2013 年版。

表 3—1　　　　　　　　古今日躔及昏旦中星宿度表

| 节　气 | 今 (A. D. 1950.0) | | 殷 (B. C. 1200) | | |
| | 日　躔 | | 日　躔 | 昏中星 | 旦中星 |
	黄经	约古宿度	约古宿度	约古宿度	约古宿度
立春	315°	女宿 4°00′	室宿 6°	参宿 2°	箕宿 6°
雨水	330	虚 7°18′	壁 5.1	井 12	斗 4
惊蛰	345	危 12°20′	奎 7.8	井 32	斗 16
春分	0	室 7°13′	娄 10.4	柳 14	牛 3
清明	15	壁 6°32′.5	胃 12.35	张 12	女 3
谷雨	30	奎 9°43′	毕 5.95	翼 13	虚 2
立夏	45	娄 11°44′	参 4.7	轸 15	危 2
小满	60	昴 1°17′	井 9.03	亢 6	危 12
芒种	75	毕 7°14′	井 24.03	氐 15	室 9
夏至	90	参 6°01′	柳 3.9	尾 4	壁 9
小暑	105	井 10°24′	星 1.9	箕 1	奎 15
大暑	120	井 25°24′	张 8.5	斗 2	胃 5
立秋	135	柳 5°24′	翼 5.05	斗 13	昴 10
处暑	150	星 3°25′	轸 3.4	斗 25	参 2
白露	165	张 10°00′	角 5.5	女 2	井 11
秋分	180	翼 7°00′	亢 9.8	虚 1	鬼 1
寒露	195	轸 4°58′	氐 14.4	危 1	星 6
霜降	210	角 6°51′	心 6.5	危 11	张 17
立冬	225	氐 0°37′	尾 13	室 7	翼 16
小雪	240	房 2°16′	斗 4.2	壁 1	角 2
大雪	255	尾 0°00′	斗 19.2	奎 7	亢 1
冬至	270	箕 0°00′	女 2.6	娄 5	氐 7
小寒	285	斗 5°31′	虚 5.9	胃 11	心 1
大寒	300	斗 20°31′	危 10.9	毕 1	尾 11

　　我们认为，中国古人以大火授时的传统大约起源于大火星和参星分别处于两个分点附近的公元前 5000 年左右，它的历史不仅悠久，而且对后世产生的影响也很深远。先秦文献中的有关资料如果可以被放心引用的话，那么对大火星的观测历史充其量也只能追溯到传说中的唐尧时代。考古学方面的证据显然还要早些，尽管大火星的形象在仰韶文化的彩陶图案中早已出现

（图 3—44），商周时代的青铜器装饰纹样也有形象的反映（图 3—45），但这些都还远非最原始的记录。事实上，作为一个完整的授时体系，参商两星在融入龙、虎两象之后，在新石器时代已经存在了。目前我们所能找到的最早物证见于河南濮阳西水坡属于仰韶文化后冈类型的星象图，它的时代约为公元前 4500 年左右。按照当时的实际天象，参商两星恰好分别处于春分和秋分两个分点上，授时标志十分明确。很明显，参商二星的授时传统与二子别离的哀婉故事有着巧妙的默契。利用上古神话去揭示某些历史真实，濮阳星图的辨证无疑颇有意义。

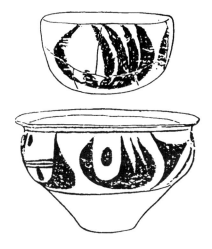

图 3—44　仰韶文化庙底沟类型陶器上的大火星图像

1

2

图 3—45　商周青铜器上的苍龙戏珠图像

1. 商代青铜甗（殷墟妇好墓出土）　2. 西周盠方彝（陕西郿县出土）

　　战国初年曾侯乙墓漆箱星图也出现了大火星的形象，而且它与濮阳星图的联系又是那样密切，以至于我们对观两幅星图，或许就能借此找到以火纪时这个古老传统的渊源。这方面的问题牵涉繁琐，我们留待第六章再行讨论。

　　正像东宫诸宿被视为完整的龙象一样，古人也以觜、参两宿并为虎象。参三星与心三星遥相对应，同样是传统的授时主星。

　　古人以恒星定季节，碍于太阳过于明亮，只有偕日法和冲日法两种方法可行。传统的观点认为，中国素以冲日法观测恒星而自成体系，因为不仅《吕氏春秋》十二月纪、《礼记·月令》、《淮南子·时则训》一类晚期文献每月都非常系统地列出了日躔和昏、旦中星情况，甚至像《尚书·尧典》等较早的经典也明确提供了中星观测。这些典籍应该反映了公元前4世纪之前中国天文学的真实面貌。但是对于古人，运用偕日法观测恒星实际比冲日法更为简单易行，因为它并不需要天极、子午线或赤道等知识，也不需要任何记时制度。冲日法则不同，它起码需要有比较精确的记时制度和子午线的概念，这对于处于天文学滥觞阶段的远古人类而言，未免过于苛责。因此在古代中国，当人们建立了冲日法授时体系之后，偕日法作为一种古老的授时方法仍然未被放弃。

　　德莎素（Leopold de Saussure）认为，以偕日法观测恒星会受到地平线上的雾和其他大气现象的影响，所以时间很难准确确定[①]。客观地讲，在文明时代的初期，人类的活动非常有限，这一方面表现为当时大气的透明度远胜于今日，另一方面则可以完全不必考虑光源的干扰。基于这些因素而形成的优越的观测条件，使得古人对恒星的观测远较今人为易。因此对于古人，相对简易的偕日法似更为实用。同时我们也注意到，以偕日法观测恒星在世界其他文明古国中均得到了广泛采用，古代埃及人以天狼星（Sirius α Canis Major）的偕日升为一年之始，这一天约当公历的7月19日；巴比伦人以五车二（Capella α Auriga）之晨见为岁首；古代印度人则以观测阿耆尼（Agni，即昴星团，西名 Pleiades）的朝觌确定岁首；古希腊人、古罗马人以及古墨西哥的阿兹台克人也都以恒星的偕日升作为确定岁首的标志[②]。世界

---

　　① Leopold de Saussure, Le Zodiaque Lunaire Asiatique. *ASPN*, 1919 (5e Sér. 1), 123.

　　② 古墨西哥阿兹台克人的授时星象为休脱库特里（Xiuhtecutli），它同古印度的阿耆尼一样，都是代表火神的星，这与中国古人以大火星授时有着相同的意义。

上几乎所有文明古国的这种以观测恒星的偕日出或偕日没确定时间的方法，反映了人类早期文明的发展规律。

中国早期天文学的发达虽然使先民们在很早的时代就已建立起了中星观测体系，但这并不妨碍他们继续使用偕日法来观测恒星。不容否认，古代中国人对于某些恒星的偕日出和偕日没的观测给予了与中星观测同等程度的重视，古文献的详确记载清楚地反映了这一点。这除我们前面征引的有关大火朝觌的文献外，还有大量的这方面的例证。

《夏小正》云：

> 正月……鞠则见。

王聘珍《解诂》："《小正》凡星言'则见'者，皆谓旦见东方。"

《夏小正》云：

> 四月，昴则见。初昏，南门正。

卢辩《传》："南门者，星也。岁再见，壹正。"王聘珍《解诂》："《传》云'岁再见壹正'者，亢宿四月正于中，九月旦见东方，六月昏见西方也。"

《夏小正》云：

> 五月，参则见。

这是以危、昴、参星的偕日出定季节①。

《左传·昭公四年》云：

> 西陆朝觌而出之。

孔颖达《正义》引郑玄答其弟子孙皓问云："西陆朝觌，谓四月立夏之时。

---

① 《夏小正》正月"鞠则见"之"鞠"，旧注或以为柳，或以为苞瓜，或以为司禄，不能一定。我们根据岁差推算，认为应是危宿。"危"与"居"古文字相近，传写之中极易讹舛，"居"与"鞠"古音双声可通。

《周礼》'夏颁冰'是也。"这是以昴星的偕日出定季节①。

《国语·周语中》云：

> 夫辰角见而雨毕，天根见而水涸，本见而草木节解，驷见而陨霜，
> 火见而清风戒寒。

这是以角、亢，氐、房、心星的偕日出定季节②。

《楚辞·天问》云：

> 角宿未旦，曜灵安藏。

王逸《章句》："角、亢，东方星。曜灵，日也。言东方未明旦之时，日安所藏其精光乎？"这是观测角宿的偕日出。

所有这些记载表明，观测恒星的偕日出以确定季节与观测昏、旦中星一样，也是古代中国人所常用的方法，甚至在早期社会中，这还应该是更为主要的方法。《尧典》所述"平秩东作"、"平秩西成"，也都反映了偕日法的观测实践。

如果检验以大火星确定分至的理想年代，那么，这个范围与上面讨论的早期星象遗迹的年代是重叠的。

朝觌定秋分　　　　　约公元前 4000 年

星躔秋分　　　　　　约公元前 2900 年

昏见定春分　　　　　约公元前 2400 年

偕日没定秋分　　　　约公元前 1700 年

旦南中定冬至　　　　约公元前 2100 年

昏南中定夏至　　　　约公元前 1000 年

附带检验一下以参宿定季节的理想年代。

星躔春分　　　　　　约公元前 4800 年

---

① 杜预《集解》以为夏历三月，《诗疏》引服虔以为夏历二月，皆据奎星朝见而言。《尔雅·释天》："西陆，昴也。"此郑意所本。

② 韦昭《注》："天根，亢、氐之间也。……本，氐也。"王引之据《尔雅·释天》以天根为氐，又疑本、亢二字形近而讹，以本为亢，且上下互易。依星见之前后次第，当云"亢见而水涸，天根见而草木节解"。说见《经义述闻》卷二十。

> 偕日没定春分　　　　约公元前 3600 年
>
> 昏见定秋分　　　　　约公元前 4200 年
>
> 朝觌定春分　　　　　约公元前 6000 年

很明显，在比以中星定季节更早的年代，大火与参宿的位置更便于偕日法观测。李约瑟先生认为，以一颗恒星的偕日出或偕日没定季节，相差不会超过很少几天[1]。实际计算可以证明上述判断[2]。基于这种观测，古人最早认识的应是恒星年的周期，这甚至可能影响到他们对历月周期的认识。

商人主祀大火星的事实已经很清楚[3]，这不仅因为文献提供了明确的证据，而且殷卜辞也显示了这方面的真实记录。

　　1. 癸巳卜，于祓月侑心？　　　　《前编》8.6.3

"祓"，祭名。"心"，二十八宿东宫七宿之心宿名。《周礼·春官·女巫》："女巫掌岁时祓除衅浴。"郑玄《注》："岁时祓除，如今三月上巳如水上之类。"《汉书·外戚传》："帝祓霸上。"孟康《注》："祓，除也。于霸水上自祓除，今三月上巳祓禊也。"《续汉书·礼仪志上》："是月（三月）上巳，官民皆絜于东流水上，曰洗濯祓除去宿垢疢为大絜。"刘昭《注》引蔡邕曰："《论语》'暮春者，春服既成，冠者五六人，童子六七人，浴乎沂，风乎舞雩，咏而归'。自上及下，古有此礼。今三月上巳，祓禊于水滨，盖出于此。"又引杜笃《祓禊赋》曰："巫咸之徒，秉火祈福。"卜辞"祓月"即祓除之月，文献皆以岁时祓除于夏历三月上旬之巳日举行。此辞乃关于祓除之月对心宿祭祀的占问，卜日恰在巳日。殷商时代，清明至谷雨间，亦即夏历三月，正是心宿昏见于东方的时刻。此辞卜日癸巳似当夏历三月，礼俗全合。

中国古人更为普遍接受的名称并不是心，而是大火。殷卜辞有关这方面的记录也很丰富[4]。

---

[1]　Joseph Needham, *Science and Civilisation in China*, Vol. Ⅲ, The Sciences of The Heavens, Cambridge University Press, 1959.

[2]　中国天文学史整理研究小组编著：《中国天文学史》，科学出版社 1981 年版，第 11—12 页。

[3]　王辉：《殷人火祭说》，《古文字研究论文集》，四川大学学报丛刊第十辑，1981 年。

[4]　冯时：《殷历岁首研究》，《考古学报》1990 年第 1 期；《百年来甲骨文天文历法研究》，中国社会科学出版社 2011 年版。

2. 七日己巳夕壹，〔庚午〕出（有）新大星并火。

《后编·下》9.1

应该说明，卜辞"火"、"山"二字字形酷肖，常混淆不能辨识。两字都作平底或圜底三凸形，其中"火"字或加点以饰火焰，但大多并无点饰，而"山"字却绝不应有点饰。这种字形如与卜辞中已释定的燎、焚、熹、赤、炆诸字所从的"火"符比较，都能找到相同的字例。陈梦家先生曾主张将无点之字统释为"山"[①]，但那样又势必会误释很多无点的火字。孙海波先生《甲骨文编》和高明先生《古文字类编》均将此类字归释于"火"[②]，而将"山"字条空置，应该有其一定的道理。当然，这是在目前尚不易区分"火"、"山"二字的前提下所采取的一种权宜之计。

辞2是以往学者讨论殷代新星、超新星、彗星或大火星时反复征引的卜辞。董作宾先生认为，"火"即大火星，"并"训近，"新大星"即新星之大者。辞意是：有大星傍近大火星[③]。杨树达先生则持相反的观点，他认为卜辞"星"字当读为"晴"，不具有星辰意义，并引《诗经》郑《笺》、《韩非子》、《说苑》等文献详加论证[④]。这个观点可以得到同文卜辞的支持。董作宾赋予"火"字的含义应确凿无疑，但对全辞，我们则更倾向于另一种读法。胡厚宣先生认为，"出"、"新"、"并"俱为祭名[⑤]，可谓的解。准此，应将上辞释写为：

七日己巳夕壹，〔庚午〕侑、新，大星，并火。

这是一条卜辞的验辞。卜辞以夜阴云蔽星光为"壹"。"壹"，读为"曀"[⑥]。《说文·日部》："曀，天阴沉也。""大星"即大晴，卜辞以昼晴为启，以夜晴为星[⑦]。辞意是：（癸亥）后第七天己巳晚上阴天，殷人于次日行"侑"、"新"二

---

① 陈梦家：《殷虚卜辞综述》，科学出版社1956年版，第342页。

② "火"字入《甲骨文编》卷十·七，哈佛燕京学社1934年石印本；中国科学院考古研究所改订本，中华书局1965年版；入《古文字类编》，中华书局1980年版，第504页。

③ 董作宾：《殷历谱》下编卷三《交食谱》，中央研究院历史语言研究所1945年版。

④ 杨树达：《积微居甲文说》，中国科学院1954年版，第10—11页。

⑤ 胡厚宣：《殷代之天神崇拜》，《甲骨学商史论丛初集》第二册，成都齐鲁大学国学研究所1944年石印本。

⑥ 饶宗颐：《殷代贞卜人物通考》，香港大学出版社1959年版，第86页。

⑦ 陈梦家：《殷虚卜辞综述》，科学出版社1956年版，第244、246页。

祭，于是当晚天大晴，大火星见于夜空，卜官虁行"并"祭祀大火。这是殷人主祀大火星的珍贵史料。

3. 癸酉卜，扶，侑火？　　　《缀合》391

"火"字从石璋如先生释①。"侑"，原辞作"又"，祭名。辞记侑祭大火星。

4. 丙寅卜，殸贞：其侑火？
　　丁卯卜，殸贞：今日夕侑于兄丁，小牢？　　　《甲编》3083

"侑"，原辞作"屮"，祭名。"火"，屈万里先生所释，其谓："卜辞祭山，皆举山之专名，无泛言祭山者。则此当是火字无疑。疑此乃《诗》'七月流火'之火，星名。"② 说甚谛。"兄丁"盖即武丁。此以武丁配祭大火星。

5. 乙亥卜，宾贞：勿茸用火，羌？　　　《后编·下》37.8

"火"字从《甲骨文编》所释。"用"，祭名。"勿茸"，继续之意③。"羌"，人牲。辞记继续用羌奴致祭大火星。

6. 勿于壹火，燎？　　　《合集》96

"火"字从《甲骨文编》所释。"燎"，本作"寮"，祭名。《说文·火部》："寮，柴祭天也。"段玉裁《注》："示部祡下曰：'烧柴寮祭天也。'"《周礼·春官·大宗伯》："以实柴祀日月星辰。"辞记燎祭大火星。

7. 丙，燎岳、夨、火、□？　　　《戬》21.8

"火"，李孝定先生所释④，兹从之。"燎"，祭名。"岳"、"夨"为神帝，学者多

————————
①　石璋如：《"扶片"的考古学分析》，《历史语言研究所集刊》第五十六本第三分，1985 年。
②　屈万里：《殷虚文字甲编考释》下册，历史语言研究所 1961 年版。
③　张政烺：《殷契茸字说》，《古文字研究》第十辑，中华书局 1983 年版。
④　李孝定：《甲骨文字集释》卷十，历史语言研究所 1965 年版。

有异说。"火"与上诸神并举，亦当为神帝。李孝定先生谓即星名①，是。辞记燎祭诸自然神。

　　8. 壬申卜，王，陟火，黄，癸酉易日？　　《遗》922

"陟"，祭名②。《说文·阜部》："陟，登也。"《尔雅·释诂下》："陟，升也。"《尚书·君奭》："殷礼陟配天。"孔颖达《正义》："故殷有安上治民之礼升配于天。""黄"即尪，用为人牲③。"易日"即"锡日"④，意即上天赐以日照⑤。辞言赐日曝尪，祭献于大火。《左传·僖公二十一年》："夏大旱，公欲焚巫尪。"《礼记·檀弓下》："岁旱，穆公召县子而问然，曰：'天久不雨，吾欲暴尪而奚若？'"知古代祈雨用尪有焚、曝两法。今观卜辞，两法当殷皆有之，但目的却并不限于求雨。

　　9. 辛，戠于火？　　《京津》2522

"戠"，祭名⑥。辞记戠祭大火星。

　　10. 其鬱火？　　《戬》39.8

"火"，王国维所释⑦，兹从之。"鬱"，字本从"臼"从"鬯"，象奉鬯荐神之形，今暂释"鬱"。字于《说文·鬯部》本从"臼"而不从"林"，云："一曰鬱鬯，百草之华，远方鬱人所贡芳草，合酿之以降神。"《周礼·春官·鬱人》："凡祭祀，宾客之裸事，和鬱鬯，以实彝而陈之。"故字于卜辞当为祭名。李旦丘先生云："其字从鬯，必有以鬯降神之意，而下一字必其所降之

---

　　① 李孝定：《甲骨文字集释》卷十，历史语言研究所 1965 年版。
　　② 陈梦家：《殷虚卜辞综述》，科学出版社 1956 年版，第 580 页。
　　③ 裘锡圭：《说卜辞的焚巫尪与作土龙》，《甲骨文与殷商史》，上海古籍出版社 1983 年版。
　　④ 罗振玉：《增订殷虚书契考释》卷中，东方学社 1927 年石印本。
　　⑤ 卜辞云：乙未卜，王，翌丁酉酚、伐，易日？丁明阴，大食易日（《续编》6.11.3）。丙申卜，翌丁酉酚、伐，启？丁明阴，大食日启。一月（《库方》209）。两辞所卜为一事，"易日"与"启"互称，是二者同意之证。
　　⑥ 陈梦家：《殷虚卜辞综述》，科学出版社 1956 年版，第 587 页。
　　⑦ 王国维：《戬寿堂所藏殷虚文字考释》，仓圣明智大学印行，1917 年。

神号。"① 辞记鬱祭大火星。

除此之外，卜辞中还有一些祭祀大火星祷雨的内容。

11. 丁酉卜，扶，燎火，羊子、豭，雨？　　　《合集》20980 正

"燎"，祭名。"羊子"即羔羊。"豭"，唐兰先生所释②，兹从之。《说文·豕部》："豭，牡豕也。"辞记用羔羊和牡猪为牺牲燎祭大火以祈雨。

12. 壬午卜，扶，奏火，日南雨？　　　《乙编》9067

"奏"，祭名。卜辞屡见"日雨"、"夕雨"之贞，与此相类。"日"指白昼③，则"南"应指殷都之南。此辞卜问白天殷都南是否降雨，为奏祭大火祈雨之辞。

13. 甲子卜，其禊雨于东方？
　　庚午卜，其禊雨于火？　　　《邺三》38.4

"禊"，除恶求福之祭④。"东方"，殷之方神，与"火"并举，知"火"当为星名，辞记祈雨于大火、东方。此以大火配祭东方，与后世二十八宿之大火配属东宫相同，这应是殷人接受的更为古老的观念。

14. 癸巳贞：其燎丰火，雨？　　　《甲编》3642

"燎"，祭名。"丰"，旧释"玉"，误。卜辞别有玉字，形与此异⑤。字于此当为祭品。卜辞云：

---

① 李旦丘：《铁云藏龟零拾考释》，孔德图书馆丛书第二种，上海中法文化出版委员会 1939 年版，第 40 页。
② 唐兰：《天壤阁甲骨文存考释》，北平辅仁大学 1939 年版，第 35 页。
③ 屈万里：《殷虚文字甲编考释》上册，历史语言研究所 1961 年版。
④ 胡厚宣：《殷代婚姻家族宗法生育制度考》，《甲骨学商史论丛初集》第一册，成都齐鲁大学国学研究所 1944 年石印本；龙宇纯：《甲骨文金文𡧚字及其相关问题》，《历史语言研究所集刊》第三十四本下册，1963 年。
⑤ 连劭名：《甲骨文"玉"及相关问题》，《出土文献研究》，文物出版社 1985 年版。

其贞：用三丰、犬、羊？ 　　　《佚》783

可证。《说文·丰部》："丰，艸蔡也，象艸生之散乱也。读如介。"字用于祭品当假为"韭"，"韭"、"丰"古音同属见纽，双声可通。或可径释为"韭"。《诗·豳风·七月》："献羔祭韭。"《礼记·王制》："庶人春荐韭。"是古以韭为祭品之证。辞记荐韭燎祭大火以祈雨。

　　15. 取火，廼有［大雨］？ 　　　《后编·下》23.10

"取"或通"樵"，祭名①。《说文·木部》："樵，积木燎之也。"《诗·大雅·棫朴》："薪之槱之。"孔颖达《正义》："豫斫以为薪，至祭皇天上帝及三辰。"此樵祭大火祈雨之辞。

　　殷人主祀大火星，遍行侑、燎、陟、并、用、鬱、祓、奏、戠、樵等多种祭祀，用牲有羔羊、牡猪乃至人牲，足见祭礼之隆重。既然殷人对大火星如此重视，也就必然设有专以司掌大火为职的"火正"。

　　16. 贞：唯皁火令？
　　　　贞：允唯皁火令？ 　　　《佚》67

"唯"，虚词，意在强调宾语，"唯皁火令"即令皁火。"火"商承祚先生谓为火正②，可从。"皁"于卜辞中用作人名或地名，在此应以人名解之。卜辞中人名冠于官职之前的辞例并不鲜见，卜辞云：

　　丙寅卜，子效臣田，获羌？ 　　　《铁》175.1
　　呼雀臣正？ 　　　《卢》
　　己亥卜，贞：令先小藉臣？ 　　　《前编》6.17.6

诸辞之"臣"、"臣正"、"小藉臣"皆为官职名，此前之"子效"、"雀"、"先"

---

① 陈梦家：《殷虚卜辞综述》，科学出版社 1956 年版，第 355 页。
② 商承祚：《殷契佚存考释》，金陵大学中国文化研究所 1933 年影印本。

皆为人名。胡厚宣先生认为，卜辞中"子某"之人与殷王有着亲族关系[1]，则"子效"应是贵族子弟，这是殷代小臣的来源之一[2]。"雀"、"先"同样是武丁时期显赫一时的重要人物，他们都曾充任过小臣之职。"阜火"辞例与此相同，所以"阜"当是火正的私名。

依卜辞通例，殷代官职的名称很多采自该官所司之职项，如司犬之官名"犬"，司马之官名"马"，司卜之官名"卜"[3]，司牧畜之官名"牧"，司郊甸之官名"奠"等[4]。卜辞中还有一些火字用作人名，能否将其理解为官职名，尚不能确定。

17. 丁未卜，今者火来母？ 《缀合》27

"者"字从郭沫若先生释[5]。"今者"或谓今时[6]，实当读为"今睹"，睹为昧爽之时[7]。"来"训还归、反归。《周易·杂卦》："而升不来也。"孔颖达《正义》："来，还也。"《诗·小雅·采薇》："我行不来。"郑玄《笺》："来，犹反也。"《左传·文公七年》："其谁来之。"杜预《集解》："来，犹归也。""母"，假为"悔"，意训赐予[8]。故"来悔"意即星回于天。《夏小正》："八月辰则伏。"夏历八月，约合殷历十一至十二月。查表3—1知，夏历八月节日躔角 $5°.5$，去大火约 $38°$。设日没地平线 $15°$ 时火始见，则时过约一小时半大火始没。八月中，日躔亢 $9°.8$，此时日落约半小时后大火伏没。所以，殷历年终正是大火星伏而不见之时。当太阳再次运行到心宿以东 $15°$ 以外的地方时，大火星才在凌晨日出之前重新升现于东方。此辞贞问：现在大火星会在黎明前重新出现吗？显然，这是在注意观测大火的偕日出。卜辞虽未系月，但据文意推知，此辞当卜在年末或年初。

---

① 胡厚宣：《殷代婚姻家族宗法生育制度考》，《甲骨学商史论丛初集》第一册，成都齐鲁大学国学研究所 1944 年石印本。

② 张永山：《殷契小臣辨正》，《甲骨文与殷商史》，上海古籍出版社 1983 年版。

③ 陈梦家：《殷虚卜辞综述》，科学出版社 1956 年版，第 514、519 页。

④ 张亚初：《商代职官研究》，《古文字研究》第十三辑，中华书局 1986 年版。

⑤ 郭沫若：《卜辞通纂考释》，《郭沫若全集·考古编》第二卷，科学出版社 1982 年版，第 36 片眉批。

⑥ 陈梦家：《殷虚卜辞综述》，科学出版社 1956 年版，第 228 页。

⑦ 冯时：《殷代纪时制度研究》，《考古学集刊》第 16 集，科学出版社 2006 年版。

⑧ 郭沫若：《殷契粹编考释》，科学出版社 1965 年版，第 1543 片。

18. 辛酉卜，火以？一［月］。　　　《甲编》1074

"火"字从《甲骨文编》所释。"以"，予也。《广雅·释诂三》："以，予也。"《诗·召南·江有汜》："不我以。"郑玄《笺》："以，犹与也。"火至即言大火星伏没后重新出现。时系"一月"，这是记观测大火的偕日出。

19. 壬寅卜，宾贞：以？
　　己巳卜，争［贞］：火，今一月其雨？
　　火，今一月其雨？
　　火，今一［月］不其雨？　　　《缀合》209

"火"字从严一萍先生释①。此辞亦记"以"，即观测大火，日在壬寅，己巳再卜，时大火已见。两次行占相隔二十八天，知殷人观测大火星之偕日出应有固定日期，大约从前一年的十二月下旬即已开始。辞问一月雨否，意在降雨则影响观测。此卜于一月。

20. 火？一月。　　《林》2.21.3

"火"字从《甲骨文编》所释。此辞系贞问大火星的偕日出。卜在一月。

21. 王于□御火？一月。　　《京津》2537

"御"，祭名。辞记王于某地御祭大火星。时记"一月"，正当大火朝觌之际。

卜辞中有关大火星的材料，凡系记历月者多集中在年末和年初，时间齐整，并无参差，这反映了大火星对于确定殷历岁首的意义。

22. 贞：唯火？五月。　　　《后编·下》37.4

"火"字从李亚农先生释②。卜辞仅此一条时记"五月"。若节气偏早，殷历

① 严一萍：《殷商天文志》，《中国文字》新二期，艺文印书馆1980年版。
② 李亚农：《李亚农史论集》上册，上海人民出版社1978年版，第528页。

之五月约当夏历二月，二月的中气是春分。殷人以五月观测大火星，想必与确定春分有关。这使我们想起殷人祭祀出入日的情况。据学者研究，祭日的时间当殷历二、三月之交①，正合夏历十一月，中气冬至；或在六、七月之交，则于春分前后。这表明祭日与确定分至密切相关。可以坚信，殷人对分至的认识已经具备，那么，我们承认殷人于春分之时观测大火，甚至祭祀出日、入日，便能获得一种和谐而统一的授时关系。

值得注意的是，在殷人祭祀及观测大火星的全部卜辞中，有九条是记有贞人的卜辞，其中由殷王亲自行占的有二条，另外七条则分别属于贞人扶、殻、宾、争的卜辞。王是商族的领袖，扶、殻、宾、争同为武丁时期的重要贞人，而且扶的地位在某种意义上甚至比殷王更为重要②。这清楚地显示了祭祀和观测大火星的活动在殷代是一项"国之大事"。

研究表明，殷人不仅崇祭大火星，而且以其偕日升作为确定岁首的标志，这表明在商代的历法中，一年的岁首一定被限定在大火星于黎明前第一次晨见之月③。这种方法在《诗经》所记的豳历中仍在使用，甚至晚至战国时代的楚国历法，仍然以它作为确定岁首的一项有效标准。《左传·哀公十二年》："冬十二月，螽。季孙问诸仲尼，仲尼曰：'丘闻之，火伏而后蛰者闭。今火犹西流，司历过矣。'"历法是需要经常校正的，孔子根据大火星的周天视位置来校正历法，在今天看来似乎显得粗疏，但与同时代的人相比，他的做法可算技高一筹了。这种方法与商代的人们以大火星确定岁首的方法是何等相似，春秋时代的人会这样做，比孔子更早的人们恐怕也会这样做。

二、太阳崇拜与原始历法

中国古代先民虽然行用一种以太阳和月亮的行移变化为基础的阴阳合历，但是很可能，在人们尚未完成朴素的阴阳思辨之前，最早的历法其实是人们根据太阳的运行周期编制的，因为在史前时期的遗物和传说中，各种明显的太阳崇拜的遗迹随处可见，这些遗迹或许反映了原始太阳历的孑遗。

---

① 宋镇豪：《甲骨文"出日"、"入日"考》，《出土文献研究》，文物出版社 1985 年版。

② 丁骕先生云："余读各贞占辞后，似卜贞人物皆不赞一辞，而以王判兆之吉凶解释其意义，由王作最后之决断于占辞。卜贞人中惟扶一人有在王占之后而仍发言者，曰'扶曰'。"见《殷贞卜之格式与贞辞允验辞之解释》，《中国文字》新二期，艺文印书馆 1980 年版。实卜辞所见于王占之后发言者也并非仅扶一人，见本书第二章第二节。

③ 冯时：《殷历岁首研究》，《考古学报》1990 年第 1 期。

　　中国先民供奉的太阳神名叫羲和，羲和最早是在《尧典》中作为羲与和两个人物出现的，他们是分至四神的父母。从这一点看，羲和的名字应该就是伏羲、女娲的演变，有关问题我们在第二章中已经谈过。伏羲主日，女娲主月，直到后人把他们合并成一个人之后，才别造出一位主月的常仪。

　　在远古时代，天上的太阳一直被人们想象有十个。《山海经·大荒南经》在记述这则神话时这样写道：

　　　　东南海之外，甘水之间，有羲和之国。有女子名曰羲和，方浴日于甘渊。羲和者，帝俊之妻，生十日。

这里，羲和变成了帝俊的妻子，太阳的母亲，而且她本领很大，生下十个太阳。十日的神话在同书的《海外东经》和《大荒东经》中描写得更为生动：

　　　　黑齿国，下有汤谷，汤谷上有扶桑，十日所浴。在黑齿北，居水中，有大木，九日居下枝，一日居上枝。

　　　　有谷曰温源谷，汤谷上有扶木，一日方至，一日方出，皆载于乌。

古人的这些认识十分有趣，羲和把十个太阳安置在东方旸谷（又作"汤谷"）的扶桑树上，它们在这棵树上总是九日居下枝，一日居上枝，居上枝的一日等出去的那个太阳回到扶桑树下枝的时候，就从上枝进入天空，

图3—46　西汉帛画（马王堆汉墓出土，天门下的伞盖是天的象征）

图3—47　金乌负日图

1. 仰韶文化彩陶图像　2. 良渚文化陶器图像　3、4. 东汉石刻画像

于是人间便分享着它的光明与温暖。当它走完了天空的路程回到东方旸谷里时，它的母亲羲和便替它洗一次澡，然后让它到扶桑树的下枝去休息。这时，另外一个太阳便又从下枝升到上枝，再进入天空，人间于是又出现了一个新的白天。十个太阳轮班一次共用十天，也就是一旬。这则神话后来在湖南长沙马王堆西汉墓出土的帛画上得到了形象的表现（图版三，2；图3—46）。

十个太阳在东方的扶桑树上轮流出入，经过天空，再回到旸谷扶桑，都是由它们的乌载负着飞出去又飞回来的。一日有一只乌，十日有十只乌，这一点在后来羿射九日的神话中也反映得相当清楚。屈原曾在《天问》中发出这样的疑问："羿焉彃日？乌焉解羽？"可见羿之所以能把九日射落，实际是因为他把载日的乌给射中的缘故。乌后来变成了一种三足乌，然而早在新石器时代，这个赤乌载日的传说实际就已经存在了，而且一直到汉代，它的表现形式几乎没有任何改变（图3—47）。

太阳最初为什么会有十个？这可能与十进位制有着密切关系。《左传·昭公五年》："明夷，日也，日之数十，故有十时，亦当十位。"《周礼·春官·冯相氏》："冯相氏掌十有二岁，十有二月，十有二辰，十日，二十有八星之位，辨其叙事，以会天位。"贾公彦《疏》："十日者，谓甲乙丙丁之等也。"《淮南子·天文训》："日之数十。"又《墬形训》："日数十。"高诱《注》俱谓"十，从甲至癸日。"都明确讲到这一点。十进制是中国传统的进位制，一般说来，进位制来源于生物学上简单的联想，人们可以通过双手的计数很容易地认识它。十进制在天文学上的运用，则很可能直接导致了十干的产生。中国古人长期使用干支记日法，他们虽然习惯于将十干与十二支配合起来使用，但种种迹象显示，天干的产生却似乎比地支更古老。显然，单纯采用十干记日的做法不仅体现了"日之数十"的传统思想，而且符合记日法中最朴素的"旬"的周期，这些特点甚至在商代的甲骨文中仍然表现得非常鲜明。因此，天有十日的神话实际反映了天干的起源，十个太阳轮流出没，自甲至癸，周而复始，旬的概念便应运而生了。

十日神话与只有一个太阳的现实毕竟是矛盾的，随着人类认识的进步，这个矛盾终于到了非解决不可的时候了，于是新的神话便诞生了，这就是十日并出和后羿射日的传说。《淮南子·本经训》对这则神话是这样记述的：

> 逮至尧之时，十日并出，焦禾稼，杀草木，而民无所食。猰㺄、凿齿、九婴、大风、封豨、修蛇皆为民害。尧乃使羿诛凿齿于畴华之野，杀九婴于凶水之上，缴大风于青丘之泽，上射十日而下杀猰㺄，断修蛇于洞庭，禽封豨于桑林。万民皆喜，置尧以为天子。

王逸《章句》："尧命羿仰射十日，中其九日，日中九乌皆死，堕其羽翼，故留其一日也。"王逸的解释已经很明白。后羿是传说中东夷族的一位神奇射手，帝尧请他来帮忙，把中天并出的十日射落了九个，九日中的九乌全被射死，从此天空中便只留下一个太阳运行了。我们在东汉武梁祠画像中可以看到对这则神话的生动刻画（图3—48）。

十日并出的神话难道仅仅是出于古人的想象吗？问题大概不会这么简单。其实这种现象在自然界中并不是不可能出现的，如果认为它来源于日晕和幻日，那也并非没有根据。因为在某种大气条件下，一次复杂日晕所出现的幻日可以达到十个之多，人们在看到太阳被日晕包围起来的同时，还可以看到在同一高度上太阳两旁各有两个幻日，在与真太阳相对的位置会出现第五个太阳影子（反日），另外在120度处还有两个侧日，在90度处也会有两

图3—48　东汉后羿射日石刻画像（山东嘉祥武梁祠）

个幻日[①]（图3—49）。这种天象在高纬度地区将更加光辉灿烂和多种多样，何况中国古人对它的观测历史不仅可以从李淳风、司马迁到战国时代的《周礼》系统地追溯出来，而且观测的精确程度也令人惊奇。事实上，东汉王充在《论衡》中已不止一次地论及了这个神话，有趣的是，他已得出多出来的日不是真日的结论。显然，古人为了解释只有一个太阳的事实，复杂的日晕所造成的数日并出而后消失的现象，对于诱发他们的想象是再合适不过的了。

　　既然十个太阳每日轮班，那么月亮是否也不止一个，而且每月轮流出没呢？《天问》中保留了古人的这种新奇想法。屈原说道："夜光何德，死则又育？"他们认为，月亮从圆到缺会慢慢死去，下一个月出现的将是一轮新月。这个想法显然导致了十二个月亮神话的产生。不过根据古代文献的记载，十二月明显是比十日更为晚出的传说，而且这两种传说的来源是相同的。对于

----

① 何丙郁：《古籍中的怪异记载今解》，《中国传统科技文化探胜》，科学出版社1992年版。

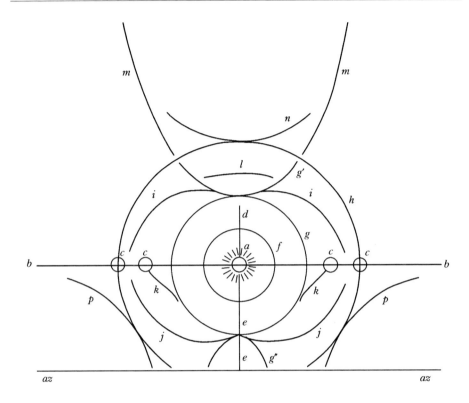

图 3—49　日晕系的各组成部分（圆柱方位投影）（采自李约瑟《中国科学技术史》）

说明：*a.* 太阳　*az.* 水平线　*b.* 幻日环　*c.* 幻日　*d.* 日外柱　*e.* 日内柱　*f.* 豪耳（Hall）晕　*g.* 22°晕　*g′.* 22°晕上方正切弧　*g″.* 22°晕下方正切弧　*h.* 46°晕　*i.* 卵形晕上方的弧　*j.* 卵形晕下方的弧　*k.* 罗维茨（Lowitz）倾斜弧　*l.* 帕利（Parry）弧　*m.* 围绕天顶的 *g′* 延长线　*n.* 46°晕的上方正切弧（近天顶弧）　*p.* 46°晕的内侧正切弧

这个神话，《山海经·大荒西经》这样写道：

　　　　大荒之中，有女子方浴月。帝俊妻常羲生月十有二，此始浴之。

联系前面说的作为帝俊之妻的羲和，显然与这里所记的帝俊妻常羲一样，都是伏羲、女娲的演变。她们或生十日，或生十二月，也是伏羲主日、女娲主月神话的承袭。那么，假如十日神话与十干的起源具有密切联系的话，十二月传说就应该直接反映了十二支的形成。

　　我们应该把有关太阳的话题从传说拉回到现实中了，毕竟我们要面对古人留下的一大堆神秘莫测的难题。在新石器时代，太阳由于被先民们奉若神明，因而成为一切礼器或礼仪中最重要的装饰图像。大量的考古资料显示，明确可识的日纹图像在漫长的史前时代始终就没有消失，从西部的仰韶文化到东方的大汶口文化，从各种精致的陶玉器具到色彩斑斓的石刻岩画，似乎都体现着人们对太阳所具有的一种巨大的超自然力量的膜拜，这种力量事实上最终以历法的形式规范着人们的行动，成为神与权力的最原始的结合。

河南郑州大河村的史前陶器使我们有机会看到了当时这种神、权结合的范本，虽然我们还无法断定，这些生活在距今五千年前的仰韶文化先民是否就是早期历法的创造者，但是他们遗留下来的完整物证却颇具说服力。大河村的仰韶先民似乎很喜欢在他们的陶器上装饰太阳图像（图3—50），当然，这样做的目的绝不会仅仅为了使陶器美观。令人惊诧的是，在能够复原的两件陶钵上，原来画着的太阳都应是十二个①。这种巧合恐怕不会出于偶然，因为在原始历法中，"十二"这个神秘数字对于古人，犹如今人笃信"八"这个数字一样重要，而它却偏偏出现在仰韶文化的陶器之上。面对这些先民的遗物，我们能够做出的解释是，假如十二个太阳真的具有原始历法的含义的话，那么，当时的人们不仅懂得了划分一年为十二月，而且显然也已掌握了一个太阳年的长度。

图3—50 仰韶文化彩陶上的太阳图像（郑州大河村出土）

---

① 李昌韬：《大河村新石器时代彩陶上的天文图象》，《文物》1983年第8期。

　　现在的问题是，如果十二个太阳表示十二月，那么月亮在这样的历法中究竟起了多大的作用？换句话说，当时历月的划分方法是把回归年平均分为十二等份，还是像今天的农历一样依据月相的朔望变化？在回答这个问题之前，其实可以首先考虑另一种设想：假如十二个太阳与十二个月亮同时存在，我们又会得到怎样的印象呢？很明显，我们无法根据后者获得回归年的概念，而这一点恰恰是前者所特别强调的。换句话说，十二个月亮并存的现象无助于我们判断其是否具有阴阳合历的含义，而十二个太阳却可以使回归年和太阴年的思想同时兼顾。因此，如果认为大河村的仰韶先民创造的历法属于一种纯阳历，尽管现在还找不出更有力的反证，但与古人固有的阴阳传统却不甚相符。

　　这种古老历法的面貌今天当然无从查知，不过它分一年为十二月，这或许兼寓有太阴年的周期。根据中国传统古历的特点，阴阳相配不仅是对时间的记录，更重要的则是通过建立时间与阴阳的关系，阐发古人对于生命本原的哲学思考，这种认识当然来源于观象授时的经验积累。相反，如果参考古代埃及的太阳历对仰韶文化古历做一些可能的设计，那么我们其实很容易得出这样一些结论，当时的历法很可能以十日为旬，三旬为月，一年十二月，共计360日，剩下的五日至六日为年节或祭祀日。这种历法虽然使用起来十分简便，而且很像是从十日神话脱胎而来，甚至在今天，西南地区的某些少数民族之中仍然保留着将年终数日作为年节或祭祀日的遗俗。但问题是这样的遗俗并不需要必须建立在纯阳历的基础之上，而纯阳历有悖中国古人的认知传统则是显而易见的事实。当然，我们没有理由把这些知识看作是原始历法起源时代的产物，因为早期人类认识的获得与积累必然经历了漫长的过程，这意味着我们从大河村陶器上领悟到的仰韶文化古历可能不会是一种最原始的历法，而早期历法的起源其实还可以谨慎地向前推溯很远。

三、良渚文化立鸟图像探赜

　　大约从公元前3000年开始，中国东部的江淮流域分布着一支以十分发达的玉石器为特点的原始文化——良渚文化。在良渚文化先民制作的玉璧和玉琮上，经常可以看到一种雕琢精致的神符，这种神符大致由四部分内容组成：最下面是一座具有三层台阶的祭坛，祭坛上竖立一柱，柱上栖息一鸟，另外在象征祭坛的图案中还刻有不同的图像（图3—51）。前面我们已经谈过，玉璧和玉琮是先民们用来崇祭天地的礼器。那么，雕绘在这些礼器上的神符又究竟具有怎样的象征意义？

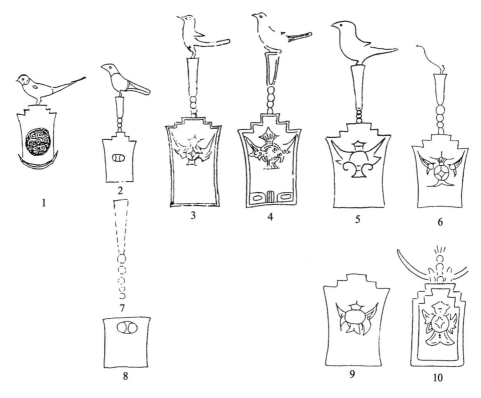

图3—51　良渚文化立鸟图像

1. 佛利尔美术馆藏玉璧　2. 佛利尔美术馆藏玉璧　3. 蓝田山房藏玉璧　4. 佛利尔美术馆藏玉璧

5. 首都博物馆藏玉琮　6. 台北故宫博物院藏玉璧　7. 台北故宫博物院藏玉琮

8. 佛利尔美术馆藏玉璧　9. 安溪出土玉璧　10. 吉梅博物馆藏玉琮

　　神符以鸟为主题是显而易见的，这使我们可以考虑，鸟应是祭坛上的受祭者，也就是说，玉璧与玉琮上雕绘的实际是一幅古人在祭坛上奉祭鸟神的图像。剩下来的问题是，受祭的鸟神究竟是作为一种生物体而供人崇拜，还是另有深意？如果是后者，那么我们起码可以联想起一连串的古老传说，从金乌载日到后羿射日，从日中三足鸟到丹凤朝阳，斑斑史实都构成了中国传统文化中鸟与太阳的契合。因此，假如神符的象征意义可以通过这些古老传说得以解释，那么，与其说良渚文化礼玉上雕绘的是鸟神，倒不如说那其实就是太阳神的化身。古人把鸟作为太阳的象征，实际是他们崇祭太阳的又一种形式。

　　这种分析事实上已经得到了神符图像本身的支持，因为我们有理由将绘刻于祭坛中央的图像符号视为对栖息于祭坛之上的鸟的象征意义的诠释。这些图像有的比较简单，只绘一轮圆日或一个符号（图3—51，1、2、8），有的则又比较复杂，于中央的圆日上覆有天盖符号，日下则绘出鸟的歧尾，两侧刻有双翼，俨然一幅日鸟合璧的图像（图3—51，3—6、9、10）。如果与汉代的同类图像相比，二者简直如出一辙①。因此，奉祭鸟神的真正意义也就是奉祭太阳。

问题说到这里并没有完，我们更感兴趣的是，奉祭鸟神虽然是祭日的不同形式，但二者的目的却各有差异，这一点通过各种文献记载看得很清楚。商代的甲骨文可以提供祭日与祭鸟的两类卜辞，尽管这两类卜辞在内容上都表现为一种致祭太阳的活动，但我们却无法将它们作为同一类卜辞看待。《小屯南地甲骨》第2232版录有这样一条商代卜辞：

> 王其观日出，其截于日，羁？
> 弜羁？
> 羁，其五牢？
> 其十牢？吉。

卜辞是说，商王观日出，于是举行"截"祭来祭祀日神，并且用"羁"的办法来杀牲献神。这种明确以太阳作为受祭者的卜辞同其他祭祀"出日"、"入日"的卜辞一样，都是对日神的直接祭祀，而且祭祀的时间都应发生在春分和秋分，如果说早期古制不必这样严格的话，那么致祭时间至少也应发生在春季和秋季。

殷人的这种古老做法显然是他们从先人那里继承下来的，并且作为一种定制，一代代地为后人所遵循。这种遗制在古代文献中反映得相当清楚。《尚书·尧典》讲到春分时"寅宾出日"，秋分时"寅饯纳日"，都是说要在春、秋分日时恭敬地礼拜日出、日入。《国语·周语上》："古者先王既有天下，又崇立上帝明神而敬事之，于是乎有朝日夕月。"《国语·鲁语下》："天子大采朝日。"《礼记·祭义》："周人祭日以朝及闇。"《史记·五帝本纪》："历日月而迎送之。"讲的都是同一个道理。因此，古人祭日的目的实际是和春秋两季联系在一起的，准确地说是为迎祭春分和秋分。

商代甲骨文中的鸟神祭祀却与二分日无关。《甲骨文合集》第11497版

---

① 邓淑苹：《中国新石器时代玉器上的神秘符号》，《故宫学术季刊》第十卷第三期，1993年。

图 3—52 殷代祭乌祈晴卜辞（《合集》11497）

录有这样一条卜辞（图 3—52）：

> ……乙巳酚，明雨，伐既雨，咸伐亦雨，施、卯乌，星。

将这条卜辞与《甲骨文合集》第 11499 版卜辞对读，可以澄清某些事实。

> ……酚，明雨，伐［既］雨，咸伐亦［雨］，施、卯乌，大启，阳。

不难看出，两条卜辞的文辞几乎完全相同，只是前一条卜辞的"星"字或可以改用为"大启"，因此，这实际是为同一件事而举行的占卜记录。辞中的"酚"是一种祭祀名称，卜辞是说在举行祭典的时候适遇阴雨，而且祈祭了几次雨都不停，最后奉祭乌神，果然云开日出。"大启"的意思是天气大晴，"星"字与此互文，意义相同[①]。古人以为，云散星见乃天晴气朗，两条卜辞又都是在阴雨连绵之后奉祭乌神，显然，先人们正是以致祭乌神的方式来祈求雨霁光风。

———————————————

[①] 李学勤：《论殷墟卜辞的"星"》，《郑州大学学报》1981 年第 4 期。

《甲骨文合集》第 11500 版（正）也录有一条相同的祭乌卜辞：

> ……霁，庚子藙乌，星。七月。

"藙"为祭名，商人藙祭乌神以祈天晴，结果应验了。

《甲骨文合集》第 11501、11726 版还录有这样一条卜辞：

> ……大采烙云自北，西单雷……采日鹬，星。三月。　　《甲缀》83

"日"，祭名。我们注意到，这条卜辞在过去写有"乌"字的位置却写上了"鹬"。这种区别的原因可能很简单，因为与前两条卜辞于行祭中遇雨的情况不同，这是一条未雨的记录，所以需要致祭不同的鸟神。据古代文献的解释，"鹬"即鹬鹑，是一种预知天雨的鸟，凡天将降雨，则一足而舞。"鹬鹑"又作"商羊"。《说苑·辨物》："其后齐有飞鸟，一足，来下，止于殿前，舒翅而跳。齐侯大怪之，又使聘问孔子。孔子曰：'此名商羊，急告民趣治沟渠，天将大雨。'于是如之，天果大雨。孔子归，弟子请问。孔子曰：'异时，小儿有两两相牵，屈一足而跳曰：天将大雨，商羊起舞。'"《论衡·变动》："天气变于上，人物应于下矣。故天且雨，商羊起舞，［非］使天雨也。商羊者，知雨之物也。天且雨，屈其一足起舞矣。"《家语·辨政》："商羊，水祥也。"卜辞所记殷人以鹬鹑知雨，看来这种观念相当古老，而且承传有序。从卜辞可以看出，当时殷人虽见阴霾，虽闻雷霆，却并不知是否将雨，因此奉祭知雨之鸟，结果天晴了。

殷人祭鸟的目的在于占气测候，他们或者通过祭乌祈求雨止日出，或者通过祭祀鹬鹑预测气候，当然可能还有其他一些古老的仪式。尽管我们还不清楚他们的这种为不同目的而致祭不同的鸟的做法究竟是从什么人那里承传下来的，但是良渚文化的祭鸟神符却实实在在地表现出了这种差异。我们可以清晰地看到，神符图像可以明确分为三类，即图 3—51 之 1 为第一类，图 3—51 之 2、8 为第二类，图 3—51 之 3 至 6 及 9、10 为第三类。图 3—51 之 7 或归第二类，也可归第三类。三类神符的区别在于立鸟形象及祭坛中央所绘图像的差异。那些绘刻在祭坛上的各种形象的鸟至少可以确定为属于三个不同的种属，有似乌鸦（图 3—51，2），有似燕鹊（图 3—51，1），有的我们还暂时不好确定它的名称（图 3—51，3—5）。值得特别注意的是，这三种

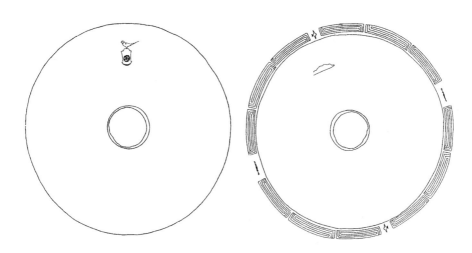

图 3—53 良渚文化鸟、云合璧的玉璧（采自邓淑苹
《中国新石器时代玉器上的神秘符号》）

不同的鸟所拥有的祭坛中央的图像是不同的，而每一种类型的鸟一定是与一种固定的祭坛图像相对应。其中雕绘日鸟合璧图像的四具神符，立柱上的鸟也相同（图 3—51，3—6），而另两具神符由于雕绘于祭坛上的图像与前者不同，它们的鸟也自有差异（图 3—51，1、2）。这些细微的区别是否暗示着不同的神符应该具有不同的用途？就像商代的卜辞所显示的致祭不同的鸟神而有不同的意义一样。有趣的是，在雕绘燕鹊和日纹的一件玉璧上，位于与神符相对的位置恰好雕绘了一朵云彩（图 3—53），这难道不是风雨的象征吗？如果是这样，那么，良渚文化神符与商代奉祭鸟神的卜辞所显示的共性确实令人惊诧，我们岂不是可以借助殷人祭鸟而止雨、知雨的观念为良渚文化的神符做一番注解！显而易见，这些具有不同鸟神的神符是为不同的祭礼而创造的，而这些祭祀虽然可以理解为一种广义的礼日活动，但其中至少有一部分应是为着占测气象举行的。我们真是有幸，正是由于殷商先民祭日传统的存留，才使我们终于读懂了这些古老的神符！

有一点需要特别强调，玉璧上的日鸟图像虽然说明古人祭祀的目的在于占测气象，但玉璧的功用为礼天之器则不应忽视，占测气候当然属于广义的礼天活动，因此玉璧周缘的数组刻画对这一性质做了准确的说明。从图 3—53 右图可以看出，玉璧周缘刻有四组云纹，每组三枚，共十二枚，十二是法天之数，因此，十二枚云纹应是一年十二月的象征。古人以云为气，故四组云纹又是对四气——二分二至——的表述。四气之间以鸟及社树分割，鸟是日神的象征，社是祖神的象征，反映了以祖配天的古老观念，有关问题我们在第二章已做了详尽分析。鸟的位置居上下，社的位置列左右，恰合四方，其寓意也与古礼于二至之时致祭天地，二分之时祈生的传统相符。显然，玉璧作为祭天礼器在此可以得到明确的证明。

四、四时与四神

二十四节气恐怕是今天的人们最熟识的天文知识，人们可能不曾想到，尽管完整的二十四节气迟至战国时代才最终定型，但是远在数千年前，我们的先人就已经开始运用各种手段寻找这些时间的标记点了。最重要的基点当然有两个，这便是春分与秋分，正像古人最早懂得了日出日落一样，他们也最早找到了这两个分点。两个分点之所以重要，是因为它们是确定二十四节气所有其他各点的基础，原因很简单，在使用平气的时代，所有的节气都是在平分两个分点的基础上得到的。首先他们通过平分两分日的距离很快找到了两个至点（冬至和夏至），而后又通过平分四时——冬至、春分、夏至、秋分，找到了立春、立夏、立秋和立冬，接着他们把八节之间的距离平均三分，于是定立了二十四节气。"节"与"气"是两个截然不同的概念，最早出现的分至四时都属于"气"，启闭四立则属于"节"。先民们用节气记时注历，并且一直沿用到今天。

两分点的测定是和古人确定方位的做法密切相关的。众所周知，方位的测定源于日影的变化，假如我们把一年中每天太阳东升时跃出地平那一瞬间的日影记录下来，再把这些天太阳西落时没入地平之前瞬间的日影也同样记录下来，那么两个日影记录重合的时间就只有春分和秋分，这意味着二分日时太阳出升的位置是正东方，而日落的位置则是正西方。因此，测量日影不仅是古人辨别方位的需要，而且正是这种需要使他们客观上很容易地认识了两分点。不能不承认，古人的探索既辨方位，又定分日，可谓一举两得。

这种测得两分点的古老做法导致了后来四时八节与方位的结合，春分和秋分当然分主东、西，夏至日行极北，其后南移，冬至日行极南，其后北归，分主南、北。四时分主四方的格局已定，剩下的四立平分各方，自有立春主东北、立夏主东南、立秋主西南、立冬主西北的安排，以后又有八风、八卦、八音与八节的配合，渐成传统。这种传统其实在汉代以前的文献中就已有详细的记载，在今天看来，它的来源相当悠久。

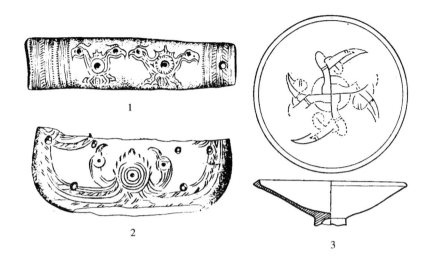

图 3—54　河姆渡文化遗物上的日鸟图像

1. 有柄骨匕（T21④：18）　　2. 象牙雕片（T226③：79）　　3. 陶豆盘（M4：1）

分布于长江下游的河姆渡文化是一支距今 7000 年至 5000 年的新石器时代文化，其文化中心区域集中在杭州湾南岸的宁绍平原。在那样早的年代，先民们就已创造了令人惊叹的稻作农业，显然，当时为适应农业生产而产生的天文知识是不可小视的。

自 1973 年 11 月至 1978 年 1 月，考古工作者在位于浙江余姚的河姆渡遗址先后进行了两次发掘，出土了大批重要遗物①。其中部分遗物上雕刻有精致的日鸟合璧图像，引起了人们的普遍关注。目前见诸报道的雕有完整日鸟图像的遗物共有 3 件，分属河姆渡文化的不同时期。

有柄骨匕（T21④：18）　　残存柄部。柄面雕刻两组日鸟图像，每组图像的中央均为圆日，圆日两侧绘有相背的两鸟。匕柄长 14.5 厘米，宽 3.4 厘米（图 3—54，1）。出土于河姆渡遗址第 4 文化层。

象牙雕片（T226③：79）　　正面雕刻一组日鸟图像，中央由同心圆组成圆日，圆日两侧刻两鸟相望。雕片长 6.6 厘米，残宽 5.9 厘米，厚 1.2 厘米（图 3—54，2）。出土于河姆渡遗址第 3 文化层。

陶豆盘（M4：1）　　柄残。泥质灰陶。豆盘呈钵形，盘内底阴刻日鸟合

---

① 浙江省文物管理委员会、浙江省博物馆：《河姆渡遗址第一期发掘报告》，《考古学报》1978年第 1 期；河姆渡遗址考古队：《浙江河姆渡遗址第二期发掘的主要收获》，《文物》1980 年第 5 期。

璧图像，四鸟盘环相绕，分指四方，中央刻有圆日。盘径 27.5 厘米（图 3—54，3）。出土于河姆渡遗址第 1 文化层。

研究表明，河姆渡文化的陶器纹饰从第 3、4 文化层到第 1、2 文化层有着显著的变化，这种变化是由第 3、4 文化层发达的动植物图像和几何形图案，发展到第 1、2 文化层的抽象图案，显示出一种由繁到简，由写实到抽象的演变趋势①。这一特点通过以上三组日鸟图像从早到晚、由具体到抽象的变化体现得相当清楚。

两具精致的象牙和兽骨雕板上精心雕绘的日鸟图像与过去见过的同类图像不同，凤鸟并没有画在太阳的中央，而是画在太阳的两侧，从而构成一日双鸟的造型。对于这类双鸟日纹图像的含义，学者已有种种推测②，其中最流行的看法还是习惯于沿用金乌负日的成说。双鸟日纹图可以理解为双凤朝阳，似乎牙骨雕板上所描绘的应该就是文献记载的金乌搬运太阳的神话。做出这样的判断可能过于轻率，因为种种疑问不能不使人深感困惑。通过对考古及文献资料的分析，这种观点显然在两方面有可商之处。

首先必须指出，双鸟日纹图像与我们习见的金乌负日图像并不相同。关于后者，新石器时代的陶器图像可以提供一些对比资料。因此，我们不仅能够将其从汉代的石刻画像到新石器时代的陶器图像系统地追溯出来，而且可以清晰地看出，这些图像所描绘的都是一只身负太阳、伸展双翅的飞鸟（图3—47）。与此相比，河姆渡文化的双鸟日纹图仅绘出鸟头，或绘凤尾，而对位居太阳两侧的双鸟并没有绘出双翼，因此它描绘的显然不是飞鸟的形象，这与我们熟识的自新石器时代以来就已相当流行的展翅翱翔的金乌负日图像大相径庭。

其次，中国古代流行的金乌负日神话明确显示的都是一乌载负一日，这个事实在古代文献中表现得非常清楚。《山海经·大荒东经》云：

> 有谷曰温源谷，汤谷上有扶木，一日方至，一日方出，皆载于乌。

《楚辞·天问》云：

---

① 河姆渡遗址考古队：《浙江河姆渡遗址第二期发掘的主要收获》，《文物》1980 年第 5 期。

② 牟永抗：《东方史前时期太阳崇拜的考古学观察》，《故宫学术季刊》第十二卷第四期，1995年；林巳奈夫：《中國古代における日の暈と神話的图像》，《史林》第 74 卷第 4 号，1991 年；孙其刚：《河姆渡文化鸟形象探讨》，《中国历史博物馆馆刊》第 10 期，1987 年。

羿焉彈日？乌焉解羽？

王逸《章句》则说：

> 尧命羿仰射十日，中其九日，日中九乌皆死，堕其羽翼，故留其一
> 日也。

这些记载都明确地表明，传说中的金乌负日，一日实由一乌所负载。事实上，从仰韶文化、良渚文化到汉代石刻画像的同类图像中，我们看到古人所描绘的金乌负日图像中的负日者也均为一乌，与文献所记密合。其实，即使从常理考虑，搬运太阳似也无需二乌[①]。

上述分析表明，河姆渡文化双鸟日纹图像恐怕并不能简单地与金乌负日神话加以比附，它的含义理应重做斟酌。

尽管河姆渡遗址的发掘资料已经公布了二十馀年，但是在研究中，雕绘于豆盘上的四鸟日纹图像似乎并未引起人们的注意。刻有这一图像的陶豆出土于河姆渡遗址第 1 文化层，也即属于河姆渡文化年代最晚的一期，因而它的图像比出土于河姆渡遗址第 3、4 文化层的两组日鸟图像已大为简约。尽管如此，我们通过对这三组图像构图的分析，仍可以看出图像中围绕太阳的鸟均只绘有鸟头，未绘双翼，这意味着三组图像不仅具有某种共性，而且这种共性应该反映了它们具有着相同的含义。显然，如果我们能够正确地阐释四鸟日纹图像的含义，那么这对正确理解双鸟日纹图像无疑大有帮助。

豆盘所绘图像的特点是，图像中四鸟盘环，每鸟各守一方，中央的圆形似为太阳，这使我们想起了四时与四方。古人认为，太阳之所以能在天空中运行，那是因为有金乌的载负，因此，乌运行到什么地方，也就意味着太阳运行到了什么地方。从这个意义上考虑，太阳在天空中每一位置的变化，都需要靠乌的搬运来完成。假如先民们对太阳的周年运动确实有着认真的观测，那么，金乌运载着太阳东升西落，南行北进，不正是四时日行四方的写真！同样，牙骨雕板上的图像如果有与此相同的含义，那么它无疑体现了二分日时太阳分主东、西两方的古老观念。

---

① 林巳奈夫：《中國古代における日の暈と神話的图像》，《史林》第 74 卷第 4 号，1991 年。

　　虽然金乌负日及四时主四方的传统为中国文化所特有，但是令人惊奇的是，我们在东北亚乃至美洲印第安民族的早期文化中居然也找到了这种传统的痕迹。这些与河姆渡文化日鸟合璧图相似的图像，为探索河姆渡文化同类图像的含义提供了重要线索。

　　美洲原始文化来源于旧大陆，这在今天看来似乎已是不争的事实，生物学、人类学、地质学、考古学、民族学以及文化史等领域的研究都清楚地证实了这一点①。如果说新、旧大陆的文化交流至少从新石器时代就连绵不断的话，那么就地理位置分析，中国东部的新石器时代文化在这种交流中则恰当其要冲。因此，假如我们能够通过研究美洲印第安文化以及分布于东亚至东北亚这条东徙路线上的早期文化，考察或解释中国东部新石器时代文化中的某种现象，或许不失为一种有益的探索。

　　发现于美国田纳西州萨姆纳县（Sumner County）的一件印第安贝刻盘属于密西西比文化，年代约为公元700—1000年②。圆盘中央绘有中心画着"十"字纹的八芒太阳，太阳外围绘有一正方形方框，方框每边的中央各绘一只鸟头，四只鸟头的方向呈逆时针旋转（图3—55，1）。另一件美洲印第安文化的遗物是出自印第安普韦布洛（Pueblo）的陶盘③，盘心也绘有一幅日纹四鸟图，图像中央为一圆日，圆日四周绘有飞翔的四鸟（图3—55，2）。萨姆纳贝刻盘和普韦布洛陶盘虽然在年代上无法与河姆渡文化相比，但从形式上看，二者的图像与河姆渡文化日纹四鸟图却表现出了惊人的相似之处，这是非常值得我们研究的。西方学者认为，萨姆纳贝刻盘所描绘的图像，表现了四鸟守护太阳而分守东、西、南、北四方的含义④。毋庸置疑，贝刻盘图像中太阳与鸟的图像都是明确可识的，同时由于有太阳外围的正方形的参

　　① 吴汝康：《人类的起源和发展》，科学出版社1980年版；罗荣渠：《中国人发现美洲之谜——中国与美洲历史联系论集》，重庆出版社1988年版；保罗·里维特：《美洲人类的起源》，中国社会科学出版社1989年版；方迥澜：《美洲印第安人起源与中国古人类的联系》，《史前研究》（辑刊），1988年。

　　② Dean Snow, *The Archaeology of North America：American Indians and Their Origins*, Thames and Hudson, 1976. Cordon R. Willey, *An Introduction to American Archaeology*, Vol. One, North and Middle America, Prentice-Hall, Inc. , 1996.

　　③ I. A. Zolotarevskaia and M. V. Stepanova, Indeitsy Iugo-Zapada（Indians of the Southwest）. *Narody Mira, Etnograficheskie ocherki：Narody Ameriki（The Ancient World. Ethnographic Studies：Ancient America）*, Vol. 1, Moscow, 1959.

　　④ Dean Snow, *The Archaeology of North America：American Indians and Their Origins*, Thames and Hudson, 1976.

图 3—55 北美印第安及东北亚古代遗物上的日鸟图

1. 美国田纳西州萨姆纳县印第安贝刻盘 2. 美国印第安普韦
布洛陶盘 3. 东北亚雅库特银鞭柄 4. 东北亚图瓦皮壶

照，使得四鸟明显处于四方的位置上，因此可以认为，上述有关四鸟分守四方的观点应与事实比较接近。其实，普韦布洛陶盘图像不仅表达了相同的含义①，而且它的表现手法也更趋成熟。

类似于印第安普韦布洛陶盘的图像在中国西南地区也有发现，一种属于战国至西汉时期的铜鼓图像清楚地展现了这一点。四鸟围绕着太阳分居四方，构图完整（图 3—56）②。这种现象如果视为中国东部早期文化向南、北两地传播的结果，甚至拥有这种文化的早期先民迁移的结果应该并不过分，显然这种相似性加强了以中国东部沿海地区为中介的新旧大陆文化的联系。

① N. D. Konakov, Calendar Symbolism of Uralic Peoples of the Pre-Christian Era. Trans. by Lydia T. Black, *Arctic Anthropology*，Vol. 31，No. 1，1994.

② 易学钟：《铜鼓鼓面"四飞鸟"图象新解》，《考古》1987 年第 6 期。

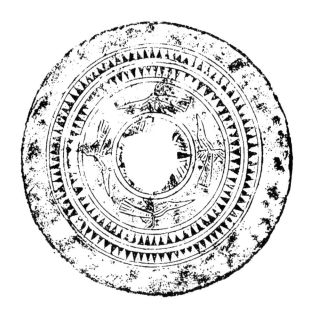

图 3—56　四鸟铜鼓拓本（江李 23：20）

鸟为什么要围绕太阳旋转而分守四方？这实际涉及到印第安民族对太阳与四方关系的理解。这个问题如果放在东北亚民族文化这一更为广阔的背景下考虑，或许能阐述得更透彻一些。中国传统文化对于这一问题的解释当然自成系统，然而在东亚原始文化东徙美洲的路径上，居然也可以找到这种文化的孑遗。我们在出自东北亚图瓦（Tuva）的一件皮壶上看到了一幅由太阳和指向四方的四只矢状标组合在一起的图像[①]，矢状标周围则分布着数种不同的动物（图 3—55，4）。按照科纳科夫（N. D. Konakov）的解释，这个图像实际是以不同的动物来表示太阳在一年中于二分二至时的运动方位[②]。事实上，太阳在这四个点的运行方向已经通过太阳周围的四个矢状标表示得非常清楚，换句话说，这四个矢状标从形式上看似是指示东、西、南、北四个方向，实际却是表明太阳在二分二至时的运行位置，它的本义乃是以太阳在天穹四方的运行来象征四时。图瓦皮壶图像表现四时的四只矢状标，在印

---

① S. I. Vainshtein, *Istoriia narodnogo iskusstva Tuvy*（*History of the Folk Art of Tuva*），Moscow，1974.

② N. D. Konakov, Calendar Symbolism of Uralic Peoples of the Pre-Christian Era. Trans. by Lydia T. Black，*Arctic Anthropology*，Vol. 31，No. 1，1994.

第安文化中有时则被四只位居四方的鸟取代了，但它的象征意义并没有改变，这就是普韦布洛陶盘上的日纹四鸟图。这种日纹四鸟图与河姆渡文化的同类图像相比简直太像了。科纳科夫实际已经把是用鸟来象征四方还是以其他什么更明确的标志象征四方视为一种合理的选择，并且他同时指出，尽管普韦布洛陶盘图像中绘出了鸟的全身，但是，图像所强调的却是旋转的鸟头，并以此象征太阳运行四方的位置变化①。从这一点我们可以看出，鸟象征四方的真实意义，其实在于它所要表达的太阳于不同季节的位置变化这一深刻含义。

这种用鸟取代指向四方的矢状标以象征四时的观点并非臆断，发现于东北亚雅库特（Yakutia）地区的另一种两鸟相背的图像也可以给予我们某些启示（图3—55，3）②。这种图像虽然没有与太阳组合在一起，但是不能不承认，它不仅与河姆渡文化的双鸟日纹图像极其相似，而且双鸟的造型与普韦布洛陶盘上的四鸟图像一样，同样都是表示太阳在一年不同季节中不断变化的运行方位③。

基于上述分析，可以知道东北亚及印第安文化的有关图像无疑都具有相同的含义，它们都是以四方表示太阳在二分二至时的运行方位，而人们在表示这些具体内容时，鸟则是经常被使用的象征形象。正如科纳科夫所指出的那样，普韦布洛陶盘图像中虽然绘出了鸟的全身，但与萨姆纳贝刻盘图像只绘有鸟头一样，其所强调的则是通过旋转的鸟头象征太阳运行四方的位置变化，而这一点竟与河姆渡文化日鸟图像仅绘鸟头的做法完全一致。因此，如果借助印第安文化以及遗留于这支文化迁徙途径上的某些文化现象去解释河姆渡文化的相关内涵的做法被允许的话，那么，我们实际已经窥到了河姆渡文化日纹四鸟图像的真谛。

我们认为，河姆渡文化三组日鸟合璧图像的含义，是以处于不同位置的鸟来象征太阳在一年中于不同季节运行方位的变化，其中日纹四鸟图像中分守东、西、南、北四方的四鸟用于象征太阳于二分二至时的运行方位，而日

① N. D. Konakov, Calendar Symbolism of Uralic Peoples of the Pre-Christian Era. Trans. by Lydia T. Black, *Arctic Anthropology*, Vol. 31, No. 1, 1994.

② A. I. Gogolev, Skifo-Sibirskie istoki traditsionnoi Kul′tury Yakutov（Skytho-Siberian origins of the traditional Yakut culture）. *Skifo-sibirskii mir, Iskusstvo i ideologiia（Scytho-Siberian World. Art and Ideology）*, pp. 143—149, Novosibirsk, 1987.

③ Dean Snow, *The Archaeology of North America：American Indians and Their Origins*, Thames and Hudson, 1976.

纹双鸟图像的两鸟分列左、右，似乎应表示东、西两方，当然可以代表春分和秋分时太阳的运行方位。

我们对河姆渡文化日鸟图像的解释，至少在最关键的两点上符合中国文化的传统。首先，图像中总是将日与鸟密切联系在一起，这种以鸟作为太阳运行方位象征的做法无疑来源于古老的金乌负日的观念。然而，河姆渡文化的三组日鸟图像其实并不仅仅表现了运日的鸟，它的真正目的则在于体现了太阳运行至东、西两方或东、西、南、北四方的方位概念。其次，四方主四时的观念也是中国文化的特征之一，古人对太阳于一年中运行方位的变化早有了解，春分与秋分日出正东，日没正西；夏至日行极北，其后南移；冬至日行极南，其后北归，所以二分二至各主东、西、南、北。《尚书·尧典》以分至四神分居四方之极，掌管四时。商代甲骨文至汉代的文献也明确反映了这一传统。

上述两点所体现的中国独特的文化传统，事实上可以从河姆渡文化日鸟图像系统地勾勒出来，换言之，这些文化传统其实也正是河姆渡文化日鸟图像得以阐释的基础。研究表明，我们不仅于河姆渡文化的日鸟图像找到了这些传统思想的渊源，甚至东北亚及美洲印第安文化中所表现出的类似观念，也都可以视为这一古老思想的影响。

金乌载负着太阳行游四方，反映的正是二分二至时太阳东升西没，南去北归的行移特点，因此，分守四方的凤鸟既是四方神，又是四时神。我们在楚帛书中读到，四时神乃是伏羲、女娲的四个孩子，然而河姆渡文化的四时日鸟图却告诉我们，分守四方的四鸟可能就是四子的前身，这种观念显然可以合情合理地由金乌负日的神话发展而来。

商代的甲骨文保留了两版著名的四方风名记录（参见第三节第六小节），对于我们梳理四方神的转变很有帮助。商代四方风名的分配是这样的：

东方	析	东方风	协
南方	因、遲	南方风	微
西方	彝	西方风	彝
北方	宛	北方风	役

这里，四方神主四时，当然就是分至之神，四方风与四时相配，则是分至时

来自四方之气，这便是节气之"气"的由来。有趣的是，甲骨文表示四时风气的"风"恰恰使用了凤鸟的象形字"凤"字，这种做法与凤鸟负日，后来成为分至之神的传统无疑有着密切的关系。

《山海经》记载了另一套四方神名，分别为东方折（析）、南方因、西方夷（彝）和北方鹓（宛）。在《山海经》中，四方的名字也就是主掌四方的四神的名字，而且它们可以和甲骨文中的方神一一对应起来。北方神名鹓，《庄子·秋水》篇记有一段有关它的传说：

> 南方有鸟，其名为鹓鶵，子知之乎？夫鹓鶵，发于南海而飞于北海，非梧桐不止，非练实不食，非醴泉不饮。于是鸱得腐鼠，鹓鶵过之，仰而视之曰："嚇！"

传说中的鹓又名鹓鶵，正是鸾凤一类的鸟，有人干脆说它就是凤子。鹓作为方神，上可承河姆渡文化的日纹四鸟图，下可启殷代的四方四时神。这种四方神名的变化，不正显示了四方神原本源于四鸟的演变辙迹！

四鸟演变为四子，而后又被赋予了一套美妙的名字，这大概就是分至四时之神的历史。我们在第二章中已经讲过，帝尧之时，分至四神是作为羲和的后代出现的，相同的故事在《山海经》中也有记载。殷人仍以四方风应四时，实际可以理解为四凤应四时的暗示。《左传·昭公十七年》记少皞氏之官，以凤鸟知天时而为历正，其中玄鸟司分，伯赵司至，青鸟司启，丹鸟司闭，也是对这一古老观念的追忆。这些古老的神话在史前时代一定曾是先民们津津乐道的美谈，不过随着时间的流逝而被人们渐渐淡忘了。其实又何止于此，我们于先人的劳绩又能真正领悟多少呢？

五、《尧典》历法体系的考古学研究

《尚书》的第一篇《尧典》是传世文献中年代最早的天学文本，有关它的成书年代，过去虽已有很多讨论，但问题一直未能解决。《尧典》以鸟、心、虚、昂四宿的上中天确定季节的记载成为学者最广泛利用的定年标准，但是，早期的研究工作普遍存在一种缺陷，这便是学者简单地将四仲中星的计算年代理解为《尧典》文本的写作年代，而未能将两者加以适当的区别。比约（J. B. Biot）曾经证明，公元前 2400 年前后，上述四宿大概处于二分

点和二至点①。尽管他的计算并没有什么大的问题，但文献学方面的证据却决然不会对《尧典》成书于公元前三千纪的结论给予支持。桥本增吉把中星的观测时间改定为午后 7 时，从而将年代推迟到公元前 8 世纪或前 8 世纪之后②，显然又失之过晚。宋君荣（A. Gaubil）认为，中国传统的观测恒星上中天的时间是在午后 6 时，如果受到天光的妨碍，则用漏壶予以核正③。德莎素（Leopold de Saussure）也曾在这一假设的基础上进行过计算④。但实际情况并非这样简单，若以唐都平阳之纬度（北纬 36 度）计算，夏至日入在 7 时 18 分，日入后 30 分钟初昏始见星辰，则星辰初见之时已在 7 时 48 分，如此于夏至日午后 6 时何以能测得昏中之星！

　　《尧典》的星象记录与部分先秦文献如《吕氏春秋》十二月纪及《礼记·月令》所载的昏旦中星不同。据能田忠亮研究，《月令》系统的中星观测年代充其量只能在公元前 620±200 年之间⑤，而《尧典》星象的观测年代应为公元前 2000 年左右⑥，这个年代或许与《周易》乾、坤两卦所保留的星象史料共同反映了一种古老的观测传统⑦。竺可桢的独立计算得到了两组数据，鸟、火、虚三宿的观测年代约在殷末周初，而昴宿的观测年代则在公元前 2700 年⑧。这两组数据应该反映了不同时期的观测结果，早期的观测记录则应是后人对前人成果的保留，而其中较晚的一组数据正可以看作《尧典》一书成书年代的上限。如果认为昴宿的观测乃是岁差发现之后的伪造或误记，那是完全不能令人相信的。其实通过对除中星之外的其他材料分析，也可以证明《尧典》汇集了比周初更早的史料，如书中记日法及四方风名的留存，都至少体现了殷代中期的时代特色。如此看来，比约的观点其实并没有错误，只是他将《尧典》四仲中星的观测年代与该书的成书年代混为一谈的做法不甚可取。事实上，《尧典》成书的准确年代的确定并不重要，重要的是它在多大程度上保留

---

① J. B. Biot, *Études sur l'Astronomie Indienne et sur l'Astronomie Chinoise*，Lévy，Paris，1862.

② 橋本增吉：《書經の研究》，TYG，1912，2；1913，3；1914，4。《書經堯典の四中星に就いて》，TYG，1928，17（No. 3）。

③ A. Gaubil, *Histoire Abrégée de l'Astronomie Chinoise*，Rollin，Paris，1732，Vol. 2.

④ Leopold de Saussure, Le Texte Astronomique du Yao Tien. *TP*，1907，8，301.

⑤ 能田忠亮：《禮記月令天文考》，京都，1938 年。

⑥ 能田忠亮：《堯典に見えたる天文》，TG/K，1937，8。

⑦ 冯时：《〈周易〉乾坤卦爻辞研究》，《中国文化》第三十二期，2010 年。

⑧ 竺可桢：《论以岁差定〈尚书·尧典〉四仲中星之年代》，《科学》第 11 卷第 12 期，1927 年。

了早期的天文观测史料，在这方面，董作宾先生的工作应该给予充分的重视①。

《尧典》所提供的早期历法知识并不丰富，除我们已经认证的四方风与二分二至的关系外②，唯一能够明晓的就是早期的岁实以及当时已经存在的为平衡太阴年和太阳年而创设的闰月。《尧典》云：

祺三百有六旬有六日，以闰月定四时成岁。

伪孔《传》："匝四时曰祺。一岁十二月，月三十日，正三百六十日，除小月六为六日，是为一岁有馀十二日，未盈三岁足得一月，则置闰焉，以定四时之气节，成一岁之历象。"古历周天三百六十五度又四分度之一，日行历周天为岁曰祺。太阳日行天一度，则行三百六十五日又四分之一日，乃复其时。商代甲骨文反映的殷历岁实尚不甚明确，董作宾先生根据《殷虚文字乙编》第15版卜辞所记"五百四旬七日"的日数，认为如计卜日一日共计548日，恰是四分历回归年一年半的长度，因主殷历已行四分历的岁实③。这种认识虽尚难定论，但卜辞中出现的547日这样一个特殊周期却绝非偶然，它证明殷历岁实至少应在365—366日之间④。《尧典》所云"祺三百有六旬有六日"表明，当时历法已取366日为岁实，或者当时历法的岁实如果比366日更接近四分历岁实的话，那么因历日不能出现半日，故366日也可能举其成数而为一岁之长度。

依《尧典》之文，四时本非指春夏秋冬四季，而应为二分与二至。我们曾经指出，分至四中气与四季分别来源于两个不同的系统，分至由于可以借助圭表直接测得，因而是建立太阳年的时间标记点，而季节则本之于农业周期。分至四气不仅可以通过殷卜辞四方风系统地追溯出来，且季节与农业周期的联系也可以通过对季节名称的研究得到清楚的反映⑤。况且，早期文献

---

① 董作宾：《祺三百有六旬有六日新考》，《华西大学文史集刊》1940年第1期；《〈尧典〉天文历法新证》，《董作宾先生全集》甲编第一册，艺文印书馆1978年版。

② 冯时：《殷卜辞四方风研究》，《考古学报》1994年第2期。

③ 董作宾：《殷历谱》下编卷一《年历谱》，卷四《日至谱二》，中央研究院历史语言研究所1945年版；《尧典天文历法新证》，《清华学报》新一卷第二期，1956年。

④ 张政烺：《卜辞裒田及其相关诸问题》，《考古学报》1973年第1期；冯时：《卜辞中的殷代历法》，《中国天文学史》第一章第三节，薄树人主编，文津出版社1996年版。

⑤ 冯时：《殷卜辞四方风研究》，《考古学报》1994年第2期；《殷代农季与殷历历年》，《中国农史》第12卷第1期，1993年。

中分至之称均不与四季之名连缀，而仅言日之均齐长短，也证明分至四中气本是先于四季产生的标准时系统，而并不是依赖四季而形成的明细概念。事实上，殷代虽已有体现分至四中气的四方风系统，但却尚未建立四季[①]。换句话说，体现分至四中气的标准时体系与体现农业周期的季节体系在殷代尚未最终结合而形成四季[②]，何况更早的所谓帝尧时代。

《尧典》"定四时"之"定"义为正，《史记·五帝本纪》即引"定"作"正"。《尔雅·释天》："营室谓之定。"孙炎《注》："定，正也。""以闰月定四时成岁"意即以闰月校正四时所在之月，使四时不差。三年不闰，则以正月为二月，每月皆差，九年差三月，即以春为夏，十七年差六月，即四季相反。失一闰则节气与月份便已错位，故需以闰月正之。这也体现了殷代历法的置闰原则[③]。

《尧典》的记述虽然简略，但却反映了早期历法的一些重要内容：

第一，岁实 366 日，或举其成数而言之；

第二，平年十二月，闰年十三月；

第三，分至四气与月份具有固定的对应关系，并需靠闰月随时调整。

这些内容是否真正属于传说中帝尧时代的历法内涵，我们当然无从查知，殷代历法恐怕至少在岁实的测算方面可能已经比它进步。那么，《尧典》的内容究竟反映了什么时代的历法体系？考古学为这一问题的解答提供了令人信服的证据。

1975 年秋，河南偃师二里头遗址发现三座时代属于二里头文化第三期的土坑，其中编号为 K4 的土坑底部铺有朱砂，坑中出土兽面纹玉柄形饰和镶嵌圆形铜器各一件，其中镶嵌圆形铜器（K4：2）尤其引人注意。该器直径17 厘米，厚 0.5 厘米，原为正圆形，现已残损并变形。器物边缘镶嵌长条形绿松石共 61 块，中区则镶嵌有内外两周由绿松石组成的"十"字，每周各13 枚（图 3—57，1）[④]。此器正面蒙有至少六层粗细不同的织物，足见此器在当时之重要与珍贵。

① 于省吾：《岁、时起源初考》，《历史研究》1961 年第 4 期；冯时：《殷历季节研究》，《中国科学技术史国际学术讨论会论文集》（北京·1990），中国科学技术出版社 1992 年版。

② 冯时：《殷卜辞四方风研究》，《考古学报》1994 年第 2 期。

③ 冯时：《卜辞中的殷代历法》，《中国天文学史》第一章第三节，薄树人主编，文津出版社1996 年版。

④ 中国科学院考古研究所二里头工作队：《偃师二里头遗址新发现的铜器和玉器》，《考古》1976 年第 4 期。

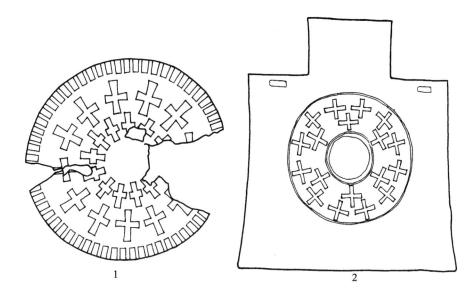

图 3—57

1. 二里头文化圆仪　　2. 二里头文化青铜钺

　　与二里头遗址出土的这件镶嵌圆形铜器可以对观的是一件二里头文化青铜钺[①]。此钺现藏上海博物馆，钺面中部偏上铸有一圆孔，以圆孔为中心，用绿松石镶嵌成两个同心圆，与前一件圆形铜器一样，铜钺于两同心圆之间也镶嵌有内外两周由绿松石组成的"十"字，其中外周 12 枚，内周 6 枚，均呈等距分布（图 3—57，2）。

　　两件遗物的设计非常别致，其含义颇耐人寻味。不过我们不应忽视的一点是，两件遗物镶嵌的绿松石"十"字形图像均呈圆形分布，而且第一件圆形铜器更是直接制成圆形，而第二件铜钺图像则镶嵌成圆形的外周，这是它们所具有的鲜明共性。圆形是古人理解的天盖形状，在这样的背景下考虑遗物上的绿松石镶嵌图像，自然不会不具有某种特殊的天文学内涵。

　　我们首先应该关注铜钺布列的图像，其外周等距分布的十二个"十"字形图案显然可以解释为是一年十二个月的象征。《左传·哀公七年》："制礼上物，不过十二，以为天之大数也。"十二既是法天之数，也是使一岁得以建立的基本月数。《周礼·春官·冯相氏》："冯相氏掌十有二岁，十有二月，

①　上海博物馆编：《上海博物馆藏青铜器》，上海人民美术出版社 1964 年版。

十有二辰，十日，二十有八星之位，辨其叙事，以会天位。"在这众多的"十二"之中，十二月为斗杓月建一辰，十二月而岁终周天，这就是铜钺外周十二个"十"字形图案的象征所在。

这个事实澄清之后，接下来我们可以看到一系列有趣的数字。这些数字通过对两件二里头文化铜器图像的对比分析表现得尤为鲜明。

两件铜器图像设计的共性意味着两者共有的"十"字形图案应该具有相同的含义，这一点应该毫无疑问。那么，如果认为铜钺图像中十二个"十"字形图案可以作为平年十二个月的基本月数的象征的话，那么圆形铜器图像中的十三个"十"字形图案就显然应是闰年十三个月的象征，它比铜钺图像多出的一个"十"字，恰好可以解释为闰年比平年多出的一个闰月。这种解释如果同圆形铜器边缘由绿松石镶嵌组成的 61 这个数字一起考虑，将会更有意义。我们不认为这个数字不具有某种特殊的意味，因为 61 正好是《尧典》历法体系回归年长度的六分之一。换句话说，假如将圆形铜器边缘绿松石镶嵌所表现的 61 这个数字扩大 6 倍，恰好可以得到 366，而这正是《尧典》历法体系的岁实。显然，我们很难相信这个结果完全出于巧合。

现在我们通过对圆形铜器图像的分析，可以得到两组具有象征意义的结果：

第一，61×6＝366，象征回归年的天数；

第二，13，象征闰年十三月。

如果我们不把这两组结果看成是彼此孤立的，而是构成同一体系的不同要素的话，那么它就简直可以视为对于《尧典》"积三百有六旬有六日，以闰月定四时成岁"历法体系的形象图解！二者如出一辙，吻合无间。

六这个数字对于复原《尧典》的岁实体系看来很重要，其实它在铜钺图像中——内周的六个"十"字形图案——已经出现，这意味着古人选取 61，也就是 366 的六分之一这个数字布列于铜器，显然是一种刻意的行为。

古人缘何单单选择 366 的六分之一，即 61 这个数字布列于铜器，而不选择能够构成 366 的其他什么倍数？这实际意味着我们应该如何解释六这个数字所具有的特殊意义。很明显，如果我们把铜器图像中历月与岁实的关系建立起联系，六便是问题的关键所在，因为只有把 61 扩大 6 倍，历月与岁实的解释才得以成立。我们认为，圆形铜器图像中暗含的六的意义来源于一种古老的历月阴阳的观念，事实上，两件铜器图像共同布列双层"十"字的现象已经暗示了这一点。圆形铜器图像内外两周俱列十三个"十"字，象征月有阴阳之分；铜钺图像外列十二个"十"字，象征十二月，内列六个"十"字，象征六阳月与六阴月。这六个"十"字实际已使圆形铜器图像中暗含的六彻底明朗了。

中国古代律历不分，古人以十二律应十二月，十二律有六律六吕之分，六律为阳，六吕为阴，故十二月也就有阴阳雌雄的区别。《淮南子·天文训》云：

> 律之数六，分为雌雄，故曰十有二钟，以副十二月。

《新书·六术》云：

> 一岁十二月，分而阴阳各六月，是以声音之器十二钟，钟当一月，其六钟阴声，六钟阳声。

俱道此理。声律的产生在中国是很古老的事情，舞阳骨律的出土已将它的历史至少提前到了距今八千年前，而当时骨律的作用应该就是用来候气定月①。《吕氏春秋》十二月纪及《礼记·月令》诸文献记十二月阴阳的分配是：

六阳月			六阴月		
寅	孟春	律中太蔟	卯	仲春	律中夹钟
辰	季春	律中姑洗	巳	孟夏	律中仲吕
午	仲夏	律中蕤宾	未	季夏	律中林钟
申	孟秋	律中夷则	酉	仲秋	律中南吕
戌	季秋	律中无射	亥	孟冬	律中应钟
子	仲冬	律中黄钟	丑	季冬	律中大吕

文献学所提供的证据是将十二律的起源归于黄帝时代，《史记·历书》司马贞《索隐》引《世本》云："伶伦造律吕。"考古学的证据则显示，律吕的起源比人们想象的可能更早。舞阳骨律已具八律②，自八千年前到二里头文化

---

① 冯时：《星汉流年——中国天文考古录》，四川教育出版社 1996 年版。
② 吴钊：《贾湖龟铃骨笛与中国音乐文化之谜》，《文物》1991 年第 3 期。

的四千年时间，古人认识另外四律的工作是足够从容了。事实上，如果人们已经能够认识八律，那么，将一个八度分为十二个不完全相等的半音并不是一件困难的事情，因此，二里头文化先民已经掌握十二律应该是可能的。

六为六律六吕之数，亦为天数之常。《国语·周语下》云：

> 天六地五，数之常也。经之以天，纬之以地，经纬不爽，文之象也。……古之神瞽考中声而量之以制，度律均钟，百官轨仪，纪之以三，平之以六，成于十二，天之道也。夫六，中之色也，故名之曰黄钟，所以宣养六气、九德也。

韦昭《注》："天有六气，谓阴阳风雨晦明也。地有五行，金木水火土也。以天之六气为经，以地之五行为纬，而成之也。天之大数不过十二。六者，天地之中。天有六气，降生五味。天有六甲，地有五子，十一而天地毕矣。而六为中，故六律、六吕而成天道"。韦昭的解释非常明白，十天干与十二地支相配一周，甲出现六次，子出现五次，是为天有六甲，地有五子。甲为天干，故六甲为天数之常。这实际已经帮助我们阐明了二里头文化铜器图像中"十"字形图像的含义，它其实就是天干"甲"字的象形。商代甲骨文的甲字即作横竖交叉的"十"字形，与此全同。而铜钺图像内周恰布六甲，命意吻合。

二里头文化铜器以甲字作为图像中最基本的符号，其含义已经再明白不过。甲是天干，天干来源于十日神话[①]。而甲字又作"十"形二绳交午，指向东、西、南、北四方，字形来源于古人利用太阳测定四方的二绳图像的写实。这一性质与以太阳的出没决定一日，以太阳的周年运转（实际是地球公转）决定岁实的历法原则甚相符合。《说文·十部》："十，数之具也。一为东西，｜为南北，则四方中央备矣。"许慎以四方解释"十"字的构形原则实际与先秦古文字的"十"字并不相合。尽管如此，我们还是可以据此看出，古人以"十"字形符号象征四方的观念却是渊源有自的。因此，许慎移用古人对于"十"字含义的理解去解释汉代的"十"字虽然荒唐，但这毕竟说明古代社会普遍出现的"十"字的意义确实来源于古人对于四方的认识，而这种"十"字形符号在先秦古文字中便是"甲"字。

---

① 郭沫若：《释支干》，《甲骨文字研究》，科学出版社1962年版。

甲作为记日的天干，同时又是十干之首，自然可以借用为时间的象征。《春秋经·桓公十七年》："冬十月朔。"杜预《集解》："甲乙者，历之纪也。"《礼记·郊特牲》："日用甲，用日之始也。"孔颖达《正义》："甲是旬日之初始，故用之也。"这些内容与日作为月、年等循环周期基本单位的历法原则也相符合。《白虎通·四时》："岁者，遂也。三百六十六日一周天，万物毕成，故为一岁也。……言岁者以纪气物，帝王共之，据日为岁。"因此，两件铜器图像中皆以记日之天干日甲象征历法中的日、月、岁，既有日作为月、岁最基本的组成单位的暗寓，又与周缘 366 日的岁实数字匹合，历理贯通。

明白了甲字作为图像基本符号的道理，我们便有能力对两件铜器图像的含义做一个完整的说明。图像中皆以圆形为最基本的图形，象征天道，又以"甲"字作为历日的象征，乃是组成历月及历年的基本单位。铜钺图像外周布列十二个甲字，象征十二月，乃天之大数，为一岁之常；内周布列六甲，适为天地之中数。六律六吕以成天数十二，又与外周十二甲象征阴阳十二月相呼应。圆形铜器图像边缘一周布数 61，以天地之中数六之，则为 366，是为一岁之天数。双周甲字则有历月阴阳之寓，每周各布十三个甲字，象征闰年十三月，含有以闰月定四时成岁之意。毋庸置疑，《尧典》的历法体系得到了考古学的印证，其渊源古老甚明矣。

众所周知，钺是古代君王独享的权杖，汉字的"王"字甚至就是铜钺的象征[1]。君王不仅是权力的垄断者，同时也是天文历数的垄断者，而且在早期社会中，天文历数实际就是王权的核心内涵。二里头文化在象征王权的铜钺上布列历数，正是君王禀承天命，掌握历数与权力的完美统一。而圆形铜器则可能因具有某种特殊的用途而富有特殊的意义。

二里头第三期文化的性质目前还存在争议，碳十四测年数据多集中在公元前 18 至前 17 世纪前后，最晚可能可以到公元前 16 世纪末叶，但基本上尚未进入商代的年代范畴，因此它可能属于夏代晚期的文化[2]。如果是这样，那么《尧典》的历法体系则应反映了夏代历法的某些特点，这些特点当然是我们在《夏小正》一书中所无法看到的，因而具有特殊的价值。或许我们将二里头第三期文化归入早商文化[3]，恐怕也不会不存在这种可能性。因为从

---

[1]　林沄：《说"王"》，《考古》1965 年第 6 期。
[2]　孙华：《关于二里头文化》，《考古》1980 年第 6 期。
[3]　殷玮璋：《二里头文化探讨》，《考古》1978 年第 1 期。

历法的角度讲，两件铜器图像所印证的《尧典》历法体系与甲骨文所反映的商代晚期的历法系统明显存在着某种继承关系，这种继承如果看做是商代先民向夏代先民学习的结果当然也无可厚非，但问题是商人能在多大程度上继承夏代的历法，这一点却是我们在准确确定二里头第三期文化的性质之前所不易判断的。然而若将二里头文化圆形铜器所反映的《尧典》历法体系纳入商代的历法系统，那问题至少要简单得多。当然，这些问题的最终解决还有赖于考古学的深入研究。

我们通过对两件二里头文化铜器图像的研究，首次揭示了迄今所知中国最古老的历法的基本面貌。事实上，由于它所体现的早期历法的基本内涵与《尧典》所保存的历法体系如出一辙，因此，这两件遗物无论属于夏代先民的遗作还是早商先民的劳绩，都使传世文献与出土遗物彼此得到了有机的印证，显然，它为探讨《尧典》以及其所存留的古代历法的时代与内涵提供了难得的考古学物证，从而加深了我们对相关问题的认识。它使我们不仅通过这些物证目睹了《尧典》保留的夏商历制的确凿史实，而且有机会看到一个从《尧典》到殷商甲骨文的在历法测算上日臻精密，而历制原则却基本不变的古代历法的发展过程，这对中国早期文明史及科技史的研究无疑具有重要的意义。

六、殷卜辞四方风研究

殷卜辞中完整的四方风材料，迄今所见共有两版。一为记事刻辞，收于《甲骨文合集》第 14294 版（图 3—58），释文如下：

> 东方曰析，凤（风）曰协。
> 南方曰因，凤（风）曰微。
> 西方曰夷，凤（风）曰彝。
> ［北方曰］夗，凤（风）曰役。

此为武丁时期的牛胛骨刻辞。另一为祈年卜辞，收于《甲骨文合集》第 14295 版（图 3—59），释文如下：

> 辛亥，内贞：今一月帝令雨？四日甲寅夕……。一二三四
> 辛亥卜，内贞：今一月［帝］不其令雨？一二三四
> 辛亥卜，内贞：禘于北，方曰夗，凤（风）曰役，被［年］？一二

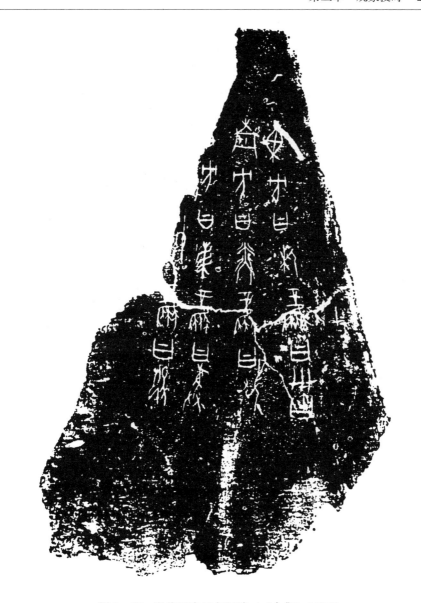

图 3—58　殷代四方风名刻辞（《合集》14294）

三四

　　辛亥卜，内贞：禘于南，方曰微，凤（风）［曰］遲，祓年？一月。

一二三四

　　贞：禘于东，方曰析，凤（风）曰协，祓年？一二三［四］

图 3—59   殷代四方风卜辞（《合集》14295）

贞：禘于西，方曰彝，凤（风）曰彝，祓年？一二三四

此为武丁时期的龟腹甲刻辞。卜日辛亥在殷历一月。"禘"，字从"□"，与作为天帝的"帝"字构形不同，用为祭名。第四辞夺"曰"字。此外，有关殷代四方风的零星材料还见于以下诸辞（图 3—60）：

图 3—60　殷代四方风卜辞

1.《英藏》1288　2.《粹》195　3.《京津》4316　4.《合集》30393

　　卯于东方析，三牛、三羊、青三？　　　《英藏》1288

　　乙酉贞：又岁于伊、西彝？　　《粹》195

　　其宁唯日、彝、轇？用。　　《京津》4316

　　轇凤（风）唯豚，有大雨？　　《合集》30393

第一辞属武丁时期，第三、四辞属祖甲至康丁时期，第二辞是所谓的"历组"卜辞，时代尚有争议，大致在祖甲前后。上录诸辞方名与风名或有颠倒，胡厚宣先生曾综合卜辞及文献做过精审的考证[①]。据此，殷代四方风名的真实情况当如下示：

东方	析	东方风	协
南方	因、遅	南方风	微
西方	彝	西方风	乌、隶、轇
北方	九	北方风	役

　　关于殷代四方风的确切含义，学者已做过多方面的有益讨论。我们认为，殷代四方风反映了殷代分至四气及其时的物候现象，从而构成了殷人独立的标准时体系。这一体系是殷人制定历法的一项重要依据。

1. 四风与八风

　　殷代四方风卜辞明确显示，四风与四方有着固定的对应关系，这种观念在中国古文献中有着充分的反映。四方为东、南、西、北四个正方向，并之东北、东南、西北、西南四维，即成八方。八方与风相配，便构成八风。《左传·隐公五年》："夫舞，所以节八音而行八风。"杜预《集解》："八风，八方之风也，以八音之器播八方之风。"古人又以八卦布定方位，服虔《注》云："八风，八卦之风也。乾音石，其风不周。坎音革，其风广莫。艮音匏，其风融。震音竹，其风明庶。巽音木，其风清明。离音丝，其风景。坤音土，其风凉。兑音金，其风阊阖。"以八风与八卦相应。关于八风、八音、八卦与方位的关系，韦昭言之甚明。《国语·周语注》云："正西曰兑，为金，为阊阖风。西北曰乾，为石，为不周。正北曰坎，

　　① 胡厚宣：《甲骨文四方风名考证》，《甲骨学商史论丛初集》第二册，成都齐鲁大学国学研究所 1944 年石印本；《释殷代求年于四方和四方风的祭祀》，《复旦学报》（人文科学）1956 年第 1 期。

为革，为广莫。东北曰艮，为匏，为融风。正东曰震，为竹，为明庶。东南曰巽，为木，为清明。正南曰离，为丝，为景风。西南曰坤，为瓦，为凉风。"八方的方位是四正四维，殷代四风只与东南西北四个正方向相配，因而成为后世八方与八风的基础。一些学者认为，殷代四方风即后世八风的滥觞[①]，这是极精辟的见解。

古人以为，风为震物之气，不同季节的风导致产生不同的物候征验。按照中国古代的传统思维，凡阴阳律历皆来源于《易》，气为物之先导，故物无以验则验之气，气无以验则验之风。《释名·释天》："风，氾也。其气博氾而动物也。"事实上，不同季节的风也就是来自于不同方向的风。《左传·襄公二十九年》："八风平。"杜预《集解》："八方之气谓之八风。"《左传·隐公五年》孔颖达《正义》："八方风气，寒暑不同，乐能调阴阳，和节气。"《白虎通·礼乐》："八风六律者，天气也，助天地成万物者也。"均以八风为寒暑季节之气。《说文·风部》："风，八风也。东方曰明庶风，东南曰清明风，南方曰景风，西南曰凉风，西方曰阊阖风，西北曰不周风，北方曰广莫风，东北曰融风。"段玉裁《注》："故凡无形而致者皆曰风。《诗序》曰：风，风也，教也。风以动之，教以化之。"许慎以八风诠释风，更表明了风所具有的物候特征。

八风与季节究竟如何配属，古文献有着明确解释。《礼记·乐记》："八风从律而不奸。"郑玄《注》："八风从律，应节至也。"孔颖达《正义》："八风，八方之风也。律谓十二月之律也。乐音象八风，其乐得其度，故八风十二月律应八节而至。"《史记·律书》："天所以通五行八正之气。"司马贞《索隐》："八谓八节之气，以应八方之风。"知八风实分配分至启闭八节。古人以八卦应八节，《乐纬》："坎主冬至，乐用管。艮主立春，乐用埙。震主春分，乐用鼓。巽主立夏，乐用笙。离主夏至，乐用弦。坤主立秋，乐用磬。兑主秋分，乐用钟。乾主立冬，乐用枳梧。"如汉儒所言，八方、八卦、八风与八节相属，其意实同。

中国古历中的八节是指春分、秋分（分）、夏至、冬至（至）、立春、立夏（启）和立秋、立冬（闭）。八节与八风的关系在古文献中得到了十分明

---

① 胡厚宣：《甲骨文四方风名考证》，《甲骨学商史论丛初集》第二册，成都齐鲁大学国学研究所1944年石印本；《释殷代求年于四方和四方风的祭祀》，《复旦学报》（人文科学）1956年第1期；常正光：《殷代授时举隅——"四方风"考实》，《中国天文学史文集》第五集，科学出版社1989年版。

确的阐述。《淮南子·天文训》云：

> 何谓八风？距日冬至四十五日，条风至。条风至四十五日，明庶风
> 至。明庶风至四十五日，清明风至。清明风至四十五日，景风至。景风
> 至四十五日，凉风至。凉风至四十五日，阊阖风至。阊阖风至四十五
> 日，不周风至。不周风至四十五日，广莫风至。条风至则出轻系，去稽
> 留。明庶风至则正封疆，修田畴。清明风至则出币帛，使诸侯。景风至
> 则爵有位，赏有功。凉风至则报地德，祀四郊。阊阖风至则收悬垂，琴
> 瑟不张。不周风至则修宫室，缮边城。广莫风至则闭关梁，决刑罚。

这些记载表明，古人以冬至点为准，平均每隔四十五日定一方风，符合八节
的周期，这是采用恒气布历的结果。在高诱的注释中，也正是将八风看作分
至启闭八节之风。

八风与八节的这种关系，在同时代的文献中有着更为详确的表现。徐坚
《初学记》卷一引《易纬》云：

> 八节之风谓之八风。立春，条风至。春分，明庶风至。立夏，清明
> 风至。夏至，景风至。立秋，凉风至。秋分，阊阖风至。立冬，不周风
> 至。冬至，广莫风至。

每节各司一方风。相同的内容还见于《太平御览》卷九。据孔颖达《左传正
义》（《隐公五年》及《昭公二十年》），此为《通卦验》文。不啻如此，《通
卦验》在表现八风、八节与物候、时令及历忌等的相互关系与配属方面，更
有详备的记载。《太平御览》卷九引《易纬通卦验》云：

> 冬至，广莫风至，诛有罪，断大刑。立春，条风至，赦小罪，出稽
> 留。春分，明庶风至，正封疆，修田畴。立夏，清明风至，出币帛，礼
> 诸侯。夏至，景风至，拜大将，封有功。立秋，凉风至，报土功，祀四
> 乡。秋分，阊阖风至，解悬垂，琴瑟不张。立冬，不周风至，修宫室，
> 完边城。八风以时则阴阳合，王道成，万物得以育生。王当顺八风，行
> 八政，当八卦也。

这些内容与《淮南子》所记基本相同。《通卦验》（郑玄注）又云：

冬至，广莫风至，兰、射干生，麋角解，曷旦不鸣（四者群物炁至之应也）。

立春，雨水降，条风至，雉雊，鸡乳，冰解，杨柳樟（降，下也。雊，鸣相呼也。柳，青杨色也。樟，读如柘，杨稊状，如女桑秀然也。时案：《艺文类聚》卷三引作"立春，条风至，雉雊，鸡乳，冰解，杨柳津"）。

春分，明庶风至，雷雨行，桃始花，日月同道（明庶，照达庶物之风。雷雨所以解释孚甲。日月一分则同道也。时案：《艺文类聚》卷三引作"春分，明庶风至，雷雨行，桃李华"）。

立夏，清明风至，而暑鹊声蜚，电见早出，龙升天（清明，风景清洁之风。鹊鸣声蜚，皆鸟兽应时候。龙，心星也。《诗》云："绸缪束薪，三星在天。"亦谓此时也。时案：《初学记》卷三引作"立夏，清明风至，而暑鹊鸣，博谷飞，电见，龙升天"）。

夏至，景风至，暑且湿，蝉鸣，螳螂生，鹿解角，木茎荣（景风，长大万物之风也。蝉，蜩。木茎，柳椵。荣，华也。时案：《太平御览》卷二三引作"夏至，景风生，蝉始鸣，螳螂生，鹿角解，木槿荣。"又云："夏至，小暑，虾蟆无声。"《礼记·月令》孔颖达《正义》引此于"虾蟆无声"之前又有"博劳鸣"三字。郑注亦有讹字）。

立秋，凉风至，白露下，虎啸，腐草为嗌，蜻蚓鸣（凉风，风有寒炁。白露，露得寒炁始转白。虎啸始盛，秋炁有猛意。旧说腐草为鸣，今言嗌，其物异名乎。蜻蚓，蟋蟀之名也。时案：下文有云："白露云炁五色，蜻蚓上堂。"故字应作"蚓"。《文选》李善《注》引作"立秋，蜻蚓鸣"，亦作"蚓"）。

秋分，风凉惨，雷始收，鸷鸟击，玄鸟归，昌盍风至（收，藏也。鸷鸟，鹰鹯之属也。玄鸟随阳，故南归也。昌盍，盖藏物之风也）。

立冬，不周风至，始冰，荞麦生，宾爵入水为蛤（立冬应用事，阳炁生异，故不周风至，周达万物之不及时者。时草死尽，惟荞麦生耳。宾爵入水为蛤，亦物应时之变候。时案：《艺文类聚》卷三引作"立冬，不周风至，水始冰，荞麦生，鹭雀入水为蛤"）。

八风与八节、物候的配合，不仅构成了中国传统的卦候及卦气理论的主要内容，同时也反映了古人以风气测定节候的传统做法。《左传·隐公五年》："夫舞，所以节八音而行八风。"《左传·昭公二十年》："五声，八风。"杜预《集解》："八音，金、石、丝、竹、匏、土、革、木也。八风，八方之风也。以八音之器播八方之风，手之舞之，足之蹈之，节其制而序其情。"孔颖达《正义》："此八方之风以八节而至，但八方风气寒暑不同，乐能调阴阳，和节气，故乐以八风相成也。"五声即宫、商、角、徵、羽，八音按郑玄《周礼·春官·大师注》的解释是，"金，钟镈也。石，磬也。土，埙也。革，鼓鼗也。丝，琴瑟也。木，柷敔也。匏，笙也。竹，管箫也"。联系前引《礼记·乐记》中有关"八风从律而不奸"的记载以及汉儒主张八风配律、应节而至的种种解释，可以认为，这种将八风与律吕相互匹合的做法实际正是中国传统候气法的具体体现。候气法是一种以律吕测气定候的方法，它的起源相当古老，惜其术绝来既久。《续汉书·律历志》中略有涉及，但已不得其详。《魏书》卷九十一、《北史》卷八十九及《隋书·律历志》均载东魏数学家、天文学家信都芳曾潜心研习古式，复原律管候气之法的故事。《隋书·律历志》同时记载隋开皇九年高祖文帝遣毛爽及蔡子元、于普明等依古法候气立节，并作《律谱》，后皆不传。近年河南省舞阳县贾湖遗址出土的新石器时代骨制律管，似乎透露了早期候气之术的某些线索，这些问题我们在第四章再作讨论。据上引文献分析，八风与八节之候相配，显然构成了八风的全部内容。八风作为八方之风或八卦之风，均表示八节[1]。

对于说明八风与定候的关系，汉代文献的记载极有助益。《白虎通·八风》云：

> 距冬至四十五日条风至，条者，生也。四十五日明庶风至，明庶者，迎众也。四十五日清明风至，清明者，清芒也。四十五日景风至，景者，大也，言阳气长养也。四十五日凉风至，凉，寒也，阴气行也。四十五日昌盍风至，昌盍者，戒收藏也。四十五日不周风至，不周者，不交也，言阴阳未合化也。四十五日广莫风至，广莫者，大莫也，开阳

---

[1]　胡厚宣：《释殷代求年于四方和四方风的祭祀》，《复旦学报》（人文科学）1956年第1期；常正光：《殷代授时举隅——"四方风"考实》，《中国天文学史文集》第五集，科学出版社1989年版。

气也。故曰条风至地暖，明庶风至万物产，清明风至物形乾，景风至棘造实，凉风至黍禾乾，昌盍风至生荠麦，不周风至蛰虫匿，广莫风至则万物伏。

《太平御览》卷九引《春秋考异邮》（宋均注）云：

> 八风杀生，以节翱翔。距冬至四十五日条风至，条者，达生也（距，犹起也。自冬至后四十五日而立春，此风应其方而来生万物）。四十五日明庶风至，明庶，迎众（春分之候。言庶众也。阳以施惠之恩德迎众物而生之）。四十五日清明风至，清明者（时案：此三字脱，据明孙毂《古微书》补），精芒挫收（立夏之候也。挫，犹止也。时荠麦之属秀出已备，故挫止其锋芒收之使成实）。四十五日景风至，景风，强也，强以成之（夏至之候也。强，言万物强盛也）。四十五日凉风至，凉风者，寒以闭也（立秋之候也。闭，收也，言阴寒收成万物也）。四十五日阊阖风至，阊阖者，当寒天收也（秋分之候也。阊阖，盛也。时盛收物盖藏之）。四十五日不周风至，不周者，不交也，阴阳未合化也（立冬之候也。未合化，言消息纯坤无阳也）。四十五日广莫风至，广莫者，精大满也（冬至之候也。言冬物无见者，风精大满美无偏）。

据此可知，八风实即八节之气，也就是八节之候。

八节之中以二分二至为最重要的时间标志，故予特别的强调。按照传统的理解，八风始终只与八经卦相互配属，似乎掩盖了分至四气于八节中的特殊性。古文献中这类记载很多，《周礼·春官·保章氏》贾公彦《疏》引《春秋考异邮》云：

> 故八卦主八风，距同各四十五日。艮为条风，震为明庶风，巽为清明风，离为景风，坤为凉风，兑为阊阖风，乾为不周风，坎为广莫风。

又引《易纬通卦验》云：

> 三月、六月、九月、十二月皆不见风，惟有八风以当八卦八节。

这些内容对于人们正确认识八风的形成往往会造成某种局限。事实上，有迹象显示，这种以八风配合八卦的程式曾经存在着某些极为关键的变化。《易纬乾元序制记》云：

> 坎初六，冬至，广莫风；九二，小寒；六三，大寒；六四，立春，条风；九五，雨水；上六，惊蛰。震初九，春分，明庶风；六二，清明；六三，谷雨；九四，立夏，温风；六五，小满；上六，芒种。离初九，夏至，景风；六二，小暑；九三，大暑；九四，立秋，凉风至；六五，处暑；上九，白露。兑初九，秋分，阊阖风，霜下；九二，寒露；六三，霜降；九四，立冬，始冰，不周风；九五，小雪；上六，大雪也。
>
> 坎初，冬至，广莫。震初，春分，明庶。离初，夏至，景风。兑初，秋分，（阊阖），霜下。

郑玄《注》："此四卦者，始效分至，二十四气之主，故候其初用事，以占之失。"据此可以看出，八风本不与八经卦配属，而是由坎、震、离、兑四时卦统领，且每卦之初爻均与分至四中气相互对应，从而形成了八风与四时卦，或者说是四风与四时卦的一种新型关系。这种关系实际来源于一个最基本的概念，这就是四仲卦主配四方风的概念。在另一些文献中，这一概念得到了十分明确的阐释。《易纬稽览图》云：

> 冬至十一月中广漠风，春分二月中明庶风，夏至五月中凯风，秋分八月中阊阖风。冬至日在坎，春分日在震，夏至日在离，秋分日在兑。

很明显，八卦与八风配合的最初模式应是震、离、兑、坎四仲卦与东、南、西、北四方风的配属，在此基础上，古人逐渐完成了八风体系。

殷卜辞所记的四方风无疑可视为上述体系的雏形。由于与后世的八风相比，殷代四方风只是其中的四仲之风，即东、南、西、北四风。因此，如果说八风的实际意义是分至启闭八节的象征，那么就有理由认为，殷代的四方风应该象征其中的二分二至四中气。从这个观点看，殷代四方神应是司分司至之神，而四方风则为分至之候。

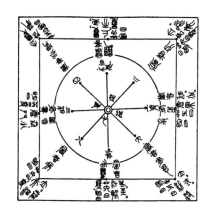

图 3—61　西汉太一式盘（安徽
阜阳双古堆西汉汝阴侯墓出土）

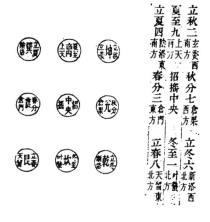

图 3—62　《灵枢经》载"合八风虚实邪
正图"及九宫与八节之配属

　　中国古代以八方主配八节的传统如果不是直接影响着八风与八节的配属形式，起码彼此也应是平行发展的。对于这一基本关系的说明，除文献之外，古代遗物所显示的证据也相当充分。安徽阜阳双古堆西汉初年汝阴侯夏侯灶墓出土的漆木式盘（约当汉文帝十五年，公元前 165 年）[①]，明确反映了八方与八节的配合形式。式盘的天盘布列九宫之位，即甄鸾于《数术记遗》中所说的"二四为肩，六八为足，左三右七，戴九履一"的图式[②]，比较《大戴礼记·明堂》等汉代典籍中普遍流行的二九四、七五三、六一八的九宫布局，唯缺中宫的五位。此盘配数合后天八卦方位，为洛书之数，并与地盘正面于四方四维分列的分至启闭八节对应。八节的次序为下北冬至，上南夏至，左东春分，右西秋分，东北立春，东南立夏，西南立秋，西北立冬（图 3—61）。相同的图式与配数不仅在《灵枢经·九宫八风》章中已有存留（图 3—62），甚至其中的重要内容也可与《灵枢》的细节相互印证。假如八方与八节所具有的密切关系不能被视为八风与八节这种独特配属形式的来源的话，那么就应该考虑这样一种可能，即古人至少通过两条截然不同的途径完成了对八节的认识过程，一条途径是天文学，另一条则是物候学。

　　① 安徽省文物工作队、阜阳地区博物馆、阜阳县文化局：《阜阳双古堆西汉汝阴侯墓发掘简报》，《文物》1978 年第 8 期。
　　② 隋萧吉《五行大义》卷一引《黄帝九宫经》云："戴九履一，左三右七，二四为肩，六八为足，五居中宫，总御得失。"后人解洛书多因此说。《隋书·经籍志》收《黄帝九宫经》一卷，久佚。

2. 卜辞四方风名考释

殷代四方风材料比较完整地保留在两部典籍之中，其一为《尚书·尧典》，其二为《山海经》。《尧典》云：

> 乃命羲、和，钦若昊天，历象日月星辰，敬授人时。
>
> 分命羲仲，宅嵎夷，曰旸谷。寅宾出日，平秩东作。日中，星鸟，以殷仲春。厥民析，鸟兽孳尾。
>
> 申命羲叔，宅南交。平秩南讹。敬致。日永，星火，以正仲夏。厥民因，鸟兽希革。
>
> 分命和仲，宅西，曰昧谷。寅饯纳日，平秩西成。宵中，星虚，以殷仲秋。厥民夷，鸟兽毛毨。
>
> 申命和叔，宅朔方，曰幽都。平在朔易。日短，星昴，以正仲冬。厥民隩，鸟兽氄毛。
>
> 帝曰："咨，汝羲暨和！朞三百有六旬有六日，以闰月定四时成岁。"

《山海经》云：

> 有人名曰折丹①，东方曰折，来风曰俊，处东极以出入风。
>
> 　　　　　　　　　　　　　　　　　　　　（《大荒东经》）
>
> 有神名曰因[因]乎，南方曰因[乎]，夸（来）风曰[乎]民②，处南极以出入风。　　　　　　　　　　　　　（《大荒南经》）
>
> 有人名曰石夷，西方曰夷③，来风曰韦，处西北隅以司日月之长短。
>
> 　　　　　　　　　　　　　　　　　　　　（《大荒西经》）
>
> 有人名曰鹓，北方曰鹓，来[之]风曰狻④，是处东极隅以止日月，使无相间出没，司其短长。　　　　　　　（《大荒东经》）

---

① 《北堂书钞》卷一百五十一及《太平御览》卷九引此经俱作"有人名曰折丹"，今本夺"有人"二字。郝懿行《笺疏》疑脱"有神"二字。

② 孙诒让谓首句"因"字误重，三句"来"又误作"夸"。见《札迻》卷三。胡厚宣先生谓"乎"字为衍文。见胡厚宣《释殷代求年于四方和四方风的祭祀》，《复旦学报》（人文科学）1956年第1期。

③ 此四字今本脱，胡厚宣先生据卜辞及《尧典》补。见胡厚宣《释殷代求年于四方和四方风的祭祀》，《复旦学报》（人文科学）1956年第1期。

④ 孙诒让谓衍"之"字。见《札迻》卷三。

殷代四方名于《尧典》称"厥民某",于《山海经》称"有人(神)名曰某","民"、"人"同意。《尧典》:"敬授人时。"《史记·五帝本纪》作"敬授民时";《尚书·皋陶谟》:"安民则惠。"《后汉书·左雄列传》作"安人则惠";《尚书·无逸》:"怀保小民。"《汉书·谷永传》作"怀保小人";《左传·襄公三十一年》:"人生几何。"《汉书·五行志中》作"民生几何";《孝经·三才》:"民之易也。"陆德明《释文》引作"人之易"。故四方之人(民)皆谓方神。这些内容对于推考卜辞四方风的本义非常重要。

(1)东方神名与风名

东方神名,卜辞作"析",《尧典》同。《山海经》作"折","折"同"析"[1]。《说文·木部》:"析,一曰折也。"《尚书大传》作"晳阳"。郑玄《注》:"晳当为析。""晳"亦通"析"。《左传·僖公十五年》:"蛾晳谓庆郑曰。"陆德明《释文》:"晳,本或作析。"可证。"析"、"折"意同为分。《广雅·释诂一》:"析、折,分也。"《史记·司马相如列传》:"析珪而爵。"司马贞《索隐》引如淳曰:"析,中分也。"《汉书·扬雄传下》:"析人之圭。"师古《注》:"析亦分也。"卜辞东方析训分,意为春分之时昼夜平分。《尧典》"日中"与"厥民析"相应。伪孔《传》:"日中谓春分之日。"郑玄《注》:"日中宵中者,日见之漏与不见者齐也。"[2] 孔颖达《正义》:"于日昼夜中分,刻漏正等。"知"日中"时即春分。《礼记·月令》:"仲春之月,日夜分。"《吕氏春秋·仲春纪》:"是月也,日夜分。"俱指春分日夜平分。古以春分配属东方,故以"析"名其神。

《尧典》:"分命羲仲,宅嵎夷,曰旸谷。寅宾出日,平秩东作。"《说文·日部》:"旸,日出也。"《淮南子·天文训》:"日出于旸谷,浴于咸池。"[3]《后汉书·东夷列传》:"昔尧命羲仲宅嵎夷,曰旸谷,盖日之所出也。""旸谷"又作"汤谷"。《山海经·海外东经》:"汤谷上有扶桑,十日所浴。……九日居下枝,一日居上枝。"《大荒东经》:"汤谷上有扶木,一日方至,一日方出,皆载于乌。"《天问》:"出自汤谷,次于蒙汜。""扶桑"又名"若木"。《说文·叒部》:"叒,日初出东方汤谷所登榑桑,叒木也。"知

---

① 胡厚宣:《释殷代求年于四方和四方风的祭祀》,《复旦学报》(人文科学)1956年第1期;杨树达:《甲骨文中之四方风名与神名》,《积微居甲文说》,中国科学院1954年版。

② 见《诗·齐风·东方未明》孔颖达《正义》。

③ 据商务印书馆影印传抄北宋本。今本"旸谷"作"汤谷"。

旸谷即东方日出之地。郑玄《注》："寅宾出日,谓春分朝日。"①《史记·五帝本纪》"寅宾"作"敬道"。蔡沈《集传》："寅,敬也。宾,礼接之如宾客也。出日,方出之日。盖以春分之旦朝方出之日,而识其初出之景也。"知"寅宾出日"即春分之时敬迎东方日出,测其晷影。盛百二《尚书释天》："宾饯测日,与下'敬致'不同。彼测于正午之时,以表景之长短,知日行之发敛。而此则测之于卯酉,以表景之斜直,知日躔之进退。所争在俄顷,必先以候之,始知宾饯之喻,分外亲切。"古春分朝日之礼沿行甚久。《国语·周语上》："古者先王既有天下,又崇立上帝明神而敬事之,于是乎有朝日夕月,以教民事君。"《鲁语下》："是故天子大采朝日,……少采夕月。"韦昭《注》："以春分朝日,秋分夕月。《礼》:天子以春分朝日,示有尊也。"殷卜辞也见"出日"之祭。《周礼·春官·冯相氏》郑玄《注》引"平"作"辨",《尚书大传》同。《史记·五帝本纪》作"便"。《广雅·释言》:"便便,辨也。"杨筠如《尚书覈诂》:"秩,察也。"曾运乾《尚书正读》:"辨秩,辨别秩序也。""东作"之意,旧均以此及下文"南讹"、"西成"、"朔易"就农事泛言,与文义不合。陈寿祺云:"作训始也。言日月之行于是始,羲仲辨次之也。"② 其说近是,唯以"东作"仅限于日月之行,似嫌偏畸。《尧典》此章首云:"乃命羲、和,钦若昊天,历象日月星辰,敬授人时。"盖日月星辰之行次均属"东作"之列。《风俗通义·祀典》引《青史子》:"辨秩东作,万物触户而出。"意当源于日月星辰于东方冒地而升。古人以为,人有居于东方日出之地,于春分迎祭东方日出,辨察日月星辰于东方之初出行次。春分之时,日出正东,昼夜平分,斗杓东指,故殷人以春分配属东方,而东方析应即司掌春分之神。

东方风名,卜辞作"协",字本作"劦",《山海经》作"俊","协"、"俊"意近③。《说文·劦部》:"劦,同力也。《山海经》曰:'惟号之山,其风若劦。'"今本作"飋"。《国语·周语上》:"瞽告有协风至。""协风"即"劦风"。"协"意为合,《说文·劦部》:"协,同众之和也。"《尧典》:"协和万邦。"《史记·五帝本纪》作"合和万国"。《国语·周语下》引《尚书·大誓》:"朕梦协朕卜。"韦昭《注》:"协,合也。"《左传·昭公七年》:"梦

① 见孔颖达《尚书正义》。
② 陈寿祺:《答仪徵公书》,《左海文集》卷四下,清嘉庆道光间三山陈氏家刻本。
③ 胡厚宣:《释殷代求年于四方和四方风的祭祀》,《复旦学报》(人文科学) 1956 年第 1 期。

协。"杜预《集解》："协，合也。"《周礼·秋官·乡士》："协日刑杀，肆之三日。"郑玄《注》："协，合也，和也。"《尔雅·释天》："太岁在未曰协洽。"李巡《注》："言阴阳化生，万物和合。协，和也。洽，合也。""合"有交合之意。《诗·大雅·大明》："天作之合。"毛《传》："合，配也。"《国语·楚语下》："于是乎合其州乡朋友婚姻。"韦昭《注》："合，会也。"《吕氏春秋·论威》："才民未合。"高诱《注》："合，交。"《礼记·月令》："虎始交。"郑玄《注》："交犹合也。"春分恰适阴阳交合之时。《逸周书·月令解》："春分之日玄鸟至。"《吕氏春秋·仲春纪》："是月也，玄鸟至，至之日，以太牢祀于高禖。"高诱《注》："玄鸟，燕也，春分而来，秋分而去。王者后妃以玄鸟至日祈继嗣于高禖。"《周礼·地官·媒氏》："中春之月，令会男女，于是时也，奔者不禁。……司男女之无夫家者而会之。"郑玄《注》："得耦为合。中春阴阳交，以成昏礼，顺天时也。""协"亦训和，与"合"意相因。《国语·郑语》："虞幕能听协风，以成乐物生者也。"韦昭《注》："协，和也。言能听知和风，因时顺气，以成育万物，使之乐生。""协"以合和为本训，意即阴阳合和而交，乃春分之候。

《尧典》："厥民析，鸟兽孳尾。"伪孔《传》："乳化曰孳，交接曰尾。"孔颖达《正义》："于是鸟兽皆孕胎卵孳尾匹合。产生曰乳，胎孕为化。"曾运乾《尚书正读》："孳尾者，乳化为孳，交接为尾，以物之生育而验其气之和也。"《列子·黄帝》："孳尾成群。"张湛《注》："孳尾，牝牡相生也。"卜辞东方风名协，正合此意，是气候协和之征。

殷之东风协于后世又作"谷风"，《尔雅·释天》："东风谓之谷风。"《诗·邶风·谷风》："习习谷风。"毛《传》："习习，和舒貌。东风谓之谷风。阴阳和，谷风至，夫妇和则室家成，室家成而继嗣生。"孔颖达《正义》："孙炎曰：'谷之言穀，穀，生也'。谷风者，生长之风。阴阳不和即风雨无节，故阴阳和乃谷风至。"知"谷风"与"协风"意同。义又引申为"调风"，又作"条风"、"滔风"，同音而通。《诗·秦风·终南》："有条有梅。"毛《传》："条，槄。"可证。《吕氏春秋·有始》："东方曰滔风。"《淮南子·墬形训》："东方曰条风。"条风本东方风，为春分之候，后易为东北方风，为立春之候。《易纬通卦验》："立春，调风至。"《山海经·南山经》郭璞《注》："东北风为条风。"《说文·言部》："调，和也。"《广雅·释诂三》："调，和也。"《国语·周语上》："先时五日，瞽告以协风至。"韦昭《注》："先，先立春日也。协，和也。风气和，时候至也。立春日融风也。"知协风、调风意亦相同。东风后又演为明庶风，《春秋考异邮》："明庶，迎众。"
宋均《注》："春分之候。言庶众也。阳以施惠之恩德迎众物而生之。"仍存
古意。

（2）南方神名与风名

南方神名，卜辞一作"因"①，《尧典》、《山海经》俱同。"因"意为长。
《说文·口部》："因，就也。"《广雅·释诂三》："因，就也。"就、长同训，
《广雅·释诂三》："就、长，久也。""因"又训仍。《说文·人部》："仍，因
也。"仍、就同训，亦有长意。《诗·大雅·常武》："仍执丑虏。"毛《传》：
"仍，就。"陆德明《释文》："仍，就也。本或作扔。"林义光《诗经通解》：
"仍读为扔，扔，引也。"引、长同意，《尔雅·释诂上》："引，长也。"
"因"、"仍"也有厚意。《尔雅·释诂下》："仍，厚也，因也。"厚有长意，
《左传·襄公十三年》："唯是春秋窀穸之事。"杜预《集解》："窀，厚也。
穸，夜也。厚夜犹长夜。""因"亦训旧。《管子·心术》："因也者，非吾所
顾，故无顾也。"戴望《校正》："因，旧也。"旧、久同训，意也为长。《尚
书·无逸》："时旧劳于外"，"旧为小人"。《史记·鲁周公世家》"旧"皆作
"久"。郑玄《注》："旧，犹久也。"②《诗·大雅·抑》："告尔旧止。"郑玄
《笺》："旧，久也。"《小尔雅·广诂》："旧，久也。"卜辞南方因训长，意为
夏至之时日长至。

卜辞南方神名又作"遟"，字本作"尸"，象人侧身而屈下肢，与卜辞
"尸方"之"尸"字形全同（图3—63，1、2）。"尸"作为方神名当读为
"遟"。殷周古文字"尸"、"夷"同字，卜辞"尸方"即夷方，金文屡见"东
尸"③、"南尸"④、"淮尸"⑤和"南淮尸"⑥，即东夷、南夷、淮夷和南淮夷。
"夷"与"遟"通用不别。《诗·小雅·四牡》："周道倭遟。"陆德明《释
文》："《韩诗》作倭夷。"《史记·平准书》："选举陵遟。"《汉书·食货志》
"遟"作"夷"。《淮南子·原道训》："昔者冯夷、大丙之御也。"高诱《注》：

① 裘锡圭：《古文字论集·释南方名》，中华书局1992年版；陈汉平：《古文字释丛·释因》，
《甲骨文与殷商史》第三辑，上海古籍出版社1991年版。
② 见《诗·商颂谱》孔颖达《正义》。
③ 如旟方鼎、保员簋、小臣谜簋。
④ 如競卣、无虫簋。
⑤ 如彔卣、师袁簋。
⑥ 如虢仲盨、鄯生盨、兮甲盘。

"夷或作遲。"《文选·刘孝标广绝交论》及《枚叔七发》李善《注》并引"夷"作"遲"。《匡谬正俗》："遲即夷也。古者遲、夷通用。""遲"或作"迡"。《说文·辵部》："迡，遲或从尸。"《尚书·盘庚》："遲任有言。"《集韵·脂韵》"迡"下引"遲"作"迡"。《汉书·扬雄传上》："灵遲迡兮。"《文选·杨子云甘泉赋》作"灵栖遲兮"。"遲"与"就"、"长"同训，皆久长之意。《广雅·释诂三》："就、迡、长，久也。"王念孙《疏证》："迡者，《说文》遲或作迡，从辵尸声。尸，古文夷字。"《说文·彳部》："徲，久也。读若遲。"《诗·小雅·采薇》："行道遲遲。"毛《传》："遲遲，长远也。"《诗·豳风·七月》："春日遲遲。"孔颖达《正义》："遲遲者，日长而暄之意。"《广雅·释训》："遲遲，长也。""夷"与"遲"相通，也有长意。《周礼·考工记·庐人》："酋矛常有四尺，夷矛三寻。"郑玄《注》："酋、夷，长短名。酋之言遒也，酋近夷长矣。"贾公彦《疏》："夷为长。"卜辞南方神名遲，以长为训，同指夏至日长至。

图 3—63

1.《甲编》279　2.《粹》1187　3.《乙编》580　4.《明》1621　5. 冄簋　6. 凫叔盨　7.《前编》6.53.4　8. 叔卣　9. 小子生尊　10. 孟戠父壶　11.《乙编》8502　12.《甲编》2364　13.《前编》4.1.7　14.《后编·下》19.10

卜辞"因"、"遲"互文，义同而声通。古音"因"属影纽真部字，"遲"属澄纽脂部字，"遲"或作"迡"，从"夷"声，"夷"属匣纽脂部字，影匣双声，真脂对转，同音可通。

《尧典》"日永"与"厥民因"相应，伪孔《传》："永，长也，谓夏至之日。"郑玄《注》："日长者，日见之漏五十五刻，于四时最长也。"[1] 孔颖达《正义》："于日正长，昼漏最多。"知"日永"时即夏至。《礼记·月令》：

---

① 见《周礼·夏官·挈壶氏》贾公彦《疏》。

"仲夏之月，日长至。"《吕氏春秋·仲夏纪》："是月也，日长至。"《夏小正》："五月，时有养日。养者，长也。"俱指夏至白昼极长。古以夏至配属南方，故以"因"或"遟"名其神。

《尧典》："申命羲叔，宅南交。平秩南讹。敬致。"《尚书大传》："尧南抚交趾。"《大戴礼记·少闲》："昔虞舜以天德嗣尧，布功散德制礼，朔方幽都来服，南抚交趾，出入日月，莫不率俾。"《墨子·节用》："昔者尧治天下，南抚交趾，北降幽都，东西至日所出入，莫不宾服。"南交与幽都对举，分指南北极远之地。李光地《尚书解义》："南交，九州之极南处，识其晷景，以定中国之日北也。"《史记·五帝本纪》"南讹"作"南为"。陈寿祺云："为训行也，夏至之日景尺五寸，景短日长，谓之长至。自是之后渐差向南，故经曰'辨秩南为'，言日躔由此南行，辨次之也。《周礼》所谓'正日景，以求地中'者也。故经继之曰'敬致'，此言冬夏致日之事也。经于冬不言'致'者，举夏至以赅冬至也。日中、日永、宵中、日短者，验日躔以求中气之术也。"[1] 曾运乾《尚书正读》："'平秩南讹'与下文'平在朔易'，同为冬夏致日之事。'讹'，动也。言发动也。下文'易'，《说文》云：'日月为易。'言变易也。讹与易相对为文，或曰南讹，言日道自内衡南行，朔易，言日道自外衡北返。南讹、朔易，犹言南发北敛。南讹极于冬至，朔易极于夏至。"说均极是。夏至日处极北，其后渐南行，故云南讹。冬至日处极南，其后渐北归，故云朔易。"平秩南讹"意即于夏至日处极北之时辨其晷影长短，以识日行之进退。蔡沈《集传》："敬致，《周礼》所谓'冬夏致日'，盖以夏至之日中，祠日而识其景。"江声《尚书集注音疏》也以"致"为致日。《周礼·春官·冯相氏》："冬夏致日，春秋致月，以辨四时之叙。"郑玄《注》："此长短之极，极则气至。"贾公彦《疏》："日者，实也。故于长短极时致之也。"古人以为，人有居南方极远之地，于夏至日处极北之时祭日测影。夏至之时，白昼极长，日于极北且将南动，斗杓南指，故殷人以夏至配属南方，而南方因（遟）应即司掌夏至之神。

南方风名，卜辞作"微"。《说文·人部》："散，眇也。"段玉裁《注》："凡古言散眇者，即今之微妙字。眇者，小也。引申为凡细之称。""眇"，各本作"妙"，音义俱通。《周易·说卦》："妙万物而为言者也。"陆德明《释

---

① 陈寿祺：《答仪微公书》，《左海文集》卷四下，清嘉庆道光间三山陈氏家刻本。

文》："妙，王肃作眇"。《后汉书·班固列传》："妙古昔而论功。"李贤《注》：妙，"或作眇"。"微"、"妙"、"眇"皆微细、稀少之意。《广雅·释诂二》："微、妙、眇，小也。"《吕氏春秋·审分》："所知者妙矣。"高诱《注》："妙，微也。"《老子》第一章："以观其妙。"王弼《注》："妙者，微之极也。"马王堆帛书《老子》甲本"妙"作"眇"。《汉书·武帝纪》："朕以眇身承至尊。"师古《注》："眇，微细也。"《礼记·祭义》："虽有奇邪而不治者，则微矣。"郑玄《注》："微，犹少也。"《列子·周穆王》："悲心更微。"《释文》："微，少也。"《素问·异法方宜论》："其治宜微针。"王冰《注》："微，细小也。"《孟子·公孙丑上》："则具体而微。"赵岐《注》："微，小也。""微"以细小、稀少为本训，为夏至之候。

《尧典》："厥民因，鸟兽希革。"伪孔《传》："夏时鸟兽毛羽希少改易。"郑玄《注》："夏时鸟兽毛疏皮见。"[1] 吴汝纶《尚书故》引《诗》证"革"通作"翱"，毛羽也，亦通。知"希革"即毛羽稀疏。《汉书·晁错传》："杨粤之地，少阴多阳，其人疏理，鸟兽希毛，其性能暑。"卜辞南方风名微，意即夏至之时鸟兽毛羽稀疏，是暑热之征。

殷之南风微于《山海经》作"民"，盖声近而讹。古音"微"属明纽微部，"民"属明纽文部，声为双声，韵为对转。南风于后世又作"凯风"。《山海经·南山经》："至于箕山之尾，其南有谷，曰育遗，多怪鸟，凯风自是出。"郭璞《注》："凯风，南风。"《诗·邶风·凯风》："凯风自南。"毛《传》："南风谓之凯风，乐夏之长养也。"《尔雅·释天》："南风谓之凯风。"《玉篇》："飍，南风也。亦作凯。"《礼记·孔子闲居》、《表记》陆德明《释文》并曰"凯本作豈"。马瑞辰《毛诗传笺通释》："古止作豈，后乃作凯，又作飍。"是"凯风"本作"豈风"。《说文·人部》："散，豈省声。"又《豈部》："豈，散省声。"知"微"古读如"豈"，古音"微"、"豈"同在微部，叠韵可通。"豈风"后讹作"巨风"。《吕氏春秋·有始》："南方曰巨风。"说又见《淮南子·坠形训》。俞樾以"巨"乃"豈"之坏字[2]，于省吾先生以"巨"、"豈"双声，如"钜"古训豈，乃音训字[3]。《广雅·释诂一》："巨、凯，大也。"据此，南风或作"景风"。《白虎通·八风》："景，大也，阳气

---

[1]　见《诗·小雅·斯干》孔颖达《正义》。
[2]　俞樾：《诸子平议》卷二三。
[3]　于省吾：《双剑誃诸子新证》，中华书局 1962 年版。

长养。"或引申为强,《春秋考异邮》:"景风,强也。"宋均《注》:"夏至之候也。强,言万物强盛也。"或引申为极为竟,《诗·鲁颂·閟宫》:"遂荒大东。"郑玄《笺》:"大东,极东。"《大戴礼记·千乘》:"至于大远。"孔广森《补注》:"大远,极远也。"极、竟义相因,《穆天子传》:"以极西土。"郭璞《注》:"极,竟。"《楚辞·谬谏》:"又何路之能极。"王逸《章句》:"极,竟也。"是其证。《史记·律书》:"景风居南方。景者,言阳气道竟,故曰景风。"盖本于此。

(3)西方神名与风名

西方神名,卜辞作"彝",《尧典》、《山海经》俱作"夷"。胡厚宣先生谓"彝"、"夷"音同字通,并详引文献为证[1]。于省吾先生又以卜辞之"彝"应读作"夷"[2]。说均极是。"夷"意为平。《说文·大部》:"夷,平也。"《诗·大雅·桑柔》:"乱生不夷。"毛《传》:"夷,平。"孔颖达《正义》:"夷是齐等之言,故为平也。"《诗·小雅·伐木》:"终和且平。"郑玄《笺》:"平,齐等也。"卜辞西方彝训平齐,意为秋分之时昼夜平分。《尧典》"宵中"与"厥民夷"相应,伪孔《传》:"宵,夜也。春言日,秋言夜,互相备。夷,平也。"郑玄《注》:"夜中者,日不见之漏与见者齐。"[3]孔颖达《正义》:"于(时)昼夜中分,漏刻正等。"吴闿生《尚书大义》:"宵中,秋分。"杨筠如《尚书覈诂》:"宵中,亦谓昼夜相等。"知"宵中"时即秋分。《礼记·月令》:"仲秋之月,日夜分。"《吕氏春秋·仲秋纪》:"是月也,日夜分。"俱言秋分日夜齐等。古以秋分配属西方,故以"彝"名其神。

《尧典》:"分命和仲,宅西,曰昧谷。寅饯纳日,平秩西成。"《史记·五帝本纪》"纳日"作"入日"。李光地《尚书解义》:"西者,九州之极西处,识其暑影,以定中国之日入时也。""昧谷"又作"柳谷",见《史记·五帝本纪》。或作"蒙谷"。《淮南子·天文训》:"至于蒙谷,是谓定昏。"《尔雅·释地》:"西至日所入为大蒙。"郭璞《注》:"即蒙汜也。"前引《天问》以"汤谷"与"蒙汜"对举,均可证昧谷即西方日入之地。蔡沈《集传》:"西谓西极之地也。曰昧谷者,以日所入而名也。饯,礼送行者之名。纳日,

---

① 胡厚宣:《甲骨文四方风名考证》,《甲骨学商史论丛初集》第二册,成都齐鲁大学国学研究所 1944 年石印本;《释殷代求年于四方和四方风的祭祀》,《复旦学报》(人文科学)1956 年第 1 期。

② 于省吾:《释四方和四方风的两个问题》,《甲骨文字释林》,中华书局 1979 年版。

③ 见《周礼·夏官·挈壶氏》贾公彦《疏》。

方纳之日也。盖以秋分之莫，夕方纳之日而识其景也。"知"寅饯纳日"即秋分送祭落日。郑玄《注》："寅饯纳日，谓秋分夕日也。"①殷卜辞亦见"入日"之祭。后世以秋分夕月为礼，当渊于此。新月初出西方，日落而月升，故以送祭入日演为夕月。刘毓菘《尚书旧疏考正》："宵中，秋云纳日，即以夜言之。"俱可见夕月之礼的形成。"西成"与"东作"对文，"作"训始，"成"当训终。《尚书·皋陶谟》："箫韶九成。"郑玄《注》："成，犹终也。"②《国语·周语下》："纯明则终。"韦昭《注》："终，成也。"《诗·周南·樛木》："福履成之。"毛《传》："成，就也。"《说文·戊部》："成，就也。"《尔雅·释诂下》："就，终也。"郭璞《注》："成就，亦终也。"故"平秩西成"意即辨察日月星辰终行之叙。古人以为，人有居西方日入之地，于秋分送祭入日，辨察星宿于西方之终行次序。秋分之时，日入正西，昼夜齐等，斗杓西指，故殷人以秋分配属西方，而西方彝应即司掌秋分之神。

西方风名，卜辞作"弓"、"枣"，或作"棘"。大徐本《说文·马部》："弓，艸木马盛也。"又"马，嘾也。艸木之花未发函然。象形。读若含。"徐锴《说文系传》："嘾者，含也。草木花未吐，若人之含物也。"段玉裁《注》："函之言含也，深含未发。"知马盛意即含而未盛。《说文·枣部》："枣，艸木垂花实。从木马，马亦声。"也以垂花象征未盛之貌。《说文》以"马"、"弓"、"枣"别作三字，分而出训。三字古音声在匣纽，韵在侵部③，读音相同。考诸卜辞无"马"字，"弓"、"枣"唯形有繁省，用法无别，"马"字作为偏旁出现，卜辞"枣"本从"弓"，或从"马"，"马"乃"弓"字之省，故"马"、"弓"、"枣"当为一字，本义即草木初繁，垂花而待盛。

---

① 见孔颖达《尚书正义》。
② 见孔颖达《尚书正义》。
③ 字书所录弓、马二字的读音稍有差异。弓，《唐韵》音胡先切，大徐本《说文》徐铉音胡先切，小徐本《说文》朱翱音荧先切，知中古音俱属先韵，上古当归文部。此音深为学人所疑，王筠《说文句读》以马乎感切、枣胡感切推之，谓弓"似亦当音含"。朱骏声《说文通训定声》谓弓从二马，马亦声，"疑即枣之古文"。说均极是。依卜辞，马、弓、枣乃一字之繁省，以马为声，读音必同。根据段玉裁"同声必同部"的原则（见段玉裁《六书音均表》，苏州保息局本），三字本当同部。关于文、侵二韵的上古音值，自高本汉（Bernhard Karlgren）以来多有拟测。多数学者将文部开口四等字拟音 ən，侵部开口一等字拟音 əm，其主要元音相同，且韵尾皆收鼻音，属阳声韵（见高本汉《中国音韵学研究》，赵元任、罗常培、李方桂合译，商务印书馆 1948 年版；Bernhard Karlgren, Shï King Researches, Word Families in Chinese. *Bulletin of the Museum of Far Eastern Antiquities*，4（1932），5（1934）；王力：《汉语史稿》上册，中华书局 1980 年版；严学宭：《周秦古音结构体系（稿）》，《音韵学研究》第一辑，中华书局 1984 年版）。可证上古马、弓、枣三字读音一致。

《说文·束部》："棘，束也。从束韋声。"束、含意义相因。王筠《释例》以"棘"字训为束，极是，亦未盛之意。卜辞"弓"、"束"、"棘"三字均用作西方风名，读音本当相同。西风名于《山海经》作"韋"，恰存"棘"字之声[①]。"弓"以含盛为本训，乃秋分之候。

《尧典》："厥民夷，鸟兽毛毨。"郑玄《注》："毨，理也，毛更生整理。"[②]《说文·毛部》："毨，仲秋鸟兽毛盛，可选取以为器用。读若选。"《玉篇·毛部》："毨，毛更生也。"夏至暑热之时鸟兽毛羽稀疏，至秋分渐寒之时，鸟兽毛羽重生，以御时气，然初盛未及繁盛，故云毛毨。卜辞西风名弓，正切此意。此秋分渐寒之征。

殷之西风弓于后世作"泰风"。《诗·大雅·桑柔》："大风有隧。"毛《传》："西风谓之泰风。"《尔雅·释天》："西风谓之泰风。"邢昺《疏》引孙炎曰："西风成物，物丰泰也。"是"泰"有盛意。或作"飂风"。《吕氏春秋·有始》："西方曰飂风。"《太平御览》卷九引作"飕风"。《说文新附·风部》："飕，飕飂也。""飂"或作"浏"。《集韵·尤韵》："浏，或作飕。"王念孙《广雅疏证》："浏浏犹飂飂也。"《楚辞·九叹》："秋风浏浏以萧萧。"王逸《章句》："浏浏，风疾貌。"《初学记》卷一引《风俗通义》："凉风曰浏。"《文选·祢正平鹦鹉赋》："凉风萧瑟。"知飂风意即凉风。《吕氏春秋·仲秋纪》："仲秋之月，凉风生。"秋分之时，凉风萧瑟，鸟兽毛羽初盛以御秋寒。或作"阊阖风"。《春秋考异邮》："阊阖者，当寒天收也。"宋均《注》："秋分之候也。阊阖，盛也。时盛收物盖藏之。"所言均暑退将寒之候。

（4）北方神名与风名

北方神名，卜辞作"九"。《说文·九部》："九，鸟之短羽飞九九也。象形。读若殊。"许慎以"九"训短，极是，但对字形的解释则是错误的。卜辞"九"字象人屈身之形，意有长短之寓。《集韵》、《类篇》并引《广雅》云："屈，短也。"《淮南子·诠言训》："圣人无屈奇之服。"高诱《注》："屈，短。"《一切经音义》卷十二引《淮南子》许慎《注》："屈，短也。""九"呈人屈身之状，故有短意。

---

① 裴锡圭先生认为，商代束字可能有马、韋两音。见裴锡圭《说"韋棘白大师武"》，《考古》1978 年第 5 期。

② 见《周礼·天官·司裘》贾公彦《疏》。

"九"字作为偏旁，见于殷卜辞及周金文，如"鳬"字，从鸟从九（图3—63，3—6）①。《说文·九部》："鳬，舒鳬，鹜也。从九鸟，九亦声。"林义光《文源》卷六谓"鳬"字"不从九，从人"，将"九"视为人形，其说甚是。甲骨文、金文皆有"鬱"字，从林从大从九，金文或从凤（图3—63，7—10）②。《说文·九部》："凤，新生羽而飞。"此说误。于省吾先生谓"九"之于"凤"，犹"尸"之于"𡰪"，"戒"之于"戒"，为古文字中常见的增笔③。故"九"、"凤"本为一字。叔卣云："赏叔鬱鬯。"小子生尊云："易金、鬱鬯。""鬱鬯"见于典籍。《说文·鬯部》："鬱，一曰鬱鬯。"朱骏声《说文通训定声》："经传皆以鬱为之。"《周礼·春官·鬱人》："凡祭祀，宾客之祼事，和鬱鬯，以实彝而陈之。"《礼记·祭义》："加以鬱鬯。"今以卜辞及金文证之，可明"鬱"字本作"梵"或"樊"，"林"后更变为"林"，"九"（凤）后则变为"𠂖"，而"鬱"作为鬱鬯字，又增"鬯"为意符而孳乳为"鬱"字。

"鬱"与"宛"古通用不别。《说文·林部》："鬱，木丛生者。"段玉裁《注》："宛、苑皆即鬱字。"《诗·小雅·菀柳》："有菀者柳。"毛《传》："菀，茂林也。"陆德明《释文》："菀，音鬱，木茂也。"《白孔六帖》引作"苑"。《诗·大雅·桑柔》："菀彼桑柔。"毛《传》："菀，茂貌。"陆德明《释文》："菀，音鬱，茂貌。"《诗·秦风·晨风》："鬱彼北林。"《周礼·考工记·函人》郑司农《注》引作"宛彼北林"。《礼记·内则》："兔为宛脾。"郑玄《注》："宛，或作鬱。"《史记·仓公列传》："寒湿气宛笃不发。"裴骃《集解》："宛，音鬱。"宛系字从夗得声，古音声在匣、影二纽④，韵隶文、物、元三部，文、物二部阳入对转，同音可通，文、元二部旁转，音亦相同。马王堆帛书《周易》"贲"作"蘩"，"巽"作"筭"，均文、元二部相通之证⑤。"鬱"为匣纽物部字，与"宛"双声叠韵，古音相同。"鬱"本从九

---

① 于省吾：《甲骨文字释林》，中华书局1979年版，第374—378页；裘锡圭：《甲骨文字考释（八篇）》，《古文字研究》第四辑，中华书局1980年版。

② 于省吾：《甲骨文字释林》，中华书局1979年版，第306—308页；陈梦家：《西周铜器断代（三）》，《考古学报》1956年第1期。

③ 于省吾：《甲骨文字释林》，中华书局1979年版，第306—307页。

④ 宛系字除属影纽的部分外，馀者中古音属喻纽三等字。曾运乾认为中古喻纽三等字于上古归匣纽。见曾运乾《喻母古读考》，《东北大学季刊》二期，1927年。

⑤ 周祖谟：《汉代竹书和帛书中的通假字与古音的考订》，《音韵学研究》第一辑，中华书局1984年版。

（凤）得声，"凤"属泥纽文部字，"九"属定纽侯部字[①]，泥、定均为舌头音，发音部位相同，同声可通。上古匣纽三等字，如鬱字及部分宛系字，与上古定纽部分四等字一样，于中古同属喻纽[②]，暗示了上古匣、定二纽的某种联系。这种联系在上古文献中有着充分的反映，如马王堆帛书《老子》乙本"锐"作"兑"，"殆"作"怡"；《战国纵横家书》"悦"作"兑"，"诞"作"延"，"除"作"余"；银雀山竹书《孙子兵法》"锐"作"兑"；均匣、定二纽相通之证。帛书《老子》甲本"馀"作"粹"，乙本"耀"作"眺"；《战国纵横家书》"偷"作"俞"；《经法》"孕"作"绳"；均匣纽与舌头音相通之证[③]。在韵部方面，文、元二部音同可通，侯、元二部也互有交涉[④]。如"短"从"豆"声，"豆"在侯部，"短"在元部；"俯"又作"俛"，"俯"在侯部，"俛"在元部。"凫"从"九"声，《诗·豳风·九罭》、《大雅·凫鹥》陆德明《释文》并曰"凫，音符"。恰侯、元二部相通之例。由此可证，"九"（凤）、"夗"、"鬱"诸字古音俱通。

　　"九"与"夗"、"宛"古音相同，义亦相通。《说文·夕部》："夗，转卧也。"段玉裁《注》："凡夗声、宛声字皆取委曲意。"朱骏声《说文通训定声》："夗转，屈曲意。""夗转"又作"宛转"。《方言》："簙，或谓之夗専。"钱绎《笺疏》："夗専之言宛转也。"《一切经音义》卷六十九："夗转，夗或作宛。"王筠《说文释例》："夗转即宛转。"是"夗"、"宛"通用不别。《说文·宀部》："宛，屈艸自覆也。"《汉书·扬雄传下》："是以欲谈者宛舌而固声。"师古《注》："宛，屈也。"知"夗"、"宛"均以短屈、屈曲为训。《诗·小雅·小宛》："宛彼鸣鸠。"毛《传》："宛，小也。鸣鸠，鹘鵃。"陆德明《释文》引《字林》"鵃"作"鵃"。《尔雅·释鸟》："鹕鸠，鹘鵃。"郭璞《注》："似山鹊而小，短尾。"马瑞辰《毛诗传笺通释》："鹕鸠盖以短屈得名。宛、屈义同。宛盖鹕鸠短尾之貌。"《玉篇》："屈，短尾也。"故"宛"即训短。

　　"九"、"夗"、"宛"音义俱同，形亦相类。"九"象人屈身之状，"夗"

<hr />

　　① 九字中古音属禅纽，上古读如定纽。见周祖谟《禅母古音考》，《问学集》上册，中华书局1966年版。

　　② 曾运乾：《喻母古读考》，《东北大学季刊》二期，1927年。

　　③ 周祖谟：《汉代竹书和帛书中的通假字与古音的考订》，《音韵学研究》第一辑，中华书局1984年版。

　　④ 俞敏：《〈国故论衡·成均图〉注》，《罗常培纪念论文集》，商务印书馆1984年版。

字从夕从巴，"巴"亦象人屈身之形。金文有一字象人屈身，郭沫若先生释"夗"[1]，可从。甲骨文有一字从艸（或从林）从九（图3—63，11—14）。卜辞从艸从林无别，以声求之，似应释"苑"或"菀"。故"九"即"夗"之本字。

卜辞北方神于《尧典》作"隩"，《文选·颜延年赭白马赋》李善《注》引郑玄作"奥"。孙星衍《疏》："隩、奥通字。""奥"本当作"宛"，"奥"、"宛"通训，声亦相同。《说文·宀部》："奥，宛也。从宀𢍸声。"段玉裁《注》："宛、奥双声。按奴部𢍸读若书卷，则奥宜读为怨。"王筠《句读》："宛与𢍸叠韵，则知以宛说奥。"朱骏声《说文通训定声》："奥，古音读如隩，亦读如宛。《礼记·礼器》：'燔柴于奥。'以奥为爨。《荀子·富国》：'夏不宛暍。'以宛为燠。《尔雅·释言》：'燠，忧也。'《太玄》：'乐阳始出奥。'《注》：'暖也。'皆声相近。《说文》媪，篆读若奥，即读若宛也。皆声之转耳。"《山海经》载北方神作"鹓"，即"宛"之假字。《山海经·南山经》："有凤皇鹓雏。"《史记·司马相如列传》："鹓雏孔鸾。"《汉书·司马相如传》俱作"宛雏"。是"宛"、"鹓"相通之证。"鹓"字从鸟宛声，尚留有分至四神本为四鸟的痕迹。

卜辞北方"九"（宛）以短屈为本训，意为冬至之时日短至。《尧典》"日短"与"厥民隩"相应。伪孔《传》："日短，冬至之日。"郑玄《注》："日短者，日见之漏四十五刻，于是最短。"[2] 孔颖达《正义》："于时日正短，昼漏最少。"知"日短"时即冬至。《礼记·月令》："仲冬之月，日短至。"《吕氏春秋·仲冬纪》："是月也，日短至。"俱指冬至白昼极短。古以冬至配属北方，故以"九"（宛）名其神。

《尧典》："申命和叔，宅朔方，曰幽都。平在朔易。"《史记·五帝本纪》"朔方"作"北方"。李光地《尚书解义》："朔方，九州之极北处。识其晷景，以定中国之日南也。盖地极南，则夏至日极北，地极北，则冬至日极南也。"曾运乾《尚书正读》："朔易，日道自极南敛而北也。与'平秩南讹'对文，皆冬夏致日之事。"故"平在朔易"意即于冬至日处极南之时，辨其晷影长短，以求日行之进退。古人以为，人有居于北方极远之地，于冬至日处极南之时祭日测影。冬至之时，白昼极短，日于极南且将北归，斗杓北

---

① 郭沫若：《两周金文辞大系图录考释》第六册，科学出版社1957年版，第28页。
② 见《周礼·夏官·挈壶氏》贾公彦《疏》。

指，故殷人以冬至配属北方，而北方九（宛）应即司掌冬至之神。

北方风名，卜辞作"役"，可读为"燚"。《说文·焱部》："燚，盛貌。从焱在木上。读若《诗》曰'莘莘征夫'。一曰役也。"《说文系传》："燚，一曰巍，一曰役。"知"燚"、"巍"、"役"三字互通。桂馥《义证》："巍当为薿，薿，盛也。"王筠《句读》："燚以焱为主，谓火之炽盛，若解为薿，则以木为主，谓木之茂盛。""役"与"薿"双声可通，当亦有盛意，意俱同"燚"。《诗·大雅·生民》："禾役穟穟。"《说文·禾部》两引《诗》作"禾颖穟穟"。是"役"可通"颖"。毛《传》："役，列也。穟穟，苗好美貌。"陈奂《疏》："列谓桀之假借字。"《说文·禾部》："颖，禾末也。"段玉裁《注》："役者，颖之假借字。列者，桀之假借，禾穰也。此颖通穰言之。"知禾役即禾穰，通作禾颖。穰是禾黍脱粒后的穗茎。《说文·禾部》："穰，黍桀已治者。"又"桀，黍穰也。"段玉裁《注》："已治，谓已治去其笭皮也。谓之穰者，茎在皮中如瓜瓤在瓜皮中也。禾穰亦得谓之桀也。"这个意义与"役"之本义是相同的。《说文·殳部》："役，戍边也。"马瑞辰《毛诗传笺通释》："役之义与服近。《禹贡》'三百里纳秸服'，《传》：'服稿役。'言服为稿之役也，是禾稿称役之证。《吕氏春秋》：'得时之麦，服薄稿而赤色。'稿为禾皮而谓之服，是又服为稿役之一证。程氏瑶田曰：'凡附于外者谓之服。如王城在中，五服皆附于外。戍边谓之役，亦卫外之义。苗长生稿，则卫稿外而附于稿者遂谓之服，亦谓之役，盖稿之衣也。'稿役谓之役，苗役亦谓之役，凡苗实之外皆役也，故（毛）《传》以列释之。列者，桀之省借。桀之言荔，谓黍之去实者有似于芳荔也。《玉藻注》：'荔，葵帚也。'段玉裁曰：'芳帚，花退用颖为之。'禾桀与黍桀、苇桀同义，皆指其实之外皮言之。桀谓周列于外，即颖也。程氏瑶田曰：'穰从襄，亦有相辅相包之义。'役之训列，正与穰之训桀同义。""役"、"穰"同义，均指丰熟已治之穗，故可通"颖"，颖即禾穗。《尚书·归禾序》："异亩同颖。"伪孔《传》："颖，穗也。"《诗·大雅·生民》："实颖实栗。"毛《传》："颖，垂颖也。"孔颖达《正义》："言其穗重而颖垂也。"《小尔雅·广物》："禾穗谓之颖。"穗丰熟则可治，治毕则为穰，故"穰"意又引申为丰盛。《山海经·西山经》："见则天下大穰。"郭璞《注》："丰穰收熟也。"《史记·天官书》："所居野大穰。"张守节《正义》"穰，丰熟也。"《诗·周颂·执竞》："降福穰穰。"毛《传》："穰穰，众也。"《汉书·张敞传》："长安中浩穰。"师古《注》："穰，盛也。"

《广雅·释诂四》："穰，丰也。""役"本同"穰"，故亦有盛意。据《说文》，"役"可通"燊"。《山海经》载北方风名"狁"，盖由"燊"形近而讹。"役"以丰盛为训，"燊"以炽盛为训，为冬至之候。

《尧典》："厥民隩，鸟兽氄毛。"陆德明《释文》引马融云："氄，温柔貌。""氄"又作"毹"。《说文·毛部》："毹，毛盛也。从毛隼声。《虞书》曰：'鸟兽毹髦。'"桂馥《义证》："盖鸟兽毛至冬益丰厚可用。"《玉篇·毛部》："毹，众也，聚也。氄同。"毛多毛盛则温，故马融取引申意解之。"氄"字本义当为毛盛，"氄毛"意即毛羽丰盛。《汉书·晁错传》："夫胡貉之地，积阴之处也，木皮三寸，冰厚六尺，食肉而饮酪，其人密理，鸟兽毳毛，其性能寒。"《尚书》伪孔《传》："氄，奥毳细毛。"蔡沈《集传》："鸟兽生奥毳细毛以自温也。"寒气至则毛羽繁盛。卜辞北方风名役，其意为盛，乃鸟兽毛羽丰厚自温，此冬至大寒之征。

殷之北风役于后世又名"寒风"，《吕氏春秋·有始》："北方曰寒风。"说又见《淮南子·墬形训》。或名"凉风"。《诗·邶风·北风》："北风其凉。"《尔雅·释天》："北风谓之凉风。"邢昺《疏》："北风一名凉风，言北方寒凉之风也。"此与卜辞北方风名意义相因。北风役意为毛盛，毛盛则能御寒，犹夏至毛稀能暑。或名"广莫风"。《春秋考异邮》："广莫者，精大满也。"宋均《注》："冬至之候也。言冬物无见者，风精大满美无偏。"则言寒气肃杀万物。

3. 分至四气与四时

殷代四方神实即分至之神，四方神名的本义即表示二分二至昼夜长度的均齐短长，而四方风则是分至之时的物候征象，这些重要内容在《尧典》与《山海经》中得到了近乎完整的存留。《尧典》将四方神与分至四气相配，并兼附物候，与卜辞十分吻合。《山海经》则以出入风及司掌日月的出没长短两项内容分别隶属不同的方神，虽然从形式上看是卜辞与《尧典》的进一步讹误，但实际却是对四方神本质的明确说明。

《尧典》于分至四神之外别造羲和四子，如果认真考索原文，不难发现析、因、夷、隩四方神实与羲仲、羲叔、和仲、和叔四子是重复的，这从他们的居地及职司两方面表现得非常清楚。因此，羲和四子实即四方之神，也就是二分二至之神。与殷代四方神的比较可知，析、因、夷、隩为本名，羲仲、羲叔、和仲、和叔则为后世演化之名。

　　中国古人对分至四气的认识历史是相当悠久的。我们曾经确定，河南濮阳西水坡 45 号墓的墓穴形状表现了二分日及冬至日的太阳周日视运动轨迹，时间约当公元前 4500 年①。我们也曾确定，辽宁建平牛河梁的三环石坛表示了分至日的太阳周日视运动轨迹，时间约当公元前 3500 年②。这些遗迹都是早期人类建立的盖天理论的"三天"图解。不宁如此，西水坡原始宗教遗存尚有以四子殉人为象征的分至四神③，四神的原型为四鸟，其于河姆渡文化陶豆图像中即有形象的刻画（参见第三章第三节之四）。此外，陆续发现于安徽蚌埠双墩文化遗址的陶符也为早期人类对于分至四气的认识提供了重要依据④。这类陶符以子午、卯酉两条直线垂直交午，构成表现五方空间以及分至四气的二绳图像⑤。事实上，二绳图像不仅在公元前第五千纪的新石器时代即已出现，甚至以一种颇为形象的图像形式传承至东周时期⑥。很明显，这些材料作为古人测定二分二至的真实记录是足够明确的，而殷代分至四神的考定，无疑进一步完善了早期先民对于四气的认识。

　　分至四神又见于长沙子弹库战国楚帛书，他们同样以四子的面貌出现，而且与《尧典》所记的四子一样以长幼伦次，与《尧典》似为一系。帛书创世章云：

> 　　日故大能雹戏（伏羲），……乃娶虘遄□子之子曰女皇，是生子四□，是襄天地，是格参化。……四神相代，乃步以为岁，是唯四时。……炎帝乃命祝融以四神降，奠三天，维思敦，奠四极。

帛书称四神为伏羲、女娲之子，他们推步岁历，划分四时，建立三天和四极。事实上，这些内容彼此间存在着极密切的联系。"三天"即盖天家所言

　　①　冯时：《河南濮阳西水坡 45 号墓的天文学研究》，《文物》1990 年第 3 期。
　　②　冯时：《红山文化三环石坛的天文学研究——兼论中国最早的圜丘与方丘》，《北方文物》1993 年第 1 期。
　　③　冯时：《中国古代的天文与人文》第二章第二节，中国社会科学出版社 2006 年版。
　　④　发掘资料见安徽省文物考古研究所、蚌埠市博物馆《蚌埠双墩——新石器时代遗址发掘报告》，科学出版社 2008 年版。
　　⑤　冯时：《上古宇宙观的考古学研究——安徽蚌埠双墩春秋锺离君柏墓解读》《历史语言研究所集刊》第八十二本第三分，2011 年。
　　⑥　冯时：《中国古代物质文化史·天文历法》第二章，开明出版社 2013 年版。

分至日的太阳周日视运动轨迹①，冬至日行远道，为外衡；夏至日行近道，为内衡；春秋分日行中道，为中衡。因此，奠定三天实际就是确立了分至四气。《吕氏春秋·有始》："冬至日行远道，周行四极，……夏至日行近道。"知四极即四方极远之地。分至配以四方，可以建立三天与四极的直接联系。《尔雅·释地》："东至于泰远，西至于邠国，南至于濮铅，北至于祝栗，谓之四极。"郭璞《注》："皆四方极远之国。"黄佐《文艺流别》卷十七引《五行传》："东方之极，自碣石东至日出榑木之野"，"南方之极，自北户南至炎风之野"，"西方之极，自流沙西至三危之野"，"北方之极，自丁令北至积雪之野"。都明言四极的具体位置。事实上，四极即《尧典》所载羲和四子所居四方之地，东极旸谷，西极昧谷，南极南交，北极幽都，其中东极和西极即是日出日入之地。

由于四子所司之三天、四极为分至四气之事，故四子本为司分司至之神。分至四气既定，方可依次相代而成岁，因为在使用恒气的历法中，四气中任意一点的循环都可以构成回归年的长度。如果变化角度，而将分至四气彼此相邻的两点间的距离视为一周期，那么，由一点的完整循环便构成了四个这样的周期，这四个周期就是后世四季的渊源，也即楚帛书所说的"四神相代，乃步以为岁，是唯四时"。由此看来，四方神初为司分司至之神，当四季建立之后，也就自然转变为四季之神。

《尧典》与帛书的内容如出一辙，通过对两文所记四神职司的分析，可以看出，四时的含义在早晚存在着明显的变化。《尧典》记述四方神，通章所讲均为四神于分至四气时的职司与物候，其后以"朞三百有六旬有六日，以闰月定四时成岁"，更明言四神推步历数。而帛书以四神相代为岁，规定分至之时的日行轨迹，并配之以四方，也明确显示了四神实所具有的司分司至之神的本质。两相比较，充分说明四时的本义并不是四季，而应特指二分二至四气。《国语·越语下》："时将有反。"韦昭《注》："时，天时。"《汉书·律历志上》："时所以记启闭也，月所以纪分至也。"时是天时，也就是依日月行次所建立的标准时间。因此，最初意义的四时即为分至四气。由于充当着历年中的四个时间标记点，四气最终构成了早期的标准时间体系，也就是历制体系。

---

① 连劭名：《长沙楚帛书与中国古代的宇宙论》，《文物》1991 年第 2 期。

四时概念的这种变化，可以通过四气名称的演变得到进一步说明。殷商时期，分至四气仅单名析、因（遟）、彝、九（宛），而不与季节名称相属，直观地描述了二分二至昼夜的均齐长短。由此意衍生的"分"（或"中"）、"至"之名在先秦时代已基本定型，但在先秦文献中，分至四气同样不系春、夏、秋、冬四季之名。《周易·复卦·象传》："先王以至日闭关。"《左传·庄公二十九年》："日至而毕"，"日中而出，日中而入。"《僖公五年》及《昭公二十年》："日南至。"《昭公十七年》："日过分而未至。"《昭公二十一年》："二至二分日有食之不为灾。"《礼记·月令》："日夜分"，"日长至"，"日短至"（又见《吕氏春秋》）。《郊特牲》："周之始郊日以至。"《杂记》："正月日至可以有事于上帝"，"七月日至可以有事于祖。"《孟子·离娄下》："千岁之日至。"并言分、至而不配以四季。这种现象应该保留了早期分至四气作为四个时间标准点而并不含有季节因素的辙迹。

分至四气以及后来的二十四节气的产生，严格地说都是依天文学标准平均分配的结果，而与农业无关[①]。分至的确定可以依赖于多种方法，如观测太阳纬度的高低变化和日出日没的地平方位，观测恒星的出没，测度晷影等等，而建立这些气点的最初目的则是确定标准时间和方位。分至四气无疑是最早诞生的四时。《礼记·祭义》："祭日于东，祭月于西，以别内外，以端其位。"春秋分太阳出没正东西，可正东西之位。同样，冬至日南至而影极长，夏至日北至而影极短，可正南北之位。四个标准点的确定，客观上得到了回归年的长度。因此，分至四气是标准时体系，也即历法体系。殷代四方神为分至四气之神，四方风为四气之候，正是这一体系的完整体现。相反，农业生产则以寒暑雨旸为主，竺可桢先生曾精辟地指出节气与农业的不适应关系，因为寒暑季节，特别是雨旸的变化周期，与节气的分配，尤其是分至四气的分配并不同步，如"立春以后尚有雨水，顾名思义，应列在冬季。立秋以后尚有处暑，应列在夏季"[②]。而农业生产更主要的是依赖于充足的日照、温度和充沛的雨量，因此，早期农业季节的安排都适应着雨季[③]，这客观上决定了农业季节与雨旸的变化周期是谐调的。

殷代并行两季，首季为秋，次季为春；秋季为旱季，也是农业的闲适

① 竺可桢：《二十八宿起源之时代与地点》，《思想与时代》第 34 期，1944 年。
② 竺可桢：《二十八宿起源之时代与地点》，《思想与时代》第 34 期，1944 年。
③ 冯时：《殷代农季与殷历历年》，《中国农史》第 12 卷第 1 期，1993 年。

期，春季为雨季，也是农作期①。秋与春作为季节名称，显然是后世春夏秋冬四季名称的直接来源。对殷代季名用字的分析表明，它们都表示作物的生长与消亡，因此，殷代的秋、春两季具有明显的农业季节的特点。这充分反映了以四气为代表的标准时体系和以秋、春为代表的农业季节体系在早期是彼此分离的，作为殷代农季的秋、春两季的划分不与分至四气及历年同步，恰可助证这一点。这意味着中国传统的四季的建立可能源于两个互为独立的体系，首先，四季的名称与农业密切相关，因而来源于农业季节的名称。其次，四季的划分又以分至四气为基础。农业季节作为早期的季节周期，强烈地适应着农作物的自然生长期，而四气的确立则适应着授时正位的需要。两个体系的最终结合便是四季的形成之时，然而，这种结合在殷代显然还没有发生。

殷代的分至四气体系是决定历年及闰月的标准之一②。《尧典》记"以闰月定四时成岁"，即以闰月调整分至四气而成岁，这一点与殷历的闰法完全一致③。如果说中国传统的四季确如以往所承认的那样始建于西周后期，那么，《尧典》中的所谓"仲春"、"仲夏"、"仲秋"、"仲冬"则显示了后人附会的痕迹。

殷代四方风构成了完整的标准时体系，四方是依分至时太阳的天球视位置而定，四风则是四时之气，反映了原始的物候历，这种历法自然可以称得上是一种早期的凤历。卜辞"凤"、"风"同字，象凤鸟之形，凤鸟则为古之历正。《左传·昭公十七年》："我高祖少皞挚之立也，凤鸟适至，故纪于鸟，为鸟师而鸟名。凤鸟氏，历正也。玄鸟氏，司分者也；伯赵氏，司至者也；青鸟氏，司启者也；丹鸟氏，司闭者也。"杜预《集解》："凤鸟知天时，故以名历正之官。玄鸟，燕也，以春分来秋分去。伯赵，伯劳也，以夏至鸣冬至止。青鸟，鶬鴳也，以立春鸣立夏止。丹鸟，鷩雉也，以立秋来立冬去，入大水为蜃。上四鸟皆历正之属官。"孔颖达《正义》："是凤皇知天时也。历正，主治历数，正天时之官，故名其官为凤鸟氏也。分至启闭，立四官使主之，凤皇氏为之长。"将此与《尧典》及《山海经》相较，前者显然更接

---

① 冯时：《殷历季节研究》，《中国科学技术史国际学术讨论会论文集》（北京·1990），中国科学技术出版社 1992 年版。

② 冯时：《中国天文年代学研究的新拓展》，《考古》1993 年第 6 期。

③ 冯时：《卜辞中的殷代历法·殷历的历月》，《中国天文学史》第一章，薄树人主编，文津出版社 1996 年版。

近卜辞原义。其所保留的鸟兽之训不仅反映了物候历的原始内容，而且正切卜辞四风之名。凤是一种知晓天时的神鸟，因而一向被奉为太阳的使者。在商代甲骨文中，凤虽然已由负日的神鸟转而作为四时的象征，又进而成为一切风气的通称，但与此同时，它却依然充当着天帝的使者。凤鸟既知天时，也是风神。卜辞"凤"、"风"通用不别，辞云：

> 于帝史凤，二犬？　　　《通》398
>
> 翌癸卯帝不令凤（风），夕阴？　　　《乙编》2452

两辞的"凤"字，第一辞读如本字，为风神，殷人以其为帝史。第二辞借为"风"，由帝令其行止。是古人以凤为风神[①]。《说文·鸟部》："凤，神鸟也。天老曰：'凤之像也，麐前鹿后，蛇颈鱼尾，龙文龟背，燕颔鸡喙，五色备举。出于东方君子之国，翱翔四海之外。过崑崙，饮砥柱，濯羽弱水，莫宿风穴。见则天下大安宁。'"[②]《楚辞·九章·悲回风》："依风穴以自息兮。"洪兴祖《补注》引《归藏》："乾者，积石风穴之蓼蓼。"《淮南子·览冥训》：凤皇"羽翼弱水，暮宿风穴"。高诱《注》："风穴，北方寒风从地出也。"《文选》李善《注》引许慎云："风穴，风所从出也。"晋张华《博物志》卷八："风穴如电突，深三十里，春风自此而出。"《艺文类聚》卷九十九引晋顾恺之《凤赋》："兴八风而降时雨。"均以凤鸟司风。《荀子·解惑》引《诗》："有凤有凰，乐帝之心。"以凤在帝之左右。《文选·宋玉风赋》李善《注》引《河图帝通纪》："风者，天地之使也。"《太平御览》卷九引《龙鱼河图》："风者，天之使也。"俱以凤、风为帝使，与卜辞若合符节。殷人以凤鸟为帝使，以四方神为分至四气之神，正可印证凤鸟同时也是主掌历数的"历正"，为分至四神之本。殷人又以凤为风神，《山海经》所载之四方来风以及其后的八风系统，都应是这一意义的延续。

---

① 郭沫若：《卜辞通纂》，《郭沫若全集·考古编》第二卷，科学出版社 1983 年版，第 81—83 页，第 398 片考释。

② 段玉裁《注》："麐前鹿后，各本作鸿前麐后。又鱼尾下有鹳颡鸳思四字，按《尔雅释文》、《大雅·卷阿正义》、《初学记》、《论语疏》所引皆作麐前鹿后，皆无鹳颡鸳思四字，惟《左传正义》同今本，盖唐人所据原有二本，《左传疏》所据非善本也。天老对黄帝之言见《韩诗外传》，今《外传》亦无此字。郭氏《山海经图赞》曰：'八象其体，五德其文'，云'八象'则益为十者非矣，今皆更正。"

通过对商代卜辞四方风名与神名的研究，至少可以使我们在如下四方面获得一些新认识。

一、殷代析、彝为司分之神，析属东方，主春分，意训分；彝属西方，主秋分，意训平，均指二分之日昼夜平分。因（遟）、九（宛）为司至之神，因、遟属南方，主夏至，意同训长；九（宛）属北方，主冬至，意训短，分别指夏至日长至和冬至日短至。

二、殷代东风协、南风微、西风弓、北风役为分至四气之候，协训交合，微训稀少，弓训含盛，役训丰盛，以鸟兽之变应四气。这些内容在《尧典》中得到了充分存留。

三、殷代四方神与四风神构成了完整的标准时体系，也就是历制体系。四方神为分至之神，四风神则为四气之物候征象。

四、四时本为分至四气，非四季。四气构成标准时体系，季节则源于农业周期。殷代已建立四气体系，同时并行适应农业生产的秋、春两季，但这两个体系尚未最终结合而形成四季。

第四章　古代天文仪器

早期的天文仪器或许因为质料的缘故不易存留而获见甚少，一些过去习惯上接受的天文仪器，也随着研究的深入而渐遭摒弃[①]。因此，新石器时代的天文仪器如果能够得到认证，那将是一件十分有意义的事情。关于新石器时代文化富有特色的多节玉琮的用途，过去曾经推测可能与天文观测有关，甚至有人相信它应该就是浑仪的窥管[②]。原始的浑仪在先秦时期已经存在似乎没有问题，因为像《庄子·秋水》一类文献早已出现了"以管窥天"的成语。但是，多节玉琮的大量出现却使这种推测的可信程度显得十分渺茫。原因很简单，天文观测在遥远的史前时代只能是极少数人的事情，因而相关仪器的数量自然非常有限，这恐怕也是早期天文仪器难觅踪迹的原因之一。这意味着如果将多节玉琮视为天文仪器，那么它在众多遗迹中的广泛出土，甚至同一墓葬中大量出现的现象则难以解释[③]。

第一节　候气法钩沉

分至四时的更迭虽然具有天文学的意义，但是在黄河流域，它却和气候的变化密切相关，因而具有鲜明的物候特征。殷人已经把分至四时与其时出现的不同气候联系在了一起，并以来自四方的风气描述四时的气候特点，尽

---

① 夏鼐：《所谓玉璇玑不会是天文仪器》，《考古学报》1984 年第 4 期。

② H. Michel, Les Jades Astronomiques Chinois; une Hypothèse sur leur Usage. *BMRAH*, 1947, 31; Les Jades Astronomiques Chinois. *CAM*, 1949, 4; Chinese Astronomical Jades. *POPA*, 1950, 58; Astronomical Jade. *ORA*, 1950, 2.

③ 南京博物院：《1982 年江苏常州武进寺墩遗址的发掘》，《考古》1984 年第 2 期。其中 M3 出土玉琮达 33 件，多节玉琮中六节以上者共 25 件，最多者达十五节。高度在 11 厘米以下者 7 件，15—25 厘米者 20 件，29 厘米以上者 6 件，最高者为 36.1 厘米。

管这种因四时主四方的观念而导致的做法不甚科学，但却构成了中国文化的显著特点。

古人测度四时的方法当然不可能仅限于量度晷影，因为四时的变化如果适应着气候的变化，那么这种变化就一定是要有所效验的。古人认为，"天效以景，地效以响"。效于景则是日影的朝夕长短，而效于响便是音律。尽管今天的人们对于"地气"的概念并不陌生，但是音律与节气的联系在我们听来还是有些不可思议。律管候气是我们的祖先曾经使用过的古老方法，当然，这可能只是众多已经失传的古法中的一种，不过在今天，我们还能隐约窥见到它朦胧的痕迹。

一、律管吹灰

有关古代候气的史料已经十分稀少，大约是在公元 6 世纪的北朝，这个工作就已基本不为人知了。《北史·信都芳传》记述了一些关于候气的史料，读来既有趣又耐人寻味：

> 芳精专不已，又多所窥涉。丞相仓曹祖珽谓芳曰："律管吹灰，术甚微妙，绝来既久，吾思所不至，卿试思之。"芳留意十数日，便报珽云："吾得之矣，然终须河内葭孚灰。"祖对试之，无验。后得河内灰，用术，应节便飞，馀灰即不动也。不为时所重，竟不行用，故此法遂绝。

信都芳生年不详，卒于东魏武定年间（公元 543—547 年），是北朝时期东魏著名的天算家。他在天文学方面的成就是多方面的，复原候气法只是其中的一项。《隋书·律历志上》也有关于他的事迹：

> 后齐神武霸府田曹参军信都芳，深有巧思，能以管候气，仰观云色。尝与人对语，即指天曰："孟春之气至矣。"人往验管，而飞灰已应。每月所候，言皆无爽。又为轮扇二十四，埋地中，以测二十四气。每一气感，则一扇自动，他扇并住，与管灰相应，若符契焉。

看来他除恢复了以管候气的方法以外，还发明了二十四轮扇测二十四节气之法，与律管候气的结果相互参验。不过这些技艺在当时并没有受到应有的重视，后来都相继失传了。

信都芳的工作只是复原古式，而这"绝来既久"的古术显然是比他更早的先民的劳绩。以律管候气定时的方法为先民所创用，然而至少在南北朝以前，此法便已很少为人知晓了，尽管信都芳深有巧思，恢复了古式，但这种方法最终还是未能保留下来。

古老的候气法在汉晋文献中还能看到一些痕迹，晋人司马彪作《续汉书·律历志》，不仅教给了我们一些烦琐的候气程序，而且试图从理论上对这种方法做一些可能的解释。《律历志上》对司马氏所继承的候气方法有着这样的描述：

> 夫五音生于阴阳，分为十二律，转生六十，皆所以纪斗气，效物类也。天效以景，地效以响，即律也。阴阳和则景至，律气应则灰除。是故天子常以日冬夏至御前殿，合八能之士，陈八音，听乐均，度晷景，候钟律，权土炭，效阴阳。冬至阳气应，则乐均清，景长极，黄钟通，土炭轻而衡仰。夏至阴气应，则乐均浊，景短极，蕤宾通，土炭重而衡低。进退于先后五日之中，八能各以候状闻，太史封上。效则和，否则占。候气之法，为室三重，户闭，涂衅必周，密布缇缦。室中以木为案，每律各一，内庳外高，从其方位，加律其上，以葭莩灰抑其内端，案历而候之。气至者灰动。其为气所动者其灰散，人及风所动者其灰聚。殿中候，用玉律十二。惟二至乃候灵台，用竹律六十。候日如其历。

司马彪的记载最有价值的部分恐怕在于他对候气理论的阐述，至于他所介绍的候气方法，则似乎显得过于先进。不过我们还是可以看出，当时人们的候气经验依然相当丰富，他们可以通过葭莩灰的聚散，很容易地判断出是律管应气的结果抑或人为的意外搅扰。获得这些认识显然需要通过长期的实践。

信都芳之所以能恢复古式，大约采用的就是这种方法。此法的关键在于选用何地生长的芦苇内膜，祖珽试验不成，也是没有明白这个道理。《续汉书·律历志上》刘昭《注》："葭莩出河内。"《晋书·律历志上》："杨泉记云：'取弘农宜阳县金门山竹为管，河内葭莩为灰。'"看来当时除信都芳之外，仍然有人通晓其中的奥妙。司马彪所传授的这种候气方法要求严格，复杂而不易操作，其术想来不会发端太久。

唐代天文学家李淳风在《晋书·律历志上》同时记载了另一种候气法：

> 或云以律著室中，随十二辰埋之，上与地平，以竹莩灰实律中，以罗縠覆律吕，气至吹灰动縠。小动为和；大动，君弱臣强；不动，君严暴之应也。

他教给人们在一间房子里将十二支律管按子、丑、寅、卯、辰、巳、午、未、申、酉、戌、亥十二辰的方位埋好，使律管的上口与地面齐平，然后在律管内填入竹莩灰，再用罗纱盖在管口上。等到交天气至的时候，相应律管内的竹莩灰就会飞出，覆盖于管口上的罗纱也会随之伏动。

这种方法显然比前法简单得多，它所要求的候气条件并不像前者那样严格。既然如此，我们是否可以把它看做是一种比前法更古老的方法呢？通过比较我们知道，候气法所必备的最基本条件其实只有四种，即房屋、律管、竹膜或芦苇膜、罗纱或其他织品。竹膜和芦苇膜来自天然，而居室和织品在新石器时代之初就已经出现了。人们或许不曾想到，我们的先人在至少八千年以前创造的农业文明究竟意味着什么，很明显，当时的人们早已不是茹毛饮血的野蛮人，他们需要定居，需要衣着，他们也就发明了建筑和纺织。因此，我们探索候气法的起源其实只需要关注一件事：先人们懂得音律吗？最早的律管又是什么时候产生的呢？

二、新石器时代骨律的天文学意义

在中国传统文化中，声律的重要性几乎遍及于一切问题。《史记·律书》开篇便有概括性的评述，太史公云："王者制事立法，物度轨则，壹禀于六律，六律为万事根本焉。"一语中的。

有关律吕起源的传说很丰富，也很动人。《吕氏春秋·古乐》云：

> 昔黄帝令伶伦作为律。伶伦自大夏之西，乃之阮隃之阴，取竹于嶰谿之谷，以生空窍厚钧者，断两节间，其长三寸九分而吹之，以为黄钟之宫，吹曰"含少"①。次制十二筒，以之阮隃之下，听凤皇之鸣，以别

---

① 本作"舍少"，据《晋书·律历志上》改。

十二律。其雄鸣为六，雌鸣亦六，以比黄钟之宫，适合。黄钟之宫，皆可以生之，故日黄钟之宫，律吕之本。

《晋书·律历志上》云：

> 又云："黄帝作律，以玉为管，长尺，六孔，为十二月音。至舜时，西王母献昭华之琯，以玉为之。"……以玉者，取其体含廉润也。而汉平帝时，玉莽又以铜为之。铜者，自名也，所以同天下，齐风俗也。为物至精，不为燥湿寒暑改节，介然有常，似士君子之行，故用焉。

最早的律管应该用竹制成，律声的调定则是为模仿凤鸟的鸣唱，模仿雄凤的六支律管发出的音律为六阳声，模仿雌凰的六支律管发出的音律则为六阴声。《周礼·春官·大师》："大师掌六律六同，以合阴阳之声。阳声：黄钟、太蔟、姑洗、蕤宾、夷则、无射；阴声：大吕、应钟、南吕、函钟、小吕、夹钟。"其中函钟即林钟，小吕即仲吕。古以六阳声称为六律，六阴声称为六吕。《汉书·律历志上》："律十有二，阳六为律，阴六为吕。"是六同又名六吕。六律阳声与六吕阴声之合就是十二律。

律吕的产生难道仅仅是为迎合人们欣赏音乐的需要吗？显然不是。纯粹欣赏性的音乐的出现其实是很晚的事情，而候气实际可以说是先民们创制音律的真正目的之一。《尚书·尧典》云：

> 协时月正日，同律度量衡。

伪孔《传》："合四时之气节，月之大小，日之甲乙，使齐一也。"《史记·五帝本纪》裴骃《集解》引郑玄云："律，音律。"陆德明《经典释文》引郑玄云："律，阴吕阳律也。"知古时日节气均需与音律调协。《吕氏春秋·音律》云：

> 天地之气，合而生风，日至则月钟其风，以生十二律。仲冬日短至，则生黄钟。季冬生大吕。孟春生太蔟。仲春生夹钟。季春生姑洗。孟夏生仲吕。仲夏日长至，则生蕤宾。季夏生林钟。孟秋生夷则。仲秋生南吕。季秋生无射。孟冬生应钟。天地之风气正，则十二律定矣。

《汉书·律历志上》云：

> 律以统气类物，吕以旅阳宣气。

所讲乃以律候气的根本。《晋书·律历志上》又云：

> 又叶时日于晷度，效地气于灰管，故阴阳和则景至，律气应则灰飞。灰飞律通，吹而命之，则天地之中声也。

李淳风所讲的候气道理早已见诸司马彪的《续汉书》，但他在这里提到了天地之中声的思想，却是对先人候气理论的精辟概括。那么究竟什么是天地的中声呢？这大概就是古人理解的一种所谓阴阳和谐之声。但接下来的问题是，什么样的声音可以算作和谐呢？人们又是怎样求得这种协和天地的声音的呢？

现代的人们距大自然已经愈来愈远了，除了城市中车水马龙的喧闹，我们恐怕已很难听到在乡间才能享受到的虫声、蛙声，甚至是蚯蚓的鸣叫声。与今日万籁俱寂的世界不同，上古社会却呈现出一派天籁争鸣的景象，先人们被森林和野兽包围着，自然更有资格成为大自然中的一员。百鸟的鸣唱，野兽的咆哮，山涛水泻，风雨雷霆，无一不有韵有调，与他们日日相伴。渐渐地他们发现，鸟兽的鸣叫、毛色、迁徙都会随着季节的变化而不断改变，通过《尧典》的记载我们知道，至少在传说中的帝尧时代，人们已经懂得鸟兽在春分时会交尾繁殖，夏至时羽毛会脱去，秋分时羽毛又会重新生出，而冬至时则已羽翼丰盈，这些变化显然是为适合四时阴阳变化的必然结果。当然，古人最初很可能是通过对候鸟的观察才深切地感悟到这一点，或许因为古人对太阳的重视，导致了他们对作为这个神祇的象征的鸟的偏爱。据现代科学对候鸟迁徙的研究表明，一个没有历法的鸟群为什么会沿着一定的方向定时出发，又定时返回？原来它们是靠着星辰的指示来决定方向，靠着昼夜长短的变化来决定行期，这种神奇的生命节律真好像是一只操纵一切的无形之手。但是在不明真相的古人看来，鸟当然最可能被认为是善知天时的神物，它的鸣唱预示着天时变化的和谐一致，而这种声音自然也就是表现天地阴阳调和的协和之音。于是先民们模仿凤鸟的鸣叫创制了十二律，并兼取雄雌之音，作为十二个月中每月阴阳和谐的标准音律。因此，这种能够发出协和之声的律管也就自然可以充当检验天时和谐与否的工具。《隋书·律历志上》："昔者淳古苇籥，创睹人籁之源，女娲笙簧，仍昭凤律之首。"《吕氏春秋·大乐》："音乐之所由来远矣，生于度量，本于太一。凡乐，天地之和，阴阳之调也。"讲的都是这番道理。

西汉时期的人们对这些道理的认识仍然很深刻，当时的有关文献对音律与候气的关系阐述得也很透彻。《淮南子·天文训》云：

> 律之数六，分为雌雄，故曰十有二钟，以副十二月。……物以三成，音以五立，三与五如八，故卵生者八窍。律之初生也，写凤之音，故音以八生。黄钟为宫，宫者，音之君也，故黄钟位子，其数八十一，主十一月，下生林钟。林钟之数五十四，主六月，上生太蔟。太蔟之数七十二，主正月，下生南吕。南吕之数四十八，主八月，上生姑洗。姑洗之数六十四，主三月，下生应钟。应钟之数四十二，主十月，上生蕤宾。蕤宾之数五十七，主五月，上生大吕。大吕之数七十六，主十二月，下生夷则。夷则之数五十一，主七月，上生夹钟。夹钟之数六十八，主二月，下生无射。无射之数四十五，主九月，上生仲吕。仲吕之数六十，主四月，极不生。宫生徵，徵生商，商生羽，羽生角，角生应钟，比于正音，故为和。应钟生蕤宾，不比正音，故为缪。日冬至，音比林钟，浸以浊。日夏至，音比黄钟，浸以清。以十二律应二十四气之变①。

钱塘《补注》："十二律主十二月，由于候气。律者，述阳气之管也，故所候皆为阳气。十一月，阳气动于黄泉，入地中八寸十分一，故以黄钟候之。十月，阳气穷于地，上迫地面四寸十分二，故以应钟候之。应钟短于黄钟三寸十分九，盈月得冬至，则当以三寸十分九减本律三分，为黄钟气应之限，中间四寸十分二，即阳气从下而上之处也。而五月阴生之始，蕤宾短于黄钟二寸十分四，长于应钟减过之数一寸十分八。是阳气之长其数二十四，阳气之消其数一十八，中间四十二，又即消长之总数也。阴气消长之数如阳。其初阴上阳下，与黄钟应。经六月而阳长二十四，则阴至黄钟之分，是时阳上阴

---

① 庄刻本"二十四气"作"二十四时"。

下，与蕤宾应。经六月而阳消一十八，则阴至蕤宾之分矣。盖阳气初长时，阴气适满二十四，至消为一十八，则阳满二十四矣。阴气初长时，阳气适满二十四，至消为一十八，则阴满二十四矣。应钟气应逾月而后黄钟气应，此应钟之所以为应钟也。以十二律论之，黄钟减五为大吕，此阳气之骤长也。自后每月减四，至中吕则减三，为蕤宾，所长微矣。自蕤宾以后，月减三分，五月至应钟盈月又减三，而阳气复荫矣。盖阴阳二气，初长时皆骤长五分，未消时已暗消一分，故二至之月，俱至黄钟、蕤宾之分也。应钟倍律长于黄钟三分，减之即得黄钟，犹减中吕三分而为蕤宾，皆气应盈月之验也。……《周易》卦气自下而上，律气亦然。蕤宾之月，阳气而黄钟而进，正满二十四分，而可谓之阴气乎？律之用减不用增，皆由阳气之自下而上为之也，故曰述阳气之管。且阳动阴静，灰之飞也，非其证乎？然则何以律有阴阳？曰：'律之阴阳，从十二辰名之，在阳曰阳律，在阴曰阴律而已。'一律当一气。"钱氏的解释很精彩。律管之所以能候气，是以古人对于天文、数学等多方面知识的研究作为基础，这一点需要引起我们特别的注意。

尽管我们还不清楚十二月历法创立的准确年代，但是我们却可以肯定，所谓十二律应二十四节气之变的古制，一定是在一种更原始的形式的基础上一步步发展起来的。理由很简单，我们不能认为二十四节气的产生比周代更早，而候气法的起源却显然在此之前。六律六吕阴阳相错，且每一律管主候二节气的做法并不是从一开始就存在，原始的候气形式很可能是在阴阳律管数量相等的情况下以律吕匹配主候一气。准确地说，古人最初的做法应是用四律四吕八律管主候四气，而后用八律八吕十六律管主候八节，这些方法可能相继行用了很长时间。然而候气法虽然准确，但也只能进退于前后五日之间，纵使可以做到月月不误，却不能做到日日不差。因此，当二十四节气确立以后，由于各节气之间相去不远，显然也就再没有以阴阳二律管主候一气的必要了，于是应十二月而有十二律管的古制终于定型，且六律六吕以象阴阳和谐。这既是候气法走向进步，也是候气法走向简约。

音乐由来既久，管律的出现当然不可能是晚近的事情，至少在今天看来，出土于地下的资料足以证明，古代文献中关于音律起源的种种记载似乎并非无稽之谈。20世纪80年代中期，位于河南舞阳贾湖的新石器时代遗址出土了一批远古遗物，其中不仅发现了先民占卜时使用的龟甲，而且

图 4—1 骨律（河南舞阳贾湖 M282：20）

还有二十二支用丹顶鹤腿骨制作的所谓骨笛（图版一，3；图 4—1）①。骨笛多为七孔，据对其中一支的测音研究表明，已备黄钟、大吕、太蔟、姑洗、蕤宾、夷则、南吕、应钟八律②。这使人相信，十二律在当时很可能已经产生，而二十二支骨笛实际就是迄今我们所知的以骨为管的最早的骨律。骨律均由飞禽的骨骼制成，制作年代距今已逾八千年③，这些事实似乎都在提醒人们注意，我们的祖先关于黄帝制律以写凤鸣的追忆看来真是事出有因！

远古骨律的再现引起了我们对古老的候气法的种种思考。我们注意到，二十二支律管多数呈两支一组随葬于墓葬之中，这使人想起雄律雌吕的律吕古制，况且测音的结果同时表明，出土于同一墓穴中的两支律管的宫调具有大二度音差，证明当时的律制确有雄雌之分④。当然，雄律与雌吕的并存可能使人再不会相信传统的律制起源的传说只是神话，其实它所提供给我们的暗示恐怕还远不止这些。就贾湖遗址出土的骨律而论，它们与候气古法的关系显然比其作为乐器更密切。墓葬中出土的二十二支律管可以分为两组，第一组十四支律管每两支一对，分别出自七座墓葬；第二组八支律管分别单独出自八座墓葬。而出土律管的十五座墓葬中，有八座还同时出有用于占卜的完整龟甲⑤。我们设想，原本埋葬成对律管的墓葬可能也像埋葬单支律管的墓葬一样而有八座，或许由于发掘面积的局限或其他某种原因，第一组墓葬未能得到全面的揭示。但即使如此，已有的现象也足以说

① 河南省文物研究所：《河南舞阳贾湖新石器时代遗址第二至六次发掘报告》，《文物》1989 年第 1 期；黄翔鹏：《舞阳贾湖骨笛的测音研究》，《文物》1989 年第 1 期。

② 吴钊：《贾湖龟铃骨笛与中国音乐文明之源》，《文物》1991 年第 3 期。

③ 河南省文物研究所：《河南舞阳贾湖新石器时代遗址第二至六次发掘报告》，《文物》1989 年第 1 期；河南省文物考古研究所：《舞阳贾湖》上卷，科学出版社 1999 年版，第 515—519 页。

④ 吴钊：《贾湖龟铃骨笛与中国音乐文明之源》，《文物》1991 年第 3 期。

⑤ 河南省文物考古研究所：《舞阳贾湖》上、下卷，科学出版社 1999 年版。

明，律吕相配的双管候气与单管候气应该体现了两种不同的候气观念。如果是这样，我们至少有理由做出两点可能的推测：

一、如果十六支律管为八雄八雌，这岂不与我们理解的八律八吕主候八节的古制相合！

二、随葬骨律的墓主很可能就是分掌八节，并能调音定历的方士，这些人物在上古时代被称为"八能"或"八能之士"[①]。《续汉书·律历志上》记古之候气，"效则和，否则占"。其中八座墓中又随葬占卜用龟，数量有时也是八枚，巧合八节，它的作用很可能是备候气不应时占卜之用。

候气法的起源想来是十分悠久了，但它的具体做法是否应像后世文献中记述的那样，现在还不敢妄断，这里既有因时而异的变化，也自然会有亘古不移的传统。司马迁记周武王讨伐殷纣，吹律听声，从春至冬，杀气相并，音律都有所反映[②]，则是候气的另一种形式。至于说到音律的作用，当然更广，不过与天文的关系已经不大，这里就不再多谈了。

第二节　圭 表 测 影

我们的祖先究竟什么时候学会了测量日影，现在已无从稽考，不过古代涉及太阳的神话或许还能帮助我们追忆起某些往事，其中"夸父逐日"就是很有趣的一个。传说巨人夸父与太阳竞走，并且在太阳将要落下的时候捉住了它，这时他自己也渴极了，把河水喝干后仍不能解渴，于是又去喝大泽的水，但终于没能走到大泽就渴死了。

这则神话在天文学上恐怕比在神话史上更有价值。据《山海经·大荒北经》记载，"夸父不量力，欲追日景，逮之于禺谷"，由此可以看得很清楚，夸父追逐的其实并不是太阳，而是太阳的影子[③]。我们知道，测量日影是中国古代天文学的一项重要内容，观测太阳自日出到日落的运行轨迹，不断度

---

① 又可参见《易纬通卦验》。

② 《史记·律书》："武王伐纣，吹律听声，推孟春以至于季冬，杀气相并，而音尚宫。同声相从，物之自然，何足怪哉？"张守节《正义》："人君暴虐酷急，即常寒应。寒生北方，乃杀气也。武王伐纣，吹律从春至冬，杀气相并，律亦应之。故《洪范》咎征云'急常寒若'是也。《兵书》云：'夫战，太师吹律，合商则战胜，军事张强；角则军扰多变，失士心；宫则军和，主卒同心；微则将急数怒，军士劳；羽则兵弱少威焉。'"

③ 郑文光：《中国天文学源流》，科学出版社1979年版，第38页。

量变化中的日影，从这个意义上说，这则神话似乎正暗示着中国古代天文学测度日影方法的起源。

中国古人对太阳视运动的观测历史十分悠久，这直接表现为对于二分日和二至日的确定。通过前面的研究已经知道，大约八千年前，人们显然已达到了能够测定分至的水平。在这方面，商代卜辞不仅为我们提供了分至日的完整记录，而且还有一套准确表达这些意义的特殊名称，他们以"析"和"彝"指春分和秋分，意思是昼夜平分；又以"因"和"九"指夏至和冬至，意思是白昼极长和极短。这四种名称在当时是作为掌管分至的四位神人被人虔诚地供奉的。

在一切天文仪器被发明之前，古人的观测活动往往要借助于某些天然标志物来进行，山东莒县出土的一种约属公元前2500年的陶器符号可能反映了这种习俗。图中描写了一个有翼太阳从五峰山的中峰上方升起的景象（图4—2），实地考察的结果表明，这种现象只有在春分和秋分才能出现[①]。

图4—2　大汶口文化陶尊及其上的刻符（山东莒县陵阳河采集）

---

① 王树明：《谈陵阳河与大朱村出土的陶尊"文字"》，《山东史前文化论文集》，齐鲁书社1986年版。相似的图像在不同地点的考古遗存中也有发现，且或有变体，因此更像是不同文字的组合。参见冯时《试论中国文字的起源》，《韩国古代史探究》创刊号，2009年4月。

随着人们对星空世界的了解，渐渐地，他们开始摒弃利用天然标志物观测天体运动的陈旧做法。或许那时人们已经意识到，使用人工仪器将能大大提高观测精度，于是各种天文仪器应运而生。古人为观测太阳运动首先创制了一种简易的仪器，这就是表。原始的表又叫作"髀"，它实际是一根直立在平地上的杆子。传统表的高度一般为八尺，这大约相当于一个人——丈夫——的身长，因此，八尺表的数字或许还保留了在表尚未出现之前古人以人身测影的原始习俗（详见第六章第四节），这些事实显然都可以在"夸父逐日"的神话中找到原型。但是在另一方面，八尺表的高度似乎还具有特殊的数学意义，因为一个直角边是8，另一个直角边取6，斜边的长度就是10，这是一组完整的勾股数，它无论对于适应盖天理论本身，还是出于计算的方便，都是无可挑剔的。

表的用途很广泛，首先可以用它来确定方向，这个设想是通过对太阳投影方向的测定实现的。第二种用途是确定节气，显然这是根据一年中正午表影的长短变化完成的。测量影长需要使用一种特殊的量尺，古人叫它"土圭"。《周礼·地官·大司徒》："以土圭之法测土深，正日景，以求地中。日南则景短，多暑；日北则景长，多寒；日东则景夕，多风；日西则景朝，多阴。日至之景，尺有五寸，谓之地中。""土圭"实际就是度圭，"土"在这里有度量的意思。《周礼·地官·大司徒》："凡建邦国，以土圭土其地而制其域。"郑玄《注》："土其地犹言度其地。"最早的土圭用玉制成，长度相当于夏至日影的长度，为一尺五寸。《周礼·考工记·玉人》："土圭尺有五寸，以致日，以土地。"郑玄《注》："致日，度景至不。夏日至之景尺有五寸，冬日至之景丈有三尺。土犹度也。"《周礼·地官·大司徒》郑玄《注》引郑司农云："土圭之长尺有五寸，以夏至之日立

图4—3　夏至致日图

图 4—4　东汉铜圭表（江苏仪征出土）

八尺之表，其景适与土圭等，谓之地中。今颖川阳城地为然。"这些记载使我们知道，每当分至日即将来临的时候，古人就把土圭放在表杆底部的正北，并认真找出正午影长和它最相合的日期，这使他们逐渐认识了回归年（图 4—3）。

土圭后来与表杆结合，形成了人们习称的圭表。汉代的土圭已用铜制成，而且与表结为整体。这种形制的早期遗物今天偶尔还能见到，那是出土于江苏仪征的一件东汉铜制圭表（图 4—4），不过它的实际尺寸只有当时标准圭表的十分之一[①]。

表的另外几项用途都存在一定误差。古人最初通过表影在一天中方位的变化测定时刻，但相当粗疏，后来由表衍生而成的日晷独立发展了这一功能。古人还曾根据不同地点表影的长度测定距离，这个方法在后代逐渐得到了改进。除此之外，表甚至可以在夜晚被用来测定恒星的上中天，这个方法至今还在《周髀算经》中近乎完整地保存着。

测定节气当然是表最重要的用途之一，由于地球的公转，太阳在一年中的视高度变化很大。夏至日行极北，日中表影最短，冬至日行极南，日中表影最长，这两个影长的尺寸早已被古人掌握，他们把表影最长与最短所在的那一天称为至日。

我们知道，对于使用平气的历法而言，回归年便是太阳在天球上连续两次通过分至点中任意一点的时间，古代称之为岁实，这意味着古人对于二分二至的日影观测普遍给予了同样的重视。随着古代历法岁首的不断后移，以冬至作为一个天文年度的起算点的做法才逐渐形成，并且一直被坚持了下来。利用圭表可以直接测定太阳到达冬至点的日期，因为此时正午的表影长度比一年中其他任何一天正午的表影长度都要长。事实上，冬至并非总发生

---

① 南京博物院：《江苏仪征石碑村汉代木椁墓》，《考古》1966 年第 1 期；车一雄、徐振韬、尤振尧：《仪征东汉墓出土铜圭表的初步研究》，《中国古代天文文物论集》，文物出版社 1989 年版。

在正午，它可以出现在一天之中的任何时刻，这使古人为求得冬至时刻必须进行长期的测算。

周代皇家的测影工作可能一直在古代的阳城（今河南登封告成镇）进行，那里至今还保存着传说是周公测影的遗迹（图4—5），所以阳城应该就是古人心目中的大地中心，因为《周礼》及汉儒告诉我们，真正的地中是在夏至日的影长一尺五寸的地方。由于古人很早便发现了日影于地千里而差一寸的规律，因此，利用夏至日影一尺五寸的法则同样可以帮助他们寻找地中①。

先民们对于提高二至日影长的测量精度恐怕并不比他们寻找二至点更困难，事实上，土圭的长度应该反映了古人在一定时期内所获得的二至日的影长。最初的土圭长度为周尺的一尺五寸，这当然适应着古人认识的所谓地中的表影长度，正可谓"夏至立八尺表于阳城，其影与土圭等"②。但是，土圭的这个长度显然也只适用于测量夏至的影长，因为在汉代以前，在地中阳城测得的夏至日正午的影长通常被认为是1.5尺。这个长度后来又得到一些改进，汉代时出现了1.48尺和1.58尺两个长度③，但后一个数据很可能并不是在阳城的观测结果④。隋代的袁充

图4—5　河南登封测景台

又得到了夏至日影1.45尺，观测地点是在洛阳⑤，如果按照当地的纬度计算，这个影长的误差确实很小。冬至日正午的影长至迟到汉代已经作为土圭的长度被固定了下来，那时土圭已由原来的一尺五寸延长到一丈三尺，很明显，在这样的土圭上已经可以自由地读出一年中任何一天正午的影长数据。

---

① 《周髀算经》卷上："周髀长八尺，夏至之日晷一尺六寸。"赵爽《注》："此数望之从周城之南千里也。"《隋书·天文志上》引《周髀算经》作"成周土中，夏至景一尺六寸"。此乃唐人妄议，赵爽所见《周髀算经》并非如此。

② 参见《隋书·天文志上》。

③ 参见《续汉书·律历志下》刘昭《注》引《易纬通卦验》、刘向《洪范五行传》。

④ 《周髀算经》李淳风《注》："时汉都长安，而向不言测影处所。若在长安，则非晷影之正也。"

⑤ 参见《隋书·袁充传》及《隋书·天文志上》。

研究了二至日的影长，才可能准确知道回归年的长度。自古以来，中国历算家一直在为追求回归年日数（岁实）奇零部分（岁馀）的精确值而不断探索，其基本方法就是用圭表对冬至日影长做精细的测算。毫无疑问，同其他天文工作一样，圭表致日一事也是经过了漫长的过程逐渐精确化的。《尧典》中保留的岁实记录是 366 日，还没有岁馀，这种情况至迟在商代已经有所改变。卜辞中曾经提到过 547 日的数字，这恰好是四分历回归年一年半的时间，当时的岁实很可能定在 365—365.5 日之间。显然，有规律而且连续不断的观测工作在商代已经进行。

春秋以前，四分历已为天文学家所掌握，这是一种以 $365\frac{1}{4}$ 日为回归年长度的历法。古人可能在总结了数百年甚至更长时间的冬至正午影长后发现，如果第一年的冬至时刻出现在正午，那么第二年的冬至时刻就会比第一年推迟四分之一日，这种现象将有规律地循环下去，直至第五年，冬至时刻才会重新回到正午。于是将第一年冬至到第五年冬至之间的日数除以四年，就可得到四分历的岁实。两汉时期，回归年的实际长度为 365.2423 日，四分历与其相比，四年累积误差为 0.0308 日，不足 45 分钟，这个精度在两千年前当然是可以接受的。

尽管四分历回归年的误差在短期内并不很大，但如果按每年 0.0077 日的差值继续下去，百年之后仍是不能忽视的。这时，出现计算时刻比实际天象发生时刻要晚的历法后天现象便不可避免了。东汉末年的刘洪敏锐地感觉到这是由于四分历岁实过大的缘故，于是他在《乾象历》中得到了一个 365.246180 日的岁实新值。这个新值使冬至时刻重新回归的周期从四分历的 4 年延长到 589 年，这使我们至今还很难想象，他到底是使用了什么方法来测定的这个冬至时刻。

一种具有比较严格的数学意义的测定冬至时刻的方法是由祖冲之提出的，这使得他对回归年长度的测定达到了相当精密的程度。《大明历》反映的这个数值是 365.2428 日，七百年后才有更加精密的数值超越它。南宋杨忠辅在《统天历》中得到了 365.2425 日的回归年长度，同时他还发现，回归年的长度并不是永恒不变的，他给出的变化值虽然比现代理论值要大，但现代理论值却是在使用了比杨忠辅先进得多的测定手段的情况下完成的。

中国古代的回归年长度数值具有逐渐变小的明显趋势[①]，时间愈晚就愈接近真实长度。最逼近的数值出现在明末，当时邢云路利用六丈高表在观测

---

① 陈美东：《论我国古代年、月长度的测量（上）》，《科技史文集》第 10 辑，上海科学技术出版社 1983 年版。

日影后定出了回归年长度为 365.242190 日，与用现代理论推算的精确值相比，误差仅为 -0.000027 日，相当于一年误差 2.3 秒。

西方人测定回归年长度的工作始终进展不大，在 16 世纪以前一直行用的儒略历中，甚至还在使用四分历的岁实，这个数值即使与刘洪相比也要逊色得多。为了消除它的误差，1582 年改行格雷高里历，回归年长度为 365.2425 日。这个值虽与杨忠辅的新值相同，但它的出现时间却是在《统天历》的三百多年以后。1588 年，丹麦天文学家第谷测定了 365.2421876 日的回归年长度新值，这个数值在明末徐光启编译的《崇祯历书》中被采用，它的误差在第谷测定时为 -0.0000363 日，即一年相差 3.1 秒，直至崇祯二年（公元 1629 年），误差才减小为 -0.0000278 日，与邢云路所定值的误差相当。这种对比所反映的现象十分有趣，几乎西方人每得到一个新的回归年长度值，在时间上总是比中国人迟到一步。

最早的子午线也是由表测出的。南朝祖冲之的儿子祖暅之曾经演示过这种方法，他把表竖立在水平的地面上，并用一套校正好的漏壶计算时间，等恰好正午时刻到来，便在表影的尽头再立一表。到了夜晚，他通过第二根表望准北极方向，并在视线以北立下第三根表。当三表刚好位于一条直线时，这无疑就是南北子午线了。中国古人习惯于中星观测，当时的子午线很可能就是采用这样的方法取得的。

第三节　秦汉日晷研究

早期先民对太阳的崇拜显然远胜于他们对其他天体的崇拜，这使古人很早便知道了如何利用太阳运动来解决自己在时间和方位上所遇到的麻烦。最初，人们通过一根直立于平地上的杆子观测日影的改变，这便是最原始的天文仪器——表。表影方向的改变在一天中非常明显，这个特点很早就为古人所注意，并且借此来确定一天的时间。商代人已经有了"日中"和"昃"的概念，事实上这反映的是用表来校准太阳的位置。

表的这种计时功能的发展直接导致了日晷的产生，这种古老仪器在中国古代曾经存在两种形式，使太阳的影子投射在地平面上的一种叫地平日晷，它与测影的表实际没有本质的区别。另一种则使太阳的影子投射在平行于赤道的平面上，这是赤道日晷。由于太阳地平经度的变化并不均匀，因此地平日晷不可能像赤道日晷那样进行等间距的时间测量。然而，不知是因为这类

仪器太普及还是某些别的缘故，中国古代的文献很少明确地提到日晷，以至
于造成我们对这两种仪器的早期情况都不很清楚。

一、辨方正位

我们似乎没有理由把古人对于方向的认定看成是很晚的事情，众多的考
古资料显示，新石器时代的房屋和墓穴的方向有相当一部分都很端正，因此
可以相信，只要古人愿意把他们的生居或死穴摆在一条正南正北（或正东正
西）的端线上，他们就有能力做到这一点。这证明当时的人们显然已经掌握
了用表确定方向的方法。

将表立于一块平整的地面上测影定向并不是一件困难的事情。古人通过
长期的实践，可以使这种辨方正位的方法愈来愈精密。《诗·鄘风·定之方
中》："定之方中，作于楚宫。揆之以日，作于楚室。"毛《传》："定，营室。
方中，昏正四方。揆，度也。度日出日入，以知东西。南视定，北准极，以
正南北。"为了将方向定得尽量准确，依靠星象的校准当然也很必要。

战国时期的《考工记》一书最早系统地记载了一种看来依旧很原始的辨
方正位的方法。《周礼·考工记·匠人》云：

> 匠人建国，水地以悬，置槷以悬，眡以景。为规，识日出之景与日
> 入之景。昼参诸日中之景，夜考之极星，以正朝夕。

《周髀算经》卷下对这种方法也有描述：

> 以日始出立表而识其晷，日入复识其晷。晷之两端相直者，正东西
> 也。中折之指表者，正南北也。

这种方法的具体做法是，先用八根绳子悬挂重物作为准绳，同时把地面整理
水平，并将表垂直地立于地面之上，然后以表为圆心画出一个圆圈，将日出
和日落时表影与圆圈相交的两点记录下来，这样，连接两点的直线就是正东
西的方向，而直线的中心与表的连线方向则是正南北的方向（图4—6，1）。
当然，为了保证方向定得准确，还要参考白天正午时的表影方向和夜晚北极
星的方向。这种方法只需使用一根表便可完成，因此比较简单。但是由于日
出和日落时的表影较为模糊，与圆周的交点不易定准，所以相对而言，运用

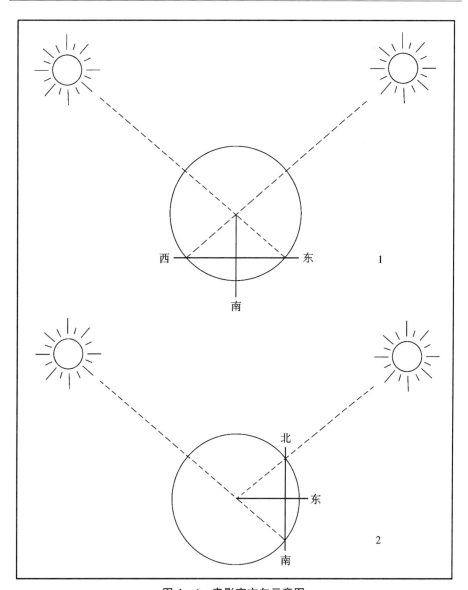

图4—6 表影定方向示意图

1. 定表法示意　　2. 游表法示意

这种方法确定的方向是比较粗疏的。

西汉初年的《淮南子》一书提出了另一种测定方位的方法，这种方法由于必须运用两根表来完成，所以测得的精度也要比前一种方法提高很多。《淮南子·天文训》云：

> 正朝夕：先树一表，东方操一表却去前表十步，以参望日始出北廉。
> 日直入，又树一表于东方，因西方之表，以参望日方入北廉，则定东方。
> 两表之中与西方之表，则东西之正也。

它的具体做法是，先立固定的一根定表，然后在定表的东边十步远的地方竖立一根可以移动的游表，日出时，观测者从定表向游表的方向观测，使两表与太阳的中心处于同一条直线；日落时，再在定表东边十步远的地方竖立一根游表，并从这个新立的游表向定表方向观测，也使两表与太阳的中心处于同一条直线。这样，连接两个游表的直线就是正南北的方向，两游表的连线与定表的垂直方向便是正东西（图4—6，2）。

《淮南子》的记载以为必须使用一根定表和两根游表才能完成这项工作，其实，只要将第一根游表定准的位置记录下来，这根游表便可以用来校准第二个位置，这使得此法实际只需要一根定表和一根游表就绰绰有馀了。

事实上，如果我们以定表所在的位置为圆心做一大圆，那么游表其实只是围绕着定表在这个圆周上游移。既然如此，我们便可以得到辨方正位的另一种可能性。这就是说，假如在日落时人们不是从游表向定表的方向定位，而仍然要求从定表向游表的方向观测的话，那么结果同样可以十分圆满。人们只需要将校准第二个位置的游表从定表的东边沿圆周游移到定表的西边，使其置于定表和落日之间，这样，只要将两表与太阳的中心处于同一条直线而定准游表的位置，那么它与游表所校定的日出位置的连线就是正东西。其实我们做这种假设的真正目的并非是想找出更多的确定方位的方法，而是试图说明，由于游表具有可以围绕定表沿圆周任意游移的随意性，从而可能直接影响了早期游表计时日晷的发明，而这种辨方正位的方法实际正可以视为中国古代赤道式游表日晷理论的渊薮。

二、日晷复原

日晷在汉代或叫作晷仪。《汉书·律历志上》称汉武帝太初元年"议造《汉历》，乃定东西，立晷仪，下漏刻，以追二十八宿相距于四方，举终以定朔晦分至，躔离弦望"。此所谓之晷仪即应指当时之日晷[1]。《汉书·艺文志》

---

[1]　陈梦家：《汉简年历表叙》，《汉简缀述》，中华书局1980年版。

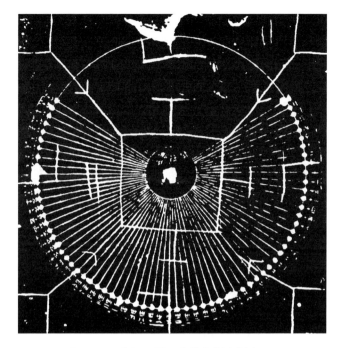

图 4—7　秦汉日晷（内蒙古托克托出土）

历谱类存《太岁谋日晷》二十九卷及《日晷书》三十四卷，皆佚，均为有关日晷的早期著作。

　　秦汉时期的石制日晷目前所存仅有三具：

　　其一为端方旧藏，现藏中国历史博物馆，《陶斋藏石记》卷一著录。端方名之曰"测景日晷"，详记"盘高八寸八分，宽九寸，日晷直径七寸九分半，字径二分，篆书"，并附有清末天文学家汤金铸、周暤对于此仪的考证和其用途的推测跋语。据周暤跋文，此仪于清光绪年间得于归化城（今内蒙古呼和浩特），其后高鲁误记为贵州省紫云县[1]，并为陈遵妫、刘仙洲等学者所因袭[2]。陈梦家先生指出，此仪原石背面有二行墨书铭记"光绪二十三年（公元 1897 年）出土山西托克托城"[3]，今在内蒙古自治区呼和浩特市南，故始明其出土时间及地点。此仪宽 27.5×27.6 厘米，厚 3.5 厘米，外圆直径

　　① 高鲁：《玉盘日晷考》，《中国天文学会会刊》第四期，1928 年。
　　② 陈遵妫：《中国古代天文学简史》，上海人民出版社 1955 年版；刘仙洲：《中国在计时器方面的发明》，《天文学报》第 4 卷第 2 期，1956 年。
　　③ 陈梦家：《汉简年历表叙》，《汉简缀述》，中华书局 1980 年版。

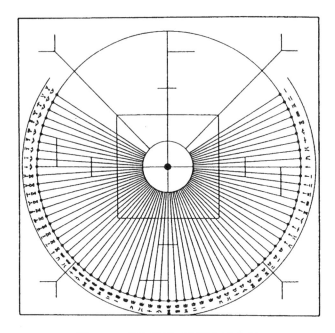

图 4—8 秦汉日晷（洛阳金村出土）

图 4—9 秦汉日晷（洛阳金村出土）

23.2—23.6厘米，字径 4—6 厘米，十分完整（图 4—7）。

其二于 1932 年出土于河南洛阳金村南半里之古墓葬，后归加拿大传教士怀履光（W. C. White），并由其携带回国，现藏加拿大多伦多安大略皇家博物馆。此仪长 28.4 厘米，宽 27.5 厘米，厚 3 厘米，外圆直径 24.5 厘米，中孔直径 0.65 厘米，孔深约 1.3 厘米，小孔深约 0.16 厘米[①]，形制完整（图 4—8；图 4—9）。

图 4—10 秦汉日晷（山西右玉出土）

其三为周进旧藏，《居贞草堂汉晋石影》卷二著录。此仪残损过甚，仅存一角。据周氏自云："秦日晷残石，高有二寸强，广有二寸七分，字径三分强。出山西右玉"（图 4—10）。

三具日晷的时代只有通过对其仪面文字字体的分析帮助判明。《陶斋藏石记》以为西汉或西汉以前之物，刘复也以为当属西汉[②]。周进则以右玉晷仪残石与秦瓦量同时出土，故断其为秦物，且自信其说，"至日晷之列于秦刻，食斋画像之定为西汉，皆各在所据，非故矜奇立异也"[③]。日本学者和田雄治同主此说[④]。陈梦家先生则以为日晷仪面数字都是严整的汉篆，故暂定其属汉代[⑤]。李鉴澄先生认为仪面文字全用小篆书体，说明其制作年代早于隶字盛行的汉代，故时代当在秦末汉初，而不会迟于汉初[⑥]。这一意见较近于事实。

三具日晷的基本形制虽然相同，但是通过比较仍然可以看出，日晷仪面上的刻绘图像显然是在两个不同时期分别完成的。最早完成的图像是在石制

---

① 陈梦家所记尺寸为：器宽 27.04×27.08 厘米，厚 2.54 厘米，外圆直径 24.50 厘米，中孔深约 1.30 厘米，小孔深约 0.16 厘米，与此不同。参见陈梦家《汉简年历表叙》，《考古学报》1965 年第 2 期。

② 刘复：《西汉时代的日晷》，国立北京大学《国学季刊》第三卷第四期，1932 年。

③ 周进：《居贞草堂汉晋石影》，己巳仲夏（1929 年）刊本。

④ 和田雄治：《秦时代の日晷仪》，日本《天文月报》第一卷第八号，1908 年。

⑤ 陈梦家：《汉简年历表叙》，《汉简缀述》，中华书局 1980 年。

⑥ 李鉴澄：《晷仪——现存我国最古老的天文仪器之一》，《科技史文集》第 1 辑，上海科学技术出版社 1978 年版。

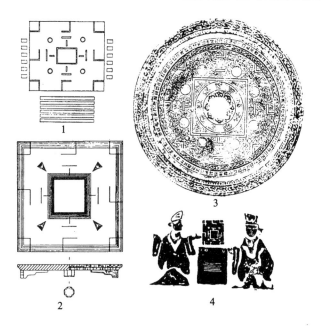

图 4—11 博局图

1. 秦代博具（湖北云梦睡虎地秦墓 M11 出土）　2. 西汉六博棋
盘（山东临沂金雀山 M31 出土）　3. 西汉博局镜（江苏东海尹湾
M4 出土）　4. 东汉博戏石刻画像（山东微山两城发现）

方板中央刻绘出约汉尺一尺直径的大圆，内中近圆心处重制一同心小圆。圆周等分为一百份，并于圆周三分之二的部分顺时针标注六十九个刻度，而另外三分之一部分的三十一个刻度则留白不刻。仪面中央钻有一较大的不透圆孔，四周刻度处又钻有极浅的六十九个小孔，并且每孔都有直线引向圆心。这是日晷的基本规制。

晚期完成的图像是在前期所绘图像的基础上补刻了"博局图"，这种图形我们在自战国到两汉的遗物中经常可以见到（图 4—11）。它是在一个正方形的基础上刻出二绳、四维和四钩，组成所谓的"TLV"图形。金村晷仪刻画谨严，可以清楚地看到这个图形。仪面 35 度处于正南方，由此引出的一条直线通过中心垂直向北构成子午线，10 度与 60 度相对的正东西为卯酉线，是为二绳。在 22—23 度和 47—48 度之间各向外引出一直线，会于其端 V 钩形的钩折处，与其相对的两侧也作同样的布设，是为四维和四钩。这些内容均见于《淮南子·天文训》。

但是可以肯定的是，后期所绘的"博局图"并不是日晷仪面上原本所具有的原始图像，它与日晷的实际用途毫无关系。托克托日晷仪面的"博局图"刻绘草率，与仪面原本具有的布绘细致整齐的图像大相径庭，明显应是后人补绘所致。不仅如此，托克托日晷也漏绘了二绳，如果二绳为日晷原本所具有的、为某种用途而服务的不可缺少的东西南北基准线的话，那么这种疏忽对于一部形制严谨的天文仪器而言是不能容忍的。同时我们还注意到，托克托日晷与金村日晷的所谓"TLV"纹中的四个"L"线，其中的一个是布列在35度的子午线上，由于"L"线中的竖线与自35度引向圆心的直线重合，所以我们只能看到一条垂直于35度线的短横线。这条横线横穿于35度至39度之间，距日晷大圆外轮的距离很近。然而，尽管周进所藏的右玉日晷残破，但恰恰是一块保留了35度至39度这个局部的晷仪边缘残石，而我们在相应的位置和高度上却并没有找到那条在另外两具日晷上见到的"L"线。这种现象所暗示的事实很清楚，那就是日晷仪面原本根本没有布列"博局图"，而我们现在所看到的托克托与金村日晷仪面的"博局图"其实都是后人的补刻。事实上，托克托日晷的"博局图"草率而无规矩，显然起不到任何观测计时的作用，其与仪面的刻度本非一系之图像不辨自明。

日晷仪面"博局图"的补刻工作应是在这种图式盛行的西汉时期完成的，这从另一个侧面反映出晷仪的时代可以早至秦代。将"博局图"补绘于日晷的原因可能出于古人所具有的一种根深蒂固的诹日用事的传统，这个传统自新石器时代开始就一直影响着中国古人的用事行为[1]。古人用事多择吉日，古凡择吉，或卜或筮。而战国至汉代流行的另一种择日之法则可能与博艺有关。近年于江苏东海尹湾6号西汉墓出土的一批数术木牍，其中一件上绘博局图，并配设六十甲子，下录五类占问之辞[2]（图4—12），显然是占卜择日的又一种形式。同时，出土的历谱木牍尚有"五月小，建日午，反支未，解衍丑，复丁癸，臽日乙，月省未，月杀丑，□□子"等语，其与战国秦汉时期的日书一样，均具诹日用事、择吉避凶的作用[3]。

博局乃是战国秦汉时期普遍流行的一种游戏，有些学者甚至将其与式视

①　冯时：《晋侯稣钟与西周历法》，《考古学报》1997年第4期。
②　连云港市博物馆：《江苏东海县尹湾汉墓群发掘报告》，《文物》1996年第8期。
③　滕绍宗：《尹湾汉墓简牍概述》，《文物》1996年第8期。

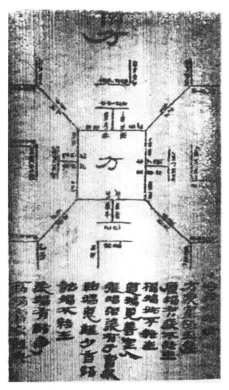

图4—12　西汉式图（江苏东海
尹湾 M6 出土木牍）

为同一种东西，原因很简单，博艺在当时与其说是用于游戏，还不如说是用于占卜[①]。尽管博局与式并非同类，但是在当时，博艺与占卜却肯定不会是风马牛不相及的两回事。李约瑟先生认为，游戏与占卜在原始社会实在很难分别清楚，美洲印第安人即将游戏视为体现神意的占卜的一种形式[②]。中国古人同样持有相同的观念[③]。正因为如此，汉代人便常将这种可以用于占验时日的博局图与计时的日晷绘刻在一起，从而巧妙地体现了占卜择日的古老思想。事实上，这一点通过尹湾西汉墓出土木牍博局图与六十甲子的配合已可获得坚实的佐证。

通过研究，我们复原了三具早期日晷的原始面貌，显然，只有这些原始图像才能作为讨论晷仪用途的基础。而日晷仪面上由后人补刻的博局图除了具有某种占卜择吉的象征意义之外，由于其不属于日晷的原始内容，因此对于日晷用法的分析没有任何价值。

关于这种仪器的用途，过去曾有种种猜测。一种意见认为，仪器是用来测定时间而不是测定方向，因为圆周等分为一百份显然是汉代天算家采用一日百刻记时法的反映。不过仪器仅标注六十九份刻度，表明它所测量的并不是自夜半开始的固定时刻，而是始于日出前三刻的白昼时间，这与汉代文献中所载的昼漏时刻恰好可以符合。另一种意见认为，日晷只是一种测定方向

①　S. M. Kaplan，On the Origin of the TLV-mirror. *RAA/AMG*，1937，11.

②　Joseph Needham，*Science and Civilisation in China*，Vol. Ⅲ，The Sciences of The Heavens，Cambridge University Press，1959.

③　李零：《"式"与中国古代的宇宙模式》，《中国文化》第四期，1991 年。

的仪器①。事实上，日晷仪面补刻的博局图已经明白告诉了我们仪器的用途，它显然是一种计时仪器，这个用途在补绘者的时代依然为人们所熟知。而且仪面原始图像上没有刻出子午、卯酉二绳，也说明晷仪与古人决定方向并没有关系。

　　日晷既是计时仪器，接下来的问题是，如果在仪面中央的圆孔中立表，那么表针究竟是垂直于地面放置而指向天顶，还是随纬度倾斜而指向天极。汤金铸与和田雄治都认为晷仪的盘面应与天赤道平行，用以测定地方真太阳时。汤氏指出："其心及周各有圆孔，以备立表之用。按盘心宜立定表，其周用一游表。令定表直指北极，则盘面与赤道平行，使游表之景与定表相合，可知时刻。"② 其后刘复与怀履光、米尔曼（P. M. Millman）均受汤说的启发，不过由于他们未能区分晷仪原始刻度与博局图刻绘图像的先后次序，因而都不免受到博局图的某种误导③。

　　周暻的观点则与汤金铸相反，他认为晷仪当按地平面安放用来测量日出、日入时的平经。中央圆孔置定表，空三十一分处向日光，其六十九分的小孔置游表。定表、游表俱与地面垂直。周暻指出，平晷虽不能用来测时，但可以"逐时以验晷"，"其无南北方向者，以南北必测而后知，难预定也"④。周暻的看法使马伯乐（H. Maspero）深受影响，他认为，晷仪虽然测得日中时的准确时间，但是在汉代它却只能用于测量日出及日入时的平经，因为由太阳平经通过计算便能知道当日的白昼长度，从而使执掌漏壶的官吏在黎明时由太阳平经得知当日的白昼长度，并相应调整昼夜漏刻，确定换箭日期。因此，日晷实际只是漏壶的校准器⑤。这种观点后来为陈梦家基本接受，并据以反驳刘复及劳榦关于汉代十二时与百刻关系的看法⑥。

　　周暻似乎未曾有缘见过金村晷仪，因此那上面为后人补刻的子午、卯酉二绳与他对于托克托晷仪的解释自然存在矛盾。以日晷作为漏壶的校准器看来并没有什么文献学的证据，《后汉纪》："未餔八刻，太史令王立奏曰：日

---

　　① 李鉴澄：《晷仪——现存我国最古老的天文仪器之一》，《科技史文集》第1辑，上海科学技术出版社1978年版。

　　② 端方：《陶斋藏石记》卷一，清宣统元年十月（1909年）石印本。

　　③ 刘复：《西汉时代的日晷》，国立北京大学《国学季刊》第三卷第四期，1932年；W. C. White & P. M. Millman, An Ancient Chinese Sun-Dial. *RASC/J*, 1938, 32.

　　④ 端方：《陶斋藏石记》卷一，清宣统元年十月（1909年）石印本。

　　⑤ H. Maspero, Les Instruments Astronomiques des Chinois au temps des Han. *MCB*, 1939, 6.

　　⑥ 陈梦家：《汉简年历表叙》，《汉简缀述》，中华书局1980年版。

曷过度，无有变色。……未餔一刻而蚀。"《续汉书·律历志中》："漏所以节时分，定昏明。……当据仪度，下参晷景。……以晷景为刻，少所违失，密近有验。"这些记载都宜解作古人以日晷与漏壶配合使用的传统，而并不是仅仅以日晷作为漏壶的校准器。事实上，尽管自汉代以后已经保留有一套太阳平经与时间的关系的数据[①]，不过当时人如霍融、袁充所测的数据其实都是使用八尺的表取得的，而并没有提到日晷的用法。这一点李约瑟先生早已指出[②]。

终两汉之世，行两种漏制，一为官漏，一为夏历漏。《初学记》卷二十五引《梁漏刻经》："至冬至，昼漏四十五刻。冬至之后日长，九日加一刻。以至夏至，昼漏六十五刻。夏至之后日短，九日减一刻。或秦之遗法，汉代施用。"此所述乃西汉的官漏，可能为秦制之遗，是秦汉之官漏率九日增减一刻，已为定制。《续汉书·律历志中》："永元十四年（公元 102 年），待诏太史霍融上言：'官漏刻率九日增减一刻，不与天相应，或时差至二刻半，不如夏历密。'诏书下太常，令史官与融以仪校天，课度远近。太史令舒、承、梵等对：'……建武十年（公元 34 年）二月壬午诏书施行。漏刻以日长短为数，率日南北二度四分而增减一刻。一气俱十五日，日去极各有多少。今官漏率九日移一刻，不随日进退；夏历漏随日南北为长短，密近于官漏，分明可施行。'"是知东汉建武十年所诏行之夏历漏以二度四分增减一刻，已非官漏率九日而增减一刻的旧制。据此我们知道，两汉漏制，不论官漏还是夏历漏，显然都已有严格的漏制，而且这种漏制是长期行用不变的。西汉官漏率九日移一度的旧制之所以到东汉时与天不合，正说明古人笃信旧规不误，而并不经常以表校正漏壶。

关于日晷的使用，汤金铸的设想显然能够讲出更多的道理，关键在于它可使仪器本身所具备的圆周上六十九个圆孔的作用得以充分发挥，因为那里原本应该装有可以移动的游表。这一点应该毫无疑问。

如果事实果真如此，那么我们就不会在早期文献中找不到这种计时法的线索。我们知道，利用日影对时间的测量与对方位的测量是密切相关的，这意味着这两步工作常常可以通过同一种活动来完成。人们并不难理解，当日

---

① 参见《续汉书·律历志中》及《隋书·天文志上》。

② Joseph Needham，*Science and Civilisation in China*，Vol. Ⅲ，The Sciences of The Heavens，Cambridge University Press，1959.

出表影指向东西的时候，或者正午表影指向南北的时候，我们其实可以自然而然地同时获得时间和空间两个概念，这使得早期辨方正位与时间计量的方法实际都来源于同一种测影活动。

原始的辨方正位的工作当然只需要一根表就可以完成，正像《考工记》中所记载的那样。由于一天中的表影变化非常明显，因此这种方法自然也可以帮助古人判断时间。《淮南子》所记载的游表定位法当然更为进步，事实上，它在使方向定得更为准确的同时，也在使时间定得更为准确。这两种方法在《周髀算经》中其实都有记载，关于定表法的内容，《周髀算经》的文字我们在前面已有讨论，而游表法所涉及的有关内容则更需引起我们的注意。《周髀算经》卷下云：

> 乃以置周二十八宿。置以定，乃复置周度之中央，立正表，以冬至、夏至之日，以望日始出也，立一游仪于度上，以望中央表之晷，晷参正，则日所出之宿度。日入放此。

赵爽《注》："从日所出度上立一游仪，皆望中表之晷。游仪与中央表及晷参相直，游仪之下即所出合宿度。"游仪也就是游表，经文所言游所处之"度"如果移用于日晷，便是日晷仪面上的刻度。很明显，这些方法在汉代以前肯定被广泛地使用过，而且随着古人所追求的观测结果的不同，这些方法在获得方位认知的同时，也曾为先人们提供了某种时间服务。事实上，早期先民的计时做法正是如此。如果我们以第二种游表定位法校准汉代的日晷，则不难看出，日晷所采用的计时方法至少有一部分应该是从游表定位法移植而来的。因此，秦汉日晷的创制实际只是计时工作由地面测影向石板测影的精确化与浓缩。

还有一个问题必须加以澄清，那就是日晷仪面上的一百刻度与汉代的时辰究竟具有一种怎样的关系。汉代的记时法并用时刻、时辰两法[1]，时刻即为漏刻，分昼夜为百刻，为官制；时辰则为十二时，陈梦家认为又有十八时[2]。十八时之名据缀拾汉简则有夜半、夜大半、鸡鸣、晨时、平旦、日出、蚤食、食时、东中、日中、昳中、餔时、下餔、日入、昏时、夜食、人定、

---

① 　陈梦家：《汉简年历表叙》，《汉简缀述》，中华书局1980年版。
② 　陈梦家：《汉简年历表叙》，《汉简缀述》，中华书局1980年版。

夜少半。这些名称于白昼的部分应为观测太阳的位置而定，于夜晚的部分则为观测星辰的位置而定。但是由于太阳于不同季节出没的时间不同，因而昼夜的长短也不同，这使得十八时的时间最初很难是平均分配的。据文献所载，这个时制与漏刻似乎毫不相干。十二时制旧以为起于汉①，或以为起于秦②，其时已有十二时配十二支之法③。今见云梦睡虎地秦简载："［鸡鸣丑，平旦］寅，日出卯，食时辰，莫食巳，日中午，暴（昳）未，下市申，春日酉，牛羊入戌，黄昏亥，人定［子]"（《日书》乙种简156），与《论衡·调时》所记"一日之中分为十二时：平旦寅，日出卯也"正合。故知战国末期已有十二辰与十二时相配之俗④，甚至商代的甲骨文也反映了殷人使用十二支记时的痕迹⑤，足见其制渊源甚久。十二时与十二支配合，使得十二时原有的名称从原本对太阳位置的记录蜕化为一种纯粹性质的记时符号，因此其时辰是等段分配的，这与当时的百刻漏法恰好可以配用。《五代会要》引《漏刻经》："昼夜一百刻，分为十二时，每时得八刻三分之一，六十分为一刻，一时有八刻二十。"刘复及劳榦均以为日晷与百刻配用⑥，刘复则以当绳之四时较小，每时八刻，其馀八时较大，每时八刻半，适为百刻⑦。

古以百刻为制，渊源甚久。《周礼·夏官·挈壶氏》郑玄《注》："分以日夜者，异昼夜漏也。漏之箭，昼夜共百刻。冬夏之间有长短焉，太史立成法有四十八箭。"贾公彦《疏》："此据汉法而言。"《说文·水部》："漏，以铜受水，刻节，昼夜百刻。"《尚书·尧典》孔颖达《正义》引马融云："古制刻漏，昼夜百刻。"《初学记》卷二十五引《汉旧仪》："立夏、立秋昼六十二刻，夏至昼六十五刻。"《北堂书钞·仪饰部》引《汉旧仪》："冬至昼四十一刻，后九日加一刻，立春昼四十六刻，夜五十四刻。"一日百刻之制来源于中国古老的十进制传统，《左传·昭公五年》："日之数十，故有十时，亦当十位。"杜预《集解》以十日为甲至癸十干，甚是，所谓十时为日中、食

① 劳榦：《古代记时之法》，《居延汉简考证》，《历史语言研究所集刊》第三十本上册，1959年。

② 于豪亮：《秦简〈日书〉记时记月诸问题》，《云梦秦简研究》，中华书局1981年版。

③ 赵翼：《陔馀丛考》卷三四。

④ 饶宗颐：《云梦秦简日书研究》，《楚地出土文献三种研究》，中华书局1993年版。

⑤ 温少峰、袁庭栋：《殷墟卜辞研究——科学技术篇》，四川省社会科学院出版社1983年版。

⑥ 刘复：《西汉时代的日晷》，国立北京大学《国学季刊》第三卷第四期，1932年；劳榦：《古代记时之法》，《居延汉简考证》，《历史语言研究所集刊》第三十本上册，1959年。

⑦ 刘复：《西汉时代的日晷》，国立北京大学《国学季刊》第三卷第四期，1932年。

时、平旦、鸡鸣、夜半、人定、黄昏、日入、晡时，日昳，则不符合《左传》本义。十时应十日，似为一种以甲乙十干的记时系统。《周礼·秋官·司寤氏》："司寤氏掌夜时。"郑玄《注》："夜时谓夜晚早，若今甲乙至戊。"[①]《初学记》卷二十五漏刻第一引《汉旧仪》："五夜，甲夜、乙夜、丙夜、丁夜、戊夜。"[②] 似可视为十时之残制。十时每时十分，恰合百刻。《汉旧仪》以五夜与漏刻配属，正说明百刻漏制的来源。盖日晷百刻，既有配合漏壶使用之意，也有古行十时制之遗味。后十二时渐盛，遂百刻重配十二时，十时则趋废行。

现在我们可以对这两具完整的秦汉日晷的使用方法做些可能的复原。首先必须将石板平面平行于天赤道倾斜放置，因为日晷的等分刻度说明它应是赤道式的。刘复的解释是，平行于天赤道的日晷应该按刻度在上的位置摆放，这样便可以利用游表顺利地读出全年中的任何时刻[③]。但是，如果古人想部分地放弃游表而直接从日晷上读出时刻，其实也并非没有这种可能，这意味着日晷似乎还存在着另一种使用方法。当三月春分至九月秋分，太阳行移于赤道以北，致使上部晷面只可受到半年的日光，这时可将日晷按刻度在下的位置摆放，这样做的结果将会使夏至日出时立于中央圆孔中的定表表影落在右侧"一"的刻度上，而且表影在半年中的任何时刻始终都是按顺时针的方向游移，符合仪面刻度的次序。自九月秋分至次年三月春分，太阳行移于赤道以南，仪器本身将会挡住日光，使定表的影子投落在日晷之外，从而不可能直接在仪面上读出刻度。这时必须将日晷倒过来安放，使有刻度的部分位于上方，这样就可以继续利用在圆周的小孔中自由移动的游表进行计时，因为只要选取合适的游表和定表，就不难使观测者看到游表和定表构成的平面与太阳的中心重合，实际也就是使两表的表影重合，于是人们便可根据游表所在的位置读出刻度，而且游表所标记的时间在半年中仍然是按顺时针的方向游移，与仪面的刻度次序一致。同时我们还注意到，托克托日晷和金村日晷在四十八度左另有一小孔，这显然标示的是冬至时的日入位置。

我们看到，用这种仪器计时，虽然游表可以部分地被放弃，但每年的春分和秋分必须将日晷翻转一次，仍然很不方便。南宋时曾南仲改进了这种仪

---

① 阮元校勘记："嘉靖本戊作戉。……各本作甲乙至戊，独蜀本作戉。《汉制考》作戉，云《疏》以戊为戉误。甲乙至戉谓夜有五更。"

② 瓦因托尼出土汉武帝至昭帝时简（《居延汉简甲编》526）有乙夜、丙夜、丁夜。

③ 刘复：《西汉时代的日晷》，国立北京大学《国学季刊》第三卷第四期，1932年。

器，省却了此类麻烦。曾敏行《独醒杂志》对此有着详细记载：

> 南仲尝谓："古人揆景之法，载之经传，杂说不一，然止皆较景之短长，实与刻漏未尝相应也。"其在豫章为晷景图，以木为规，四分其广而杀其一，状如缺月，书辰刻于其旁，为基以荐之，缺上而圆下，南高而北低。当规之中，植针以为表。表之两端，一指北极，一指南极。春分已后视北极之表，秋分已后视南极之表。所得晷景与漏刻相应。自负此图以为得古人所未至。予尝以其制为之。其最异者，二分之日，南北之表皆无景，独其侧有景，以侧应赤道。春分已后日入赤道内，秋分已后日出赤道外，二分日行赤道，故南北皆无景也。其制作穷赜如此。

曾南仲所改进的赤道式日晷使定表贯穿日晷的中心，一端指向北极，另一端指向南极，春分以后观测朝向北极一面的表影，秋分以后则观测朝向南极一面的表影，日晷的两面都标注刻度。这个设想虽然使游表最终被废除，但也并不是没有缺陷。由于日晷平面正好与赤道相合，因此至少在春分和秋分这两天，日晷是无法用来计时的，这时的日光将直射在日晷的边缘上，从而使得与极轴平行的表针的影子根本不可能落在表盘上。其实，即使是在二分日的前后几天，由于表影模糊，计时实际也很困难。看来曾南仲只见树木，不见森林，他的改进比起利用游表进行全年计时的旧式赤道日晷并算不得尽善尽美。

曾南仲的自负可能使他的话有些夸大其词，他说古人测影"止皆较景之短长，实与刻漏未尝相应"，都不符合实际情况。这使人对他的工作颇存疑虑，尽管关于按季节不同双面使用的典型赤道式日晷恐怕没有比这更明确的记述，但把它说成是曾南仲的独立发明，则还需要更多的证据[1]。由于有更早的赤道式游表日晷的发现，因此我们还是慎重地把他的工作称为对旧式日晷的改进。

中国古代赤道式日晷的产生素来被视为是很晚的事情，当然从理论上讲，假如立表测影可以看做早期记时法的直接来源的话，那么受它影响而产生的肯定是地平式日晷。但是，地平日晷并不能进行等间距的时间测量，这与古代以百刻漏制及十二时为主的记时制度的配合则非常麻烦。事实上，中

---

① Joseph Needham，*Science and Civilisation in China*，Vol. Ⅲ，The Sciences of The Heavens，Cambridge University Press，1959.

国传统天文学重视天极与赤道的特点可以促使古人很容易地想到，只要将日晷平面沿天球赤道的平面摆设而不是使它平行于地平，就可以消除在使用地平日晷测时时所遇到的种种不便。早期赤道式日晷正是在这样的条件下应运而生的。

我们所讨论的游表日晷的时代大约可以定在秦汉之际，比它更早的日晷目前还没有发现。传统的表和日晷都是利用日影方向的变化作为计时的根据，显然这种仪器在阴天和夜晚是无法使用的。因此，中国古人为解决这个困难，创制了漏刻计时的方法。漏刻计时最初可能只是作为对于日晷计时方法的补充，但是后来却发展成为一种独立的计时系统。自汉代以后，人们似乎把热情都投入到对漏壶的改进，而对日晷的工作却很少有人关注，以至于使有关早期赤道式日晷的史料极为罕见。

第四节　漏壶的产生与发展

古人认为，漏刻的发明是从观察容器漏水得到的启发，因为陶器在使用中随时可能因残损而漏水，久而久之，人们便会发现，水的流失与时间的流逝其实有着某种对应的关系，从而逐渐形成以漏水的陶器计量时间的概念。这种做法别出心裁，可以说是人类第一次摆脱了依靠天象记时的传统思路。

早期漏刻的情况比日晷要清楚得多，中国人把它的创造仍旧归功于黄帝，但与其说这是一则神话，倒不如把它视为古人对漏刻制度久远历史的追溯更合适。因为在新石器时代的遗物中，我们曾经发现与后代的漏壶颇为相似的漏水陶器，有人甚至已经把它作为漏刻起源的最早物证提了出来[1]。

漏刻由两部分组成，漏是漏壶，刻是刻箭，漏壶的下部装有流管，而刻箭上则标明刻度。漏壶的原理虽然都是滴水计时，但具体操作时却有两种相反的方法，一种是利用漏壶容器，记录它把水泄完的时间，这种方法使得浮在水面上的箭杆随着壶内剩水的减少而下沉；另一种则是将漏出的水收在一个没有开口的受水容器中，并注意它用多长时间把水装满，这种方法则使箭杆随着受水壶中的水逐渐增多而升浮。用前一种方法计量时间的漏壶叫沉箭漏，而用后一种方法计量时间的漏壶则叫浮箭漏。沉箭漏无疑出现的时间最早，但是到公元前6世纪，浮箭漏似乎也已存在，而且由于当时的漏壶可能需要悬挂起来，所

---

[1]　华同旭：《中国漏刻》，安徽科学技术出版社1991年版。

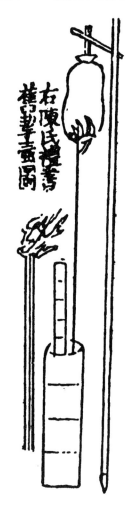

图 4—13　周代挈壶

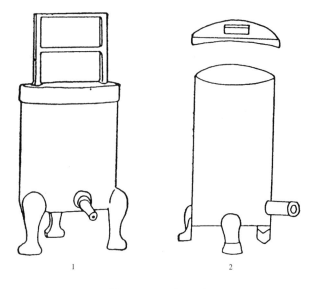

图 4—14　西汉漏壶

1. 千章沉箭漏（内蒙古伊克昭盟发现）　2. 丞相府浮箭漏

以称为挈壶（图 4—13）。周代已在皇家机构中设定了一种掌管漏壶的世袭官职——挈壶氏，凡有军务或丧礼，他都要升起漏壶计量时间[①]。

　　迄今为止，我们所能见到的最早的铜制漏壶都还只是西汉的遗物，它们有的属于简单的单壶沉箭漏（图 4—14，1），也有属于浮箭漏（图 4—14，2）[②]。泄水型和受水型漏壶的上盖和梁顶都有供刻箭升降的方孔，以便使刻箭尽量保持垂直而减少误差。沉箭漏由于壶的容积太小，因而连续使用的时间不会很长，必须不断加水，误差很大，所以需要经常校准。最初的浮箭漏也只有一只贮水壶，于是它与沉箭漏都无法避免这样一个缺陷，就是当壶中的水慢慢漏完，水

　　①　见《周礼·夏官·挈壶氏》。另参见 Joseph Needham, *Science and Civilisation in China*, Vol. Ⅲ, The Sciences of The Heavens, Cambridge University Press, 1959.

　　②　吕大临：《考古图》卷九，清乾隆四十九年（1784 年）《四库全书》文津阁书录钱曾影宋本，中华书局 1987 年版；王圻：《三才图会》，上海古籍出版社 1988 年影印明万历王思义校正本；陈美东：《试论西汉漏壶的若干问题》，《中国古代天文文物论集》，文物出版社 1989 年版。

头便会随之逐渐减慢，这种漏水的不均匀使计时工作不可能准确。这是汉代以后受水型漏壶日趋流行的主要原因。

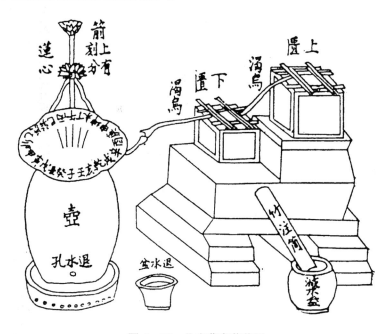

图4—15　北宋燕肃莲花漏

　　由于浮箭漏是把刻箭与供水壶分离开，因此它存在解决上述漏水速度不均困难的可能性。古人最初采用的办法既简单又巧妙，他们通过在供水壶和装有刻箭的箭壶之间增加若干个补偿壶，用以稳定水位，果然十分有效。东汉时期，张衡已经使用过二级补偿式浮箭漏，这是在供水壶和箭壶之间加入一个补偿壶。以后从晋代直至19世纪上半叶，受水壶之上所增加的壶已不少于六个。多级补偿使供水壶的水流在逐级注入泄水壶（最后一壶）而流入箭壶之前，水位可大体保持稳定，从而达到漏水速度均匀的效果。事实上，二级补偿式浮箭漏的发明已经使漏水的稳定问题基本得到了解决。

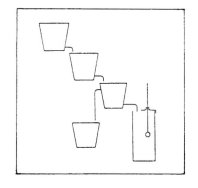

图4—16　漫流系统示意图（采自李约瑟《中国科学技术史》）

古人对这些改进显然并不满意，北宋天圣八年（公元1030年），燕肃创制了著名的莲花漏（图4—15），在中国漏刻史上首次采用了漫流系统。它是在一列漏壶之间加入一个漫水或恒定水位壶，即于漏壶的最下一级壶的上沿再开一漏孔，如果供水壶中漏出的水量稍大，便会顺泄水壶的上孔泄入一侧的"减水盎"（分水盆），从而使泄水壶中的水位保持稳定（图4—16），这在很大程度上消除了因水位变化所造成的对流量的影响。

燕肃的漏刻从形式上看与二级补偿式浮箭漏没有什么不同，北宋末年的王普将燕氏漏刻与多级补偿式浮箭漏结合起来，制作了包括天池壶、平水壶、平水小壶和箭壶的多级漏刻（图4—17）。他的平水小壶为漫流壶，并且在供水壶和泄水壶之间加放了一个补偿壶，这种结构形式后来被继承了下来，一直到清代仍未改变。

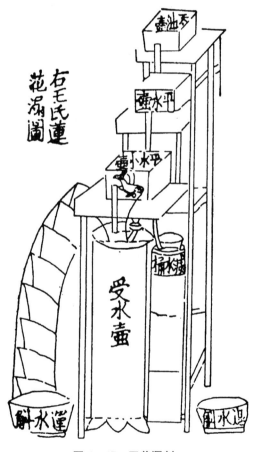

图4—17 王普漏刻

漏刻在未改进之前多是与表配合使用的。《史记·司马穰苴列传》中曾经记有这样一个故事，春秋末年，齐景公与燕国交战，连年失利，于是任命文武双全的司马穰苴为帅。穰苴上任后与监军庄贾约定次日中午到军营受命，庄贾走后，他立刻骑马赶到军营，把表杆立起来，把漏壶充上水，等待庄贾的到来。第二天中午，表影移向中央正指北方，漏壶的刻箭也已显示到了正午时刻，庄贾却还没有来。穰苴放倒表杆，中止了漏壶漏水，宣布庄贾迟到。原来庄贾自恃为齐王宠臣，正在家中尽情与亲朋饮酒言欢，直到夕阳西下才姗姗来到军营，穰苴大怒，依军法处斩了庄贾。故事中将圭表与漏刻联用的做法，显然是要通过圭表能够测定正午时刻来校准漏刻。其实在漏刻得到改进之后，这个传统仍然没有中断。隋代袁充将地平日晷与漏刻联用，发现了十二辰时间的不均匀现象，甚至到宋代漏刻的制作已相当精密以后，在正午时刻利用圭表根据日影加以校准仍是必要的。毫无疑问，这种做法可以大大提高漏刻在连续使用时的计时精度。

第五章 奇异天象

　　考古资料所提供的古代奇异天象记录虽不算多，却很精彩，不能想象，我们将要看到的如此细致的观测记录竟会是远古时代的产物。这些记录主要集中在对日、月交食和彗星的观测，日、月是先民们最关注的天体，它的每一次细微变化自然会引起人们的注意；彗星则是星空世界的不速之客，它的偶然造访当然也不能逃过古人的眼睛。另外我们还看到，考古学家在商代和西周的遗址中曾屡屡发现以陨铁铸刃的铜钺①，这甚至使人联想到古文献中记载的商周时期著名的"玄钺"，它是当时流行的一种兼用陨铁制成的礼器。陨铁只能来自陨星，显而易见，中国古人不仅在三千年前就已注意观测流星，而且已经懂得它的基本成分并成功地加以利用了。

第一节　殷代月食考

　　目前所见殷卜辞中的月食刻辞共有八条，从卜辞断代的角度讲，都属于殷王武丁时期的宾组刻辞，它们分别记述了武丁时期发生的五次月食，习惯上称为"乙酉月食"、"庚申月食"、"甲午月食"、"壬申月食"和"癸未月食"。五次月食中有一次月食明系殷历月份，有两次月食的殷历月份可以推得。

一、殷代武丁时期五次月食卜辞研究
1. 乙酉月食

　　　1. 癸亥卜，争贞：旬亡祸？一月。
　　　　癸未卜，争贞：旬亡祸？二月。

---

① 李众：《关于藁城商代铜钺铁刃的分析》，《考古学报》1976 年第 2 期。

2

1

图5—1　殷代乙酉月食卜辞

1.《合集》11485　　　2.《合集》11486

癸卯卜，[争贞]：旬亡祸？三月。

[癸]卯[卜，争]贞：[旬]亡[祸]？五月。

[癸]未卜，[争贞]：旬[亡]祸？

癸未卜，争贞：旬亡祸？三日乙酉夕月有食，闻。八月。

《甲编》1114＋1156＋1289＋1749＋1801，

《新缀》1，《合集》11485

2.[癸未卜]，古[贞：旬亡]祸？三日[乙]酉夕[月有]食，闻。[八月]。　　　　《燕》632，《合集》11486

两条卜辞同记乙酉月食，唯贞人不同，为同文异版卜辞（图5—1）。此次月食的发生时间当在殷历武丁某年的八月望日。

2. 庚申月食

1. 癸［卯卜］，贞：［旬］亡［祸］？

癸丑卜，贞：旬亡祸？王占曰："有祟。"七日己未壹（曀），庚申月有食。

癸亥卜，贞：旬亡祸？

癸酉卜，贞：旬亡祸？

癸未卜，争贞：旬亡祸？王占曰："有祟。"三日乙酉夕壹（曀），丙戌允有来入齿。十三月。

《库方》1595 正、反，《合集》40610 正、反，

《英藏》886 正、反

2. ［癸丑卜，贞］：旬［亡祸？王占曰："有祟。"］七日己未［夕壹（曀），庚申月有食］。

癸亥卜，贞：旬亡祸？

癸未卜，争贞：旬亡祸？王占曰："有祟。"三日乙酉夕壹（曀），丙戌允有来入齿。［十三月］。

《铁》185.1＋233.3＋68.3，《天理》B103、B103b，

《缀》143，《新缀》492，《合集》17299

3. 癸亥。

癸未。十三月。

癸巳卜，贞：旬亡祸？

癸卯卜，贞：旬亡祸？

［癸丑卜，贞：旬亡祸？七日］己未夕壹（曀），庚申月有食。

《金璋》594 正、反，《合集》40204 正、反，

《英藏》885 正、反

三条卜辞为成套卜辞（图5—2）。董作宾先生主张依第 1 条卜辞的次序释读，则庚申月食发生于殷历十二月望日[①]。陈梦家先生参考《金璋所藏甲骨卜辞》594（正、反）所记庚申月食卜辞，主张依第 3 条卜辞的次序释读，则庚申月

---

① 董作宾：《殷历谱》下编卷三《交食谱》，中央研究院历史语言研究所 1945 年版，第 3 页。

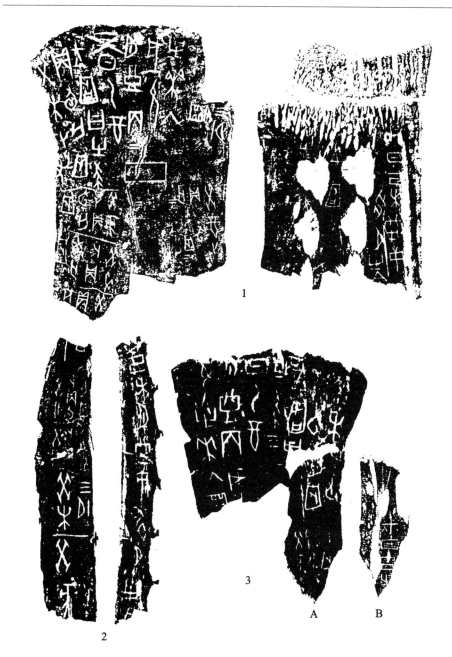

图 5—2　殷代庚申月食卜辞

1.《英藏》886 正、反　2.《英藏》885 正、反

3.《合集》17299（A、B.《天理》B103、B103b）

食发生于殷历一月望日①。

《英国所藏甲骨集》选收了两辞拓本②。经过反复比较，我们倾向于陈梦家先生的读法。两版卜辞同记"庚申月有食"，并同于癸未日系记"十三月"，所卜为一事当无疑问，其贞卜次序可整理如下：

《英国所藏甲骨集》885 正、反		《英国所藏甲骨集》886 正、反	
		癸〔卯〕	
		癸丑	（十二月）
癸亥		癸亥	
（癸酉）		（癸酉）	
癸未	十三月	癸未	十三月
癸巳		〔癸巳〕	
癸卯		〔癸卯〕	
〔癸丑〕	庚申月有食（一月）	〔癸丑〕	庚申月有食（一月）
		〔癸亥〕	
		癸酉	

圆括号内是原辞所无，按顺序拟补的干支或月份；方括号内是原辞残掉的干支。据此可知，庚申月食发生于殷历武丁某年一月望日。

庚申月食卜辞刻写于两干支之间的"壹"字的确切含义则需要讨论，这直接关系到庚申月食到底是一次发生在己未到庚申两日之间的月食，或者说是庚申晨（己未夕）月食，还是发生在庚申日夜晚的月食。卜辞"壹"字本作"豈"，董作宾先生接受叶玉森的观点，将此字理解为祭名③，因而将"己未豈"与"庚申月有食"分作两句，并定此次月食发生在庚申夕。于省吾先生则以为此字意指天气阴蔽④，刘朝阳、饶宗颐先生也有相同的看法⑤。这

---

①　陈梦家：《殷虚卜辞综述》，科学出版社 1956 年版，第 238—239 页。

②　李学勤、齐文心、艾兰：《英国所藏甲骨集》，中华书局 1985 年版。

③　叶玉森：《殷契钩沉》乙卷，北平富晋书社 1929 年版，第 5 页；董作宾：《方法敛博士对于甲骨文字之贡献》，《图书季刊》新第 2 卷第 3 期，1940 年；《殷代月食考》，《历史语言研究所集刊》第二十二本，1950 年，第 140—142 页。

④　于省吾：《双剑誃殷契骈枝续编》，1941 年石印本，第 27—30 页。

⑤　刘朝阳：《殷末周初日月食初考》，《中国文化研究汇刊》第四卷上册，1944 年，第 118—119 页；饶宗颐：《殷代贞卜人物通考》，香港大学出版社 1959 年版，第 86 页。

些解释当然都没有动摇董作宾对于庚申月食发生时间的确定。但是，美国学者德效骞（Homer H. Dubs）因袭白瑞华（Roswell S. Britton）的观点，根据此字一般多出现在两个干支之间的现象和他自己的月食推算，认为"夕"字应该具有连接两个历日干支的意义，准确地说，它可能含有"夜半"（midnight）或"延续到"（continuing into）的意味。因为董作宾确定的庚申月食，在他看来却应是一次发生在公元前 1192 年 12 月 27 日至 28 日的月食，这次月全食的见食时刻是从 27 日晚 20 时 48 分开始，安阳当地的日期是己未，时间是 21 时 53 分。月全食的时间共计一小时又三刻钟，生光的时间从晚 23 时 37 分开始，复圆则在 28 日凌晨 0 时 40 分，安阳当地的日期是庚申，因而这次月食恰好跨越了己未与庚申两个历日，这意味着甲骨文的"夕"字似乎正为指出这次月食自己未持续到庚申的见食过程①。

德效骞的想法虽然巧妙，但这种解释却有悖于甲骨文"夕"字的实际含义。周法高先生曾经试图以殷代存在两种不同记日法的设想弥合这一矛盾②，当然也很难成为定论。尽管学者通过文字学研究为德效骞的解释提供了依据③，但是，无论对甲骨文月食的实际选算及不同月食的相互配合④，还是对甲骨文记时系统及祭祀系统的研究⑤，都很难支持这一看法。事实上，如果承认德效骞关于"夕"是连接两干支日的观点，那便意味着月食发生的具体时刻实际已被限定在一个很小的范围之内，而在此基础上选算五次月食，却没有一组令人满意的结果⑥。因此，德效骞的认识至少在五次月食如何配匹的问题上会遇到困难。其实，即使将甲骨文"夕"解释为具有连接两个干支日的意义，对于某些卜辞来说也很难讲通。殷王武丁时期的卜辞见有如下内容：

① Homer H. Dubs，The Date of the Shang Period. *TP*，Vol. 40，pp. 322—335，1951.

② Chou Fa-kao，Certain Dates of the Shang Period. *Harvard Journal of Asiatic Studies*，Vol. 23，pp. 108—112，1960—1961；On the Dating of a Lunar Eclipse in the Shang Period. *Harvard Journal of Asiatic Studies*，Vol. 25，pp. 243—247，1964—1965.

③ 裘锡圭：《释殷虚卜辞中的"夕"、"夤"等字》，《第二届国际中国古文字学研讨会论文集》，问学社有限公司 1993 年版，第 73—94 页。

④ 张培瑜：《殷商武丁世的月食和历法》，《中国古代天文文物论集》，文物出版社 1989 年版，第 24—25 页；冯时：《百年来甲骨文天文历法研究》第三章第一节，中国社会科学出版社 2011 年版。

⑤ 范毓周：《甲骨文月食纪事刻辞考辨》，《甲骨文与殷商史》第二辑，上海古籍出版社 1986 年版，第 316—319 页；连劭名：《再论甲骨刻辞中的血祭》，《于省吾教授百年诞辰纪念文集》，吉林大学出版社 1996 年版。

⑥ 冯时：《百年来甲骨文天文历法研究》第三章第一节，中国社会科学出版社 2011 年版。

　　……［辛丑］夕豆，壬寅王亦冬（终）夕祸。　　　《菁》6

"终夕"与卜辞"终日"构词一致，是指整个夜晚。《左传·昭公二十年》："终夕与于燎。"是其证。如卜辞"［辛丑］夕豆壬寅"连读，则只能是指一夜中的某一特定时段，与下文"终夕"文意牴牾。

　　癸丑卜，贞：旬亡祸？王占曰："有祟。"六日戊午夕豆，己未……
　　　　　　　　　　　　　　　　　　　　　《合集》16939 正、反

"六日戊午"为自卜日癸丑计算的第六日，为卜辞通例。庚申月食卜辞也有相同的内容。若"豆"释"皿"，读为"向"[①]，则"戊午夕豆己未"仍属戊午之日，似无矛盾。但若依德效骞解"豆"为自甲干支延续到乙干支，意近于"至"，则"六日"兼辖戊午、己未两干支，于辞不类。卜辞若详记日数，必确指某一具体日期。因此，"六日"对卜日癸丑与其后第六日戊午具有明确的限制关系。

　　壬子卜，殷贞：弗其𢦏𡆥？
　　壬子卜，殷［贞：其］𢦏𡆥？王占曰："吉。𢦏。"旬又三日甲子允𢦏。十二月。　　　《合集》6830
　　癸丑卜，争贞：自今至于丁巳我𢦏𡆥？王占曰："丁巳我毋其𢦏，于来甲子𢦏。"旬有一日癸亥雷，弗𢦏。之夕豆，甲子允𢦏。
　　　　　　　　　　　　　　　　　　　　　《合集》6834 正

两辞为同事所卜，卜日相厕。灭𡆥之日为十二月甲子，此事于壬子占卜之辞所记甚明。显然，如果将癸丑日所卜之辞"之夕豆甲子"理解为"夜向晨"，而定灭𡆥之日为甲子前一日癸亥夕，则两辞记验便不能一致。

　　将甲骨文"豆"释为"皿"，在字形上也有问题。"豆"字主要见于宾组卜辞，而宾组卜辞另有"皿"字及从"皿"之字，字形与"豆"字迥异。

─────────

　　① 裴锡圭：《释殷虚卜辞中的"豆"、"𧮫"等字》，《第二届国际中国古文字学研讨会论文集》，问学社有限公司 1993 年版，第 73—94 页。

丙午卜，古贞：旬盘祸？　　　《乙编》7199

"盘"字从旬皿声，乃"旬亡"合文，"皿"读为"亡"，皆明纽阳部字。

癸亥卜，古贞：旬亡祸？之夕壹，甲子盥，施王？

《南·南》2.131

"盥"字从"皿"，与同版所见之"壹"字形大别。因此我们以为，此字似应从饶宗颐先生释"壹"，读为"曀"，指天气阴沉①。《楚辞·九辨》："何泛滥之浮云兮，焱壅蔽此明月。忠昭昭而愿见兮，然霠曀而莫达。"王逸《章句》："浮云行则蔽月之光。"洪兴祖《补注》："霠，音阴，云覆日也。"实即"黔"字。《说文·雨部》："黔，云覆日也。"即阴晴之"阴"。《说文·日部》："曀，天阴沉也。从日壹声。《诗》曰：终风且曀。"盖殷人以日阴为阴，夜阴为曀，犹以日晴为启，夜晴为星。

庚申月食卜辞除"壹"字的争论之外，还存在一些麻烦。陈梦家先生发现，在迄今所见的月食卜辞中，唯独庚申月食写作"庚申月有食"，而不像其他月食记录那样写作"某日夕月有食"②。庚申月食缘何不作"庚申夕"，确实非常奇怪。认为该辞省略了"夕"字显然十分牵强。然则如从卜辞于月食发生的前一日夜晚记有"壹"（曀）字的情况考虑，认为前夜的阴沉天气一直持续到第二天夜晚，致使殷人只能在阴晴之间偶尔观测到月食，而并不知其准确的交食时间，故未记"夕"字。这种解释至少不违背卜辞的本义。

3. 甲午月食

［己］丑卜，宾贞：翌乙［未酚］，秦烝于祖乙？王占曰："有祟。不其雨。"六日［甲］午夕月有食。乙未酚，多工率条遣。
己□（丑）卜，□（宾）贞：勿酚烝？

《乙编》3317＋3545，《缀合》230，《丙编》57，

《合集》11484 正

---

①　饶宗颐：《殷代贞卜人物通考》，香港大学出版社1959年版，第86页。
②　陈梦家：《殷虚卜辞综述》，科学出版社1956年版，第239页。

图5—3　殷代甲午月食卜辞（《合集》11484 正）

此辞三个关键的干支"己"、"未"、"甲"残缺，董作宾先生补为"甲午月食"是可信的（图5—3），学者已有详论[1]。卜辞命辞记"黍烝于祖乙"，"烝"当古之烝祭。《左传·桓公五年》："闭蛰而烝。"杜预《集解》："建亥之月，昆虫闭户，万物皆成，可荐者众，故烝祭宗庙。"《尔雅·释天》："冬祭曰烝。"郭璞《注》："进品物也。"《周礼·春官·大宗伯》："以烝冬享先王。"古代烝祭有两个特点，一、烝祭多行于夏历孟冬十月；二、烝祭的对象是先王先祖。卜辞所记烝祭用物有黍、稷、麇、米、鬯等，且皆祀先王，与文献契合。

依殷礼，烝祭多行于殷历一月或十二月，卜辞云：

　　　辛丑卜，于一月辛酉酌，稷烝？十二月。

　　　辛丑卜，衍，稷烝，辛亥？十二月。　　《缀合》62

　　　□□卜，王，弜今日烝？一月。　　《合集》4321

图5—4　殷代壬申月食卜辞

（《合集》11482正、反）

第一辞卜在十二月辛丑日。古之卜祀，如郊之用辛[2]，乃"以十二月下辛卜正月上辛，如不从，则以正月下辛卜二月上辛"[3]，如此者数。殷制未必这样严格，但辛酉归属一月，从占卜时间看，应是首先考虑的日期。第二辞卜在一月。以此比较"甲午月食"卜辞，

---

① 张秉权：《殷虚文字丙编考释》上辑（一），历史语言研究所1957年版，第90—95页。

② 《礼记·郊特牲》："郊之用辛。"

③ 《穀梁传·哀公元年》。

图5—5　殷代癸未月食卜辞（《合集》11483 正、反）

其在一月的可能性要大些。因此可以初步确定，甲午月食发生于殷历武丁某
年一月望日。

4. 壬申月食

　　癸亥贞：旬亡祸？旬壬申夕月有食。

　　　　　　　　　　　　　　　　《簠・天》1.2，《合集》11482 正、反

5. 癸未月食

　　［癸］未［卜］，争贞：翌甲申易日？之夕月有食。甲阴，不雨。

　　［贞］：翌甲申不其易日？（以上面辞）

　　之夕月有食。（以上背辞）

　　　　　《乙编》1115＋1665＋1868＋1952＋1959＋2446（正、反），

　　　　　《丙编》59、60，《合集》11483 正、反

两条月食卜辞均未记月份（图5—4；图5—5）。

二、殷代武丁时期五次月食时间考证

对这五次月食发生年代的推考，继董作宾之后已有很多学者有所涉及[1]，其中不少天文学者注意到古代月食的推算，并编制出一些精度较高的古代月食表。这里，我们以刘宝琳先生所制《公元前1500年至公元前1000年月食表》（以下简称《刘表》）[2]为基础推定这五次月食。

需要说明的是，《刘表》采用的记日法是现代通行的子夜零时制，这与殷人以一日之晨——鸡鸣——至次日之晨计算一日的记日法略有不同[3]。记有月食的卜辞有些详记"夕"字，"夕"在殷代是整个夜晚的通称[4]。所以，我们在实际考虑上述五次月食发生时间的时候，必须含括自同一干支的子夜零时至下一个干支日出之前的一段时间。

《刘表》所列公元前1500年至公元前1000年间安阳可见的庚申月食共十一次（表5—1）。

表5—1　　　　　　庚申月食表（表中所列为安阳时）

编号	儒略历	儒略周日	干支	初	亏	食	甚	复	圆	食　分
1	−1480.7.18	1180687	庚申	02^h	48^m	04^h	31^m	06^h	14^m	1.308
2	−1433.1.13	1197667	庚申	00	02	01	42	03	22	1.220
3	−1428.4.16	1199587	庚申	02	02	03	06	04	09	0.335
4	−1263.5.20	1259887	庚申	15	57	17	41	19	26	1.316
5	−1217.11.15—16	1276867—8	庚申、辛酉	22	36	23	49	01	02	0.395
6	−1191.12.27—28	1286406—7	己未、庚申	20	31	22	27	00	23	1.663
7	−1165.8.14	1295767	庚申	03	18	05	11	07	05	1.620
8	−1144.6.23—24	1303386—7	己未、庚申	21	06	22	37	00	09	0.841
9	−1113.5.12—13	1314666—7	己未、庚申	23	28	00	36	00	36	0.091
10	−1067.11.7	1331647	庚申	05	04	06	43	08	22	0.833
11	−1020.5.4—5	1348627—8	庚申、辛酉	22	17	00	07	01	56	1.307

---

[1]　参见冯时《百年来甲骨文天文历法研究》第三章第一节，中国社会科学出版社2011年版。

[2]　文见《天文集刊》第一号，1978年。

[3]　冯时：《殷代纪时制度研究》，《考古学集刊》第16集，2006年；《百年来甲骨文天文历法研究》第五章第一节，中国社会科学出版社2011年版。

[4]　董作宾：《殷代的记日法》，《文史哲学报》第5卷，1953年。

这十一次月食的时间若按殷人记日法加以调整的话，则第 1—3、6—10 次均应排除，原因是这八次月食一般都发生在晚 21 时至次日凌晨 6 时之间，这在殷代基本上属于前一干支——己未的范围，而不能视为庚申月食。其馀的三次月食，第 11 次年代太晚，也应排除。至此，表 5—1 中可供选择的就只有第 4、5 两次月食了。

由于殷代记日法与今天不同，所以，发生在庚申次日，亦即辛酉凌晨的月食事实上也属于庚申月食。安阳可见的这类月食在《刘表》中共列有五次（表 5—2）。

表 5—2　　　　　　　　辛酉晨月食表（表中所列为安阳时）

编号	儒略历	儒略周日	干支	初 亏		食 甚		复 圆		食 分
1	−1310.11.24	1242908	辛酉	01^h	15^m	03^h	00^m	04^h	44^m	1.646
2	−1118.2.9	1312748	辛酉	03	32	05	29	07	27	1.792
3	−1072.8.6	1329728	辛酉	03	28	04	32	05	37	0.355
4	−1041.6.25	1341008	辛酉	03	28	04	52	06	16	0.672
5	−1025.2.1	1346708	辛酉	03	03	04	11	05	18	0.428

这五次月食只有第 1 次可与表 5—1 的第 4、5 两次月食相适应，其馀四次在年代上都嫌过晚，可以舍弃。经过这样的刊选，我们便得到了庚申月食可能发生的三个时间：

$$(1) \quad -1310.11.24$$
$$A 组：(2) \quad -1263.5.20$$
$$(3) \quad -1217.11.15$$

依照这种方法，我们再去检查乙酉月食。《刘表》所录安阳可见的乙酉月食（含丙戌晨月食）共十三次，经殷人记日法加以调整后尚馀七次（表 5—3）。

表 5—3　　　　　乙酉（含丙戌晨）月食表（表中所列为安阳时）

编号	儒略历	儒略周日	干支	初 亏		食 甚		复 圆		食 分
1	−1495.10.30	1175312	乙酉	17^h	02^m	18^h	43^m	20^h	25^m	1.175
2	−1417.3.16	1203573	丙戌	05	40	06	11	06	43	0.067

编号	儒略历	儒略周日	干　支	初　亏		食　甚		复　圆		食　分
3	−1278.9.2	1254513	丙戌	00	16	01	36	02	57	0.629
4	−1226.5.31—6.1	1273412—3	乙酉、丙戌	22	29	00	10	01	52	1.339
5	−1180.11.25	1290392	乙酉	18	02	19	54	21	45	1.728
6	−1081.2.19	1326272	乙酉	18	30	20	02	21	34	0.698
7	−1035.8.17	1343253	丙戌	00	55	02	49	04	42	1.463

由于武丁王的在位时间目前比较一致地认为是 59 年，因此，如果我们以前面推得的庚申月食可能发生的三个时间作为年代基点，并将 A 组（1）与 A 组（3）分别加减 59 年的话，便可得到一个年代范围，即公元前 1369 年至公元前 1158 年，这是否可以被认为是武丁王在位的最大年限。用这个假设的年限去衡量表 5—3 中的月食，能够适应的只有第 3、4、5 三次。于是我们又推得了乙酉月食可能发生的三个时间：

$$（1）-1278.9.2$$
$$B 组：（2）-1226.5.31—6.1$$
$$（3）-1180.11.25$$

现在，我们将 A、B 两组年代做一一对应的组合，共成九组。九组之中有七组年代与我们考虑的某些基本原则不符，需要排除。具体说明如次：

1. 其中的三组年代彼此相距 80 年以上，已远远超出武丁王的在位年数 59 年，故舍。

2. 另有一组年代彼此相距 61 年，鉴于记有庚申、乙酉月食的卜辞均由贞人"争"所行占，而"争"供职的时间能够跨越 61 年的可能性又极小[①]，故亦舍。

3. 我们在尝试推步所馀五组年代的殷历岁首后发现，有三组年代的岁首误差在四个月以上。因此，如果我们承认殷人使用的是一种阴阳合历的话，那么这三组结果就必须舍弃。换言之，一旦我们允许殷历的岁首可以摆动在四个月之间，那就意味着这种历法实际已经失去了以闰月调节的阴阳历的性

---

① 张培瑜、卢央、徐振韬：《试论殷代历法的月与月相的关系》，《南京大学学报》1984 年第 1 期。

质了。

在排除了以上七组年代后，最终馀下的年代有两组：

$$C组：\begin{cases} -1310.11.24 & 庚申月食 \\ -1278.9.2 & 乙酉月食 \end{cases}$$

$$D组：\begin{cases} -1217.11.15 & 庚申月食 \\ -1226.5.31—6.1 & 乙酉月食 \end{cases}$$

推步岁首的结果是，C组年代岁首误差两个月，D组年代岁首误差在一个月内。这是仅存的可供选择的月食年代。

我们继续检查甲午月食。甲午月食卜辞所记贞人为"宾"，"宾"与庚申、乙酉月食卜辞的贞人"争"同属武丁时期的宾组贞人，而且两人在卜辞中又有同版互见的例子[①]，故其供职时间至少有部分是重叠的。在《刘表》中，安阳可见的甲午月食（含乙未晨月食）共列有十二次，经殷人记日法调整后尚馀六次（表5—4）。

表5—4　　　　甲午（含乙未晨）月食表（表中所列为安阳时）

编号	儒略历	儒略周日	干支	初	亏	食	甚	复	圆	食 分
1	−1465.4.5—6	1186061—2	甲午、乙未	20^h	35^m	22^h	21^m	00^h	06^m	1.548
2	−1228.12.17	1272882	乙未	00	00	01	30	03	00	0.755
3	−1197.11.4	1284161	甲午	20	31	21	56	23	21	0.724
4	−1150.5.2	1301142	乙未	00	51	02	38	04	26	1.126
5	−1129.3.12	1308761	甲午	14	43	16	31	18	18	1.738
6	−1052.7.25	1337021	甲午	19	08	20	42	22	16	0.718

上列C组年代彼此相去32年，将其早晚年代分别扩大27年，即是武丁王在位的最大年限。以此衡量表5—4，没有一次甲午月食能够适应。上列D组年代彼此相去9年，将其早晚年代分别扩大50年，亦即武丁王在位的最大年限。以此衡量表5—4，则有第2、3两次甲午月食可得安排。至此可以确定，D组年代是庚申月食和乙酉月食发生时间的唯一答案[②]。

---

① 陈梦家：《殷虚卜辞综述》，科学出版社1956年版，第174—175页。

② 张培瑜先生等也倾向于这种选择。见张培瑜、卢央、徐振韬《试论殷代历法的月与月相的关系》，《南京大学学报》1984年第1期。

D组年代的正确与否，取决于壬申月食和癸未月食能否在此年代范围内得到合理的安排。《刘表》所列安阳可见的壬申月食（含癸酉晨月食）共十次，经殷人记日法调整后，并符合上述年代范围的只有二次（表5—5）。

表5—5　　　壬申（含癸酉晨）月食表（表中所列为安阳时）

编号	儒略历	儒略周日	干支	初 亏		食 甚		复 圆		食 分
1	−1188.10.25	1287439	壬申	19^h	27^m	20^h	40^m	21^h	53^m	0.507
2	−1182.1.28	1289360	癸酉	04	04	05	13	06	23	0.413

《刘表》所列安阳可见的癸未月食（含甲申晨月食）共十三次，经殷人记日法调整后，并符合上述年代范围的只有四次（表5—6）。

范毓周先生通过对甲午、壬申、癸未三次月食及其刻辞的研究，主张选择表5—4第3、表5—5第1和表5—6第2次[1]，我们同意这种选择。

表5—6　　　癸未（含甲申晨）月食表（表中所列为安阳时）

编号	儒略历	儒略周日	干支	初 亏		食 甚		复 圆		食 分
1	−1231.8.23—24	1271670—1	癸未、甲申	22^h	53^m	00^h	14^m	01^h	35^m	0.612
2	−1200.7.11—12	1282950—1	癸未、甲申	22	24	23	39	00	54	0.508
3	−1184.2.18—19	1288650—1	癸未、甲申	22	31	23	53	01	15	0.692
4	−1179.5.22	1290570	癸未	17	22	19	08	20	54	1.172

在今见的全部八条月食卜辞中有这样一种有趣的现象，即仅有乙酉月食的卜辞附记"闻"字，而其他四次月食的卜辞不记此字。"闻"字的真正含义究竟是什么？澄清这个问题将有助于检验我们推定的五次月食的正确性。

董作宾先生曾经指出，"闻"意即方国报闻，因此乙酉月食安阳不可见[2]。这种意见已遭到一些学者的反驳。陈梦家先生认为"闻"、"昏"一字，当指月全食发生时天地昏黑[3]。屈万里先生也持相同的看法，以"闻"于此

---

① 范毓周：《甲骨文月食纪事刻辞考辨》，《甲骨文与殷商史》第二辑，上海古籍出版社1986年版。

② 董作宾：《殷历谱》下编卷三《交食谱》，中央研究院历史语言研究所1945年版。

③ 陈梦家：《殷虚卜辞综述》，科学出版社1956年版，第237页。

当读为"昏",言月食发生时月色昏暗①,均乃真知灼见。我们认为,乙酉月食的卜辞独记"昏"字,证明乙酉月食是月全食。发生全食,月球被地影完全遮蔽,月面变暗,呈红铜色,所以记"昏"。相反,其馀四次月食的卜辞不记"昏"字,则反证了它们为月偏食。验之我们所推定的五次月食,恰恰只有乙酉月食为全食,另外四次月食皆为偏食,而且除甲午月食外,其他三次偏食的食分都很小,即在发生月食时,月面的大部分仍很明亮。这应该不是偶然的巧合!

退一步说,假如我们把表5—4、表5—5和表5—6中所录的全部八次月食都作为武丁时期可能发生的月食来加以考察,结果只有表5—6第4次为月全食,其馀七次皆为偏食,而这仅有的一次全食又正是年代最晚、被选择的可能性最小的一次。因此,即使这样也不能动摇我们上面的推论。或者我们也可以这样理解,因为无论做怎样的处理,除癸未月食以外的其他四次月食的类别都只能有一种选择,而这种唯一的选择又与卜辞的记录完全吻合,那么,反过来也可以证明癸未月食必为一次月偏食。这种互证的方法应该是被允许的。

现在,我们把最后推定的发生在殷王武丁时期的五次月食制成表5—7。

表5—7　　　　　　　　　　　殷武丁时期月食表

儒略历	儒略周日	殷历历日干支	殷历月	贞人	食甚时刻(安阳时)		食　分
−1226.5.31—6.1	1273412—3	乙酉	八月	争、古	00^h	10^m	1.339
−1217.11.15	1276867	庚申	一月	争	23	49	0.395
−1200.7.11	1282950	癸未		争	23	39	0.508
−1197.11.4	1284161	甲午	一月	宾	21	56	0.724
−1188.10.25	1287439	壬申			20	40	0.507

至此,我们根据殷代月食的考定排定了武丁时期三位贞人的相对次序,大致争、古等人活动于武丁中晚期,而宾等人的活动时间虽与贞人争的晚期活动时间部分重合,但主要则在武丁晚期。这个次序与甲骨文反映的实际情况也相吻合。

---

① 屈万里:《殷虚文字甲编考释》上册,历史语言研究所 1961 年版。

1. 殷代子组卜辞的时代大致属于武丁中期[①]，学术界对此认识已渐趋一致。然子组干支刻辞却与贞人争的卜旬辞有同版共见的现象[②]（参见《合集》21784），证明贞人争的活动时代可上及武丁中期。

2. 学术界多定出组卜辞为祖庚、祖甲之物。然宾组卜辞的贞人宾和殷却有与出组贞人同版或同辞互见的情况[③]。卜辞云：

      戊戌卜，殷贞：旅眔殷亡祸？   《乙编》3212

此为贞人殷自问之辞。旅为出组卜辞贞人，今与殷并列。殷与旅同辞互见，其活动时间显已晚至武丁之末。

      □□卜，宾贞，旬［亡祸］？
      贞：行弗其晋王事？   《林》2.11.17

两辞同版，贞人宾与出组卜辞贞人行互见，故贞人宾的活动时代也当下及武丁之末。

根据这些现象可以做出判断，武丁中期的子组卜辞与贞人争互见，祖庚、祖甲时代的贞人旅、行与武丁时代的贞人宾、殷互见。这种现象不仅与我们考定的殷代武丁时期五次月食年代所反映的贞人的早晚关系相符合，同时也可反证我们对五次月食时间考定的可信性。

第二节 殷代日食考

在以往对殷卜辞所记日月食的研究中，日食的考证始终是一个难点。董作宾先生在《殷历谱·交食谱》中列有一次日食[④]，辞云：

    1. 癸酉贞：日夕有食，唯若？

① 彭裕商：《殷墟卜辞断代》，中国社会科学出版社1994年版，第291—293页；李学勤、彭裕商：《殷墟甲骨分期研究》，上海古籍出版社1996年版，第316—320页。
② 姚孝遂：《吉林大学所藏甲骨选释》，《吉林大学社会科学学报》1963年第4期。
③ 陈炜湛：《读契杂记》，《于省吾教授百年诞辰纪念文集》，吉林大学出版社1996年版，第52页。
④ 董作宾：《殷历谱》下编卷三《交食谱》，中央研究院历史语言研究所1945年版，第36页。

　　　　癸酉贞：日夕有食，非若？　　　　《簠·天》1

　　2. 癸酉贞：日夕有食，唯若？

　　　　癸酉贞：日夕有食，非若？　　　　《佚》374

　　这是两版同文的"历组"牛胛骨卜辞，按传统的分期法，它们同属殷武乙、文丁两个王世。王襄首先将此辞释写如上，他以"日夕有食"解为黄昏时的"日食之贞"[①]，并且影响了后来一批学者的看法[②]。这种解释遇到的主要反证便是卜辞"夕"字的含义。众所周知，"夕"作为殷代全夜的通称[③]，并不具有后世朝夕、昏暮之意，卜辞自有"莫"、"昏"表示黄昏，因此，发生在入夜之前的日食显然不能称为"日夕有食"[④]。当然，我们可以设想这次日食发生在昼夜之交，即日带食没，但是，自公元前1400年至前1000年，实际上却不曾发生过这类安阳可见的癸酉日食[⑤]。

　　1933年，商承祚先生将此辞释写为"日月有食"[⑥]，这很容易被理解为是日月频食或月日频食。首先涉及的自然是卜日问题，日食在朔，月食在望，日期必不相同，究竟如何解决交食的先后次序，这本身便没有充足的证据。董作宾先生和陈遵妫先生曾提出若干可能的选择[⑦]，复验表明，这几次频食的选择都大有问题[⑧]。因此，以日月或月日频食解释"日月有食"并没有令人满意的答案，以至于董作宾先生最后也放弃了自己的观点[⑨]。

---

　　① 王襄：《簠室殷契徵文考释》，天津博物院1925年版，第1页。

　　② 刘朝阳：《殷末周初日月食初考》，《中国文化研究汇刊》第四卷上册，1944年；Homer H. Dubs, The Date of the Shang Period. *TP*, Vol. 40, pp. 322—325, 1951. 张培瑜：《甲骨文日月食纪事的整理研究》，《天文学报》第16卷第2期，1975年。

　　③ 董作宾：《殷历谱》下编卷三《交食谱》，中央研究院历史语言研究所1945年版，第36页；《殷代的记日法》，《文史哲学报》第5卷，1953年。

　　④ 董作宾：《殷历谱》下编卷三《交食谱》，中央研究院历史语言研究所1945年版，第36页；《卜辞中八月乙酉月食考》，《大陆杂志特刊》第一辑下册，1952年。

　　⑤ 张培瑜：《公元前1399—前1000年安阳可见日食表》，《中国先秦史历表》，齐鲁书社1987年版；《中国十三历史名城可见日食表（前1500年至公元2050年）》，《三千五百年历日天象》，河南教育出版社1990年版。

　　⑥ 商承祚：《殷契佚存考释》，金陵大学中国文化研究所1933年版，第51页。

　　⑦ 董作宾：《殷代之天文》，《天文学会十五届年会会刊》，1940年；《殷历谱》下编卷三《交食谱》，中央研究院历史语言研究所1945年版，第37页；陈遵妫：《春秋以前之日食记录》，《学林》第六辑，1941年。

　　⑧ 张培瑜：《甲骨文日月食纪事的整理研究》，《天文学报》第16卷第2期，1975年。

　　⑨ 董作宾：《殷代月食考》，《历史语言研究所集刊》第二十二本，1950年；《卜辞中八月乙酉月食考》，《大陆杂志特刊》第一辑下册，1952年。

争论固然存在，但学者们普遍将这一内容视为已经发生的天象记录则是错误的。胡厚宣先生指出，有关"日月有食"的记录都是命龟之辞，卜辞是在贞问如果发生交食是否会有吉凶，显然这是未发生的天象[①]。承认这一点非常重要。

我们且将这场争论暂置于此，继续讨论有关的另一类"日有戠"卜辞。

> 3. 庚辰贞：日有戠，非若？唯若？　　　《粹》55

此辞亦为"历组"牛胛骨卜辞，文例与辞1、2全同。郭沫若先生认为："戠与食同音，盖言日蚀之事耶。"[②] 类似的例证还见于下录二辞：

> 4. 癸酉贞：日夕［有］食，［告于］上甲？　　　《合集》33695
> 5. 乙丑贞：日有戠，其告于上甲？　　　《合集》33697

两辞均为"历组"卜辞。辞4卜日与辞1、2同在癸酉，辞5卜日乙丑于癸酉前八日。"日有食"与"日有戠"并举，且同卜告祭先王上甲，所诏祖神一致。因此，"戠"与"食"的用法相同是完全可能的。

涉及到对"日有戠"卜辞的争论并不亚于"日夕有食"卜辞。陈梦家先生指出，"戠"当读为"识"或"痣"，指日中黑子[③]。但是，卜辞的"月有戠"记录提供了这种解释的反证。

> 壬寅贞：月有戠，王不于一人祸？
>
> 壬寅贞：月有戠，其侑社，燎大牢？兹用。　　　《屯南》726

我们知道，月球总以同一面朝向地球，人们看到的也总是月球表面在同样地方呈现的花纹或斑点[④]。显然，以"日有戠"为太阳黑子却不宜解释"月有戠"卜辞。

---

① 胡厚宣：《卜辞"日月有食"说》，《出土文献研究》，文物出版社1985年版。
② 郭沫若：《殷契粹编》，科学出版社1965年版，第367—368页。
③ 陈梦家：《殷虚卜辞综述》，科学出版社1956年版，第240页。
④ 张培瑜：《甲骨文日月食纪事的整理研究》，《天文学报》第16卷第2期，1975年。

一些学者认为，卜辞的日月有戠意当日月之色变赤①。这种解释虽然优于日中黑子的说法，但似乎也不好回避"日有食"与"日有戠"的同文现象。岛邦男曾经讨论了卜辞"食"与"戠"字的相同用法，尽管有些论证还很牵强。然而，他同时否定了"日食"和"日戠"作为天象记录的可能②，这种观点是缺乏根据的。

对"日有戠"类卜辞是否属于天象记录之所以存在争论，根本原因是我们缺乏对"戠"字本义的充分认识。而这个基础研究对于深入讨论卜辞中的日食记录无疑是重要的。

一、殷卜辞"戠"与"日有戠"的解读

卜辞"戠"字从戈从丫，"丫"符后孳乳为"音"（图 5—6）。《说文·戈部》："戠，阙。从戈从音。"《说文系传》："戠，阙。职从此，古职字。古之职役皆从干戈。"段玉裁《说文解字注》以为后十四字皆后人笺记之语，甚是，是"戠"字音义均未详。其字从"戈"，戈是兵器，应有伤害之意。我们对卜辞的研究正可以推得这个本义。

图 5—6　甲骨文"戠"字

1.《后编·下》20.13　2.《甲编》475　3.《京都》2326　4.《宁沪》1.331　5.《京津》4302

卜辞中"戠"字的用法集中见于祭祀名称，而且大量例证属于"王宾"卜辞。在这类卜辞中，"王宾"之后往往缀有祭法名称。我们统计了全部"王宾"卜辞，其后所缀与牲品相连的祭法共有四种，即"伐"、"岁"、"升"和"戠"。

（1）"王宾伐"类

　　　　丙申卜，行贞：王宾，伐十人，亡尤？在𠂤逾。　　《续存》2.663
　　　　丁酉卜，贞：王宾文武丁，伐十人，卯六牢，𠂤六卣，亡尤？

　　　　　　　　　　　　　　　　　　　　　　　　　　　　《前编》1.18.4

---

① 胡厚宣：《重论余一人问题》，中国古文字研究会第三届年会论文，1980 年，刊《古文字研究》第六辑，中华书局 1981 年版；严一萍：《我的声明》，《董作宾先生逝世十四周年纪念刊》，艺文印书馆 1978 年版；《殷商天文志》，《中国文字》新二期，艺文印书馆 1980 年版。
② 岛邦男：《殷墟卜辞研究》，中国学研究会 1958 年版，第 507—508 页。

（2）"王宾岁"类

　　甲午卜，尹贞：王宾，岁一牛，亡尤？在四月。　　《粹》509

　　乙丑卜，旅贞：王宾祖乙，岁三牢，亡尤？十一月。

　　　　　　　　　　　　　　　　　　　　　《坎》1004

（3）"王宾升"类

　　□□卜，尹贞：〔王〕宾父丁，岁□□，眔大丁，升□牢，亡尤？

　　　　　　　　　　　　　　　　　　　　　《库方》1316

（4）"王宾戠"类

　　乙卯卜，行贞：王宾祖乙，戠一牛，亡〔尤〕？　　《续存》1.1497

　　辛巳卜，□贞：王宾祖辛，戠一牛，亡尤？　　　《佚》173

这四种祭名，除"升"之外，"伐"、"岁"、"戠"三名均从"戈"字，知为裂解牲体之法。卜辞"伐"字象以戈击杀人首。"岁"象屠具，读为"刿"，训为割杀。"升"字象以斗匕类器皿盛荐牲血，自也裂牲荐血之意。"戠"字用法与此相同，其意可比勘而知。《说文·人部》："伐，击也。……一曰败也。"《广雅·释诂三》："伐，败也。"《说文·刀部》："刿，利伤也。"《礼记·聘义》："廉而不刿。"郑玄《注》："刿，伤也。""戠"字用法既与"伐"、"刿"相近，应有败伤之意。此字用作祭名，意指裂牲。卜辞云：

　　辛酉贞：大乙，戠一牢？

　　二牢？

　　三牢？

　　弜又戠？　　《甲编》747

　　〔庚〕辰卜，王〔贞〕：翌辛巳戠于祖辛牝，其延上甲，亡灾？

　　　　　　　　　　　　　　　　　　　　　《佚》390

"牢"，特养之牲①。辞言裂牲致祭先祖。"又戠"一辞可与其他祭祀卜辞比勘。

> 弜又戠？ 《遗》637
>
> 弜又燎？ 《戬》21.10
>
> 弜又曆？ 《掫》116
>
> 弜又岁？ 《零拾》44
>
> 甲午贞：弜又岁祖乙？ 《宁沪》1.183

"燎"、"曆"、"岁"均为祭名，"戠"与此并举，为祭名可知。此例或省称"弜戠"。

> 弜戠？ 《宁沪》3.238
>
> 弜燎？ 《南·明》434
>
> 弜卯？ 《甲编》3587
>
> 弜告？ 《明》714
>
> 弜彰？ 《粹》756

"燎"、"卯"、"告"、"彰"亦为祭名，"戠"与此同例，为祭名可知。此类例证甚多，不赘举。"戠"字的败伤之意也用作凶辞。

> 贞：勿延其丁宗，亡戠？ 《甲编》1296

卜辞屡有贞问"亡祸"、"亡尤"、"亡灾"之辞，"亡戠"之意与此相同。《礼记·孔子闲居》："四方有败。"郑玄《注》："败，谓祸灾也。"《说文通训定声》训"戠"为兵，兵自有灾伤之意。《吕氏春秋·侈乐》："反以自兵。"高诱《注》："兵，灾也。"《周礼·春官·司常》郑玄《注》："兵，凶事。"所以，"亡戠"之意即卜问是否将有灾败。

卜辞"戠"字除具败伤一意外，又借为"犆"，同"特"②。卜辞云：

---

① 姚孝遂：《牢、窜考辨》，《古文字研究》第九辑，中华书局 1984 年。

② 罗振玉：《增订殷虚书契考释》卷中，东方学会 1927 年石印本，第 27 页。

其牢又戠？　　　《遗》897

其牢又一牛？

其牢又牛？兹用。　　　《簠·典》83

郭沫若先生认为：“‘其牢又戠’与它辞‘其牢又一牛’同例，足证戠之言牲也。”[1] 卜辞又云：

丙辰卜，贞：康祖丁祊，其牢？

其戠牛？兹用。　　《通》53

“戠牛”与“牢”对举，知皆为牲品。《礼记·王制》：“大夫以牲牛。”《礼记·杂记》：“下大夫之虞也，牲牲。”陆德明《释文》：“牲音特。”《礼记·少仪》：“牲豕。”孔颖达《正义》：“若祭唯特豕。”《周礼·春官·小胥》陆德明《释文》：“特，本亦作牲。”皆“牲”、“特”同意之证。《周礼·夏官·校人》：“凡马，特居四之一。”郑玄《注》：“郑司农云：四之一者，三牝一牡。”《广雅·释兽》：“牡、特，雄也。”郭沫若先生以此辞之戠犹他辞言牺言牡矣[2]，甚确。卜辞有云：

壬午，王田于麦麓，获商戠兕。王锡宰丰寏小指兄。在五月，唯王六祀彡日。　　《佚》518

“戠兕”即特兕。

我们在分析了卜辞“戠”字之后发现，它的本义与“伐”、“刿”的意义接近，具有败伤之意。“戠”字的另一类用法则借为“牲”，指雄性牲畜。而以“戠”为赤色的用法事实上并不存在。因此在卜辞方面，以日月有戠解为日月有变，证据尚嫌不足。

《说文》“戠”字虽音义俱缺，但其本义在早期文献中仍有迹可寻。《周

① 郭沫若：《卜辞通纂》，《郭沫若全集·考古编》第二卷，科学出版社 1983 年版，第 598—601 页。

② 郭沫若：《卜辞通纂》，《郭沫若全集·考古编》第二卷，科学出版社 1983 年版，第 253 页。

易·豫卦》："勿疑朋盍簪。"陆德明《释文》："簪，虞作戠。"马王堆帛书本《周易》作"讒"。高亨先生谓："进恶言以毁人也。"《左传·昭公五年》："败言为谗。"《荀子·修身》："伤良曰谗。"是"戠"、"谗"通用之证。朱骏声《说文通训定声》："戠，兵也。从戈，意省声。"不知所本，然"兵"恰具有败伤之意。《左传·定公十年》："士兵之。"杜预《集解》："命士官击莱人也。"《史记·伯夷列传》："左右欲兵之。"皆其证。此外，一些从"戠"之字也具毁败之意。《周礼·考工记·弓人》："凡昵之类不能方。"郑玄《注》："故书昵或作樴。樴，脂膏腻败之腻。"陆德明《释文》："腻音職，吕忱云：膏败也。"《韵会》："臘，一曰肉败也。"故"戠"之本义当为毁伤、败伤。

"戠"字在卜辞中的另一种用法便出现在"日有戠"和"月有戠"一类卜辞之中。我们认为，这些卜辞都宜于解作日月食，这正是"戠"字具有败伤之意的进一步发展。

在"历组"卜辞的日月食记录中，"食"字大部分为"戠"字取代，这种现象似乎并不像某些学者认为的那样是殷人已知日月之会的结果[1]，尽管"戠"字确实具有聚会之意。问题在于，这种解释不仅缺少卜辞的证据，而且有悖于中国传统。恰恰相反，即使在对交食现象有了充分的科学认识的今天，我们仍然使用"食"来表示日月食。借助其他方法探讨这一问题或可能获得合理的答案。我们注意到，中国古人对日月食现象事实上并存着两种传统的称谓，一为"食"，一为"蚀"。如果将卜辞的"食"和"戠"与这两种称谓分别对应，那么，"戠"与"蚀"的音义确实十分吻合。当然，"食"字的用法始终没有改变。

《说文·虫部》："蚀，败创也。"段玉裁《注》："败者，毁也；创者，伤也。"与"戠"字作为败伤的本训相同。"戠"与"蚀"指为日月食，均示日月有所亏伤。《史记·天官书》："日月薄蚀。"裴骃《集解》引韦昭曰："亏毁为蚀。"《释名·释天》："日月亏曰蚀。"卜辞"戠"字的意义及用法均与此同。古音方面，上古"戠"、"蚀"同属之部入声，读音亦同。因此我们认为，卜辞的日、月有戠均指日、月食，它们的正确写法应该是日、月有蚀。

二、殷代乙巳日食的考定

现在可将卜辞中的日食记录做一全面整理。与月食卜辞不同的是，日食

---

① 温少峰、袁庭栋：《殷墟卜辞研究——科学技术篇》，四川省社会科学院出版社1983年版，第30—31页。

记录的一般形式为"日有食"，个别卜辞采用了省略写法而作"日蚀"。我们发现，在所有属于"历组"卜辞的日食记录中，彼此的内容存在着某种内在联系。事实上，据对有发掘记录的卜辞的考察，它们都基本出土于同一单位。有鉴于此，可以设想它们反映了一个较短时间内的行占活动，甚至是为殷代发生的某一次日食而举行的占卜。当我们将"历组"卜辞中的全部日食记录按卜日的先后次序加以整理的时候，所得的结论恰恰证实了这种假设。

我们考定的这次殷代日食为乙巳日食，有关卜辞明确地表现了两个阶段，即预卜期和见食期。

（一）预卜期

　　　1. 壬子卜，贞：日蚀于甲寅？　　　　《佚》384

卜日壬子，贞问甲寅日是否会发生日食（图5—7，1）。据卜辞通例，甲寅应指距卜日最近的日期，即壬子之后三日。很明显，这种形式的预卜可视为殷人对日食的预报，这表明殷人至少已初步掌握了交食周期。种种迹象显示，中国天文学至迟在公元前第四千纪就已经达到了相当高的水平[1]，在这样的背景下讨论殷商天文学的成就，有些问题显然是容易理解的。

岛邦男或以卜日在甲子[2]，如此则卜问五旬后的甲寅日可能发生的日食。细审拓本，"甲子"的释定不确。此辞没有追记验辞，知甲寅并未发生日食，这次预报显然失败了。

　　　2. 乙丑贞：日有蚀，其告于上甲？
　　　　乙丑贞：日有蚀，其［告］于上甲，三牛？不用。
　　　　其五牛？不用。
　　　　其六牛？不用。　　　《合集》33697

卜日乙丑，去辞1卜日壬子14日（图5—7，2）。日食记于命辞之中，当属预卜之辞。毫无疑问，如果殷人粗通交食周期，那么在一定的时间之后，他

---

　　① 冯时：《河南濮阳西水坡45号墓的天文学研究》，《文物》1990年第3期；《中国早期星象图研究》，《自然科学史研究》第9卷第2期，1990年。
　　② 岛邦男：《殷墟卜辞研究》，中国学研究会1958年版，第270、507页。

图5—7　殷代乙巳日食预报记录

1.《佚》384　2.《合集》33697　3.《合集》33700

们便知道日食将会重新发生。虽然对交食的具体日期的预测可能不很准确，但交食时间的大致范围必不会有误。换言之，假如日食在殷人选择的甲寅日没有发生，那么他们应该知道，在甲寅之后的某一天一定会出现日食。这个误差的产生实际上是没有准确地掌握交食周期的必然结果。"告"，祭名。"上甲"，殷先王。据此辞可知，殷人在发生日食时需献牲祭神，此贞对其时所诏神祇及荐牲数量都进行了选择。初卜以三牛告祭上甲，殷王审视卜兆后决定不用此卜。终卜时牛牲已增至六头，殷王视兆后仍决定不用。盖因牲品数量太少。

　　3. 乙丑贞：日有蚀，允唯蚀？　三　　　　《合集》33700

此辞与辞2同日所卜，辞末记兆序"三"，表明是同日对此次日食的第三次预卜（图5—7，3）。"允唯蚀"不是验辞，意当卜问是否真会有日食发生，是对所卜之事的肯定的判断。此类用法卜辞习见。

> 贞：不唯艰？
>
> 贞：允唯艰？　　　《续存》2.284
>
> 贞：不唯祖丁？
>
> 贞：允唯祖丁？　　　《遗》32
>
> 丁卯卜，戊辰易日？
>
> 丁卯卜，允易日？
>
> 戊辰卜，不易日？　　　《合集》33076
>
> 贞：今乙卯不其雨？
>
> 贞：今乙卯允其雨？　　　《合集》1106 正
>
> 丙戌卜，㱿贞：戌不其来？
>
> 丙戌卜，㱿贞：戌允其来？十三月。　　　《合集》3979
>
> 壬午卜，㱿贞：亘弗馘鼓？
>
> 壬午卜，㱿贞：亘允其馘鼓？八月。　　　《合集》6954
>
> 非唯焌？
>
> 允唯焌？　　　《甲编》799

"不"、"弗"、"非"皆为否定的判断，"允"与其对贞，表示肯定的判断。

> 贞：唯阜火令？
>
> 贞：允唯阜火令？　　　《佚》67
>
> 贞：唯鬼施？
>
> 允唯鬼眔周施？　　　《乙编》3408
>
> 壬申卜，韦贞：允唯……　　　《京津》1547

"允唯"与"唯"对贞，表示更进一步的肯定判断。诸辞均为命辞，因此，乙丑行占之时日食仍未发生。

> 4. 癸酉贞：日夕［有］食，［告于］上甲？　　　《合集》33695
>
> 5. ［癸］酉［贞］：日夕［有］食，［告于］上甲？
>
> 　　　　　　　　　　　　　《屯南》379（H2∶713）

图 5—8 殷代乙巳日食预报记录

1.《佚》374 2.《簠·天》1 3.《屯南》379（H2：713） 4.《合集》33695

　　6. 癸酉贞：日夕有食，唯若？

　　　　癸酉贞：日夕有食，非若？　　　　《簠·天》1

　　7. 癸酉贞：日夕有食，唯若？

　　　　癸酉贞：日夕有食，非若？　　　　《佚》374

四辞六卜同日举行，文辞一致，为同事所卜可明（图5—8）。癸酉去壬子22日，此时日食仍未发生。辞4、5"上甲"之前祭名残失，可拟补为"告于"。两辞仍在为日食发生时殷人告祭的神祇进行选择。"日夕有食"之"夕"或释为"月"，我们主张释"夕"，具体解释留在后面。"唯若"与"非若"是贞问吉凶。值得特别注意的是，这次日食预卜与其他几次不同，它不仅预卜日食，而且预卜了日食在一天中可能发生的具体时间——夕（夜晚）。

　　8. 庚［辰］贞：［日有蚀，其告于］岳？一

　　　　庚辰贞：日有蚀，非祸？唯若？一

　　　　庚辰贞：日蚀，其告于河？一

　　　　庚辰贞：日有蚀，其告于父丁，用牛九？在协。　　《粹》55

　　9. ［庚辰贞：日有蚀，非祸］？唯［若］？

　　　　庚辰贞：日有蚀，告于河？　　《续存》1.1941

二辞六卜同日举行，文辞一致，所卜为一事甚明（图5—9）。庚辰去壬子29日。兆序显示辞8系第一卜。此次预卜，殷人对日食发生时诏告之神祇重新进行了选择，其中包括岳、河等自然神祇和殷先王父丁。同时，辞8第四卜也重新选择了用牲数目，牛牲自辞2的六头增至九头。诸辞均未追记验辞，知其时日食仍未发生。

　　我们注意到，此次占卜在协地举行[①]，并不在殷都。协之地望于卜辞可大致推得。

　　　　戊子卜，贞：王其田协，亡灾？

　　　　辛卯卜，贞：王其田畾，亡灾？　　《粹》973

---

　　① "协"字考释参见于省吾《甲骨文字释林》，中华书局1979年版，第253—259页。

图 5—9　殷代乙巳日食预报记录

1.《粹》55　　2.《续存》1.1941

此为田猎卜辞。董作宾先生认为，殷人田猎之地大都在大邑商之东及东南，约当今泰山、蒙山、峄山之西麓①，大致不误。协与噩同版并卜，地当相近。噩或指在豫西沁阳附近②，不确，我们可从卜辞本身提供的较可靠的地名排比出它的位置。乙辛征人方卜辞显示，殷王出征及班师途中都经过噩地。人

---

① 董作宾：《殷历谱》下编卷九《日谱一·武丁日谱》，中央研究院历史语言研究所 1945 年版，第 37 页。

② 陈梦家：《殷虚卜辞综述》，科学出版社 1956 年版，第 262 页。

方即夷方，系夏商时期活动于今黄淮下游一带的强大集团，因此，噩地在殷都以东或东南当无疑问。我们将有关卜辞依卜日顺序排列如下。

去程：	九月甲午	余比侯喜征人方	《通》592
	癸亥	征人方　在雇	《林》1.9.12
	十月癸酉	征人方　在嘉	《哲庵》255
	乙酉	在香	
	丁亥	在噩	
	己丑	在乐	《遗》263
	甲午	征人方　在霄	《续编》3.29.6
	十一月辛丑	征人方　　步于商	《摭续》153
	壬寅	在商	《遗》263
回程：	三月乙巳	来征人方　田商	
	丙午	在商　步于乐	
	己酉	在乐　步于噩	
	庚戌	在噩　步于香	《续编》3.28.5

学者多定商为今之河南商丘县①，可从。噩、商地相邻近，回程卜日相距四日，实际行程要短于这个距离②。由此推断，协地也应在商丘附近③。殷人于协地预卜日食，说明观测日食的地点并非仅限于殷都安阳。

　　10. ［允］唯蚀？

　　　　［辛］巳［贞］：日蚀在西，［亡］祸？　　　　《合集》33704

此卜于庚辰次日，贞问日食是否会发生在西方（图5—10，1）。我们知道，日食现象只有地球上的部分地区可以看到，如果半影在殷都以西的地方扫过，则殷都不可见食。此卜暗示了殷人可能未在殷都以西设点观测。辞8系

---

　　① 董作宾：《殷历谱》下编卷九《日谱三·帝辛日谱》，中央研究院历史语言研究所1945年版，第62页；陈梦家：《殷虚卜辞综述》，科学出版社1956年版，第255—258页。
　　② 丁骕：《重订帝辛正人方日谱》，《董作宾先生逝世十四周年纪念刊》，艺文印书馆1978年版。
　　③ 董作宾：《殷历谱》下编卷九《日谱三·帝辛日谱》，中央研究院历史语言研究所1945年版，第62页。

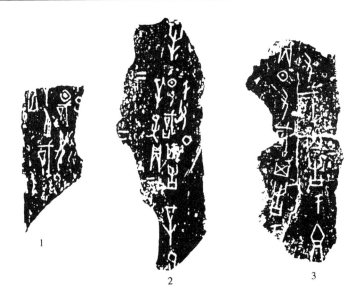

图5—10　殷代乙巳日食预报记录

1.《合集》33704　2.《后编·下》29.6　3.《屯南》3120

殷人在协地的预卜记录，协在殷都之东，可视为观测此次日食的特选地点，这或许说明殷人已知此次日食的大致路线。显而易见的是，殷人发出这种卜问，证明他们对自己的预测并不充分自信。

> 11. 辛巳贞：日有蚀，其告于父丁？二　　　《后编·下》29.6

此卜与辞10同日（图5—10，2），目的仍是选择告祭神祇。

> 12. □□贞：日有蚀，其告于□□？
> 　　□□〔贞：日〕有蚀，其告于祖□？
> 　　　　　　　《屯南》3120（M13：242＋502＋631＋662）

卜日残损（图5—10，3），行卜的目的还是选择告祭神祇。

上录诸条日食记录均属命辞，且均未追记验辞。因此，至少到辞11辛巳日为止，这次日食仍未发生。此后，卜辞未见对这次日食继续预卜的记录，但是，殷人既然在壬子至辛巳的30天内反复卜问日食发生时的详细情

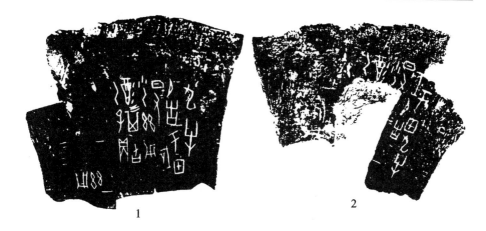

图5—11　殷代乙巳日食见食记录

1.《甲编》755（2.2.0359）　2.《屯南》27（H2：4）＋321（H2：605）（《甲缀》105）

况和祭祀规模，那么，此后做更进一步的卜问和选择仍是可能的。据预卜记录分析，殷人对此次日食的发生显然预先知道，他们具备的知识恐怕已不仅仅能够预推日食发生日期的大致范围，而可能还有更丰富的内容，其中甚至涉及到日食发生的具体时间和见食地区。不能不说这是古人一定程度地掌握交食周期的结果。在另一方面，长达一个月，或许更长时间的对日食吉凶及祭事的反复占问，足以显示出古人对日食现象是何等的惶恐！

（二）见食期

殷人预卜的这次日食在首卜之后的第54日终于发生了。全辞释写如下：

13. 乙巳贞：酚彡，其舌小乙？兹用。日有蚀，夕告于上甲，九牛。
一　　《甲编》755（2.2.0359）

14. 乙［巳贞］：酚［彡，其舌］小乙？［兹用］。日有蚀，夕告于上甲，九牛。一　《屯南》27（H2：4）＋321（H2：605）（《甲缀》105）

卜日皆在乙巳，二辞同文①，所卜为一事甚明（图5—11）。命辞贞问对殷先王小乙的祭事。"兹用"，用辞。卜辞或省作"用"，或作"兹节"。节者，信

---

① 《甲编》755版（辞13）属于出土于安阳小屯村中村北的一批甲骨，同出甲骨中与小屯南地H2所出甲骨有多版同文卜辞，这是值得注意的现象。

也。故"兹用"、"兹节"之意实即殷王察视兆坼后认为可信从卜兆所示而决定依卜行事[1]。至此占卜行动完成，其后所记皆为记事刻辞或征验之辞。诸例如：

> 壬申王卜，贞：田羌，往来亡灾？王占曰："吉。"兹节。获鹿十。
>
> 《前编》2.44.5
>
> 大吉。兹用。允大启。　　《邺三》375
>
> 甲午卜，争贞：翌乙未用羌？用。之日阴。　　《乙编》1941＋2236

前两条卜辞之用辞记于占辞之后，殷王认为兆吉，故从卜行事，结果田猎有获，天气晴好。后一条卜辞无占辞，用辞紧接命辞，事后追记甲午日的天气情况。因此，用辞之后的内容均为追记的验辞或记事刻辞，而辞13、14用辞之后的文字正属于其中的记事刻辞，它记录了乙巳一日的重大事件，辞意是：乙巳白天发生了日食，晚上为此告祭先王上甲，祭献了九头牛。非常有趣的是，这次祭祀所告之神祇"上甲"及用牲数量"九牛"，正是此前在乙丑、癸酉和庚辰三日预卜的内容。

由于这次日食记录出现于记事刻辞之中，事实上，它也是殷人对此次日食反复预卜之后的征验记录，因此是一次已经发生的天象，这使它成为迄今为止殷卜辞中唯一可考的一次日食，因而具有重要的意义。

现在我们推定这次日食的准确时间。必须指出，在预卜阶段中出现了在殷都之外的占卜记录，这意味着对这次日食的观测并不限于殷都一隅，因此有必要放宽见食地点。选择的时间范围扩大到公元前 1500 年至前 1000 年，这充分包括了盘庚迁殷后殷商年代的摆动幅度。在记日时间方面，殷人虽以夕统辖全夜，但观测日食是白天的活动，因而干支不必调整。

在公元前 1500 年至前 1000 年间，中国大陆可见的乙巳日食共有三次。根据张培瑜先生《公元前 1399—前 1000 年安阳可见日食表》[2]，这三次日食同时也是安阳可见的日食（表 5—8）。

---

[1]　胡厚宣：《释丝用丝御》，《中央研究院历史语言研究所集刊》第八本第四分，1940 年。"节"字旧释为"御"。

[2]　张培瑜：《中国先秦史历表》，齐鲁书社 1987 年版。

表5—8　公元前1399—前1000年安阳可见乙巳日食（张培瑜计算）

编号	儒略历	儒略周日	合朔时刻（安阳时）		食分	见食情况
年代一	−1160.10.31	1297672	7^h	34^m	0.32	日带食出
年代二	−1061.1.25	1333552	13	34	0.77	
年代三	−1015.7.22	1350532	12	12	0.33	

　　将此结果与奥伯尔兹（Th. v. Oppolzer）的《日月食典》进行比较（表5—9），二者在日食日期及安阳可见情况两方面是一致的[①]。

表5—9　公元前1208—前1000年安阳可见乙巳日食（奥伯尔兹计算）

编号	儒略历	儒略周日	合朔时刻（世界时）	中　心　食						食类	可见情况
				日出		正午		日没			
				λ	φ	λ	φ	λ	φ		
120	−1160.10.31	1297672	0^h 28^m.4	+117°	+34°	+172°	−2°	−126°	−19°	日环食	乙巳可见
359	−1061.1.25	1333552	7　1.3	+22	+24	+75	+23	+118	+52	日环食	乙巳可见
468	−1015.7.22	1350532	4　47.4	+47	−6	+107	+14	+167	−10	日全食	乙巳可见

　　我们同时参考了美国学者牛顿（R. R. Newton）所著《−1500 至 −1000 年日食典》[②]，奥、比学者穆克（H. Mucke）与米尤斯（J. Meeus）合著的《−2003 至 +2526 年日食典》[③]，以及英国学者斯蒂芬森（F. R. Stephenson）与霍尔登（M. A. Houlden）合著的《公元前1500年至公元1900年东亚历史日食图表》[④]，他们都得到了在上述三个相同日期发生的三次日食。因此，尽管诸表就某些具体问题的计算还存在差异，但对三次日食发生日期的认识则是一致的。安阳地处北纬36°，东经114.3°，世界时加7^{h}37^{m}得安阳地方平时。显然，表5—9所列的三次乙巳日食于安阳均可

　　① Th. v. Opplzer, *Canon der Finsternisse*，Wien，1887.

　　② R. R. Newton, *A Canon of Solar Eclipses for the Years −1500 to −1000*, The Johns Hopkins University，1980.

　　③ H. Mucke & J. Meeus, *Canon der Sonnenfinsternisse −2003 bis +2526*，Wien，1983.

　　④ F. R. Stephenson & M. A. Houlden, *Atlas of Historical Eclipse Maps—East Asia*（1500 BC−AD 1900），Cambridge University Press，1986.

见到。

对这三次日食的选择采用以下标准。我们特别考虑了辞 8 和辞 11 命辞中的"父丁"称谓。众所周知，"父丁"是庙号为丁的先王的子辈对其父的祭称，因此，卜辞的时代必须定在丁名先王的次辈。盘庚以降，庙号为丁的殷王共有三位，即武丁、康丁和文丁。如果将"历组"卜辞置于第三位丁名先王的子辈帝乙王世，这在甲骨学界是绝对不能接受的结论。况且，即使承认这一点，帝辛王年也无法安排。因为公元前 1016 年比目前有可能讨论的任何一个灭商年代都要晚，它可能根本不属于殷代纪年。所以年代三必须排除。

对年代二的讨论也存在同样的问题。殷代周祭卜辞显示，它们或可考虑属于三个王世的祀典，其中可以定为帝乙、帝辛二王的祀典均在二十祀以上。乙辛周祭一祀用时大约一年，因此，二王在位总年不会少于四十年，甚至就某一位殷王而言，还有可以考虑为二十五年的记录。综合晚殷周祭祀典的研究也清楚地表明了这一点，因为将全部周祭卜辞排列成谱，二王祀典延续的时间远长于四十年。换言之，全部晚殷黄组周祭卜辞在四十年内是无法容纳的。这些都证明，乙辛二王在位总年必长于四十年。所以，即使我们将乙辛王年以最短的时间计算，年代二也无法跨越文丁一世而归属康丁的子辈武乙王世。由于年代二时间偏晚，故也应排除。

经过选择，唯一可为我们接受的日食年代是年代一，时间为公元前 1161 年 10 月 31 日。将此年代与考定的宾组卜辞中五次月食的年代加以校核[①]，可以得到更明确的结论。

乙酉月食　公元前 1227 年 5 月 31 日
庚申月食　公元前 1218 年 11 月 15 日
癸未月食　公元前 1201 年 7 月 11 日
甲午月食　公元前 1198 年 11 月 4 日
壬申月食　公元前 1189 年 10 月 25 日

学术界一致认为，宾组卜辞的时代基本上属于武丁王世，因此，这五次月食可视为武丁时期发生的天象。武丁王的在位时间目前比较一致地认为是

---

① 冯时：《殷历岁首研究》，《考古学报》1990 年第 1 期。

59年①，而五次月食延续的时间已长达38年，因此，武丁王年的安排可有±21年的摆动。武丁子辈为祖庚、祖甲二王，兄终弟及。文献所载二王王年的较可信的说法是，祖庚7年，祖甲33年，二王共享国40年②。年代一显示，此年与武丁时期"最后"一次月食——壬申月食——的发生之年相去28年，这意味着无论怎样安排武丁王年，年代一都处于祖庚祖甲二世，很明显，这与庚甲二王祭称其父武丁为父丁的称谓相合。事实上，以乙酉月食发生之年作为武丁元年的可能性是极小的，如果不作这种考虑，那么年代一便只能排置于祖甲王世。一些学者指出，"历组"卜辞的时代可能并不像传统认为的那样属于武乙、文丁之世③。现在看来，这部分卜辞的归属确有重新研究的必要。

由于天文学中有关地、日、月运动的某些问题至今尚未彻底解决，因而早期日食计算的精度只能是相对的。采用不同的日月根数和地球自转长期加速数值，会对所求日食发生时间和中心食带位置产生很大影响。我们考定的乙巳日食也存在同样的问题。自奥伯尔兹（Th. v. Oppolzer）以后，中外学者虽然对此次日食发生日期的计算是相同的，但在日食发生的具体时间和见食地点两方面却存在差异。我们将有关的部分资料汇入表5—10。

表5—10　　　　　　　　　　乙巳日食的部分计算结果

计　算　者	合　朔　时　刻			安阳可见食分	安阳见食情况
	世界时	历书时	安阳地方时		
P. V. Neugebauer	0^h .0		7^h 54^m	0.93	
R. R. Newton	23^h .5		7^h 07^m		日带食出
H. Mucke, J. Meeus		6^h 40^m 57^s	7^h 06^m 57^s		日带食出

表5—10显示，此次日食安阳可见。诺伊格鲍尔（P. V. Neugebauer）

---

① 参见《尚书·无逸》、《太平御览》卷八三引《帝王世纪》、《皇极经世》、《通鉴外纪》。
② 参见《尚书·无逸》、《太平御览》卷八三引《史记》。
③ 李学勤：《论"妇好"墓的年代及有关问题》，《文物》1977年第11期；裘锡圭：《论"历组卜辞"的时代》，《古文字研究》第六辑，中华书局1981年版；林沄：《小屯南地发掘与殷墟甲骨断代》，《古文字研究》第九辑，中华书局1984年版。

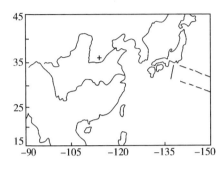

图5—12 殷代乙巳日食路线图

的计算时间可能偏晚[1]，据此，初亏发生于安阳地方时日出之后。另两个计算结果比较接近，据此则初亏发生于安阳日出之前，因而太阳东升时带食而出[2]。

英国学者斯蒂芬森（F. R. Stephenson）和霍尔登（M. A. Houlden）的计算结果与此稍异（图5—12；表5—11）。据此计算，此次日食安阳不可见，而中国东部可见带食而出的偏食[3]。张培瑜先生的第二次计算结果接近表5—11，他在《中国十三历史名城可见日食表（前1500年至公元2050年）》中对此次日食列有四个可见地点[4]，其中没有安阳（表5—12）。

表5—11　　　　　　　　　　**乙巳日食计算结果**

中心食日出位置				地方时	太阳高度	食分
东　经		北　纬				
北　界	南　界	北　界	南　界			
137.9°	137.0°	34.5°	31.4°	6^h　24^m	−0.8°	0.907

表5—12　　　　　　　　　　**乙巳日食计算结果**

乙巳日食见食地点	日出时可见食分	日出时刻（中国标准时）
北　京	0.01	6^h　37^m
曲　阜	0.11	6　29
南　京	0.25	6　18
杭　州	0.34	6　11

①　P. V. Neugebauer, *Astronomische Chronologie*, Berlin u. Leipzig, 1929.

②　R. R. Newton, *A Canon of Solar Eclipses for the Years* −1500 *to* −1000, The Johns Hopkins University, 1980. H. Mucke & J. Meeus, *Canon der Sonnenfinsternisse* − 2003 *bis* + 2526, Wien, 1983.

③　F. R. Stephenson & M. A. Houlden, *Atlas of Historical Eclipse Maps—East Asia* (1500 BC—AD 1900), Cambridge University Press, 1986.

④　张培瑜：《三千五百年历日天象》，河南教育出版社1990年版。

根据这个计算，此次日食安阳不可见。事实上，当殷都迎来日出的时候，日食刚刚结束。因此，安阳以东可以见食。准确地说，在北纬 36°以南，东经 115°以东的地区均可见到日带食出的现象。根据以上诸种计算，可以比较肯定地说，公元前 1161 年 10 月 31 日乙巳确曾发生了一次殷都或殷都以东可见的日食。

学者对此次日食的计算，尤其是斯蒂芬森（F. R. Stephenson）、霍尔登（M. A. Houlden）的计算和张培瑜先生的第二次计算，与卜辞提供的此次日食的有关记录存在某种暗合。这不仅对于解释卜辞日食记录的含义有所帮助，而且对于检验日食计算的精度也有一定意义。

1. 日夕有食

殷人在癸酉日预卜时占问"日夕有食"。"夕"或易读为"月"，理由之一便是日食于夜晚无法观测，但这种解释又引出了频食的新矛盾。主张读为"夕"字的学者虽设定日食发生在黄昏，但却难以弥合与卜辞文意的牴牾。因此，"日夕有食"的真实含义始终未能明了。现在，乙巳日食的考定澄清了这个疑案。事实上，此辞并非征验记录，而只是对日食发生的具体时间的预测（殷人实际见食于凌晨，故征验之辞径言"日有蚀"）。计算表明，乙巳日食的大部分甚至全过程都发生在安阳地方时的夜晚，日食在安阳日出之前已经达到食甚，而当安阳或安阳以东见食的时候，日食已临近结束。显然，这的确是一次发生在殷都之夜的日食，也的确是卜辞所称的"日夕有食"！

2. 在协

庚辰日的预卜活动在协地举行。我们已经考定，协位于殷都东南，地望于今河南商丘附近。这证明对此次日食的观测并不局限于殷都。对殷人而言，考虑到殷都存在见食或不见食两种可能是十分自然的，事实上，所有的计算结果与这两种选择都相适合。特别是在认为殷人的这种预卜属于一种正确的预报的时候，张培瑜先生的第二次计算便成为了唯一的选择。据此，乙巳日食安阳不可见，如以商丘之经纬度计算，日出时刻约为 6^h32^m，协地附近在日出之时正可看到食分约 0.07 的偏食。

卜辞记录与日食计算的暗合，不仅可以佐证此次日食的考定，而且有助于对殷代交食周期的讨论。我们认为，暗合的原因存在两种可能的假设，其一是猜测，即殷人并不知道日食将要发生的时间，而只是设想其可能发生的时间，结果当然只能是巧合。其二是预报，即殷人已能略知日食可能发生的具体时间。殷人于殷都以东的协地特设点观测，似可助证第二种假设，因此，我们倾向于承认这是殷人对日食发生时间和见食地点的成功预报。当然，这并不意味着可以排除某些偶然因素，在预卜阶段，殷人曾在辛巳日占问日食是否发生在与实际见食相反的方向——西方，显然，当时的预报还十分粗疏。

早期交食预报的可能性是存在的，重要的是在一个交食周期之后，日食发生时间有时存在着逐渐后延的趋势。简单地说，如果日分差等于±0.33，那么，经过一个交食周期，晨食变为晚食，晚食变为夜食，或反其序，三周而复原①。对《日月食典》的统计表明，在公元前 12 至前 11 世纪，经过一个沙罗周期，日食时间平均后延八小时②。换言之，经三个沙罗周期，同一地点的见食时间基本上是相同的。如果殷人掌握了这个规律，做出相对准确的日食预报并不困难。事实上，殷人对于"日夕有食"——夜食——的预报与实际情况如此契合，已无法使人对殷人已经掌握交食周期这一点再抱有怀疑。当然，通过观测日月在恒星间的位置似也可取得大概的日食时间，但这需要承认殷人已经具备日食现象乃由日月交会所致的知识，然而，没有证据能够证明当时的人们已经懂得这一点。因此，掌握交食周期的规律似是唯一可行的方法。

对于考察殷代的交食周期，日食卜辞所反映的问题似乎是相互矛盾的。我们考定的乙巳日食发生于公元前 1161 年 10 月 31 日，提前三个沙罗周，则安阳可见的又一次日食发生于公元前 1215 年 9 月 29 日，己丑晨，日带食出③。若假定辞 1 之甲寅为一新周期的起点，那么它所反映的周期与一个沙罗周便存在约 17 天的误差。但是，假如以辞 4—7 的四条预卜日夕有食，即预卜日食发生的具体时间的癸酉作为一个新周期的开始，那么，我们所知道的殷人掌握的交食周期就恰好等于 54 年。

这两个周期并非不容调和，一旦我们以时王殷历讨论这个问题，矛盾便消失了。众所周知，一次日食在同一地点连续发生的最短周期至少需要经过三个沙罗周，也即 54 年又 33 天的时间。因此，乙巳日食如果纳入这个周期，则公元前 1215 年 9 月 29 日发生的安阳可见的己丑日食就应该作为这个

---

①　高平子：《古今交食周期比较论》，《历史语言研究所集刊》第二十三本上册，1951 年。

②　Th. v. Oppolzer, *Canon der Finsternisse*, Wien, 1887.

③　张培瑜：《中国十三历史名城可见日食表（前 1500 年至公元 2050 年）》，《三千五百年历日天象》，河南教育出版社 1990 年版。

循环的起点，以此为基点，至辞 1 预卜的甲寅日，实际经历了 667 个朔望月又 10 日，比三个沙罗周少 1 月又 20 日。时王殷历的岁首当农历九至十月，殷人确定岁首的标志之一是观测大火星（Antares α Scorpius）的偕日升，故殷历正月朔摆动于农历节气的寒露至霜降间[①]。如果将公元前 1215 年安阳可见的己丑日食与公元前 1161 年的乙巳日食化为殷历，可以看到这样的关系（表 5—13）。

表 5—13　　　　　　　己丑日食与乙巳日食两年之部分历谱

己丑日食之年历谱			乙巳日食之年历谱			殷历	大火星晨见时间
儒略历(B.C.)	朔日干支	冬至日干支	儒略历(B.C.)	朔日干支	冬至日干支		
1215.9.29	己丑		1161.9.1(10)	乙巳(甲寅)		十二月	
			1161.10.1	乙亥		十三月	
1215.10.29	己未		1161.10.31	乙巳		一月	大火星晨见
1215.11.27	戊子		1161.11.30	乙亥		二月	
1215.12.27	戊午	壬戌	1161.12.29	甲辰	丙午	三月	

　　很明显，公元前 1215 年的己丑日食与辞 1 预卜的甲寅日都在殷历十二月。这是一个完整的循环，从某种意义上讲，这个周期可视为恰恰等于 54 年，即三个 18 年。然而，这毕竟不是真正的 54 年，于是我们读到了在殷历十二月月终的更为具体的预卜记录，即癸酉日预卜日夕有食的记录，因为这预示着一个真实周期的结束。然而，54 年并不与三个沙罗周同长，约少 33 天。事实上，殷人在癸酉日预卜之后，日食也并没有立即发生，而它真正发生的时间正是在癸酉之后的第 33 天。毫无疑问，这些现象暗示着一个明确的结论，那就是殷人至少已经掌握了 54 年的日食周期，这大约相当于三个沙罗周的长度。或许他们也已懂得略近于一个沙罗周的 18 年的周期，但这个周期无论如何比真正的沙罗周要短些。

　　将全部日食卜辞作为一个较短时间内的预卜记录，有助于殷人已知交食周期的论证，卜辞提供了某些预卜相互系联的证据。辞 7 同版卜辞记有京、兮两

　　① 冯时：《殷历岁首研究》，《考古学报》1990 年第 1 期。

个地名（图 5—8，1）。乙辛征人方卜辞显示，自分至商有七日行程①。辞 8 卜地在协，协既与商相近，故其地至分也当略同于商至分的行程。两辞卜日癸酉与庚辰恰距 7 日，时间相符，证明这是一旬之内的两次预卜。准此并考虑到诸卜辞内容的联系，将全部日食卜辞纳入同一干支周期应是合理的。

殷人于日食发生之前的连续预卜，在显示了他们知道日食随时都可能发生这一点同时，也意味着他们并不懂得日食只能发生在朔日的一般道理。我们之所以这样说，还因为辞 1 预卜日食可能发生的甲寅日并非朔日，而是阴历月上半月的某一天。这种现象与殷人已能掌握日食周期的结论并不矛盾，无疑，这样的一般道理远远不像总结日食周期那样仅仅依靠观测就能取得，在古人并不懂得交食的真正原理的时候，得到这样的一般道理是不能想象的。作为旁证，巴比伦的情况与殷人非常相似，与今天我们的认识恰好相反，他们认为，除去朔日和望日，日食在一月之中的其他日子都可能发生②。而在得出这样的认识的同时，他们却已掌握了 223 个朔望月的沙罗周期。

殷代日食的考定为重建殷商年代奠定了新的天文学基点，不仅如此，对于甲骨学本身的年代学研究也具有同样重要的意义。

第三节　日珥、日冕与太阳黑子

持续不断的太阳观测活动，使古人日益丰富着对这个天体的认识。事实上，商代的日食记录已足以显示出，古人在观测日食现象的同时，可能还获得了其他许多相关的知识。战国时期，石申夫与甘德曾经注意到，日食发生时，日面边缘有像群鸟或白兔一样的东西，这应是最早的日珥记录。因为日珥是日面上不时发生的火焰状喷出物（图 5—13；图 5—14），它的形状很容易诱发古人的上述想象。到公元前 1 世纪，京房在日全食时几乎同时观测到了日珥和日冕现象，他看到的日珥不止一个，而且把日冕描绘为从日面边缘向四面冲出的白云（图 5—15）。因为有的日冕呈射线状，所以京房的感觉是十分准确的。

---

① 《前编》2.11.4、《续编》3.28.5、《金璋》583、728。

② A. H. Sayce, *Babylonian Literature*, Bagster, London, n. d. 1877.

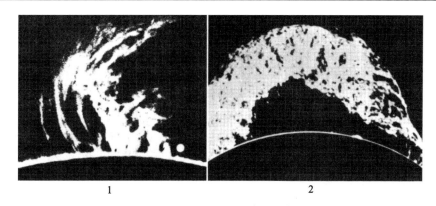

1   2

图5—13 日珥（采自《中国大百科全书·天文学》）

1. 1917年7月9日大日珥，高22.5万公里，白圆面表示地球大小（美国海耳天文台）

2. 1946年6月4日大爆发日珥，高达40万公里（美国克拉迈克斯高山天文台）

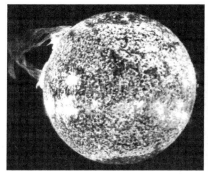

图5—14 太阳紫外照片，从太空实 验室拍摄，左上方是一个高达40万 公里的巨大日珥（美国宇航局，采自 《中国大百科全书·天文学》）

图5—15 1973年6月30日的日全食及 其时所见扁形日冕（美国麦克唐纳天文 台，采自《中国大百科全书·天文学》）

　　史前的先民当然不能用一种科学的标准区分什么是日珥，什么是日 冕，他们只能对他们在日食时所看到的奇异的太阳加以直观的描述。大约 在公元前2500年，生活在黄河下游的大汶口文化先民竟然创造出了这种 奇异的太阳图像。图像大致可分为两种，一种是在太阳下方绘出两股火焰 的形状（图5—16，1），另一种则是在太阳下方绘出类似飞禽的双翼（图 5—16，2—5）。这种图像的含义曾经引起种种猜测，然而，假如将它视为 日珥或日冕流光的记录，似乎并不是没有道理。很明显，由于古人对于日

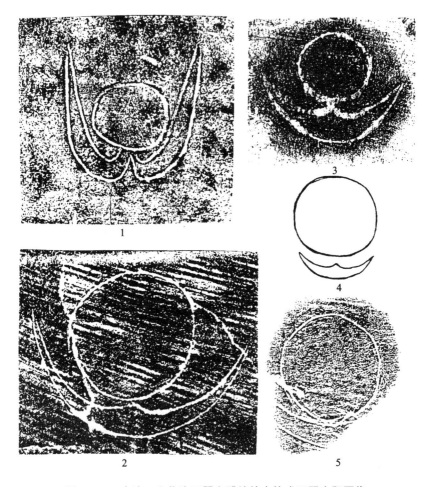

图 5—16 大汶口文化陶玉器上雕绘的火焰或双翼太阳图像

1. 山东莒县陵阳河 M7 出土陶器　2. 山东莒县大朱村出土陶器　3. 山东莒县陵阳河采集陶器
4. 佛利尔美术馆藏玉镯　5. 山东莒县陵阳河 M7 出土陶器

全食的恐惧与重视，这使他们对日食的观测丝毫不敢松懈，因此，古人在
这时轻而易举看到的日珥和日冕现象，必然会诱发他们对太阳的新的联
想。尽管他们不知道日面上为什么会不时地喷出火焰，日面边缘又为什么
会向四面冲出白云，但他们却可以把它忠实地记录下来，这便留下了今天
我们看到的奇异太阳的图像。那种于日面上生出火焰的图像难道不是很像
日面不时发出火焰状喷出物的日珥吗？那种太阳下生有双翼的图像不也很

像日面边缘向四外冲出流光的日冕吗？如果不将此视为对天文现象的客观记录，我们还能怎样解释这些古老的图像呢！勒文斯泰因（P. J. Loewenstein）认为，有翼的太阳这种图像可能起源于日冕观测[1]，而且明显带有亚述和波斯的特征（图5—17）[2]。从形式上讲，亚述和波斯的相关图像与古代中国的有翼太阳完全可以建立起联系，因为自古以来流行不衰的金乌载日的神话，正可以在这里找到渊源。

　　然而问题说到这里并不十分圆满，人们一定怀有这样的疑问：为什么先民会把日冕流光想象为太阳的双翼而不是其他？回答这个问题便涉及到古人对于太阳黑子的观测。

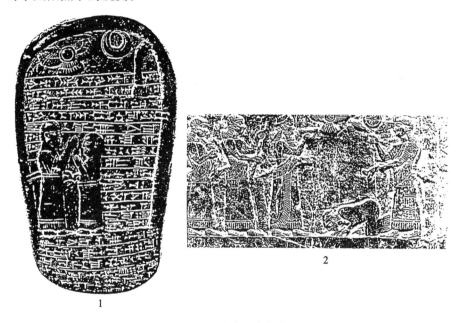

图5—17　西亚美术品中的有翼太阳

1. 巴比伦浮雕　　2. 亚述浮雕

　　① P. J. Loewenstein，Swastika and Yin－Yang．*China Society Occasional Papers*（n. s.），No. 1，China Society，London，1942.

　　② Joseph Needham，*Science and Civilisation in China*，Vol. Ⅲ，The Sciences of The Heavens，Cambridge University Press，1959. 饶宗颐：《有翼太阳与古代东方文明——良渚玉器刻符与大汶口陶文的再检讨》，《明报》二十五周年纪念特大号，1991年；邓淑苹：《中国新石器时代玉器上的神秘符号》，《故宫学术季刊》第十卷第三期，1993年。

中国古人对太阳黑子的观测历史十分悠久，甚至可以说，中国史前文化中的太阳图像出现多早，我们就有可能将对黑子的观测历史追溯多远。中古时代流行着这样一个传说，汉文帝十五年（公元前 165 年），日中出现了"王"字。战国时期，石申夫也观测到日中有立人之象。同时代的《山海经》则提供了日中有乌的传说，而《周易》也有"日中见斗"的记载。甚至有人怀疑，太阳图像及早期文字"☉"（日）字中的一点即为黑子（图 3—50）。这些近乎神话般的猜想并非全无道理，我们在云南沧源崖画上看到日中有立人持弓而射的图像（图版二，3），这至少在形式上与石申夫的观测结果相吻合。另外我们还发现，商代人在祈求天晴日见时竟也使用了"乌"字，而类似的记载又可与有翼的太阳联系起来，这一切看来都不能说是过于巧合。

中国古人对黑子的描述大致分为三类：一类是圆形，如像钱、像李；一类是椭圆形，如像鸡卵；另一类是不规则形，如像人、像鸟、像斗。从天文学的观点看，这三类细致的描述可能分别记录了刚出现的黑子、双极黑子和大的黑子群，实际上它们恰恰反映了黑子由发生、发展到消灭的三个不同形态。很明显，如果先民们在日全食时对日冕的观测能够唤起他们对太阳生有双翅的想象的话，那么这种想象就只有在他们平时对太阳黑子的观测中得到证实，因为一种形象化的黑子群很容易被误认为金乌形象。现在我们应该相信，五千年前出现于黄河下游的奇异太阳的图像，实际反映了先民们对于日珥、日冕和太阳黑子综合观测的结果，而这又与金乌负日的传说具有直接的关系。

第四节 彗 星 观 测

商代的甲骨文可能提供了世界上最早的彗星记录，不过这一点在今天看来还有争议。尽管如此，我们仍可以认为中国最早的彗星记录出现在公元前 7 世纪末叶是可靠无疑的。《春秋》经文记载，鲁文公十四年（公元前 613 年）秋七月，"有星孛入于北斗"，这里所讲的"星孛"很可能就是今天人们熟知的哈雷彗星。

人们似乎已不满足于领略早期的彗星记录，而更渴望有机会目睹先民们亲手绘制的彗星图，这些形象资料能够提供古人对彗星观测的更多的信息，因而也就愈显珍贵。20 世纪 70 年代，湖南长沙马王堆发现了三座西汉初期长沙国丞相、軑侯利仓及其家属的墓葬，并且在三号墓东边箱的一个长方形髹漆木匣中发现了大批帛书，其中一件后来被称为《天文气象杂占》的帛书上，与云、气、月掩星、恒星等一起，画着二十九幅各种形态的彗星（图5—18）。经过对它的仔细研究，我们知道，彗星图虽然是在公元前168年被埋入墓中，但它却出自战国时代的楚人之手①，这使中国彗星图抄本出现的年代比西方至少提前了四个世纪。

古人对于彗星的观测，根据其形象的差异而赋予不同的名称，马王堆彗星图也是这样。从图中的占文看，二十九种彗星图像共有十八种名称，分别叫作赤灌、白灌、天箾、蒐、彗星、蒲彗、秆彗、帚彗、厉彗、竹彗、蒿彗、苦彗、苦莶彗、甚星、瘤星、拂星、蚩尤旗、翟星（图5—19）。这些名称有一半是过去的文献中所没有的，而另一些过去见于文献的彗星名称在这里却并未出现，看来汉代以前的彗星分类比这还要仔细。

肉眼可见的明亮彗星通常是由彗核、彗发和彗尾三部分构成，彗核与彗发合起来又称为彗头，彗头之后拖着的就是长长的彗尾。马王堆彗星图像描绘得相当细致，其中一些图像比较真实地反映了彗尾的不同形状和特征，甚至有些似乎还画出了彗头中的彗核结构。众所周知，现代天文学对于彗星的分类是通过对彗头和彗尾的不同划分完成的，人们或许不会相信，战国时代的中国人其实早已这样做了。

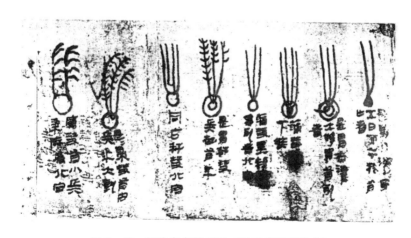

图5—18　汉代帛书彗星图（马王堆汉墓出土）

---

① 席泽宗：《一份关于彗星形态的珍贵资料——马王堆汉墓帛书中的彗星图》，《文物》1978年第2期。

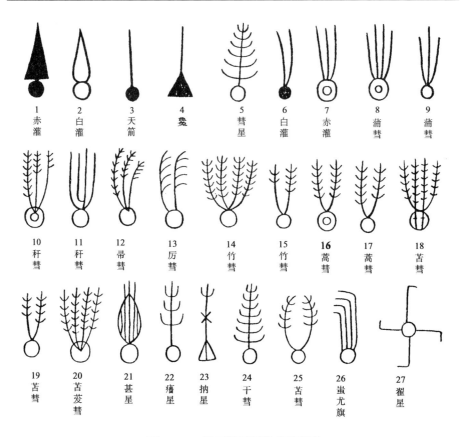

图5—19　马王堆西汉帛书彗星图

彗星在自己的轨道上运行，当它远离太阳的时候，只有一个暗而冷的彗核，并无头尾之分，而当彗星接近太阳，在太阳的作用下才会由彗头喷出物质，形成彗尾。1835年，德国天文学家贝塞尔（Friedrich Wilhelm Bessel）首先提出了这种喷射理论，但是在马王堆帛书《五十二病方》中就已经有了"喷者虞喷，上如彗星"的比喻，这种古老的猜想是何等惊人。喷射的结果会使彗星每接近一次太阳就要散失一部分物质，从而造成彗核中气体多寡的不同，并最终导致彗头形态的差异。前苏联天文学家奥尔洛夫（Александр Яковлевич Орлов）曾根据这一标准把彗头分为三类（图5—20），他所划分的N类彗头由于多次回到太阳附近，彗核已完全失去了气体，因此我们只看到彗核，没有彗发，长长的彗尾是直接从彗核开始的。C类彗头由于彗核中气体较为缺乏，虽有彗发，但无壳层，彗头呈球茎形。E类彗头的彗核中有

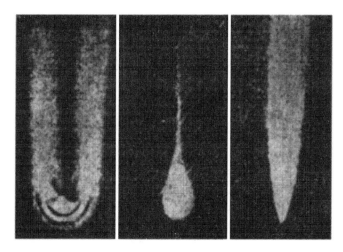

图5—20　彗头分类（左起：E类、C类、N类）

丰富的气体，彗发明亮，有抛物面形的壳层包围着，彗头呈锚形。如果用这三种类型的彗头与马王堆彗星图对观，那么就不能不承认，远在两千年前，我们的先人已经观察到了彗头的这些细微的变化。图中那些用双圆表示的应该就是E类彗头，用单圆表示的应该属于C类彗头，而只绘出一个黑点的彗头可以认为是N类彗头[1]。

对于彗尾的科学分类是1878年由俄罗斯天文学家布烈基兴提出的（图5—21），他所创立的划分标准其实只是根据彗尾弯曲的程度的不同。Ⅰ型彗尾较直，称为"离子彗尾"或"气体彗尾"；Ⅱ型彗尾则向着与彗星运动相反的方向倾斜，宽阔而弯曲，称为"尘埃彗星"；Ⅲ型彗尾虽然比前两类短得多也弯曲得多，但是与Ⅱ型彗尾一样，都是由微尘组成，所以现在已经把它与Ⅱ型彗尾归为一类。除此之外，实际上还有一种看上去好像指向太阳的短针锥状彗尾，称为"反常彗尾"。1957年4月，人们通过观测阿仑德—罗兰彗星看到了这种彗尾。将马王堆彗星图与此相比，我们又可以看到，图中几乎包括了我们能够见过的所有不同的彗尾形式，这证明，至少在战国时代，先民们已经观测过具有各种不同彗尾的彗星。

现代天文学的研究告诉我们，组成彗核的大部分是水、氨、甲烷和二氧化

---

[1]　席泽宗：《一份关于彗星形态的珍贵资料——马王堆汉墓帛书中的彗星图》，《文物》1978年第2期。

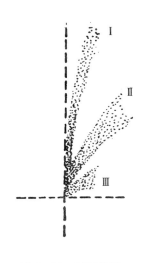

图5—21　彗尾分类

碳的冰冻物质，中间还夹杂有大小不同的固体物质，有些是细小的颗粒，有些是尘埃，所以有人把彗核比喻为"污浊的雪球"。当这个雪球运行到太阳附近的时候，由于受太阳辐射热的影响，冰冻物质蒸发出来，大量的气体和尘埃形成明亮的彗发；又由于太阳光的辐射压力和太阳风的作用，彗头的气体和尘埃被向一方推开，形成彗尾。如果彗核具有自转，而被推开的物质又具有成股现象，那么当几股物质相互交叉的时候，就能形成观测到的波状花纹或凝聚物，而且有时还可以观测到奇怪的轮廓。马王堆彗星图中的一部分彗尾被描绘出树叶状的波纹，拗星的彗尾甚至打上了叉子，这些画法如果用现代彗星理论去衡量，显然都是有依据的。

彗尾的形状多种多样，一般总是向背离太阳的方向延伸，而且常常有两条以上，1744年出现的德·歇索彗星甚至多达六条彗尾。马王堆彗星图上画出的彗尾也是多寡不等，少则一条，多则四条，这些都是正常的现象。拖着一条尾巴的彗星当然常见，然而人们确也曾于1901年观测到过展成扇形的四条尾巴的彗星。

我们还能说什么呢？现代天文学对于彗星形态的描绘在两千年前就被我们的先人完成了，似乎千百年来人们对彗星的探索成果，都早已在这张古老的星图上出现了。我们可以相信，图中不同的彗星形态肯定是先人们亲眼目睹的记录，但是我们又很难想象，如此多种多样形态的彗星会在很短的时间内相继出现，要知道，对彗星细微变化的描述只能来自于反复的观测实践，这当然不是短期内能够完成的，原因很简单，彗星的出没不会为一代人或几代人提供更多的观测机会。因此，我们完全可以对这幅彗星图做出更合理的解释，它无疑应是古人一代代地对彗星观测记录的总结，战国时代的人们显然不可能见过如此多样的彗星，这意味着图中对一部分彗星的描绘一定是依据了在当时人们还能看到的更古老的星图。这些事实表明，至少在战国以前，对彗星的观测还有一段相当漫长的历史。

第六章　星　象　考　源

恒星世界是令人神往的，当人们发现，那些嵌满天空的繁星可以随着时间的流逝而行移，随着季节的变化而出没的时候，他们恐怕已经意识到这些天体对于确定时间和季节所具有的特殊作用。一旦这种服务于生产和祭祀的真正意义上的星象观测开始，天文学这门古老学科便诞生了。因此，星象观测不仅具有实用性，而且也是天文学体系得以建立的重要基础。

中国古代恒星观测的历史究竟悠久到什么程度？中国传统星象及其名称的来源究竟是什么？这些都是人们长期以来极为关注的问题。任何人都不会否认，尽管简单地识星与建立完整的星象体系是两个截然不同的概念，但二者之间无疑具有着极其密切的联系。古人最先认识的星象应当与他们的生活息息相关，从农业社会的角度讲，这种关系则体现在为农业生产及相关祭祀提供准确的时间服务。沿着这样的思路探索星象的起源，或许可以获得令人满意的答案。

第一节　星　与　象

古人观测恒星的方法非常奇特，他们可以巧妙地把纷乱复杂的星际世界梳理得有秩有序。从现在掌握的材料看，这种方法反映了两条截然不同的识星途径。一条途径是，他们首先认识了天空中少数亮度最强的恒星，然后通过这些星再去认识其他的恒星；另一条途径是，他们并不把恒星看作是彼此孤立的，而是将成组的恒星视为一个图形，在首先认识了这个图形之后，再进而熟悉其中包含的每一颗星。这两条途径在中国古代的恒星观测史上应该是并行发展的。由于天空中的亮星毕竟太少，因此，首先确立星象概念并进而认识恒星的方法便显得格外重要。

星象是古人对恒星自然形成的图像所做的特意规定，他们根据这些图像的形状，赋予了人物、动物、器物等不同的名称，于是产生了最古老的星座。尽管我们还不甚清楚星象的概念究竟产生在什么时代，但是，大量相关的实物证据表明，人类对于恒星的认识历史恐怕并不比他们对星象的认识更悠久。从以恒星授时的方面考虑，树立星象的概念比起单纯地识星有着极大的方便，它使古人可以很快熟悉并掌握一组恒星以及它们之间的联系，而不必机械地记忆每一颗星。中国天文学的这一古老传统在漫长的恒星观测活动中始终被保持着。

　　分布于世界不同地区的古代先民，在如何认识星际世界这一点上走着近乎相同的道路，事实是，不仅中国古人找到了这样一种以象与象的区分而建立星座的识星捷径，其他地区的早期先民也都采用着这种方法。在西方人看来，繁星在天空中也同样组成了各种不同的图像，这个概念不仅至少在公元前4000年就在两河流域诞生了，而且看上去已经相当完善。巴比伦人为了占星的需要，把黄道等分为十二个星座，创建了黄道十二宫体系。除此之外，他们的观测还同时涉及到其他一些星座，如在黄道以北的天区建立了十二星座，在南天也建立了十个星座，从而构成三十星座体系，这个体系后来逐渐发展成为现代天文学的星座体系。

　　巴比伦天文学中的星座形象，通过出土的当时的境界石、坟墓所刻浮雕、瓦当以及圆筒形封印可以看得很清楚[①]。在巴比伦王尼布甲尼撒一世时代的境界石上，可以看到人马座、天蝎座、水蛇座的原型（图6—1）；在斯沙出土的境界石和埃沙尔神殿出土的瓦当上，可以看到宝瓶座的原型；在乌尔古出土的瓦当上，可以看到狮子座和长蛇座的原型。瓦伊德那教授曾根据出土的境界石、瓦当、圆筒形封印上所雕刻的神仙、人物、动物、植物、器皿等形象，想象出一幅巴比伦星图，这幅图假定约公元前3200年春分点在金牛座 α 星附近，秋分点在天蝎座 α 星附近[②]。埃及发现的早期星图依然恪守着这一传统（图6—2）[③]。尽管这些星座的图形与后来的星座图形有了一些改变，但是它们的演变痕迹以及其所表达的星象含义却是相当清楚的。

---

　　①　Francis Joannès, Les Almanachs des Astronomes Babyloniens. *Les Dossiers d'Archeologie*, N°. 191, 1994.

　　②　A. Jeremias, *Handbuch der altorientalischen Geisteskultur*, Leipzig, 1913. 陈遵妫：《中国天文学史》第二册，上海人民出版社1982年版。

　　③　Cécile Michel, La Géographie des Cieux: Aux Origines du Zodiaque. *Les Dossiers d' Archeologie*, N°. 191, 1994.

图 6—1　雕有星座图像的巴比伦境界石（约公元前 1100 年）

与以巴比伦天文学所代表的西方体系不同，中国传统天文学的星座体系则是独立起源并发展起来的，它的主体就是人们熟知的二十八宿。不过，中国的星座体系最初肯定并不仅仅建立在这二十八个星座之上，正如巴比伦人可以划分黄道以北的星座一样，中国古人对北天区的星象也十分重视，其中最重要的当然是对北斗的观测。这种做法至少在公元前 7000 年以前就已产生，它甚至成为中国天文学的固有特点之一。根据中国的文化传统，北斗曾被称为帝车，而巴比伦人虽然将北斗归为大熊星座，却也称之为大车。显然，东西方的早期先民都将北斗视为周天运行的天帝之车。事实上，真正能够说明二者存在相互影响的例证目前还很少，看来古人对于相同的天象往往

图 6—2 古代埃及星象图

会产生出相同的想象。

中国古人对于象的理解还表现出另外一些特点，他们有时将最初确定的星象加以扩大，与此同时，也有一些本来很大的星象却被相对缩小，这两种现象集中表现在对二十八宿的分合的处理上。后一种趋势导致了二十八宿体系的最终建立，而前一种趋势则造就了中国传统天文学的另一个体系——四象。事实上，这两个体系在相当长的时间内是彼此重叠的。

早期天文学资料似乎都显示了星与象的密切关系，而且时代愈早，这一特点就愈为鲜明。尽管在古代的东西方人看来，恒星的不同排列形式可以构成不同的星象，但是在建立星与象之间的联系乃至最终完善一个天文学体系方面，他们却走着近乎相同的道路。

第二节　二十八宿起源研究

中国古人把太阳在天空中的周年视运动轨迹称为黄道，同时又把与天球极轴垂直的最大的赤纬圈，也就是地球赤道平面延伸后与天球球面相交的大圆称为天赤道。在黄道和赤道附近的两个带状区域内，分布着中国传统的二十八星座，古人叫它二十八宿（图6—3）。这个完整的星座体系建立之后，二十八宿又与四宫、四象、四季相互配属，具体的分配是：东宫苍龙主春，辖角、亢、氐、房、心、尾、箕七宿；北宫玄武主冬，辖斗（南斗）、牛、

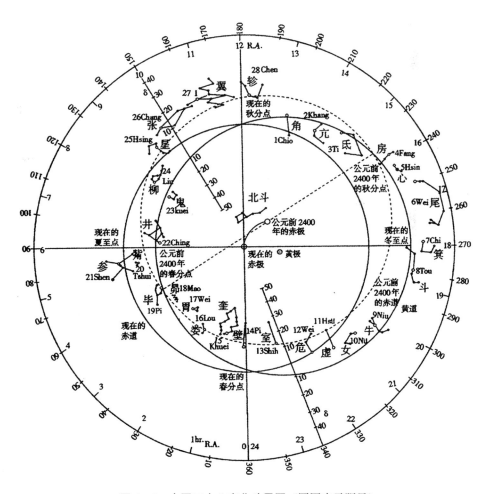

图6—3　中国二十八宿北斗星图（圆圈表示距星）

女、虚、危、室、壁七宿；西宫白虎主秋，辖奎、娄、胃、昴、毕、觜、参七宿；南宫朱雀主夏，辖井、鬼、柳、星、张、翼、轸七宿。古人划分二十八宿并没有采用平均分配天区的做法，因而各宿所辖的度数很不一致，最宽的是井宿，辖 33 度（古度），最窄的属觜宿，仅占 2 度（古度）。这个结果后来直接影响了四宫的辖度。

二十八宿体系的本质实际是为适应古人为使天文观测精确化所建立的周天坐标系统，其通过星座及其所辖度数的划分最终完美地规划了赤道周天。然而我们对这一古老星座体系的了解却远远不如对它所能提出的问题多，这些问题不仅包括二十八宿为何会选取"二十八"这样一个数字，而且还包括它的划分标准、产生时代及产生地点等一大堆棘手的难题。虽然二十八宿在中国古代天文学中占有突出重要的地位，所有恒星观测都以它为基础，特殊天象的出现也以它作为记录方位的依据，星图与浑象要以二十八宿为骨干，制定历法也离不开二十八宿，但是，二十八宿留给我们的问题却使人们在最广泛地利用它的同时，陷入了深深的困惑。

一、二十八宿的基本概念

二十八宿又叫二十八舍、二十八次或二十八星。《史记·律书》："《书》曰二十八舍。……舍者，日月所舍。"司马贞《索隐》："二十八宿，〔七正〕之所舍也。舍，止也。宿，次也。言日月五星运行，或舍于二十八次之分也。""星"字的本义显然是指星座或星官，而"宿"与"舍"、"次"则含有留宿和旅居的意思，因为汉字"宿"字的早期写法乃像人在房中休息，所以在古人看来，一段段天区也正如地球上沿途分布的驿站一样，应当是为日、月、五星准备的临时住所。这些概念，甚至包括"二十八"这个数字，最初实际都来源于月亮在恒星月中的运行位置。我们知道，恒星月是指月亮在恒星间回到同一位置的周期，它的长度为 27.33 天。一个恒星月中，月亮每晚在恒星间都有一个旅居的住所，每月共换 27 或 28 个住所，这就是二十八宿的本义。中国古人在某一时期内曾经使用过二十七宿，即将室、壁两宿合为一宿，也显示了恒星月的痕迹。因为从理论上讲，日期的计算不可能出现半日，所以观测月亮在恒星间的运行，只能取其整数而为二十八，或舍其馀数而为二十七，就像朔望月的平均长度为 29.5306 日，而历法中太阴月的长度可作 29 天或 30 天一样。

二十八宿虽然反映了恒星月的周期，但是，记录月亮在恒星间的位置变化却不是这个体系建立的最终目的。众所周知，月亮每日在天空的行度都是一个常数，即以周天 $365\frac{1}{4}$ 度除以恒星月的长度 27.32166 日，得 13 度略多。如果二十八宿仅仅是为记录月亮的位置，那么将天球平均划分为二十八份当然最为理想。然而事实并非如此，月亮的这个固定行度在二十八宿各宿所辖的度数中并没有得到体现，相反，二十八宿中各宿的距度悬殊很大，这一点似乎很不好理解。因此更重要的是，二十八宿确定的目的应是古人企图通过间接参酌月球在天空中的位置，进而推定太阳的位置。《吕氏春秋·圜道》："月躔二十八宿，轸与角属，圜道也。"《论衡·谈天》："二十八宿为日、月舍，犹地有邮亭，为长吏廨矣。邮亭著地，亦如星舍著天也。"这些记载与司马迁所理解的"舍"为日月所舍的认识一样，都把二十八宿视为日、月在天空中停留的驿馆。从实际观测的角度讲，二十八星座的创立来源于恒星月的长度，而恒星月的建立则是以古人对某一恒星的观测为基础，因此，考虑月球在天空中的位置实际等于研究月球相对于恒星的位置运动。与此相同，恒星对古人了解太阳的运动也具有同等重要的意义，人们最初可以通过日没之后和日出之前出现于地平附近的星象，了解太阳在恒星间的相对位置，而太阳从某一恒星开始运行并最终回归到这颗恒星的周期，就构成了人们最早认识的恒星年。事实上，这两种彼此独立的观测只需通过对某颗恒星的固定观测便可完成，而并不要求建立复杂的星座体系。但是，假如人们需要进一步了解太阳与月亮的相对位置关系，那么，一个完整的周天星座体系就不可或缺了，这是二十八宿体系区别于简单的恒星观测的关键所在。根据这个体系，古人可以依月亮对于恒星的运动方便地推得太阳的位置，反之亦然。由于以完善的恒星体系作为计算的基点，进而可使诸如"合朔"一类复杂的天文概念应运而生。

二十八宿体系的创立采用了恒星月的长度似乎已没有疑问，在古代印度，二十八宿被称为"纳沙特拉"（nakshatra），在阿拉伯则被称为"马纳吉尔"（al-manāzil），意思都是"月站"，也可以证明这一点。不过由于固有的象的概念的影响，天区的划分不可能不照顾到这一点而被随意割裂，这是造成二十八宿距度差别很大的重要原因。与此无法协调的是，月亮每日绕地运行却有着固定行度，这使得月球对于恒星的运动实际并不是每日运行一宿，因此，二十八宿实际只能是古人在天空上自西向东选择的二十八个标准点。这些标准点的确定，对于了解日月运动是一大进步，而建立这些标准点本身也是上古天文学的一大进步。

　　二十八宿究竟是依黄道而定还是依赤道而定，历来争论很大。根据传统的看法，中国古人由于对拱极星的重视，因而首先建立了明确的赤道坐标体系，这不仅成为中国传统天文学的显著特点，而且像二十八宿这样著名的天学体系也应以此为划分的基础。在我们看来，中国天文学的这一赤道特点至少在某一时期被过分夸大了，而就人们对于黄道作用的认识却远远不够。赤道坐标系的建立其实并不意味着黄道体系就一定遭到了排斥，如果说天球赤道只是古人想象出的一条垂直于北极的大圆的话，那么黄道则是实际可寻的日行轨道。毫无疑问，这种来源于直观形象的概念显然比那种抽象概念产生得更早。实际情况也是如此，尽管东汉的贾逵被认为首次设计并制造了黄道浑仪，但是西汉经学家刘向和唐代天文学家李淳风却主张，黄道概念的出现比贾逵的时代要早得多。印证这一点其实并不困难，中国古老的盖天理论在解释太阳运动时已经运用了完整的黄道思想，显然这一思想具有悠久的历史。或许我们应该这样理解古人对于黄道与赤道的认识背景：这两种观念似乎始终是并行的，原因在于，早期人类熟悉的只能是基于天体周日视运动而导致的黄赤白道混合带[①]，因此这实际可以视为后来黄道与赤道的共同渊薮。

　　二十八宿中几乎一半的星宿可以视为分布于黄道或黄道带，而且其中的许多星宿无论如何不能用赤道学说去解释，显然它们是以黄道为准建立的。觜、参两宿从形式上既不合于黄道，也不合于赤道。假如计算它们的相对位置，那么参宿迟至公元前3世纪才能与赤道建立联系，而它与赤道完全吻合则是在今天。显然，以赤道坐标分配参宿是根本不可能的。然而种种迹象显示，参宿不仅是中国传统天文学体系中的标准星象，而且古人对它的认识还应与心宿产生在同样早的时代。心宿既属黄道星座，从这个意义上讲，参宿当然也应看作是黄道星座。值得注意的是，参宿虽与心宿共同作为古人最早认识的授时星象，但其脱离黄道的事实很可能暗示了两宿的产生时代远在黄道的概念形成之前。或许做一个简单统计有助于说明这个问题，二十八宿中分布于天球黄道或接近黄道的星座约为十五宿，赤道星座虽然随时代的不同而有所增减，但在最理想的情况下，星座数可达十二宿[②]。二十八宿的这种

<hr />

　　①　伊世同：《星象考源》，《中国科学技术史国际学术讨论会论文集》，中国科学技术出版社1992年版，第4页。

　　②　竺可桢：《二十八宿起源之时代与地点》，《思想与时代》第34期，1944年。

平分黄赤道带的事实证明，在二十八宿体系创立的时代，尽管古人的礼日传统和对拱极星的观测使他们最终建立起了黄道及赤道观念，尽管二十八宿体系的最终建立是以赤道坐标体系为基础，但古人最初对二十八宿星官的选择恐怕并不是以黄道或赤道两者之中的任何一项作为这个体系得以建立的唯一标准。

二、二十八宿的起源时间

二十八宿的建立时代久讼纷纭，至今仍悬而未决。传统认为，根据早期文献的研究，中国二十八宿体系的创立年代最早只能上溯到公元前 8 至前 6 世纪[①]。但是，战国初年曾侯乙墓二十八宿漆箱星图的发现，却使这一结论显得过于保守了。新城新藏曾经指出，中国的二十八宿体系应该形成于西周初年，理由不仅是当时的人们已经懂得从新月的出现逆推朔日，而且在《尚书》和《夏小正》等典籍之中，也出现了二十八宿的个别星名[②]。但是，这些论证显然不如他所提出的二十八宿体系的创立时间更有意义，因为即使某些学者对于商代铜器铭文中的星名考定能够发展他的观点[③]，但毕竟零星的几个黄道带或赤道带星座的古老并不能证明作为整体的黄道带或赤道带的古老。显然，将构成黄道带或赤道带的星座的起源与黄道带或赤道带本身的起源加以区分是十分重要的[④]，它可以避免由于将这些问题加以混淆而产生的某些不确定结论。

学者试图通过对中国古代文献的研究以解决二十八宿的起源问题，结论却相差很远，显然这都增加了此项研究的难度。施古德（Gustav Schlegel）根据《尚书·尧典》的记载，认为中国二十八宿体系形成于大火星在春分时晨见、角宿一在立春时晨见的时期，并且推论，中国的二十八宿从公元前1400 年起就必定已经存在了[⑤]。这个看法在当时看来似乎过于大胆，至少在对《尧典》四仲中星的年代认定上还存在争议。比约（J. B. Biot）、德莎素（Leopold de Saussure）和新城新藏都相信《尧典》的四仲中星为公元前

①　夏鼐：《从宣化辽墓的星图论二十八宿和黄道十二宫》，《考古学报》1976 年第 2 期。

②　新城新藏：《东洋天文学史研究》，沈璇译，中华学艺社 1933 年版。

③　陈邦怀：《商代金文中所见的星宿》，《古文字研究》第八辑，中华书局 1983 年版。

④　Chu Kho-Chen, The Origin of Twenty Eight Lunar Mansions. *Actes du VIIIe Congrès International d' Histoire des Sciences*, Vol. 1, pp. 364—372, Grouppo Italiano di Storia delle Scienze, 1956.

⑤　G. Schlegel, *Uranographie Chinoise*, Leyden, 1875.

2400 年左右的观测记录①，竺可桢则将这个观测年代定在殷末周初②，马伯尔（H. Maspero）和刘朝阳也对比约的结论表示怀疑③，而桥本增吉则将这一年代推迟到公元前 8 世纪之后，甚至更晚④。这些分歧表明，任何一项正确确定年代的工作都非常困难⑤，更何况古文献所能提供的资料本来就十分有限，它为学者提出的多种假设预留了广阔的空间⑥，因此，这些研究是否可以获得其他证据的佐证便显得十分关键。

　　如果通过一种纯粹性质的天文学计算来考察二十八宿与黄道带和赤道带的吻合时间，那么中国二十八宿体系的建立年代无疑可以追溯得很早。因为二十八宿中除去那些符合黄道的星宿外，另一些主要集中在南、北两宫的星宿则明显呈现出一个区别于黄道的大圆，这个大圆显示的实际就是远古的天球赤道所在。事实上，这可能暗示着二十八宿的形成年代实际就是南、北两宫星宿与天球赤道的符合年代。众所周知，天体位移的长期影响因素以岁差为主，由于岁差的缘故，春分点在黄道上呈每年 50.2 角秒的速度向西退行，这使得天北极与天赤道呈现出周期性的变化，约 26000 年复原，春分点又将重新回到原来的位置。但是，岁差的变量仅表现为天体黄经的增减，天体的黄纬在相当长的时间内都可以考虑为是不变的。换句话说，目前处于黄道上的二十八宿星座，数千年前依然如此，随着时间改变的仅仅是天球赤道上的星座。这使我们可以利用岁差来计算那些脱离黄道的星宿与赤道符合的最佳年代，其计算结果显然可以看作二十八宿体系建立的参考年代。

　　竺可桢先生曾经对二十八宿与天球赤道的最佳会合年代做过计算，结果当公元前 4500 年至前 2400 年间相合的最多，达十二宿⑦，假如我们把观测的范围扩大到赤道带，计入南北赤纬 8 度间带形区域内的星宿，相合的则达

　　① J. B. Biot, *Études sur l'Astronomie Indienne et sur l'Astronomie Chinoise*, Lévy, Paris, 1862. Leopold de Saussure, *Les Origine de l'Astronomie Chinoise*, Maissoneuve, Paris, 1930. 新城新藏：《东洋天文学史研究》，沈璇译，中华学艺社 1933 年版。

　　② 竺可桢：《论以岁差定〈尚书·尧典〉四仲中星之年代》，《科学》第 11 卷第 12 期，1926 年。

　　③ H. Maspero, *Études Historiques*; *Mélanges Posthumes sur les Religions et l'Histoire de la China*, p. 15, Paris, 1950. 刘朝阳：《从天文历法推测〈尧典〉之编成年代》，《燕京学报》第七期，1930 年。

　　④ 橋本增吉：《書經の研究》，TYG，1912，2；1913，3；1914，4；《書經堯典の四中星に就いて》，TYG，1928，17，No. 3；*Ancient History of China*，Chap. 27，1942.

　　⑤ J. H. Pratt, On Chinese Astronomical Epochs. *PMG*, 1962 (4th ser.), 23, 1.

　　⑥ J. Chatley, The Riddle of the Yao Tien Calendar. *JRAS*, 1938.

　　⑦ 竺可桢：《二十八宿起源之时代与地点》，《思想与时代》第 34 期，1944 年。

十八至二十宿①，这其中有些是我们认定的黄道星宿。如果将黄道与赤道星座加以区分，那么赤道星宿在这段时间内可以全部得到容纳。根据我们的计算，自公元前 3500 年至前 3000 年间，赤道星座的位置与赤道符合得最为理想。由于二十八宿部分分布在黄道带，部分分布在赤道带，因此这个时间可以考虑为二十八宿体系建立的理想年代，事实上它反映了二十八宿大致平分于黄、赤道带的年代。

无论是在实际观测中还是古今的各种星图之上，二十八宿中那部分沿赤道分布的星座存在一些明显的特点，即属于北宫的虚、危、室、壁和属于西宫的奎、娄、胃等星宿位于黄道以北，而属于南宫的柳、星、张、翼、轸五宿则位于黄道以南，这种分布特点暗示了什么问题，过去很少有人注意。我们认为，它可能是探讨二十八宿形成年代的又一条途径。众所周知，太阳在天空中的周年视运行轨迹实际可以描述为高低不同的多段圆弧，夏天太阳升得很高，太阳的线路径位置偏北而接近北天极，冬天太阳升得很低，太阳的线路径位置则偏南而远离北天极，春分与秋分时太阳的位置适中。在实际观测中，为了寻求方便的观测角度，星宿的位置过高或过低显然都很不利，二分之时太阳的视位置居中，人们可以随意选择位于黄道或其南北附近的星座，而当夏至和冬至之时，太阳的位置已经偏高或偏低，这就要求古人在夏天观测时必须选择那些低于太阳视位置的星宿，也就是黄道以南的星宿，而在冬天观测时选择那些高于太阳视位置的星宿，也就是黄道以北的星宿，从而使二十八宿总是保持在一个相对稳定的带状天区内。这样做的目的无疑只是出于方便观测的需要，而并不是古人在建立了赤道概念以后的有意识的行为，相反，它的客观结果却可能启发了古人，使他们逐渐认识到天球赤道的存在，并进而建立起中国独特的赤道坐标体系。但无论如何，这种做法本身的意义却是重要的，因为这些星宿恰好都落在一个大圆的两段相对的弧线上，而这个大圆就是后来人们认识的赤道圈。

既然如此，计算上述诸星宿在二至时的理想观测位置，可以使我们从另一个角度看待二十八宿的形成年代。这个计算所涉及的问题比较复杂，假如把问题说得简单些，则使我们不得不重新考虑中国天文学的一些传统做法。我们知道，古代天文学家普遍面临着一项巨大的困难，这就是用于确定时间

① Chu Kho-Chen, The Origin of the Twenty-eight Mansions in Astronomy. *Popular Astronomy*，1947，55.

的太阳过于明亮，以至于要同时进行太阳和其他恒星的观测来了解它们的相对位置是根本不可能的。可行的方法只有偕日法和冲日法两种。传统的观点认为，中国素以冲日法观测恒星而自成体系，然而对商代历法的研究证明，中国古代（上古代）的天文学虽然由于观测极星而迅速发展了子午线的概念，从而最终形成与西方天文学完全不同的中星观测体系，然而古人却并没有放弃以观测恒星的偕日升或偕日落来确定时间的更为简易的方法。事实上，偕日法不仅产生的时代更早，而且在相当长的时期内是与冲日法并行使用的。

这两种方法提供给我们检验赤道星座于二至日时所在天球位置的两种手段，不论我们以南、北两宫赤道星座的中心宿作为二至时太阳的位置所在，还是以两宫的第一宿作为二至日的昏中星，其年代都恰与它们符合赤道的年代范围相重叠。这个计算结果的重要性似乎并不仅在于用它定出二十八宿确立的准确年代，而且还在于它明确告诉我们，中国古代曾经系统地利用偕日法确定季节以及二分二至时太阳在恒星间的位置，这对于摆脱那种认为中国古代解决恒星与太阳的相对位置的问题，所用的方法只是从可见天体的位置推断不可见天体的位置的习惯认识很有意义。

其实，如果我们不把古人观测星宿的目光固定在南中天，而将其移向东方或西方的地平线，那么问题似乎更容易解释。我们知道，太阳于春分与秋分两日出没于正东西方向，这也就是说天赤道与东方地平线相交的点即是正东方向，与西方地平线相交的点即是正西方向。其后太阳会沿黄道南移或北归，但天赤道与东、西方地平线所交的正东点与正西点却不会改变。方向的固定，或者说方位点的固定对于古人的观象授时活动是极其重要的，它实际是人为建立的一种观测星象的参照系。那么接下来的问题便简单得多，正东点与正西点的确定实际意味着古人在观测恒星出没的时候会尽量向这一标准方位点靠拢，而选择那些距离两个方位点相对近些的星宿。换句话说，古代的恒星观测原则要求古人将被观测星象限制在一个以正东点或正西点为中心的相对狭窄的范围内。这种做法与中星观测而确定子午线的道理如出一辙，其结果必然导致当夏至日处极北及冬至日处极南的时候，古人都要观测接近正东点及正西点的于赤道附近出没的星宿，从而使南宫与北宫的某些星宿客观上与天赤道得到了完美的吻合。这一推论可以通过印度天文学得到佐证。第西脱（K. P. Dixit）指出，当讫栗底迦（Krittikâs，昴星团，Pleiades）从正东升起，而不像别的星座那样偏出正东的时候，人们就把祭祀献给讫栗底迦的神位①。这个事实可以帮助我们理解中国古人通过观测逼近正东或正西方东升或西没的恒星而最终建立起二十八宿体系的古老做法。

二十八宿的宿名古义所反映的年代也相当悠久，这主要表现为除东宫星宿之外的其他诸宿，它们的名称与其所处的四象部位多不能相合。同时更重要的是，二十八宿中某些距离黄道较远的亮星也有被黄道上的暗星逐渐置换的痕迹，这些都显示了星象经过长期调整的结果。

竺可桢先生曾对中国及古代印度二十八宿中牛、女两宿的演变做了比较，很有意义②。《史记·天官书》："牵牛为牺牲。其北河鼓。河鼓大星，上将；左右，左右将。婺女，其北织女。织女，天女孙也。"司马贞《索隐》引孙炎曰："或名河鼓为牵牛也。"《尔雅·释天》："河鼓谓之牵牛。"③郭璞《注》："今荆楚人呼牵牛星为担鼓。"犹存古意。《诗·小雅·大东》："维天有汉，监亦有光。跂彼织女，终日七襄。虽则七襄，不成报章。睆彼牵牛，不以服箱。"所言织女、牵牛俱在天汉边际，是指七夕相会之织女、牛郎二星。牛宿名为牵牛，其与牛郎之为牵牛名称的相同，证明牛、女二宿原本应为天汉之际的织女和牵牛（河鼓）。河鼓二（Altair α Aquila）与织女一（Vega α Lyra）均为零等星，远较牛、女二宿距星为四等星明亮得多，且织女一为北半球最明亮的星，自然更容易引起古人的注意。古代印度二十八宿即以织女代牛宿，河鼓代女宿，与中国古法相同。中国织女为三星，印度也为三星。《法苑珠林》谓"织女天姓帝利迦，遮耶尼，意义为大麦粒"④，也与中国以织女为天女孙或天女意近⑤。凡此不仅证明了中印二十八宿体系同出一源，同时也部分地保留了这个体系的原始内容。

古代印度的"月站"体系以织女取代牛宿，河鼓（牵牛）取代女宿，造成先织女而后牵牛，与中国二十八宿牛宿先于女宿的次序正与此相反。竺可桢先生精辟地指出，此乃后世天象织女赤经先于河鼓所致。然而由于岁差的缘故，数千年前织女赤经实在河鼓之后，则中国二十八宿牛宿列于女宿之前，犹存古之遗风⑥。根据表6—1所列不同时期河鼓二（Altair）与织女一

---

① K. P. Dixit，*The History of Indian Astronomy*，Delhi，1950.

② 竺可桢：《二十八宿起源之时代与地点》，《思想与时代》第34期，1944年。

③ 今本《尔雅》"河"作"何"。郭璞《注》："担者，荷也。"胡承珙《毛诗后笺》云："河鼓在天汉之旁，故名河鼓。牵牛在鼓星之下，故谓之何鼓。"意近穿凿。实河鼓之星乃担之象。

④ 赵元任：《中西星名图考》，《科学》第3卷第3期，1917年。

⑤ 司马贞《史记索隐》："织女，天孙也。"又引《荆州占》云："织女一名天女，天子女也。"

⑥ 竺可桢：《二十八宿起源之时代与地点》，《思想与时代》第34期，1944年。

（Vega）两星之赤经与赤纬的情况可以看出①，大约 5500 年前，河鼓的赤经在织女之前，这个时间与我们前面推算的中国二十八宿体系的创立时间相当吻合。

表 6—1　　　　　　　　河鼓织女五千年来赤经赤纬表

公元年代	织　　女			牵　　牛		
	赤经 时	分	赤纬	赤经 时	分	赤纬
公元 1900	18	34	+38°41′	19	46	8°46′
公元 1600	18	24	38°28′	19	31	8°03′
公元 1000	18	03	38°17′	19	02	6°58′
公元 600	17	50	38°17′	18	42	6°27′
公元 00	17	29	38°34′	18	13	6°03′
公元前 600	17	08	39°08′	17	47	6°03′
公元前 1200	16	48	40°00′	17	18	6°27′
公元前 1800	16	28	40°10′	16	49	7°15′
公元前 2400	16	09	42°36′	16	20	8°28′
公元前 3000	15	50	44°16′	15	51	10°08′
公元前 3600	15	31	46°14′	15	22	12°06′

中国古代除二十八宿之外尚有二十八舍，司马迁以为其源于《尚书》。《史记·律书》："《书》曰二十八舍。律历，天所以通五行八正之气，天所以成熟万物也。舍者，日月所舍。……东壁、营室、危、虚、须女、牵牛、建星、箕、尾、心、房、氐、亢、角、轸、翼、七星、张、注、弧、狼、罚、参、浊、留、胃、娄、奎。"二十八舍中，建星、注、弧、狼、罚、浊、留七舍名称与二十八宿不同，且七星与张次第颠倒。钱宝琮先生据《汉书·天文志》以为二十八宿与二十八舍分别代表了战国时期石申夫与甘德两个不同的星占流派②，这很精辟，但事实上，各家不同的占星对象实际客观上反映了不同学派对星官作出的扩充③。因此，二十八舍出现的与二十八宿不同的

---

①　F. Beck, *Sternatlas*, 4th ed, 1923.

②　钱宝琮：《论二十八宿之来源》，《思想与时代》第 43 期，1947 年。

③　冯时：《天文学史话》，中国大百科全书出版社 2000 年版。

星官，至少有一部分应该呈现了二十八宿体系调整之前的原始面貌，因此广义上说，它仍然与二十八宿属于同一体系。《史记·天官书》："柳为鸟注。"司马贞《索隐》引《天官书》作"柳为鸟咪"。又引《汉书·天文志》"注"作"喙"。引《尔雅》云："鸟喙谓之柳。"引孙炎云："喙，朱鸟之口，柳其星聚也。"张守节《正义》："柳为朱鸟咪。"皆以注为柳星。司马贞《索隐》："孙炎以为掩兔之毕或呼为浊。留即昴，《毛传》亦以留为昴。"《尔雅·释天》："浊谓之毕。"郭璞《注》："掩兔之毕或呼为浊。因星形以名。"是为证。此三舍与二十八宿同宿而异名，其中有些只是属于古字的假借而已。二十八舍不用斗而用建星，不用觜而用罚，位置都相差不远。而弧、狼远在黄、赤道之外，它们的入选应该体现了古人在建立观测恒星的标准方位点以前只重亮星的直觉行为，因而具有时代较早的特征。而这些星宿在二十八宿体系逐渐完善的时候，理所当然地要被分布于黄、赤道带上的星宿所取代。

如果以上述年代计算为基础，那么，中国二十八宿体系的形成时间无疑可以上溯得更远，这个结论现在可以获得一些新的考古学证据的支持。我们在第四节中将会看到，属于公元前五千纪中叶的濮阳西水坡星象图已经具备了北斗和龙虎等重要星象，这些内容及其表现形式简直与公元前 5 世纪初战国曾侯乙墓二十八宿星图如出一辙。大家承认，对事物认识的量变阶段总是长期的和缓慢的，但它毕竟是后期发展的基础。因此，尽管我们不能把濮阳星象图视为二十八宿体系确立之后的作品，但是，它至少说明这个体系的起源年代显然要大大早于这个时间。

二十八宿的宿名来源于星座的形象，然而真正认识它的发展历史和演变过程似乎并不容易，就一个体系而言，二十八宿在其形成过程中所经历的各种分合和变化相当复杂，对此，某些星宿的演变可能反映了一些线索，但并不充分。不仅如此，中国二十八宿体系的演变其实并不限于星名的演变，事实上在星宿的辖度、次序以及距星等诸多方面，古今都有不同。我们虽然不准备在这里深入讨论这些问题，但是，树立这种二十八宿体系并非一成不变，而是逐渐发展完善的观念则很有必要。

三、二十八宿的起源地点

与二十八宿的起源时间相关的另一个使人感兴趣的问题则是它的起源地点，这个问题自从人们了解到二十八宿在早期文明古国中普遍存在的事实之后就一直争论不休。古代印度、阿拉伯以及古代波斯对此都有自己的译名，甚至古代埃及，在接受了巴比伦的黄道十二宫的同时，也有多种"月站"的名称表，即使在许多晚期拉丁文手稿中，也都讲到过二十八宿①。不过除中国之外，还没有别的文明古国能从四象限星群的古老记载中，一步步地把这种二十八宿体系的发展追溯出来，这一点在今天看来更加无可置疑。

早在一百多年以前，法国天文学家比约（J. B. Biot）就精辟地指出，中国的宿、古代印度的"纳沙特拉"（nakshatra）和阿拉伯的"马纳吉尔"（al-manāzil）三种主要的"月站"体系应该有着共同的起源②，这一点几乎可以说确信无疑。李约瑟（Joseph Needham）指出，除非认为每一个使用原始阴历的文明古国都需要有一套二十八宿，从而使它们各自创立自己的二十八宿体系，否则就只有把它们视为具有共同的来源。前一种假设即使就天文学的角度可以接受，但从历史学和人类学的方面着眼也很难成立③。事实上，各国"月站"体系的某些共性自 18 世纪法国传教士宋君荣（A. Gaubil）和 19 世纪初英国学者科尔布鲁克（H. T. Colebrooke）依次把中国和印度的二十八宿介绍到欧洲之后，就逐渐引起了人们的注意④，这足以使人认识到，各文明古国流行的二十八宿是一种有着共同来源的天文学体系⑤。显然，这使有关二十八宿起源地点以及这个体系如何传播的研究格外重要。

法国学者比约（J. B. Biot）⑥、德莎素（Leopold de Saussure)⑦、荷兰

---

① M. Steinschneider, Die Europäischen Übersetzungen aus dem Arabischen bis Mitte d. 17. Jahrhunderts. *SWAW/PH*, 1904, 149, 1；1905, 151, 1；*ZDMG*, 1871, 25, 384；Über die Mondstationen（Naxatra）und das Buch Arcandam. *ZDMG*, 1864, 18, 118；Zur Geschichte d. Übersetzungen aus dem Indischen in Arabische und ihres Einflusses auf die Arabische Literatur, Insbesondere über die Mondstationen（Naxatra）und daraufbezügliche Loosbücher. *ZDMG*, 1870, 24, 325；1871, 25, 378.

② J. B. Biot, *Le Journal des Savants*, Paris, 1839—1840；*Études sur l'Astronomie Indienne et sur l'Astronomie Chinoise*, Paris, 1862.

③ Joseph Needham, *Science and Civilisation in China*, Vol. Ⅲ, The Sciences of The Heavens, Cambridge University Press, 1959.

④ A. Gaubil, *Histoire Abrégée de l'Astronomie Chinoise*, Paris, 1732. H. T. Colebrooke, On the Indian and Arabian Divisions of the Zodiack. *TAS/B*, 1807, 9, 323.

⑤ Leopold de Saussure, The lunar Zodiac. *New China Review*, Vol. 3, pp. 453—456, 1921. John Bentley, *Hindu Astronomy*, *A Historical View*, London, 1825.

⑥ J. B. Biot, *Le Journal des Savants*, Paris, 1839—1840；*Études sur l'Astronomie Indienne et sur l'Astronomie Chinoise*, Paris, 1862.

⑦ Leopold de Saussure, *Les Origine de l'Astronomie Chinoise*, Maissoneuve, Paris, 1930.

学者施古德（Gustav Schlegel）[1]、日本学者新城新藏[2]和中国学者郭沫若[3]、夏鼐都赞同二十八宿起源于中国[4]，英国学者艾约瑟（J. Edkins）[5]、基思（A. Berriedale Keith）[6]和德国学者韦伯（A. Weber）[7]、奥尔登贝格（H. Oldenberg）[8]、博尔（F. Boll）[9]等则相信起源于巴比伦[10]，英国学者白赖南（W. Brennand）[11]和美国学者伯吉斯（E. Burgess）[12]主张源自印度，而中国学者竺可桢却在二十八宿究竟起源于中国还是巴比伦之间犹豫不决[13]。问题之所以如此棘手，早期史料的缺乏是其中最重要的原因。

除中国和印度之外，其他文明古国二十八宿的出现年代都嫌偏晚。阿拉伯"马纳吉尔"的各种星名表虽然确实完成于《古兰经》之前[14]，但它的斗宿称为 Al-baldāh，意即"日短至"[15]，也就是冬至，由此可以推得其使用年代不会早于公元前 2 世纪。埃及人使用二十八宿的时代与此接近，大约是在

---

① G. Schlegel, *Uranographie Chinoise*, Leyden, 1875.

② 新城新藏：《东洋天文学史研究》第四章，沈璿译，中华学艺社 1933 年版。

③ 郭沫若：《释支干》，《甲骨文字研究》，科学出版社 1962 年版。

④ 夏鼐：《从宣化辽墓的星图论二十八宿和黄道十二宫》，《考古学报》1976 年第 2 期。对二十八宿宿名古义的研究也有助于说明这一问题。参见冯时《中国古代物质文化史·天文历法》第四章第四节之四，开明出版社 2013 年版。

⑤ J. Edkins, The Babylonian Origin of Chinese Astronomy and Astrology. *CR*, 1885, 14, 90.

⑥ A. Berriedale Keith, The Period of the later Samhitās, the Brahmanas, the Āranyakas and the Upanishads. *CHI*, Vol. 1, ch. 5.

⑦ A. Weber, *Die Vedische Nachrichten von den Naxatra*, Sitzungsberichte der Berlin Universitat, 1860.

⑧ H. Oldenberg, Nakshatra und Sieou. *NGWG/PH*, 1909, 544.

⑨ F. Boll, Die Entwicklung des Astronomischen Weltbildes im Zusammenhang mit Religion u. Philosophie. Art. in *Astronomie*, ed. J. Hartmann. Pt. Ⅲ, Sect. 3. Vol. 3. of *Kultur d. Gegenwart*, p. 1. Teubner, Leipzig and Berlin, 1921.

⑩ 另一些学者也倾向于这种看法。参见 Joseph Needham, *Science and Civilisation in China*, Vol. Ⅲ, The Sciences of The Heavens, Cambridge University Press, 1959.

⑪ W. Brennand, *Hindu Astronomy*, Straker, London, 1896.

⑫ E. Burgess, The Nakshatra System of the Hindus. *Journal of the American Oriental Society*, Vol. 8.

⑬ 竺可桢：《二十宿起源之时代与地点》，《思想与时代》第 34 期，1944 年；The Origin of Twenty Eight Lunar Mansions. *Actes du Ⅷᵉ Congrès International d'Histoire des Sciences*, Vol. 1, Grouppo Italiano di Storia delle Scienze. 1956.

⑭ C. Pellat, Le Traité d'Astronomie pratique et de Météorologie populaire d'Ibn Qutayba. *Arabica*, 1954, 1, 84.

⑮ W. Brennand, *Hindu Astronomy*, Straker, London, 1896.

科布特时代（公元前 3 世纪以后）①。古波斯引入这一体系的时间可能略早一点②，至少应该承认，从波斯的相关体系中可以推出阿拉伯的"马纳吉尔"体系的某些内容③。因此可以说，波斯、阿拉伯和埃及的"月站"体系都源自印度是比较清楚的④。而在公元前 2 世纪甚至更早一点的中国，即使最保守的观点也并不否认二十八宿体系已相当完善⑤，因为诸如《吕氏春秋·十二月纪》、《礼记·月令》等典籍之中，已开列出一份几乎完整的二十八宿名单，而《石氏星经》也保留了大约公元前 4 世纪观测的二十八宿距度。根据能田忠亮的研究，《礼记·月令》所包含的天文事实乃是公元前 8 至前 6 世纪的实际观测结果，而在这个时间，人们实际已经知道了二十八宿距度⑥。这一结论应该可以接受。

有关二十八宿的起源，巴比伦则是一个颇有争议的地点。曾经在相当长的时间里，人们始终相信各国流行的二十八宿，包括印度的和中国的，都无一例外地起源于两河流域。然而直至今天，人们并没有发现巴比伦有任何二十八宿曾经存在过的确凿证据。由于人们普遍认同巴比伦是西方天文学的鼻祖，于是他们断言，在黄道十二宫之外一定会有另一套呈现这个数字的若干倍数的星座体系，并进而认为二十八宿也许正是由此而产生，这显然是一种误解。学者或者试图通过巴比伦的一种独立于黄道十二宫之外的三十一标准星体系（Normal stars）探讨其与二十八宿的关系⑦，似乎也有困难。首先，三十一与二十八两者取数不同的事实不能不拘泥，这反映了两种体系的建筑基础不同。其次，巴比伦三十一标准星体系存在的最早证据只能上溯到公元前 312 年至前 64 年的塞琉西王国时期，这与中国有关二十八宿起源的考古学证据无法相比⑧。再次，以西汉汝阴侯墓出土的二十八宿圆仪刻列二十八

① John Bentley，*Hindu Astronomy*，*A Historical View*，London，1825.

② 亨宁将"纳沙特拉"从印度传入波斯的年代定在公元 500 年左右，似乎偏晚。见 W. B. Henning，An Astronomical Chapter of the Bundahišn．*JRAS*，1942，229.

③ A. H. Anquetil-Duperron，*Boun-dehesch*，Vol. 2，Paris，1771.

④ J. Filliozat，L'Inde et les Echanges Scientifiques dans l'Antiquité．*JWH*，1953，1，353.

⑤ 饭岛忠夫：《中国历法起源考》第一章，附录于新城新藏：《东洋天文学史研究》，沈璇译，中华学艺社 1933 年版.

⑥ 能田忠亮：《禮記月令天文考》，東京，1938 年.

⑦ 江晓原：《巴比伦—中国天文学史上的几个问题》，《自然辩证法通讯》第 12 卷第 4 期，1990年.

⑧ 冯时：《中国古代物质文化史·天文历法》第四章、第六章，开明出版社 2013 年版.

宿距度所反映的原始古距星比较巴比伦三十一标准星[1]，相合者只有三星，况且这还是在两者基数不同的前提下所进行的不平等的比较结果。这些差异反映了巴比伦三十一标准星与中国的二十八宿体系存在着本质的区别。事实上，人们至今不仅没有在楔形文字泥版书中发现过二十八宿表，而且也没有任何理由假定巴比伦曾经有过二十八宿。

波斯、阿拉伯和埃及在二十八宿体系的形成年代上显然无法与中国和印度抗衡，因此，讨论二十八宿的起源地点实际已经简单到了只是比较中、印两种体系孰早孰晚。中国的二十八宿距星在印度叫做联络星（yogatārā），中国的距星古今不同，汉代圆仪上反映的古距星应当更接近二十八宿起源时的原始状态[2]，而这个距星体系实际与《石氏星经》所反映的二十八宿古距度颇有出入，所以，古距星体系大致应在春秋战国时期做过某些调整[3]，或许这次调整就与石申夫的观测活动有关。以中国二十八宿古距星与印度的联络星相比，可以发现其中有九个是相同的，加之中国古代曾经以河鼓三星为牛宿，以织女三星为女宿，而古代印度体系也以中国作为牵牛的天鹰座 α 星来代替宝瓶座 ε 星为"女"宿，而以中国作为织女的天琴座 α 星来代替摩羯座 α_2 星为"牛"宿。如此，则中国二十八宿距星与印度联络星相同者可多达十一个，即角、氐、心、尾、牛、女、娄、毕、觜、参、轸，而其他诸宿之中，虽与中国体系的距星不同但属同一个星宿的尚有八宿，即房、箕、斗、室、壁、昴、鬼、柳（表6—2）。显然，中、印两国古代"月站"体系的这些相似性除非理解为同出一源，否则便不可能有其他的解释。事实上我们也只能将西汉遗留的二十八宿古距星仅仅看作是比《石氏星经》更接近这个体系的原始形式，而不能排除它其实已经体现了后人对于二十八宿更为原始的体系的调整结果，而这个原始体系似乎应该与古代印度的"月站"体系更为接近。或者换句话说，如果没有足够的证据证明印度的二十八宿体系曾经经过彻底改造的话，那么它就应该保留了中国二十八宿体系创立不久时的初始形式。由此看来，印度部分联络星及部分"纳沙特拉"与中国距星及宿

---

①　王健民、刘金沂：《西汉汝阴侯墓出土圆盘上二十八宿古距度的研究》，《中国古代天文文物论集》，文物出版社1989年版。

②　王健民、刘金沂：《西汉汝阴侯墓出土圆盘上二十八宿古距度的研究》，《中国古代天文文物论集》，文物出版社1989年版。

③　Leopold de Saussure, Les Origines de l'Astronomie Chinoise. *TP*, Series 2，Vol. 10，1909.

表6—2　　　　　　　　　　中国与印度二十八宿对照表

中国宿名	星数	距星西名	星之等级	印度宿名	意义	星数	距星西名	星之等级
角	2	α Virgo(室女)	0.9	Chitrâ	珠子	1	α Virgo	0.9
亢	4	κ Virgo(室女)	4.2	Svâti	珊瑚	1	α Bootes	0.0
氐	4	α Libra(天秤)	2.8	Visâkhâ	一圈叶子	4	α Libra	2.8
房	4	π Scorpio(天蝎)	2.9	Anurâdhâ	敬神礼物	4	δ Scorpio	2.3
心	3	α Scorpio(天蝎)	0.8	Jyestha	耳环	3	α Scorpio	0.8
尾	9	λ Scorpio(天蝎)	1.5	Mûla	狮尾	11	λ Scorpio	1.5
箕	4	γ Sagittarius(人马)	2.8	Pûrva—Shâḍhâ	床	2	δ Sagittarius	2.7
斗	6	φ Sagittarius(人马)	3.3	Uttara—Shâḍhâ	象齿	2	τ Sagittarius	3.3
牛	6	α Capricornus(摩羯)	3.7	Abhijit	麦粒	3	α Lyra	0.0
女	4	ε Aquarius(宝瓶)	3.8	Sravana	人足	3	α Aquila	0.6
虚	2	α Equuleus(小马)	4.1	Dhanishtha	小鼓	4	α Delphini	3.9
危	3	θ Equuleus(小马)	3.7	Satabhiṣṭaj	宝石	100	λ Aquarius	3.8
室	2	η Pegasus(飞马)	3.1	Pûrva—Bhâdrapadâ	二面像	2	α Pegasus	2.6
壁	2	α Andromeda(仙女)	2.1	Uttara—Bhâdrapadâ	床	2	γ Pegasus	2.9
奎	16	β Andromeda(仙女)	2.3	Revati	小鼓	12	ξ Piscium	5.5
娄	3	β Aries(白羊)	2.7	Asvini	马首	3	β Aries	2.7
胃	3	β Perseus(英仙)	2.2	Bharani	Yoni	3	41 Aries	3.5
昂	7	17 Taurus(金牛)	3.8	Krittikâ	剃刀	6	η Taurus	2.8
毕	8	α Taurus(金牛)	0.9	Rohini	轮车	5	α Taurus	0.9
觜	3	λ Orion(猎户)	3.6	Mrigaziras	鹿首	3	λ Orion	3.6
参	10	α Orion(猎户)	0.9	Ardrâ	宝石	1	α Orion	0.9
井	8	γ Gemini(双子)	1.9	Punarvasu	屋	4	β Gemini	1.1
鬼	4	θ Cancer(巨蟹)	5.5	Pushya	箭	3	δ Cancer	4.1
柳	8	δ Hydra(长蛇)	4.2	Asleshâ	轮	5	ε Hydra	3.4
星	7	L Hydra(长蛇)	4.1	Maghâ	屋	5	α Leo	1.2
张	6	M Hydra(长蛇)	4.0	Purva—Phâlgunî	床	2	δ Leo	2.5
翼	22	r Crater(巨爵)	4.1	Uttara—Phâlguni	床	2	β Leo	2.2
轸	4	γ Corvus(乌鸦)	2.7	Hastâ	手	5	γ Corvus	2.7

　　的差异与其看作印度天文学发展演变的结果，倒不如视为中国二十八宿体系多次调整之前的古老形式，至少这样理解可以获得考古学证据的支持。

　　从认识论的角度讲，古人观测星象，他们对于亮星的注意必然先于对暗星的掌握应是合乎逻辑的。印度的古代"月站"体系于主星或联络星多取亮星，其主要者有角宿一（Spica α Virgo）、大角（Arcturus α Bootes）、大火（Antares α Scorpio）、织女一（Vega α Lyra）、河鼓二（Altair α Aquila）、毕宿五（Aldebaran α Taurus）及参宿四（Betelgeuse α Orion）等，均为头等星。中国的二十八宿距星虽然在《石氏星经》的时代仅有角宿一为头等星，其他距星多取暗星，但比石氏更早的古距星则几乎与以上罗列的印度联络星完全相同①，其中尽管大角未入二十八宿，然而从星名的涵义推测，古人仍然视此为苍龙之角。中国二十八宿体系的这种早期多取明亮之星为距星，而晚期则转以暗星为距星的做法，实际体现了二十八宿体系逐渐精确化的过程，而这种精确化应该正如德莎素（Leopold de Saussure）所指出的那样，是中国古人尽量为使二十八宿距星能够满足赤经相差 180 度的条件而形成相配成耦的整齐分布②。显然对于一种天文学体系而言，这种做法比之仅凭直觉选取亮星而满足一般的观象活动更为进步。

中印两种古代"月站"体系的相似性还远不止于此。中国的天文学证据显示出某一时期曾经存在二十七宿的痕迹③。《史记·天官书》："太岁在甲寅，镇星在东壁，故在营室。"而《天官书》叙述天官时唯缺东壁一宿。《尔雅·释天》："营室谓之定。娵觜之口，营室、东壁也。"《左传·襄公三十年》："娵訾之口。"孔颖达《正义》引孙炎曰："娵觜之叹则口开方。营室、东壁四方似口，故因名云。"而战国曾侯乙墓漆箱二十八宿名则以营室名西萦，东壁名东萦，均可证室、壁两宿曾合为一宿④。而据印度古代经典记载，室、壁二宿也曾合为一宿而为二十七宿，或也有减去织女而凑成二十七宿⑤。这一点与中国一致。

对于说明二十八宿体系同源的另一条证据是，中国二十八宿的起始宿为角宿，而埃及二十八宿也始自角宿⑥。印度的"纳沙特拉"虽然后来始于昴宿，但是印度最古的经典中却显示这个"月站"体系也是从角宿算起⑦。山

①　王健民、刘金沂：《西汉汝阴侯墓出土圆盘上二十八宿古距度的研究》，《中国古代天文文物论集》，文物出版社 1989 年版。

②　Leopold de Saussure，Les Origines de l'Astronomie Chinoise. TP，Series 2，Vol. 10，1909.

③　竺可桢：《二十八宿起源之时代与地点》，《思想与时代》第 34 期，1944 年。

④　王健民、梁柱、王胜利：《曾侯乙墓出土的二十八宿青龙白虎图象》，《文物》1979 年第 7 期。

⑤　W. Brennand，Hindu Astronomy，Straker，London，1896.

⑥　John Bentley，Hindu Astronomy，A Historical View，London，1825.

⑦　P. C. Sengupta，Hindu Astronomy. Cultural Heritage of India，Vol. 3，pp. 341 − 378，Calcutta，1940.

古太（P. C. Sengupta）认为，在印度的婆罗门时期，一年中十二个月的名称全部用月望时所在的宿（nakshatra）来命名。当一年之末，满月处于发鲁格挈宿（Nakshatra Phâlgunî），次日便是新年，而当年的第一个月就称为发鲁格挈月。在更早的时期，春季开始于满月运行到夏忔拉宿（Nakshatra Chitrâ）后的一天，而印度的夏忔拉宿则相当于中国的角宿①。阿拉伯"马纳吉尔"体系以娄宿为起始宿可谓一个例外，然而娄宿和角宿的赤经相差约180度，这又恰好符合中国二十八宿"耦合"分布的特点②。

这些相似性为进一步比较中印二十八宿体系的形成时间奠定了基础。一些学者认为，印度的"纳沙特拉"或为独创，或比中国更早，证据并不充分。新城新藏曾经讨论了二十八宿初创时期的某些特点，其中的一些关键性结论在今天看来仍然不可动摇。他认为，印度之二十八宿相当于中国二十八宿起源之状态；二十八宿发源地有织女、牵牛故事之传说；二十八宿传入印度之前有停顿于北纬43°左右之北方的形迹；二十八宿之发源地当以北斗为观测之标准星象③。这些观点有的已经得到新的考古学证据的支持，如中国二十八宿古距度的发现确实证明这个体系并非一成不变，这一点我们在前文已做论证。而重视北斗又恰好是中国天文学的特点。更为重要的是，印度的古代历法按其气候条件分一年为六季，即冬、春、夏、雨、秋、露④，但"纳沙特拉"却同中国的二十八宿一样分为四宫⑤，殊为矛盾。这种做法甚至影响了古代波斯，使其同中国一样，也把天空划分为四个赤道宫和一个中央宫，并有同样数目的赤道分区和四象限星群⑥，而这些内容却都是中国传统天文学的精髓。因此，印度以及其他文明古国的二十八宿体系都明确显示了起源于中国的特征，这一点应该毫无疑问。

---

① P. C. Sengupta, Hindu Astronomy. *Cultural Heritage of India*，Vol. 3，pp. 341－378，Calcutta，1940.

② J. B. Biot，Review of L. Ideler′s *Über die Zeitrechnung d. Chinesen*，Berlin，1839.

③ 新城新藏：《东洋天文学史研究》第四编，沈璇译，中华学艺社1933年版。

④ P. C. Sengupta, Hindu Astronomy. *Cultural Heritage of India*，Vol. 3，pp. 341－378，Calcutta，1940.

⑤ Leopold de Saussure，Les Origines de l′ Astronomie Chinoise. *TP*，Series 2，Vol，10. 1909. 竺可桢：《二十八宿起源之时代与地点》，《思想与时代》第34期，1944年。

⑥ Joseph Needham, *Science and Civilisation in China*，Vol. Ⅲ，The Sciences of The Heavens，Cambridge University Press，1959.

目前似乎并没有证据证明印度"纳沙特拉"出现的时间比中国更早。第西脱（K. P. Dixit）曾经根据古代印度人祭献讫栗底迦（Krittikâ，昴星团，Pleiades）神位必须是在该星从正东方向升起的时候，并进而推断这个时间应在公元前 3000 年左右①。但讫栗底迦的存在并不意味着全部"纳沙特拉"的存在，这一点应毋庸讳言。基思（A. Berriedale Keith）根据约公元前 14 世纪《梨俱吠陀》（Ṛg Veda）赞美诗，认为其中记载的任何一颗恒星似乎都可以说与"纳沙特拉"有关②。善波周则主张印度"纳沙特拉"的完整体系最晚建立于公元前 13 世纪，其主要根据也不外印度经典《竖底沙论》（Jyotisa）和《Boudhayna Cranta Satro》中有关冬至时太阳在但你瑟伦宿（Nakshatra Dhanishtha）而夏至时在阿失丽洒宿（Nakshatra Asleshâ）的描述③。这些文献在年代上其实与中国的古老记载是不相上下的。

就印度而言，尽管相关的古代文献的年代学问题有些尚未彻底解决④，但目前的研究成果表明，认为公元前 10 至前 8 世纪，印度的全部"纳沙特拉"已基本形成应比较妥当⑤。因此，中国体系的自源论以及后来对印度的影响看来已是不容动摇的事实，因为即使我们承认印度约公元前 14 世纪《梨俱吠陀》（Ṛg Veda）的赞美诗中有关恒星与"月站"关系的记述并非纯属无稽之谈的话，那么，中国二十八宿体系的形成年代也要早于这个时间。事实上，从考古学所能展示的最新资料入手，中国二十八宿体系的初创期至少可以上溯到公元前五千纪的中叶（详见第六章第四、五节）。如果说印度的"纳沙特拉"确实是来自于中国并进而向西方传播的话，那么我们实际已没有必要为这样一种传播的源泉担忧了。

---

① K. P. Dixit, *The History of Indian Astronomy*, Delhi, 1950.

② A. Berriedale Keith, The Period of the Later Samhitās, the Brahmanas, the Āranyakas and the Upanishads. *CHI*, Vol. 1, ch. 5.

③ 善波周：《二十八宿と吠陀成立年代》，《東方學報》第十三册，1942 年，第 30—62 页。

④ 关于《吠陀》年代的研究，可参见 L. Renou and J. Filliozat, *L'Inde Classique*；*Manuel des Études Indiennes*, Vol. 1, with the collaboration of P. Meile, A. M. Esnoul and L. Silburn, Payot, Paris, 1947；Vol. 2, with the collaboration of P. Demiéville, O. Lacombe and P. Meile, École Française d'Extrême Orient, Hanoi；Impr. Nationale, Paris, 1953.

⑤ A. Berriedale Keith, The Period of the Later Samhitās, the Brahmanas, the Āranyakas and the Upanishads. *CHI*, Vol. 1, ch. 5；*The Religion and Philosophy of the Vedas*, 2 vols. Harvard University Press, 1925；*The Veda of the Black Yajus School entitled 'Taittiriya Samhitā'*, 2 vols. Harvard University Press, 1914. Joseph Needham, *Science and Civilisation in China*, Vol. Ⅲ, The Sciences of The Heavens, Cambridge University Press, 1959.

织女一（Vega）和河鼓二（Altair）的互换，以及其他作为距星的亮星在比较紧要的地方被较暗的星所取代的情况，在其他文明古国是没有出现过的[①]。由于织女和河鼓的纬度偏高，中国的二十八宿在定型之后又做了某些极富特色的调整，以黄道附近较暗的牛宿、女宿分别置换了河鼓和织女，但依然保持原有的次序。然而印度先民在接受中国二十八宿体系的时候，一定发现先牵牛而后织女的次序与当时的实际天象不合，于是将两宿的次序颠倒。这个事实清楚地表明，尽管我们尚不知中国二十八宿以黄道星座取代织女和牵牛的具体时间，但是由于印度先民并未完成这一置换工作，因此，古代印度二十八宿的出现必定是在中国二十八宿体系定型之后及调整之前的某段时间。

中国二十八宿先牛后女的次序符合公元前 3500 年以前的实际天象，这意味着两宿的确定只可能是在这一时期。同时，公元前 3500 年至前 3000 年又是中国二十八宿平分黄、赤道带的理想年代，因此，公元前 3000 年无疑应该视为这一体系建立的时间下限。当然，中国二十八宿体系向印度的传播不可能比这更早。

正像后来中国的丝绸途经波斯源源不断地输往西亚和欧洲一样，古波斯无疑也是向阿拉伯传播中国思想的中继站之一。中国二十八宿体系传入印度的准确时间目前还很难确定，然而印度人在接受了这个体系之后，恐怕不久就开始西传，古代南亚与中亚、西亚早期先民的频繁接触，大大增加了这种传播的机会。从古代波斯、阿拉伯和埃及二十八宿出现的年代推测，二十八宿通过印度而西传至迟在公元前 2 世纪已经完成了。

第三节　古老的天官体系

古人似乎很善于创造体系，这其实无异于承认他们很善于发现某些事物的内在规律，毫无疑问，这对于早期先民客观地认识世界是至关重要的。从某种意义上讲，获得这样的认识结果需要经过长期而艰苦的探索，但这却是古人不得不必经的途径，因为对事物的规律性认识能够起到化繁为简的积极作用，在实践中更可以为古人探索某些复杂现象提供极大的方便。在天文学

---

① Joseph Needham，*Science and Civilisation in China*，Vol. Ⅲ，The Sciences of The Heavens，Cambridge University Press，1959.

上，先民们在这方面的才智表现得淋漓尽致。

古人观测星象，随着观测者所处地理纬度的不同，观测重点也各有差异。对中国古人来说，他们的注意力主要集中在两个区域，首先是北斗所在的北天区，其次是二十八宿分布的黄道带和赤道带。两个区域并不像表面看去那样彼此分隔，它们最终由北斗而相互拴系，其作用与其说是人为地将天球星象组成一个整体，倒不如说是通过建立拱极星与黄道或赤道星座之间的某种有效的联系，从而获得对二十八宿更加完整的观测结果。原因很简单，由于在黄河流域的纬度，北斗处于恒显圈，而且由于岁差的缘故，数千年前它的位置较今日更接近北天极，所以终年常明不隐。与此相反，黄道和赤道星座在一年中却总有一部分不可见。因此，一旦确定了拱极星与二十八宿中的几个关键星宿的相对关系，人们便可以通过北斗这个可见天体，很容易地推定二十八宿中那些沉入地平的星宿的位置。

司马迁在《史记·天官书》中给出了北斗与二十八宿的一种特殊关系：

> 北斗七星，所谓"璇、玑、玉衡以齐七政"。杓携龙角，衡殷南斗，魁枕参首。

这个关系表现为，北斗的第七星（杓）通过它的延长线玄戈、招摇和大角，最终指向苍龙七宿的角宿；北斗的第一星与第四星，也就是位于魁口的天枢、天权二星的连线指向白虎七宿中的虎首——觜宿；从北斗第五星（玉衡）引出一条直线与天玑、天权二星的线平行，正指南斗（图6—4）。这个记载的来源似乎很古老，然而，公元前5世纪战国初年的曾侯乙墓漆箱星图则呈现了与此不尽相同的另一种关系。星图中央绘有篆书的"斗"字，表示北斗，周围环书二十八宿，需要特别注意的是，北斗被特意延长的四条线分别指向二十八宿的四个中心宿，即心宿、危宿、觜宿和张宿（图版三，3；图6—5，1）。这张图补充了《天官书》中所没有讲到的北斗与南宫诸宿的关系，反而与《天官书》的另一则记载十分吻合。《史记·天官书》云：

> 二十八舍主十二州，斗秉兼之，所从来久矣。秦之疆也，候在太白，占于狼、弧。吴、楚之疆，候在荧惑，占于鸟衡。燕、齐之疆，候在辰星，占于虚、危。宋、郑之疆，候在岁星，占于房、心。晋之疆，亦候在辰星，占于参、罚。

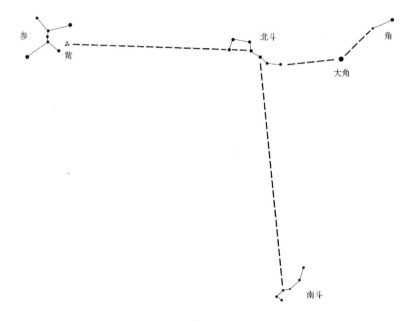

图6—4　北斗拴系二十八宿示意图

这段内容本是阐明二十八舍恒星分野的配置关系（详见第二章第三节），但北斗在其中却具有一定作用。张守节《正义》："鸟衡，柳星也。一本作'注张'也。"据此可以清楚地看出，除秦之外，东方房、心，南方注、张，西方参、罚，北方虚、危，正是北斗所建四宫之星，而且与曾侯乙星图完全相同。这则史料较太史公引据的另一种说法更为完善，司马迁以此为由来已久的传统，并非妄言。其实从实际天象考虑，斗魁中的天璇和天枢二星直指南宫张宿。我们可以认为《天官书》于此点明显是遗漏了，也可以认为它们代表着同一体系的不同发展阶段，但有一点可以明确，拱极星与二十八宿的这种独特关系的确立，至少不会比曾侯乙墓的时代更晚近。

看来上面说到的这两种可能性都是存在的，从中国天文学传统去追溯它的体系，北斗就不能不与南宫诸宿发生关系，而用《天官书》的记载去比较曾侯乙墓星图，又不能不承认二者的区别。

建立这种星象的整体联系是古人长期探索的结果，不容否认，这种利用拱极星来拴系黄道和赤道星座的想法是十分巧妙的。拱极星与周天星象的这种最基本的联系，则为后来逐渐形成的中国独特的天官体系奠定了基础，其中北斗作为最重要的授时星象组成了中宫，而二十八宿与北斗的相互联系则

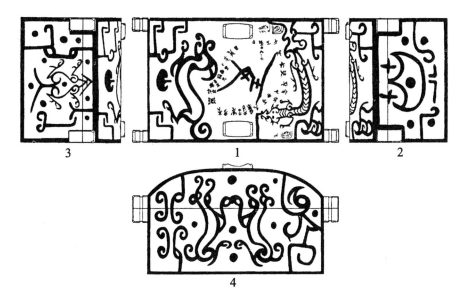

图 6—5　战国曾侯乙墓漆箱星象图（湖北随州出土）

1. 盖面　　2. 东立面　　3. 西立面　　4. 北立面

使其沿赤道组成了四个象限宫，即东宫、北宫、西宫和南宫，这个五宫体系在《天官书》中得到了最终的完善。

五宫的建立构成了中国传统的天文学体系，然而在五宫形成的过程之中，以北斗为主组成的中宫以及由后世东、西二宫中的部分星象组成的东、西两宫似乎受到了特别的重视，这种关系在包含有北斗和龙虎两象的濮阳西水坡星象图中得到了完整的体现，它实际是一种古老天官体系的雏形。事实上，由于三宫的建立来源于一种最原始的识星模式，因此它始终充当着中国传统天官体系的基本框架，甚至在数千年后的战国曾侯乙墓二十八宿漆箱星图上，我们依然可以感受到它的影响。

"五宫"如果按照《天官书》的篇名去理解，似乎应该写作"五官"。事实上，唐人司马贞在《史记索隐》中早已认为"宫"可能是"官"字的误写。他还辩解说："天文有五官，官者星官也。星座有尊卑，若人之官曹列位，故曰天官。"这种解释其实并不正确。我们知道，由于观象授时的需要和识星的方便，古人逐渐将由恒星组成的各种不同形象的星群加以区分，于是形成了早期的星座，这些星座包含的星数不同，多者达几十颗，少者仅一颗。《天官书》中的星座（星官）共有 91 个，包括五百多颗恒星，这些星座为适应占星的需要，模拟人类社会的组织，赋予帝王、百官、人物、土地、建筑、器物、动植物等名称，可以说，人间以宫廷为中心的各种组织都照样搬到了天上，从而形成了星官。而"宫"的概念则与此不同，它既是对星座群的命名，同时又是对星官的重新划分。譬如在北极所处的中宫之内，却可以包含帝星、太一、天一、阴德、北斗等许多星官。很明显，"宫"与"官"的概念有着根本的区别。

五宫的建立构成了中国传统的天文学体系，它是中国古人重视拱极星观测的结果。虽然我们还不清楚这个体系最早建立在什么时代，但是现在已经有理由将它的起源——至少是部分地——大大提前了，这就是河南濮阳西水坡 45 号墓所呈现的蚌塑图像，它使我们有机会看到一种古老星象体系的早期形式。

第四节　河南濮阳西水坡 45 号墓诸遗迹的天文学研究

考古学的仰韶文化大约跨越了公元前 5000 年至前 3000 年的漫长时期，在中国天文学史上，这一时期正处于一个承上启下的重要阶段，旧体系的雏形在这时已经完成，新体系的萌芽也已开始产生。尽管当时的社会生产力还十分低下，但种种迹象显示，至少在公元前第五千纪以前，中国早期天文学已经得到了充分的发展，古人对于星象的观测也已达到了相当的水平。这一点在今天看来似乎十分自然，因为在没有任何计时设备的古代，人们为适时从事农业生产和狩猎，适时举行祭祀和庆典，决定时间是首要的工作，而日、月、恒星等天体的运行变化则是人类赖以依据的唯一准确的标志。

中国传统天文学政教合一的基本特点使它在诞生之初便带有浓重的政治色彩。这表现在几乎所有重大的祭天活动都必须由氏族首领亲自主持，这些首领不仅是臣民的统治者，而且更是天命的唯一传达和执行者。一方面，他们以其最大的巫师的身份，以及他所具有的，或者更准确地说是人们赋予他的通天法力，在氏族中享有特殊的权威；另一方面，在整个氏族面临危难之际，却要毫不犹豫地为氏族献身。这种传统一直保持到了商代，我们不仅在甲骨文中可以看到商王亲行占卜，审断吉凶的内容，甚至像商汤那样的名王，在久旱之后也要自焚为臣民祈求甘霖。长期以来，中国的天文学就是在这样的环境中孕育和发展着，统治者凭藉他们的权威使

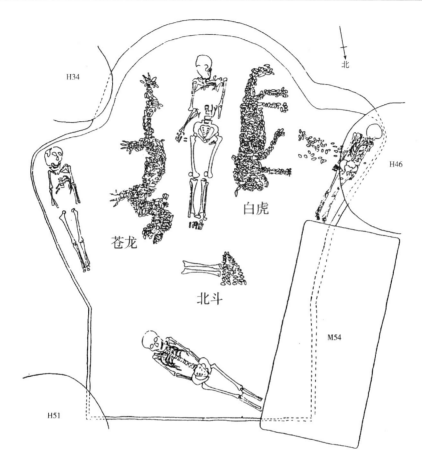

图6—6　河南濮阳西水坡45号墓平面图

天文学只作为官方经营的特权，他们沿袭着这种古老传统，亲自预告天象，颁行历法。直到周代，周王依然行使着这些权力，同时也依然享有着"天子"的称号。

中国天文学的这一特点与这一学科的发展相伴而行，可以说，我们今天能够见到的最早说明中国天文学起源的物证，同时也是奠定中国天文学这种政教合一特点的基石。这正是我们在看待中国传统天文学时需要同时加以关注的两个方面。

1987年6月，中国考古学界发生了一件大事，位于河南濮阳的西水坡发现了一处属于仰韶文化时期的原始宗教遗迹，其中包括编号为M45的奇特墓葬（图版四，1；图6—6）。墓穴的形状呈南圆北方，东西两侧设有两个凸出的弧形小龛。墓主人为一壮年男性，头南足北，骨架高度 1.84 米，可以想见其生前那伟岸的身躯。同时，墓内的东西小龛及北部方龛葬有三具殉人，也显示了墓主人享有的崇高地位。尤其令人兴奋的是，在墓主骨架的左右两侧及脚端，分别发现了用蚌壳精心摆塑的龙虎图像和三角形图案，而且蚌塑三角形的东侧还特意配置了两根人的胫骨。墓中蚌龙居右，位于东方，头北向，蚌虎居左，位于西方，头亦北向，龙虎均背朝墓主作行走状；蚌塑三角形图案位居北方，配置的人骨指向东方[①]。与这座墓葬同时发现的蚌塑遗迹还有另外两处，它们既表现了各种动物形象，也表现了升天的人物。虽然这些图像我们过去从没有见过，但揭去那层神秘的薄纱之后，人们会惊异地发现，这些遗迹向人们展示的答案是何等地令人称奇！

一、星图考证

中国古代恒星观测的特点我们已经反复强调过了，这就是北斗与二十八宿的系统观测，这个传统最终导致了古老的天官体系的确立。在做进一步的讨论之前，我们必须重新利用战国初年曾侯乙墓漆箱的二十八宿星图，这个图像向我们展示的并不仅仅是北斗与二十八宿相互拴系的独特关系，更重要的是提供了四象发展的可寻的痕迹。但是盖面星图表现的主旨似乎并不在此，我们看到，星图中央绘有北斗，周围环书二十八宿，而东宫与西宫外侧则分列龙、虎图像（图 6—5，1）。这种安排的意图颇耐人寻味，最简单的理解是，星图上朱雀与玄武两象的阙如只是因为画面局促而无法顾全的省写[②]，这意味着四象的概念在当时已经形成。但细想起来，这种说法却很难令人接受。因为我们不能想象古人会在未做预先设计的情况下仓促地完成任何作品，相反，假如他们需要表现什么，那么就完全有理由认为他们可以合理地安排那些所要表现的内容。然而这是否意味着四象的概念尚未最终确定呢？问题似乎也并不这样简单。我们曾在属于公元前 8 世纪前后的一件铜镜上发现了四象的雏形（见第六章第五节），这比曾侯乙墓的时代大约要早三个世

---

① 濮阳市文物管理委员会、濮阳市博物馆、濮阳市文物工作队：《河南濮阳西水坡遗址发掘简报》，《文物》1988 年第 3 期。关于墓主人身高，目前尚有争议，有学者根据骨架股骨、胫骨和腓骨的最大长的测量和计算，估算身高为 170.77 厘米和 172.55 厘米。年龄也非壮年，而为老年。见费孝通：《从蚌龙想起·续记》，《读书》1994 年第 9 期。

② 王健民、梁柱、王胜利：《曾侯乙墓出土的二十八宿青龙白虎图象》，《文物》1979 年第 7 期。

纪。看来，要回答这些问题就不能不摆脱掉四象的纠缠。我们注意到，在苍龙一侧的立面星图上和白虎的腹下，绘有两个相似的火形符号（图6—5，1、2），这似乎表明星图上布列龙虎仅仅暗示了某种观象授时的含义。如果是这样，那么龙虎与北斗作为最早的授时星象绘于星图之上，这种做法显然有着古老的渊源。

事实上，濮阳西水坡45号墓的蚌塑遗迹可与曾侯乙墓箱盖星图及《史记·天官书》的记载建立系统的比较，其中曾侯乙星图更显重要。我们将两幅图像对比观察，可以发现二者所表现的内容竟完全相同。西水坡45号墓中成形的图案共有三处，东为蚌龙，西为蚌虎，北为一蚌塑三角形并配有两根人的胫骨，而曾侯乙箱盖星图的中心直书北斗，东西两侧布列青龙白虎，表现形式与前者一脉相承。不仅如此，西水坡墓葬蚌虎的腹下尚存一堆蚌壳，只是由于散乱，已失去了原有的形状，这使人想起曾侯乙箱盖星图在西方白虎的腹下也恰有一类似火焰的图像[①]。这个线索更加深了二者的联系。可以认定，西水坡45号墓中的蚌塑图案正组成了一幅二象北斗星象图。

确认北斗是一项关键工作。我们看到，在墓穴中墓主人的北侧脚端摆放着由蚌塑三角形和人的两根胫骨组成的图案，可以判断这是一个明确可识的北斗图像。蚌塑三角形表示斗魁，东侧横置的两根胫骨表示斗杓，构图十分完整。

根据墓葬发掘者的报导，除45号墓和一部分瓮棺葬外，同时发现的还有编号为M31和M50的两座墓葬。50号墓中共葬8人，尸骨零乱（图6—7上），似乎看不出对解释北斗图像的构图有什么帮助。有趣的倒是31号墓，此墓仅葬一人，骨架却恰恰缺少胫骨（图6—7下），而且墓穴的长度完全证明墓主人的两根胫骨在入葬之前就已被取走。这使我们有理由推测，45号墓中作为斗杓的那两根胫骨实际是从31号墓特意移入的。假如这种安排正如我们所设想的一样，那么便可以彻底排除这些图像系古人随意为之的可能。

当然，仅从形象上认证北斗还远远不够，事实上，斗杓不用蚌壳堆塑却特意选配人骨来表示，这已经显示出与其他蚌塑图像的差异。如果说这种耐人寻味的做法能够帮助我们从本质上了解北斗的含义的话，那么这正是我们渴望找到的线索。

中国天文学由于受观测者所处地理纬度的局限而具有鲜明的特点，其中

---

① 庞朴：《火历钩沉——一个遗失已久的古历之发现》，《中国文化》创刊号，1989年。

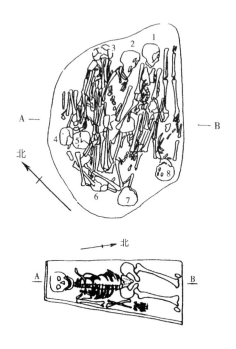

图 6—7　河南濮阳西水坡 M50（上）
及 M31（下）平面图

重要的一点是重视观测北斗以及它周围的拱极星，并以北斗作为决定时间的标准星象。但是，北斗只有在夜晚才能看到，如果人们需要了解白天时间的早晚，或者需要更准确地掌握时令的变化，那就必须创立一种新的计时方法，于是人们学会了立表测影。众所周知，日影在一天中会不断地改变方向，如果观测每天正午时刻的日影，一年中又会不断地改变长度。因此，古人一旦掌握了日影的这种变化规律，决定时间便不再会是一件困难的事情。

原始的表叫作"髀"，它是一根直立于平地上的杆子，杆子的投影随着一天中时间的变化而不断游移，这一点似乎很好理解。中国的古文献在描述早期圭表的高度以及它与人骨的关系时有两点很值得注意，首先，"髀"的本义既是人的腿骨，同时也是测量日影的表；其次，早期圭表的高度都规定为八尺，这恰好等于人的身长。《周髀算经》在解释"髀"的意义时这样写道："周髀，长八尺。……髀者，股也。……髀者，表也。"许慎在《说文解字》中也采用了这种说法，直至唐人李淳风仍把这些内容摘存在自己的《晋书·天文志》中，他说："周髀，髀，股也。股者，表也。"根据这些诠释我们可以明白，髀是早期测度日影的表，它的本义就是人的腿骨①。李淳风的解释更直接阐明了二者的因果关系，它表明橥表本应从人骨转变而来，这种观点可以得到多数史料的支持。联系到《史记·夏本纪》所载大禹治水时"身为度"的故事，似乎可以确信这样一个事实，人类最初认识的影其实就是人影，他们正是通过对自己影子的认识而最终学会了测度日影。换

————————

① 《说文·骨部》："髀，股也。"古以股兼赅胫骨。《诗·小雅·采菽》："赤芾在股。"郑玄《笺》："胫本曰股。"是此北斗以胫骨为斗杓以象征髀表，正合传统。古人立表测影必取髀表垂直于平地，遂使古人认识了直角三角形的勾股关系。故古以表影为勾，以髀表为股，其"股"之取名也源出以髀为表的传统。

句话说，最早的测影工具实际就是人体本身①。显然，从人身测影到槷表测影的转变，会使古人自觉地将早期槷表必须为模仿人的高度来设计。事实上，不仅是在史前时代，即使晚到殷商王朝，我们仍可能看到古人通过观测人影确定时间的传统做法的孑遗，甲骨文"昃"字表示午后太阳西斜的时刻，这个字正像日斜夕照而俯映的人影（图6—8）。很明显，用人骨测影实际是髀的原始含义②，这种观念不仅古老，而且被先民们一代代地承传了下来。

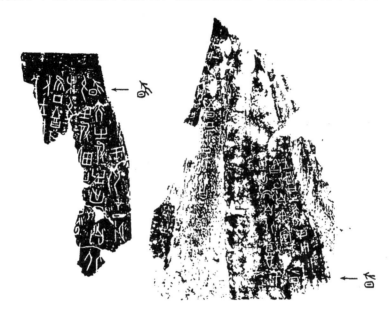

图6—8　刻有甲骨文"昃"字的殷代卜辞

毫无疑问，45号墓中的北斗形象完美地体现了这两种计时法的精蕴。事实上，"髀"所具有的双重含义——腿骨和表——已经表明，人体在作为一个生物体的同时，还曾充当过最早的测影工具，而墓中决定时间的斗杓恰恰选用人腿骨来表示，这一事实说明，没有任何一种"巧合"之说足以阐释这个独特的北斗遗迹所能反映的古人于观象授时的某种默契。由于人骨测影实际就是"髀"的本义，因此，45号墓的斗杓形象特意选用人腿骨来安排，意图正在体现古人斗建授时与测度晷影的综合关系，它是先民创造出利用太阳

---

① 夸父逐日的神话暗示了同样的古老事实。见本书第二章第一节。

② 伊世同：《量天尺考》，《文物》1978年第2期。

和北斗决定时间的方法的结果，这种创造在今天看来似乎很平常，但却是极富智慧的。

如果我们对北斗的推证成立，那么，墓中的蚌塑龙虎就只能作为星象来解释，这样，本来孤立的龙虎图像由于北斗的存在而被自然地联系成了整体。换句话说，除北斗之外，墓中于墓主东侧布列蚌龙，西侧布列蚌虎，这个方位与中国天文学体系中二十八宿主配四象的东西两象完全一致。根据《史记·天官书》的记述，作为北斗斗杓的两根胫骨指向东方的龙星之角（杓携龙角），蚌塑三角形斗魁位指西方的虎星之首（魁枕参首），方位密合。两象与北斗拴系在一起，直接决定了墓中蚌塑龙虎图像的星象意义。将这些蚌塑星象与真实星图比较，可以发现二者所反映的星象真实的位置关系与实际天象若合符契（图6—3）。

墓葬中的全部遗迹显然是一个整体，而并不像某些意见认为的那样属于不同时代遗迹的巧妙组合，这一点通过对墓葬遗迹方位的比较反映得相当清楚。因为，如果墓中的蚌塑遗迹构成了一幅二象北斗星象图的话，那么参考墓主人的葬卧方向可知，这幅星象图是按上南下北、左东右西的方位摆放的，这个方位恰好与早期天文图及地图的方位吻合（天文图又有面南观象的投影图与面北观象的仰视图之别，从而造成东西方位互易，如曾侯乙星图呈上南下北，左西右东）。我们看到，早期古式的方位是上南下北，左东右西（图3—61；图8—24），楚帛书与《管子》的《幼官图》也是这样布列（图2—1），战国古地图（放马滩）及汉代地图（马王堆）同样采用了这种形式（图6—9）。这种方位最早来源于古人对太阳的周日视运动和南中星的观测，并且一度成为天文图与地图普遍采用的方位形式。

二十八宿与四灵相配，是中国传统天文学的又一特点。东宫七宿为苍龙，包括角、亢、氐、房、心、尾、箕，北宫七宿为玄武，包括斗、牛、女、虚、危、室、壁，西宫七宿为白虎，包括奎、娄、胃、昴、毕、觜、参，南宫七宿为朱雀，包括井、鬼、柳、星、张、翼、轸。这种完整的形式最早见于汉代的著作，《史记·天官书》中除去西宫一项外，其他的内容都已具备。许多学者认为，《天官书》中某些内容的来源很古老，其中关于西宫的记述似乎可以印证这种认识。在司马迁所依据的资料中，西宫白虎最初并不包括七宿，而只有觜、参两宿，从实际天象考虑，这两宿的分布是重叠的，因此完全可以相信这种说法的真实性。关于对白虎的描述，《天官书》是这样说的：

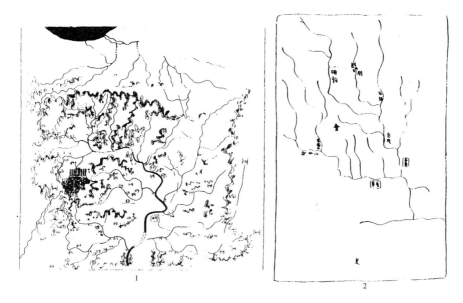

图6—9　古代地图

1. 西汉地图（湖南长沙马王堆汉墓出土）　　2. 战国地图（甘肃天水放马滩出土）

> 参为白虎。三星直者，是为衡石。下有三星，兑，曰罚，为斩艾事。其外四星，左右肩股也。小三星隅置，曰觜觿，为虎首。

张守节《正义》对司马迁的说法补充道：

> 觜三星，参三星，外四星为实沈，……为白虎形也。

根据这些解释，早期的白虎之象显然仅含觜、参两宿，准确地说，古人最初很可能只把它们作为一个星座来看待。将这个形象放大观看，它实际很像一张悬挂于夜空的虎皮。这个传统的认识在汉代的星图中依然保持着。

东宫苍龙七宿在其形成的过程中恐怕至少有六宿应该是一次选定的，从名称上考虑，箕宿宿名与龙体无关，而其他诸宿的名称却都得自龙体。《国语·周语中》："夫辰角见而雨毕。"韦昭《注》："辰角，大辰苍龙之角。角，星名。"《左传·昭公三十一年》："日月在辰尾。"杜预《集解》："辰尾，龙尾也。"孔颖达《正义》："东方七宿，角、亢、氐、房、心、尾、箕，共为苍龙之体，南首北尾，角即龙角，[尾]即龙尾。"这种观念看来很古老，实际上对苍龙六宿的完整观测在更早的文献中就可以见到。《周易·乾卦》记载的六条爻辞对说明这一问题十分重要，所以值得引用在这里：

> 初九，潜龙。勿用。
> 九二，见龙在田。利见大人。
> ……
> 九四，或跃在渊。无咎。
> 九五，飞龙在天。利见大人。
> 上九，亢龙。有悔。
> 用九，见群龙无首。吉。

《象传》云：

> 时乘六龙以御天。

对这些文字，闻一多先生的解释颇为独到。他认为，《乾卦》所言的六龙均指东方苍龙之星，这似乎源于孔子的理解。因为《史记·封禅书正义》曾经引用《汉旧仪》的话说："龙星右角为天田"，所以"见龙在田"的"田"即为天田星。由于在这关键的一点上建立了龙与天象的联系，因而使得下面的一系列解释都显得容易得多。《说文·龙部》："龙，……春分而登天，秋分而潜渊。"《乾卦》中的"飞龙在天"和"潜龙"显然可以与此对比。而《诗·豳风·九罭》毛《传》所言的"卷龙"，也可以视为"群龙"的又一写法，因为"卷"、"群"二字的古义古音都是相通的[①]。然而在接受这些真知灼见的同时，对另一些解释也还需要做些修正。"亢"字的训诂学意义当为"极"或"过"，显然，"亢龙"应该特指高升于天并且将要西流的龙。而"或跃在渊"一句，按照一般的理解则表示尽现于地平线上的龙，形容龙体从深渊中一跃而出[②]。如果对《乾卦》的六龙赋予上述新的意义，那么爻辞的本义便清楚了，它实际反映了古人对自角至尾六宿龙星于不同季节天球位置变化的观测过程，这个过程表现为六种显著的天象。具体地说，苍龙星宿在完成了回天

---

① 闻一多：《璞堂杂识·龙》，《闻一多全集》第二册，生活·读书·新知三联书店 1982 年版。
② 陈久金：《〈周易·乾卦〉六龙与季节的关系》，《自然科学史研究》第 6 卷第 3 期，1987 年。

运动的过程之后，又会重新走到太阳附近，此时它的主体星宿与太阳同出同入，这在古代叫作"日躔"。由于太阳的亮度太强，此时人们看不到龙星，于是古人将这种天象称为"潜龙"，意思是潜伏在深渊中的龙。经过一段时间的沉伏之后，龙星重新升上天空，这时人们最先看到的是龙角与天田星同时出现在东方的地平线上，古人就把这种天象叫作"见龙在田"。此后龙星继续升高，终于有一天，苍龙星宿全部现出了地平线，这时古人则形象地称之为"或跃在渊"。重新升起的龙星在天空中运行，逐渐处于横跨南中天的位置，古人称这种天象为"飞龙在天"。苍龙运行过中天，龙体开始西斜，这时的天象又叫作"亢龙"。其后龙体逐渐西斜，向西方地平线慢慢西移，最终有一天，组成龙头的角、亢、氐诸星宿又重新走到了太阳附近，它们与太阳同出同入，人们在天空中找不到它们的身影，于是古人把这种天象称为"群（卷）龙无首"。这个过程构成了苍龙星象回天运转的完整周期。不过我们要注意，这里讲到的龙星行移，实际是地球公转的结果。综合实际天象的考察，《象传》所言的"六龙"显然应指角、亢、氐、房、心、尾六宿。

根据这些解释，除北斗之外，西水坡 45 号墓蚌塑龙虎所表现的星象至少应该包括角、亢、氐、房、心、尾、觜、参八个宿。前面已经谈到，在中国天文学体系中，北斗作为拱极星有与二十八宿拴系在一起的特点，这甚至被视为二十八宿起源于中国的证据之一。角宿为斗柄所指，成为二十八宿的起始宿。北斗与二十八宿的这种关系，使古人可以方便地计算出伏没于地平之下的诸宿的位置。中国天文学体系的这些特点，在 45 号墓蚌塑星象图中反映得相当充分。

由于北斗所处的接近天极的特殊位置，使它成为终年可见的时间指示星，这对于古人观象授时是十分重要的。因为地球的自转，斗柄呈现围绕北天极做周日旋转，在没有任何计时设备的古代，可以指示夜间时间的早晚。又由于地球的公转，斗柄则呈围绕北天极做周年旋转，人们视此可知寒暑交替的季节变化。古人正是利用了北斗七星的这种可以终年观测的特点，建立起了最早的时间系统。

在二十八宿形成的过程中，为适应古人观象授时的需要，最先为人们所认识的应该是后世东西二宫中的若干星象。在上古文献中，凡涉及星象起源的内容，几乎都不能回避这一点。《左传·昭公元年》和《襄公九年》曾经讲述了一个高辛氏二子的故事，我们在第三章第三节已有过讨论。长子阏伯和次子实沈本来只被看作两个星名，阏伯即商星，指二十八宿东宫苍龙七宿的心宿二,古人又叫它大火星,即天蝎座 α 星(Antares α Scorpio);实沈则即参星,也就是《天官书》所讲的白虎,为猎户座的主星。两个星座正好处于黄道的东西两端,每当商星从东方升起,参星便已没入西方地平,而当参星从东方升起,商星也已没入西方的地平,二星在天空中绝不同时出现,授时标志十分明确。所以《左传·襄公九年》述阏伯以火纪时,而《国语·晋语四》也说古人以辰出而以参入,大纪天时,均可见大火与参星在古人观象授时方面的重要作用。文献表明,早在夏商之前,人们就已认识了参商二星,它实际是古人较早掌握的授时星象。因此,西水坡龙虎墓二象北斗星象图的出现,正应是古人为确定时间和生产季节的必然反映。

西水坡星象图所反映的问题恐怕还远不止这些,假如它只是一幅象征性星图,事情或许要简单得多,但是如果其星象的位置关系说明它可能属于一幅真实星图的话,那么对于我们探讨古人观象授时的方法来说,星图的内容就很有意义了。

关于墓葬的年代,考古学的分析和碳同位素的测定,都把它限定在公元前五千纪的中叶,目前可以参考的绝对年代有三组数据:

(1)ZK—2229

| 5420±90 | 5270±90 | 树轮校正 |
| BC3470 | BC3320 | BC4236—3993 |

(2)ZK—2230

| 5405±90 | 5250±90 | 树轮校正 |
| BC3455 | BC3300 | BC4231—3987 |

(3)ZK—2304

| 5800±110 | 5640±110 | 树轮校正 |
| BC3850 | BC3690 | BC4665—4360 |

根据经树轮校正的年代值,可以对当时实际星空的情况做些计算。我们知道,由于岁差的缘故,分至点在黄道上并非固定不变,而是呈每 71.6 年行移 1 度的速度缓慢地向西移动。我们取 AD1950.0 年为历元计算,则今日二分点在黄道上已较西水坡仰韶文化墓葬的时代西移约 85 度。今天的春分点在室宿 7°13′,则公元前 4400 年左右,参宿恰值春分点,此时参星伏没不见,而春分日前,大火星于黄昏日落之后从东方的地平线上升起,斗杓东指。今天的秋分点在翼宿 7°00′,则公元前 4200 年左右,秋分之时日躔尾

宿，此时大火星伏没不见，斗杓西指，参星于黄昏日落之后从东方的地平线上升起。按照《史记·天官书》所记"用昏建者杓"的斗建方法，再参考《鹖冠子》所记"斗杓东指，天下皆春，斗杓西指，天下皆秋"的授时传统，与其时参、商二星的授时形式若合符节。事实上，从最大的时间范围考虑，碳同位素测定所显示的年代范围呈现了前后七百年的时间跨度，而自公元前4600年至前3900年，实际正是大火星与参宿处于二分点的时间，这种关系通过西水坡墓葬龙虎二象的出现以及北斗杓柄配设髀骨的特意安排表现得颇为和谐而统一。

为适应古人观象授时的需要，西水坡墓葬的蚌塑星图显然再现了当时的实际星空，根据计算得出的公元前五千纪星象的真实位置，可以对蚌塑星图的安排作这样的理解：当春分和秋分来临的时候，太阳出没正东和正西方向，朝夕之影重合，正午日影近冬至影长的一半，春分黄昏时斗杓东指，引导人们观测大火星的东升，秋分黄昏时斗杓西指，斗魁东指，指示人们观测参星的东升，这一切就是分日临至的标志。西水坡蚌塑星图的设计，体现了先民以恒星授时并与测度晷影结合的深刻寓意。事实上，在古人的授时活动中，这种将二者结合的做法非常普遍。

上面设计的这套授时原则，在西水坡星象图中有着鲜明的反映。讨论这个问题，我们便不得不把注意力集中到蚌虎腹下那堆已显散乱的蚌壳，这个图案的原始形貌在曾侯乙墓的漆箱星图中看得更清楚，它实际上被描绘成火焰的形状。解释这个图形的含义必须借助另一张图，这就是曾侯乙漆箱的东立面图像，也即盖面青龙一侧立面的星图（图6—5，2）。这张图绘有由三颗圆星组成的星座，三颗星以中间的一颗最大，形象与心宿的组合一致，而在盖面的图案中，北斗被延长的一笔也恰好指向这一点——心宿。显然，由于心宿所具有的重要的授时意义，它被特意布列在那里。值得特别注意的是，古人称之为大火星的心宿的中间一星——心宿二——被一个火形符号框住，这个符号与盖面图案白虎腹下的符号遥相呼应，使人感到它们是为说明同一种现象所作的不同安排。从方位上讲，这两个符号分别位于东西两端，虽然同象火形，但区别却很明显。白虎腹下的火符被涂实，而框住大火星的火符则仅勾勒了轮廓，这种处理方式并非只为区别火符与心宿二的不同形状，如果出于这样简单的原因，那么它完全可以像位居西方的火符那样，涂实而绘于心宿中央一星的上方或下方，实际古人却并没有这样做，显然这意味着两个火符的不同处理应该具有不同的授时含义。在位居东立面星图中的火符上形象地绘有两个草卉符号，这使人联想到中国古人为描写太阳或月亮位于地平线附近的瞬间所创造的一类古文字，如"朝"、"莫"（暮）等（图6—10），它们的本义都是为表示日月已升或将落的时段。与这种现象类似，东方火符上的草卉符号，也正是要提醒人们注意它的本义是为表示大火星的东升，与此相反，西方的火符由于被涂实，当然只能表示大火星的伏没。这两种天象的最合理的解释只能是它记录了一个特定的周期，这个周期构成了古人认识的恒星年的长度。这些事实使我们清楚地认识到，西水坡蚌塑星象图虽然可以作为曾侯乙墓星图的雏形，然而这种古老的授时方法在四千年中却几乎没有任何改变。

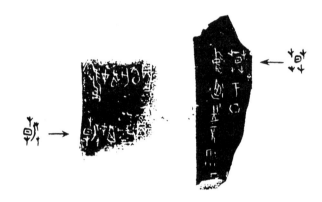

图6—10　刻有甲骨文"朝"、"莫"（暮）字的殷代卜辞

　　中国古人以参、商和北斗并称"三辰"，"辰"字的来源有多种说法，最通行的解释认为它是农具的象形字[①]，"古者剡耜而耕，摩蜃而耨"[②]，"辰"也就发展成为后来的"蜃"字。由于农事与天象相关，"辰"也就被自然地移用于天文。尽管这种解释似嫌迁曲，而且也还没有更多的证据能支持它，但"辰"字在天文学上确实有着广泛的含义，比起探索它的字源学，其天学意义更为清晰可辨。在天文学史上，除参、商和北斗之外，北极可以称辰，水星近日利于指示季节，亦可称辰，日月星常称三辰，房宿作为"农祥"，亦名辰，二十八宿、一天的食时，后来都称辰。至于数分十二而又称辰的现象也有不少，赤道周天被分为十二等份，岁星和太岁年行一份，叫作一辰；

①　郭沫若：《释支干》，《甲骨文字研究》，科学出版社1962年版。
②　见《淮南子·氾论训》。

地平经度被按正方形割成十二等份，北斗月指一份，也叫一辰；此外更有十二月、十二时、十二生肖，有时也可叫作十二辰。所有这些辰名追根究底，实际都来源于一个最基本的天象，即在中国上古文献中被称为"五纪"或"六物"之一的辰，所谓"日月之会是谓辰"①。对于辰字的这种完整的解释见于《左传·昭公七年》，文云：

> 晋侯谓伯瑕曰："何谓六物？"对曰："岁、时、日、月、星、辰是谓也。"公曰："多语寡人辰而莫同，何为辰？"对曰："日月之会是谓辰，故以配日。"

这种解释表明，辰的天学本义并非实指某物，亦非固定某区，而是指日月构成的一种特殊关系，这种关系的表现形式就是相会或合朔，因而用它来作为一种计时的方法。不过从天文学发展的历史去考察，合朔显然是一个相对晚起的概念，更早的辰的相会的定义应该特指恒星与太阳的会合，这就是日躔。当古人注意观测的授时星象，如大火、参星与太阳同出同入的时候，它们是伏没不见的，古人把这种现象叫作辰伏，"辰"字的本义也就是表示这种特定的天象，这种天象当然最可能被规定为标准时间的标志，并且逐渐成为制定历法的依据。或许我们对于日月相会（合朔）的现象在作为划分历月的标志这一点上并不难理解，其实太阳与某些恒星相会在作为确定历年的标志上具有同样重要的意义。现在再重读《左传》的那段文字，便可真正明白"故以配日"一语的确切含义。事实上，不论日与月相会还是日与恒星相会，在古代都叫作辰，而后者应该视为古人认识的最早的辰。李约瑟先生曾经形象地将辰的意义解释为"天上的标记点"②，不过从观象授时的意义去考虑，恐怕星空中再没有什么比授时主星的伏没更显著的标记了。

西水坡蚌塑星象同时出现了心、参两宿，它们恰恰处于与太阳同时相会于二分点的时代，而心宿与参宿又正是中国传统的授时主星。《公羊传·昭公十七年》："大辰者何？大火也。大火为大辰，伐为大辰，北辰亦为大辰。"汉代的何休对这段文字做过一些解释，按照他的话说，"大火谓心，伐谓参

---

① 庞朴：《火历钩沉——一个遗失已久的古历之发现》，《中国文化》创刊号，1989 年。《汉书·律历志一下》："六物者，岁时日月星辰也。辰者，日月之会而建所指也。"

② Joseph Needham，*Science and Civilisation in China*，Vol. Ⅲ，The Sciences of The Heavens，Cambridge University Press，1959.

伐也。大火与伐，天所以示民时早晚，天下所取正，故谓之大辰。辰，时也。"这里的"北辰"在过去一直被认为是北极，遵循辰以纪时的原则，它的本义应指北斗，北斗作为极星，也就是北辰（参见第三章第二节）。何休所讲的"天下所取正"，指的就是标准时间，也即据以制定历法的时间标志点。依据这些传统的概念看待西水坡蚌塑龙虎和北斗图像，这岂不就是目前所知中国历史上最为古老的三辰图！

《史记·天官书》按五宫分配天官，其中东、南、西、北四宫分配二十八宿，中宫天极星括辖北斗。尽管西水坡蚌塑星图中北斗与二十八宿的相对关系呈现了比《天官书》更为简略的模式：斗杓东指，会于龙角，斗魁在西，枕于参首，没有涉及南、北两宫。然而联系到《天官书》所勾勒的天官体系的蓝本，似乎可以设想，东、西两宫的配置，先于南、北早就完成了，西水坡蚌塑星象也正可以作为其中东宫、西宫和中宫的雏形，它代表着中国传统天官体系的初期发展阶段，而这个体系的出现，显然直接适应于北斗及东、西二宫中的某些星象对于古人观象授时的重要作用。

揭示蚌塑遗迹的天文学意义便不能不涉及这些星象所赖以存在的墓穴，它的形状曾使不少人困惑不解。研究表明，墓穴形状实际呈现了最原始的盖图，复原黄图画的结果，正可全部容纳蚌塑星象。这或许可以视为中国古代以盖图方式绘制星图传统的源头。现在看来，古人对于宇宙的认识恐怕并不比他们对于某些星象的认识更晚近，事实上，如果将二者割裂开来探讨中国早期天文学的发展是根本不可能的。有关这方面的问题，我们在下面逐步阐释。

二、盖图复原

中国古代的宇宙观大致包括三种学说，即盖天说、浑天说和宣夜说。从现有的资料看，尽管浑天说的历史可以继续向前推溯，但它的起源仍然不能早过盖天说。盖天理论的最简单的模式是天圆地方，这一点常被人与"周髀"相互联系，而且把它统统归为伏羲氏或黄帝的发明。"周髀"既是测度日影的表，同时也是方圆画具，它在中国古代的天文和政治两方面都产生着深刻影响。

关于盖天说的起源，文献学方面所能提供的证据并不能说很古老，我们最早只能看到《吕氏春秋·有始》中对于盖天说的简单描述：

> 极星与天俱游而天极不移。冬至日行远道，周行四极，命曰玄明。
> 夏至日行近道，乃参于上。当枢之下无昼夜，白民之南，建木之下，日
> 中无影，呼而无响，盖天地之中也。

这段话虽然对于中国天文学传统的认识有着非同寻常的意义，但在宇宙理论方面却还只是涉及了盖天说的零星概念。在集中记录盖天思想的另一部经典著作中，盖天理论才得到了比较彻底的阐释，这部著作就是素被列为算学之首的《周髀算经》。关于此书的成书年代，目前尚存在争议，一部分学者主张它并非像传统认为的那样属于公元前后的作品，而应将其看作是战国人的思想结晶。这些估计在今天看来可能都偏于保守，且不说许多史前遗迹所呈现的盖天思想的线索足以使我们不得不重新认识这一问题，即使《周髀算经》本身所反映的内容也已相当古老。应该相信，朴素的盖天思想的历史是十分悠久的。

随着时代的发展和人类观念的进步，盖天理论曾经出现过几种不同的学派。祖冲之的儿子祖暅之在《天文录》中这样说道："盖天之说又有三体，一云天如车盖，游乎八极之中；一云天形如笠，中央高而四边下；一云天如欹车盖，南高北下。"严格地说，第三种学说恐怕不能单独成立，这种认为天盖南高北下的说法，在共工怒触不周之山，天柱折断，其后女娲炼五色石补天的神话中已经道及，应该被看作是与第一种学说相伴而生的对宇宙的早期认识。

第一次盖天说认为，天像一个半球形的大罩子，扣在方形平坦的大地上，这也就是《晋书·天文志》所讲的"周髀家云：天圆如张盖，地方如棋局"，古人把这种学说称为天圆地方说。中国的古文献，特别是早期文献，随处可见这种古老宇宙观的痕迹。第二次盖天说与第一次盖天说有着很大区别，它并不以为大地是一个平整的方形，而将其描述成拱形，尽管在对"天球"的认识上依然还保持着第一次盖天说的特点。《晋书·天文志》对这个新学说有以下的描写：

> 天似盖笠，地法覆盘，天地各中高外下。北极之下为天地之中，其
> 地最高，而滂沲四隤，三光隐映，以为昼夜。

很明显，这个学说将天穹的形状视为斗笠，而大地的形状则像倒扣的盘子。

这种由平直大地向拱形大地的变化，是人类认识的一次关键性飞跃。

　　用这些理论去衡量西水坡 45 号墓的墓穴平面形状，便能明显地意识到，这种奇特的墓穴形制，正是古老的盖天宇宙学说的完整体现。墓穴南部边缘呈圆形，北部边缘呈方形，符合第一次盖天说所主张的天圆地方的宇宙模式。墓主的葬卧方向为首南足北，而古代中国人的传统观念又正是以首、以南属天，以足、以北属地，这一切都与墓穴及墓主的安排和谐一致。然而问题并非如此简单，墓穴所呈现的形制绝不只是为提醒人们记住天地的形状，因为在象征的天穹和大地之间，还有两个凸起的弧形部分，因而使整座墓穴的平面构成了一幅颇似人首的图形，这究竟应该怎样从天学意义上去理解？

　　如果我们将墓穴的平面图形视为一个完整图形的局部特写，那么就有理由认为，这个图形在表现天圆地方思想的同时，也体现了与太阳的周日及周年视运动的密切关系。

　　在中国传统的盖天理论中，三环概念是一项重要内容，它反映了古人对于分至的认识结果。《周髀算经》在比较详尽地阐述盖天理论的同时，还遗录有一幅盖天家特制的"七衡六间图"（图6—11），成为盖天说的主要部分。七衡六间是盖天理论为说明太阳每日绕地运行（实际是地球自转）的几何图形，图中的七个同心圆分别表示一回归年中十二个中气的太阳周日视运动轨迹，其中

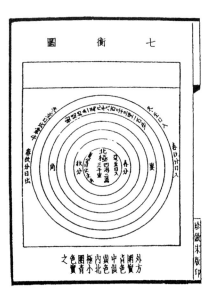

图 6—11　《周髀算经》七衡六间图

内衡、中衡和外衡是最重要的三环，它们分别象征着分至日的日行轨迹。汉代的赵爽在为《周髀算经》所作的注释中对三衡有着这样的解释：

　　　　黄图画者，黄道也。二十八宿列焉，日月星辰躔焉。……内第一，夏至日道也；中第四，春秋分日道也；外第七，冬至日道也。

很明显，这三条日道所表现的春分、秋分、冬至、夏至四个中气，无疑是古

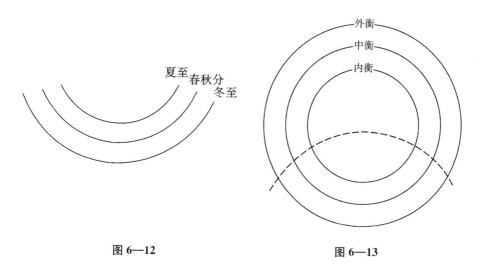

图 6—12   图 6—13

人确定时间最重要的标志。三环因为代表着太阳在分至日的周日视运动轨迹，实际也就是黄道，而由三环组成的区域则叫"黄图画"。盖天家在解释太阳的运行规律时指出，太阳在天穹这个曲面内运行并不是东升西落，而是像磨盘一样回环运转。夏至日行内衡（第一环），春秋分日行中衡（第四环），冬至日行外衡（第七环）。在盖天家所保存的各种图形中，七衡六间图集中体现了这种关系。

三环概念的建立来源于这样一个事实，众所周知，太阳是人类首先认识的最大且最明亮的天体，由于地轴指向北天极，因而黄道与天赤道形成约 $23°.5$ 的夹角。随着地球的公转，人们最直观的感觉是夏天太阳升得很高，而冬天太阳却升得很低。如果将一天之中从日出到日入时太阳在天穹上的行移轨迹记录下来，那便是一段圆弧，这段圆弧实际上是太阳所在位置的赤纬圈的一段。由于太阳周年视运动是沿黄道行进，所以太阳的赤纬总在不断变化。假如我们记录二分二至日的太阳周日视运动轨迹，便可以得到三段相互平行，而且曲率基本相等的圆弧（图 6—12）。现在，我们在《周髀算经》的七衡六间图中附加一条虚线（图 6—13），它所显示的结果是，图6—13虚线以下的部分显然与图 6—12 是相同的。

这条虚线的添设并非毫无根据，它涉及七衡六间图的原始形制。盖天家承认，七衡六间图，或者我们可以择重称其为三衡图，便是赵爽所说的黄图画，它实际是一幅以北极为中心的星图。而在赵爽注释的《周髀算经》中，原有的七衡图则是由两幅图叠合而成的，这两幅图都画在正方形的缯上，除黄图画外，还有一幅"青图画"，用来表示人的目力范围。赵氏对此的解释是：

> 青图画者，天地合际，人目所远者也。……日入青图画内，谓之日出，出青图画外，谓之日入，青图画之内外皆天地。……我之所在，北辰之南，非天地之中也。我之卯酉，非天地之卯酉。

按照盖天家的理解，日行天盖如磨盘运转，太阳被视为拱极星，凡日光所能照到的范围也就是人的目力所及，太阳运行到这个范围之内则是白天，转出这个范围便是黑夜。《周髀算经》卷下对这些理论有着比较明确的说明：

> 日照四旁各十六万七千里，人所望见远近宜如日光所照。……故日行处极北，北方日中，南方夜半；日在极东，东方日中，西方夜半；日在极南，南方日中，北方夜半；日在极西，西方日中，东方夜半。

东汉的王充在解释这种理论时，曾经作了一些形象的比喻，其中一条将太阳比作火把，昼夜更替，如同火把距人之远近。《论衡·说日》云：

> 试使一人把大炬火夜行于道，平易无险，去人不一里，火光灭矣，非灭也，远也。今日西转不复见者，非入也。

意思是说，当人们在夜色中看不到火把光亮的时候，那并不是因为火焰已经熄灭，而是因为人距火把的距离太远的缘故，用同样的道理当然也正可以说明昼夜现象。这是盖天家对宇宙解释的最显著的特点。

青图画和黄图画各有一个"极"，贯穿两个"极"点，可以看见黄图画上的七衡六间和二十八宿等星象，这也就是赵爽所说的"使青图在上不动，贯其极而转之，即交矣"。随着黄图画的旋转，青图画中透视的天象会相应改变，这便是盖天学派所讲的著名的"盖图"。通过盖图，可以很容易地了解一年中任何季节日出日入的方向和夜晚的可见星象。

钱宝琮先生曾经根据《周髀算经》的这些记载复原了盖图（图6—14）[①]。解释这个图形需要运用一种特殊的读法，首先应该注意的是，图中C为周王朝的国都，这个地点只是被借来表示观测者的位置；其次，人的视野半径被规定为167000里，这个数字来源于《周髀算经》"日照四旁各十六万七千里，人所望见远近宜如日光所照"的记载。下面我们来解释这个图形。

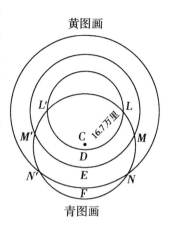

图6—14　盖图
（钱宝琮复原）

以C为圆心，以167000里为半径做圆，则与内衡交于L、L′两点，内衡是盖天家描述的夏至日道，因而CL便是人们所见夏至日的日出方向，CL′则是夏至日的日入方向，太阳在LDL′弧上运行正处人的视野范围之内，所以这时是白天，太阳转出这个范围而在相反的弧上运行就是黑夜。同样的道理也可以说明中衡和外衡。青图画同时又交中衡于M、M′两点，交外衡于N、N′两点，则CM、CN分别为春秋分日和冬至日的日出方向，CM′、CN′分别为此时的日入方向，太阳在MEM′弧、NFN′弧上运行是白天，不在这两段弧上则是黑夜。

根据《周髀算经》复原的这张盖图具有三个特点，首先，观测者的位置设于内衡之内，这种做法除了要迎合一个相对正确的地理方位之外，似乎讲不出更多的道理。其次，内衡、中衡和外衡的直径之比呈等差数列，这一点在《周髀算经》中保存着详细的记录。最后，规定了日照范围。这三点决定了分至日的昼夜关系无法在一张图上同时得到准确的说明。例如，从实际天象考虑，春分与秋分的昼夜长度应该相等，而图6—14所示，春秋分昼长仅有夜长的一半，矛盾是显而易见的。虽然这些矛盾对于盖天家还难以自解，但是，如果我们把这样的盖图看作是盖天理论的一种抽象的或象征性的图式，那么问题似乎更容易理解。这个逻辑显然暗示着这样一种可能，即早期盖图或许更具有实用性。

对于日照范围167000里的数字，钱宝琮先生曾经做过这样一些讨论，他认为，盖天理论为了说明二至时日出日入的时刻和方向，人们可以望见的

---

①　钱宝琮：《盖天说源流考》，《科学史集刊》第1期，1958年。

太阳的最大距离不宜过小，也不宜过大，而 167000 里则是一个适当的数字。从图 6—14 显示的情况看，这个说法有其一定的道理，但是对于解释春秋分的天象情况，此说却难以顾及。我们曾经倾向于否定这个数字，但今天看来，保留它似乎要比否定它更能揭示一种理论的发展过程。不过对于原始的盖图来说，里程概念的引进似乎略嫌早了一些，当然，这些推测首先需要立足于承认盖天宇宙论远不止产生于公元前 5 世纪，而可能大大提前这样一种假说之上。这种假说在今天已被西水坡那奇特的墓穴所证实，墓穴形状呈现了最原始的盖图，现在我们根据墓穴提供的真实尺寸复原这张盖图。

需要特别注意的是，墓穴的实际方向为盖图复原提供了真实可靠的方位依据，由于我们在过去的研究中对此疏于考虑，因此据墓穴复原的盖图存在一些问题。45 号墓呈上南下北、左东右西，显然星图采用的是面南背北的中星观测方位或投影的方式，这与以早期古式为代表的先秦天文图同属一个体系，与《周髀算经》"七衡六间图"的方位体系也相一致（图 6—11）。因此，正确地复原这幅盖图将与钱宝琮先生推得的《周髀算经》盖图在东西方向上是互易的。

一解：

设墓主人头部的半圆形墓壁为一大圆的一段弧，即 AEA' 弧。在这段弧上任意做两条弦，并同时做两弦的垂直平分线，两条垂直平分线的焦点 O 即是圆心。以 O 为圆心，以圆心至 AEA' 弧的长度为半径做圆，我们将其命名为甲圆。

二解：

设墓中东西殉人头部的两段短弧形墓壁为同一大圆的两段弧，即 BPB' 弧，同时设墓穴北部底边的中心点为此圆的圆心，即 O'。以 O' 为圆心，以圆心至 BPB' 弧的长度为半径做弧，与甲圆交于 A、A' 两点。

三解：

连接 A、A' 两点做直线，恰过圆心 O，因此可知 AA' 为甲圆直径（图 6—15）。

这三步求证可以得到这样一种关系，被 BPB' 弧所分割的甲圆的两段弧是相等的，用公式表示或许更清楚，即：

$$AHA'弧 = A'EA 弧$$

这个结果与盖天理论可谓不谋而合，面对图 6—15 所呈现的图形，盖天家会作出这样的判断，图中显示的是昼夜时间的等长。在他们看来，BPB'

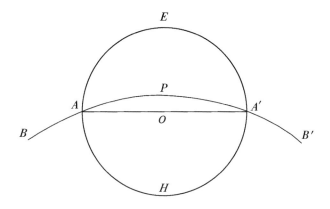

O'

图 6—15

弧以下的部分乃为青图画的范围，也就是人的目视范围，O' 则是观测者的位置，图中 $O'A$ 是人们所见春分和秋分的日出方向，$O'A'$ 是该时的日入方向，太阳在 AHA' 弧上运行是白天，而在 $A'EA$ 弧上运行则是黑夜。根据盖天理论，甲圆显然是七衡六间图的中衡，也就是春分和秋分的日道。

中衡既定，可以据此寻找外衡和内衡。

四解：

设墓中东西殉人的东西两侧弧形墓壁为同一大圆的两段弧，即 BLB' 弧。以甲圆圆心 O 为圆心，以 O 至 BLB' 弧的长度为半径做圆，与 BPB' 弧交于 B、B' 两点（图 6—16）。设此圆为七衡六间图的外衡，则 $O'B$ 是人们所见冬至日的日出方向，$O'B'$ 为该时的日入方向，太阳在 BLB' 弧上运行是白天，在 $B'FB$ 弧上是黑夜。外衡的昼夜比例为：

$$BLB'\text{弧}=\frac{3}{4}B'FB\text{ 弧}$$

结果显示，冬至日长仅有夜长的四分之三，合于冬至的实际天象。

五解：

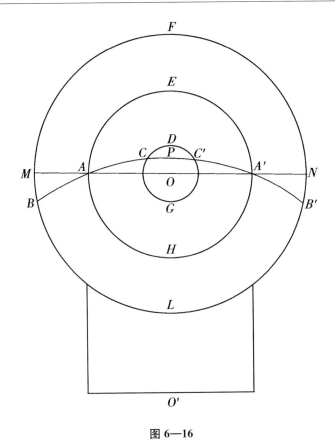

图 6—16

以 O 为圆心，以 OA 减 MA 为半径做圆，与 BPB' 弧交于 C、C' 两点（图 6—16）。设此圆为七衡六间图的内衡，则 $O'C$ 是人们所见夏至日的日出方向，$O'C'$ 是该时的日入方向，太阳在 CGC' 弧上运行是白天，在 $C'DC$ 弧上是黑夜。内衡的昼夜比例为：

$$C'DC \text{ 弧} = \frac{1}{2} CGC' \text{ 弧}$$

结果显示，夏至日长是夜长的一倍，与夏至的实际天象也基本符合。

六解：

过 O'，复原方形大地（图 6—16）。

我们把与墓穴有关的线加实，其他线用虚线表示，所成的图形与西水坡 45 号墓穴的平面图形完全一致（图 6—17）。

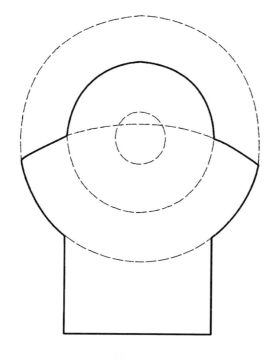

图 6—17

复原工作的成功使我们可以大胆提出，西水坡 45 号墓除去方形大地的设计之外，上半部图形就是最原始的盖图！尤其令人惊讶的是，依照墓穴的实际尺寸，这张盖图所表示的分至日的昼夜关系非常合理，特别是春秋分日道，其昼夜关系的准确程度简直不差毫厘。显然，这比根据《周髀算经》所复原的盖图更符合实际天象。

西水坡 45 号墓穴设计的春秋分日道之所以异常准确，二分日在当时所具有的授时意义是导致这种结果的主要原因。前面我们已经谈到，墓葬所处的年代，正是通过观测大火与参这两个中国传统的授时星象来决定二分日的理想年代。

用盖天理论来解释，$A'EA$ 弧表示春秋分日的夜长，以夜空作为墓穴的主廓，不仅与墓中布列龙虎星象和北斗的做法相一致，同时也与大火与参宿在二分日的授时作用相和谐。如果将盖图与墓穴平面叠合比较（图 6—18），我们会发现，所有星象都在黄图画以内，这又与《周髀算经》的记载相互吻合。

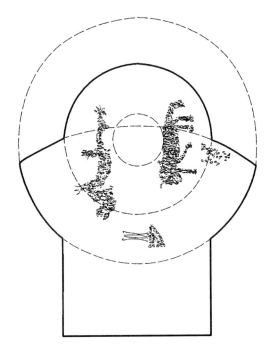

图 6—18

　　事实上，西水坡 45 号墓穴所呈现的这幅盖图模式并非无懈可击，比如在调整观测者的位置与地理方位这一点上，这个图式便存在着明显的矛盾。其实这并不是一个偶然的例外，可以说早期盖图共存这种缺陷。同时我们还必须指出，西水坡盖图并没有任何据以复原内衡的线索，我们这样做的目的只是参照《周髀算经》的某些记载试图说明这种图式的完整性。不必怀疑这样的图形是否过于精密，因为从目前的资料看，比《周髀算经》更为合理的盖图在史前时期已经出现了（见第七章）。其实，如果参考红山文化盖图复原西水坡盖图的内衡，那么其所表现的夏至日昼夜长度之比就一定与冬至日的昼夜长度相反，这不仅符合古人的实际认识水平，而且也准确反映了客观天象。从盖图发展的角度讲，西水坡盖图与红山文化盖图应同处于实用盖图的阶段，因此也具有共同的设计理念与理论基础。相比之下，虽然由于授时的需要，仰韶时代的人们对于二分日的认识最为真切，因而昼夜平分的现象在西水坡盖图中被表现得也最为合理，但墓穴仅能复原出中衡、外衡和青图画，却使这份盖图远较红山文化的盖图简略。至于西水坡盖图据以依据的原本是否存在内衡以及内衡的布数依据，我们则可以参照红山文化盖图的具体情况，做出更为合理的推测（参见第七章）。

西水坡45号墓的墓穴形状选取了盖图中的春秋分日道、冬至日道和阳光照射界线，同时附加上方形的大地，一幅完整的宇宙图形便构成了。它向人们展示了天圆地方的宇宙模式、寒暑季节的变化特点、昼夜长短的交替更迭、春秋分日的标准天象以及太阳的周日和周年运动情况等一整套古老的宇宙理论，尽管这些答案的象征意义十分强烈，但是还有什么比它更能说明远古先民对宇宙的认识水平呢！

钱宝琮先生根据《周髀算经》复原的盖图采用了上南下北、左西右东的背南面北的仰视图体系，与我们据45号墓穴复原的盖图不同。事实上，早期盖图究竟采用的是哪一种方位体系在《周髀算经》"七衡六间图"中已有明确表述，这是以往的研究者所忽略的，现在我们以45号墓作为早期盖图的基础，这实际对于印证《周髀算经》盖图的合理性很有帮助。

中国古代的埋葬制度孕育着这样一种传统，死者再现生者世界的做法在墓葬中得到了特别的运用，其中最显著的就是使墓穴呈现出宇宙的模式并布列星图。这种待遇最初仅限于王侯，显然它缘起于中国天文学所固有的官方性质。不过随着时间的推移，这种象征地位和权力的做法得到了普遍流行，使它多少失去了原有的意义。

西水坡45号墓作为这种传统的鼻祖是当之无愧的，同时，能够说明这个传统有着相当长延续性的例子也有很多。中国古代的那些得以残留的封冢遗迹以及更晚的穹窿顶墓室结构，都是天圆地方观念的直观反映。《史记·秦始皇本纪》描述始皇帝嬴政封冢陵内"上具天文"，布列日月星辰，"下具地理"，江河山川环绕，造就了一幅真实的天地宇宙的景象。绘制精良的西安交通大学西汉墓星象图[①]，具有封冢的洛阳北魏元乂墓星象图[②]，临安晚唐钱宽墓二十八宿北斗星图[③]，宣化辽墓二十八宿和黄道十二宫天文图[④]，以及其他墓室星图，几乎一致地绘于穹窿顶中央，证明半球形的封冢和墓顶

---

① 陕西省考古研究所、西安交通大学：《西安交通大学西汉壁画墓》，西安交通大学出版社1991年版。

② 洛阳博物馆：《河南洛阳北魏元乂墓调查》，《文物》1974年第12期。

③ 浙江省博物馆、杭州市文管会：《浙江临安晚唐钱宽墓出土天文图及"官"字款白瓷》，《文物》1979年第12期。

④ 河北省文物管理处、河北省博物馆：《河北宣化辽壁画墓发掘简报》，《文物》1975年第7期。

图 6—19　战国初年曾侯乙墓内棺图像（采自《曾侯乙墓》）

象征着天穹。与此对应的是，曾侯乙墓的棺侧绘出门窗和守护的卫士（图6—19），表示死者永居的家室，又证明方形墓穴象征着大地。事实上，茔穴始终具有象征家室的意义，似乎没有人怀疑，它的产生显然模仿了人类最早出现的穴居建筑的形式，而在人们尚未学会垒筑自己的巢穴之前，也就是在旧石器时代，真正意义上的茔穴也并不存在。这些事实证明，传统的封树制度及穹窿顶式的墓顶结构与方形墓穴的配合，正可以视为盖天宇宙论的立体表现。很明显，这种由西水坡45号墓盖天理论的平面图解到上述立体模式的转变，代表着同一体系发展的不同阶段。

三、殉人与"三子"

西水坡45号墓的意义到此并没有说完，在墓主人的周围，除去布列的蚌塑星象之外，还有三具殉人，这种情况在同一时期的墓葬中还是第一次见到。

三具殉人摆放的位置很特别，他们并不是被集中摆放于墓穴北部比较空旷的地带，而是分别置于东、西、北三处，其中东、西两具殉人位于墓穴东、西墓壁两处凸起的类似壁龛的地方，北面一具殉人在北壁方龛内也不是沿墓壁正常摆放，而特意表现出一个角度。这些做法都很耐人寻味。

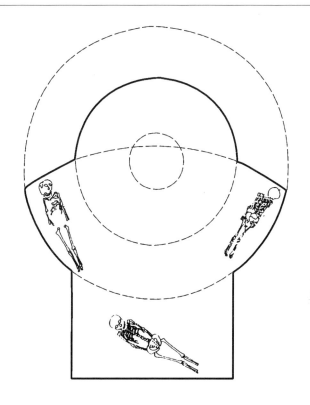

图 6—20

古代遗迹所呈现的某些角度往往与天文学上太阳的地平方位有着千丝万缕的联系，这种认识事实上很快便会被东、西殉人摆放的位置所证实。我们知道，墓穴的形状代表了太阳在二分日和冬至日的日行轨道，利用我们复原的墓穴图形，可以看到东、西殉人恰好位于二分日时日出与日入的位置（图6—20）。假如这两具殉人与二分日的联系可以确立的话，那么北面的一具殉人就理应显示出与冬至具有某种关系。

也许在注意这些特殊安排的同时，我们还应该考虑这些殉人的年龄。经过鉴定，他们都属于 12 至 16 岁的男女少年。这些事实促使我们不得不将墓穴表现的这种奇异现象与《尚书·尧典》的记载加以联系，因为在这部书里，二分二至不仅是由四位神人所掌管，而且这四位神人也正是被当作羲、和的孩子。

关于《尧典》的成书年代，目前虽有争论，不过对于它的主要部分完成于周代的看法似乎可以得到普遍的接受。有关"四子"的内容，我们在第三章第三节已作考证。羲仲宅东方嵎夷,曰旸谷,司掌春分;羲叔宅南方南交,司掌夏至;和仲宅西方,曰昧谷,司掌秋分;和叔宅北方朔方,曰幽都,司掌冬至。这里,羲仲、羲叔、和仲、和叔显然是被作为羲与和的四位后嗣看待的,如果说这一点在《尧典》中反映得还不够明确的话,那么,战国楚帛书对此事则记载得格外详细。《楚帛书·创世章》讲述伏羲氏时代,天地混沌无形,幽明难辨,其后伏羲娶女娲为妻,生下四子,他们继承伏羲之职掌管天道,在日月尚未产生之时,四子分守四方,互相换位,以步行度量四时,于是四子便成为四时之神。帛书以伏羲和女娲为开天辟地的始祖,四子则是他们共同的后代。将《尧典》与帛书对读,不难发现,《尧典》的"羲"就是伏羲,"和"实际也就是女娲[①],"和"与"娲"的古音相同,古人只是用了不同的文字来表达她(详见第二章第一节)。事实上,伏羲迎娶女娲为妃配的古风由来既久,在汉代及其以后的美术品中,这种题材屡见不鲜。而四子在《尧典》和帛书中始终都作为司掌四时的神祇。

　　四子于殷卜辞中已经明确成为分至四神,而且从形式上看,分至四神也同时是作为四方之神出现的。春分神析主东方,秋分神彝主西方,夏至神因(遟)主南方,冬至神九(宛)主北方(详见第三章第三节)。每位神祇的名称都来源于分至四时的太阳周日视运动特点。

　　《尧典》中四子的职司和他们所居住的地点都很有意思。羲仲司春分,居旸谷。旸谷又作"汤谷"。《山海经·海外东经》:"汤谷上有扶桑,十日所浴。……九日居下枝,一日居上枝。"《大荒东经》:"汤谷上有扶木,一日方至,一日方出,皆载于乌。"《天问》:"出自汤谷,次于蒙汜。"扶桑又名若木。《说文·叒部》:"叒,日初出东方汤谷所登榑桑,叒木也。"知汤谷即东方日出之地。和仲司秋分,居昧谷。昧谷又作"柳谷",见《史记·五帝本纪》,或作"蒙谷"。《淮南子·天文训》:"至于蒙谷,是谓定昏。"《尔雅·释地》:"西至日所入为大蒙。"郭璞《注》:"即蒙汜也。"此与《天问》"汤谷"对举,可证昧谷为西方日入之地。蔡沈《集传》:"西谓西极之地也。曰昧谷者,以日所入而名也。"羲叔司夏至,居南交,但未详其地。和叔司冬至,居幽都。《墨子·节用》:"昔者尧治天下,南抚交趾,北降幽都,东西至日所出入,莫不宾服。"《大戴礼记·少闲》:"昔虞舜以天德嗣尧,布功散德制礼,朔方幽都来服,南抚交趾,出入日月,

---

　　① 李零:《长沙子弹库战国楚帛书研究》,中华书局 1985 年版,第 67 页。

莫不率俾。""南交"与"朔方""幽都"对举，分指南、北极远之地。李光地《尚书解义》："南交，九州之极南处。……朔方，九州之极北处。"由此可知，春秋分二神分居东、西方日出、日入之地，敬司日出与日落，二至之神则分居南、北极远之地，以定冬至、夏至日行极南、极北。

在古史传说中，四子所居之地虽然更富有神话色彩，但在盖图上却是可以明确表示的。我们看图6—16，中衡为春秋分日道，O'点为观测者位置，那么$O'A$即为春秋分日的日出方向，$O'A'$为该时的日入方向，因此，BPB'弧与中衡的交点A当是春秋分的日出位置，交点A'为日入位置，这两点可以分别比附春分神所居之旸谷和秋分神所居之昧谷。图中外衡为冬至日道，根据墓穴的实际方位，外衡之BLB'弧的顶点L为极北点，可以比附冬至神所居之幽都。图中内衡为夏至日道，内衡之CDC'弧的顶点D为极南点，又可比附夏至神所居之南交。从盖天说的角度看，将四子所居之位在盖图上做这样的设定是没有问题的。

有了这个基础，问题便渐渐地清楚了起来。我们看到，墓穴中除四极中的极南之位被墓主人占据之外，其馀可以考虑为四极的位置都恰好安排了殉人（据可鉴定的骨架分析，为非正常死亡），这些殉人显然与司掌分至的四子有关。

首先，盖图中衡外侧的两具殉人分别置于A点和A'点，A点为旸谷所在，太阳由此而出进入AHA'弧以现白昼，A'点为昧谷所在，太阳由此而入进入$A'EA$弧以成黑夜，显然，位于A点及A'点的二人性质与司分二神分居旸谷、昧谷以掌日出、日入的意义暗合，应当分别象征春分神与秋分神。

其次，盖图外衡外侧的一具殉人置于L点，L点为幽都所在，从而加强了此人与冬至之神的联系。特别值得注意的是，此具殉人摆放的位置与东、西殉人顺墓穴之势摆放不同，而是头向东南，足向西北，呈现出一个明显的角度，这可能暗示着一种特别的意义。殉人葬卧方向的实测数值在已发表的几处报导中不尽相同，据我们在图上实测，头向约为北偏东130度[1]，即东偏南约40度，这是一个很有意义的角度。

《淮南子·天文训》云："日冬至，日出东南维，入西南维。至春秋分，日出东中，日入西中。夏至，出东北维，入西北维。至则正南。"众所周知，

---

[1]　简报或云殉人头向230度，疑为130度之误；或云墓葬方向178度，疑为193度之误。见《中原文物》1988年第1期、《华夏考古》1988年第1期。

冬至时日光直射南回归线，因此在中原的位置观测，太阳于东南方升起，于
西南方落下。濮阳位于北纬 $35°7'$，据当地纬度计算，冬至太阳初升的地平
方位角约当东偏南 31 度左右。仰韶先民当然尚不知地磁方向，因此，当时
的方位体系只能是根据太阳周年视运动的方位建立起来的，这是地理方位。
由于地理北极与地磁北极形成一个角度，所以两个方位体系不尽相同。如果
我们假定墓穴方位是依地理北极而设，事实上也只能如此，那么有关墓穴地
磁方向的今测值与其地理方向便存在 13 度的差值（今测值 193 度减 180
度），这个差值包括了磁偏角的数值和古今人方位测量的共同误差。假如我
们将这些误差限定在 20% 左右，那么这具殉人葬卧的头向应该指向东偏南
约 30 度的地方，而那正是冬至时太阳初升之地。事实上，如果我们认为
墓穴北部方边为一条基本准确的东西标准线，并且以此为基础度量殉人方
向的话，那么同样可以得到完全一致的结论。因此可以肯定，墓穴外衡周
外侧的殉人具有象征冬至之神的意义，他的头向正指冬至时的日出方向，
而且相当准确。

　　四子中的三子已在盖图中出现，唯缺夏至之神，即南方之神，联系《尧
典》经文，也独云夏至之神羲叔居于南交而未细名其地。这个传统在曾侯乙
墓的时代似乎仍然保留着，我们研究曾侯乙墓二十八宿漆箱的立面星图，发
现也恰恰缺少南宫的图像（图 6—5）。这似乎因为南方一向被认为是死者灵
魂的升天通道，因而四子中独缺位居南方的夏至之神，正是为墓主灵魂的升
天铺平了坦途。可以提供佐证的是，商周以降，中国古代的墓葬形制存在着
一种普遍现象，或只有一条墓道而居墓穴南方（或东方，指向日出之地），
或多条墓道的墓葬唯南墓道（或东墓道）特宽特长，当然也都应是这种古老
观念的反映。

　　墓中出现的三位殉人的性质分别象征三子，即春分神、秋分神和冬至
神，其位置都被安排在他们所象征的二分及冬至日道的外侧，规律严整。夏
至之神虽然让位于墓主升天的需要而没有出现，但这并不意味着我们可以否
定夏至神的存在[①]。因此，墓中如果不是完整地展示了分至四神的场景，至
少也是通过三子的安排完整地体现了这种古老观念。因为一旦我们将墓穴的

----

　　① 有关夏至神的研究，参见冯时《中国古代的天文与人文》第二章第二节之二，中国社会科
学出版社 2006 年版；《天文考古学与上古宇宙观》，《中国史新论——科技与中国社会分册》，中研
院、联经出版公司 2010 年版。

实际情况与保存在《尧典》中的古史传说及古老的盖天理论结合起来考虑，作出这样的回答便是必然的了。分至四神在商代卜辞中已经构成了一套完整的时间体系，西水坡 45 号墓虽然在时间上远早于殷卜辞，但完全有理由将其看作这一体系的直接来源。可以说，西水坡 45 号墓所展现的四子观念既是楚帛书的传统，也是《尧典》与殷卜辞的传统。这些结论或许可以改变我们的某些传统认识，事实上，不仅盖天说是古老的，分至四神相代而步以为岁的思想也是古老的。

四、巫觋通天之再现

远古先人观象授时的需要，使天文学有幸成为一切自然科学中最古老的一种。既然如此，西水坡星图究竟能够告诉我们些什么呢？通过研究我们知道，生活在那个时代的先人已经学会了立表测影，这不仅可以决定时间，而且可以根据每天正午日影的长短变化，使人最终认识回归年；先人们已经学会了观象授时，而且创造了一套有效的观测方法，他们在认识北斗的同时，还认识了黄道和赤道附近区域内的恒星，并且建立起了以北斗为中心的最古老的天文学体系；先人们至少已经认识了二分和二至，这甚至使早期历法的产生在当时并非是不可能的；先人们不仅形成了原始的天圆地方的宇宙观，而且已经具备了盖天说的理论雏形。这一切统统发生在距今六千年前的远古时代，听起来是多么令人不可思议！

问题说到这里，西水坡 45 号墓所具有的天文学意义也就得到了全面的阐释，然而人们自然还会发问：远古天文学成就如此集中地得以在一处有限的墓穴中展现，它的意义究竟何在？这实际涉及了与墓葬相关的最后一个尚未谈及的问题——墓主人的身份。

考古学家习惯于首先利用墓穴的形制和规模判断墓主人的身份与地位，这种方法对于 45 号墓依然适用。我们发现，迄今像 45 号墓这样规模的墓葬在仰韶时代是空前的，这无疑反映了墓主生前所享有的崇高地位和权威。事实上，墓穴所表现出的不同寻常的天文学内涵，已经证明墓主人具有一种特殊的身份——司天占验，他可能近于《周礼》的冯相氏或保章氏，但更可能就是早期的巫觋或部族的首领。从中国文化史的角度讲，这种因果关系是清晰可察的。

我们在第二章中曾经谈到，如果用中国天文学官营的传统特点看待上古天文学，天文知识在更大的意义上实际充当着一种政治统治术。由于精通司

天占验乃是位及君王所必备的本领，因此，帝王的通天特权与巫觋的专职化
实际是互为因果的，统治者在向民众敬授天时的同时，也就操纵着民众的命
运。这无异于承认，谁掌握了天文学，谁就获得了统治的资格，而且为维护
这种资格，统治者会不择手段地垄断一切天文占验，禁止民众私习天文。事
实上，这不仅是一种初始的文明对于愚昧的征服，而且成为后世君权神授、
君权天授思想的渊薮。在这样的文化背景下考察西水坡 45 号墓的埋葬仪式，
可以获得一些清晰的认识。

　　毋庸置疑，我们看到的 45 号墓的主人与其说是葬身于一方墓穴之中，
倒不如说云游于宇宙星空，这种特别的安排显然是墓主人生前权力特征的象
征，就像武士死后要以兵戈随葬一样。如果联系与 45 号墓共存的另外两组
蚌塑遗迹[①]，问题或许看得更清楚。这两组遗迹中的第一组分布于 45 号墓以
南 20 米处，遗迹包括用蚌壳摆塑的龙、虎、鹿、鸟和蜘蛛，其中龙、虎连
为一体，鹿、鸟栖于龙、虎之上，蜘蛛摆塑于龙首东部，蜘蛛与鸟之间还摆
有一件制作精致的石斧（钺）（图 6—21）。第三组遗迹分布于第二组遗迹以
南约 25 米处，遗迹包括用蚌壳摆塑的多种图像，北面为一头西尾东的奔虎，

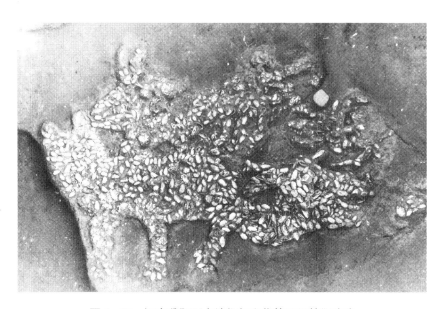

图 6—21　河南濮阳西水坡仰韶文化第二组蚌塑遗迹

---

① 濮阳西水坡遗址考古队：《1988 年河南濮阳西水坡遗址发掘简报》，《考古》1989 年第 12 期。

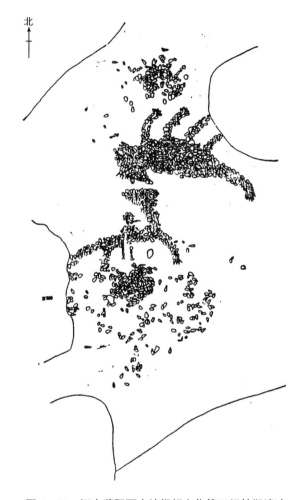

图 6—22 河南濮阳西水坡仰韶文化第三组蚌塑遗迹

南面则为一人骑飞龙，飞龙头东尾西，回首顾盼，御者形态逼真。另外在龙、虎的腹下和东、西两面还各有一堆圆形蚌塑，龙腹下的蚌塑面积较大，另三处蚌塑则面积较小。龙、虎的西面还有一展翅的飞禽。蚌塑图像四周撒有零星的蚌壳，但却绝不是随意丢弃的。这组蚌塑摆放的地点经过了特别处理，一条东北、西南向的灰沟底部铺有约 10 厘米厚的灰土，然后再于其上摆塑蚌图（图版四，2；图 6—22）。这两组遗迹不仅与 45 号墓同属一个时代，而且具有相同的蚌塑图案，因而无疑是 45 号墓不可分割的有机整体。很明显，45 号墓主人所拥有的这三处遗迹展示给我们的内容是清楚的，它构成了一个完整的具有原始宗教意义的壮丽场景——灵魂升天景象。三组遗迹等间距地分布于一条南北子午线上，45 号墓居北，人骑龙的图像居南，形成了一条次序井然的升天路线。《淮南子·精神训》："头之圆也象天，足之方也象地。"而 45 号墓主头南足北，墓穴形状则呈南圆北方，正以南方象天，北方象地。墓主人首枕南方，也正指示了升天灵魂的归途。显然，如果说位居中央的一组遗迹中布列的蚌龙、蚌虎、蚌鹿和蚌鸟等灵物可以看作灵魂升天的工具的话①，那么，位居北端的 45 号墓与位居南端的人骑龙的蚌塑遗迹，就无疑分别描绘了墓主人生前及死后所在的两界——人间与天宫。这样，我们不仅可以将南端一组遗迹中的飞龙、奔虎视为东、西两宫星宿回天运行的象征——事实上两兽的奔走方向已经显示了一种回环运动的趋势，而且可以将分居于四方的四个圆形蚌塑与曾侯乙星图及《史记·天官书》揭示的北斗所建四宫中星联系起来。不仅如此，蚌图底部垫衬的灰土似乎象征着灰暗的夜空，蚌图四周撒落的蚌壳又宛如夜空中的点点繁星，墓主升入天界后御龙而遨游，古人的这种巧心安排，使整个图景俨然一幅天宫世界，既寓意分明，又形象逼真。其实这种以升天的过程——位居中央的蚌塑遗迹——所联系的天地两界的场面我们并不是在这处仰韶时代的遗址中才首次看到，马王堆出土的西汉帛画早已形象地展示了这一场景（图版三，2；图 3—46）。帛画下层内容为墓主人生前的生活场面，中层内容为升天的过程，上层内容为天门内的天上世界②，命意与西水坡三组遗迹一脉相承。

西水坡三组遗迹所表现的两界场景，意味着 45 号墓这座象征人间的墓穴所具有的天文学内涵，实际上真正展示了墓主人生前的权力特点。有鉴于此，我们不将 45 号墓的主人视为一位掌管天文、通达天地的部落领袖又能作怎样的解释呢？事实上，中央一组遗迹中特意布放的制作精致的石斧（钺）已经具有一种明确的暗示，这就是墓主人的身份与石斧（钺）所象征的权力是吻合的③。此外，回溯中国古代墓葬星图的历史，虽然晚期比较普遍，但早期却为王者所独有，这一点对于我们客观地认识西水坡 45 号墓墓

---

① 张光直：《濮阳三𫏋与中国古代美术上的人兽母题》，《文物》1988 年第 11 期。

② 孙作云：《长沙马王堆一号汉墓出土画幡考释》，《考古》1973 年第 1 期。

③ 某些学者认为，墓主人甚至可以与司马迁所称"五帝"之一的颛顼帝加以联系，尽管这种观点至今还难以获得证实，但却不失为一种有益的推论。见丁清贤、赵连生、张相梅《关于濮阳西水坡蚌壳龙虎陪葬墓及仰韶文化的社会性质》，《华夏考古》1991 年第 4 期。当然，所谓颛顼帝如果视为一个时代的代表，或许更接近历史真实。

主的身份十分重要。

西水坡 45 号墓所具有的天文学意义虽然被揭示了，但是在中国古老文明的长河中，这座神奇墓葬的内蕴或许比它自身所显示的科学史价值更令人神往。在漫长的史前时代，由于神秘的天文知识为极少数巫觋所垄断，因而这些拥有通天本领的巫觋理所当然地被尊奉为氏族的领袖，可以说，天文学所具有的在确定这两种人物身份方面的决定作用于西水坡 45 号墓中体现得相当充分。

第五节　四象起源考

中国传统的天文学体系将天赤道附近的星空划分为二十八宿，并分别由四象统辖。象是中国传统星官体系最基本的概念，而四象后来作为四个赤道宫的象征，最终形成了由五种动物组成的四组灵物，分别具有四种不同颜色以及代表四个不同的方位，并与二十八宿完成固定配合的严整形式，这便是东宫苍龙、西宫白虎、南宫朱雀和北宫玄武（图 6—23）。

图 6—23　汉代四象瓦当（左起：青龙、白虎、朱雀、玄武）

从中国天文学发展的角度讲，象事实上是先民最早掌握的识星手段。《周礼·考工记·輈人》："龙旗九斿，以象大火也。鸟旟七斿，以象鹑火也。熊旗六斿，以象伐也。龟蛇四斿，以象营室也。弧旌枉矢，以象弧也。"很明显，古人观测天象，首先感知的自然是星的形象，先民以诸星组成的图像仿佛类似何物，便以该物为之命名。形象既定，即可作为观象授时的依据，这一点从二十八宿各宿的命名已经看得很清楚[①]。因此可以说，任何对于星的深入了解，都是通过最初对诸星所组成的象的认识由粗渐细地完成的，这使得有关四象起源的讨论始终成为中国古代天文学的重要课题。

[①]　有关二十八宿宿名古义的研究，参见冯时《中国古代物质文化史·天文历法》第四章第四节之四，开明出版社 2013 年版。

　　中国传统的四象体系至迟于公元前 2 世纪已经形成，但是在此之前，由于原始史料的缺乏，四象的起源、发展、转化与定型究竟经历了怎样漫长而复杂的演化历程，直至今日才为我们渐渐察知。尽管受到《尚书·尧典》四仲中星，特别是南宫鸟星观测的启示，今天的人们已经不大相信四象可能是作为由三垣向二十八宿体系转化之中的一种过渡形式[①]，而将其视为早于二十八宿与三垣体系而出现的原始识星传统[②]，然而对于四灵匹配天象的由来，却在很长时间内一直存在争议。孔颖达《尚书·尧典正义》称："是天星有龙、虎、鸟、龟之形也，四方皆有七宿，各成一形，东方成龙形，西方成虎形，皆南首而北尾；南方成鸟形，北方成龟形，皆西首而东尾。"以一象通贯七宿，与今日所见之早期四象物证不符。《石氏星经》云："奎为白虎，娄、胃、昴，虎之子也。毕象虎，觜、参象璘。……牛蛇象，女龟象。"将四象与具体星宿相联系，显示了四象演进的早期形式。至于古人何以选择龙、虎、鸟、龟、蛇这五种动物作为四象的原型，则又各有主张。有些学者将其看作原始部落的图腾遗迹[③]，而另一些学者却认为，它们可能与某些具体的星宿昏中时所代表的季节特征有关，因为四象体系与四季恰好可以相互对应。譬如当南宫七宿在黄昏位于中天时正值春季，而鸟恰恰可以作为春天的象征[④]。我们认为，四象的产生以及它所具有的天文学含义，来源于早期人类对于象的概念的普遍重视。我们曾经说过，古人观测星象与今天有所不同，他们并不仅仅是去简单地记忆某一颗星，而更重视观测由某些星组成的象，这些星最终被连接起来，形成各种常见的图案，从而建筑起古人观象授时的观象基础。因为就天文本身的古老含义而言，天文也就是天象。所以，四象虽然名义上以四组动物的形象存在，其实只是众多星象构成的四组动物形象而已。这一点不仅中国的古代星图反映得很清楚[⑤]，古代埃及和巴比伦

---

　　① 高鲁认为："中国测天之学，其进化分三时期。第一期草创时代，三垣之制，于兹成立。第二期演进时代，环天星宿，分为四维，始有周天一转之识别。第三期为求备时代，验明四象之制，虽较三垣为详备，但关于日月之蹰离，五星之进退，则尚未能指定确当方位，以供研求。复于四象范围之内，每象各分七段，以测定日月五星舍宿之区，而别名为二十八宿。自兹而后，逐月逐年星象之变迁，可得而纪焉。是为三期演进之陈迹也。"见氏著《星象统笺》，天文研究所 1933 年版。

　　② 陈遵妫：《中国天文学史》第二册，上海人民出版社 1982 年版。

　　③ 陈久金：《华夏族群的图腾崇拜与四象概念的形成》，《自然科学史研究》第 11 卷第 1 期，1992 年。

　　④ 郑文光：《中国天文学源流》第三章第三节，科学出版社 1979 年版。

　　⑤ 冯时：《河南濮阳西水坡 45 号墓的天文学研究》，《文物》1990 年第 3 期；《中国早期星象图研究》，《自然科学史研究》第 9 卷第 2 期，1990 年。

早期星图中的星座都是由各种动物、植物及器具的图像所表现（图 6—1；图 6—2）①，也同样反映得很清楚。下面我们就来讨论四象的发生、演变以及它们与二十八宿的关系。

一、东宫苍龙

在今天看来，中国人对于龙的崇拜至少可以追溯到公元前第四千纪的中叶，而考古学在解释这种原始崇拜的内心理解方面应该是得天独厚的。事实告诉我们，最早的龙是作为星象存在的，这意味着龙这种灵物之所以神灵，探索它的天文学意义显然要比泛论所谓图腾崇拜更能直入心曲②。

《说文·龙部》："龙，鳞虫之长。能幽能明，能细能巨，能短能长。春分而登天，秋分而潜渊。"作为中国传统的四神之一，龙的这种神性使它同时兼具了天文与人文双重属性，在中国悠久的文明史上占据着突出重要的地位。论及天文，龙与东宫配属，包辖二十八宿中的东方七宿，成为观象授时的重要星象。在漫长的没有历法的时代，由于东宫七宿对于指示远古先民的祭祀和生产所起的重要作用，龙的天文学意义也因此得到了充分的弘扬。

讨论龙的本质，便不能不涉及它的文化含义，在这方面，龙的影响几乎波及了所有神权和精神的领域，它所具有的祥瑞、王权乃至中国文化的广泛的象征意义，举世皆知。然而，龙本为何物？炎黄子孙何缘而自诩龙的传人？中华民族对巨龙的崇拜意味着什么？这些近乎神话的民俗内容和文化理解造就了一个千古之谜，而且久久不能被解破。

对于苍龙所具有的天文学意义的认识，人们或许并不像对它的文化内涵那样耳熟能详。初看起来，龙的这一天学属性与其所具有的文化含义似乎并没有直接的或必然的联系，但是，假如我们深究下去，这种比较带给人们的思考却有许多。

1. 苍龙戏珠的底蕴

忆及中国的各种古老传说，苍龙戏珠恐怕是其中最富生命力的永恒主

---

① A. Jeremias, *Handbuch der altorientalischen Geisteskultur*, Leipzip, 1915. Cécile Michel, La Geographie des Cieux: Aux Origines du Zodiaque. *Les Dossiers d'Archeologie*, N°. 191, 1994.

② 参见冯时《龙的来源——一个古老文化现象的考古学观察》，《史学研究》第 101 号，韩国史学会，2011 年。

题。正像龙在中国文化史上具有至尊的地位一样，苍龙戏珠的神话也已深深地烙印在中国传统的民俗之中，甚至在今日，我们依然能够感受到它的冲击。历史是传承的，为我们今天所熟知，又何尝不是数千年文化的积淀呢！

庞朴先生将龙珠与大火星加以联系可谓独到而精辟[①]，从而使反对这一观点的论证显得十分牵强[②]。南朝任昉在《述异记》中这样记道："凡珠有龙珠，龙所吐者。"《太平御览》卷九二九引《唐书》也有着生动的描写："见白龙吐物，初在空中，有光如火，至地陷入三尺，掘之则玄金也，形圆。"这个神异的主题，反映在民间的风俗庆典中，则是以珠为先导，舞龙赛会；反映在中国传统的艺术形式中，则是飞龙、行龙逐珠而奔腾。在中国古代，描述苍龙与珠有着密切关系的图像至少可以上溯到商周时期。它们有时以一龙戏珠，有时为取得一种阴阳的和合，又创造出了二龙戏珠。令人不解的是，在所有这些苍龙戏珠的形象之中，龙珠无不被描绘得烈焰熠熠，有的甚至涂成红色；或者虽不见珠，也是大火漫天[③]（图6—24）。这样的例子我们并不是很晚才见到，就目前的考古资料可知，早在商到西周的中原美术品中，已呈现了许多苍龙戏珠的造型。如果我们留意装饰于商周青铜器上的那些庄严狞厉的纹样，这类主题便随处可见。出土于殷墟妇好墓的商代联甗器座上端的龙与珠的图像通饰一周，首尾相衔，图中的龙珠被数道简练的曲线描绘得烈焰卷腾。与此相比，在另一件西周时期的青铜方彝之上，龙珠与火的关系则被表现得更为直观（图3—45）。

汉代以后，苍龙戏珠的形象普遍地得到了艺术强化，早期的那种象征式的、拙朴的风格消失了，龙珠腾火的形象也被处理得格外逼真。但是，在龙的更为夸张的表象背后，苍龙戏珠的真义却变得愈加隐晦难辨。

人们不禁要问，龙为什么吐珠？龙珠又为什么像一团烈焰？

为揭开龙珠的奥秘，历代文人骚客有过种种猜测和传说，郭子横在《洞冥记》中曾经讲过这样一个荒诞的故事："文犀国去长安万里，在日南之南，人长七尺，被发至踵，乘犀、象以为车船。乘象入海底取宝，宿蛟人之舍，夕得泪珠，则蛟人所泣，泪而成珠也，亦曰泣珠。"将龙珠视为泪珠近乎异想。李约瑟则试图运用科学的方法探索这一问题。他认为，龙角前面的圆珠

---

① 庞朴：《火历钩沉——一个遗失已久的古历之发现》，《中国文化》创刊号，1989年。
② 王小盾：《火历质疑》，《中国天文学史文集》第六集，科学出版社1994年版。
③ 庞朴：《火历钩沉——一个遗失已久的古历之发现》，《中国文化》创刊号，1989年。

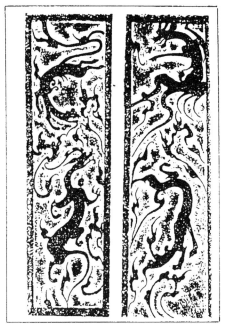

图6—24　左：东汉画像砖上的舞龙图
　　　　　　（山东沂南出土）
　　　　　右：东汉画像石上龙腾于火图
　　　　　　（陕西绥德出土）

来源于这样一个事实，即在汉代一年开始的时候，月亮恰好从苍龙七宿的角宿两星中升起，因此，圆珠应该就是月亮。这一形象用文字说明就是"胧"字（本义是月出），用图画表示就是戏珠。这种解释虽然顾及了珠为圆珠的形式，但明显地忽略了龙珠有火的实质。事实上，李约瑟本人也觉察到了月亮与火珠的矛盾，按照他的话说，后来那颗珠不是"月之珠"，而是"日之珠"了[①]，因此，龙珠的象征意义具有多重性质。但即使如此，这种变通的说法仍不便说明汉代以前的戏珠题材。

　　我们似乎感悟到，苍龙戏珠的这种独特的表现形式，或许蕴涵着某种独特的寓意。其实，与苍龙戏珠同样为人熟知的另外两则神话，正可以从反面启发我们探索这一问题，这就是丹凤朝阳和蟾蜍在月。中国古人认为，"日中有踆乌，月中有蟾蜍"。这种观念在中国古代流传了很久，我们甚至可以在新石器时代的美术品中寻找到它的渊源（参见第三章第三节）。踆乌后来也叫作金乌，蟾蜍却更变为玉兔、桂树和吴刚。庞朴先生将古代艺术品中有关苍龙戏珠和丹凤朝阳的不同艺术主题对比研究，发现苍龙所戏之珠皆烈焰

　　① 　Joseph Needham，*Science and Civilisation in China*，Vol. Ⅲ，The Sciences of The Heavens，Cambridge University Press，1959.

图 6—25　绘有丹凤朝阳图像的战国
铜钁座（浙江绍兴出土）

腾腾，但丹凤所朝之阳，或金乌所居之日，虽粲然耀眼，光芒四射，然而在古人的笔下却仅以圆圈表示（图 6—25），至多也只略饰云彩。遵从中国哲学的一般概念，日属阳，也属火，本应喷火腾焰，但与同时期的龙珠题材对照，却全不见这种景象。至于蟾蜍所居之阴，或玉兔所在之月，由于它本来就是广寒之宫，清冷一片，当然也更是如此。即使按照传统的观点将龙珠理解为月珠，那么其形象与月亮的习见形式也大相径庭。很明显，龙珠所表现的形式上与日、月的区别暗示了三者本质的不同，它的本义实际就是位于苍龙龙心的大火星①。这种有意义的比较，使得无论以龙为阳类或龙珠被赤化而最终导致龙珠腾火的一切解释都难以圆通，它准确地揭示了龙珠腾火的深义。

　　2. 龙星原始

　　我们终于看到了各种原始的龙的形象，考古学提供了这样的机会，也提供了探寻龙的本义的重要线索。摆在我们面前的事实似乎令人难以置信，龙的形象不仅在殷周以前的数千年前即已出现，而且差异竟会如此明显。早期龙的遗迹如西水坡蚌龙，其形酷似鳄鱼，但于兽足有所省减（图版四，1；

---

　　① 庞朴：《火历钩沉——一个遗失已久的古历之发现》，《中国文化》创刊号，1989 年。

图 6—6)①。比它稍晚的红山文化玉龙②，首似马而背有鬣，身尾卷曲成环状，无角无足（图版一，2；图 3—25）。与此相比，商周甲骨文和金文中的"龙"字的形象显得更有意义，从最逼真的形象看，龙的角、首、身、尾俱全，尾上扬，无鬣无足（图 6—26，1—9）。很明显，我们所面对的三个不同时期的龙的形象是有区别的，无足是商周古文字中龙的形象与红山文化玉龙的共同特征，但鬣、角的取舍和尾的卷曲方向却构成了二者的差异，而西水坡蚌龙则似乎与它们毫无关涉。可以说，龙的形象至少从表面上看在自仰韶时代至殷周的三千年中有了不小的变异。

事实上，这种形象差异与其说反映了时代早晚的替变，倒不如说体现了地域的区别更显客观。虽然目前我们看到的时代最早的发现于不同地点的龙都表现出源于某种实在的物种，但形象并不一致，而甲骨文及金文"龙"字所反映的龙的特征又无法归结，甚至联想到某一种动物，这些都意味着简单地类比龙为何物其实并不切实际。我们理解，龙的世俗形象，也可以说它的艺术形象乃是多种形象逐渐杂糅的综合体，而它原始的真实形象则来源于星象。殷周古文字的"龙"字真实地体现了这一点。

苍龙配属东宫，所辖七宿依次为角、亢、氐、房、心、尾、箕，各宿距星除心、尾两宿外，古今没有改变。令人惊奇的是，当我们将殷周古文字中龙的形象与东宫七宿星图比较之后发现，如果我们以房宿距星（π Scorpio）作为连接点而把七宿诸星依次连缀的话，那么，无论选用什么样的连缀方式，其所呈现的形象都与甲骨文及金文"龙"字的形象完全相同（图 6—26）。这种一致性所暗示的事实是清楚的，不仅商周古文字的"龙"字取象于东宫诸宿，甚至龙的形象也源自于此。

苍龙七宿在其形成的过程中恐怕至少有六宿是一次选定的，因为从宿名考虑，除箕宿之外，其他诸宿的宿名都得自龙体。关于这一点，我们还是先来看看古人的解释：

角 《国语·周语中》："夫辰角见而雨毕。"韦昭《注》："辰角，大辰苍龙之角。角，星名。"《史记·天官书》："杓携龙角。"知角即指苍龙之角。

亢 《说文·亢部》："亢，人颈也。"《尔雅·释鸟》郭璞《注》："亢即

---

① 濮阳市文物管理委员会、濮阳市博物馆、濮阳市文物工作队：《河南濮阳西水坡遗址发掘简报》，《文物》1988 年第 3 期。

② 翁牛特旗文化馆：《内蒙古翁牛特旗三星他拉村发现玉龙》，《文物》1984 年第 6 期。

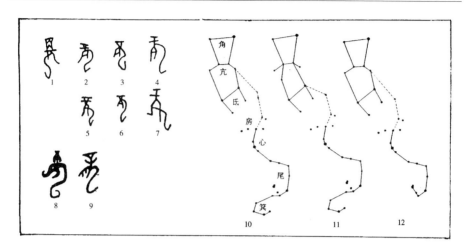

图 6—26   甲骨文、金文"龙"字与苍龙星宿之比较

1—9. 甲骨文、金文"龙"字   10—12. 苍龙星宿构想图

咽。"《一切经音义》卷二〇引《苍颉篇》："亢，咽也。"《汉书·张耳陈馀传》师古《注》："亢者，总谓颈耳。"《后汉书·隗嚣公孙述列传》："士至投死绝亢而不悔者矣。"李贤《注》："亢，喉咙也。"知亢实即龙之咽颈。

氐   《诗·小雅·节南山》："维周之氐。"毛《传》："氐，本。"《国语·周语中》："本见而草木节解。"韦昭《注》："本，氐也。"知氐之初义为本。"本"、"首"二字互训。《礼记·曾子问》："不首其义。"郑玄《注》："首，本也。"《礼记·祭义》郑玄《注》："各首其类。"孔颖达《正义》："首，本也。"知氐为龙首。

房   曾侯乙墓漆箱二十八宿名"房"作"方"。《诗·小雅·大田》："既方既皁。"郑玄《笺》："方，房也。"《书序》："乃遇汝鸠汝方。"《史记·殷本纪》作"遇女鸠女房"。知"方"、"房"二字同音互假。《石氏星经》："东方苍龙七宿，房为腹。"上古音"方"、"房"、"腹"皆属并纽，读如重唇，双声可通。《史记·天官书》："东宫苍龙，房心。"司马贞《索隐》引李巡云："大辰，苍龙宿，体最明者。"知房实指龙腹。不过房为龙腹，其名还有其星所指导的冬季盖藏的意义①。

心   《春秋经·昭公十七年》孔颖达《正义》引李巡云："大火，苍龙

---

①   冯时：《〈周易〉乾坤卦爻辞研究》，《中国文化》第三十二期，2010 年。

宿心。"知心指龙心。

尾　《左传·僖公五年》："龙尾伏辰。"杜预《集解》："龙尾，尾星也。"知尾指龙尾。尾宿今含九星，从甲骨文及金文"龙"字的形象看，当亦包括箕四星。四星相连呈簸箕之象，因而得名。《诗·小雅·大东》："维南有箕，不可以簸扬。"正合此意。因此，至迟到殷代，东方七宿已经形成。箕宿单言称箕，但在作为东宫七宿的整体的同时，已经融入了苍龙之象。《尔雅·释天》郭璞《注》："箕，龙尾。"是其证。

中国古代文献在这方面不仅提供了许多积极的证据，而且更重要的一点是，宿名的意义与苍龙形象的位置与次序均可一一对位，这种联系通过商周古文字"龙"字的字形与苍龙诸宿构想形象的对比观察已不难看清。角指龙角，亢指龙咽，氐指龙首，房指龙腹，心指龙心，尾指龙尾。尤其亢宿龙咽与氐宿龙首所呈现的先咽后首的特殊次序尽管与对动物的一般认识不同，但却是古文字"龙"字所表现的突出特征。而箕宿名称虽与龙体无关，但至迟在商周时代，它已作为龙尾融入了完整的苍龙之象（图6—26）。

孔颖达曾经这样解释苍龙七宿："角、亢、氐、房、心、尾、箕，共为苍龙之体，南首北尾，角即龙角，[尾]即龙尾。"这种观念的形成确实很古老，《周易·乾卦》所记六龙的六条爻辞明确反映了古人对于苍龙六体回天运行的完整观测结果，有关内容我们在第六章第四节已作论证。爻辞所言之"潜龙"指龙星之首伏没未出，"见龙在田"即龙星角宿与天田星一起昏见东方，"或跃在渊"指龙星诸宿尽现于东方地平，"飞龙在天"指苍龙之星横镇南中天，"亢龙"则谓龙星移过中天而西流，而"群龙无首"即指龙首之角、亢、氐诸宿重新行移到太阳附近，与太阳同出同入而伏没不见。因此，《乾卦》与《象传》所言的"六龙"显然应指角、亢、氐、房、心、尾六宿，这个文献学证据对于揭示龙本源于星象的实质是足够充分的。

综上所论可以确信，龙的原始形象乃是依东宫六宿所构成的形象，而以最早出现的距今六千年前的仰韶时代蚌龙为代表的一批证据恰好印证了这种看法。中国古人对苍龙诸宿的认识产生很早，我们在前节已经论定，西水坡星象图的苍龙之象，至少表现了后世二十八宿中东宫七宿的六宿。那么，经过三千年对天象漫长的探索过程，殷人终于完整地认识了东宫七宿应该没有问题。此外，卜辞中有关大火星的材料已十分完备，证明殷人对其周天变化规律的了解已相当精审。因此，至迟到殷商时期，人们已经全面掌握了东宫七宿也就绝非向壁之说。古人视此授时测候，于是将这个形象命之为龙。就这个意义而言，甲骨文及金文的"龙"字本身就是一幅星图。

基于这种认识，我们以为红山文化三星他拉玉龙本亦取象于星象。其与殷周古文字龙的区别主要在于尾的弯曲方向，前者内卷，后者外扬，但若舍去箕宿四星，所得图像便与玉龙形象相合了（图 6—26，12）。推测玉龙表现的星宿应始于角而终于尾。

古人授时的主星是大辰星，也叫大火星，即苍龙七宿的心宿二（Antares α Scorpio）。有趣的是，在三星他拉玉龙的身部有对钻的一孔，试验表明，以绳系孔悬垂，龙首与龙尾恰于同一水平线上[①]，说明该孔正值龙体的中心，它既可能用于系绳悬挂，又可能象征授时的主星——大火。不啻如此，发现于湖北黄梅的石龙在年代上甚至比三星他拉玉龙更早，而且龙心的上方也确实用石块摆塑着三星一组的星座。我们还能怀疑它不是古人授时测候的心宿三星吗？看来无论对于说明苍龙来源于星象抑或宿名得自于龙体，这都是再明确不过的实证了。

类似于红山文化的玉龙在殷代也有发现，或呈环状，或呈半环状[②]，但龙尾则多外扬（图 6—27），从而构成殷代龙与早期龙的最大区别。从龙星的实际形象分析，这或许可以看作殷代箕宿已并入苍龙之象的一个有益线索。

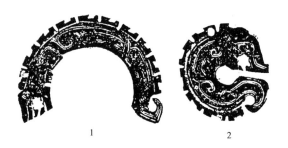

图 6—27　商代玉龙（殷墟妇好墓出土）

1. 玉璜　　2. 玉玦

殷代彝器中同时还提供了一件特别值得注意的龙形铜觚[③]，觚一端作龙首，觚面与两侧均布有纹饰（图 6—28）。面纹的主纹是自龙首引出的弯曲的

---

① 翁牛特旗文化馆：《内蒙古翁牛特旗三星他拉村发现玉龙》，《文物》1984 年第 6 期。
② 中国社会科学院考古研究所：《殷虚妇好墓》，文物出版社 1980 年版。
③ 谢青山、杨绍舜：《山西吕梁石楼镇又发现铜器》，《文物》1960 年第 7 期。

图6—28 商代龙形铜觥（山西石楼出土）

龙身，龙身自颈至尾共饰八枚星纹，其中龙身中部横列的三枚格外醒目，且三枚的中间一枚形状最大，并为强调而特意做成鋬纽，这显然象征着心宿三星。事实证明，不仅心三星，尤其是心宿二对于古人授时测候有着重要作用，而且龙的形象来源于星象也是毫无疑问的。

由于龙珠实际就是位于龙心的最明亮的一颗红色巨星——大火星，并且其具有重要的观象授时的作用，因而得到古人的格外重视。商周时期的青铜器上已不乏这种龙戏火珠的题材（图3—45），这个事实连同我们前面讨论过的所有龙与火珠的图像，都为龙取形于天象，且龙珠取于大火星的结论做了最好的注脚。原来，流传数千年的苍龙戏珠的神话，却来源于人们对龙星授时活动的一种艺术想象。

苍龙之象在西汉时期已经包容了七座星宿，这些内容在司马迁的《史记·天官书》中很容易读到，事实上，只需将箕宿在原来包含六宿的龙形基础上加以延长，便可以得到四象中以东宫七宿构成的苍龙的完整形象（图

图6—29　西安交通大学西汉墓星象图

（采自《西安交通大学西汉壁画墓》）

6—26，10—12）。现在看来，这种演变的初始时期恐怕不会比殷商时代更晚近。不过在西汉末年的一幅星象图上仍然绘有一种古老的龙形，它从角宿开始，至尾宿结束，箕宿与另一个星官傅说绘在一起，使苍龙原来只有六宿而不是七宿的形象重新得以展现（图版五，2；图6—29）。显而易见，这幅星图如果不是描述了一种很古老的形象的话，那么，整个西汉时期就都可以看作苍龙之象最终定型的前夜。

东宫苍龙星宿何以备受古人关注，并最终作为王权的象征？这其实直接来源于苍龙诸宿所具有的观象授时的重要作用。天文学是为适应农业生产的需要而产生的，在中国天文学的初创时期，龙星于黄昏横镇南中天的时候则恰值春分前后，这在黄河流域正当农业播种的理想时节。很明显，古人最初正是把昏中的龙星视为指导生产实践的标准星象。在远古社会，观象授时活动无时不被氏族的首领所垄断，这甚至成为他们拥有政治统治术的资本。事实上对于以农业经济为基础的早期社会而言，由于观象授时对于指导生产和祭祀的特殊意义，先民们早已形成了一种共守的默契：谁能把历法授予人民，谁才有资格成为人民的领袖①。这实际已使我们追寻到中国文化的这种根深蒂固的君权天授观念的渊薮。在这样的认知背景下，观测者也就与其所观测的重要的时间指示星——龙星——之间建立起了必然的联系，于是龙星理所当然地具有了君权的象征意义，而龙也自然成为了天子舆服的图像②。《广雅·释诂一》："龙，君也。"《史记·秦始皇本纪》裴骃《集解》引应劭曰："龙，君之象。"即体现了这种自观象授时发展形成的思想与制度。

"龙"字的字形是对东宫七宿中自角至尾六宿所组成的形象的写实，所以"龙"的本义实际描写的就是天上的龙星。然而古人缘何将这一形象称之为"龙"，或者说"龙"字的读音又体现了什么涵义？这是我们必须回答的问题。事实上，"龙"字读音所传达的意义非常质朴，它反映了龙星作为最重要的授时主星的尊宠地位以及先民对于由东宫六宿所构成的巨大星象的直观描述。我们知道，君主对于龙星观测的垄断不仅意味着龙星所具有的在提供先民时间服务方面的重要作用与至尊地位，而且这种至尊地位更由龙星观测乃为统治者所独享的事实而凸显了出来。换句话说，君主地位的尊宠必然决定了其所垄断的星象地位的尊宠，因此从龙星所具有的授时意义和其观测为统治者垄断的角度讲，"龙"字本应读为"宠"，其读音乃是通过尊宠之意体现出来的。《周易·师卦·象传》："承天宠也。"陆德明《释文》："宠，王肃作龙，云宠也。"《诗·商颂·长发》："何天之龙。"郑玄《笺》："龙当作宠。宠，荣名之谓。"《说文·宀部》："宠，尊居也。"段玉裁《注》："引申为荣宠。"《国语·楚语上》："其宠大矣。"韦昭《注》："宠，荣也。"又《楚语下》："宠神其祖。"韦昭《注》："宠，尊也。"知"龙"、"宠"相通，其义为尊。而在龙星形象的构成方面，龙所具有的特点也至为鲜明。在四宫授时主星所建立的四象系统中，北、西、南三宫之象都只由一二个星宿组成，形

---

① Joseph Needham，*Science and Civilisation in China*，Vol. Ⅲ，The Sciences of The Heavens，Cambridge University Press，1959.

② 冯时：《二里头文化"常旂"及相关诸问题》，《考古学集刊》第 17 集，科学出版社 2010 年版。

象甚小，而东宫龙象则由六个星宿组成，相对于其他三宫之象，形象巨大。所以"龙"字的读音也应有言其星象形体巨大的意味。在这个意义上，"龙"又与"隆"字的音义相通。上古音"龙"在来纽东部，"隆"在来纽冬部，东冬二部或主不分，则"龙"、"隆"二字读音相同。朱骏声《说文通训定声》："龙，段借又为隆。"《左传·成公二年》："围龙。"洪亮吉《诂》："《史记》鲁、晋世家并作隆。"是二字通用之证。《说文·生部》："隆，丰大也。"徐错曰："隆，生而不已，益高大也。"《周易·序卦》："丰者，大也。"所以"龙"字之读为龙，正取其星象至尊至大之意。

与龙的原始含义同样令人感兴趣的问题是它的形象演变。因为星象中的龙与艺术品中的龙往往差别很大，这个矛盾如何解释？我们其实已经通过古文字的"龙"字看到了龙的形象来源，它如果不是描绘了一种已经灭绝的物种的话，那么就显然只能是对东宫星宿所呈现的自然图像的复制和艺术化，因为我们很难在现实生活中找到类似的形象原型。然而，祭祀的需要总会要求古人把抽象的形象具体化，尤其是在文字产生之前，这种需要就更显得迫切。于是先民们便根据身边熟悉的事物而对天上的龙星进行比附。这种比附自然会反映出某些地域的差别，譬如在黄河或长江流域，人们习惯于把鳄鱼作为龙的世俗形象，河南濮阳仰韶时代蚌龙便是一尊形象的巨鳄（图6—6；图6—21）；而出土于山西吕梁的商代龙形铜觥的造型酷似鳄鱼，并且铜觥一侧的花纹也绘有鳄鱼和龙的图案（图6—28），似乎都在提供给人们一个明确的暗示：鳄确曾作为龙的艺术形象的原始雏形[①]。但是在内蒙古草原，这一形象却被人们更为熟识的马所取代，我们看到内蒙古三星他拉发现的属于红山文化的玉龙即生着扬鬃的马首（图3—25）。看来这些对苍龙星宿的自然本象所赋予的现实形象在演化为我们耳熟能详的戏珠飞龙之前，其实是千姿百态的。如果我们说一切龙的面貌都是人们对东宫七宿抽象的自然本象所赋予的现实形象，这种解释的适用性或许更广泛。显然，龙的现实形象的选择是由人们的观念和地域的差异决定的，但无论如何，商周古文字的"龙"字却真正完好地保留了龙的原始含义和原始形象。因此，中华民族对巨龙的崇拜，实际就是对东方星宿的崇拜，而这一崇拜的缘起则在于这些星宿所具有的对于远古先民的授时意义。

---

　① 杨钟健：《演化的实证与过程·龙》，科学出版社1957年版。

二、西宫白虎

四象以白虎配属西宫，所辖七宿依次为奎、娄、胃、昴、毕、觜、参，然而这种完整形式的出现，无论如何不能早过东汉，因为即使在司马迁的《史记·天官书》中，我们也找不出白虎与西宫七宿相配的任何线索。恰恰相反，虎最初只被看作是包括觜、参两宿的小象，但由于这两个星宿在古人观象授时活动中的重要作用，因而人们始终把它们视为西宫之中的主要星象。

所有早期遗物显示的四象形象的资料，都没有《天官书》的记载更有说服力。司马迁所接受的观点认为，西宫白虎其实并不指西宫七宿，而只针对觜、参两宿。从实际天象考虑，这两宿的分布是重叠的，因此完全可以相信这种说法的真实性。关于对白虎的描述，《天官书》的说法很独特：

> 参为白虎。三星直者，是为衡石。下有三星，兑，曰罚，为斩艾事。其外四星，左右肩股也。小三星隅置，曰觜觿，为虎首，主葆旅事。

张守节《正义》云：

> 觜三星，参三星，外四星为实沈，……为白虎形也。

司马迁的这段话充满了星占色彩，同觜、参两宿星图相比，参宿一至参宿三东西直列，状似秤衡，古人叫它衡石；此三星之下有三颗垂直的小星，即为罚（伐）；六星之外有四颗大星，分别为参宿四至参宿七，形像白虎四肢；在参宿四、五两星之间有三颗小星，正处虎首的位置，乃是觜宿，"觜"是"嘴"的古字，宿名的意义可能正来源于觜宿作为虎口的事实。很明显，早期的白虎之象显然仅含觜、参两宿，准确地说，古人最初很可能只把它们作为一个星座来处理。将这个形象放大观看，它实际很像是一张悬挂于天空的虎皮（图6—30），这当然也是古人把它当作白虎形象看待的理由。

由于参宿的七颗星（不包括伐三星）都是二等以上的亮星，在黄河流域冬夜的天空中非常醒目，所以古人很容易将它们联系在一起。"参"本为"三"的含义，衡石三星是与苍龙星象中的心宿三星遥相对应的授时主星，

图6—30　觜、参、伐诸星组成的白虎形象

因而成为中国古人最早辨识的星官之一，这意味着古人对白虎星象的认识年代应该与苍龙星象一样久远。

中国古人以西宫七宿的主宿觜与参作为白虎形象，这种观念至少在自西水坡星象图以后的五千年中并没有改变。得出这样的结论其实并不夸张，因为在西汉末年的星象图上，我们仍有机会看到这一古老传统被忠实地保持着①。在这幅星图中，参宿被画成一只奔跃的猛虎，猛虎前爪下有一星，头顶右上方有一星，这两颗星应该表示"左右肩股"中的两星。此外，虎背与虎尾上方尚残存连成一线的两颗星，而且按照合理的推测，在星图破损的部分中还应有一星与其相连，这三颗星应该就是被称为衡石的参三星（图6—29）。关于这一点，在稍晚的汉代美术品中也可以找到相似的表现形式（图6—31）。

西宫白虎由觜、参两宿扩展而变为七宿的形象，这种转变准确地说可能从来就没有发生过，后来人们所接受的事实如果看成是一种观念的更新，或许比简单地追求象的发展更符合实际。原因很简单，由于觜宿与参宿作为西宫七宿的主宿，因此，以主宿的形象作为西宫的形象是十分自然的。这个事实在西汉末年的星图上反映得相当清楚，我们在图上看到，自奎宿到毕宿，甚至觜宿，每个星官都具有自己独特的含义，而这些含义后来显然并没有被放弃（图6—29）。这意味着西宫白虎统辖七宿只是一种符号的延伸，而并不是形象的完善。过去某些著作曾经运用人们的想象力创造了包容西宫七宿的虎象，这种做法不仅在形象上与星官的形状难以吻合，甚至可以说几乎找不到任何文献学证据。

两周可以说是白虎之象由专指觜、参两宿到兼指西宫星象的转变时期，关于这一点，文献资料与实物证据所显示的时间略有出入。从文献考察，白虎作为西宫主象而成为四象之一显然在东周时期已经完成，而实物证据显

①　陕西省考古研究所、西安交通大学：《西安交通大学西汉壁画墓》，西安交通大学出版社1991年版。

图6—31　东汉白虎星宿石刻画像（河南南阳出土）

示，这个过程则可能更早，尽管直到西汉时期，白虎还在为时而充当着西宫之象，时而回归其觜、参本宿的形象转换着角色。

三、南宫朱雀

　　四象以朱雀配属南宫，所辖七宿依次为井、鬼、柳、星、张、翼、轸。根据古代星名的考定，柳宿八星又名"咮"，意即鸟口，星宿七星意为鸟的咽颈，张宿六星与翼宿二十二星都比较容易理解，前者意指鸟嗉，后者则为鸟之羽翅。中国古人很早是把这四宿相连，组成了一只展翅飞翔的大鸟形象（图6—32）。

　　柳、星、张、翼四宿可以视为朱雀的核心部分，它的起源恐怕可以上溯到与龙、虎同样早的时代。在濮阳西水坡与蚌塑星象图共存的另两处遗迹中，曾经发现了龙、虎、鹿、鸟和银河，这无疑也是一幅天象图。但是，这里出现的鸟到底是作为二十八宿中的哪些星官的形象，目前还不好确定，而且《尧典》中的某些记载，也使我们对鸟象形成的看法并不像我们期待的那样乐观，这些记载是与羲、和时代的各种天文传说相提并论的，原文是这样：

　　　　日中星鸟，以殷仲春。……日永星火，以正仲夏。……宵中星虚，以殷仲秋。……日短星昴，以正仲冬。

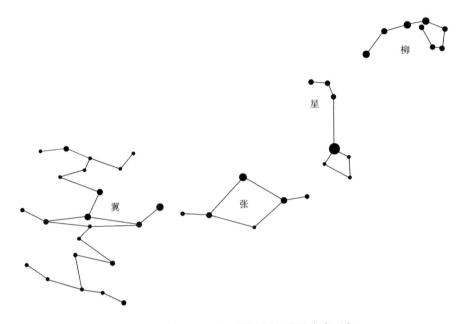

图 6—32　柳、星、张、翼诸星组成的朱雀形象

文字的大意是，当一年中昼夜长度相等的那一天到来，鸟星则在黄昏时出现在南中天，用这个天象可以校准春分。同样的道理，我们也可以用白昼最长和火星的昏中天确定夏至，用昼夜等长和虚星的昏中天校准秋分，用白昼最短和昴星的昏中天确定冬至。这四个星名，其中虚宿和昴宿都很明确，火星则被认为是心宿二（Antares α Scorpio），它们分别作为二十八宿的第五、十一和十八宿，有鉴于此，我们当然没有理由把鸟星看作是包容若干星宿在内的一种特殊形象。古代学者始终把鸟星定为星宿，即二十八宿的第二十五宿，非常合理，因为这样安排可以使星、火、虚、昴四宿分别处于它们所在各宫的中央，但是，这并不意味着在那个时代，沿赤道把周天划分为四个主要的宫——东宫苍龙、西宫白虎、南宫朱雀、北宫玄武——的做法已经形成了。

《尧典》的内容无疑保留了某些非常古老的传统，商代的甲骨文对说明这一点很有帮助，同时利用岁差来确定它的年代，也可以将对四仲中星的观测年代追溯到公元前 11 世纪以前。显然，朱雀的形象如果不是在历史上的某一时期只是作为一个单独的星官存在的话，那么至少由于鸟星乃是朱雀形象的一部分，有时是可以借朱雀（鸟）之名而独立出现的。

小山星象图似乎可以说明一些问题。鸟与鹿的并存显示了鸟象应该包括张、翼两个星官（图 3—20），因为如果将鹿视为危宿的形象的话，那么与其对应的赤道的另一端就只有这两个星宿。况且，翼宿不仅形象似鸟，而且宿名也来自于鸟翼。

朱雀的形象随着时代的推移可能逐渐有所扩展，最初由张、翼组成朱雀的做法只是朱雀形象的一种初始形态，这一点应该可以说是毫无疑问。有关的证据可以举出周代的一面铜镜（图 6—33），铜镜上布有四象，其中下方雕有朱雀[①]，它的形象显然已不是某一单独的星官所能表示的了。这种推测可以在稍晚的战国文献中得到证实，《左传》称柳宿为咮，《石氏星经》则以张宿为朱鸟之嗉，都把某一星宿视为一个完整天象的某一细部，可以认为，朱雀由四个星宿组成的完整形象在这时已经形成。

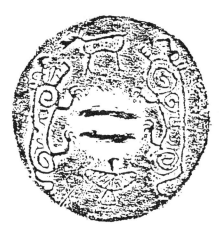

图 6—33　虢国墓出土铜镜（公元前 9 世纪中叶至前 7 世纪中叶）

古人对朱雀形象的独特想象在西汉末年的星图上依然保持着，图中将柳、星、张、翼四个星宿合在一起，画成一只淡青色的大鸟。大鸟头向西方，自鸟喙至双翼有八星相连环绕（图 6—29）。虽然星图中所绘环列朱雀周围的星宿只是示意性的，但大鸟的形象与方向却与真实天象吻合无误。

我们在这幅西汉星图上还可以看到一个重要的事实，在南宫七宿中，除柳、星、张、翼四宿组成了大鸟形象之外，至少井宿与鬼宿还应有自己独特的含义，图中将井宿绘成正方形的水井，而鬼宿则被绘成二人抬尸之状。这些形象最终显然没有也没有必要融入朱雀形象，因此，四象的确立实际只是人们有意选择了南宫诸宿中的主宿之象，而与此同时，其他星宿所固有的小象不仅未遭摒弃，反而作为与主象共存的独立星官长期承传着。

---

① 中国科学院考古研究所：《上村岭虢国墓地》，科学出版社 1959 年版。

四、北宫玄武

四象以玄武配属北宫，所辖七宿依次为斗、牛、女、虚、危、室、壁。玄武在传说中是一种龟与蛇组合的形象，从字面上理解，"玄"是颜色，"武"指实体，不过为什么古人以龟蛇合体而称为"武"，现在还不清楚。古代文献保存了一种说法，认为武有勇武之意，而龟有甲，可以防御。事实上，这种说法对于揭示玄武的本义并没有多大帮助。

1. 神鹿的由来

玄武作为四象之一，它的演变最为复杂。在战国文献中，玄武虽然已与苍龙、白虎、朱雀一起出现，但在更早的遗迹中，我们却发现被玄武取代的位置原来却是一只神鹿，而且沿着这条线索寻找下去，我们居然在与西水坡星象图有关的另一处遗迹以及小山星象图中都发现了鹿的图像。这些遗迹所暗示的事实很清楚，在四象最终定型之前，北宫的主象显然是鹿而不是龟蛇，尽管这两类动物在表面上看似乎没有什么联系，但是，假如我们从星象的形状上去考虑，或许可以钩沉出四象的这个久已失传的演变过程。

按照传统的理解，玄武之象应有虚、危二宿，在西汉星图上，这两宿相连形成了一个龟形，并在龟形中央绘有一条黑色小蛇（图6—29）。尽管龟的形象没有直接画出，但我们仍然认为这个玄武形象已足够逼真了。然而，将这幅星图与曾侯乙漆箱星图比较，我们却能看到另一幅景象。曾侯乙漆箱星图的北宫立面绘有女、虚、危三宿和雷电一星，但这里同时列出的象却是围绕危宿的两只相对的鹿，而并不是人们通常认为应该出现的龟蛇（图6—5，4）。比这更明确的证据是，年代早于曾侯乙星图的属于公元前8世纪前后的虢国四象铜镜，与朱雀相对的北方布列的也恰是鹿，而不是龟蛇（图6—33）。因此，鹿作为四象之一的事实应该说是清楚的。很明显，如果说虚宿与危宿后来真正成了玄武的化身，那么在同样的位置上，鹿的形象先于龟蛇早就出现了。

从曾侯乙漆箱二十八宿星图中北斗的指向来看，危宿是北宫的主宿，因此二鹿也应是危宿的形象，这个分析可以得到另外两个立面星图的印证。假如这一切都顺理成章，准确地说，假如中国古老的天文学确曾存在过一个以鹿作为北宫之象的时代，那么我们就应该能在文献中，而不仅仅是在实物上找到更多的线索，事实上，这些线索至今仍完整地保存在先秦典籍里。公元前3世纪中叶，《吕氏春秋》保留了一部古代月令，其中十二月纪以四季分配五灵兽，具体对应为：

　　孟春、仲春、季春：
　　　　其日甲乙，其帝太皞，其神句芒，其虫鳞，其音角。
　　孟夏、仲夏、季夏：
　　　　其日丙丁，其帝炎帝，其神祝融，其虫羽，其音徵。
　　中央土：
　　　　其日戊己，其帝黄帝，其神后土，其虫倮，其音宫。
　　孟秋、仲秋、季秋：
　　　　其日庚辛，其帝少皞，其神蓐收，其虫毛，其音商。
　　孟冬、仲冬、季冬：
　　　　其日壬癸，其帝颛顼，其神玄冥，其虫介，其音羽。

相同的内容在《礼记·月令》及《淮南子·时则训》中也可以读到。高诱对
《吕氏春秋》的解释是："甲乙，木日也。太皞，伏羲氏以木德王天下之号，
死祀于东方，为木德之帝。东方少阳，物去太阴，甲散为鳞。鳞，鱼属也，
龙为之长。角，木也，位在东方。丙丁，火日也。炎帝，少典之子，姓姜
氏，以火德王天下，是为炎帝，号曰神农，死托祀于南方，为火德之帝。盛
阳用事，鳞散为羽，故曰'其虫羽'。羽虫，凤为之长。徵，火也，位在南
方。戊己，土日。土王中央也。黄帝，少典之子，以土德王天下，号轩辕
氏，死托祀为中央之帝。阳发散越，而属倮虫。倮虫，麒麟为之长。宫，土
也，位在中央，为之音主。庚辛，金日也。少皞，帝喾之子挚兄也，以金德
王天下，号为金天氏，死配金，为西方金德之帝。金气寒，裸者衣毛。毛虫
之属，而虎为之长。商，金也，其位在西方。壬癸，水日。颛顼，黄帝之
孙，昌意之子，以水德王天下，号高阳氏，死祀为北方水德之帝。介，甲
也，象冬闭固，皮漫胡也。甲虫，龟为之长[①]。羽，水也，位在北方。"俱以
十干、五帝、五佐、五虫、五音配属五方。很明显，春配鳞虫，鳞虫为龙属
东方；夏配羽虫，羽虫为鸟属南方；秋配毛虫，毛虫为虎属西方；冬配介
虫，介虫为龟属北方。正是四象的完整配置。值得注意的是，月令在季夏之
后列有中央一方，以倮虫相配，倮虫即为麒麟。这样，五兽配属五方的形式

---

① 原文脱，此据《淮南子·时则训》高诱《注》补。

便告完成了。

麒麟作为四灵兽之外多出的一兽，最初显然就是北宫的象征，后来只是由于北宫为玄武所代，于是才以麒麟转配中央。这种转变的文化史意义似乎比它的天文史意义更重要。"麒"、"麟"两字都以"鹿"字作为形旁，可见它与鹿确有某些相同之处。《尔雅·释兽》："麐，麇身，牛尾，一角。"《公羊传·哀公十四年》："麟者，仁兽也。"何休《注》："状如麇，一角而戴肉。"知其形像鹿，头生一角。《淮南子·时则训》高诱《注》释中央倮虫谓："羽落而为赢，赢虫麟为之长。"正以麒麟释倮虫。令人惊奇的是，不仅曾侯乙墓漆箱星图中绘于北宫立面的神兽头生一角，甚至虢国铜镜作为北宫之象的鹿以及西水坡遗址第二组蚌塑遗迹中出现的蚌鹿，头上也都无例外地生有一角，因此完全有理由将它们确认为麒麟。小山星图中鹿的形象是确定无疑的（图3—20），但在其他星图上，取代鹿的动物则更像麒麟，显然鹿可以看作是麒麟的原始形象。这使我们相信，尽管麒麟禀承了鹿的形象而转化为仁兽的时代我们还不清楚，但它作为危宿之象的历史却是十分悠久的。

西汉时期的天文学显然已经以玄武取代麒麟而作为北宫的主象了，这在像《史记·天官书》一类的西汉典籍中反映得已很清楚。但是作为一种悠久的四象传统，不论解释为固有观念的长期影响，还是习惯性的惯性表述，麒麟作为北宫之象的做法在当时并没有彻底消失，这使我们有机会感受这个四象转变的关键时期的关键步骤。

大约属于西汉中期昭宣时期的卜千秋墓壁画描绘了这一古老的四象传统。壁画绘于墓室顶脊，东为日，西为月，因此这部分壁画的内容显然是表示天宇星辰。日月之间绘制的四组主兽最引人注意，即双龙、白虎、朱雀和麒麟（图6—34）①。青龙与麒麟均有两只，二龙表示一雄一雌，二麒麟应与此同意②。二麒麟俱生双翼，一跃于前，无角；一居于后，头生一角。正示麒麟牝牡之别。《说文·鹿部》："麒，仁兽也。麇身，牛尾，一角。"又云："麐，牝麒也。"《汉书·司马相如传》引《上林赋》云："其兽则麒麟角端。"张揖《注》："雄曰麒，雌曰麟。"郭璞《注》："麒似麟而无角。"郭注异于许

---

① 洛阳博物馆：《洛阳西汉卜千秋壁画墓发掘简报》，《文物》1977年第6期。简报将麒麟定为枭羊，似误。

② 孙作云：《洛阳西汉卜千秋墓壁画考释》，《文物》1977年第6期。

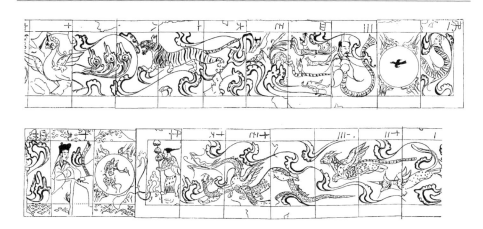

图6—34　西汉卜千秋墓壁画（洛阳发现）

说，本诸《尔雅》。然麒麟源于鹿，而《尔雅》未收"麒"字，以"麟"通释麒麟，不分牝牡，故郭说为误。是知麒为雄而头生一角，麟为雌而无角。以此比之卜千秋墓壁画，居前者为麟，居后者为麒，若合符节。这种将麒麟成对布列的形式，与曾侯乙二十八宿漆箱北立面星图双麒麟的刻画可相互印证。此墓麒麟与东宫青龙、西宫白虎、南宫朱鸟共绘于一图，其为北宫之象明矣。

　　考古学所提供的另一条晚期证据是一件出土于新疆维吾尔自治区民丰尼雅遗址1号墓地8号墓的彩锦护膊[1]。这种织锦之所以引人注意，原因在于上面织有两行相同的文字："五星出东方，利中国。"这句星占用语与汉代的同类史料可以对观。《史记·天官书》云：

　　　　五星分天之中，积于东方，中国利。

《汉书·天文志》也因袭了这条史料。因此，织锦上出现的这句有关行星占验内容的占辞表明，护膊的性质可能与天文占验有关。其实，这件织锦的独特价值并不仅仅在于它上面的星占文辞，更重要的还在于锦面上绘制的青龙、白虎、朱雀和麒麟四组动物（图6—35）。麒麟像鹿，双翼，头生一角，其与青

---

　　① 国家文物局、中国历史博物馆：《中国古代科学技术文物展》，朝华出版社1997年版；新疆文物考古研究所：《新疆民丰县尼雅遗址95MNI号墓地M8发掘简报》，《文物》2000年第1期。

图 6—35　汉代锦质护膊（新疆民丰尼雅遗址 M8 出土）

龙、白虎、朱雀三灵同时出现而作为赤道宫的象征，也是麒麟为北宫主象的明确证据。护膊的时代可能属于东汉时期，看来在玄武之象取代麒麟作为北宫之象以后，原有的四象体系在边疆地区较中原还有更长时间的沿袭。

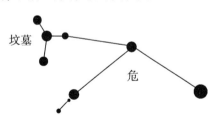

图 6—36　危、坟墓诸星组成的麒麟形象

危宿具有麒麟之象的原因同样不能脱离星象的形状来讨论，如果我们把危宿三星包括它的附座坟墓四星看成是头生一角的麒麟（图 6—36），恐怕并非全无道理。这个形象在中国早期天文学的发展时期曾长期存在，当玄武取代麒麟作为北宫之象后，它曾在一段时间内被古人用来配属中央宫，后来又被黄龙形象短暂地替代了。然而，这两个形象毕竟都不是直接来源于中宫星象，因此它们后来虽然被五行家所继承，但在中国天文学体系中却很快消失了。

麒麟形象在中国早期天文学中并不是始终作为北宫的象征，在完善的天官体系形成之前，它只是代表一个星官的形象。然而古人何以对它如此重视？原因就在于危宿恰恰处于一个赤道宫的中心点上，这个位置对于古人观象授时无疑是重要的。利用岁差的计算可以得知，大约六千年前，当大火星（心宿二）位于秋分点的时候，危宿恰在日落之后处于南中天的位置，这种观测方法对后来《尧典》的四仲中星的描述产生着直接影响。我们知道，当恒星位于分至点的时候，实际是指太阳在这些节气所在的位置，而那些作为背景的星当时是看不到的。中国古代天文学家的基本观测之一，就是在日没后或日出前对南中星的观测，每三个月的周日运动则相当于周年运动的一个象限，这意味着恒星与分至点在天球上做着有规律的变位移动，现在冬至日午后六时上中天的宿，就是下一个春分日正午太阳所在的位置，这种位移全部在天极和赤道坐标的框架体系中进行，而且完全符合中国传统天文学的特点。中国古代解决恒星与太阳的相对位置的问题，所用的方法之一就是通过可见天体的位置来推断不可见天体的位置，而大火与危宿却都恰好处于两个象限宫的中心。

2. 灵龟与蛇

古人以麒麟象征北宫的做法看来确曾发生过，只是在一段时间之后，这个形象被玄武取代了。玄武为龟蛇合体，而虚、危两宿的逐渐完善，显然是龟象形成的基础，这一点在西汉星图中表现得已相当清楚。一般认为，龟的形象虽然很容易由虚、危两宿的结合而产生，但蛇的形象则可能另有来源，它与龟互配为玄武，时间也要更晚。我们在虚、危以北的天区可以找到由22颗星组成的名为腾蛇的星官，它可能最终被移用于北宫之象，与龟共同组成了玄武（图6—37）。

以玄武作为四象中的北宫之象，最早只能追溯到西汉初年淮南王刘安所撰的《淮南子》，因此，龟蛇合体的玄武形象很可能是在西汉初年或稍前的一段时间内完成的。由于这一时期的文献资料较为丰富，使我们更清楚地意识到，四象在最终确立之前，经历了非常迅速的演变。

我们必须重新回顾一下那幅著名的西汉星图（图6—29）。我们看到，在虚、危两宿之外，北宫中的其他星官都依然保持着自己独特的形象和意义，这些小象显然并没有因为玄武最终成为北宫的主象而遭淘汰。所以，同另外三宫一样，北宫玄武作为四象之一也只是将虚、危两宿特别强调的结果，这种做法本身所揭示的则是四象星官最初作为观象授时的重要星象的古老含义。需要特别强调的是，无论早期的麒麟还是晚期的玄武，北宫之象这种区别于其他三宫的双兽的安排，都体现了时空体系与阴阳观念的结合。

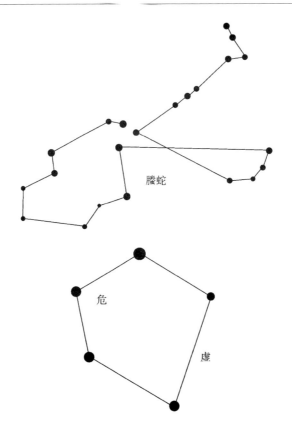

图 6—37　虚、危、腾蛇组成的龟、蛇形象

现在我们已有能力将四象的起源、演变与定型排列出一张具体的时间表：

时代	资料	东宫	西宫	南宫	北宫	中宫
约公元前 48 世纪	小山陶尊			鸟	鹿(麟)	
约公元前 46 世纪	西水坡蚌塑遗迹	龙	虎	鸟	麟	
公元前 9—前 7 世纪	虢国铜镜	龙	虎	鸟	麟	
公元前 5 世纪末	曾侯乙星图	龙	虎	(鸟)	麟	
公元前 3 世纪中	《吕氏春秋》	龙	虎	鸟	龟	麟
公元前 2 世纪中	《淮南子》	龙	虎	鸟	玄武 (龟蛇)	黄龙

| 公元前 1 世纪初 | 《史记・天官书》 | 龙 | 咸池 | 鸟 | 玄武 |
| | | | （虎） | | （龟蛇） |

通过这份时间表可以看出，大约于公元前五千纪的中叶，小山及西水坡星象图几乎同时显示出龙、虎、鸟、麟（鹿）四象已经形成，这个传统后来可能一直保持到战国时期，我们在周代的铜镜以及曾侯乙墓漆箱星图中都可以看到这个古老四象体系的延续，而且由于这个传统的四象观念源远流长，甚至在一个新的四象体系形成之后仍不能完全消除它的影响，以至于我们在卜千秋墓壁画等西汉时期的天文遗存中依然有机会看到这个古老体系的孑遗。公元前 3 世纪中叶，《吕氏春秋》显示了一种奇特的变化，麒麟不仅为灵龟取代，而且开始转配中宫。至公元前 2 世纪中叶，以龙、虎、鸟、玄武为代表的新的四象体系基本定型。

我们注意到，公元前 8 世纪以前的考古资料及文献资料并没有反映出四神是否作为四个赤道宫的象征，但是在此之后，二十八宿平均分为四宫的形式显然已经建立。在一个漫长的演化进程中，玄武的出现是四象体系最终定型的重要标志，因此可以认为，四象与二十八宿配合的完整形式是在公元前 3 世纪中叶至前 2 世纪中叶的百年时间内完成的。

现在我们知道，中国传统天文学的所谓四象，其实并不是东、西、南、北四宫中的七个星宿构成的形象，而是古人对各宫主宿形象——授时主星——的提升。这种做法显示了四象体系的古老渊源，同时也为我们提供了利用早期授时星象估算四象起源年代的可能性，这个时间在今天看来无论如何不能晚于公元前 4000 年，因为当时的实际天象表明，心宿、参宿、张宿和危宿基本上位于二分点与二至点上，而这四宿所呈现的龙、虎、鸟、麟四象在西水坡遗迹中都已出现。毫无疑问，这四个星宿由于直接服务于古人观象授时的需要，因此对后世四象体系的形成产生了重要影响。

第六节 天文星图的产生与发展

星图作为古人对星象的一种客观记录，它的历史肯定不会比古人对星象的认识更悠久。公元前五千纪已经出现了比较准确的星图，这一点在今天看来并不是奇闻。考古学提供了许多可供研究的资料，这些资料对于建立一部星图的发展史几乎是绰绰有馀的。

　　最早出现的星图以象为主，准确地说应该称之为星象图。这类星图虽然一般只在墓葬中发现，但它的作用却并不仅仅是为了装饰，从中国天文学的官营性质与宗教传统考虑，星图的安排应该反映着死者身份的重要象征及灵魂升天的宗教追求。古人摒弃象的概念而只取星官的做法出现相对较晚，它是天文学发展到一定阶段的产物。在星象图经历了漫长的发展之后，才逐渐形成了一种能够准确描述星座位置和星数的星图。史实表明，星象图在向星图演变的过程中，这两类图形曾经在一段时间内是并行发展的。

一、圆式星图

　　中国最早的星图大概起源于所谓的"盖图"，这个推测现在已为最新的考古资料所证实。盖图是为解释盖天说而设计的一种图形，它由两幅图叠合而成，下图绘成黄色，以北极为中心绘有二分二至的日行轨迹，其中标明北斗和二十八宿等星象；上图绘成青色，以观测者的位置为中心绘一大圆，表示人的目视范围。将上下两图贯穿两个极点相互叠合，青图透视下的黄图部分就是在该地观测者所见的星空。如果把黄图绕北极逆时针旋转，在青图内就可以看到变化的星空（图6—38）。这种盖图源于古人对星象的直观认识，由于它是星图产生的主要来源，而且星图本身又呈平面，所以直至隋代还依然有人把这种以北极为中心的星图称为盖图。

　　时间约属于公元前4500年的西水坡星象图显然是以盖图为基础设计的（图6—6），这或许可以作为中国古代以盖图方式绘制星图的渊源。因为将墓穴形状复原的结果，不仅可以感受到天圆地方的象征意义，甚至全部星象都可以容纳在黄图之内。因此，这实际是一幅以北极为中心的龙虎二象北斗星象图。

　　汉代人虽然已经成为制作星图的能手，但是当时绘制的全天星图，除了今天能在一些墓葬中偶得一见外，几乎没有保存下来。东汉末年，蔡邕在他的《月令章句》中对当时天文史官使用的星图做过一些较详细的描述。《月令章句》卷上云：

　　　　天者，纯阳积刚，转运无穷，其体浑而包地。地上有一百八十二度八分之五，地下亦如之。其上中北偏出地三十六度，谓之北极星是也。史官以玉衡长八寸，孔径一寸，从下端望之，此星常见于孔端，无有移

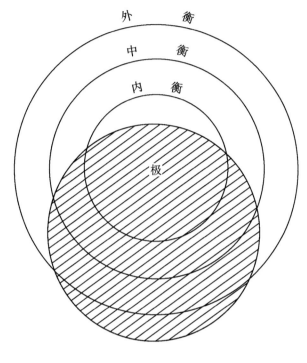

图 6—38 盖图

动,是以知其为天中也。其下中南偏入地亦三十六度,谓之南极,从上端望之,当孔下端是也。此两中者,天之辐轴所在,转运所由也。天左旋,出地上而西,入地下而东。其绕北极径七十二度常见不伏①,官图内赤小规是也;绕南极七十二度常伏不见,图外赤大规是也;据天地之中而察东西,则天半见半不见,图中赤规截娄、角者是也②。

根据这些记载我们知道,蔡邕所见的这种星图同样是一种以北极为中心,并用红色绘出三个不同直径的同心圆的盖图式星图。蔡氏把这三个同心圆依次叫作内规、中规和外规,内规是最内的以北极为中心、直径 72 度的小圆,它代表北纬 55 度有馀的赤纬圈,其中的天区在北极附近,对中原地区(约

---

① 《北堂书钞》卷一百五十二引作"其绕北极七十度常见不伏"。
② 据《开元占经》引。

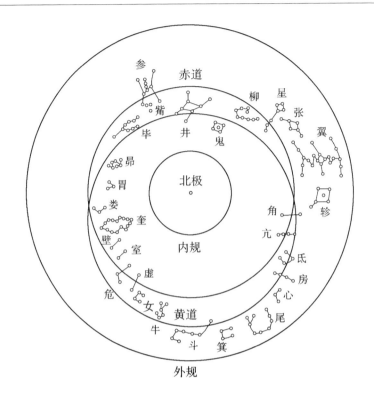

图6—39 东汉官图

北纬36度）的观测者而言，这部分天区内的星象围绕北极的周日旋转总在地平线以上，所以内规又称恒显圈。外规是最外的大圆，它代表南纬55度有馀的赤纬圈，这个纬度以南的天区，对于中原地区的观测者来讲是完全不能看到的，由于这部分天区总在地平线以下，所以外规又称恒隐圈。中央的中规则是赤道，代表距南北两极相等的赤纬圈。蔡邕在他的描述中没有提到黄道，但是星图中绘有二十八宿，而且有"中赤规截娄、角者是也"的记载，因此图上也应绘有黄道。

根据蔡氏的遗文，我们可以复原当时的星图（图6—39），这种星图除绘有二十八宿星官之外，也应包括中外星官等。东汉的班昭、马续在续修《汉书·天文志》时曾经说道："天文在图籍昭昭可知者。"蔡邕记载的星图或许正反映了当时星图的原貌。其实，这类星图无非是对早期盖图的进一步完善而已。

比蔡邕所记更早的星图在西汉时期就已经出现了，我们今天所能见到的一种圆式星图（盖图）大概属于西汉末年的作品，这或许可以部分地印证蔡邕星图的真实性。这幅星图于 1987 年发现于西安交通大学校内的一座西汉墓葬①，星图绘于墓室顶部，南北分列日、月，日、月之外绘有由两个巨大的同心圆组成的环带，环带内布列二十八宿星象（图 6—29）。与蔡氏星图相比，两个同心圆显然不能视为有与内外规相同的含义，由于它明确勾勒出了二十八宿的区域，因此更合理的解释是将其看作二十八宿宿带，也就是黄赤道混合带。然而，星图虽然只绘有日、月和二十八宿，但作者力图以此象征全天星象这一点是不容怀疑的，所以，我们完全有理由将这幅星图视为具有示意性的圆式全天星图。

这幅星图的绘制很有特色，其中突出的一点是，星图作者将天文知识与神话传说巧妙地结合在一起，将各个星宿融于相关的人物、动物之中，使画面完整，准确生动。譬如在实际天象中，箕宿之后有傅说一星，傅说原为商代傅岩从事版筑的奴隶，后商王武丁托梦擢其为相，成为治理天下的贤臣。傅说死后升天，庄子说他"乘东维，骑箕尾而比于列星"，而星图中则在箕宿四星之后绘有盘坐的一人，象征傅说；斗宿、毕宿的定名都取自器具，星图作者也在绘制两宿时绘出了持器的人物。此外，星图开始使用以直线连接相关恒星的方法来表示中国的传统星官，在中国古星图的绘制历史上，这是一个极其重要的开端。

事实上，这幅星图的重要性并不仅仅局限于它独特的绘制方法，更重要的还在于它所表现的星象本身。星图中的牛宿绘成一人牵牛，女宿绘成织女，使人明显看出牛、女两宿有自牵牛、织女二星转化的痕迹。星图作者将觜宿配以鸥鹑，鬼宿内因有积尸气，于是将此宿绘成二人抬尸。这些星象所反映出的星宿的古老含义，对探索二十八宿宿名的来源与演变很有帮助。同时，星图所提供的有关中国传统四象的起源与发展的线索也颇具启发，这些话题我们在前节已经谈过。

西汉时期的天文学门派众多，星图的绘制也很零散，东汉张衡所铸的铜质浑象在汉末战乱时早已散失，仪器上的星官名称和数目也没有保存下来，同时，新的观测仪器在当时大量制造，促进了恒星观测的进步，新旧天文学经验和成果都亟待总结。到三国时期，东吴的天文学家陈卓终于完成了这项

---

① 陕西省考古研究所、西安交通大学：《西安交通大学西汉壁画墓》，西安交通大学出版社1991 年版。

工作，他所确定下来的星图形式，特别是经他综合而成的星官体系，对后来天文学的发展产生了深刻影响。这种天文学逐渐科学化的倾向，使得早期天文星图中普遍流行的象的内容，在南北朝以后近乎彻底地得到了净化。目前我们所见到的发现于河南洛阳的北魏元乂墓星图[①]，已完全采用圆点标星的方法，恒星数目达三百馀颗，所绘星官数与星数都较旧有星图大为增加，恒星与银河的位置也相对比较准确（图版五，1；图 6—40）。重要的是，这幅星图所绘的星象不仅代表了一个象征性星空，而且也是当时的实际星空[②]，它与早期星图强调装饰性和示意性的特点大相径庭。假如不将象征性很强的古代星象图计算在内，那么我们几乎可以认定，这幅北魏星图乃是一切文明古国流传下来的星图中的最古老的一种。

透过这幅难得的北魏星图，似乎可以看到自汉代以后逐渐完善起来的一系列科学的星图作品，东汉蔡邕的官图我们已不陌生，陈卓本人也曾以他建立的 283 官 1464 颗恒星的星官体系为基础构制了星图，并附有占星家评注的说明。这个体系很快便被南朝刘宋太史令钱乐之所采纳，使他在于元嘉年间铸造的一具铜质浑象上，放心地运用红、黑、白三种颜色标识区别三家天文学派的星，而且每种的总数都与陈卓的星数相符。隋文帝平灭陈国后，得到了钱乐之传下来的浑象，于是命令当时的天文学家庾季才、周坟等人，在此基础上对北周、齐、梁、陈各朝，以及此前的祖暅之等人所藏官方和私家旧式星图的大小和准确性进行校订，依照三家星官的星位构制了一幅圆形星图。这幅星图绘有黄道、赤道、上规（恒显圈）、下规（恒隐圈）及银河，并附有二十八条经过二十八宿距星的经度线，可以说完全具备了星图的基本内容。

战国以前，中国的传统星官分属三家，其中巫咸是商代的占星权威，另外两家则是战国时代齐国的甘德和魏国的石申夫。这三家星官代表了不同的星占流派，如巫咸一派占有大理、御女等星，甘氏一派则有尚书、阴德等星。因此，各家不同的占星对象实际反映了不同流派对星官做出的扩充。南朝钱乐之绘成的经过改进的星图采用了以三种不同颜色指示三位古代占星家所测定的星的做法，石申夫用红色，甘德用黑色，巫咸用白色，但是在此之前，北燕太平七年（公元 415 年）冯素弗墓天象图中，恒星实际已经使用

---

① 洛阳博物馆：《河南洛阳北魏元乂墓调查》，《文物》1974 年第 12 期。

② 王车、陈徐：《洛阳北魏元乂墓的星象图》1974 年第 12 期。

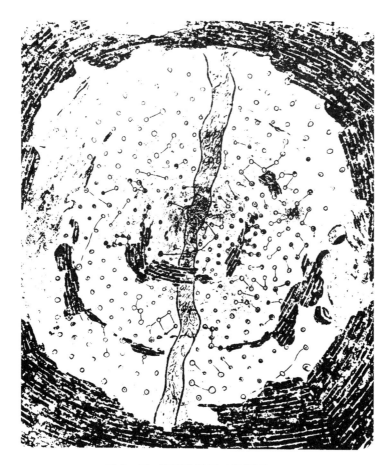

图6—40　洛阳北魏元乂墓星图

黄、红、绿三种颜色标示了①。由此看来，这种方法可能早在陈卓的星图中就已经开始使用。分色标星的目的既不是出于对科学史有任何特殊的兴趣，也与实际观测到的恒星颜色无关，而是由于人们相信三家天文学派的占验方法不同，所以必须知道哪些星本来属于哪一种体系。这个传统在敦煌文书保留的天文文献中仍然可以看到（图6—41）。

　　至少从西晋时代开始，中原的天文学知识已经明显对周邻地区产生了影响，目前发现的高句丽墓葬中已有多座于墓室穹窿顶中央绘有四象和北斗、

① 黎瑶渤：《辽宁北票县西官营子北燕冯素弗墓》，《文物》1973年第3期。

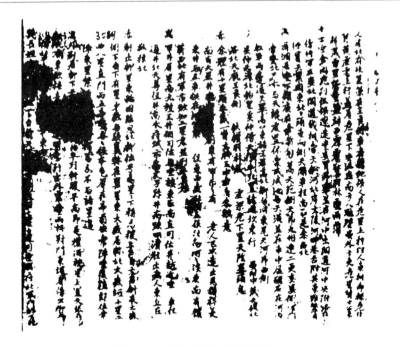

图 6—41　敦煌卷子《玄象诗》

南斗等中国传统星官①，而远及西陲的西域地区也出现了相同的情况。属于
新疆麴氏王高昌国时期（公元 500—640 年）的绢制星图②，中央绘伏羲、女
娲交尾图，四周画满连线星座和日月图像（图 2—4）。图中伏羲执矩，女娲
执规，规矩都是指天画地的工具。这种绢制星图目前已发现不止一幅③，它
们原本都钉于墓顶，显然具有象征天象的意义。

　　新疆出土的另一幅星图大约完成于公元 8 世纪中叶④。星图绘于墓室顶
部，四周用白色绘出二十八宿，每个星官都由白线连接。东部箕、斗两宿间
绘有红色的太阳，内饰金乌；西部鬼、柳两宿间绘有白色的月亮，内饰桂树
和持杵的玉兔，满月旁边附有残月，象征朔望。中央绘五大行星，与日、月
同象七曜。自尾、箕两宿间至昴、毕两宿间贯穿数条白线，象征银河（图

　　①　池内宏、梅原末治：《通沟》，1940 年。
　　②　《旅顺博物馆图录》，1944 年。
　　③　黄文弼：《吐鲁番考古记》，中国科学院 1954 年版。
　　④　新疆维吾尔自治区博物馆：《吐鲁番县阿斯塔那—哈拉和卓古墓群发掘简报》，《文物》1973
年第 10 期。

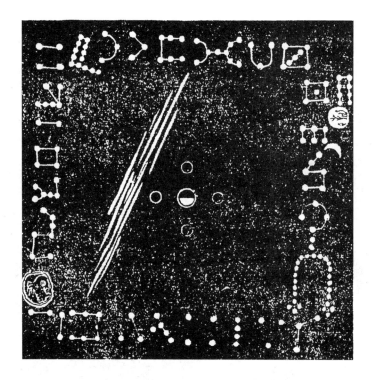

图6—42　唐代天文图（新疆吐鲁番阿斯塔那墓葬发现）

6—42）。这幅示意性星图描绘的内容完全来源于中原地区的星象知识和神话传说，明确反映了两地之间密切的文化联系。

　　唐代天文学水平的大大提高同时造就了一批高水平的星图，然而，尽管我们今天有机会看到一些弥足珍贵的星图作品，但是圆式全天星图迄今却一直没有发现，不过通过目前留存下来的公元10世纪的星图可以看出，唐代已经出现科学的圆式星图是没有问题的。后晋天福七年（公元942年）刻绘的石制星图出土于杭州的五代吴越国钱元瓘的墓葬[①]，图中画有内规、外规和赤道，外规之外还有重规，外规与重规之间原应标有星宿距度，大概在刻制时省略了。星图中央刻拱极星，包括北极、勾陈、华盖和北斗，周围刻有二十八宿，星与星之间用双线连接（图6—43）。钱元瓘的次妃吴汉月的墓葬

---

　　①　浙江省文物管理委员会：《杭州、临安五代墓中的天文图和秘色瓷》，《考古》1975年第3期。

图6—43　五代吴越国钱元瓘墓石刻星图（杭州出土）

也在杭州发现[①]，与钱氏墓内的情况一样，墓中后室的顶部同样契刻有石刻星图（图6—44）。此图的成图时间虽比钱元瓘墓星图早17年（后晋广顺二年，公元925年），但除省略了赤规和个别星宿外，与钱氏星图几乎没有差异。两幅星图尽管都未绘出二十八宿距星的经度线，然而图中所表现的二十八宿位置及距度均相当准确。星图的观测地点应在北纬37度左右，同时图

---

　　① 浙江省文物管理委员会：《杭州、临安五代墓中的天文图和秘色瓷》，《考古》1975年第3期。

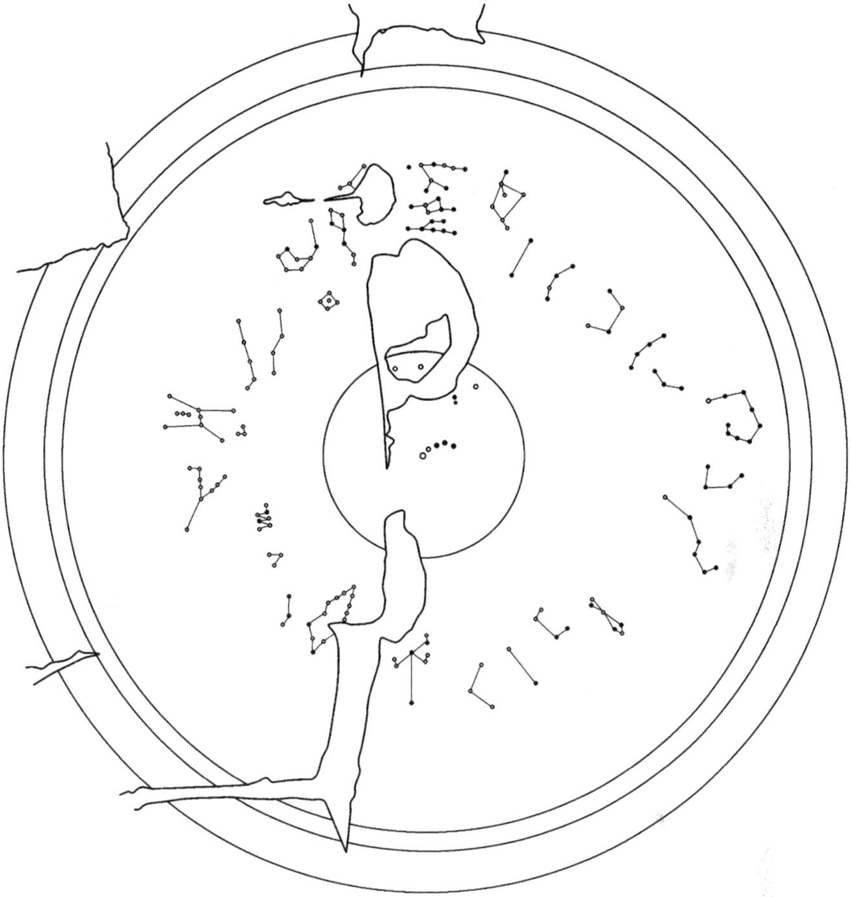

图6—44　五代吴越国吴汉月墓星图（杭州出土）

中又以隋唐时代的极星天枢作为真天极的位置，天枢与天球北极最接近的年代约为公元850年，而自隋初至9世纪中叶的二百馀年之内，对恒星的观测活动主要集中在开元年间（公元713—741年），其后直到钱氏下葬之时，并无大规模的观星之举。这些都显示了星图并非当时当地的观测结果，因此，星图所依据的底本显然是一幅完成于唐代开元年间的星图①。

如果说囿于某种原因使我们至今还没有在唐代找到更为理想的星图范本的话，那么进入五代以后，精确的天文星图的出现便不再成为问题。这

---

① 伊世同：《最古的石刻星图——杭州吴越墓石刻星图评介》，《考古》1975年第3期。

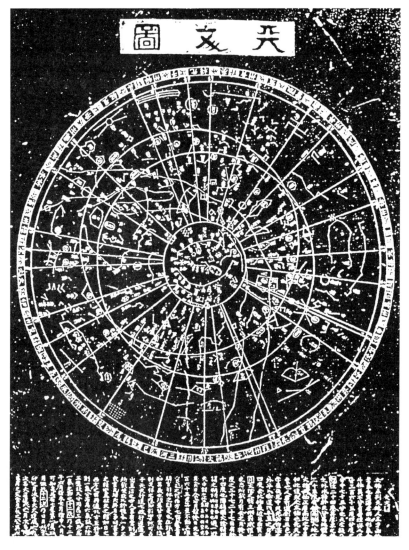

图 6—45 苏州南宋石刻星图

些星图与其说是在唐代星图的基础上完善的，倒不如说是直接承传了早期
的作品，因为在年代上二者是如此接近，恐怕不能相信在如此短的时间内
星图质量会有什么大的改观。因此正如上面谈到的那样，我们可能有机会
在后代的星图上看到前人的某些成就。其实对于一部传承有序的恒星观测
历史来说，这种现象并不奇怪，正是由于一代又一代人不断总结了前人的
观测经验和成果，才使中国传统的圆式全天星图的绘制到两宋时期达到了

相当高的水平。

今天保存在苏州市博物馆的由黄裳于公元 1190 年左右绘制的星图，使我们看到了一幅近乎完美的中古时代的星图作品（图 6—45）。星图后来由王致远刻于一块石碑的上方，下方则镌有一篇介绍中国古代天文学的长铭。星图以北极为中心布有内规、外规、赤道、黄道和重规，同时刻有银河和二十八条经过二十八宿距星的经度线，外规与重规之间还列有二十八宿距度、十二辰、十二次和分野，分别与二十八宿相对应。全图共刻恒星 1343 颗，位置不仅准确，甚至自公元 11 世纪以后的两次著名的超新星爆发，在星图上也都迅速地得到了反映[①]。尽管星图的缺陷不可避免，但是它已充分体现了天文学作为一门科学的真正价值，成为当时一种学习或研究天文学的教本了。

二、横式星图

我们所看到的显然是一种颇为悠久而且持续不断的天文制图传统，事实上，这种传统至少从西水坡出现的原始星图开始，就基本上沿着一种以北极为中心的圆式盖图的形式发展着，它的绘制方法是把全天星象投影在一个圆形的平面上。但是，由于早期人类并不懂得投影原理，所以在一幅以赤极为中心的圆形星图上，赤道当然应该绘成正圆形，黄道由于不与赤道等距，应该绘成扁圆形，而古人竟也错误地把它画成了正圆。这个缺点直到唐代才被僧一行识破，当时他为研究月亮出入黄道的情形画了三十六幅星图，在实际测绘中，他发现传统的黄道画法与实际情况颇有出入，但是这个意见在后代圆式星图的绘制中却并未引起人们的注意。盖图本身存在的这种投影上的缺陷，使星图上位于赤道以南的星官形状变形很大，本来越到南天的星彼此相距应该越近，但在星图上却反而越远。为弥补这个不足，古人开始采用以直角坐标投影的方法，将全天星官绘成长方形的横图。这种横式星图虽然至迟出现在隋代，但是西汉以前的人们显然已经对其绘制方法进行了探索。

最早的横式星图在与西水坡盖图几乎相同的时代就已经出现了，时间大约距今六千馀年。星图绘于一件陶尊的腹部一周，上绘猪、鹿、鸟，分别象征北斗、危宿、张宿和翼宿（图 3—20）。星象的位置虽然谈不上准确，但它

---

① 席泽宗：《苏州石刻天文图》，《文物参考资料》1958 年第 7 期；潘鼐：《苏州南宋天文图碑的考释与批判》，《考古学报》1976 年第 1 期。

所表现的授时意义是足够清楚的。当然，星图的这种画法肯定不是因为当时的人们意识到了圆式盖图在表现星官位置上存在着某种缺陷，而只是为尽可能地适应陶器的形制。

战国曾侯乙漆箱星图于盖面的二十八宿之外，三个立面也同时绘有三幅写有不同星官的横式星图。第一图绘于盖面二十八宿东宫向立面，星图以曲线隔为三区，主区绘有心宿，心宿的中央一星被一正书的火形符号框住，明确提示它就是大火星；心宿右下副区绘房宿距星，左下副区绘尾宿距星，简列两距星以象征两宿（图6—5，2）。第二图绘于盖面二十八宿西宫向立面，星图分为四区，主区绘有觜宿和参宿，并叠绘一觜觿形象；参宿右侧副区绘毕宿距星，兼指毕宿；参宿左上副区纵列二星，位置正合井宿，上星为井宿距星，此星正值黄道，所以特别画出，下星为井宿古距星，古人以此二星代表井宿；左下副区绘天狼星，它是星空中最亮的恒星（图6—5，3）。第三图绘于盖面二十八宿北宫向立面，星图分为二区，主区绘有二麒麟，首足相对，其间纵列三星，当为危宿，右麒麟后纵列二星，恰合虚宿，左麒麟后列有一星，可能系雷电六星之一；副区绘女宿距星，兼指女宿（图6—5，4）。

将曾侯乙漆箱上的这四幅星图对观便能发现，每个立面星图中安排的星象恰恰就是盖面星图中北斗所指的星宿。由于北斗指向东宫的心宿、西宫的觜宿和北宫的危宿，因此，三立面星图实际反映了这三宿附近的实际星空。

我们把三立面星图表现的星宿整理如下：

东宫立面：房、心、尾
西宫立面：毕、觜、参、井、天狼
北宫立面：女、虚、危、雷电

如果排除天狼和雷电，那么三立面星图正反映了中国传统的十二次中的三次，即大火、实沈和玄枵。这些星象与《汉书·律历志》的记载完全一致，以玄枵为例，《律历志》记"终于危十五度"，而以此度数正能找到雷电的某颗星。因此，这三幅星图为我们提供了目前所见最早的有关十二次的形象记录。

曾侯乙星图的绘制不仅以圆点标示恒星，而且已开始以圆点大小的不同来区别恒星的亮度，如心宿二（Antares α Scorpio）、参宿七（Rigel α Orion）、井宿三（γ Gemini）、危宿三（ε Pegasus），都是各自星座中最亮的

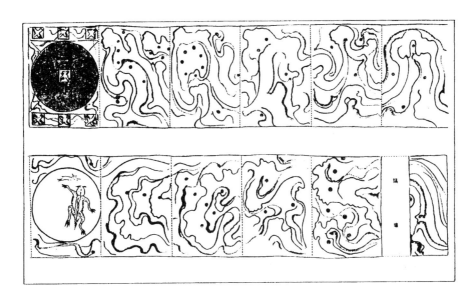

图6—46　西汉横式星图（洛阳发现）

星，因而所绘星点也最大，这与现代天文星图以圆点的大小区别星等的做法
完全一致。星图中标示的恒星位置及星数已比较准确，同时还采用了以曲线
分隔不同星座的方法，这些曲线有与现代星座界线相似的意义。毫无疑问，
至迟在公元前5世纪，中国已经出现了表达较为准确的横式天文星图。不过
令人遗憾的是，中国古人后来在更加注重观测恒星的位置和数量的同时，却
渐渐地把曾侯乙星图所表现的某些优良方法几乎彻底地遗忘了。

　　西汉时期也曾出现过一种不同于盖图的横式星图，见于1957年河南
洛阳发现的一座西汉壁画墓①。这幅星图绘有日、月和恒星，但是由于过
于简单，除北斗之外，其他星象的认定还有困难（图6—46）②，不过从以
圆点标示恒星的做法看，它显然继承了战国星图的绘制方法。根据星图的
形式和内容，此图与小山星象图的绘制似乎遵循着同一种思路，因为两者
显然都是将拱极星与赤道星官同绘于一张平面的横图上，这种做法应该就
是中国横式星图的早期形式。然而此图与西汉卜千秋墓日月四象图一样都

---

　　① 河南省文物工作队：《洛阳西汉壁画墓发掘报告》，《考古学报》1964年第2期。
　　② 夏鼐：《洛阳西汉壁画墓中的星象图》，《考古》1965年第2期；孙常叙：《洛阳西汉壁画墓
星象图考证》，《吉林师大学报》（社会科学）1965年第1期。

绘于墓室的顶脊处，因此这种横图形式的出现，似乎也由于星图所绘的位置的限制。

尽管早在公元前5世纪中国已经出现了绘制星图，但是像甘德、石申夫等人绘制的较为准确的星图却没有一张流传到今天。早期的横式星图可能已为当时的星占家所尝试，而且他们无疑也在为星图能在多大程度上忠实于天象费尽心机。我们知道，早期横图在使赤道附近的星与实际情况较为接近的同时，却又使北极附近的星官与真实天象相差很远。为了解决这个困难，唯一的办法就是把全天星官一分为二，将赤道附近的星绘在横图上，而将北极附近的星绘在以北极为中心的圆图上，这种做法在古代星图绘制史上是一个进步。

敦煌星图（甲本）是现存采用这种方法绘制的星图中最早的一种，同时由于它的抄写年代约在公元8世纪初叶，而且图上绘制的星数已达1350馀颗，因此可以肯定，它也是世界上最古老的星数最多的星图。事实上，西方在1609年望远镜发明之前，始终没有出现超过1022颗星的星图。

甲本星图于清光绪二十五年（公元1899年）发现于敦煌莫高窟藏经洞，八年之后，英国考古学家斯坦因（Aurel Stein）将其与同时发现的各种文书卷子九千馀种一起携回了英国，现藏伦敦国立图书馆（图6—47）。星图标题缺失，前为云气占，后为十二次星图，最后绘电神。星图的画法是将赤道带附近的星官利用类似"麦卡托式"圆柱正形投影的方法绘出，而将紫微垣星官最后绘在以北极为中心的圆形平面投影图上。赤道带星官的排列从十二月开始，依每月太阳的位置所在，分十二段绘制，中间加录说明文字。从这些文字的内容分析，星图标注的太阳每月位置仍然沿用着战国时期《月令》的记述，而并非当时的实测结果[①]。这种取材于早期材料绘制星图的做法在唐代以后似乎很流行，也可能出于当时的某种需要，这些尽管只在形式上属于重新绘制的星图，却把前人的某些观测成果保存了下来。

甲本星图中恒星的画法基本上继承了三国陈卓和南朝钱乐之的办法，将石申夫、甘德和巫咸三家星官分别用不同的方式表示，其中甘氏星官采用黑点，石氏和巫咸星官用圆圈标示，并涂成黄色（图版六，1），与文献所记以朱、黑、白三色区分三家星官的做法稍有不同。星图中十二次起讫度数与

---

① 席泽宗：《敦煌星图》，《文物》1966年第3期。

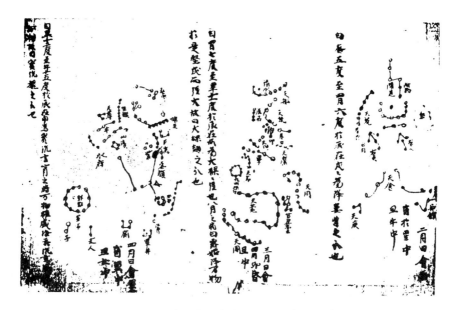

图 6—47　敦煌卷子唐代星图（甲本）（局部）

《汉书·律历志》所录一致，而说明文字则采自唐李淳风《乙巳占》卷三《分野》的内容。

甲本星图的紫微宫星官罗列于一个平面上，没有任何界线划定的范围（图版六，1），而另一幅敦煌星图（乙本）却较此有了一些改进。乙本星图也出自莫高窟藏经洞，不久便散落于民间，1944 年由中国学者向达在敦煌发现（图 6—48）。此图与《占云气书》绘在一起，仅残存紫微宫部分，但根据甲本星图推测，原来此图可能和甲本一样，在紫微宫图之前还有几幅星图，绘有当时所观测过的全部星官。

乙本星图中的紫微宫垣是用一个封闭的圆圈表示，垣的前后都没有留出垣门，虽然原本属于阊阖门的西侧已经残破，但当门处却并未见有缺口。星图上在宫垣之外绘有一个更大的同心圆，表示内规，即恒显圈，正割文昌、八谷、传舍等星，据此可以推测星图的观测地点应在北纬 35 度左右。图中以汉魏时期的极星庶子作为真天极的位置，这种现象在隋唐以后逐渐为人所接受，因此星图的绘制年代应在晚唐①。

————————————

① 夏鼐：《另一件敦煌星图写本——〈敦煌星图乙本〉》，《中国科技史探索》，上海古籍出版社1982 年版。

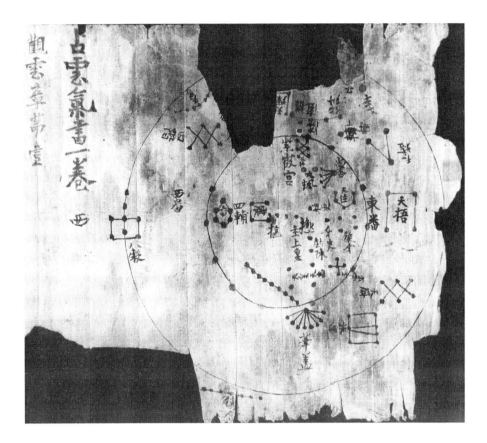

图 6—48　敦煌卷子唐代星图（乙本）

与中国传统的圆式星图一样，宋代的横式星图也已发展成熟，当时的一位具有多种才能的人名叫苏颂，由于他在《新仪象法要》中保留了一份重要的北宋星图，从而将中国横式星图的绘制水平推向了巅峰。苏颂的星图共有两套 5 幅，第一套包括两幅横图和一幅紫微宫圆图，横图中一幅为东宫和北宫，自角宿到壁宿，另一幅为西宫和南宫，自奎宿到轸宿，用"麦卡托式"投影绘制了北赤纬 50 度左右至南赤纬 60 度左右的星官（图 6—49 上）。第二套包括两幅圆图，都以赤道为最外界的圆，一幅是北天球，一幅是南天球。由于当时的人们还没有认识南极星座，所以南天球拱极星所在的位置还是一片空白（图 6—49 下）。苏颂继承了敦煌星图的绘制方法，在星官的标识方面，仍然沿袭着陈卓和钱乐之的传统，将石氏、甘氏和巫咸三家星官分别用不同的方式表示，甘德的星用黑点，石申夫和巫咸的星用圆圈。同时，

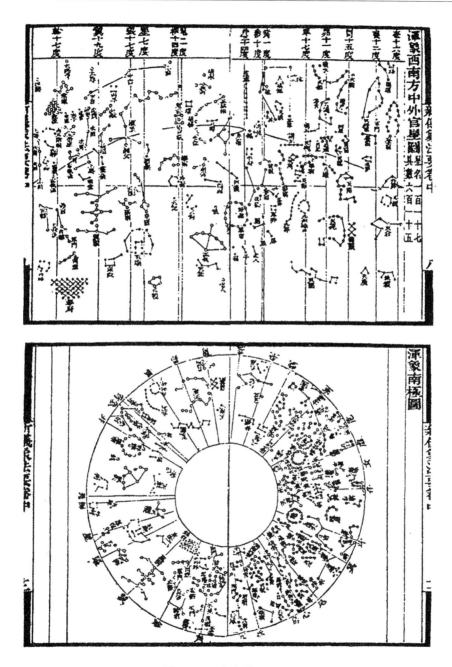

图 6—49　北宋苏颂星图

上·中外官星图　　下·南极星图

星图从角宿开始，依二十八宿的次序连续排列，剔除了有关分野等不科学的内容，也比敦煌星图从玄枵（子）开始按十二次顺序呈不连续排列的做法更为合理。因此，这两套星图不仅比单张的圆图或横图进步得多，甚至比敦煌写本星图也精确细致得多。

苏颂的《新仪象法要》自 1088 年写起，1094 年完成，其中两幅北天圆图都以天枢为极星，显然在这一点上，苏颂并没有利用当时沈括的观测结果，不过他所标示的二十八宿距度值，却与北宋元丰年间（公元 1078—1085 年）的观测记录相同，因此有理由认为，苏颂星图基本上是根据当时的实际观测结果所绘制的。毫无疑问，作为目前流传下来的时代最早的全天星图之一，这套横式星图在中国传统的星图绘制史上有着特殊的意义。

三、中西合璧的天文图

巴比伦的黄道十二宫体系与中国的二十八宿体系在形成时间上是不相上下的，这个体系是把黄道带等分为十二份，每份 30 度，并以跨越黄道的星座作为每宫的标识，形成白羊、金牛、双子、巨蟹、狮子、室女、天秤、天蝎、人马、摩羯、宝瓶和双鱼十二星座。这些星座由于形状不同而组成不同的图像，并且除少数几个外，都是以动物命名，所以黄道带也称为兽带。巴比伦黄道十二宫体系的影响遍及世界，后来成为西方天文学的主要内容。它首先越海传入希腊，并经此西传到埃及和罗马，又在公元前后东传至印度，最后随佛教一起传入了中国。

最初传入中国的只有十二宫名称，它们在一部隋代初年翻译的佛经中已经出现[①]，但是不久，黄道十二宫的图像也接踵而来。出土于新疆吐鲁番并且后来被盗往国外的一幅唐代星占图，已把黄道十二宫图像输入中国的时间提前到了公元 7 至 8 世纪[②]。这幅写本残件残存着二十八宿中的角、亢、氐、房、心、尾、轸七个星宿和十二宫中的天秤、天蝎、室女三宫（图 6—50）。

---

① 现知以那连耶舍所译《天乘大方等日藏经》中出现的十二宫名为最早，此经为《大方等大集经》的一部分。据陈垣《释氏疑年录》卷二，译者那连耶舍卒于隋开皇九年（公元 589 年），《续僧传》卷二则以其寿百岁，云："耶舍先逢善相者，云年必至百，其言果验。"《内典录》卷五云："开皇五年，舍九十馀矣。"然二书又录"天保七年届于京邺，正值文宣，时始四十"，则开皇九年有七十三矣。那连耶舍于北齐时即开始译经工作，此书译出则在隋代初年。

② A. von. Le Coq 等：《德国吐鲁番研究的语言学成果》第二册，1972 年。

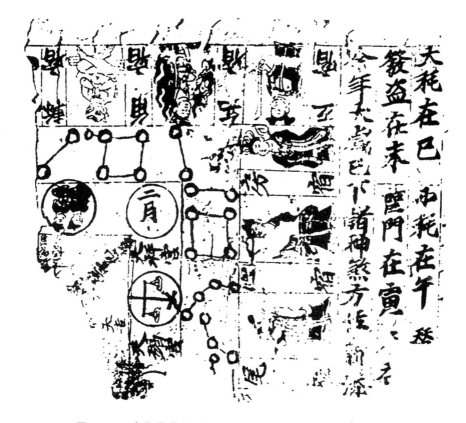

图 6—50　唐代黄道十二宫和二十八宿写本（新疆吐鲁番出土）

尽管这件唐代遗物的时代距十二宫传入中国的时间最多不过两个世纪，然而从室女宫的形象已经可以明显看出，十二宫图像不论在内容上还是画法上都已基本汉化了。

公元 11 世纪初叶完成的敦煌莫高窟 61 号洞壁画也出现了十二宫图像，但它却是作为佛图的背衬（图 6—51），而没有和星图联系在一起①。12 世纪初的事情已经远远不能和唐初相比，当时绘有黄道十二宫的星图作品已不像过去那样难以寻觅，位于河北宣化下八里村的一处辽代家族墓地，自 1971 年以后陆续发现了一批彩绘星图，星图都绘于墓室的穹窿顶内，并且其中至

---

① 伯希和：《敦煌千佛洞图录》，编号 P. 117，图版 198，1920—1924 年；谢稚柳：《敦煌艺术叙录》，张大千编号 C75，1955 年；斯坦因：《塞利地亚》，编号 Ⅷ，1921 年。时代约为西夏。参见夏鼐《从宣化辽墓的星图论二十八宿和黄道十二宫》，《考古学报》1976 年第 2 期。

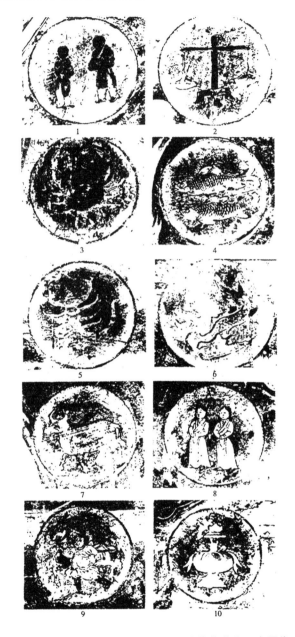

图 6—51 莫高窟 61 洞甬道南北壁的黄道十二宫图像

1. 双子宫 2. 天秤宫 3. 巨蟹宫 4. 双鱼宫 5. 天蝎宫

6. 摩羯宫 7. 金牛宫 8. 室女宫 9. 人马宫

10. 宝瓶宫（白羊宫、狮子宫残缺）

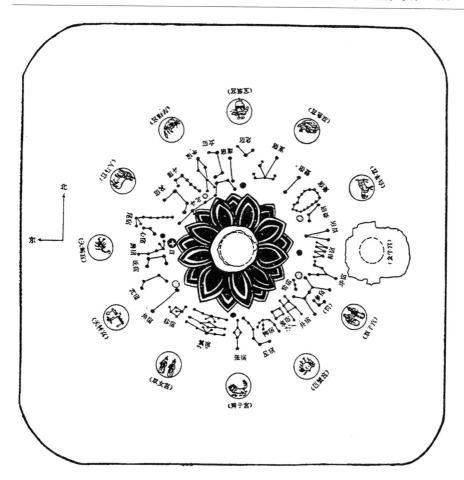

图6—52 辽天庆六年星象图（河北宣化发现）

少有三幅星图不仅绘有二十八宿，而且还同时绘有黄道十二宫。最早发现的张世卿墓星图属于辽天庆六年（公元1116年）[1]，星图中央嵌有一面铜镜，象征天的中心，中心四周绘出莲花，莲花之外分列日、月、五星及北斗，再外有二十八宿星官，最后一层画有十二个小圆，圆中分别填饰黄道十二宫图像（图版六，2；图6—52）。另两幅张恭诱墓星图和张世古墓星图同属天庆七年（公元1117年）[2]，星图内容与前者并无大的差异，只是在将二十八宿

---

[1] 河北省文物管理处、河北省博物馆：《河北宣化辽壁画墓发掘简报》，《文物》1975年第8期。

[2] 张家口市文物事业管理所、张家口市宣化区文物保管所：《河北宣化下八里辽金壁画墓》，《文物》1990年第10期；张家口市宣化区文物保管所：《河北宣化辽代壁画墓》，《文物》1995年第2期。

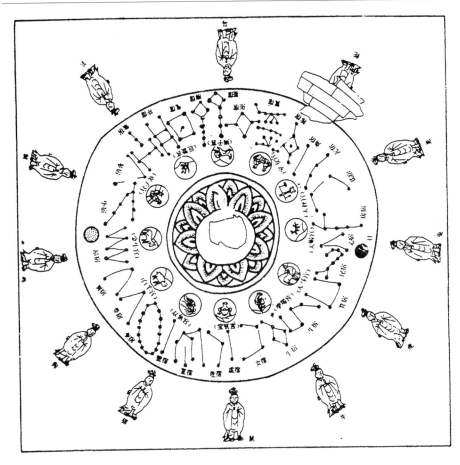

图 6—53　辽天庆七年星象图（河北宣化发现）

与黄道十二宫的位置互换的同时，于最外层淡淡渲染的绿色彩带上绘饰了十二生肖人物（图 6—53）。这些星图之所以惹人注意，原因就在于它使人们在中国的天文遗物中第一次目睹了二十八宿与黄道十二宫两种体系的十分完整的配置形式。

星图中的黄道十二宫图像与西方的原始图像对观已经有了很大的改变，人物的形象和服饰当然早已中国化了，裸体也一定要按中国的礼俗而着装，半人半马的射手被改造成了牵马的驭者（人马宫），长着鱼尾的山羊变成了大鱼（摩羯宫），甚至西方的丰收女神来到东方竟也沦落成了女仆（室女宫）。然而，这些特点若与敦煌莫高窟的同类图像相比，实际还看不出什么差异，但是如果参考金大定二十四年（公元 1184 年）铸造的开元寺铁钟上的十二宫图像，却可使人领悟到一些有趣的现象。在这些图像上，天秤宫中的天秤于辽代以前的星图上还是西方式的等臂天平，但金代的图像已将它由中国式的带砣杆秤取代了，狮子宫中的狮子也变成了中国狮子舞中的戏狮形象，双子宫由于古译名有时也称阴阳宫，所以双子人像被换成了日月。不仅如此，人马宫中的驭者和摩羯宫中的大鱼虽然已是中国人的创造，这时也都有了进一步的演化，驭者变成了骑者，大鱼则干脆换成了石碑。摩羯的形象尽管在佛教故事中是一条长着象鼻和翅膀的鲸鱼；但中国人早已按照自己的理解把它改造成了龙首鱼身或生有翅膀的鲸鱼，而石碑形象的出现，说明当时的人们已经不把图像看得那么重要，因为碑碣的"碣"完全可以取代摩羯的"羯"①。很明显，金代的黄道十二宫图像虽然去辽代星图仅有近 70 年的时间，但它已是彻底汉化后的作品了。

从公元前 2 世纪起，希腊天文学家喜帕恰斯开始用黄道十二宫的名称兼指赤道上的十二等份，印度天文学采纳了这种用法，因而他们的占星术兼用黄道十二宫和二十八宿，这种将两个体系联系在一起的做法，随着佛经也一起传入了中国，我们从上面提到的唐代和辽代的几件作品中可以清楚地看到这个特点。但是，由于黄道十二宫体系与中国固有的二十八宿和十二次相重复，因此在明末耶稣会传教士把它和近代天文学联系起来再行入传之前，这个体系始终没有受到中国人的重视。

---

① 伊世同：《河北宣化辽金墓天文图简析——兼及邢台铁钟黄道十二宫图象》，《文物》1990 年第 10 期。

第七章　早期宇宙模式

宇宙间到底有什么奥秘呢？我们究竟生活在一个怎样的时间和空间呢？今天的人们当然已不把这些看成问题，先进的航天器和望远镜不仅帮助我们了解了太阳系，甚至领略了银河系以外的世界。其实我们的先人一点也不比我们愚钝，他们在这空灵的世界上，凭藉细微的观察和丰富的想象构建起了一个又一个宇宙模式，按照自己的理解把宇宙勾画得多姿多彩。

中国古代的宇宙理论主要包括三种学说，即盖天说、浑天说和宣夜说。刘昭《续汉书·天文志注》引蔡邕《表志》云：

> 言天体者有三家，一曰周髀，二曰宣夜，三曰浑天。宣夜之学绝无师法。周髀数术具存，考验天状，多所违失，故史官不用。唯浑天者近得其情，今史官所用候台铜仪，则其法也。

先民们在探索中总结了许多有益的知识，即使在今天看来，这些知识仍然有它的科学价值。宣夜说应该是一切宇宙学说中最进步的一种，尽管它在东汉时就已失传，但当时郗萌在追述这一学派的主要理论时还是可以讲出一些梗概。《晋书·天文志》云：

> 宣夜之书亡，惟汉秘书郎郗萌记先师相传云："天了无质，仰而瞻之，高远无极，眼瞀精绝，故苍苍然也。譬之旁望远道之黄山而皆青，俯察千仞之深谷而窈黑，夫青非真色，而黑非有体也。日月众星，自然浮生虚空之中，其行其止皆须气焉。是以七曜或逝或往，或顺或逆，伏见无常，进退不同，由乎无所根系，故各异也。故辰极常居其所，而北斗不与众星西没也。摄提、填星皆东行，日行一度，月行十三度，迟疾任情，其无所系著可知矣。若缀附天体，不得尔也。"

宣夜家认为，天是空的，而且无限高远，没有物质，没有边界。人们看到的天空虽然呈现蓝色，那不过是由于它离我们太遥远而产生的错觉，犹如从远处侧望黄山，黄山却显出蓝色，注视深谷，深谷却一片暗黑一样，但蓝色与暗黑却并不是山谷的本色。大地以外到处都充满了气体，日、月和众星自由地浮在空中，并由气的推动而运动，或由气的阻碍而停止。这种宇宙无限的理论近乎正确地解释了宇宙无限的现象。

浑天说则是一种典型的天球理论，它臆想出了一个在宣夜家看来根本不存在的天壳，并且后来也把这一球形概念用来描述大地。东汉的天文家张衡曾形象地用蛋壳与蛋黄来比喻天与地的关系，不过可以肯定的是，浑天家最初所认识的大地与盖天家并没有多少区别[①]，因为无论什么理论，都是以对天体的认识为主要对象，对大地形状的描述始终都退居次要的地位，这使早期的浑天家在继承盖天家的测量方法的同时，也接受了他们所持有的大地观念，从而使这种认识成为浑天说产生之初的一种不和谐的形式。但是，不能设想这种思想可以长期作为浑天说的理论基础，因为无论从哪个角度讲，尽管球形大地的认识比天球的认识更需要勇气，然而这个概念却可以从天球概念中自然地产生出来，汉代以后的浑天理论正是沿着这个思想发展的。

尽管浑天说与宣夜说在先秦时代就已经产生，但有关它的遗迹却很难寻觅。盖天说则是所有宇宙理论中出现最早的一种，它的影响也远在其他理论之上，这倒不是因为古人过于偏爱盖天说，原因在于作为一种朴素的思想，盖天说并不像浑天说和宣夜说那样更多地成为天文学家的智力较量，而是一种最易为人接受和演示的理论，这使得探索盖天说的起源问题成为一件相对容易的事情。

第一节　天　圆　地　方

中国古人把盖天说的形成上溯到传说中的伏羲时代，这当然无法确考，不过现有的材料表明，至迟在公元前第五千纪的新石器时代，盖天说已经产生是没有问题的。这种理论在当时已经颇为完善，并且后来逐渐成为一种最有影响的宇宙学说。

---

① 唐如川：《张衡等浑天家的天圆地平说》，《科学史集刊》第 4 期，1962 年；《对"张衡等浑天家天圆地平说"的再认识》，《中国天文学史文集》第五集，科学出版社 1989 年版。

　　盖天学派原有一个旧名叫作"周髀"，它的理论保存在一部名为《周髀算经》的著作中，"周"是天周，"髀"是表股，表股是测量天周的工具，古人以九数勾股重差，计算日月周天行度远近之数，都要用表。天周为规，表股与表影为矩，规矩又为方圆画具，所以"周髀"的简单理解就是方圆，用它来描述宇宙的基本模式便是天圆地方。

　　天圆地方当然只是一个笼统的概念，如果仔细分析盖天说的实质，则包含有若干不同的内容，这些内容明确反映了这个学说不断演进的历史。最早的盖天家对宇宙是这样描述的，天像一个圆形的大罩子，扣在方形平坦的大地上，并把这个理论概括为"天圆如张盖，地方如棋局"。天的中央是凸耸的璇玑，四周的天盖则与大地平行，这一点我们在第三章中已详细谈过。天的剖面形象在新石器时代的相关遗物之上可以清晰地看到（图 3—10；图 3—36），今存纳西文字"天"也是对这一学说的形象描述，而新石器时代大量出现的玉琮，其平面造型呈内圆外方，又很像是对这种理论的平面写实（图 7—1）。然而，这种学说尽管在直观上很容易令人接受，但是它的缺陷却难以弥补。孔子的学生曾参在回答单居离的提问时就曾表示过相当的怀疑。《大戴礼记·曾子天圆》云：

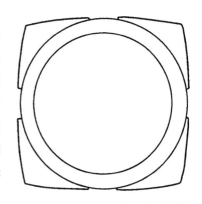

图 7—1　新石器时代玉琮平面图

　　　　单居离问于曾子曰："天圆而地方者，诚有之乎？"

　　　　曾子曰："离！而闻之云乎？"

　　　　单居离曰："弟子不察，此以敢问也。"

　　　　曾子曰："天之所生上首，地之所生下首。上首之谓圆，下首之谓方。如诚天圆而地方，则是四角之不揜也。且来，吾语汝。参尝闻之夫子曰：天道曰圆，地道曰方。"

卢辩《注》："人首圆足方，因系之天地。道曰方圆耳，非形也。"周髀家当然相信天圆地方，这是指的天地的形状，而绝非所谓天道地道之论。《周髀算经》卷上云：

方属地，圆属天，天圆地方。

这既是周髀家最基本的思想，也是周髀家
最原始的思想。除盖天家的经典比喻外，
至少商周时代的人们已将天地的形状比作
人的首足。《淮南子·精神训》："头之圆也
象天，足之方也象地。"《大戴礼记》也保
留了"上首之谓圆，下首之谓方"的古老
说法。而商周甲骨文和金文"天"字即作人

图7—2 商周金文"天"字

1. 禾作父乙簋 2. 尊文 3. 默钟

而圆其首（图7—2），以圆首象天圆之形①。《山海经·海外西经》："刑天与
帝至此争神，帝断其首，葬之常羊之山，乃以乳为目，以脐为口，操干戚以
舞。"刑天乃无首之神，而人首实天圆之象，故断首之意即为刑天一名之由
来②，这一点恰可与甲骨文、金文所反映的刑天事实相比较（图7—3）。

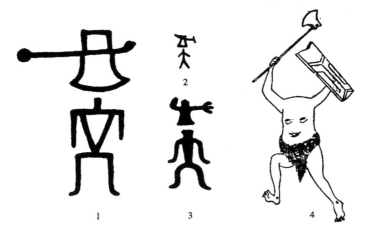

图7—3 甲骨文、金文刑天与《山海经》刑天

1、3. 金文(鼎文、爵文) 2. 甲骨文(《京津》3102) 4.《山海经》刑天图

① 吴大澂：《说文古籀补》第一，第1页，清光绪二十四年（1898年）增辑刻本；王襄：《古
文流变臆说》，上海龙门联合书局1961年版，第17页。甲骨文"天"字之人首或作方形，乃因卜辞
契刻，刀笔不便为圆之故，甲骨文"日"字也多作方形，可证。参见罗振玉《增订殷墟书契考释》
卷中，东方学会1927年石印本，第5页；张日升：《金文诂林》卷一，香港中文大学出版社1974年
版，第34页。

② 袁珂：《山海经校注》，上海古籍出版社1980年版。

凡此都是人首以象天圆思想的形象反映。天形既成，才有日月星辰所行之道。然而，最早的盖天说却有着致命的毛病，因为天和地假如真像人们所说的那样是圆的和方的，那么将圆天和方地重叠起来，地的四角则不能被天完全罩住，就像玉琮的平面图形所显示的那样，这当然是令古人十分恐惧的事情。事实上，地的四角游离于天外，这是圆方两类图形不可能吻合的结果，这个困难成为盖天说遇到的最大麻烦。于是才有所谓天道曰圆、地道曰方一类的虚幻解释，这其实是儒家思想对周髀家思想的批判，因而形成的时代也相对较晚。

随着古代宇宙观的进步，原始的盖天学说看来是非修正不可了。经过改进的盖天理论似乎克服了原有的缺陷，这时的天被想象成伞盖，而地则像倒扣的盘子，天和地都是中央隆起而四周低下。古人对于天地形状的这种理解可以使天盖与大地完全吻合，从而消除了周髀家在面对儒家学说诘问时的尴尬。盖天理论的这种修正最初看来很像是一种权宜之计，但他毕竟更符合某些学派的设想。很明显，盖天说的这种由平直大地向拱形大地的转变，是古人天地观的一种进步，它后来成为浑天理论接受的一种进步的大地观。

盖天家根据圭表测影的结果，利用勾股定理，推算出了一系列规范天地的原始数据。他们认为，夏至日时没有表影的地方离地球北极有十一万九千里，冬至日时没有表影的地方离地球北极有二十三万八千里，天地之间相距八万里，同时天地的中央都比四周高出六万里。盖天家采用的八万和六万两个数字明显就是八尺之表和六尺表影的放大，这个勾股定理的基本比例也适用于盖天说所规定的另外一些数据。

尽管随着时代的发展，盖天家对他们的理论做了一些修正，但是天圆地方的基本思想却并没有被放弃，我们甚至可以通过先民创造的特殊埋葬方式体悟到他们对宇宙模式的朴素理解。大约从新石器时代开始，中国古代的埋葬制度便孕育了这样一种传统，墓葬成为再现死者生前世界的特殊场所，其中最显著的标志就是使墓穴呈现出宇宙的模样，他们或以半球形的封冢及穹窿形墓顶象征天穹，甚至在象征的天穹上布列星象，同时又以方形的墓室象征大地。西水坡45号墓的墓穴形状作为这种古老观念的平面图解应该是再清楚不过了，而半球形封冢及穹窿顶式墓顶结构与方形墓穴的配合，则可视为天圆地方思想的立体表现（参见第六章第四节）。古人对于天圆地方的认识来自于他们对于天地的直接感受与测量，因此这种观念最为质朴，也最根深蒂固。

第二节　红山文化三环石坛的天文学研究

　　20世纪80年代初期，辽宁建平牛河梁发现一处属于考古学红山文化晚期的"积石冢"群遗迹（图7—4），遗迹的主要部分为一座编号为Z3的三环石坛和一座编号为Z2的三重方坛，年代依经树轮校正的碳十四测定数据约为公元前3500年[①]。两座方圆遗迹所表现的天圆地方的寓意似乎很明确，但是证明这一点其实并不容易。不过线索总还是可以被发现，我们终于有机会从这里入手，重温最早的"周髀"。

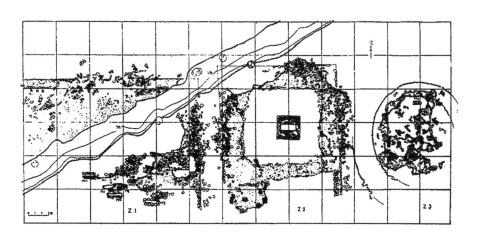

图7—4　红山文化圜丘与方丘（辽宁建平牛河梁发现）

一、三衡图与"周髀"

　　三环石坛的建筑形制颇具特色，遗迹整体由规整的淡红色圭状石桩组成三个迭起的同心圆坛，剖面则呈拱形（图版七，1）。很明显，同西水坡的仰韶时代盖图一样，用盖天理论解释这个三环遗迹也十分适宜。我们曾经反复强调，中国传统的盖天理论以三环概念为一项重要内容，它是古人对分至的认识结果。三环不仅表现了二分二至的日行轨迹，同时也是盖天家所特制的

---

　　① 　辽宁省文物考古研究所：《辽宁牛河梁红山文化"女神庙"与积石冢群发掘简报》，《文物》1986年第8期；《牛河梁——红山文化遗址发掘报告（1983—2003年度）》，文物出版社2012年版。

"七衡六间图"的基础。因此，三环石坛完全有理由被看作是由"七衡六间图"的核心部分组成的三衡图，准确地说，由于早期盖图的主要特点是三衡图，而牛河梁三环石坛恰恰具有这一特点。石坛的拱式外形可视作天穹的象征，而三个同心圆正可以理解为分别表示分至日的太阳周日视运行轨迹。

我们之所以认为三环石坛与盖天图式和谐一致，关键在于它较为完好地保留了一套三环直径的实测数据。通过这一难得的线索，我们不仅可以复原出先民们的巧思，而且可以再现一幅真实的早期盖图。各环直径依发掘者的报导是：

D_1（内环直径）＝11 米

D_2（中环直径）＝15.6 米

D_3（外环直径）＝22 米

很明显，三环直径可构成下述关系：

(1) $D_3 = 2D_1$，即 $22 = 2 \times 11$

即外环直径恰等于内环直径的二倍。

(2) $\dfrac{D_1}{D_2} = \dfrac{D_2}{D_3}$，即 $\dfrac{11}{15.6} = \dfrac{15.6}{22}$

即内、中、外三环直径之比恰构成等比数列。虽然两比值存在 0.003 的差数，但即使用纯数学的标准衡量，这个差值也是极其微小的。对于如此庞大的遗迹来说实不足为奇。

《周髀算经》卷上对七衡图每衡的直径与周长有详细记载：

> 凡径二十三万八千里，此夏至日道之径也，其周七十一万四千里。……凡径四十七万六千里，此冬至日道径也，其周百四十二万八千里。……凡径三十五万七千里，周一百七万一千里。……内一衡，径二十三万八千里，周七十一万四千里。……次四衡，径三十五万七千里，周一百七万一千里。……次七衡，径四十七万六千里，周一百四十二万八千里。

三衡直径也可构成两组关系：

（3）$D_{外衡}=2 \times D_{内衡}$

即　$476000=2 \times 238000$

即外衡直径等于内衡直径的二倍。

（4）$D_{外衡}-D_{中衡}=D_{中衡}-D_{内衡}$

即　$476000-357000=357000-238000$

即三衡直径呈等差数列。

将三环石坛所表现的三衡直径的关系与《周髀算经》七衡图之内、中、外三衡直径的关系进行比较，可以发现，二者内衡与外衡的关系竟完全一致。当然，这并不等于说我们可以用《周髀算经》"七衡六间图"的中衡与内、外衡的关系去修正三环石坛的第二组关系，事实上，恰恰是三环石坛保留的三衡直径的等比关系，使我们真正饱尝了我们祖先创造文明的甘美。

实际只要将上面列出的三环直径的第二组关系式稍做调整，便可得到一个新的结果：

$$\frac{D_1}{D_2}=\frac{D_2}{2D_1}, \frac{D_3}{D_2}=\frac{D_2}{D_1}=\sqrt{2}$$

三环直径构成 $\sqrt{2}$ 的倍数关系，这是一个十分有趣的数字。众所周知，在被开方数为正整数的情况下，$\sqrt{2}$ 是最小的无理数，很简单，当一个正方形的边长等于 1 的时候，其对角线的长度便是 $\sqrt{2}$，或者换句话说，对角线的长度为边长的 $\sqrt{2}$ 倍。这是一个特殊的勾股数，《周髀算经》和盖天说讲的都是勾股问题，而三环石坛恰恰体现了这一原则，恐怕不能说是一种巧合。它实际已经提示给我们三环石坛的设计方法，这就是古人可以通过连续使用正方形的外接圆或内切圆完成这样的三衡图，因为就一个正方形而言，在它的边长作为这个正方形内切圆直径的同时，它的对角线却也在充当着这个正方形外接

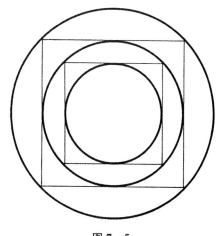

图 7—5

圆的直径，这使古人很容易利用这种方法得到三个直径必呈等比数列或者说三环直径必呈 $\sqrt{2}$ 的倍数关系的同心圆（图 7—5）。这其实正体现了《周髀算经》保留的"周髀方圆图"和"周髀圆方图"所教授的方法。这个结果意味着，如果将青图画叠合在黄图画上，只要中衡被平分，青图画所分割的黄图内衡的两弧之比就必然等于外衡两弧之比的倒数，这种现象当然可以用来表现春秋分日昼夜平分以及冬夏至日昼夜之比构成反比的关系。

如果需要通过计算说明这种关系，则可求得如下结果：

1. 依 $Z3$ 三环直径所构成的上述两组关系复原三个同心圆，并做直径 NON'，交中衡于 A、A'。

2. 过圆心 O 垂直于 NON' 做 Y 轴，并于 Y 轴任选 P 点。复以 P 为圆心，以 PA（PA'）为半径做 BEB' 弧平分中衡，即 AKA' 弧等于 $A'HA$ 弧，并交内衡于 L、L'，交外衡于 B、B'（图 7—6）。

求证可得：$\dfrac{OA}{OL'} = \dfrac{OB}{OA} = \dfrac{AB}{L'A'} = \sqrt{2}$

故：$\qquad\qquad \Delta OL'A' \sim \Delta OAB$

同理可得：$\Delta OLA \sim \Delta OA'B'$

所以：$\qquad\quad \angle L'OA' = \angle AOB$，$\angle LOA = \angle A'OB'$

故有：$\qquad\quad \angle L'OA' = \angle A'OB'$，$\angle LOA = \angle AOB$

如此可有下式：

$$\frac{L'FL\,弧}{LDL'\,弧} = \frac{BPB'\,弧}{B'GB\,弧}$$

即被 BEB' 弧所分割的内衡与外衡的两部分构成反比关系。

很明显，如果用盖天理论解释这种现象，则中衡表示二分日的太阳周日视运行轨迹，A 是春秋分日的日出位置，A' 是日入位置，太阳在 AKA' 弧上运行是白天，在 $A'HA$ 弧上是黑夜。中衡的平分说明春秋分昼夜长度相等。同理，内衡表示夏至日的太阳周日视运行轨迹，L 是夏至日的日出位置，L' 是日入位置，太阳在 LDL' 弧上运行是白天，在 $L'FL$ 弧上是黑夜。外衡表示冬至日的太阳周日视运行轨迹，B 是冬至日的日出位置，B' 是日入位置，太阳在 BPB' 弧上运行是白天，在 $B'GB$ 弧上是黑夜。因此，在中衡被平分的前提下，青图画所分割的内、外衡的两部分即构成反比关系。这种关系恰恰说明冬至与夏至的昼夜之比是相反的，其结果不仅与真实天象完全符合，而且有关内容在汉代及其以前的典籍中也有着大量记载。

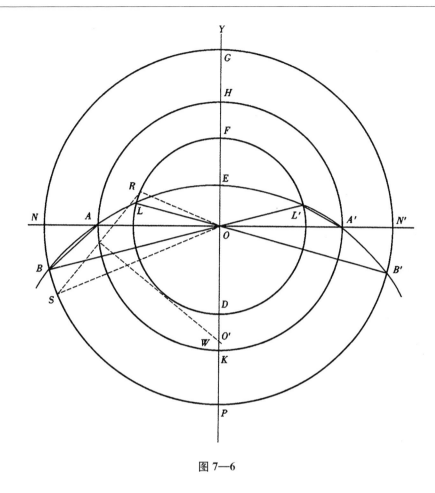

图 7—6

古人认为，昼夜长度随着季节的变化虽有所盈缩，但全年中相对应的季节的昼夜之比都是相反的。《云梦秦简·日书》云：

> 正月日七夕九，二月日八夕八，三月日九夕七，四月日十夕六，五月日十一夕五，六月日十夕六，七月日九夕七，八月日八夕八，九月日七夕九，十月日六夕十，十一月日五夕十一，十二月日六夕十。

这种十六时分制亦见于王充的《论衡·说日》，文云：

> 儒者或曰："日月有九道，故日日行有近远，昼夜有长短也。"夫夏

五月之时,昼十一分,夜五分;六月,昼十分,夜六分;从六月往至十一月,月减一分。此则日行月从一分道也,岁日行天十六道也,岂徒九道?

如果将这些记述配合十二个中气,则可整理为如下的关系:

(1) 冬至　　　　　　　　日五夕十一
(2) 大寒　小雪　　　　　日六夕十
(3) 雨水　霜降　　　　　日七夕九
(4) 春分　秋分　　　　　日八夕八
(5) 谷雨　处暑　　　　　日九夕七
(6) 小满　大暑　　　　　日十夕六
(7) 夏至　　　　　　　　日十一夕五

这七组中气便是"七衡六间图"的来源(图6—11)。很明显,除二分日之外,(1)组与(7)组,(2)组与(6)组,(3)组与(5)组的昼夜之比都是相反的。这同牛河梁三环石坛所说明的现象完全一致。

由于三环石坛的直径构成了上述两组关系,因此,内衡与外衡的这种反比关系实际上在平分中衡的条件下是确定不移的。换句话说,三环直径的这两组关系决定了内、外衡的反比关系的存在。这意味着我们可以在一条纵贯三环的直径(Y轴)上任意选点,并以该点为圆心作弧,只要此弧平分中衡,那么,其所截内衡的两弧之比必等于同弧所截外衡的两弧之比的倒数的关系即可成立。毋庸置疑,如果说盖天理论与勾股法的结合就是"周髀"的话,那么我们岂不是通过牛河梁三衡图找到了最早的"周髀"!

我们必须看到,牛河梁三衡图并没有列出青图画,也就是人的目视范围,这对于说明分至日的昼夜比例似乎很不利。事实上,内衡与外衡的比例关系既已由三衡直径构成的两组特殊关系所决定,那么,青图画确实已经没有再列出的必要。我们不得不承认,这个构思确实非常巧妙!

三环石坛的外衡直径为内衡直径的二倍,也就是说外衡周同时也是内衡周的二倍,这说明冬至时太阳周日视运动的路径和线速度应为夏至日速度的二倍,这一现象与《周髀算经》的记述颇为一致。以往学者认为,盖图表现

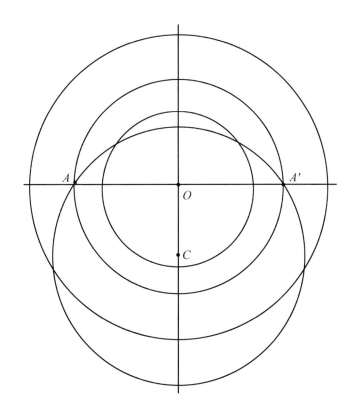

图 7—7　以牛河梁三环遗迹为底图，以十六时
分制为原则复原的盖图

的这一现象因与实际天象不合，因而是荒谬的[①]。但是，如果我们将此视为古人的实际认识水平，即冬夏至日的昼夜之比为二倍关系的话，这种现象就可以理解。事实上，《日书》及《说日》中所记冬夏至日的昼夜之比甚至还大于二倍的关系。如依此条件复原牛河梁三环石坛的青图画，则观测者的位置与《周髀算经》盖图中观测者的位置是完全相同的（图 7—7），而且在表现二分日的昼夜之比方面，前者更优于后者。

　　为验证牛河梁三环石坛的三衡直径所构成的两种特殊关系与实际天象的联系，我们根据真实时刻复原出一个青图画。如果红山文化时期的人们对分至日昼夜关系的认识果真能达到这样的水平的话，那么，这幅图就可以被认

---

　　①　钱宝琮：《盖天说源流考》，《科学史集刊》第 1 期，1958 年。

为是一幅反映当时天文学水平的盖图。

牛河梁遗址位于北纬 41°18′，东经 119°28′。以此经纬度计算，该地冬至日出时刻为 07^h26^m，日没时刻为 16^h35^m；夏至日出时刻为 04^h28^m，日没时刻为 19^h40^m。若取整数值计算，则冬至昼夜之比为 9：15，夏至昼夜之比为 15：9。

将已知的二至日昼夜之比化为角度，得 135：225。由于 Y 轴左右二图为对称图形，故在左图做 ∠ROF 和 ∠SOP，使

$$\angle ROF = \angle SOP = \frac{135}{2} = 67.5°$$

连接 R、S，并作 RS 的垂直平分线 W，W 与 Y 轴的交点 O′ 即为该圆圆心，同理可证右图（图 7—6）。以 O′ 为圆心，以 O′R 为半径作 STS′弧，这便是实际的青图画（图 7—8）。

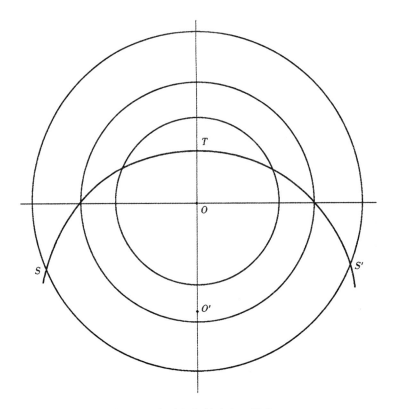

图 7—8　据牛河梁纬度复原的盖图

青图画的圆心 O' 值内衡与中衡之间，与濮阳西水坡盖图相比，观测者的位置已移入黄图画，但还不同于《周髀算经》盖图已完全移入了内衡，这反映了盖图逐渐演变的发展过程。

牛河梁盖图和西水坡盖图存在着一个共同的矛盾，即观测者的位置与分至日太阳升落方向的关系不符合实际情况。譬如在牛河梁盖图中，中衡表示春秋分日道，A 是春秋分的日出位置，A' 是日入位置，而此时人们见到的太阳升落的真实方位应该是正东正西的，那么，观测者的位置当在 O 点，但实际在图中，观测者的位置却在 O' 点，与春秋分日太阳的实际出升方向形成了一个角度。在西水坡盖图中，这个角度则更大。但在《周髀算经》的盖图中是否已消除了这一矛盾？事实上也并没有消除，我们所能看到的只是在按照《周髀算经》给出的实际数据复原出一张盖图后，观测者的位置与二分日时太阳实际升落方位的角度变小了。那么，这一矛盾又应如何解释？

显然，古人意识到了盖天理论的图解与实际观测之间所存在的这种矛盾，赵爽在《周髀算经》的注释中采用上北下南、左东右西的仰视方位对此所做的一番解释很值得注意："北辰正居天中之央，人所谓东西南北者，非有常处，各以日出之处为东，日中为南，日入为西，日没为北。……我之所在，北辰之南，非天地之中也，我之卯酉，非天地之卯酉。"赵氏的解释未必对盖天思想把握得很透彻，但是其中确有给我们启发的内容。首先，盖天家认为，北辰位于天之正中，则天之东、西应相对于北辰的位置而言，而"我之所在"，即观测者的位置处于北辰之南，当然不在天的正中，所以，观测者所在位置的东、西不是天地的东、西，自然方位与人们概念中的方位是应加以区分的。其次，盖天家同时认为，人们概念中的方位不是固定不移的，它随观测者的位置和太阳出入的方向而改变。如果以盖天家的这些方位理论去解释上述早期盖图，那些矛盾便可以得到说明。就牛河梁盖图而言，O 点是北辰的位置，即天之中，那么 A、A' 点即应被视为天地的东、西，太阳从 A 点东升到 A' 点西落，方位关系是正确的。O' 点是"我之所在"，位于北辰之南，不在天之中。而我之所在有我之东、西，天地之东、西对观测者而言并不是东、西，这便是所谓"我之卯酉，非天地之卯酉"。

西水坡、牛河梁和《周髀算经》三幅盖图的发展存在这样一种趋势，即观测者的位置逐渐由黄图画外向黄图画中内移。我们可以将这种内移的目的理解为调整两套方位系统的做法，即将天地方位与人文方位尽量合而为一。牛河梁盖图的设计在平衡这种矛盾方面比西水坡盖图要成功，而《周髀算经》盖图虽

然在消除两种方位系统的矛盾方面更为进步，但在说明分至日的昼夜比例方面
却显得十分荒唐。事实上，要想使分至日的昼夜比例和观测者与此时日出日入
的方位关系同时在一张图上得到准确的反映是根本不可能的。

通过西水坡、牛河梁和《周髀算经》三幅盖图的比较，可将其特点厘如
表 7—1 所示。

表 7—1　　　　　　　　　　　　　　**早期盖图比较表**

盖图名称	时代	三衡直径的关系	外衡与内衡直径之比	观测者位置	分至昼夜关系
西水坡盖图	约公元前4500 年	缺内衡，拟等比数列	等于二倍	外衡之外	部分准确
牛河梁盖图	约公元前3500 年	等比数列	等于二倍	内、中衡之间	准确
《周髀算经》盖图	约公元前5—1 世纪	等差数列	等于二倍	内衡之内	不准确

不难看出，随着时代的发展，黄图画的三衡直径之比有由等比数列变为
等差数列的趋势（或者等差数列的三衡之比另有来源），青图画圆心有自黄
图画外向黄图画内移动的趋势。很明显，经历了千年左右的时间，牛河梁盖
图比之西水坡盖图更为完善和准确，这表现了古人对宇宙的日趋深刻的认识
水平，而《周髀算经》盖图则体现了盖图逐渐由实用而象征化的发展过程。
科学的进步，科学理论的普及和新型天文仪器的兴起，凡此种种，都导致了
盖图实用价值的降低。

类似于《周髀算经》的七衡图在巴比伦也有发现（图 7—9），不过时代
较《周髀算经》为早，约属公元前 14 世纪。相似的图形在中国有时也以玉
璧的形式表现出来（图 7—10），时间大约在公元前 3500 年至前 2600 年[①]。
李约瑟先生认为，《周髀算经》的七衡图简直是古巴比伦希尔普莱希特泥板

---

① 《中国文物精华》，文物出版社 1993 年版。战国时代的三环玉璧应该继承了这种形制，其含
义当然也应是以三环象征分至日行轨迹，这与玉璧的礼天性质十分吻合。有关遗物见 A. Salmong,
Carved Jade of Ancient China, Gillick Press, Berkeley, 1938. M. Loehr, *Ancient Chinese Jades
from the Grenville L. Winthrop Collection in the Fogg Art Museum*, Harvard University, Fogg Art
Museum, Harvard University, 1975. T. Lawton, *Chinese Art of the Warring States Period*,
Change and Continuity, 480—222 B. C., Freer Gallery of Art, Washington, D. C., 1982. 梅原末
治：《支那古玉圖録》，京都大學 1955 年版；邓淑苹：《群玉别藏续集》，台北故宫博物院 1999 年版。

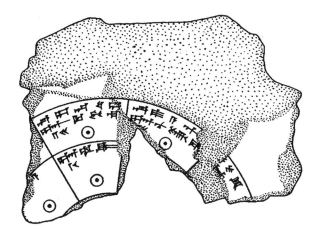

图 7—9　巴比伦平面星图（采自李约瑟
《中国科学技术史》）

图 7—10　新石器时代三环玉璧（安徽
含山凌家滩出土）

(Hilprecht tablet) 的再现，它们描述了一种最古老的古代宇宙学说[1]。以往东西方的一些学者始终持有一种认识，即中国的天文学至少部分地接受了巴比伦天文学的影响，但是，今天我们所能见到的中国早期天文学的确凿物

---

[1]　Joseph Needham，*Science and Civilisation in China*，Vol. Ⅲ，The Sciences of The Heavens，Cambridge University Press，1959，pp. 256－257.

证，则要远早于巴比伦的天文学遗迹。而牛河梁的三环图比之巴比伦的三环图（three roads）也要提早近二千年。因此，中国的天文学是自生而非外来应该已是可以接受的事实。

最后我们必须强调的一点是，牛河梁三环石坛的三衡乃由精心选制的淡红色圭状石桩组成，这种做法似乎含有某种特殊的意义，它使我们想起，在东汉蔡邕所见当时的官图上，表示恒显圈、赤道和恒隐圈的三规也是用红色绘出的。尽管牛河梁盖图的三衡与东汉官图的三规不同，三衡为分至日的太阳周日视运行轨迹，实为黄道，但是两者同样选用红色来表示，这种做法却是相同的，显然这体现了中国天文学的固有传统。很明显，黄道用淡红色圭状石桩表现的想法应该来源于古人对于太阳颜色的直观认识，这种观念可能直接影响了中国古代星图在表示黄道和黄道附近的赤道时的习惯做法，而且赤规（赤道）的名称也毫无疑问地来源于古人以红色表示距南北两极相等的中规的事实。我们已经看到，这个传统不仅在东汉的官图中被传承应用，甚至在明代的星图上，古人依然习惯于使用红、黄两种颜色表示赤道与黄道①，当然这已是对早期表述法的细致化和准确化。盖图以圭状石桩组成三环，乃成璧形，圭璧皆为祭日祭天的礼玉②。或者更准确地说，玉璧正是由于模仿了三环的形制，才具有了礼天的功能。《周礼·春官·大宗伯》："以苍璧礼天，……以青圭礼东方。"又《典瑞》："王晋大圭，执镇圭，缫藉五采五就以朝日。……圭璧以祀日月星辰。"古以东方为日居之所，而三环石坛又位于方坛之东，因此，组成三环的石桩为圭状而呈淡红色，以象太阳的行移轨迹，其内涵及形式皆和谐统一。过去我们对于中国古代赤道名称的来源以及古人使用红色表示中规（赤道）的原因并不真正理解，现在我们知道，那不过是以太阳颜色表示太阳运行轨迹的古老黄道观念的发展而已，这种观念事实上在公元前四千纪的红山文化时代就已相当成熟了。

牛河梁三环石坛的考定，证明中国古老的盖天理论在公元前四千纪已经发展到相当高的水平。作为早期的盖天图解，牛河梁盖图完全具有实用性。它不仅描述了一整套宇宙理论，同时准确地表现了分至日的昼夜关系。这种完整的理论体系的确立，必然经历了一段漫长的形成过程，因此，盖天理论的发端比之原始盖图的出现无疑有着更悠久的历史。而牛河梁盖图所表现的

---

① 莆田县文化馆：《涵江天后宫的明代星图》，《文物》1978 年第 7 期。
② 王永波：《成山玉器与日主祭——兼论太阳神崇拜的有关问题》，《文物》1993 年第 1 期。

五千年前先人们对宇宙的认识水平，已足以令世人惊叹！

二、圜丘与方丘

牛河梁三衡图的天文学意义的揭示，使我们必须用同样的目光来审视与其并列分布的另一处 Z2 遗迹，这是一个由正中为石筑方台，四周有一重墙墙与一周方坎组成的方坛（图版七，2）。如果将其解释为大地的象征，似乎并不是不切实际的玄想。这样，我们便有可能得出古人以三环石坛以象天，方形石坛以象地，表示天圆地方的结论。可以肯定的是，两处方圆遗迹绝非只为提醒人们记住天地的形状，它应是古人对天地的祭祀之所。

《周礼·春官·大司乐》云：

> 凡乐，圜钟为宫，黄钟为角，大蔟为徵，姑洗为羽，雷鼓雷鼗，孤竹之管，云和之琴瑟，云门之舞，冬日至，于地上之圜丘奏之，若乐六变，则天神皆降，可得而礼矣。凡乐，函钟为宫，大蔟为角，姑洗为徵，南吕为羽，灵鼓灵鼗，孙竹之管，空桑之琴瑟，咸池之舞，夏日至，于泽中之方丘奏之，若乐八变，则地示皆出，可得而礼矣。

圜丘与方丘是古人祭祀天地的祭场。郑玄《注》："天神则主北辰，地祇则主崑崙，……先奏是乐以致其神，礼之以玉而祼焉，乃后合乐而祭之。"圜丘与方丘分别为圜形和方形的祭坛，象征天圆地方。贾公彦《疏》："言圜丘者，案《尔雅》，土之高者曰丘，取自然之丘，圜者象天圜。既取丘之自然，则未必要在郊，无问东西与南北方皆可。地言泽中方丘者，因高以事天，故于地上，因下以事地，故于泽中。取方丘者，水锺曰泽，不可以水中设祭，故亦取自然之方丘，象地方故也。"《释名·释邱》："圜丘、方丘，就其方圜名之也。"中国人以圜为天道，以方为地道的观念甚古，《吕氏春秋·圜道》："天道圜，地道方。"《大戴礼记·曾子天圆》："天道曰圆，地道曰方，方曰幽而圆曰明。"故圜丘以示天，方丘以示地。唯贾氏以圜丘、方丘均为自然之丘，不可取。《礼记·祭法》："燔柴于泰坛，祭天也。瘗埋于泰折，祭地也。……相近于坎、坛，祭寒暑也。……四坎、坛，祭四方也。"郑玄《注》："坛、折，封土为祭处也。……相近，当为禳祈，声之误也。禳犹却也。祈，求也。寒暑不时，则或禳之，或祈之。寒于坎，暑于坛。"孔颖达

《正义》："燔柴于泰坛者，谓积薪于坛上，而取玉及牲置柴上燔之，使气达于天也。……瘞埋于泰折祭地也者，谓瘞缯埋牲，祭神州地祇于北郊也。"马晞孟云："燔柴于泰坛，所谓'祭天于地上圜丘'；瘞埋于泰折，所谓'祭地于泽中方丘'。折旋中矩，矩，方也。"均是。孙希旦《集解》："燔柴所以降天神，瘞埋所以出地祇也。……泰坛者，南郊之坛也。泰折者，北郊之坎也。泰者，尊之之称也。坛以言其高，则知泰折之为坎矣。折以言其方，则知泰坛之为圆矣。……愚谓《周礼》有'圜丘'、'方泽'之名，此南北郊祭天地之坛也。"因此，圜丘、方丘都应是人为所筑之坛，用以行天地之祭。《齐书·礼志》引王肃云："《祭法》称燔柴太坛，则圜丘也。"又孔颖达《礼记·郊特牲正义》引《圣证论》王肃难郑云："于郊筑泰坛，象圜丘之形，以丘言之，本诸天地之性。"旧注多以圜丘、方丘分置南、北郊，但早期情况未必如此。《祭法》明言"四坎、坛"，郑玄《注》："每方各为坎为坛。"孔颖达《正义》："四方各为一坎一坛。"似保留了古制。牛河梁的 Z3 与 Z2 两坛比邻分布，Z3 为三环形，中央隆起，形似圆坛；Z2 中置方台，四围（南围已缺）有 0.89—1.2 米高的石筑墙墙，恰似方坎。其形状、位置与《大司乐》及《祭法》的记载十分吻合。

圜丘与方丘分主祭祀天地，所行之祭在《周礼·春官·大宗伯》中申述颇详。其云："大宗伯之职，掌建邦之天神、人鬼、地示之礼，……以禋祀祀昊天上帝，以实柴祀日、月、星、辰，以槱燎祀司中、司命、飌师、雨师，以血祭祭社稷、五祀、五岳，以貍沈祭山、林、川、泽，以疈辜祭四方百物。"这些内容与《大司乐》所记于圜丘、方丘的祭事一致。

圜丘的致祭对象均为天上的自然神。郑玄《注》："昊天上帝，冬至于圜丘所祀天皇大帝。"实即北极帝星。星为五星，辰为二十八宿，司中、司命即文昌第五和第四星，飌师、雨师乃箕宿与毕宿，古人有箕星好风，毕星好雨之说。圜丘既为祭天之所，故以三环象征天道。不啻如此，行祭之时，所有服饰祭具均需与天道匹配。《礼记·郊特牲》："祭之日，王被衮以象天，戴冕璪十有二旒，则天数也。乘素车，贵其质也。旗十有二旒，龙章而设日月，以象天也。天垂象，圣人则之，郊所以明天道也。"孙希旦《集解》："郊所以明天道，故其衣服旗章皆取象于天也。"

方丘为祭地之所，受祭者有社稷、五祀、五岳、山林川泽、四方百物。郑玄《注》："不言祭地，此皆地祇，祭地可知也。"据《周礼》所述，方丘别于圜丘而置于泽中。金鹗云："《周礼》不徒曰方丘，而曰泽中之方丘，丘下在泽之中，故曰泽中。"可能是一种比较晚近的礼制。贾《疏》与此似有不同，其云："因下以事地，故于泽中。取方丘者，水锺曰泽，不可以水中设祭，故亦取自然之丘，象地方故也。"推敲文义，可能保留了古制。方丘祭地，不独祭土地，且兼及川泽，古人以土与水为组成大地的整体，故以坛示土，以泽示水。坛与泽如何安排，早晚期的情况或许不同。贾氏以"水锺曰泽"，《周礼·地官·序官》："泽虞。"郑玄《注》："泽，水所锺也。"贾公彦《疏》："锺，聚也。谓聚水于其中，更无所注入。"《国语·周语下》："泽，水之锺也。"韦昭《注》："锺，聚也。"《广雅·释地》："泽，池也。"按照这样的解释，泽应是锺聚之池水。牛河梁红山文化方丘的形制所呈现的情况与此十分一致，Z2 中部方形石台的中央有一长 2.21 米，宽 0.85 米，深 0.5 米的石穴，值得怀疑的是此穴能否确认为墓葬，因为尽管发现了扰坑，但死者遗骸并不存在，而且穴中甚至不见任何遗物，或许本即属于瘗埋之坎。如果实际情况是在中央方形石台四周的方坎中蓄水，那就真正符合了《周礼》所讲的"泽中之方丘"。

目前所知牛河梁的"积石冢"共有 4 座，除我们考定的圜丘与方丘外，在圜丘东侧及方丘西侧还有两处分别为圆形和长方形的石筑遗迹，西侧遗迹编号 Z1，与方丘平行排列，外围有双重石筑墙墙，内部情况尚不清楚，但可能没有像位于方丘中央那样的石台，从图 7—4 看，似是一片平地。圜丘东侧遗迹编号 Z4，与圜丘平行分布，形状是与 Z3 相近的数座圆形遗迹[①]。这两个位于祭坛之侧的遗迹，其性质应近于古人的设祭之所——墠，其中方丘之墠呈方形，圜丘之墠呈圆形，属类相同。《礼记·祭法》："天下有王，分地建国，置都立邑，设庙、祧、坛、墠而祭之。"郑玄《注》："封土曰坛，除地曰墠。"《礼记·郊特牲》："郊之祭也，迎长日之至也，大报天而主日也。兆于南郊，就阳位也。扫地而祭，于其质也。"孔颖达《正义》："燔柴在坛，正祭于地，故云扫地而祭。"孙希旦《集解》："扫地而祭者，燔柴在坛，而设祭于墠也。"故 Z1 与 Z4 应分别为方丘与圜丘之墠。《尚书·金縢》："为三坛同墠。"与此有别。旧注多以郊祭即圜丘之祭，王肃云："以所在言之则谓郊，以所祭言之则谓之圜丘。"

---

① 辽宁省文物考古研究所：《辽宁牛河梁红山文化"女神庙"与积石冢群发掘简报》，《文物》1986 年第 8 期；《辽宁重大文化史迹》，辽宁美术出版社 1990 年版；《牛河梁——红山文化遗址发掘报告（1983—2003 年度）》，文物出版社 2012 年版。

故郊祭必于圜丘可明。

圜丘之祭在主祭天神时兼祭日月。《礼记·祭义》："郊之祭，大报天而主日，配以月。"然日月之神在一年中还有专门祭祀，《尚书·尧典》："寅宾出日，……寅饯纳日。"郑玄《注》："谓春分朝日，秋分夕月。"《国语·周语上》："古者先王既有天下，又崇立上帝、明神而敬事之，于是乎有朝日、夕月。"《国语·鲁语下》韦昭《注》："《礼》：'天子以春分朝日，示有尊也。'夕月以秋分。"圜丘虽是祭天之所，但这两种祭祀恐不会都在圜丘举行。《礼记·祭义》："祭日于坛，祭月于坎，以别幽明，以制上下。祭日于东，祭月于西，以别内外，以端其位。"孙希旦《集解》："此谓春分朝日，秋分夕月之礼也。"可知春分祭日于圜丘，秋分祭月则在方丘。而牛河梁圜丘、方丘的实际位置正是圜丘在东，方丘于西。

圜丘祭天，一年数行，而以冬至举行的一次为大祀；方丘祭地虽常有时祭，而以夏至所祭为大祀。这两场祭祀在古代祭礼中是最隆重的盛典。春秋分昼夜平分，春分朝日于圜丘，秋分夕月于方丘，也是一年中的大祭，但地位次于天地之祭。后世天地日月各有主祭之坛，早期情况恐不会分别得如此细致。

现在我们可以放心地承认，建立于公元前 3500 年的红山文化方丘其实就是迄今我们所知的最早的地坛，同时也是月坛，而圜丘则是最早的天坛，同时也是日坛，这样，三环石坛自身为反映真实天象的设计便与圜丘祭天的性质统一了。事实上，方形石坎形状的设计在表现其与方丘祭地的性质的统一关系上与圜丘异曲同工。方丘又称"泰折"，马晞孟以折为矩，可与《周髀算经》所记"故折矩以为勾广三，股修四，径隅五"相互阐发，而我们对方丘的分析结果，正显示了其与勾股的密切关系。因此，方丘自身的设计，最初应该体现了古人对勾股的完整认识，而"泰折"一名可能正包含了这个古老含义。与圜丘不同的是，这些问题更多地涉及了古人在早期数学领域所取得的成就，有关研究已另文讨论[①]。

牛河梁的这些石筑祭祀遗迹所反映的问题恐怕要比我们一眼能看出的问题多得多。就现有的认识水平而言，三环石坛是一幅盖天家的宇宙图解，古人以这样的模式建立了祭祀天神的圜丘。而明代所建的圜丘至今还完好地保留在北京的天坛，那是一座形制呈现三个同心圆的三层石筑圆坛，而著名的

---

① 冯时：《中国古代的天文与人文》第五章，中国社会科学出版社 2006 年版。

祈年殿不仅建筑在三环形的祈谷坛之上，而且保留着三环圆顶。现在看来，中国古人以三环象征天道的思想有着相当悠久的历史[①]。方形石坎是一幅完整的矩图，《周髀算经》称之为"弦图"，古人又以这样的模式建立了祭祀地神的方丘，它的完整的结构同时也被保留在北京与天坛的圜丘遥遥相对的地坛。明代以后，人们叫它"方泽坛"，那是一个外有双重墙墙，中央置双层石台，石台下四周围有宽1.9米、深2.7米的注水泽渠的宏伟建筑。如果我们去看一看今天还能见到的圜丘与方丘，那么，它们独特的结构便不能不使我们联想到红山文化的方圆遗迹，以至于认为那不仅是五千年前这种"规矩"的重现！而且也是"周髀"的重现！

---

① 隋唐时代的圜丘近年也于唐长安城南郊发现，形制与此不同。见中国社会科学院考古研究所西安唐城工作队《陕西西安唐长安城圜丘遗址的发掘》，《考古》2000年第7期。有关问题尚待研究。

第八章 天 数 发 微

有关易卦起源的片言只字或许保留了古人对于久远事物的残断记忆，但很不够。《周易·系辞下》："古者包牺氏之王天下也，仰则观象于天，俯则观法于地，观鸟兽之文，与地之宜，近取诸身，远取诸物，于是始作八卦，以通神明之德，以类万物之情。"这个故事流传数千年而绵永不绝。

《周易》是古代的一部筮占著作，史载在周代以前，还有另外两部同样的著作与它齐名。《周礼·春官·太卜》："掌三易之法，一曰《连山》，二曰《归藏》，三曰《周易》，其经卦皆八，其别皆六十有四。"由此我们知道，《连山》、《归藏》和《周易》就是史传的"三易"。在《周礼》的时代，"三易"大概还被视为是周以前各代通行的东西，但是到汉代，儒生们却把它作为夏商周三代改朝换代的标志了。郑玄在《易赞》和《易论》中说："夏曰《连山》，殷曰《归藏》，周曰《周易》。"这一点从今天的考古资料看是不足为据的。"三易"的名称虽异，卦序也不相同[①]，但其经卦和别卦的数目却完全一样。《周礼》郑玄《注》："三易卦，别之数亦同，其名占异也。每卦八，别者重之数。"除《周易》之外，《连山》与《归藏》二易早已亡佚，我们更多地只能通过后人的辑本窥睹到它的梗概[②]。《礼记·礼运》："孔子曰：我欲观殷道，是故之宋而不足征也，吾得坤乾焉。"郑玄《注》"得殷阴阳之书也，其书存者有《归藏》。"孔颖达《正义》引熊氏云："殷《易》以坤为首，故先坤后乾。"贾公彦《周礼疏》："此《归藏易》以纯坤为首。"知《归藏》首列坤乾二卦，故亦曰坤乾。孙诒让《周礼正义》谓《归藏》以坤开筮。而湖北江陵王家台秦墓出土的竹简[③]，则

---

① 《西溪易说》云：《归藏》卦名与《周易》卦名"同者三之二"。另见饶宗颐《殷代易卦及有关占卜诸问题》，《文史》第二十辑，中华书局1983年版。

② 见严可均《全上古三代秦汉三国六朝文·全上古三代文》卷十五，中华书局1958年影印清光绪十九年（1893年）刻本；马国翰：《玉函山房辑佚书》，清同治十年（1871年）皇华馆书局刻本。

③ 荆州地区博物馆：《江陵王家台15号秦墓》，《文物》1995年第1期。

使我们有机会看到比后世辑本更早的《归藏》①。"三易"之后，易学门派并起，它的核心成为老庄思想的渊薮，造就了独具特色的中国哲学。

《易》有传，也就是世称的"十翼"，意为《易经》的羽翼，包括《彖》（上、下篇）、《象》（上、下篇）、《文言》、《系辞》（上、下篇）、《说卦》、《序卦》和《杂卦》。《易》传七种十篇传为孔子所作，不过今天有人还对此持有疑虑，但至少可以肯定，《易》传与孔子有着极密切的关系。《史记·孔子世家》："孔子晚而喜《易》，序《彖》、《系》、《象》、《说卦》、《文言》。读《易》，韦编三绝，曰'假我数年，若是，我于《易》则彬彬矣。'"这个故事在马王堆西汉墓出土的帛书《易传》中得到了印证，帛书《要》篇写道："夫子老而好《易》，居则在席，行则在囊。"可见他对《易》是很下过一番苦功的。《系辞》是对《易》的通论，申说《易》的义蕴与功用，阐发易理和象数，是《易》传中最重要的部分。

所谓象数，按照传统的理解可以从两个方面阐明。象有两种：一曰卦象，包括卦位，即八卦和六十四卦所象之事物及其位置关系；二曰爻象，即阴阳两爻所象之事物。数也有两种：一曰阴阳数，如奇数为阳数，偶数为阴数等；二曰爻数，即爻位，以爻之位次表明事物之位置关系。不过根据商周数字卦可以看出，传统的关于象数的某些理解显然表现了更为晚近的思想。关于"数"，商周数字卦可以提供一些直接的线索，在这一时期，准确地说可能会晚到秦以前，卦爻几乎都是由数字组成，恐怕只能找到少数的例外，今天我们所见到的卦爻符号明显是由数字演变而成的。这种现象使得筮占方法简单到了只是一个布数的过程，事实上，我们可以从《系辞》中学到的也正是这样的过程。关于"象"，《系辞》中同样做了明确的阐释，但这一点却被后人忽视了。《系辞上》有这样一段近乎神话的记载：

> 是故易有太极，是生两仪，两仪生四象，四象生八卦，八卦定吉凶，吉凶生大业。是故法象莫大乎天地，变通莫大乎四时，悬象著明莫大乎日月……。是故天生神物，圣人则之。天地变化，圣人效之。天垂象，见吉凶，圣人象之。河出图，洛出书，圣人则之。

① 王明钦：《试论〈归藏〉的几个问题》，《一剑集》，中国妇女出版社 1996 年版；连劭名：《江陵王家台秦简与〈归藏〉》，《江汉考古》1996 年第 4 期；李家浩：《王家台秦简"易占"为〈归藏〉考》，《传统文化与现代化》1997 年第 1 期；李零：《跳出〈周易〉看〈周易〉——"数字卦"的再认识》，《传统文化与现代化》1997 年第 6 期。

这中间有三个概念与"象"有关，一为"太极"，二为"河图"，三为"洛书"，这些内容都与天象并列而述，可见它们都应是历史上的所谓"圣人"法天地而象之的作品。

象数之学在汉代曾有过一段繁荣时期，但声势不大，其后近千年并没有多少突破，不过陈陈相因而已。直至宋代，此学重新振兴，新说迭出，二程和朱熹为它付出了极大的努力，其中最重要的就是图数之学的兴起。

"太极"在易理中是一个极重要的思想，它被视为作易之源，一切理气象数，阴阳老少，往来进退，常变吉凶，皆在其中。然而，太极究竟是怎样的一种图像？它到底与"河图"、"洛书"是怎样的一种关系？

"河图"、"洛书"除被记载在《系辞》之中，还散见于先秦时代的其他典籍。最早我们看到，《尚书·顾命》在谈到"河图"时，将它与礼玉及浑天仪摆放在一起。经文云：

> 越玉五重，陈宝：赤刀、大训、弘璧、琬、琰，在西序。大玉、夷玉、天球、河图，在东序。

关于"天球"一名的解释，旧多异说。汪之昌以为此天球实即《虞书》之璇玑玉衡，马融谓彼玑衡为浑天仪，郑玄谓转运者为玑，持正者为衡，皆以玉为之。《尚书考灵曜》："观玉仪之游。"郑玄《注》："以玉为浑仪，故曰玉仪。"是天球本为古以玉制之之测天浑仪[①]。曾运乾《尚书正读》："天球，盖即浑天仪，舜时璇玑玉衡也。"也主此说。"河图"与"天球"并列陈放，可能属于同一类性质的东西。《文选·典引》："御东序之祕宝，以流其占。"蔡邕《注》："《尚书》曰：'颛顼河图、雒书在东序。'"段玉裁、孙星衍皆以蔡氏所引乃今文《尚书》[②]，合之则适为"五重"，则"洛书"的性质亦当与天文有关。

"河图"、"洛书"的故事伴随着各种神话代相传诵。《论语·子罕》云：

> 子曰："凤鸟不至，河不出图，吾已矣夫！"

---

① 汪之昌：《天球河图考》，《青学斋集》卷三，辛未夏新阳汪氏青学斋刻本。
② 段氏之说出《古文尚书撰异》，孙氏之说出《尚书今古文注疏》。

《史记·孔子世家》引此作：

> 河不出图，雒不出书，吾已矣夫！

《管子·小匡》云：

> 昔人之言受命者，龙龟假，河出图，雒出书，地出乘黄。今三祥未有见者。

《礼记·礼运》云：

> 河出马图，凤皇、麒麟皆在郊椒，龟、龙在宫沼（郑玄《注》："马图，谓龙马负图而出"）。

《周易乾凿度》云：

> 河图龙出，洛书龟予。

《尚书·顾命》孔颖达《正义》引郑康成云：

> 河图，图出于河，帝王圣者之所受。

似乎"河图"是由龙自黄河中衔出，而"洛书"则由龟自洛水中负出，所以这图、书才被称为"河图"和"洛书"。这个故事至少在战国秦汉之间已经流传甚广了，而且为表明图、书乃是所谓圣人出现的祥瑞，又赋予了它许多新的内涵。《广博物志》十四引《尸子》云：

> 禹理鸿水，观于河，见白面长人鱼身。出曰："吾河精也。"授禹河图而还于渊中。

大禹治水而得"河图"，似乎顺理成章。《墨子·非攻》云：

　　　　天命文王，伐殷有国，泰颠来宾，河出绿图。

"河图"于此又归于文王。不过"河图"又称为"绿图"，证明其中确有些令
人不解的图符，因为"绿"显然可以理解为"録"或"箓"的误写。《礼记·
礼运》孔颖达《正义》引《中候握河纪》云：

　　　　尧时授河图，龙衔，赤文绿色。

"河图"于此又归于帝尧，而且"录图"由于"录"字的讹变，又引出了更
为离奇的想象。这个说法显然更为晚近。《汉书·五行志上》云：

　　　　刘歆以为虙羲氏继天而王，受河图，则而画之，八卦是也；禹治洪
　　　水，赐雒书，法而陈之，《洪范》是也。

正式将"河图"赠与伏羲，"洛书"赐予大禹。

　　这些传说的真实性目前已经很难稽考，不过如果我们抛开它们的归属不
谈，而只就图、书的本质而论，或许能够使问题的研究更深入一步。我们注
意到，"河图"与龙以及"洛书"与龟的联系却不像它们的归属问题那样纷
纭不一，而且古人为表明"河图"、"洛书"与龙、龟的特殊关系，甚至图、
书的名称有时也变得更为直观。扬雄在《覈灵赋》中说：

　　　　大易之始，河序龙马，洛贡龟书。

张衡《东京赋》云：

　　　　龙图授羲，龟书畀姒。

《春秋说题辞》云：

　　　　河以通乾出天苞，洛以流坤吐地符，河龙图发，洛龟书成。

《易纬是类谋》云：

> 河龙图，洛龟书。

《礼记·礼运》孔颖达《正义》云：

> 河出龙图，洛出龟书。

因为图、书乃分别由龙、龟所负，所以人们已经直接称它们为"龙图"和"龟书"了。显然，古人这种以龙、龟与图、书联系的观念是根深蒂固的。

　　中国古代文献中所能得到的有关"河图"、"洛书"的知识也仅有这些，数千年来，人们为了解开图、书的奥秘，产生了种种奇想。宋人欧阳修曾经否认它们的存在，认为图、书之论都是些荒诞不经的言论，不足为信。然而苏东坡一辈则对此笃信不渝，认为图、书之形虽不详知，但传说来源于《周易》和《论语》，一定不会有假。故事随着时间的流逝而承传，数千年过去了，今天我们凭借考古学和民族学的资料，终于目睹了图、书的原貌！

第一节　"太极图"真原

　　不论是在今天讲《易》的典籍之中，还是中国传统的孔子庙里，人们都可以看到而且极为熟悉那样一个黑白回互，中间有着两个眼睛的图像，古人将它称为"太极图"（图8—1）。对这个图像最基本的解释是，白为阳，黑为阴，大圆以象太极，阴阳以象两仪，合为易理。有些人认为这个图像出自文王、周公和孔子所传的《周易》，与孔子学派有着密切的关系，也有人认为它与文王《周易》渺不相涉，而是源于后汉魏伯阳所著的《周易参同契》，属于传统的道家方技之学。且不说它的来源竟是这样不明不白，论及其寓意更是无奇不有，近至月体纳甲，阴晴圆缺，远至预测太阳系第十大行星，令人如入五里雾中，然而究及其本义，问及其表里，仍不得详解。原来，人们对"太极图"

图8—1　天地自然河图
（太极图）

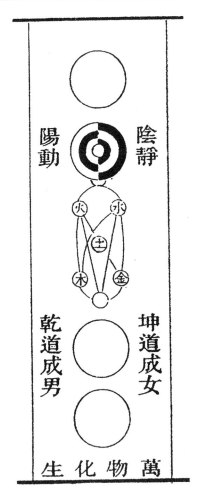

图 8—2　周敦颐"太极图"

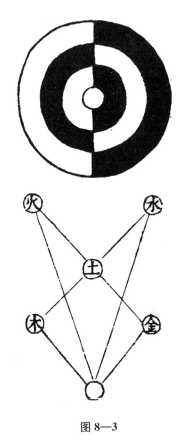

图 8—3

上．水火匡廓图　下．三五至精图

的形象虽烂熟于心，但涉及其真义却是一本糊涂账。

历史上名为"太极图"的图像并非独此一种，其中最著名的就是宋代理学大师周敦颐的"太极图"（图 8—2）。这个图像在宋元两代很有影响，有人认为此图为周子所创，但是唐代《上方大洞真元妙经》中收录了一幅图却与此十分相似，它大概就是周子"太极图"的原本。再往上推，我们可以找到这个图像更早的来源，这就是《周易参同契》中的两幅图，一幅名叫"水火匡廓图"（图 8—3 上），另一幅名叫"三五至精图"（图 8—3 下）。可以看出，唐代的太极先天图实际是由这两幅图组合而成的。

《易》有所谓的道家之《易》与儒家之《易》，周敦颐的"太极图"就是继承了道家易派的图像。周子的师承关系很清楚，追本穷源，可以推到陈抟。陈抟是五代末年华山的一位道士，他不仅炼丹烧汞，作黄白之术，而且又能读《易》，《宋史·隐逸传》说他好读《易》，手不释卷，常自号扶摇子，曾著有《指玄篇》八十一章，专讲导引养生和还丹之事，并没有提到他传授"太极图"的事。至于他广招弟子，传授象数之学，则是在其他著作中述及的。《东都事略·儒学传》云：

> 陈抟读《易》，以数学授穆修，以象学授种放，放授许坚，坚授范锷昌。

这里所说的"数"与"象"究竟是些什么内容？宋人朱震在《汉上易传》中说得很清楚：

> 国朝龙兴，异人间出。濮上陈抟以《先天图》传种放，放传穆修，修传李之才，之才传邵雍；放以《河图》、《洛书》传李溉，溉传许坚，坚传范锷昌，锷昌传刘牧；修以《太极图》传周敦颐，敦颐传程颐、程颢。

由此可知，周敦颐的《太极图》源自陈抟。陈抟的势力很大，他的学说分为三派，邵雍传他的《先天图》，刘牧传他的《河图》、《洛书》，周敦颐传他的《太极图》。陈抟将《太极图》与《河图》、《洛书》分而为三，不过他的"太极图"源于《参同契》[①]，与《周易》的"太极"并没有什么关系。

　　现在我们再回过头来看看图 8—1 所呈现的那幅黑白回互的"太极图"的来源。这个图像一直被认为与儒家之《易》有着某种联系，不过在过去还没有证据能够确切证明这一点。这个图像最早见于宋元人的记录，元清容居士袁桷在《易三图序》中追述这件事的时候说[②]：

> 上饶谢先生遁于建安，番阳吴生蟾往受《易》焉，后出其图曰："建安之学为彭翁，彭翁之传为武夷君，而莫知所授。或曰托以隐秘，

---

①　清人毛奇龄已注意到这一点，见《西河文集·太极图说遗议》。
②　见《清容居士集》卷二十一，清道光二十一年（1841 年）郁松年《宜稼堂丛书》本。

故谓之武夷君焉。"……至荆州袁溉道絜，始受于袁翁，而《易》复传，袁洒以授永嘉薛季宣士龙。始薛授袁时，尝言河洛遗学多在蜀汉间，故士大夫闻是说者，争阴购之。后有二张，曰行成，精象数；曰缋，通于玄。最后朱文公属其友蔡季通如荆州，复入峡，始得其三图焉。或言《洛书》之传，文公不得而见。今蔡氏所传书讫不著图，藏其孙抗，秘不复出。……季通家武夷，今彭翁所图，疑出蔡氏。

根据这些记载我们可以知道，两宋时代人们就已懂得，《河图》、《洛书》之学的真源只有在四川一带才能寻觅得到。后来朱熹派他的门徒蔡季通亲自远赴三峡入蜀，求得三幅图，可见他也深信此说。当时有人认为，蔡季通自蜀地得到的这三幅图朱熹并没有看到，由于它太重要而且太神秘，所以蔡氏作书时没有录图，而将图藏于其孙蔡抗的密室，秘不示人。

　　蔡季通不仅自蜀地访得了三幅《易》图，而且他的学说也很可能就是武夷君一派的易学。朱熹虽是蔡季通的老师，但当两人初见之时，朱熹就已惊道"此吾老友也，不当在弟子列"（《宋史》本传），因此朱熹待蔡氏如老友，而并没有把他当作自己的学生，凡图、书之事，当然也多遵从蔡季通的意见。朱熹在《周易本义》书首列有"河图"、"洛书"的图像，应是蔡季通入蜀所得。然而蔡氏自蜀获得的本是三幅图，看来确有一幅图始终秘而未宣。

　　这幅朱熹未曾见过的图，在元末明初终于得到了公布。赵撝谦在他的《六书本义》一书中列出了该图的图像（图8—1），将其称之为"天地自然河图"，赵氏并在图下加书了一段注文：

　　　　天地自然之图，虑戏氏龙马负图出于荥河，八卦所由以画也。……此图世传蔡元定季通得于蜀之隐者，秘而不传，虽朱子亦莫之见。今得之陈伯敷氏，尝熟玩之，有太极含阴阳，阴阳含八卦之妙。

这段话进一步印证了此图系由蔡季通于蜀地得来且秘不授人的事实。需要特别注意的一点是，赵氏将此图名为"天地自然河图"，虽然比较注文中的"天地自然之图"，"河"字可能是个错字，但是在后来很多学者的著作中，确实将这幅"太极图"称为"河图"。明胡渭《易图明辨》引述宋濂的话说：

　　　　新安罗端良愿作阴阳相含之象，就其中八分之，以为八卦，谓之

《河图》；用井文界分九宫，谓之《洛书》。言出于青城山隐者。

不仅将"太极图"称作《河图》，而且其来源仍在古蜀。胡渭又引赵仲全《道学正宗》中的"古太极图"，认为它就是"河图"。

我们把"太极图"与《河图》的这种联系暂且搁置起来，继续追溯蔡季通由蜀地得来的这幅"太极图"的渊源。事实上，这个线索在汉文文献中早已无迹可寻，但是我们意外地发现，古彝文文献却大量保留着这个图像。川蜀地区是彝族文化的主要分布地区，或许正是这个原因，才使宋代以后的儒者发出"河洛遗学多在蜀汉间"的慨叹。其实，宋代还有一位作过"太极图"的人物，这就是黄裳。他在蜀地长大并为官，后以"太极图"传授嘉王，所以他的"太极图"仍然可与蜀地联系起来。胡渭亦曾认为，自种放以后，儒者相互传授的"太极图"多有变化，只有蜀地的隐者保持着"太极图"的本来面目，私相授受。看来这些议论都不是空穴来风。

在存世的古彝文文献《玄通大书》中，列有多幅"太极图"图像，这些图像虽然在今日称为"太极"，但古彝文则写作"宇宙"，看来它的本义与天文一定有些关系。《玄通大书》中的"太极图"大率如一（图8—4），但也存在一些微小的变化，这些变化应该反映了"太极图"图像的演变轨迹。

最早的图像与流传在汉文文献中的"太极图"有些不同（图8—4，1—3），它并不具备后者那种完美的对称形式，而更多地显示了原始的草率作风。这种不对称性主要表现在黑白回互形式的消失，图中的白色部分像一条回环盘绕的龙蛇状物，而且有着十分清晰形象的头、眼、身和尾，黑色部分虽然由于盘环的白色龙蛇状物的衬托也呈现出类似的影像，但却并没有画出眼睛。足见在这样一个圆形底盘中，最初的做法只是将一条白色的龙蛇状物顺势盘环，而黑色部分只作为衬底，这应该很接近"太极图"的原始形象。

"太极图"逐渐发展以后，图中被白色部分衬出的黑色部分已经画上了眼睛（图8—4，4—8），本来只是一条白色龙蛇状物回环盘绕的图像，终于演变为黑白两条龙蛇状物相互盘绕。不过我们应该记住，这陡然出现的黑色龙蛇状物的来历其实是由白色部分映衬的结果！

这个图像在形式上已经很接近流传于汉文文献中的"太极图"了，但是由于它还未取得一种完全均衡的对称效果，也就是说黑白回互的部分过繁，因此它与《周易》的"太极图"还是存在一定差异。尽管如此，将它视为"太极图"的早期形式应该没有问题，用这种形式去衡量充斥于汉文文献中

图8—4　古彝文文献所载"太极图"

1—3. A型　　4—9. B型　　10. C型

的月体纳甲等说法，足证其荒诞无稽。

这种图像的晚期形式已完全接近我们今天所认识的"太极图"了（图8—4，9），图像中黑白回互，彼此对称，黑白间各有一个眼睛。用这个图像比较元末明初留下的图像，可以看出，那其实也是一幅十分形象的图画。遗憾的是，由于"太极图"的真义湮没已久，到了明倪元璐著《兒易外仪》的时候，"太极图"已经变成一个纯符号性质的图像了。

人们不禁要问，早期"太极图"中那白色回环的部分到底象征着什么？从形象上看，它很像龙蛇一类东西，《玄通大书》中所附的另一幅图也正说明它就是龙（图8—4，10）。这幅图在古彝文中同样称作"太极图"，而且它也只是画了一条龙。将此与太极图中的图像加以对比，不难看出，早期"太极图"所画的正是这样一条回环盘绕的巨龙。

现在我们可以对"太极图"的发展做这样一番描述：早期的"太极图"是在一个大圆中绘出一条盘环卷曲的龙，龙绘成白色或其他颜色，大圆的底色涂成黑色。由于在一个固定的空间内绘有这样的龙形，因此它所映衬的黑色部分也显示了同样的龙形，久而久之，"太极图"变成了由黑白两条龙相互盘绕的图形，最后两条龙形经过抽象和简化，变成了今日所见的这种黑白回互的图像。

这时我们应该记起，汉代的儒者把"河图"称作"龙图"，宋明的儒者又把"太极图"称作"河图"，现在看来，这种对"河图"的本质以及"河图"与"太极图"关系的认识都是正确的。人们探寻已久的"太极图"与"河图"实际就是同一幅图像，它们都以绘有卷曲的龙形而可同称为"龙图"。原来如此，"河图"由神龙衔出于黄河的说法，只不过是"河图"历经数千年之后，人们编织出的一则荒诞的神话。

事实上，在中国古代还流传着一个对于探索"太极图"的本义更为有益的故事。传说黄帝曾经梦见两条巨龙，它们首挺一图，五色俱备，名字叫作"录图"。这则故事出自《太平御览》所引的一部名叫《河图挺佐辅》的汉代著作，而在战国时期的《墨子·非攻》篇中，其实也已记有"河出绿图"的话，这句话在《艺文类聚》中被引作了"河出箓图"，"录"、"绿"都应是"箓"的借字，本指符箓之图。毫无疑问，以"河图"与两条巨龙有关的看法在汉代仍很流行，从后人的种种曲折的探索可以推测，他们的先辈显然对这种认识未能给予足够的重视，这对于揭示"太极图"的本义而言，真可谓失之交臂！

"太极图"就是"河图"，它的本来面目终于被揭破了。不过在这样的演变过程中，黑白回互的现象并非从始至终都呈现出一种对称的形式，恰恰相反，这种对称的现象只是"太极图"发展到相当阶段的产物。从科学的意义上说，黑白对称形式的出现乃是古人为迎合自己的玄想而使"太极图"逐渐规范化的结果，这时，一个被人重新创造的"太极图"已经去这个图像的本义愈来愈远了。事实上，这种渐变而成的对称形式暗示着"太极图"的一种合理的演进过程。

为说明这个问题，我们现在应该来谈谈"太极图"与八卦的配置关系，因为在找出彝族遗留下来的真正的"太极图"之后，探讨这一问题已经变得完全可能。其实，在汉文文献中，我们可以找到的"太极图"配置八卦的最早证据见于明代，图8—5显示了这种配置所呈现的特殊关系。这个图形是在一个黑白对称图形的基础上，添加直线分割而成的。每一部分配置一卦，

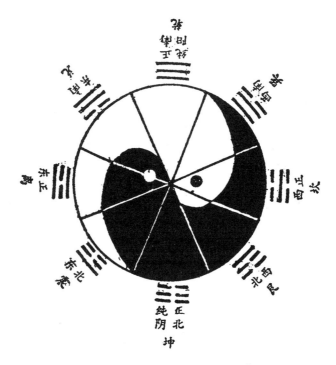

图 8—5　太极图与先天八卦配合

共成八卦。其中南方上位纯白色的部分也就是纯阳部分，配为乾卦，数为纯奇，画卦☰以象之；北方下位纯黑色的部分也就是纯阴部分，配为坤卦，数为纯偶，画卦☷以象之；其馀六部分黑白相间，也各有配置，准确含义可作这样理解：东北部分白居一分而黑居二分，一奇二偶，所以配为震卦，画卦☳以象之；东南部分白居二分而黑居一分，二奇一偶，所以配为兑卦，画卦☱以象之；西南部分黑居一分而白居二分，一偶二奇，所以配为巽卦，画卦☴以象之；西北部分黑居二分而白居一分，二偶一奇，所以配为艮卦，画卦☶以象之；正东部分取西方的白中黑点，为二奇含一偶，所以配为离卦，画卦☲以象之；正西部分取东方的黑中白点，为二偶含一奇，所以配为坎卦，画卦☵以象之。这些做法只是根据易理以奇数为阳、偶数为阴的原理，实际并没有更新的思想。不过这却也应合了圣人则“河图”而画八卦的传说。《汉书·五行志上》：“刘歆以为虙羲氏继天而王，受河图，则而画之，八卦是也。”这个无端的传说在这里终于算是找到了归宿。

　　在我们今天看来，卦爻卦画起于这样的配置的说法是绝对不能令人相信的。演易之法源于筮占，筮占之法又源于筹算，这一点本来很清楚。但是由于孔子好《易》以及它与儒学的牵涉，却使易学在逐渐强化了它的哲学倾向的同时竟淡化了其原始的数术本质。随着考古学所带来的一系列发现，易卦被掩盖的真义才逐渐为人们所认识。今天我们已能确认，自宋代以来在商周青铜器上发现的一种特殊符号实际就是最原始的"数字卦"[①]。积累现有的考古资料，从新石器时代晚期的陶器刻画到商周时期的甲骨、青铜器和陶器，乃至战国简牍，类似的"数字卦"已逾百例。这些证据足以证明，古代易卦一直是以十进数位的"一"、"五"、"六"、"七"、"八"、"九"这六个数字表示的，早期甚至还用"十"[②]。不仅如此，双古堆汉简《易经》和马王堆帛书《六十四卦》同时也证明，传本《周易》以"一"表示阳爻，以"--"表示阴爻的做法，实际与以往的各种推想和猜测无关，它只不过是"一"和"八"两个数字符号的变体而已[③]。事实表明，易卦不仅从原理上讲是本之筮数，而且就连书写形式也与古代数字无异。尽管有迹象表明阴阳爻与数字爻的发展可能在一段时间内是相伴而行的，但以数字布卦、写卦则占绝对主导的地位。《汉书·律历志上》："自伏戏画八卦，由数起。"师古《注》："万物之数，因八卦而起也。"俱明画卦实乃布数之为，显然这从根本上否定了所谓圣人则"河图"而画卦的说法。

既然如此，那么"河图"与八卦的配置又有什么合理的成分吗？讨论这个问题便涉及了易学中的所谓先天、后天之学。按照易家的理解，八卦有所谓先天方位与后天方位之分。相传先天八卦方位出于伏羲，后天八卦方位则出于文王（图8—6）。关于这两个方位的形成，我们于下节再作讨论，现在先来看它们与"太极图"的配置关系。我们用图8—5比较先天图，可以很容易看到配置"太极图"的八卦次序符合先天八卦方位。但是，这种结果并没有使"太极图"与八卦的配置具有更多的象征意义，相反，它只能使我们根据黑与白在每一部分中所占比例的多少去领悟古人配置八卦的寓意，其实即使这一点也反映得并不十分准确。按照赵仲全在《道学正宗》中的说法，"古太极图，阳生于东而盛于南，阴生于西而盛于北，阳中有阴，阴中有阳，而两仪，而四象，而八卦，皆自然而然者也"。

① 张政烺：《试释周初青铜器铭文中的易卦》，《考古学报》1980年第4期。
② 曹定云：《新发现的殷周易卦及其意义》，《考古与文物》1994年第1期。
③ 李零：《中国方术考》，人民中国出版社1993年版，第242页。

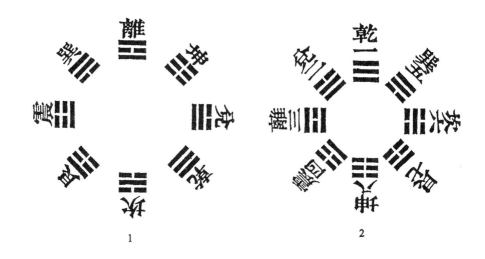

图 8—6

1. 后天方位　　2. 先天方位

　　这些解释多少有些自欺欺人。其实在这幅图上，我们根本看不出存在类似于如上描述的这种理想的安排。赵氏所说阳生于东而盛于南，阴生于西而盛于北，但从图 8—5 可见，阳始生于东北而阴始生于西南。看来这个方寸空间内所显现的矛盾是永远无法调和的。

　　其实问题的关键还不在于此，重要的是八卦与"太极图"的这种配合关系无法将其与人们对易理的传统理解融会贯通。换句话说，假如接受"太极图"所显示的这种八卦与阴阳、八方的配属关系，那么诸如卦气、卦候等一系列内容就难以得到解释。譬如依照卦气理论，坎、离、震、兑为四正之卦，分别代表北、南、东、西四方，乾、坤、艮、巽为四维之卦，分别代表西北、西南、东北、东南四维，八方分配分至启闭八节。而这些内容与"太极图"同先天卦图的配置大相抵牾。

　　传统的"太极图"与八卦的这种配置是否就是唯一的形式？显然不是。彝族保留的古太极图即呈现了一种与八卦配合的更为合理的关系（图 8—7）。从图 8—7 可以看出这样一些特点，首先，"太极图"中的黑白两部分并未作对称分布，因而使得图中的八分格式不可能像汉文史籍所记载的那样以阴阳所含的比例为标准来划分，而事实上图中显示的八卦与"太极图"中的阴阳部分似乎也并不存在这样直接的关系，至少从表面上看可以做出这样的判断。其次，八卦配置"太极图"，其次序也与汉文史籍所载不同。对比先天

图 8—7　彝文文献所载太极图与后天八卦配合

八卦图和后天八卦图，可以清楚地看到汉文典籍所载"太极图"与先天八卦
方位相配，而彝文典籍之"太极图"则与后天八卦方位相配，不言而喻，后
一种配属关系显然比汉籍传承的先天太极更为合理。

我们之所以说它合理，主要基于这样的理由，中国古代以坎、离、震、
兑四卦为四时卦，也就是春、夏、秋、冬四卦，同时又以四卦分主东、南、
西、北四方，为四正之卦，这种关系在中国传统思维中表现为：四卦主四
方，四方主四时。现在看来，这种观念的起源确实十分悠久，它已成为中国
传统天数思想的核心内容，这一点我们在前文的许多章节都曾反复谈及，而
"太极图"与后天八卦配合，与这种传统吻合无误。

这种配置关系所呈现的形式与内容的统一，使得汉文典籍所记所谓先天
太极的配属明显带有刻意附会的色彩，它不仅有悖易理，无传统可寻，而且
即使运用阴阳相含的理论也很难找出与卦爻配数完全相合的比例。事实上，

在今天所能见到的"太极图"上，其图形都或多或少地存在一些哪怕是最微小的出入，这意味着运用一种精确的阴阳比例的关系去解释这类图形其实是根本不可能的。由于后天太极的配置完全符合中国传统的文化理解，因而我们不得不承认，先天太极的配置乃是"太极图"演变到一种基本对称的形式之后，人们配以先天八卦而使其渐至精致的臆测作品。显然，这样的作品只能比后天太极晚出。

彝族文献保留的"太极图"实际展示了一幅盘环的龙图，那么这样的图像究竟产生在一个怎样的时代，它的真正意义又是什么？

新石器时代大约已经出现了这个图像的原本，自那时直到春秋时代，我们可以从各类遗迹和遗物中把这个图像系统地追溯出来。辽宁阜新查海遗址发现的石龙距今已有 8000 年[①]，这似乎是目前我们所能见到的最早的太极蟠龙图（图8—8,1）。接下来的有湖北黄梅发现的距今 6000—5000 年的河卵石龙，龙呈侧面形象，头西尾东，龙背上方摆有三堆类似星座的图案，与龙角形成一条直线，东西排列[②]。虽然有关这一发现的资料目前尚未完全公布，致使我们无法对此做更详细的描述，但是石龙不仅摆塑于一个由红烧土堆积而成的圆形基底之上，而且明显可以同星座加以联系的事实则是清楚的。约公元前 2400 年至前 2200 年的陶寺文化早期陶盘的勾龙应该是作为夏社的形象（图版 2，2；图 3—41）[③]，但它与商周时代的蟠龙图像同样雕绘于陶盘或青铜盘的内底（图8—8,2），龙身盘绕，亦有太极之风。这些龙形图像与后世的"太极图"存在明显的共性，其中最关键的一点是，几乎所有龙形图像都绘在或者摆放在一个圆形的背景图上。恐怕不能将这样的设计理解为一种偶然的作为，其实，这个圆形底图正是我们追踪"太极图"真义的另一把钥匙。

也许"太极图"本身的命名比任何线索都更能说明其所具有的天学意义。"太极"究竟是什么？原来它就是天体宇宙。至少在汉代以前的著作中，我们已能看到古人认为天体宇宙为一团浑沌之气的思想。古人以为，易始于太极，太极分而为二，故生天地。这种思想在汉代被表达得更为明确，当时的人们认为，"太极"是天地未分之前的一团浑沌元气。这些见

---

①　辛岩：《查海遗址发掘再获重大成果》，《中国文物报》1995 年 3 月 19 日。
②　陈树祥：《黄梅发现新石器时代卵石摆塑巨龙》，《中国文物报》1993 年 8 月 22 日。
③　冯时：《夏社考》，21 世纪中国考古学与世界考古学国际学术研讨会论文，2000 年 7 月。

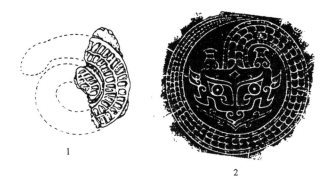

图8—8 蟠龙图

1. 查海石龙   2. 周代铜盘图像

解绝非出自古人的杜撰，我们需要特别回顾一下，前面提到的古彝文文献将"太极"写作"宇宙"的事实，这是可以将"太极图"与天文加以联系的又一个线索。

这些线索对于揭示"太极图"的真原显然是不够的。不过，假如我们能够了解图中绘出的那条龙的真实意义的话，恐怕真相也就大白于天下了。对于"太极图"中所出现的龙的性质的讨论，事实上涉及到整个史前时期的同类图形的性质的探索。我们在关于四象的研究中已经做了反复的考证，结论显示，龙的形象来源于东方七宿的形象，这除在《周易·乾卦》中的一段有关六龙的文字之外，大量的考古资料也足以证明这一点。苍龙七宿中有六宿的宿名分别得自龙体，而位居龙心的心宿三星则是苍龙星宿中最重要的授时主星。现在看来，这一事实恰恰在黄梅出土的卵石巨龙图像中得以体现，这使人无可置疑地将此类图形赋予星象的意义，而具有这一含义的图像又正可以看作"太极图"的渊源。黄梅出土的石龙呈首西尾东，符合龙星运行的实际方向，因此，龙星所依附的圆形底图也就自然可以理解为天盖的象征，因为在最早的盖天思想中，天作为张盖，它的平面正是一个圆形，这也就是古人天圆地方观念的直观反映。

现在我们可以做出一种判断，"太极图"的原本实际就是在一个象征天盖的圆图上绘出了苍龙星象，这个圆形的天盖可以理解为"太极"。由于龙星东升西落，回天运转，于是人们将其描绘成卷曲的形状。这个图像日趋抽象之后，映衬出两龙盘环相绕，并逐渐演变成了黑白回互的图像。

关于"太极图"中黑白两色的象征意义，或许我们还应该多讲几句。按照传统的理解，白为阳，黑为阴，这显然来自于易家的阴阳观念。过去我们不清楚为什么古人做这样的安排，现在由于"太极图"真义的揭示，这个神秘的构思也得到了解释。原来在古人的观念中，天的颜色是黑色，地的颜色是黄色，这就是人们熟知的"天地玄黄"的比喻。在彝族留存的"太极图"中，象征天盖的圆图被描绘成黑色，中间只留出白色的龙形空白。联系《周易·乾卦》的记载，乾为阳，又为龙，龙既属阳，"太极图"以白色为龙，所以白也应为阳，这种观念最初并没有改变图中黑色部分的性质，然而，当古人将白龙所映衬的那部分黑色也视为同样形状的另一条龙的时候，它的性质便自然被赋予了阴。"太极图"所具有的这些原始含义及其演变过程构成了这个图像的一条极其清晰的发展轨迹。

"太极图"所具有的这些天学含义，使人们对它的命名产生了一些新的理解。"太极图"又称"河图"，"河图"名称的来历假如能从天上找到答案，那显然要比出于黄河的说法更合理些。其实情况也正是如此，我们可以将"河"的本义考虑为天上的银河。这样，龙作为星象就恰好可以与它匹合。从实际天象看，龙体正从银河而出，这与"龙马出河"的传说简直再贴切不过了。至于说远古先民对于银河是否能够体会得如此真切，这一点似乎已不必担心，先秦时期，《诗经》中已有关于银河的记载①，屈原和庄子也在他们的辞章中留下了对银河的描述②。到了汉代，对银河位置的具体描写早已见诸文字。古人认为，天上的河汉起于东方的箕宿和尾宿之间，因此东宫七宿作为龙的象征，正像巨龙跃河而出（图8—9）。这些知识都是人们通过长期而周密的观测得来的，事实上，我们不仅可以在汉魏的墓室星图中看到被描绘得波涛滚滚的形象的银河，而且可以把这一传统追溯到距今六千年以前的史前时代，因为濮阳西水坡的蚌塑遗迹已经显示了古人对于银河的完整的认识结果。而后人以黄河附会银河，则有取黄河为地中的意义，这反映了天文作为王权的基础，而王权必以居中的形式加以体现的固有传统。

关于"河图"、"洛书"这桩千古疑案，到这里算是澄清了一半的事实。这个黑白回互的神秘图像由于以浑沌的宇宙作为背景，因而古人叫它作"太

---

① 《诗·小雅·大东》："维天有汉。"《诗·大雅·棫朴》："倬彼云汉，为章于天。"
② 《楚辞·离骚》："朝发轫于天津兮。"《楚辞·九歌·少司命》："与女游兮九河。"《庄子·逍遥游》："犹河汉而无极也。"

图 8—9　二十八宿银河图

极图"，又由于接连有了龙衔篆图从黄河而出的神话，所以又叫作"河图"
或"龙图"，这三个概念其实是相互重叠的，它原本只是一幅描绘苍龙星象
回天运行的星象图。这个简单的构思造就了一种简单的图式，但它的原始意
义却随着日销月铄而逐渐湮没，以至于引发出后人的种种奇妙的玄想。在古
代史籍中，"河图"总是以具有一种独特的祥瑞征验而为统治者所梦想，在
现代，"河图"又被人认为是寻源万物的玉律而赋予无穷的含义，这些传奇
式的议论为探索"太极图"的原始真义造成了很多魔障，所以我们不得不把
这个图像真实的演进过程勾廓出来，给人们看个究竟。

第二节　重睹"洛书"

　　朱熹的门徒蔡季通自蜀地获得的三幅易图，其实并没有像以往人们认为
的那样统置诸私室，秘不示人，除我们证得的"太极图"外，蔡季通将另
外两幅图早已交予朱子观看，只是多少做了些保留。这两幅图的性质，朱熹
是遵从了蔡氏的说法，并把它列在了《周易本义》的卷首，这就是被后人认
定的"河图"和"洛书"（图 8—10）。

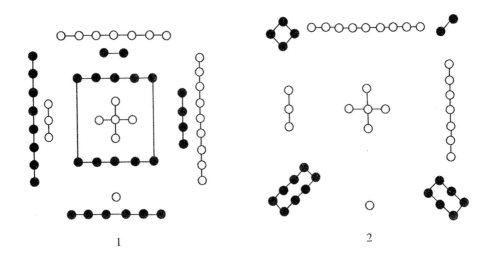

图 8—10

1. 四方五位图（河图）   2. 八方九宫图（洛书）

与"太极图"不同，这两件图、书都是由黑白圆点为数字组成的图形，白点主阳，黑点主阴。在第一节中我们已经谈到，"河图"与"太极图"原本只是一幅图像，那么自宋代开始出现的这幅"河图"与前面提到的被称为"太极图"的河图之间究竟存在着怎样的关系？是否在"太极图"这种"河图"之外还存在着另一套"河图"、"洛书"？其实在历史上，这种看法并不是没有人提出过，明人胡渭在《易图明辨》中说："'太极图'或谓之'河图'，希夷之所授受尽于此矣，而说者谓此外别有'河图'、'洛书'。"这些杂乱的关系在读完本节之后应该可以梳理清楚。为叙述方便，在下面的讨论中我们对"河图"和"洛书"仍然沿用传统的名称。

按照朱熹的理解，"河图"之数为十，"洛书"之数为九。朱熹对它的解释很简明，他说："《系辞》曰：'河出图，洛出书，圣人则之。'又曰：'天一，地二，天三，地四，天五，地六，天七，地八，天九，地十，天数五，地数五，五位相得而各有合，天数二十有五，地数三十，凡天地之数五十有五，此所以成变化而行鬼神也。'此'河图'之数也。'洛书'盖取龟象，故其数戴九履一，左三右七，二四为肩，六八为足。"这个说法部分地来源于汉唐人的思想，孔颖达《礼记正义》引郑玄云：

天地之数五十有五。天一生水于北，地二生火于南，天三生木于

东，地四生金于西，天五生土于中。阳无耦，阴无配，未得相成。地六
成水于北与天一并，天七成火于南与地二并，地八成木于东与天三并，
天九成金于西与地四并，地十成土于中与天五并也。

于是"河图"可以画成以五、十居于中央的五位图形。"洛书"则是根据
《大戴礼记·明堂》中所记的"二九四七五三六一八"九个数字，从右至左，
自上而下三三排列而成，于是可以画成以五居中位的图形，它实际就是秦汉
间流行的九宫。

由于这些图像太朴素也太简单，给人留下了无穷想象的空间，因而各种
附会之说接踵而来。北周卢辩把"洛书"说成是龟背的纹路，元人吴澂在他
的《易纂言》中说得更离奇，他认为"河图"是河中龙马的旋毛，"洛书"
是洛水中神龟背上的坼文，并努力将图、书中的黑白圆点改造成他所需要的
形状。事实上，对"河图"、"洛书"的定名也不是从来没有异说，北宋一
代，刘牧就曾提出过不同的看法，他以九数为"河图"，十数为"洛书"，大
逆其道，从而形成了两支彼此对立的门派。后来由于朱熹的势力太大，他的
学说渐渐被人奉为圭臬，而刘牧的说法反倒被人淡忘了。

今天看来，这种对于"河图"、"洛书"的区分并没有什么理论依据，因
为从本质上讲，"河图"、"洛书"其实只体现了两个不同的布数过程。根据
我们前面的分析，"河图"与这类五、十图书并没有关系，它只是"太极图"
的不同名称。从这个逻辑推演下去，蔡氏获得的这两幅五、十图书，显然只
能看作"洛书"图像的不同变体。

正像"河图"因由神龙衔出于河而被称为"龙图"一样，"洛书"也因
由灵龟负出洛水而被叫作"龟书"，这在古代早已是尽人皆知的常识。今天，
"龙图"的秘密已被我们揭破，它实际是一幅绘有苍龙星象的星图。这个事
实足以使我们怀疑"龟书"是否真像传说的那般神奇，如果不是，那么它的
原始意义又是什么？

安徽含山凌家滩新石器时代遗址的发现提供了研究这一问题的新资料。
在一座大约属于公元前 3300 年的史前文化墓葬中，人们在表土之下首先看
到的是一件端端正正摆放着的磨制精细的巨型石斧。这类石斧往往被视为一
种重要的礼器，假如它形体巨大且制作精良，那就有可能是王权的象征，这
意味着这件长 34 厘米的巨型石斧的下面可能埋葬着一位掌握特殊权力的人
物。果然如此，当考古学家小心翼翼地揭掉表土，他们惊喜地看到了成堆的

随葬玉器，而其中最重要的一件就是摆放在墓主人胸部的雕刻玉版和玉龟，它的位置恰好对准墓口上方的那件大型石斧。

这是一套人们从未见过的史前仪具，玉版呈长方形，剖面略呈拱形，长11厘米，宽8.2厘米，通体呈牙黄色，内外两面精磨，其中三条边磨出榫缘，且两条短边各钻有五个圆孔，一条长边钻有九个圆孔，在没有榫缘的另一条长边钻有四个圆孔。玉版正面雕琢有复杂的图纹，中心部位刻有两个同心圆，圆中心琢制一个四方八角图像；两圆之间以直线均分八区，每区内各琢一枚叶脉纹矢状标分指八方；外圆之外又琢四枚矢状标分别指向玉版四角（图版八，1；图8—11，1）。玉龟由背甲和腹甲组成，均呈灰白色，通体精心磨制。龟背甲为圆弧形，背上有脊，背甲两边各对钻二孔，中央钻有四孔；腹甲略呈弧形，两边与背甲钻孔相应处也钻有二孔，中央钻有一孔（图版八，2；图8—11，2）。值得注意的是，出土时雕刻玉版夹放在玉龟腹甲和背甲之间[①]，这为我们引出了许多值得讨论的话题。

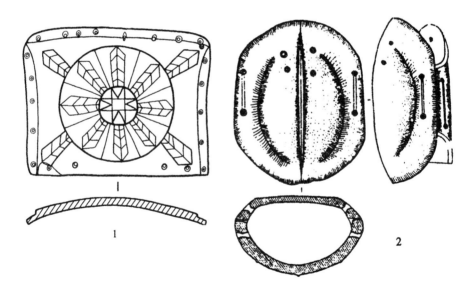

图8—11　新石器时代玉版及玉龟（安徽含山凌家滩出土）

1. 玉版（M4：30）　　2. 玉龟背、腹甲（M4：35、29）

① 安徽省文物考古研究所：《安徽含山凌家滩新石器时代墓地发掘简报》，《文物》1989年第4期；《凌家滩——田野考古发掘报告之一》，文物出版社2006年版。

看到雕刻玉版上分列于四边的圆孔，立即会使人联想到"河图"、"洛书"的那些特有的图像。假如这件玉版真的能与那些神秘的图书建立某种联系的话，那么它就将第一次把"洛书"与神龟联系在了一起。我们尤其应该注意，玉版夹放在龟甲之中，这个事实和历来最难令人置信的神话般的怪谈却可以相互印证起来，因为汉代的纬书中普遍流行着所谓"元龟衔符"、"元龟负书出"、"大龟负图"的说法，这些说法竟也能找到它的事实依据。同时据《三国志·魏志·管宁传》的记载，魏明帝曹叡青龙四年（公元236年），张掖玄川溢涌，有宝石负图而出，状像灵龟，其上文字粲然著明。太史令高堂隆以其为"河图"之属，苏东坡《苏氏易传》将其称为石图，也持相似的看法。联系到古谶纬书的所谓《河图玉版》，同样可以与含山的这件玉版对观。难道这些刻在玉石上的图像，真的就是古人传说中的河洛图书？

一、史前八角纹与上古天数观

中国新石器时代的遗物上呈现有一种独特的八角纹样，之所以说它独特，是因为与我们习惯上接受的那种八角指向八个方向的图形不同，它虽有八角，但却并不正指八方，而是每两角平行指向一方，因而八角实际标示的只是东西南北四方（图8—12）。这种图形由于绘刻于安徽含山凌家滩出土玉版图案——一种严整的仪具——的中心，因此不可能是古人随意为之的作品，而应具有特殊的含义。

这种特殊八角图形的分布地域虽然广泛，但却集中发现于长江中下游和黄河下游的中国东部地区，向北或可延伸到辽河流域。同时，编年分析显示，其延续时间至少应在二千年以上。

马家浜文化	约公元前5000—前4000年
崧泽文化	约公元前3900—前3300年
良渚文化	约公元前3300—前2200年
大溪文化	约公元前4400—前3000年
大汶口文化	约公元前4300—前2500年
小河沿文化	约公元前2000年

这些发现于不同地区、不同时期、不同文化的八角图形表现出了惊人的一致性，显然它们不仅有着共同的含义，而且应该有着共同的来源。

图 8—12　新石器时代八角图案

1、12. 崧泽文化（上海青浦崧泽出土）　2. 大溪文化（湖南安乡汤家岗出土）　3. 仰韶文
化（江西靖安出土）　4. 马家浜文化（江苏武进潘家塘出土）　5、7、10、13—15、17. 大
汶口文化（山东泰安、江苏邳县大墩子、山东邹县野店出土）　6、8、9、11. 良渚文化
（上海马桥、江苏澄湖、江苏海安青墩出土）　16. 小河沿文化（古蒙古敖汉旗小河沿出土）

　　与这种显著的文化特征不同的是，在中国的中原地区，除了出现过一种
指向八方的八角纹之外，还基本没有发现过类似这种指向四方的特殊八角图
形。不过在稍晚的时代，我们在黄河的另一端，也就是它的上游地区却也感
到了出现于黄河下游地区的这种特殊八角图形的影响。位于青海柳湾的一处

属于马家窑文化的墓地中意外地发现了这种图形①，它的时代约属公元前3100年至前2700年，而在更晚的秦人遗物中，我们甚至也能找到这类图形的孑遗②。然而，马家窑文化中的个别遗物只在它众多的图像中占有微小的比例，这显然无法与东部地区相比，因此难以使人将其看作这一文化的典型标志。相反，出现在秦代遗物中的这类图形却加强了这两种位居黄河两端的文化的联系。《史记·秦本纪》："秦之先，帝颛顼之苗裔孙曰女修。女修织，玄鸟陨卵，女修吞之，生子大业。"司马贞《索隐》："而秦、赵以母族而祖颛顼。……《左传》郯国，少昊之后，而嬴姓盖其族也，则秦、赵宜祖少昊氏。"显然，按照传统的解释，秦人乃是东方民族的后裔，这些问题已过多地涉及了历史学的范畴，这里就不再多谈了。

从形式上讲，这种特殊八角纹图案很容易与太阳加以联系，其中指向四方的八角可被认为象征太阳的光芒。事实上，人们也一直持有类似的看法。我们看到，这类特殊八角图像可以区分为两个不同的类型，一类于八角中央的交午处呈圆形，另一类则呈方形。如果将交午处的圆形视为太阳当然未尝不可，但关键的问题是，不论东方或西方的新石器文化，抑或晚期的秦文化，与此特殊八角图形并存的纯粹的太阳图像都描绘得十分逼真，两者形成了鲜明的区别，因此，八角并非表现太阳的光芒是显而易见的。然而，大汶口文化出现的最早一例八角图形的中央却被描绘得很像太阳（图8—12，17）③，它提示我们，如果这些指向四方的八角具有某种方位象征意义的话，那么最早的方位概念显然来源于古人利用太阳的一种辨方正位的活动。这为我们探讨这类特殊八角图形的含义提供了有价值的线索。

新石器时代遗址中出现的这类八角纹在今天西南少数民族的风俗中还可以见到，在彝、苗、僮（壮）、傈僳等民族的传统图案中，随处可见这类图形，它们与新石器时代出现于东部沿海地区的八角纹一脉相承（图8—13）。这种相似性并非偶然的巧合，从历史学的角度讲，今日的西南民族与史前的东方海岱民族有着千丝万缕的联系④，虽然今日的人们已不甚明了八角纹的

---

① 青海省文物考古队：《青海彩陶》，文物出版社1980年版。

② 袁仲一：《秦始皇陵兵马俑研究》，文物出版社1990年版。

③ 山东省文物考古研究所：《大汶口续集》，科学出版社1997年版，图一二一，2；图版七七，2。

④ 冯时：《山东丁公龙山时代文字解读》，《考古》1994年第1期；《试论中国文字的起源》，《韩国古代史探究》创刊号，2009年。

原始含义，但是这种形式却被忠实地继承了下来。

图8—13　西南民族传统八角图案

1、3. 彝族　2. 白族　4. 傈僳族　5. 傣族　6、7. 景颇族
8. 瑶族　9、10. 苗族　11、12. 僮（壮）族

　　值得注意的是，僮族传统图案中存留的八角纹样明确显示了八角与八卦的联系（图8—13，12），这一特点在彝族文化中甚至被表现得更为直接，因为彝语的"八卦"正称为"八角"。这一点十分重要，因为一旦我们把这种思想引入下面的讨论，那么参考僮族保留的八角纹与八卦相配属的图案，便可获得这样的认识：八角图形至少可以与八卦建立起某种联系。表面看来这虽然简单，但由八卦引申出的八方与数字的关系（商代的数字卦可以证明这一点）的内容则是丰富的。准确地说，由于八卦与八方以及数字普遍具有一种极其特殊的关系，因此，八角图形很可能成为正确理解这些关系的关键所在。

　　众所周知，自古以来，八卦的布列似乎一直遵循着两个不同的方位，即所谓的先天方位和后天方位。尽管先天方位在宋以前的遗物中并未找到实证，但后天方位却始终没有被遗忘。《周易·说卦》云：

帝出乎震，齐乎巽，相见乎离，致役乎坤，说言乎兑，战乎乾，劳
乎坎，成言乎艮。万物出乎震，震，东方也。齐乎巽，巽，东南也。齐
也者，言万物之洁齐也。离也者，明也，万物皆相见，南方之卦也。圣
人南面而听天下，向明而治，盖取诸此也。坤也者，地也，万物皆致养
焉，故曰致役乎坤。兑，正秋也，万物之所说也，故曰说言乎兑。战乎
乾，乾，西北之卦也，言阴阳相薄也。坎者，水也，正北方之卦也，劳
卦也，万物之所归也，故曰劳乎坎。艮，东北之卦也，万物之所成终，
而所成始也，故曰成言乎艮。

八卦与八方的这种配合，实际有一种共同的来源，这就是天文学上的分至启闭八
节。《国语·周语下》韦昭《注》："正西曰兑，为金，为阊阖风。西北曰乾，为
石，为不周。正北曰坎，为革，为广莫。东北曰艮，为匏，为融风。正东曰震，
为竹，为明庶。东南曰巽，为木，为清明。正南曰离，为丝，为景风。西南曰
坤，为瓦，为凉风。"八卦、八方、八风各配八节。《礼记·乐记》："八风从律而
不奸。"郑玄《注》："八风从律，应节至也。"孔颖达《正义》："八风，八方之风
也。律谓十二月之律也。乐音象八风，其乐得其度，故八风十二月律应八节而
至。"具体分配是：坎主冬至，乐用管，律中黄钟，广莫风至；艮主立春，乐用
埙，律中太蔟，条风至；震主春分，乐用鼓，律中夹钟，明庶风至；巽主立夏，
乐用笙，律中中吕，清明风至；离主夏至，乐用弦，律中蕤宾，景风至；坤主立
秋，乐用磬，律中夷则，凉风至；兑主秋分，乐用钟，律中南吕，阊阖风至；乾
主立冬，乐用柷梧，律中应钟，不周风至。这些内容，典籍所载甚详。文献显
示，自古以降，八节应八风，合八律，定八方，配八卦，渐成系统。如果我们考
虑到八卦与八方的关系，那么八角纹的含义就有了继续探索的契机，因为我们在
含山玉版上可以清楚地看到八角纹的外围刻有八枚矢状标指向八方，这种布局恐
怕不会不具有方位的含义。

学者指出，人立足于大地之上，他会怎样看待宇宙呢？二元对应显然是
不够的，因为东的出现则意味着有西，而东、西的建立又意味着有南、北，
人只有立于环形的轴心，或者说是四个方向的中央，才容易获得和谐的感
觉①。这种人类共有的心理感受造就了一连串相互递进的方位概念：四方、
五位、八方和九宫。四方和五位是方位的基础，八方和九宫实际则是前两个

---

① 艾兰：《"亞"形与殷人的宇宙观》，《中国文化》第四期，1991年。

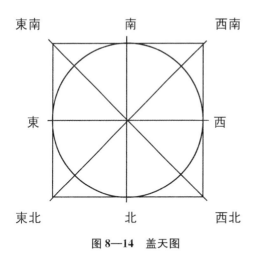

图8—14　盖天图

概念的进一步延伸。《淮南子·天文训》："子午、卯酉为二绳，丑寅、辰巳、未申、戌亥为四钩。东北为报德之维也，西南为背阳之维，东南为常羊之维，西北为蹄通之维。"八方是由四条直线构成的方位坐标，两条叫"二绳"，另两条叫"四维"。"二绳"互交，构成东、西、南、北四方，"四维"互交并叠合于"二绳"之上平分四方，构成东北、西北、东南和西南。由于受盖天说的影响，"二绳"与"四维"被想象成了固定天穹的四根绳子（图8—14）。

　　五位是以四方为基础而产生的平面概念，《淮南子·时则训》："五位：东方之极，自碣石山过朝鲜，贯大人之国，东至日出之次，榑木之地，青土树木之野，太皞、句芒之所司者，万二千里。……南方之极，自北户孙之外，贯颛顼之国，南至委火炎风之野，赤帝、祝融之所司者，万二千里。……中央之极，自昆仑东绝两恒山，日月之所道，江、汉之所出，众民之野，五谷之所宜，龙门、河、济相贯，以息壤埋洪水之州，东至于碣石，黄帝、后土之所司者，万二千里。……西方之极，自昆仑绝流沙、沈羽，西至三危之国，石城金室，饮气之民，不死之野，少皞、蓐收之所司者，万二千里。……北方之极，自九泽穷夏晦之极，北至令正之谷，有冻寒积冰、雪雹霜霰、漂润群水之野，颛顼、玄冥之所司者，万二千里。"很明显，五位则是五方的平面化，古人通过对二绳的积累使五方发展为五位，其中二绳交点的平面化便形成了中宫（图8—15，1），商代的"亚"形正是这种观念的完整体现（图8—16）。

　　九宫与八方、五位都有着密切关系，事实上，它既是在八方之中复加了一个中方，同时又是两个五位图的互交。如果从方位的角度讲，八方中"二绳"与"四维"的交点即可被认为是中方，汉代的式盘上保留了这种做法（图3—61）。如果从空间的角度讲，它也不过是在五位的基础上将所缺的四角补齐，即将一个"亚"形补充成为正方形（图8—15，2）。这两个图形实际并不矛盾，藏族流传下来的九宫图可以帮助我们完整地理解二者的关系。

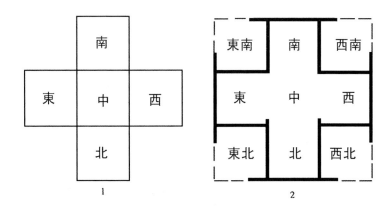

图 8—15

1. 五位图　　2. 九宫图

九宫在藏语中称为"九宫",意即九间的宫殿;又称为"九痣",意为九个点[1]。显然,不论是汉代式盘上那种直线式的九宫图(实际也是点式),抑或三三幻方式的九宫图,其意义则都相同,对于说明方位与阴阳的关系,这不失为一个理想的图形。

　　问题说到这里,对史前文化中出现的特殊八角形图案可能会有一些新的想法,假如我们以八角象征八方,而将两个菱形交午处所形成的正方形视为中宫,这岂不就是一幅完整的九宫图案?事实正是如此!

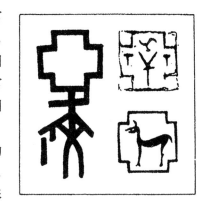

图 8—16　商代的"亞"形

　　按照传统的理解,九宫是由九个方格组成的图形,这与史前八角图形区别很大。但是,就像八方是由"二绳"、"四维"相交而形成的一样,九宫实际也来源于这种交午的关系[2],当然这其实体现的是对四方的平分。这里我们必须重提安徽阜阳双古堆汝阴侯墓出土的西汉初年太一式盘的天盘(图3—61),其上的九宫图形实际就是采用这种方法构成的。据此我们完全有理由认为,具有一定空间概念的九宫方图,同样是由两个五位图交午而成的。

① 王尧:《藏历图略说》,《中国古代天文文物论集》,文物出版社 1989 年版。
② 李零:《"式"与中国古代的宇宙模式》,《中国文化》第四期,1991 年。

传统的九宫方位即如《黄帝九宫经》所说的那样，"戴九履一，左三右七，二四为肩，六八为足，五居中宫，总御得失"（图 8—17），这个方位实际也就是洛书的方位（图 8—10，2）。在宋人的著作中，九宫也正是同河洛之数加以联系的。我们知道，传统的河图、洛书在刘牧的观念中被颠倒了，而邢凯则继承了刘氏的说法，在《坦斋通编》中有这样一段描写："河图之数，种放得之于陈抟，戴九履一，左三右七，二四为肩，六八为足，五居其中，取白黑碧绿黄赤紫配之，以定吉凶，谓之九宫。"他的话有一半来源于《黄帝九宫经》，与洛书和九宫数相比，这里所讲的河图显然是后人理解的洛书。九宫图形除中宫五数之外，其馀八方皆与八卦相配，具体的关系是：一为坎，二为坤，三为震，四为巽，六为乾，七为兑，八为艮，九为离。将这种关系布列成图，就形成了所谓的后天方位（图 8—6，1；图 8—17）。

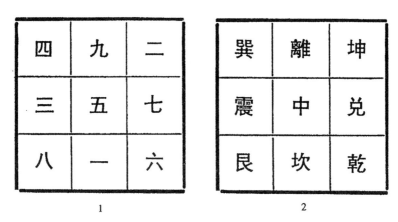

图 8—17　九宫图

前面已经反复强调过，不论传世文献还是出土遗物，都显示了九宫本是以数字的面目出现的。这个事实可以追溯到《周易》的《系辞》中去。书中说：

天一，地二，天三，地四，天五，地六，天七，地八，天九，地十。天数五，地数五，五位相得而各有合，天数二十五，地数三十。凡天地之数五十有五，此所以成变化而行鬼神也。

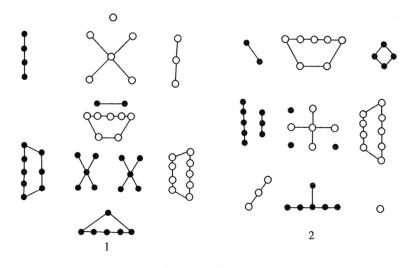

图 8—18 元代张理易图

1. 天地已合之位图　　2. 洛书天地交午之数图

这一套关于数字的说法，反映了古人对数的某种理解。天数与地数实际代表着奇偶，用易理去衡量，奇偶也就是阴阳；用数理去衡量，奇偶加一或减一可以相互转换，这恐怕也就暗示着阴阳的转换。商周数字卦成为易卦的滥觞，似乎正体现了这一思想。用这个天地数系统去配合九宫和洛书，可以得到满意的答案。首先，我们必须模仿九宫的配数，将天数与地数分别布列在两个五位图中，需要注意的是，天数与地数的布列次序必须是相反的。元代张理在《易象图说》所收的"天地已合之位"图中实际已注意到了这一点（图 8—18，1），他将一、七等天数布在上位以象天，将二、六等地数布在下位以象地，方法是正确的。不过先秦时期的方位观念显示，下位其实正是上位（详见第六章第四节）。在这些原则的支持下，我们可以得到两个形状相同而布数各异的五位图（图 8—19，1、2）。将此二图仿效天旋地转而相互交午，于是便可得到一幅中宫"五"与中宫"十"彼此重合的九宫图（图 8—19，3、4），这个九宫图也就是洛书。现在我们把两个五位图中相互重叠的部分加实画出，而将其他的部分舍去，奇迹便出现了，我们看到的正是一个史前文化中常见的特殊八角图形（图 8—20）！

但是，这种特殊八角图形来源于九宫图的事实并不能使所有的疑点都得到解释，从形式上看，八角纹虽含有八方的意义，然而却是明白无误地指向

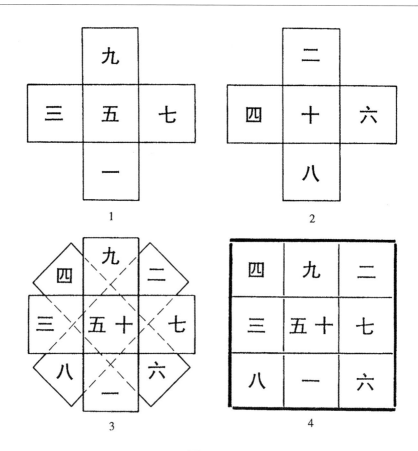

图 8—19

四方。人们不禁要问，为什么古人要做这样的选择？为什么他们不保留一个完整的九宫图，而却偏偏制造出这样一个令人费解的图形呢？

我们应该意识到，一个相对复杂的图形往往表达了相对复杂的概念，这意味着一个特殊的八角纹显然要比那种一望可知指向八方的八角纹的含义丰富得多。换句话说，来源于九宫图的八角纹可能蕴涵着某种综合含义，这个问题直接涉及了与洛书并存的另一幅图形，那就是人们习惯上认识的所谓河图（图 8—10，1）。

中国古人对数字的神秘理解其实并不仅仅限于区分奇偶的不同，在天地数的体系之外，事实上还有另一套生成数体系与之并存。前录孔颖达《礼记正义》引郑玄承古之说，以为天地之数五十有五，天一生水于北，地二生火于南，天三生木于东，地四生金于西，天五生土于中。又以地六成水于北与天一并，天七成火于南与地二并，地八成木于东与天三并，天九成金于西与地四并，地十成土于中与天五并①。表明古人以一二三四五为生数，六七八九十为成数，生数为基本数，以生数为基础，分别相加中央五，即可得到五个成数。如一加五得六，二加五得七，三加五得八，四加五得九，五加五得十。这种现象似乎反映了一种最古老的进位制的痕迹。几乎没有人怀疑，进位制的产生是人类出于生物学上简单的联想，人们可以由一只手对 5 给予的特殊信号计数，也可以由两只手对 10 给予的特殊信

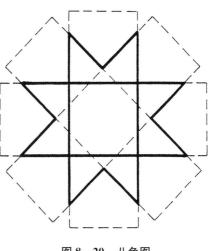

图 8—20　八角图

号计数。中国的进位制在所见到的材料中主要表现为十进制，而在巴拉圭的一个土人部落中，所使用的数字名称却也对应着 1 至 4、5（单手）和 10（双手）②，这些古老的做法与生成数的思想显然是互为因果的。

　　生成数体系对于认识所谓河图的构成有着十分重要的意义。元代的张理在《易象图说》中曾经做过这方面的尝试，他的复原工作是从建立生数与成数这两套不同的五位图开始的（图 8—18）。生数一二三四五在上，成数六七八九十在下，上边的是象，下边的是形；上边的中五象为五行，中圈为土，居中以运四方，左上为火，右上为金，左下为木，右下为水；右三圈象三才，左四点象四时。生数在上象天，成数居下象地，上下天地相交即成为河图。这些工作不能不说很出色，但是他在说明生数与成数这两个布数次序上却犯了一个致命的错误，这个错误使得那两个生成数五位图如果重叠相交，数字的位置正好与河图是颠倒的，也就是说，他不得不通过第三张图来得到河图的图形，于是张理制造了"洛书天地交午之数"图（图 8—18，2）。这个图形虽然称为洛书图，但是它的布数原理却是根据河图而来，可以很清楚

　　① 见孔颖达《礼记正义·月令》。《汉书·律历志上》："天以一生水，地以二生火，天以三生木，地以四生金，天以五生土。五胜相乘，以生小周，以乘乾坤之策，而成大周。"这种思想也见于郭店战国楚简《太一生水》（见荆门市博物馆《郭店楚墓竹简》，文物出版社 1998 年版），简文"大（太）一生水"实际就是郑玄所说的"天一生水"及《汉书·律历志》的"一生水"。
　　② L. 霍格本：《大众数学》上册，李心灿等译，科学普及出版社 1986 年版。

地看到，将"天地已合之位"图的上图，也就是生数五位图顺时针旋转180度，将生数一从上移至下，就可以得到"洛书天地交午之数"图，稍作调整，便是河图。张理不明白这一点，却又把这幅导引河图的图形称为洛书图，易理混乱，接下去的一切推论也都功亏一篑。

张理的错误其实很简单，他以生数五位图的布数次序始于上位，却将成数五位图的次序始于下位，这实际上还没有摆脱天地数体系的影响，以至于将一个成功解开所谓河图底蕴的希望白白断送了。

根据郑玄的解释，天地数与生成数属于两套完全不同的数字体系，因此其布数次序都应有着自己的特点。天数一生于北，地数二生于南，布数次序是互逆的。与天地数不同的是，生成数似乎不考虑阴阳的关系，成数的次序与生数的次序也不可能存在一种互逆的变化，天一生水于北，地六成水于北且与天一并，生成数的布数次序完全相同。注意这一点很重要，方位的选择在古人的观念中是一项非常严肃的工作，因为不同的方位能够表达不同的文化含义。简而言之，中国古代的方位体系大致有两种，一种是上南下北，左东右西，有时也作180度的转位，与今天的方位观念一致；另一种则是上南下北，左西右东，与今天的观念恰好相反。先秦的方位体系虽然东西偶有互易，但上南下北的做法却是普遍的和一贯的，不仅易图的布列常常采用这种体系，而且九宫图的布数实际也正遵循了这一原则。假如我们对生成数的布数次序作了这样的调整（图8—21），结果便看得很清楚，因为只要将两个生成数五位图重叠而不是交午，就可得到河图的图形。不过我们在后面将会谈到，这个图形实际并不是什么河图，而是洛书的一种不同变形。

所谓河图，其本质原来却是一幅指向四方的五位图，这种构图比九宫图显然简单得多。从古人方位观念的发展去分析，先有四方而后有八方应该是很自然的趋势，而先有生成数后有阴阳数也应符合原始思维的过程。将这样两个概念分别布图，就是五、十图数的两幅图，一幅是彼此重叠的两个五位图，即所谓的河图；另一幅则是彼此交午的九宫图，即所谓的洛书，而将这两个概念融为一体，便是那个神秘的八角图形。我们可以把这个图形看作是五、十图数的两幅图的合并，八角指向四方，保留了两个五位图重叠的含义，而八角的形成则是两个五位图交午的结果。我们在一个图形中不仅可以看到四方五位，而且可以看到八方九宫，不能不承认，古人的这种设计是多么的巧妙！

八角纹图形是一幅表示五位九宫的综合含义的图形，它的构成成功地结

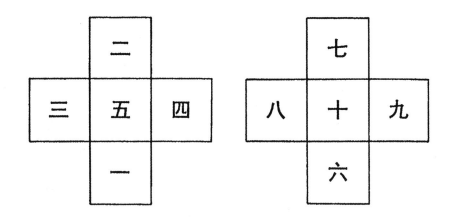

图 8—21

合了所谓河图和洛书这两个图形。在后人看来，河图和洛书是由龙与龟负出的两种毫不相涉的图画，但是今天我们却在同一件八角图形中找到了这两件图、书的原型。这个事实所暗示的答案是清楚的，传统的河图与洛书只能被认为是性质彼此相同的同一类图形。事实上在今天看来，不论朱熹的门徒蔡季通，还是陈抟的传人刘牧，对河图、洛书的认识从一开始可能就是一种误解，尽管二人的观点是相反的。河、洛之名出现甚早，但扬雄《太玄·太玄图》虽载"一与六共宗，二与七为朋，三与八成友，四与九同道，五与五相守"，仍未与河图、洛书相联系。从本质上看，宋人指定的河图、洛书其实表现的只是两个不同的布数过程，这两个图形在目前所见的古彝文文献中仍然被完整地保存着（图 8—22），但却并未冠以河图、洛书之名。在古彝文中，与河图相似的图名为"五生十成图"，与洛书相似的图则名为"十生五成图"[①]，这些名称与易数原理十分吻合，显然也应较河、洛之名更接近这类图数的本质。它们不仅显示了两幅图形实际是互异的两个布数结果，而且有着共同的渊源。所谓河图其实只是体现生成数体系的五位图，而洛书则是体现天地数体系的九宫图，其实质则是反映古人不同天数观的"五十图数"。蔡氏的图、书虽然也正是自彝区蜀地访得，但他很可能并没有真正弄清楚它们本属同一种图的两幅分图，而错误地将其定为两种不同的图形。明了这一点对于我们正确地理解所谓"河洛图数"十分重要。根据我们的研究，真正

---

① 罗国义、陈英译，马学良审订：《宇宙人文论》，民族出版社 1984 年版。

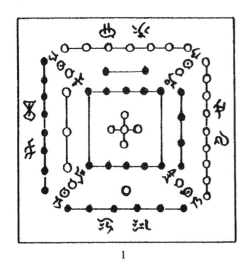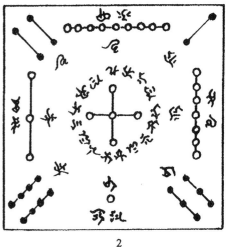

1　　　　　　　　　　　　　　　2

图 8—22　彝族五、十图数

1. 五生十成图　　2. 十生五成图

的"河图"实际就是"太极图"，而与这类五位九宫图没有关系，剩下来的唯一选择就是将这两幅五、十图书统统归为"洛书"。原来如此，新石器时代文化中出现的这种特殊八角图形，其实就是最原始的洛书图像！

对于说明这个问题，图书的配卦形式所提供的证据也同样充分。我们知道，八卦有所谓的先天、后天两种方位，相传先天方位为伏羲所创，后天方位为文王所创，两个方位构成了两个截然不同的图形。先天八卦配属河图，后天八卦配属洛书，这种神秘的配置关系始终令人百思不解。其实问题并不是从一开始就这样复杂，种种迹象显示，所谓先天八卦方位至少在宋以前是根本不存在的，它是宋儒为迎合自己的学说杜撰出的一种奇怪东西，准确地说，宋以前的著作及遗物中根本找不到先天八卦配属河图的任何线索，而这种配属关系在北宋名儒邵尧夫之后，却被人反复玩味，附会无穷。恰恰相反，有关后天八卦与洛书九宫的配属形式，在早期文献及出土物中却屡见不鲜，我们不仅可以在《易传》及《灵枢经》中读到它们的具体方位，而且可以在汉代及其以后的式盘乃至藏历图上看到它的图形。很明显，宋代以前其实只存在一种八卦方位，这便是后天八卦方位。宋人为区别所谓河图、洛书，特意附会出先天方位，并用它配属河图，以显示其与配属后天方位的洛书的不同，这一切实际都是错误的。先天之学源出于《说卦》传中"天地定位，山泽通气，雷风相薄，水火不相射，八卦相错"的记载，马王堆帛书本《易传》则与今本不同，而作"天地定立（位），［山泽通气］，火水相射，雷风相搏"，所言阴阳矛盾之理甚明，故今本《说卦》"水火不相射"衍"不"字，悖于易理①。宋人的先天图虽以乾、坤、离、坎四卦分置南、北、东、西（图8—6，2），但《说卦》中却根本没有讲到先天之学中八卦的具体方位，显然这些方位的配置没有根据。那么先天八卦究竟是一种什么样的图形呢？其实很简单，它只是一种阴阳相生的次序，也就是《系辞》所讲的"易有太极，是生两仪，两仪生四象，四象生八卦"，而并不是什么方位圆图②，这一点于帛书《周易》的八卦次序反映得非常清楚。

以八卦配置河图、洛书存在一项重要的区别，我们在洛书九宫与后天八卦方位的关系中可以看出，东、西、南、北四正分别配置震、兑、离、坎四卦，并分别对应三、七、九、一的四个数字，东北、东南、西北、西南四维分别配置艮、巽、乾、坤四卦，并分别对应八、四、六、二的四个数字。按照传统的理解，四正之卦，即震、兑、离、坎为四时卦，分别象征二分二至，即春分、秋分、夏至和冬至，而四维之卦，即艮、巽、乾、坤则分别对应启闭四立，即立春、立夏、立秋、立冬，八卦配八方，以象征分至启闭八节。这个传统相当古老，从文献上甚至可以追溯到殷商时代的甲骨卜辞。与此相反，以所谓先天八卦方位与河图相配，则讲不出任何道理。那么，所谓河图与八卦方位究竟是否存在一种固定的关系呢？假如答案是肯定的，这种关系又是什么？从逻辑上讲，五、十图数的两幅图只是反映了不同的布数过程，从方位上讲，九宫图（即洛书）也只是四方五位图（即河图）的发展而已，因此二者的原始含义是相同的。如果它们真正属于同一种图形的不同分图，那么九宫图的配卦与四方五位图的配卦就应该相同，由于九宫源于四方五位，因此至少九宫图中的四正配卦与四方五位图是相同的。事实果真如此！

中国的许多早于宋代的古代文献都显示了这样一种传统，后天八卦与所谓河图具有一种固定的关系。北魏关朗子明在《洞极真经》中说：

---

① 张政烺：《帛书〈六十四卦〉跋》，《文物》1984年第3期。

② 帛书八卦上卦排列为1. 乾、2. 艮、3. 坎、4. 震、5. 坤、6. 兑、7. 离、8. 巽，并非先天术。学者多据此恢复先天方位，不能成功。事实上，依此次序，乾、艮、坎、震为四阳卦，坤、兑、离、巽为四阴卦，正是后天之学，其中太极生两仪之内涵十分明显。帛书下卦以四阴卦分配四阳卦，又有四象生八卦之意义，所云皆阴阳相生之理。

《河图》之文七前六后，八左九右，是故全七之三以为离，奇以为
巽。全八之三以为震，奇以为艮，全六之三以为坎，奇以为乾。全九之
三以为兑，奇以为坤。正者全其位，偶者尽其画。

根据这段文字，可以建立八卦与四方五位图的一种关系。通过图 8—23 可以
看清（图 8—23，1），所谓河图的配卦实际和洛书的配卦一样，正是后天方
位。因为如果将该图内圈的生数五位图逆时针稍作偏转，就可以得到一个完
整的后天卦位（图 8—23，2）。从形式上看，八卦与四方五位图及九宫图的
配置关系表现为所配数字的不同，但实质上它们与数字的关系并不比它们与
方位的关系更重要。在八卦与四方五位图的配属关系中，坎、离、震、兑四
时卦主配成数五位图，位于外圈，象征东、南、西、北四正方向，其寓意与
洛书九宫图吻合无间。

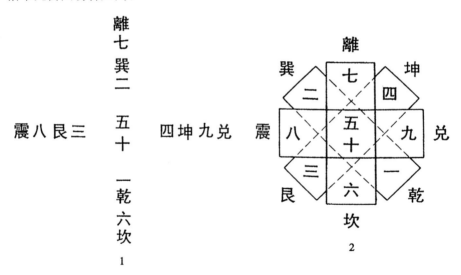

图 8—23

这两幅五、十图形具有着相同的配卦形式，确认这一点便使得所谓河
图、洛书原本只属于同一类图形的阐释变得不可动摇了。毋庸置疑，由于汉
代文献普遍流行元龟负书、洛书龟书以及龟负石图的说法[①]，且绘制八角纹

[①]　见《黄帝出军诀》、《尚书中候》、《鱼龙河图》、《三国志·魏志·管宁传》等。

的含山玉版恰恰夹放在玉龟中间①，这两件事实得以相互印证不能不使人产生这样的认识：宋人发展的所谓河图、洛书原本应该同属洛书，而史前八角图形兼容二图，无疑可视作这两幅图形的渊薮。

事实应该是这样的，原始的洛书本包括两幅图，第一幅为四方五位图，第二幅为八方九宫图。但是，这两幅图的本义至少在汉代就已经被人混淆了，他们把其中的四方五位图送给了河图，而将另一幅八方九宫图留给了洛书，一个完整的洛书体系就这样被人为地割裂了。数千年来，这两个神秘图形曾使多少人困惑不解，人们苦苦编织出无数的图形，试图解开这个秘密，但是由于种种原因，这个历史疑案始终未能得到澄清。今天我们终于通过史前文化中出现的特殊八角图形解开了这个谜团，研究表明，这种神秘的八角图形正是目前我们所知最原始的洛书，它是五位九宫以及生成数与天地数两种不同天数观的客观反映，体现了远古先民对原始宇宙模式及天数理解的极其朴素的思想。

二、古式溯源

含山玉版的中心布列洛书图像，洛书本由四方五位图和八方九宫图两幅图彼此叠合，构成了我们所见到的这种史前文化的特殊八角图形。澄清了这个事实，玉版的内容便不难理解了。

玉版图像分内外四重，中心刻绘洛书九宫图形，这是玉版图像的核心所在，其外的三周图像都是为着这一主题布设的。洛书九宫从形式上看正指东、西、南、北四方，既具四方五位的模式，又隐含着八方九宫的内蕴。尽管其隐含着的八方在第二层图像中得到了刻意阐释，但九宫图像为全篇内容的命意所在却是毫无疑问的。

玉版的第二层图像是于中央的洛书九宫之外绘出两个同心圆，两圆之间按中央洛书四方八角所限定的方向均匀地划分为八区，八区的方向是四正四维，每区之中刻绘一枚矢状标，分别指向八方。

第二层图像的寓意如果仅作这样的解释显然并不完整，事实上它在说明八方的同时，分居八方的八区已与居于内层中央的中区组成了一个新九宫。问题当然是从内层中央的洛书九宫图像引出的，这个图像虽然本质上体现了

① 安徽省文物考古研究所：《安徽含山凌家滩新石器时代墓地发掘简报》，《文物》1989 年第 4 期。

九宫，而且这一含义又恰好是整个玉版图像的主题，但在形式上它却更像是一幅四方五位图，因此，古人必须借助第二层图像使中央的洛书八角所具有的九宫意义得到更直观的表现。图像很清楚，两个同心圆之间的八区可视为八宫，中央小圆之内的中区可视为中宫。由于这个新九宫与原有的中央洛书九宫共同布列于一个圆形空间内，因而完全有理由将新九宫看作是对中央洛书九宫的一种自然的形象化说明。值得注意的是，如果我们将中央洛书九宫按照它的直观形式理解为五位图的话，那么这个新九宫与中央五位图的配合形式便与洛书九宫图与中心五位图的配合形式正相吻合。玉版中央这个由双圆组成的新九宫与传统的三三幻方式的九宫方图不同，事实上，传统的洛书九宫图最初也被人们理解为圆图，当这个图形与八卦方位分配的时候，这一点或许看得更清楚，汉代太一式盘九宫图及彝族九宫图都足以证明这一事实（图 3—61；图 8—7）。必须强调的一点是，新九宫虽然可以理解为对中央洛书九宫意义的一种递进式说明，但八方的布设显然有其独特的寓意。

玉版第三层图像于大圆八区之外的四维处又刻有四枚矢状标，分别指向玉版四角。假如这里所刻的不是指向四维的标志，而是指向八方的标志，那显然与第二层图像是重复的，因此这层图像无疑特别强调了四维的意义。众所周知，在八方体系的形成过程中，四方概念是最先产生的，四方之所以能演变成八方，是在二绳的基础上增加了四维。据玉版图像分析，内层中央的九宫图同时也是一幅四方图，以这个四方图变为第二层的八方图，必须配置四维，这也就是《史记·龟策列传》所讲的"四维已定，八卦相望"。于是古人从玉版中心的四方五位图出发，进而确定四维，终成完整的八方九宫体系。可以说，玉版的这三层图像兼顾了所有的方位概念。事实上，根据中国传统的五方配置十干的传统以及后世式盘八方四维的布列形式的演变，也可以看出四维的安排与五位图的中宫有着密切关系。

玉版图像的最外层布列了四组特殊的数字，这些数字都是以钻孔的形式表现的，下缘为"四"，上缘为"九"，左右两缘为"五"，平面布数图式为：

九

五　　　五

四

这个图式如以下方正位起算，无论采用左旋还是右旋的方法释读，结果都是"四"、"五"、"九"、"五"。含山玉版的这四重图像的含义其实并不神秘，我们在后世的式盘上找到了它的痕迹。

含山洛书玉版与式的关系非常密切，这种关系甚至表现为后世式盘对于含山玉版的一种直接的承袭现象。古人运式的目的在于占验时日，这个传统至少在先秦时代就已相当流行了。运式的工具叫作式盘，阴阳家各持有不同的占术，因而也相应地有不同的工具。古代式的种类很多，常见的有太一式、六壬式和遁甲式，另外还有九宫、雷公诸式。各式的演式方法虽然不同，但布式特点却主要表现为两个系统，一系以北斗为主，另一系则以九宫为主。考察宋代以前的古式情况，除九宫式、雷公式的材料较少而不便比较外，其他诸式都保留了一些实物。其中六壬式采用五行、十干、四维布式，天盘用北斗而不用九宫，这些特点在汉代及其以后的六壬式盘上看得很清楚（图8—24）。太一式与遁甲式虽同用九宫，但式图不同。遁甲式共分三重，据北宋《景祐遁甲符应经》卷上云："昔黄帝受龙马之法，命风后演之而为遁甲。造式三重，法象三才，上层象天布九星，中层象人开八门，下层象地布八卦，以镇八方。随冬夏二至，立阴阳二遁，一顺一逆，以布三奇六仪也。"知遁甲式于地盘列八卦代表九宫，人盘列八门，天盘布九星、三奇六仪及九神。钱大昕《十驾斋养新录》卷十七云："奇门之式，古人谓之遁甲。即易八卦方位，加以中央，与《乾凿度》太一下行九宫之法相合。"故遁甲与太一其实也有联系。太一式则以九宫和十六神为推算依据，并配以十二支及四维（图8—25）。安徽阜阳双古堆西汉汝阴侯太一九宫式盘可以说是目前所见此类式盘的最早代表[①]（图3—61）。将含山玉版图像与以上三式比较，彼此存在诸多联系是显而易见的，其中太一式与玉版的关系最为密切。

含山玉版中布九宫，它的性质无疑就是古代的式盘。我们先从形式上比较二者的联系，太一、六壬二式都由天、地两盘组成，遁甲式则由天、地、人三盘组成，式盘的中心为圆形的天盘，天盘之下为方形的地盘，象征天圆地方。而含山玉版中央布刻双圆象天，外廓方形象地，侧呈拱形以象天穹，只是天盘与地盘尚未分离，表现出了比较原始的形式。

我们再来比较式盘的布式内容。阜阳西汉太一式盘于天盘布列九宫，地盘四周列八节以应八方，而含山玉版于中央布列洛书九宫，其外刻绘八枚矢状标指向八方，寓意也在表示八节、八方，二者如出一辙。遁甲式于地盘、

[①]　安徽省文物工作队、阜阳地区博物馆、阜阳县文化局：《阜阳双古堆西汉汝阴侯墓发掘简报》，《文物》1978年第8期。

图 8—24 六壬式盘

1. 西汉式盘（甘肃武威磨咀子 M62 出土）　2. 东汉式盘（濮瓜农旧藏）

3. 六朝式盘（上海博物馆藏）　4. 东汉式盘（朝鲜乐浪遗址王盱墓出土）

人盘分列八卦、八门，六壬式于地盘分列八卦、四门，也应来源于此。玉版八方外四维处的四枚矢状标显示四门，然而形状却与其内指向八方的标形一致，证明其寓意相同，似可说明这一问题。四维可以布入太一式，但阜阳太一式盘却不列四维。《史记·龟策列传》："四维已定，八卦相望。"四维八卦在六壬式内为四维定局，当是六壬式的主要内容（图 8—24）。四维之义旨在对应中央五位，玉版四隅既列四维，所以中央的九宫图也必然同时含有五位

的性质。五位的本质是配属五行，其中东、
南、西、北四位象征四方，中位既象中方，
也象四维。扬雄《太玄·太玄数》云：

图8—25 太一式图

> 三八为木，为东方；四九为金，为
> 西方；二七为火，为南方；一六为水，
> 为北方；五五为土，为中央，为四维。

讲的就是这个道理。五位分配十干，东位甲
乙木，南位丙丁火，西位庚辛金，北位壬癸
水，戊己土居中央，出入于天、地、人、鬼四门（图8—24）。含山玉版中央
布列五位九宫图，五位的中位配属戊己，必须出入于四维四门，所以于四隅
布列四维，对应中央五位，具有四门的性质，其意甚合。这种观念在后世的
各类图式中被普遍接受。六朝铜制六壬式盘于中央天盘分列八干，以象四方
之位，外列四门以应中央戊己（图8—24，3），与含山玉版布图一脉相承。

最后我们讨论玉版周缘布列的"四"、"五"、"九"、"五"四组数字，解
释这个布数原理则必须通过中央的九宫图，这样才能使玉版图像的意义贯通
一致。四组数字正合所谓的五、十图数，它的寓意其实表现了太一下行九宫
的古老式法[①]，这个传统在阜阳西汉太一式盘上得到了完整体现。

太一是什么，古人以它为北辰神名，《石氏星经》则说它是主气之神，
讲的原本都是同一回事。《易纬乾凿度》郑玄《注》："太一者，北辰之神名
也。……《星经》曰：'天一，太一，主气之神。'"太一的这种属性十分重要。
在中国天文学史上，太一为北辰神名，北辰就是天极极星，素被奉为天皇大
帝，是中宫中至高无上的大神。《公羊传·昭公十七年》："大辰者何？大火也。
大火为大辰，伐为大辰，北辰亦为大辰。"何休《注》："天所以示民时早晚，
天下所取正，故谓之大辰。"旧以北辰为北极，只说对了问题的一面，关键的
问题是，在五千年前的新石器时代到底有哪些星辰曾经充当过当年的极星。
三辰建时，拱极星中的任何星官恐怕没有谁能比北斗更有资格作为当年的极
星。北斗位居天极中央，并且围绕天极做周日和周年旋转，因而成为"示民
时早晚"的北辰。这些话题我们在第三章中已有论列。西水坡仰韶时代"三

---

① 陈久金、张敬国：《含山出土玉片图形试考》，《文物》1989年第4期。

辰图"所列即为大火、参伐与北斗，可证北斗乃为当时之极星。《论语·为政》："为政以德，譬如北辰居其所而众星共之。"日人新城新藏解"北辰"为北斗[①]，甚是。显然在早期天文学中，由于北斗距真天极的位置太近，因此它所具有的建时作用使它最有资格充当当时的太一。黄宗羲《易学象数论》卷六论太一引唐王希明曰：

> 太一在璇玑玉衡以齐七政，随天经行，以斗抑扬，故能驭四方。

仍视太一与北斗为一体。

我们注意到，阜阳西汉太一式天盘九宫图的中央，在本该书写北辰太一的位置上却并未见有太一，而偏偏写上了"招摇"。这种情况在先秦两汉的文献中也有所反映。《黄帝内经·灵枢》载"合八风虚实邪正图"，以"冬至，坎，叶蛰；立春，艮，天留；春分，震，仓门；立夏，巽，阴洛；夏至，离，上天；立秋，坤，玄委；秋分，兑，仓果；立冬，乾，新洛；招摇中央"，即以八卦、八节分配九宫八方，中央布列招摇，与阜阳太一式盘布图完全一致。《淮南子·时则训》："孟春之月，招摇指寅。"高诱《注》："招摇，斗建。"招摇乃是北斗，准确地说，它应是北斗的第七星摇光[②]。而汉代六壬式盘于天盘不列太一九宫，反列北斗，明显加强了北斗与太一的联系。事实很清楚，如果我们承认北斗确实在史前的某一时期由于充当了极星而作为天神太一的话，那么，后代式盘的这种以招摇为太一的做法就显得渊源有自了，甚至我们可以更容易解释，天盘用北斗的六壬式事实上与太一式具有共同的来源。

需要指出的是，含山玉版虽布九宫，却未列太一，尽管玉版四周刻有太一行九宫的布数。但是，如果我们认为北斗在公元前第三千纪以前曾经作为太一神而存在，这便为下面的解释奠定了基础。我们发现，玉版出土时原本夹放在玉龟中间，显然我们应将玉龟与玉版视为一套完整的仪具。嵌夹玉版的玉龟背甲（M4：35）圆形弧拱（图8—11，2），可以理解为天盖的象征。然而在这个象征性的天盖之上，先人们则恰于背甲上部中央位置钻有四个圆孔，它的形象很像是由斗魁的天枢、天璇、天玑、天权四星

---

① 新城新藏：《东洋天文学史研究》，沈璇译，中华学艺社1933年版。
② 《礼记·曲礼上》："招摇在上，急缮其怒。"陆德明《释文》："招摇，北斗第七星。"

组成的图像。事实上，这种由斗魁四星组成的形象呈现的正是一种所谓的倒梯斗形，如果我们把这种形象视为斗魁的象征，那么在新石器时代的大汶口文化与良渚文化中，我们还可以找到类似的斗神遗迹（详见第三章），而这种斗神实际也就是天神太一。准确地说，九宫的存在其实也就暗示着太一的存在，二者在古人的观念中是难以分离的。这意味着在中国天文学的早期发展阶段，由于北斗曾经作为极星和天神太一，从而使得古人将九宫与太一、极星、北斗始终固守为一个整体。不仅如此，含山凌家滩出土的另一件九宫与猪首北斗合璧的雕刻也再次印证了这种推论（详见第三章第二节第五小节）①。

　　《史记·天官书》："平旦建者魁。魁，海岱以东北也。"裴骃《集解》引孟康曰："《传》曰：'斗第一星法于日，主齐也。'魁，斗之首；首，阳也，又其用在明阳与明德，在东方，故主东北齐分。"张守节《正义》："言魁星主海岱之东北也。"据此可证，海岱地区流行的以斗魁作为天神太一的现象与古之分野观念吻合无间。不仅如此，由于玉龟背甲布列太一北斗，而玉龟腹甲（M4：29）也钻有一孔，并且恰好处于与背甲的北斗斗魁相对应的位置之上，因此可以考虑为当年极星——天枢——的象征。很明显，玉龟既列太一神，那么我们完全有理由相信，它本应在演式时与玉版配合使用，用以定建八方，行运九宫。

　　太一不仅为北辰神名，而且也是主气之神，这个意义当然也应来源于北斗的建时作用。显然，古人可以根据北斗斗杓或斗魁的不同指向确定分至启闭八节的时间，而八节自是来自八方的不同风气，于是有了太一为主气之神的说法。

　　四方风气应分至四气，八方风气应分至启闭八节，这种观念渊源甚古。我们已经论证了商代四方风与分至四气的关系，而这种观念的形成又很可能直接得益于古老的候气法的启发，它使古人很容易获得天地间充盈着"气"这样一种朴素的科学思想，甚至一以贯之于中国传统文化的诸多方面。四风、八风就是来自于四方、八方的不同之气。《左传·襄公二十九年》："八风平。"杜预《集解》："八方之气谓之八风。"《诗·桧风·匪风》："匪风发兮。"孔颖达《正义》："风乃天地之气。"商代甲骨文"气"字即为天地之间

---

　　① 安徽省文物考古研究所、含山县文物管理所：《安徽含山县凌家滩遗址第三次发掘简报》，《考古》1999 年第 11 期。

充满了气的指事字，战国楚帛书也有"阳气阴气"及"五木之精"的明确描述，郭店战国楚简则直言天的本质为气①。《淮南子·俶真训》："天气始下，地气始上，阴阳错合，相与优游竞畅于宇宙之间。"又《天文训》："道始于虚霩，虚霩生宇宙，宇宙生气。气有涯垠，清阳者薄靡而为天，重浊者凝滞而为地。"又《本经训》："天地之合和，阴阳之陶化万物，皆乘一气者也。"思想显然已更为系统。这种以宇宙生气的朴素思想在含山玉版式图上也有所反映。

玉版中央绘刻的双圆无疑就是后世式盘上天盘的原始形式，圆形象天，且双圆之内绘刻八枚矢状标分指八方，以应八节，显然这里就是宇宙之气之所在。古人为什么将原始的天盘绘成双圆，恐怕不会不具有某种含义，如果我们将这个圆形单独提出，问题便看得更清楚，它显然就是中国传统文化中玉璧的形象。

对于玉璧的象征意义的解释，众说纷纭。有人把它视作日月的象征，但是在汉代，玉璧却普遍置诸死者的头顶②，这种做法的寓意显然与以日月比附玉璧的解释不甚相符。邓淑苹教授以为玉璧实为天的象形，因为参照《周髀算经》的"七衡六间图"，双圆形的玉璧也正符合天的形象③。日本学者林巳奈夫提出的另一种观点与此并不矛盾，他认为玉璧乃是"气"的象征④。这个论点可以获得大量的包括实物及文献资料的支持，我们不仅可以在汉代的玉璧上看到刻有细密的云气纹，而且可以看到四神在玉璧中穿梭，犹如在云气中游移，也就是在天宇中游移。即使从葬俗的角度讲，墓葬中大量随葬玉璧，也与死者再现现实世界宇宙间充满阴气、阳气的观念相辅相成。这样看来，玉璧为礼天之器，双圆象天，上布云气纹，表明天乃由"气"所构成，况且有些玉璧在象征的云气上端还雕有天盖璇玑（图8—26）。而古人将玉璧置

①　荆门市博物馆：《郭店楚墓竹简》，文物出版社1998年版。

②　广州市文物管理委员会、中国社会科学院考古研究所、广东省博物馆：《西汉南越王墓》，文物出版社1991年版；邓淑苹：《中国新石器时代玉器上的神秘符号》，《故宫学术季刊》第十卷第三期，1993年。

③　邓淑苹：《由蓝田山房藏玉论中国古代玉器文化的特质》，《蓝田山房藏玉百选》，年喜文教基金会1995年版；《由考古实例论中国崇玉文化的形成与演变》，历史语言研究所会议论文集之四《中国考古学与历史学之整合研究》，1997年。

④　林巳奈夫：《中国古代の遺物に表された"氣"の図像の表現》，《東方學報》第61册，1989年。

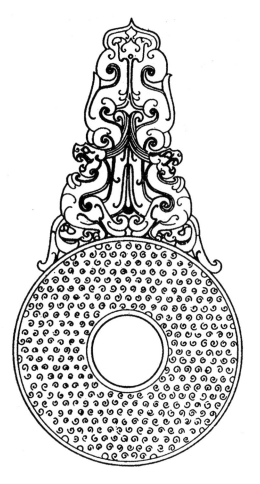

图 8—26　雕有气纹并附有云气动物和天盖的

汉代玉璧（河北满城 1 号墓出土）

诸死者头顶，既为灵魂通天之途，又合以头象天的原始观念（图 8—27）[①]。
不啻如此，玉璧的这一象征意义甚至可以使含山玉版图像中的矢状标的形象
找到来源，因为在汉代各种遗物的图像中，我们可以经常看到由云气之形形
成的类似于矢状的图形（图 8—28）。显而易见，玉璧的这种象征意义使玉版
图像天盘内八方以应八节之气的思想得到了透彻的说明。

古人测气候气的历史相当悠久，四正四维便成八方，八节之气本是来自

① 邓淑苹：《中国新石器时代玉器上的神秘符号》，《故宫学术季刊》第十卷第三期，1993 年。

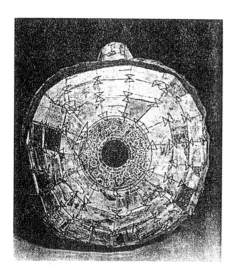

图 8—27　西汉南越王玉衣头顶部的玉璧

于八方之风，八方为八节、八卦之神所居，构成八方之宫，加之太一北斗所居之中央紫宫，形成九宫。北斗运于紫微中宫而指建八节，所以太一既是天神，也是主气之神。

古代阴阳家经常讲到卦与气的关系，《易纬乾凿度》云：

> 卦者，掛也，掛万物视而见之。故三画以下为地，四画以上为天，物感以动，类相应也。阳气从下生，动于地之下则应于天之下，动于地之中则应于天之中，动于地之上则应于天之上。故初以四，二以五，三以上，此谓之应。阳动而进，阴动而退，故阳以七、阴以八为象，易一阴一阳合而为十五之谓道。阳变七之九，阴变八之六，亦合于十五，则象变之数若一。阳动而进，变七之九，象其气之息也；阴动而退，变八之六，其气之消也。故太一取其数以行九宫，四正四维皆合于十五。

这里所讲的阳即阳气，阴即阴气，八卦中每个别卦都由六爻组成，下面的三爻象征地，属阴，上面的三爻象征天，属阳。物质则由阴阳二气感应而动，假如地的下爻，也就是初爻有感而动，则天的下爻，即第四爻便会相应；地的中爻，即第二爻有感而动，则天的中爻，即第五爻便会相应；地的上爻，即第三爻有感而动，则天的上爻，也就是上爻便会相应。易有四象，其数为六、七、八、九，其中六为老阴，九为老阳，八为少阴，七为少阳，老阴老阳之和即为十五，少阴少阳之和亦为十五，这就是易理。不论少阳七变为老阳九，抑或少阴八变为老阴六，都象征着气的转换。所以主气的太一神就遵循着这个数理规律在九宫中运行，因为九宫中的四正与四维都合于十五之数，与易理相通。

九宫中的三三幻方一向被视为神秘的数字游戏，因为不论以四正或四维的哪一宫为基点去直线相加三个数字，都等于十五（图 8—17）。因此，易理中老阴老阳、少阴少阳之和为十五的道理当来源于九宫。

图8—28 汉代空心砖上的云气山形（郑州出土）

八卦与八方以及分至启闭八节始终是相互配合的，卦有卦气，八节则是不同季节来自八方的不同之气，坎配冬至，属北方；艮配立春，属东北维；震配春分，属东方；巽配立夏，属东南维；离配夏至，属南方；坤配立秋，属西南维；兑配秋分，属西方；乾配立冬，属西北维；最后以太一北斗居中央，形成八卦配属九宫中的八方，以主八节的局面。太一北斗既是北辰天神，又是主气之神，它的居所就是太一宫，也就是九宫中的中宫，天文学上则相当于天上的紫宫。太一经常依一定次序行移于八卦之间，也就是九宫中的八方之宫，指定八方，建定八节，这便是太一下行九宫的道理，事实上它来源于一种最古老的斗建授时的传统。

九宫是太一北斗行游的宫殿，其法于汉代文献中尚有存留。《易纬乾凿度》云：

> 故太一取其数以行九宫，四正四维皆合于十五。

郑玄《注》云：

> 太一者，北辰之神名也。居其所曰太一，常行于八卦日辰之间。日天一，或曰太一，出入所遊，息于紫宫之内外，其星因以为名焉。故《星经》曰："天一，太一，主气之神。"行犹待也。四正四维，以八卦神所居，故亦名之曰宫。……太一下行八卦之宫，每四乃还于中央。中央者，北神之所居，故因谓之九宫。天数大分，以阳出，以阴入，阳起于子，阴起于午，是以太一下九宫从坎宫始。……自此而从于坤

宫，……又自此而从震宫，……又自此而从巽宫。……所行者半矣，还
息于中央之宫。既又自此而从乾宫，……自此而从兑宫，……又自此从
于艮宫，……又自此从于离宫。……行则周矣，上遊息于太一天一之宫
而反于紫宫。行从坎宫始，终于离宫。

古人运式时地盘不动，只转天盘，使之与地盘上的方位及时辰相配，而天
盘的旋移方法则完全仿效太一行九宫的次序。含山玉版虽天、地盘尚未分
离，但太一神却是独立的。太一在九宫中到底怎样循行呢？传统的做法是
从坎宫（一宫）开始，自此而入坤宫（二宫），又自此而入震宫（三宫），

图8—29　太一下行九宫图

又自此而入巽宫（四宫），所行过半以
后，还息于中央之宫（五宫）；然后又
自中宫入乾宫（六宫），又自此而入兑
宫（七宫），又自此而入艮宫（八宫），
又自此而入离宫（九宫）。行完一周以
后，回到紫宫中休息，这就是郑玄所
说的"太一下行八卦之宫，每四乃还
于中央，中央者，北神之所居，故因
谓之九宫"（图8—29）。太一下行九宫
乃象八节风气之消长，而其"每四乃
还于中央"的运行之法，又显然是一
种原始进位制的体现。很明显，太一
行九宫虽然是在九宫的空间中进行，但其运行次序却在反映着五位的空
间，因此，太一行九宫事实上体现的则是古人对于以生成数所配之四方五
位与以阴阳数所配之八方九宫的结合。这些知识的综合表现当然就是新石
器时代普遍出现的四方八角图形（图8—12），而将其分别表现便是后人误
为所谓"河图"、"洛书"的五、十图数（图8—10）。

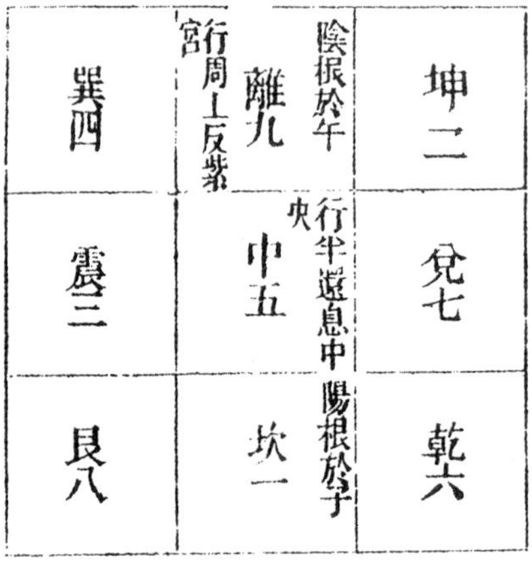

　　这些文字直接涉及了对玉版周缘布数原理的解释。"洛书"的中心为五，
玉版的中心布列洛书九宫，同时也是五位图，而东、西两缘均布五数，正应
象征"洛书"的中心五。太一行九宫的规律是"每四乃还于中央"，也就是
太一自一宫依次循行四宫以后，下一步便会回归到中央五，从五开始再依次
行移四宫，又重新还回到中央五，前一步的序数是一、二、三、四，后一步
的序数是六、七、八、九，这两步之后都要还于中央五，这就是玉版周缘布

数"四"、"五"、"九"、"五"次序的由来。

现在我们可以准确地说,"洛书"的本质乃是最原始的式图。含山玉版图像兼涉太一、六壬、遁甲三式的内容,既富八方九宫系统,配合八节、八卦,又备四方五位系统,配合四门,且列太一下九宫之法,显然这是太一、六壬之类尚未分立之前古式盘的一种原始形式。《史记·日者列传》:"今夫卜者,必法天地,象四时,顺于仁义,分策定卦,旋式正棋。然后言天地之利害,事之成败。"通晓天地必须首先法象天地,看来运式是古人通晓天地、预知祸福成败的一项重要工作。对于式的象征意义,唐代司马贞是这样解释的:"栻之形,上圆象天,下方法地。用之则转天纲加地之辰,故云旋式。"[①]天纲何以要旋而地不旋,这正是太一循行的道理。

西汉太一式盘于九宫之外以八方应对八节,且有忧、病、喜、僇、显、死、盗争、患等不同的占辞,因此应具有时占的功能。有关的内容还见于《灵枢·九宫八风》章,后者则是以八节来自于不同方向的风气以及不同风气的特点作为占测的手段。这些内容在含山玉版上已经具备,至少我们可以从它们相同的形式上体味出某些相同的内涵。含山玉版中布洛书九宫,根据太一行九宫的原则,太一日行一宫,每行九日完成一个周期,经过五个周期共计 45 日,恰合八节的周期,八个周期便是一年,这个意义通过九宫之外布列的八方得到了充分体现。远古先民很早就已懂得了以八方象征八节的道理,这与他们发明候气法的年代可能不相上下,作为他们的后人,含山先民能够通晓八节当然已不是不可想象的事情。玉版图像的这些内在的联系,意味着这件仪具应该具有一定的纪时占验的作用,而运式的关键则取决于玉版中央布列的洛书九宫。我们还应该特别注意,含山玉版与玉龟相伴而出,并且将玉版叠夹在中间,正像龟甲作为天地四方的天然象征而充当着古人习用的占卜之物一样,玉版所具有的时占性质已不言自明了。灵龟与玉版的这种绝妙匹合,使玉版的性质及洛书九宫的含义得以尽情展现,二者彼此呼应,相互阐发,从这一意义考虑,我们难道不认为"洛书"本名"龟书"是非常合理的吗?

现在我们可以做出这样的结论,由于含山玉版出土时夹放在玉龟的背甲和腹甲之间,因而洛书图像与玉龟伴出的事实,使我们相信古人关于洛书为龟书的种种议论并不是毫无根据的。然而这类五、十图数为什么会有"洛

---

　　① 　见司马贞《史记索隐》。

书"的名称，可作的推测则是，"洛书"的名称或许是商周先民的发明，因为文献所提供的最早的洛书例证都是出自孔子一系的著作。灵龟为水物，而洛水又居商周王朝的中心，正所谓"八方之广，周洛为中"[①]，这个思想与九宫的思想又十分吻合，因而也就很自然地移用于龟书。这既体现了上古人王对于天文占验的垄断，也体现了居中而治的政治传统。很明显，以洛水为中心的天地之中的测定对于上古政治与宗教观念的形成都具有决定性的意义。不过可以肯定的是，"龟书"如果不是早于"洛书"而出现的更为原始的名称的话，至少也是对于这类五、十图数的本质体现得最为透彻的名称。

　　"洛书"这个古老而又神秘的主题终于被解答了，在我们真正了解了事实的真相之后，便会发现，河洛的精蕴其实只是一些极为朴素的思想，而并不像后人附会演义的那样神秘莫测。在我们整理这部内容丰富的历史遗产的同时，可以领悟到中国古人在天文、气象乃至数学等方面的精深思想的萌芽和发展。今天我们根据先民的遗物而不是神话，重新将这部洛书的历史回溯到五千年前的新石器时代，事实上这充其量也只是将在先秦时期就已湮没无闻的"洛书"上推了两千馀年，如果说这区区两千年并不足以使一部信史彻底沦为神话的话，那么，真正的"洛书"的历史当会更为悠久。

第三节　殷墟易卦卜甲研究

　　在目前所见商周数字卦资料中，安阳殷墟出土的易卦卜甲可以说是为数不多的完整的易卦材料中的一件[②]。卜甲上刻有数组易卦，文字小如粟米。根据对文字字体及卜甲钻凿形态的分析，有关的易卦内容当属殷代末期周人的作品。毫无疑问，这件难得的易卦卜甲对研究古代占筮的发展及《周易》之形成，都具有十分重要的意义。

一、卜甲内容的解读与考证
　　易卦卜甲正面共有五处文字及卦画，分别位于腹甲的四隅和中甲（图8—30）。下面我们依次解读。

[①]　见《孝经援神契》。
[②]　萧楠：《安阳殷墟发现"易卦"卜甲》，《考古》1989 年第 1 期。

图8—30 殷墟出土易卦卜甲

（一）腹　甲

腹甲四隅契刻的四组易卦中，左上、右上和右下角的三组均明显是由数字组成，并分别可与《周易》之卦对译。易卦的解读必须首先确定易卦的契刻方向，当我们将左甲桥置于上位时，腹甲右上和右下角的两组易卦才是正视方向，其中右一组易卦可自初爻至上爻顺序读为"八六九八七六"，即《周易》之☷☵，艮下坎上，蹇卦；左一组易卦可自初爻至上爻顺序读为"九七六一七六"，即《周易》之☱☱，兑下兑上，兑卦。同样道理，只有将右甲桥置于上位时，腹甲左上和左下角的两组易卦也才能是其正视的方向，这时左一组易卦可自初爻至上爻、自右至左顺序读为"六六七六七七，贞吉"，即《周易》之䷴，艮下巽上，渐卦。与此相同，右一组易卦也必须按这样的方向顺读。因此，腹甲左下角的易卦的正确读法是"＝＝＝＝＝，友"①。

"友"字卜辞习见，它与易卦同刻，应与腹甲左上角渐卦的"贞吉"二字具有相同的性质。《周易·渐卦》："女归吉，利贞。""贞吉"与此相类，应属卦辞。以此例彼，故"友"字理应同属卦辞，而且两卦卦辞同刻于易卦左侧，位置亦同。"友"字既为卦辞，那么它右侧的五组短横显然应为卦画，当然这也可能是五个"二"字的横写。五组短横组成的卦画只与《周易》坤卦的卦画相似，因此，腹甲左下角契刻的内容应该就是坤卦的卦画及卦辞。

《周易·坤卦》："元亨。利牝马之贞。君子有攸往，先迷后得主，利，西南得朋，东北丧朋。安贞吉。"王弼《注》："西南致养之地，与坤同道者也，故曰得朋。"易卦卜甲左下角契刻坤卦卦画，用今天的方位观念看，左下正属西南，二者吻合。《象传》："'西南得朋'，乃与类行。""朋"、"类"意义相同。《广雅·释诂》："朋，类也。"《周易·兑卦·象传》："君子以朋友讲习。"李鼎祚《集解》引虞翻曰："同类为朋。"故"朋"即指朋友，也正与易卦卜甲左下的"友"字卦辞吻合。

（二）中　甲

中甲契刻两组数字符号，复原左右甲桥的位置，是这两组数字符号的正视方向。这样，可将其自上而下、自右至左顺序读为"阜六"、"阜九"。两个"阜"字不能视为一个整体，两字之间有一定距离，并且各自直接与"六"、"九"对应，显然分别与"六"、"九"两个数字发生关系②。

易有四象，称为老阴、老阳和少阴、少阳，分别相当于"六"、"九"、"八"、"七"四个数字。今本《周易》阳爻为九，阴爻为六，统赅阴阳。且每卦的六爻均按爻位以九、六称之，是为爻题。爻题在马王堆西汉帛书《周易》中已经出现，形式与今本相同，故易学也称"九六"之学。则"阜六"、"阜九"理应与此有关。

《诗·秦风·駟驖》："駟驖孔阜。"毛《传》："阜，大也。"《左传·襄公二十六年》："韩氏其昌阜于晋乎。"杜预《集解》："阜，大也。"《国语·周语上》："阜其财求而利其器用。"韦昭《注》："阜，大也。"故"阜六"、"阜九"即言大六、大九。"大"与"老"意义相通，《尔雅·释木》："大而散，

① 冯时：《殷墟"易卦"卜甲探索》，《周易研究》1989年第2期。

② 冯时：《殷墟"易卦"卜甲探索》，《周易研究》1989年第2期。

楸，小而皵，榎。"郭璞《注》："老乃皮粗皵者为楸，小而皮粗皵者为榎。"邢昺《疏》："樊光云：大者，老也。皵，措皮也。谓树老而皮粗皵者为楸。小，少也。树小而皮粗皵者为榎。"易家以"六"统阴，以"九"统阳，故大六、大九意思就是老阴、老阳。

由此可知，老阴、老阳之称是后代的变化，其本应称为"阜六"、"阜九"，即大阴、大阳。"大"与"小"相对，"老"与"少"相对，"小"、"少"古文通用不别，卜辞及文献中这方面例子甚多。"大"的意义很丰富，《管子·法法》："是故仁者知者有道者不与大虑始。"《注》："大，犹众也。"《吕氏春秋·知度》："其患又将反以自多。"高诱《注》："多，大。"《史记·五帝本纪》："而鬼神山川封禅与为多焉。"司马贞《索隐》："多，犹大也。"这一意义与"阜"意吻合。《诗·小雅·頍弁》："尔殽既阜。"郑玄《笺》："阜，犹多也。"《文选·张平子东京赋》："内阜川禽。"李善《注》："阜，多也。"《国语·晋语六》："考讯其阜以出。"韦昭《注》："阜，众也。"因此，无论大小相对，还是老少相对，最终都应是多少相对。老少之称之所以含有多少的意思，原因当与占筮的结果有关。《周易·乾卦》："初九。"孔颖达《正义》："所以老阳数九，老阴数六者，以揲蓍之数，九遇揲则得老阳，六遇揲则得老阴。其少阳称七，少阴称八，义亦准也。"孔氏的解说虽然机械，但包含一定道理。目前所见商周易卦材料，一至十的数字中不见三、四，最大的数字为十，二是否出现似可讨论。据今见卦爻数字统计[①]，在所有阳爻中，"一"出现的次数最多，在所有阴爻中，"六"出现的次数最多，故"六"是老阴，"一"是老阳。"一"之所以变为"九"，大概是受古人某种传统观念的影响。《易纬乾凿度》："易变而为一，一变而为七，七变而为九。九者，气变之究也，乃复变而为一。一者，形变之始。"似乎又与占气候气有关。这一问题，张政烺先生已有过讨论[②]。"七"、"八"出现的次数少于"一"、"六"，故"七"称少阳，"八"称少阴。"五"、"十"出现的次数最少，后来可能据其阴阳

①　张政烺：《试释周初青铜器铭文中的易卦》，《考古学报》1980 年第 4 期；陕西周原考古队：《扶风县齐家村西周甲骨发掘简报》，《文物》1981 年第 9 期；中国社会科学院考古研究所安阳工作队：《1980 年—1982 年安阳苗圃北地遗址发掘简报》，《考古》1986 年第 2 期；萧楠：《安阳殷墟发现"易卦"卜甲》，《考古》1989 年第 1 期；冯时：《殷墟"易卦"卜甲探析》，《周易研究》1989 年第 2 期；李零：《中国方术考》，人民中国出版社 1993 年版，第 235—255 页；曹定云：《新发现的殷周易卦及其意义》，《考古与文物》1994 年第 1 期。

②　张政烺：《帛书〈六十四卦〉跋》，《文物》1984 年第 3 期。

属性分别归入了"一"和"六"而不复存在，《周易参同契》所谓"三五与一"是。

总之，"阜六"、"阜九"即大阴、大阳或老阴、老阳，意为多阴、多阳，这与殷周人占筮的实际结果是符合的。或者可以说，四象的来源当溯于此。但是应该承认，"阜"字用于占筮当中已不可能仅仅表示数量的多少，而一定有它更为深刻的哲理。

在易卦卜甲的中甲上契刻"阜六"、"阜九"不会是偶然的，它对于说明易理是再合适不过的了。易为阴阳之学，也称九六之学，六是老阴，九是老阳，故"九"、"六"二字当涵盖了易学的本质。《周易·系辞上》："一阴一阳之谓道。"《老子》四十二章："道生一，一生二，二生三，三生万物。"讲的都是同一个道理，即万物生于阴阳。老子所言之"一"，《系辞》又叫"太极"。《系辞上》云："是故《易》有太极，是生两仪，两仪生四象，四象生八卦。"古"太"、"大"同字，故"太极"即言大极。"极"有至意，泛指一切高大之物。《系辞上》云："六爻之动，三极之道也。"韩康伯《注》："三极，三材也。"孔颖达《正义》解"三材"为天、地、人。高亨《注》："《广雅·释诂》曰：'极，至也。'又曰：'极，高也。'天、地、人乃宇宙万物之至高者，故曰三极。""太极"有高大之意，"阜"意如此。《素问·五常政大论》："土曰敦阜。"《注》："阜，高也。"《尔雅·释地》："大陆曰阜。"邢昺《疏》引李巡云："土地高大名曰阜。"段玉裁《说文解字注》："引申之为凡厚、凡大、凡多之称。"因此，"阜六"、"阜九"的真正意义就是大阴、大阳。寥寥四字，点透易理，令人回味无穷。

易理的根本在于阴阳，而分别以六、九统赅。古人认为，数字虽众，但不外奇、偶两类。这个事实恰可以移用于他们对物质世界呈现阴阳现象的解释，况且相对抽象的数字对于解释相对抽象的阴阳，自然较之水、火等纯物质的直观描述具有更广泛的适用性，这无疑体现了古人精妙的哲学思辨。易卦卜甲将易理明注于中甲，显然有它特殊的意义，因此我们推测，这块完整的易卦卜甲不会是普通的占筮遗物。

二、卦画试解

腹甲四隅的四卦，只有西南的坤卦可以考虑为刻有卦画。同类的卦画在先秦遗物中也有发现。

1. ▦	甗	商末周初	《文物》1963.3
2. ▦	甗	商末周初	《文物》1963.4
3. ▦	罍	周初	《美帝》A785R283
4. ▤	卣	周初	《博古图录》9.16—17
5. ▤	玺印	东周	《吴愙斋尺牍·吴清卿学使金文考·读古陶文记》第七册

这些符号均由四组或五组直线构成。有学者通过对它们基本结构的分析，认为似与太玄有一定关系，因为上录3、4、5例同扬雄《太玄经》中的争首和锐首完全相同①。

宋人王黼在《博古图录》中释此为卦象，他以一长画为阳，为乾，三短画为阴，为坤。这个解说很具启发性，有些现象正能支持他的解说。

首先，1、2例如属太玄之首，则有五位，与《太玄经》所载不同。多出的一位，我们用《太玄经》是无论如何不能解释的。

其次，易卦卜甲左下角的符号或许与此类符号相同。如果承认其为太玄之首，而另三处数字符号为易卦，则卦、首同录显然无理。

再次，上录五例不能全部在《太玄经》中找到归宿，这同目前所有的商周数字符号均可对译为易卦的情况相比，只能说是一种巧合。换言之，既然目前确定的易卦均可由数字符号对译，那么为什么我们确定的太玄却不能完全与《太玄经》相合？

最后，第5例的短画已由两个构成，而较其他诸例更近于易卦。此例时间为东周，可能短画的自三而二存在着早晚变化。

对这五例符号的解释，我们倾向于易卦说，因为契刻于易卦卜甲左下角的坤卦卦画不仅与此相似，而且作为《周易》的易卦，其性质已由中甲的"阜六"、"阜九"彻底道明，显然它们都应属于九六之学的易卦。但现在的问题是，为什么以卦画形式出现的易卦只有四爻或五爻？

王黼以为"—"为阳爻，也可为乾卦符号，同样"- - -"为阴爻，也可为坤卦符号，从某种意义上讲，这是一种省略。但以此解释上五例符号，则有难通之处。如例5，我们可视其为坤卦的省略而译为坤下艮上之剥，又可视为乾卦的省略而译为坤下乾上之否。结果两可，显然方法不对。但是，如果

① 张亚初、刘雨：《从商周八卦数字符号谈筮法的几个问题》，《考古》1981年第2期。

我们把上下两爻分别视为一个重卦的上爻和初爻，同时分别视最下的三爻与最上的三爻为下卦和上卦，问题便解决了。上五例符号可分别与《周易》对译为：

〓 即 〓，离下离上，离卦。第三、四爻同为阳爻，故重为一爻。

〓 即 〓，震下艮上，颐卦。第二至五爻同为阴爻，故重为两爻。

〓 即 〓，坤下艮上，剥卦。初至五爻皆为阴爻，故重为三爻。

　　如此安排，与易卦的对译是成功了。上录三卦，离、颐两卦正反不变，不牵涉正覆象，故可横写，也可竖写。这种省略很像后世易家所讲的"互体"①，虽然不完全相同，但很科学，它既不改变卦性，又简易明了，一旦掌握了内在规律，释读一切卦恐怕不成问题。

　　易卦卜甲左下角的五组平行短画如果视为五组并列书写的数字"二"似乎也不是没有这种可能，"二"字竖行叠书则不宜分辨，故必须横置，这是否暗示了阴爻卦画形成的另一条途径。但无论如何，坤卦是易卦卜甲四卦中唯一不涉及正覆象的卦，这或许决定了该卦的书写形式。

　　证据表明，以数字表示阴阳爻与以长短横卦画表示阴阳爻的做法应是并行发展的，这意味着由长横短横组成的卦画的出现时间可能并不像人们认为的那样晚，只是由于布卦本于筮数，所以数字卦的运用更为普遍。不过一个值得注意的现象是，以数字布写的别卦虽也有不足六爻的情况，但以长短横阴阳爻卦画布写的别卦却只见四、五爻，而没有一例写满六爻，两者的差异非常明显，这或许显示了互体的运用可能对于古人究竟选择数字爻还是阴阳爻卦画写卦起着决定的作用。然而可以肯定的是，今本《周易》的阴阳爻卦画乃由数字演变而来，这说明，由于文明的发展使得筮算价值的降低，或者演式一类风气的盛行，都可能使数字爻与阴阳爻卦画最终合流。

三、易卦卜甲与式盘

　　易卦卜甲的四卦分布于腹甲的四隅，中甲刻有大阴、大阳，道明易理，因此，从总体上讲，腹甲的正位就是全套卦象的正位。按今天的方位观念看，可以确知蹇卦处于东北位，坤卦处于西南位，兑卦处于东南位，渐卦处

---

① 张政烺：《殷墟甲骨文中所见的一种筮卦》，《文史》第二十四辑，中华书局 1985 年版。

于西北位。可以肯定的是，契刻者做这种有秩的对称安排绝不能是随意的。

　　我们首先考虑了变卦，四个卦可能为两组变卦形式，其中东北的蹇卦（八六九八七六，艮下坎上）与西北的渐卦（六六七六七七，艮下巽上）可为一组，借《周易》的形式为遇蹇之渐，四爻动，蹇初八爻动，偶变偶即八变六；九三爻动，奇变奇即九变七；八四爻动，偶变偶即八变六；上六爻动，偶变奇即六变七。下卦艮不变，上卦坎变巽。但是，另外两卦既不能组成一组变卦形式，也不能与这组变卦发生联系。因此，这组变卦我们也可暂不考虑其存在。

　　研究表明，三个以数字表示的别卦由于字体的不同，当出自三人之手[①]。如此，易卦卜甲的四卦就不可能构成变卦关系，而应是一种相对独立的形式。我们不禁想起古人筮占演式用的式盘，式盘的四门及其分布与易卦卜甲上四卦的分布位置是何等的相似！

　　《周礼·春官·大史》："大师，抱天时，与大师同车。"郑玄《注》引郑司农云："大出师，则大史主抱式，以知天时，处吉凶。"式是一种相当古老的占时仪具，它的起源可以放心地追溯至新石器时代。有关问题我们在前节已有讨论。目前所见的晚期式盘实物共有八具[②]，其中七具属六壬式，一具应属太一式。式与易的关系十分密切，《史记·日者列传》："今夫卜者，必法天地，象四时，顺于仁义，分策定卦，旋式正棋，然后言天地之利害，事之成败。"褚少孙补《史记·龟策列传》："卫平乃援式而起，仰天而视月之光，观斗所指，定日处乡，规矩为辅，副以权衡。四维已定，八卦相望。视其吉凶，介虫先见。""平运式，定日月，分衡度，视吉凶，占龟与物色同。"因此，"分策定卦"，列定方位是古人卜筮时必做的工作。

　　式盘的四隅布列四门，分别为天、地、人、鬼。今存六朝时期六壬式盘明确记有四门的卦象，即"西北天门乾☰"，"东南地户巽☴"，"西南人门坤☷"，"东北鬼门艮☶"（图8—24，3）。其中西南坤门与西南坤卦位置相同。

　　八卦的方位以文王后天易为是，这在《周易·说卦》中讲得很清楚。所谓伏羲先天方位乃是出于宋儒的杜撰，宋以前的遗物中未见其痕迹，可以不

　　① 萧楠：《安阳殷墟发现"易卦"卜甲》，《考古》1989年第1期。
　　② 严敦杰：《式盘综述》，《考古学报》1985年第4期。

论。西汉马王堆帛书《周易》八卦上卦排列为：1. 乾、2. 艮、3. 坎、4. 震、5. 坤、6. 兑、7. 离、8. 巽，并非先天术，学者多据此恢复先天方位，不能成功。事实上，依此八卦次序，乾、艮、坎、震为四阳卦，坤、兑、离、巽为四阴卦，正是后天之学，其中太极生两仪之内涵十分明显。帛书下卦以四阴卦分配四阳卦，又具四象生八卦之意义，所云皆阴阳相生之理。因此它同所谓的先天易学一样，只是道明阴阳相生的次序，点明易理，而并不是什么方位圆图。

文王后天方位在汉唐时代的式盘及其他遗物中广为采用，如果将其与易卦卜甲中的四组易卦比较，可有下列关系：

	卜甲	文王方位
西南	坤	坤
东北	蹇	艮
西北	渐	乾
东南	兑	巽

不难发现，易卦卜甲与文王易的最大区别在于，前者经卦、别卦杂用，而后者则是整齐的经卦。这种区别似乎出于某种特殊的原因。然而如果考察二者的共性，则也相当明显。首先，易卦卜甲与文王方位的西南同列坤卦；其次，易卦卜甲东南位兑卦的覆象正是文王方位东南位的巽卦。二者的这种共性与区别是耐人寻味的。

由于易卦卜甲的四组易卦有序地契刻于腹甲四隅，这与后世式盘的四维卦的布列形式一致，而且四卦之中有两卦可与文王方位中的西南、东南两卦建立联系，这意味着易卦卜甲的性质恐与古人占筮演式有关。而它与文王方位东北、西北两卦的不同，则可能显示了古人占筮演式所为达到的某种目的的差异。或者更准确地说，易卦卜甲于东北与西北布刻蹇卦和渐卦，或许正可以帮助我们理解古人利用易卦卜甲占筮演式的动因。

四、易卦卜甲与帝乙归妹

我们注意到，易卦卜甲的四组易卦之中，仅西南坤卦契刻卦画，其他三卦皆由数字组成。四组易卦同刻于一块卜甲，但又刻意表现出这种区别，其用意到底是什么？

　　将易卦卜甲的四卦方位与文王方位的比较使我们深受启发。因为卜甲东南位的兑卦如果可以与文王方位东南位的巽卦建立起联系，那么以覆象来解释兑卦便是唯一可能的途径。这使我们可以进而作出这样的判断，卜甲四组易卦的意义可能都与卦的正覆象有关，因为坤卦正覆无别，没有其他三卦所遇到的问题，所以直接刻出卦画。其他三卦都涉及正覆象，故以数字的形式表现，这意味着诸卦的正覆象对于阐明易卦卜甲的含义都有特定的意义。至此我们可以根据卜甲四组易卦的覆象，将其重新排列如下：

```
西南　　坤
东北　　解
西北　　归妹
东南　　巽
```

坤卦的覆象不变，仍为坤卦；蹇卦的覆象为解卦，坎下震上；渐卦的覆象为归妹卦，兑下震上；兑卦的覆象为巽卦，巽下巽上。四卦如果这样分析，无疑更接近文王方位。《周易·说卦》以坤属西南，巽属东南，与此相同。

　　现在我们可以将易卦卜甲的四组易卦，依其正覆及九宫方位重新布列成图：

戊 （西北）渐—归妹	壬 癸	己 蹇—解（东北）
辛 庚	戊 己	甲 乙
（西南）坤 己	丁 丙	兑—巽（东南） 戊

根据这个布图可以看出，列在卜甲四隅的四卦相当于四维卦，如与十干中的戊己相配，西南的坤卦与东北的蹇卦、解卦同处己位，西北的渐卦、归妹卦与东南的兑卦、巽卦同处戊位。这样我们便可以通过对相关卦的卦爻辞的分

析，探讨易卦卜甲的原始含义。

易卦卜甲于坤卦和渐卦均录有卦辞，知两卦为筮占的核心。坤卦直录卦画，又处己位，自应为卜甲四卦之始，卦辞则在阐明筮占的目的。目前所见西周时期式图中的四门形式仍体现出重己位而轻戊位的特点①，这或许应是古人独重人鬼二门观念的反映。如此，则坤卦作为首卦的意义也很明显。此外，如果从归妹为婚礼、而婚礼属阴的传统考虑，重己位而轻戊位的做法也与之相侔。《周礼·地官·大司徒》："以阴礼教亲，则民不怨。"郑玄《注》："阴礼谓男女之礼，昏姻以时，则男不旷，女不怨。"《礼记·郊特牲》："昏礼不用乐，幽阴之义也。乐，阳气也。"孙希旦《集解》引陈祥道曰："古之制礼者，不以吉礼干凶礼，不以阳事干阴事。"知古以婚礼为阴礼，而戊、己二位以己属阴，适合卜甲所记婚姻之事。其启以坤卦而配以主阴之己位，与婚礼具有的幽阴之义吻合无间。

渐卦与其覆象归妹卦同讲婚姻，又记卦辞，显然是卜甲易卦所要表达的中心议题。我们首先讨论归妹卦。《周易·归妹卦》云：

> 归妹，征，凶。无攸利。
> 九六，帝乙归妹，其君之袂不如其娣之袂良。月几（既）望，吉。

这两条卦爻辞对于揭示全篇卜甲的内容具有十分重要的意义。先看爻辞，帝乙为殷王帝辛之父，帝乙归妹即帝乙嫁女于周文王，这个故事，顾颉刚先生早已做过精彩的考证②。其事又见于《诗·大雅·大明》，文云：

> 明明在下，赫赫在上。天难忱斯，不易维王。天位殷適，使不挟四方。挚仲氏任，自彼殷商，来嫁于周，曰嫔于京。乃及王季，维德之行。太任有身，生此文王。维此文王，小心翼翼，昭事上帝，聿怀多福。厥德不回，以受方国。天监在下，有命既集。文王初载，天作之合，在洽之阳，在渭之涘。文王嘉止，大邦有子。大邦有子，俔天之妹。文定厥祥，亲迎于渭。造舟为梁，不显其光。有命自天，命此文王，于周于京。

---

① 冯时：《祖艺考》，《考古》2014 年第 8 期。
② 顾颉刚：《周易卦爻辞中的故事》，《燕京学报》第六期，1929 年。

这是讲王季及文王两代之妻皆娶于殷商的情形。毛《传》："挚，国，任姓之中女也。"郑玄《笺》："挚国中女曰大任，从殷商之畿内嫁，为妇于周之京。"周文王与殷王帝乙及帝辛同时，其初娶殷王帝乙之女而与殷联姻，即是《周易·归妹卦》中所讲的帝乙归妹之事。帝乙之庙号于商末四祀叩其卣等铜器铭文称"文武帝乙"或"帝乙"①，周原甲骨也见此称。"帝"本指天神，帝乙称"帝"，已将自己以天神自诩，因而文王才有视帝乙之女为"倪天之妹"的比喻。《尚书·召诰》："天既遐终大邦殷之命。"又《顾命》："皇天改大邦殷之命。"又《大诰》："兴我小邦周。"是周称殷为"大邦"，而自称"小邦"。故"大邦有子，倪天之妹"指殷王帝乙之女明矣。

周原出土的周人甲骨文有两条明确涉及了对殷王的祭祀，辞云：

1. 彝文武丁升。贞：王翌日乙酉其祓，再中，□武丁豐……汎、卯，……佐王？　（H11：112）
2. 癸巳，彝文武帝乙宗。贞：王其卲祭成唐，薫槀及二母，其彝，血羍三、豚三，囟又正？　（H11：1）

"文武丁"即殷王文丁②，帝乙之父。"文武丁升"与"文武帝乙宗"则是指殷王文丁、帝乙的宗庙③，故学者认为两辞时代分属帝乙、帝辛之时④。或也可同属帝辛。"彝"为祭名⑤，所祭殷先王分别为武丁和大乙。辞中之"王"，学者或以为周文王⑥，遂定此为文王于殷王文丁、帝乙之庙致祭武丁、大乙之事。然帝乙、帝辛之世，文王尚为西伯，不可称王，故卜辞所记之王似以殷王为妥，文王以西伯之身份佐王助祭，卜辞明言"佐王"，是其证。殷周联姻，文王娶帝乙之女，其世与帝乙、帝辛二王同时，"文武丁升"为文丁之子帝乙之祢庙，"文武帝乙宗"为帝乙之子帝辛之祢庙，因此，尽管二庙之所在尚可讨论，但文王仅于帝乙、帝辛之祢庙参与庙祭，则显然与文

① 丁山：《叩其卣三器铭文考释》，《文物周刊》1947年第37、38期；李学勤：《周易经传溯源》，长春出版社1992年版，第10页。
② 徐锡台：《周原出土卜辞选释》，《考古与文物》1982年第3期。
③ 徐锡台：《周原出土的甲骨文所见人名、官名、方国、地名浅释》，《古文字研究》第一辑，中华书局1979年版。
④ 王宇信：《西周甲骨探论》，中国社会科学出版社1984年版。
⑤ 陕西周原考古队：《陕西岐山凤雏村发现周初甲骨文》，《文物》1979年第10期。
⑥ 徐中舒：《周原甲骨初论》，《古文字研究论文集》，四川大学学报丛刊第十辑，1982年。

王于此二王之世与殷联姻的事实相符。《左传·僖公十年》："神不歆非类，民不祀非族。"然周殷互为婚姻，故文王助祭殷之祖先与此俗并不矛盾。

帝乙为什么要归妹与周文王呢？顾先生的分析也很中肯。他认为，据当时的形势推知，自从太王"居岐之阳，实始翦商"（见《诗·鲁颂·閟宫》）以来，商日受周的压迫，不得不用和亲之策以为缓和之计，像汉之与匈奴一样[1]。但是和亲不同于战争，殷人要嫁，周人要娶，必然出自双方面的需要，殷商受周所迫有此愿望，周人显然也同样有此愿望。如果从周人的立场上考虑，那么周人与殷和亲的目的在周人自己的归妹卦卦辞中则表达得再清楚不过了。

归妹卦辞只有简单的五个字："征，凶。无攸利。"它的本义是什么？《周易·象传》作了一些解释。文云：

> 征，凶，位不当也。无攸利，柔乘刚也。

高亨先生进而阐述道：

> 此释卦辞。卦辞云"征凶"者，因本国与所征伐之国相比，本国所处之地位不利，战则必败也。盖归妹之中间四爻，九二为阳爻居阴位，六三为阴爻居阳位，九四为阳爻居阴位，六五为阴爻居阳位，均为位不当，象人行事之进程中间各主要阶段皆处于不适当之地位，即皆处于不利之地位。卦辞云"无攸利"者，谓征伐无所利也。因本国与所征伐之国相比，本国之力弱，彼国之力强，征伐之，是以弱凌强，以柔乘刚也。盖归妹之下卦是一阴爻（六三）在两阳爻（九二、初九）之上，上卦是两阴爻（上六、六五）在一阳爻（九四）之上，皆是柔乘刚，象弱者侵凌强者[2]。

所论甚为精辟。如此理解卦辞，则殷、周之情势跃然纸上，很明显，归妹卦辞实乃对当时殷周关系之客观反映。因而在周之方面，文王虽三分天下有其二，但他的势力并未强大到足以翦商的地步，何况文王初即位之时，周的势力也还相对羸弱，所以与殷和亲同样是他的权宜之计。缓和是目的，和亲是

---

[1]　顾颉刚：《周易卦爻辞中的故事》，《燕京学报》第六期，1929年。

[2]　高亨：《周易大传今注》，齐鲁书社1983年版。

手段，对商发动战争肯定对周人自己不利，这也就是归妹卦辞"征，凶，无攸利"之本来含义。

归妹卦爻辞通过周文王娶女于帝乙之事而对殷周关系的阐明，证明此卦卦名实即文王赴殷迎亲时占筮始定，它是对帝乙归妹一事的实录，这意味着易卦卜甲实际就是文王逆女于殷的遗作！卜甲出自殷墟，为殷代末年之物，然其字体、钻凿又为周风，时代、风格全合。归妹卦布刻于卜甲西北维，而周人所处恰当殷之西北，其事又为帝乙嫁女于文王，情事亦合。爻辞言帝乙归妹，"其君之袂不如其娣之袂良"，"娣"为媵女，似为帝乙庶女①。"袂"，学者或以为代指嫁妆②，这种可能性虽然不能说不存在，但应更宜读为"妜"。《说文·女部》："妜，鼻目间皃。"则爻辞是说媵妹的相貌比君夫人漂亮。"月几望"即"月既望"，又见于《周易·小畜卦》及《中孚卦》，陆德明《释文》谓荀爽本作"月既望"，马王堆西汉帛书本《周易》亦作"月既望"，辞又见于西周早期之静方鼎，铭云："月既望丁丑，王才成周大室。""月既望"即为"既望"，乃指望日以后至晦③，为周人特有的纪时形式。静方鼎为西周早期器，西周铜器铭文"月既望"多作"既望"，"月既望"的构词据目前所知仅见于周初，这实际可以限定归妹卦爻辞形成的时代下限。帝乙归妹于周文王，以娣媵从，归妹之期在月望以后，其事则吉，故既望为文王占筮演式所得之吉时，纪时之俗与时代均合。因此，易卦卜甲为殷王帝乙嫁女于周文王，文王逆女于殷占筮演式择吉的遗物甚明！

这个最基本的事实澄清之后，解读易卦卜甲的内容就不是不可能的了。我们知道，卜甲内容的核心是帝乙归妹及文王逆女，而殷周联姻的目的则是使两国邦交和谐。如果我们分析卜甲诸卦的卦辞和爻辞，不难发现，这些史实事实上是依己、戊两位及正、覆象的次序逐一说明的。

西南	己	坤卦
东北	己	蹇卦—解卦
西北	戊	渐卦—归妹卦
东南	戊	兑卦—巽卦

①　高亨：《周易大传今注》，齐鲁书社 1983 年版。
②　李镜池：《周易通义》，中华书局 1981 年版。
③　冯时：《晋侯稣钟与西周历法》，《考古学报》1997 年第 4 期。

西南维与东北维相对，同属己位，所以坤卦与蹇卦、解卦当为一系；西北维与东南维相对，同属戊位，所以渐卦、归妹卦与兑卦、巽卦当为一系。两系的连接当然是通过己位的最后一卦解卦与戊位的首卦渐卦实现的。现在我们解读卜甲的内容。

坤卦居于人门己位，又别作卦画，不涉及正覆象，当为本卦。《周易·坤卦》云：

> 坤，元亨。利牝马之贞。君子有攸往，先迷后得主，利，西南得朋，东北丧朋。安贞吉。

《象传》："至哉坤元，万物资生，乃顺承天。坤厚载物，德合无疆。含弘光大，品物咸亨。牝马地类，行地无疆，柔顺利贞。君子攸行，先迷失道，后顺得常。西南得朋，乃与类行。东北丧朋，乃终有庆。安贞之吉，应地无疆。"李鼎祚《集解》引干宝曰："行天者莫若龙，行地者莫若马，故乾以龙繇，坤以马象也。坤，阴类，故称利牝马之贞矣。"乾卦为天，以龙星为喻；坤以马为喻，则讲大地上的人的活动。"君子有攸往"则是旅行之辞[1]。故"利牝马之贞"则为利于乘驾牝马远行之问[2]。"西南得朋，东北丧朋，安贞吉"，李鼎祚《集解》引崔憬曰："妻道也。西方坤、兑，南方巽、离，二方皆阴，与坤同类，故曰西南得朋。东方艮、震，北方乾、坎，二方皆阳，与坤非类，故曰东北丧朋。以喻在室得朋，犹迷于失道；出嫁丧朋，乃顺而得常，安于承天之正，故言安贞吉也。"学者或论商族源于东北[3]，而周处晋陕，正在商之西南。故帝乙之女出嫁而丧朋，而坤卦布于西南，以喻周之象，为得朋之所在，是文王娶殷王之女而得朋。周与殷联姻的目的志在得友，以缓和殷周关系。得友之举于文王本人则在全其家室，而于周则在建立周殷盟友。故卜甲于坤卦记卦辞"友"，以道明筮占的目的，这也是坤卦卦辞的核心。

坤为阴卦，《易纬乾凿度》郑玄《注》："坤，母也。"据归妹卦的卦辞可

---

① 李镜池：《周易通义》，中华书局 1981 年版。

② 高亨：《周易大传今注》，齐鲁书社 1983 年版。

③ 傅斯年：《夷夏东西说》，《庆祝蔡元培先生六十五岁论文集》下册，中央研究院历史语言研究所集刊外编第一种，1935 年；金景芳：《商文化起源于我国北方说》，《中华文史论丛》第七辑（复刊号），上海古籍出版社 1978 年版。

知，此卦当记文王娶帝乙之女，其远赴殷都逆女之事，故借坤为母阴之性质以起卦。

　　与坤卦同居己位的蹇卦与解卦则是对坤卦卦意的进一步阐释。两卦皆为旅行之卦，蹇卦为正象，解卦为覆象，卦意近同。《周易·蹇卦》云：

　　　　蹇，利西南，不利东北。利见大人。贞吉。

《象传》："蹇利西南，往得中也。不利东北，其道穷也。利见大人，往有功也。当位贞吉，以正邦也。"蹇卦之"利西南，不利东北"与坤卦之"利西南得朋，东北丧朋"意同。《周易·说卦》又以西南为坤方，易卦卜甲也于西南布列坤卦，故此"利西南"又有利坤卦之寓。"大人"即指贵族，"利见大人"即对贵族有利，于此则是对文王有利。

　　解卦为蹇卦的覆象，因而又是对蹇卦的说明。《周易·解卦》云：

　　　　解，利西南。无所往，其来复，吉。有攸往，夙吉。

《象传》："解，险以动，动而免乎险，解。解利西南，往得众也。其来复吉，乃得中也。有攸往夙吉，往有功也。"解卦之"利西南"也与坤卦、蹇卦意同。"无所往"是指无目的的旅行，这样没有什么好处，不如回来，回来为吉。"有攸往"是指有目的的行旅，那就越早去越好[1]。文王逆女属于"有攸往"，故为"夙吉"。

　　《象传》所云似乎也是对文王逆女一事的说明，"险以动，动而免乎险"，是谓文王娶帝乙之女可得解脱于险而对自己有利，这是解卦卦名的本义。和亲既成，又能得到众人的帮助，争取同盟力量，所以要及早行动，早行则大功告成。

　　坤卦、蹇卦、解卦都在讲述文王逆女的目的和行旅之事，这是婚娶大事的前奏，故不得不反复阐释，而帝乙归妹于文王的实际内容则是从卜甲西北维的渐卦开始的。

　　渐卦与归妹卦同居戊位，则是对己位的蹇卦、解卦卦意的进一步阐释。两卦皆为婚姻之卦，是卜甲四组易卦内容的核心。渐卦为正象，归妹卦为覆

---

①　李镜池：《周易通义》，中华书局1981年版。

象，卦意相同。正象渐卦为首卦，《周易·渐卦》云：

> 渐，女归吉，利贞。

《象传》："渐之进也。女归吉也，进得位，往有功也。进以正，可以正邦也。其位刚得中也。止而巽，动不穷也。"李鼎祚《集解》引虞翻曰："归，嫁也。"是"女归"意即女子出嫁。筮遇此卦，女子出嫁则吉，举事有利。高亨先生解《象传》云："柔由初爻上进至第二爻第四爻皆得位，象女子出嫁，得主妇之位，称主妇之职，能持家政，佐丈夫，育子女，往而有功，故吉也。……其进以正，则可以正其邦国。"[①] 是文王娶帝乙之女，于国于家皆有利也，故于卜甲渐卦记卦辞"贞吉"。

《周易·泰卦》六五爻辞云：

> 帝乙归妹以祉，元吉。

《象传》："以祉元吉，中以行愿也。"高亨先生解云："盖其事结两国婚姻之好，得其正也，又出于两君之所愿，故得福而大吉也。"[②] 甚精辟。是殷王帝乙嫁女于周文王，为周邦之王妃，乃大吉之事，周因此而得福，遂可正邦也。此与卜甲东北维之蹇卦又可呼应。《周易·蹇卦·象传》："当位'贞吉'，以正邦也。"当位即君臣各得其位，君臣当位则为"贞吉"，邦国乃正。而渐卦之侧恰书"贞吉"，与此全合。

文王娶女之事的详情究竟如何？渐卦的覆象归妹卦作了全面的阐述。《周易·归妹卦》云：

> 归妹，征，凶，无攸利。
>
> 初九，归妹以娣，跛能履，征，吉。
>
> 九二，眇能视，利幽人之贞。
>
> 六三，归妹以须，反归以娣。
>
> 九四，归妹愆期，迟归有时。

---

① 高亨：《周易大传今注》，齐鲁书社 1983 年版。
② 高亨：《周易大传今注》，齐鲁书社 1983 年版。

六五，帝乙归妹，其君之袂不如其娣之袂良。月既望，吉。

上六，女承筐无实，士刲羊无血，无攸利。

对此卦内容的分析可知，卦爻辞的形成时间当有不同。卦辞的形成时间应该最早，内容是讲周文王如果不与殷王联姻而娶帝乙之女以缓和局势，则当时周的势力相对较弱，周贸然对商发动战争就不会有什么好结果。这是周文王欲娶殷女的原因，也是归妹卦意的本旨所在，所以以此作为卦辞。表面看来，归妹为婚姻之卦，这一点通过卦名已体现得相当清楚，但卦辞不讲婚姻而讲战争，似乎不合情理。殊不知一旦将其纳入帝乙归妹所反映的商周关系这一特定的历史背景之下，其本义便豁然自明！

　　与卦辞同时形成的爻辞应有初九、九二、九四、六五、上六诸爻，爻辞的内容及先后次序反映了文王娶亲活动的前后事宜。

　　初九爻辞所记之事发生最先。李鼎祚《集解》引虞翻曰："归，嫁也。"王弼《注》："娣，少女之称也。"《说文·女部》："娣，女弟也。"古女子适人以娣为媵，故"以"训与。爻辞"归妹以娣"是说帝乙以娣为媵女嫁女于文王。"跛能履，征，吉"，比喻之辞。《象传》："归妹以娣，以恒也。跛能履吉，相承也。"《小尔雅·广诂》："承，佐也。"此言文王娶于帝乙之女，则如跛足者得扶助而能行也，犹国力得人辅佐而由弱变强，故征商则吉。此与卦辞互述周殷和亲与否的两种利弊结果。

　　九二爻辞为初九爻辞比喻之继续。"眇能视"意为虽视力不好，但得相之扶助，仍同看到一般。"幽人"犹言隐士，《周易·履卦》："履道坦坦，幽人贞吉。"孔颖达《正义》："履道坦坦者，易无险难也。幽人贞吉者，既无险难，故在幽隐之人守正得吉。""利幽人之贞"则是利于访求隐士之占，贞，问也。这当然也是文王的愿望。故九二爻辞接初九爻辞则言，文王娶帝乙之女，如瞽矇得相之助而能视也，此举利于文王为访求隐士所行之筮占。此幽隐之人当为其后助文王辅国之才，如吕尚、散宜生之辈。《史记·周本纪》："西伯曰文王，遵后稷、公刘之业，则古公、公季之法，笃仁，敬老，慈少。礼下贤者，日中不暇食以待士，士以此多归之。伯夷、叔齐在孤竹，闻西伯善养老，盍往归之。大颠、闳夭、散宜生、鬻子、辛甲大夫之徒皆往归之。"《史记·齐太公世家》："吕尚盖尝穷困，年老矣，以渔钓奸周西伯。西伯将出猎，卜之，曰：'所获非龙非彲，非虎非罴；所获霸王之辅。'于是周西伯猎，果遇太公于渭之阳，与语大说，曰：'自吾先君太公曰："当有圣人适周，周以兴。"子真是邪？吾太公望子久矣。'……或曰，吕尚处士，隐海滨。"所述与爻辞全同。文王求贤若渴，是有先王的指引，文王仁治而群贤毕至，已是后话。

初九、九二爻辞的这两句比喻又见于履卦，《周易·履卦》："眇能视，跛能履。履虎尾，咥人。凶。武人为于大君。"看来这是当时流行的成语。

九四爻辞则是对帝乙之女迟嫁的说明，或者换一个角度讲，则是对文王德行的称颂。《象传》："愆期之志，有待而行也。"李鼎祚《集解》引虞翻曰："愆，过也。待男行也。"孔颖达《正义》："嫁宜及时，今乃过期而迟归者，此嫁者之志正欲有所待，而后乃行也。"是"愆期"意即超过婚龄。此辞则言女子年龄已大仍未及适人，她迟迟不嫁的原因是为等待贤者。

六五爻辞则是该卦内容的核心所在，它讲述了帝乙归妹于周文王的详细经过，但君夫人的相貌却不如媵女秀美。文王亲自筮占择吉，选定婚期，时间在望日以后。

上六爻辞则是记文王婚后之事。《左传·僖公十五年》："初晋献公筮嫁伯姬于秦，遇归妹之睽，史苏占之，曰：'不吉。其繇曰：士刲羊，亦无衁也；女承筐，亦无贶也。'"杜预《集解》："《周易·归妹》上六爻辞也。衁，血也。贶，赐也。"与今本小异，马王堆西汉帛书《周易》与今本同。《说文·收部》："奉，承也。"陆德明《释文》引马融云："刲，刺也。"李鼎祚《集解》引虞翻曰："刲，刺也。"学者或谓此乃古婚礼之俗[1]，然刺羊无血虽可以说是不以人的意志为转移，但持筐以实献神反筐中无实则殊难理解。李镜池先生解此为梦占[2]，甚精辟。《仪礼·少牢馈食礼》："主妇设黍稷，祭则司马刲羊，司士击豕。"《仪礼·士昏礼》："则妇入三月，乃奠菜。……妇入三月，然后祭行。"是婚后三个月，祭祀时主妇参加助祭，奉筐以粢盛祭奠，士刲羊献牲。现在事恰相反，故爻辞是说文王婚后做有一梦，梦见三月之后夫妇行祭，妇者筐中无实，夫者刺羊无血，所以说这个噩梦不好。

爻辞为什么要记载这件事，是因为它和六三爻辞的内容密切相关。六三爻辞记君夫人连同媵女一起被休，返回娘家，看来文王把这场噩梦视为后来婚姻破裂的凶兆。

六三爻辞的形成时间当在以上诸辞之后。辞记帝乙之女大归。"须"，马

---

① 高亨：《周易古经今注》，中华书局1984年版。
② 李镜池：《周易通义》，中华书局1981年版。

王堆西汉帛书本《周易》作"嬬"，陆德明《释文》引荀爽、陆绩本亦作"嬬"，吕祖谦《古易音训》引晁以道《古周易》云："子夏、孟、京作嬬，媵之妾也。"是"嬬"当为本字。《说文·女部》："嬬，一曰下妻也。"段玉裁《注》："下妻犹小妻。"陆德明《释文》引陆绩云："嬬，妾也。"嬬与娣同指一人，即君夫人之媵女，名称不同反映了其于"归妹"与"反归"之时身份的改变。帝乙嫁女，文王娶妻，故媵女身为文王之妾。文王休妻，姊妹大归，故媵女身为被弃君夫人之娣。是爻辞别云"归妹以嬬，反归以娣"。知姊妹同嫁，其后又一同被休弃返回娘家。《云梦秦简·日书》："凡月望不可娶妇嫁女。"俗当导源于此。

　　文王休弃帝乙之女以后又续娶莘国女子，顾颉刚先生曾做过这种推测[1]，文献于此也有明载。《诗·大雅·大明》云：

　　　　缵女维莘，长子维行，笃生武王。保右命尔，燮伐大商！

毛《传》："缵，继也。莘，大姒国也。长子，长女也。"王先谦《诗三家义集疏》："'长子维行'，毛训'长女'，但武王之先有伯邑考，虽曰早死，此亦文王大姒之长子，不应竟置不论。若即以'长子'指伯邑考，'维行'解如《笺》说'维德之行'，然后接诵武王，文义大顺。"是知莘国之女为文王之继配。《诗》文说她"笃生武王"，看来文王与她的感情很好。后来武王长大成人，翦灭了大商。

　　武王为太子，乃大姒所生，故帝乙之女婚后可能无子，这似乎成为文王休妻的原因。《周易·渐卦》九五爻辞云："鸿渐于陵，妇三岁不孕，终莫之胜，吉。"古代妇女不孕是会被休弃的，但渐卦所记之妇女多年没有怀孕，最终也未遭欺凌，家庭生活仍很幸福，自然很是难得。渐卦为归妹卦之覆象，且布刻于卜甲西北维，故这条爻辞即应是对文王娶帝乙之女一事的记录，可见文王夫人婚后确实长期不孕。事实上，归妹卦上六爻辞所记文王梦占"女承筐无实，士刲羊无血"，已是对这一事实的明确暗示。马王堆西汉帛书《合阴阳》载房中术即以女子身体有"拯（承）筐"之名，学者以为即骨盆之隐语[2]，甚是。故此"承筐无食"即言女子不孕，而"刲羊无血"则

----

①　顾颉刚：《周易卦爻辞中的故事》，《燕京学报》第六期，1929年。

②　Donld Harper，*Early Chinese Medical Literature*，Kegan Paul International，1998.

指新婚之夜不见红。然而渐卦九五爻辞的形成时间应在归妹卦上六爻辞与六三爻辞之间，因为其时帝乙之女虽未有身，但仍未大归。然而，文王作为一邦之君是不能没有后嗣的，这个时间也不可能无限期地等待下去，于是终有文王休妻之事，也才有归妹卦六三爻的爻辞。《大戴礼记·本命》："妇有七去：……无子去。无子，为其绝世也。"证之易卦，知此制度殷已有之。

至于文王大归帝乙之女是否还有某种政治原因，似乎也不应排除。而文王被殷纣囚于羑里如果视为纣王对文王休妻一事的报复，恐怕也不是没有道理。《史记·周本纪》："崇侯虎谮西伯于殷纣曰：'西伯积善累德，诸侯皆响之，将不利于帝。'帝纣乃囚西伯于羑里。闳夭之徒患之，乃求有莘氏美女，……因殷嬖臣费仲而献之纣。纣大说，曰：'此一物足以释西伯，况其多乎！'乃赦西伯，赐之弓矢斧钺，使西伯得征伐。……明年，伐犬戎。明年，伐密须。明年，败耆国。殷之祖伊闻之，惧，以告帝纣。"事实很清楚，文王对殷纣的威胁是从羑里之囚以后才彻底公开化的，而且帝纣释西伯还赠与他武器权杖，允许他征伐，扩大势力，这与崇侯虎谮言西伯威慑于殷而使之得禁的原因相悖。而帝纣释文王也只求得到有莘氏美女，这又与西伯休帝乙之女而继配有莘氏女大似不无暗合。

六三爻辞所记之事比该卦其他卦爻辞所记之事发生的要晚，所以它的形成时间也当在文王休妻之时或其以后。因此严格地说，它只记录了文王婚姻的不幸结果，而与文王迎娶帝乙之女的初衷并没有关系。

前面我们已经讲过，文王与殷联姻的目的在于加强自己的实力，缓和周殷关系，这在归妹卦爻辞中已看得很清楚。现在文王已与帝乙之女成婚，这个目的究竟达到没有？易卦卜甲与西北渐、归妹两卦同居戊位的兑卦与巽卦对此做了最后的说明。

兑卦与巽卦布刻于卜甲东南维，与渐卦、归妹卦同居戊位，系对两卦卦意的进一步阐释。兑为正象，巽为覆象，卦意相近。《周易·兑卦》云：

> 兑，亨。利贞。
> 初九，和兑，吉。
> 上六，引兑。

《象传》："兑，说也。刚中而柔外，说以利贞，是以顺乎天而应乎人。""说"即喜悦之"悦"，故此卦乃协洽邦交之卦。"和兑"意即以和为悦。《象传》：

"和兑之吉，行未疑也。"是说国与国之间不要发生战争，和平共悦而不互相猜忌才能吉利。这是邦交的宗旨①。"引兑"之"引"训长，卜辞习见"引吉"，即长久之吉，故"引兑"意即长久之悦，也就是长久安定。这个结果与文王与殷联姻的目的真是再洽切不过了。

《周易·归妹卦·象传》："归妹，天地之大义也。天地不交，而万物不兴。归妹，人之终始也。说以动，所归妹也。"归妹即男女相配，男女相配乃天地之大义。天地不交则万物不生，男女不配则人类不育。男女相配又是人类之终始，结为夫妇以终其身，生育子女则由此开始。男女相配必男女相悦而后行动，男悦女而娶之，女悦男而嫁之，遂有归妹之礼②。故兑卦布刻于此似也有"说以动"之意，乃男女相悦之谓。

巽卦是兑卦的覆象，也是对兑卦的说明。《周易·巽卦》云：

巽，小亨。利有攸往，利见大人。

《象传》："重巽以申命。刚巽乎中正而志行。"巽卦布刻于卜甲戊位，事实上是与同位的渐卦相呼应的。《周易·渐卦·象传》："止而巽，动不穷也。"巽者，逊也。《周易·蒙卦·象传》："顺以巽也。"陆德明《释文》："巽，郑云当作逊。"《周易·巽卦》："巽在牀下。"《广韵·阳韵》引作"逊于牀下"。《文选·左太冲魏都赋》："巽其神器。"李善《注》："《尚书》曰：'将逊于位。'逊与巽同。"渐之卦象乃静止而谦逊，故君若能静止而谦逊，不躁不骄，则其动皆合于正道，自有利而不困穷也。所谓"正道"，亦即《巽卦·象传》所言之"刚巽乎中正而志行"。《周易·序卦》："巽者，入也。"《周易·说卦》："巽，入也。"巽之九二、九五为阳爻，为刚，分居下卦、上卦之中位，是为刚入于中正，象君进入中正之道，由此其教命方合乎正，则臣民从之，而君之志可得行矣。故巽卦布于卜甲，这是文王为图长远之计的自勉。

卜甲易卦的解读次序似乎也不是不存在另一种可能，即以居己位的坤卦为始，居戊位的归妹卦为终。如此则坤卦所述卦辞"友"为筮占目的，而归妹卦始得帝乙之女为友，故记"贞吉"，为布卦之终。这样，兑卦便继续己

---

①　李镜池：《周易通义》，中华书局1981年版。
②　高亨：《周易大传今注》，齐鲁书社1983年版。

位的塞卦和解卦而述男女相悦，巽卦则重述"利有攸往，利见大人"，都应视为渐卦及归妹卦所述婚姻之事的前奏。事实上，坤卦附记卦辞"友"所包含的文王与殷联姻于国于己的双重目的决定了两种并存的解卦次序，这恐怕正是易卦卜甲本身所富有的玄机。

易卦卜甲的诸组易卦按己、戊两位布列，依次阐发，丝丝入扣，逻辑清楚，正象乃解卦之始，覆象为解卦之终，通过帝乙归妹于文王一事，详尽揭示了湮没已久的殷周关系。《左传·僖公十五年》："初，晋献公筮嫁伯姬于秦，遇归妹之睽。史苏占之，曰：'不吉。其繇曰：士刲羊，亦无衁也；女承筐，亦无贶也。西邻责言，不可偿也。归妹之睽，犹无相也。'"载晋公嫁女于秦，意在加强两国关系，筮遇归妹卦。虽晋卜史认为不利，但事情却与殷周联姻的情况相似。很明显，卜甲运用七组易卦而不是文字对当时的史实作了隐语式的记录，其结果事实上与文字或图像式记录是异曲同工的。

易卦卜甲卦意的阐释使我们真正懂得了《周易》的本质。古人通过筮占布数得到不同的卦，这些卦最初可能并没有什么固定的象征意义，而只是根据阴阳的变化判断吉凶，只是后来随着某一类卦在为某一类事物的筮占时出现次数的相对集中，卦的相对固定的卦意也才得以确定。不过可以肯定的是，卦名与卦爻辞的产生年代应该是数字卦起源之后很久的事情，它的内容有些是对天象的描述而喻人文，如乾卦、坤卦，有些则是对某一具体历史史实的记录，如归妹卦，当然还有其他一些我们尚不能真正明了的复杂的来源。就归妹卦而言，商代晚期发现的已不止一例，殷墟出土的一件残陶片上并列刻有两卦，右卦自初爻至上爻读为八六六七六六，坤下震上，豫卦；左卦自初爻至上爻读为五七六七六六，兑下震上，归妹卦[1]。这是一组变卦，由豫之归妹[2]，初六爻与六二爻动，阴变阳，下卦坤变兑，上卦震不变。易卦的时代属殷代晚期，年代下限可至帝辛之世[3]。这组变卦与易卦卜甲当然没有什么关系，但归妹卦在当时已由布数取得则毫无问题。然而这并不意味着在归妹卦形成之时就有一套完整的卦爻辞与之匹配，根据我们的研究可知，相关的卦名与卦爻辞都是在帝乙归妹于周文王之时及其以后逐渐形成

---

① 中国科学院考古研究所安阳发掘队：《1958—1959 年殷墟发掘简报》，《考古》1961 年第 2 期。

② 张政烺：《试释周初青铜器铭文中的易卦》，《考古学报》1980 年第 4 期。

③ 张政烺：《试释周初青铜器铭文中的易卦》，《考古学报》1980 年第 4 期。

的。

易卦卜甲所揭示的帝乙归妹的史实及当时的殷周关系简直如同一部逻辑严密、发展有序的史书，看来古人确曾用卦这样一种特殊的形式记录过某些历史真实，当然这种记录形式最终是通过具体的卦名及卦爻辞完成的。或者换句话说，卦所记录的某些事实也就是相关卦的卦爻辞的来源。这种记史形式的存在过去并不是没有人做出过推测，但真正获得实物的印证则还是第一次。它不仅大大提高了《周易》这样一部筮占著作的史料价值，而且为日后的古史研究开启了一扇新风。

中国古代天数不分，数的概念产生之早是需要我们认真对待的问题，因为它不仅可使天文学逐渐趋于精密，同时也是筮占的基础。考古学的证据已经为我们提供了距今 8000 年前先民布数的线索，而且这一工作在促进天文学发展的同时，在殷商以前就已达到了相当高的水平。我们甚至有机会通过红山文化的圜丘与方丘讨论当时人类认识的勾股之数及周径的比例，这一切事实上都为筮占的完善提供了条件。显然，筮占布数作为一门古老的占术是不宜被忽略的，它不仅对于古史的研究具有意义，对于中国传统天文学的研究同样具有意义。

征 引 书 目 简 称

《铁》　　刘鹗:《铁云藏龟》,抱残守缺斋石印本,1903年。

《前编》　罗振玉:《殷虚书契》,影印本,1913年。

《菁》　　罗振玉:《殷虚书契菁华》,珂罗版影印,1914年。

《馀》　　罗振玉:《铁云藏龟之馀》,珂罗版影印,1915年。

《后编》　罗振玉:《殷虚书契后编》,珂罗版影印,1916年。

《殷古》　罗振玉:《殷虚古器物图录》,影印,1916年。

《明》　　〔加〕明义士(James Mellon Menzies):《殷虚卜辞》(*Oracle Records from the Waste of Yin*),石印本,1917年。

《戬》　　姬佛陀:《戬寿堂所藏殷虚文字》,石印本,1917年。

《林》　　〔日〕林泰辅:《龜甲獸骨文字》,日本商周遺文會影印本,1921年。

《簠》　　王襄:《簠室殷契征文》,天津博物院石印本,1925年。

《拾》　　叶玉森:《铁云藏龟拾遗》,石印本,1925年。

《燕》　　容庚、瞿润緡:《殷契卜辞》,北平哈佛燕京学社石印本,1933年。

《通》　　郭沫若:《卜辞通纂》,日本东京文求堂石印本,1933年。

《续编》　罗振玉:《殷虚书契续编》,珂罗版影印,1933年。

《佚》　　商承祚:《殷契佚存》,金陵大学中国文化研究所丛刊甲种,1933年。

《库方》　〔美〕方法敛(Frank H. Chalfant)摹、白瑞华(Roswell S. Britton)校:《库方二氏藏甲骨卜辞》(*The Couling-Chalfant Collection of Inscribed Oracle Bone*),商务印书馆石印本,1935年。

《粹》　　郭沫若:《殷契粹编》,日本东京文求堂石印本,1937年。

《七》	［美］方法敛摹、白瑞华校：《甲骨卜辞七集》（*Seven Collections of Inscribed Oracle Bone*），美国纽约影印本，1938 年。
《天》	唐兰：《天壤阁甲骨文存》，北平辅仁大学，1939 年。
《遗》	金祖同：《殷契遗珠》，上海中法文化出版委员会，1939 年。
《金璋》	［美］方法敛摹、白瑞华校：《金璋所藏甲骨卜辞》（*Hopkins Collection of the Inscribed Oracle Bone*），美国纽约影印本，1939 年。
《邺三》	黄濬：《邺中片羽三集》，北平尊古斋影印本，1942 年。
《坎》	W. C. White, *Bone Culture of Ancient China*，1945.
《六》	胡厚宣：《甲骨六录》，成都齐鲁大学国学研究所专刊，1945 年。
《甲编》	董作宾：《殷虚文字甲编》，中央研究院历史语言研究所，1948 年。
《乙编》	董作宾：《殷虚文字乙编》，历史语言研究所，1948—1953 年。
《缀》	曾毅公：《甲骨缀合编》，修文堂书房，1950 年。
《摭续》	李亚农：《殷契摭佚续编》，商务印书馆，1950 年。
《宁沪》	胡厚宣：《战后宁沪新获甲骨集》，来薰阁书店，1951 年。
《南》	胡厚宣：《战后南北所见甲骨录》，来薰阁书店，1951 年。
《掇一》	郭若愚：《殷契拾掇》，上海出版公司，1951 年。
《掇二》	郭若愚：《殷契拾掇二编》，来薰阁书店，1953 年。
《京津》	胡厚宣：《战后京津新获甲骨集》，群联出版社，1954 年。
《缀合》	郭若愚、曾毅公、李学勤：《殷虚文字缀合》，科学出版社，1955 年。
《续存》	胡厚宣：《甲骨续存》，群联出版社，1955 年。
《外编》	董作宾：《殷虚文字外编》，艺文印书馆，1956 年。
《丙编》	张秉权：《殷虚文字丙编》，历史语言研究所，1957—1972 年。
《京都》	［日］貝塚茂樹：《京都大學人文科學研究所藏甲骨文字》，日本京都大學人文科學研究所，1960 年。
《美帝》	中国科学院考古研究所：《美帝国主义劫掠的我国殷周铜器集录》，科学出版社，1962 年。
《新缀》	严一萍：《甲骨缀合新编》，艺文印书馆，1975 年。
《合集》	郭沫若主编，胡厚宣总编辑：《甲骨文合集》，中华书局，

1978—1983 年。

《屯南》 中国社会科学院考古研究所：《小屯南地甲骨》，中华书局，
1980—1983 年。

《英藏》 李学勤、齐文心、艾兰：《英国所藏甲骨集》，中华书局，
1985—1992 年。

《天理》 日本天理大學：《ひとものこころ・天理大學附属天理參考館
藏品・甲骨文字》，日本天理大學天理教道友社，1987 年。

《甲缀》 蔡哲茂：《甲骨缀合集》，乐学书局有限公司，1999 年。

《哲庵》 曾毅公：《哲庵甲骨文存》。

《卢》 《卢芹斋甲骨影本》。

ASPN   *Archives des Sciences Physiques et Naturelles*

BMRAH   *Bulletin des Musées Royaux d'Art et d'Histoire*
              (Brussels)

CA   *Chemical Abstracts*

CAM   *Communications de l'Académie de Marine* (Brussels)

CHI   *Cambridge History of India*

CR   *China Review* (HongKong and Shanghai)

JRAS   *Journal of the Royal Asiatic Society*

JWH   *Journal of World History* (Unesco)

MCB   *Mélanges Chinois et Bouddhiques*

NGWG/PH   *Nachrichten v. d. k. Gesellsch. (Akademie)d. Wiss.*
              z. Göttingen(Phil. -hist. Klasse)

ORA   *Oriental Art*

PMG   *Philosophical Magazine*

POPA   *Popular Astronomy*

RAA/AMG   *Revue des Arts Asiatiques* (Annales du Musée Guimet)

RASC/J   *Journal of the Royal Astronomical Society of Canada*

SWAW/PH   *Sitzungsber. d. (österreichischen) Akad. Wiss. Wien*
              (Vienna) (Phil. -hist. Klasse)

TAS/B   *Transactions of the Asiatic Society of Bengal*

	（Asiatick Researches）
TG/K	*Tōhō Gakuhō*，*Kyōto*（*Kyoto Journal of Driental Studies*）
TP	*T'oung Pao*（*Archives concernant l'Histoire*，*les Langues*，*la Géographie*，*l'Ethnographie et les Arts de l'Asie Orientale*，Leiden）
TYG	*Tōyō Gakuhō*（*Reports of the Oriental Society of Tokyo*）
ZDMG	*Zeitschrift d. deutsch. Morgenländischen Gesellschaft*

三版后记

拙作初版至今已近十年，其间之天文考古学研究方兴未艾，新材料之积累提供了愈益丰富的研究资料，此于学科之发展与传统文化之探究可谓幸事。诚然，严谨的学风从某种意义上说比材料的丰富更显重要，洵为学科健康发展之根柢。长期以来，余于治学戒慎恐惧，临深履薄，立论设言务求证据，遣词用字反复推敲，一字之失，深自惶愧。然近日得读一些学者的论文，包括朋友看到的某些文章，其中径据与我平时交流讨论之资引为文证。但遗憾的是，由于这些文章于刊发前并未经我做必要的核实，作者仅以自己之印象与理解引述渲染，或误读揣度，或涉辞欠当，甚至不乏曲为解说之附会及子虚乌有之臆造，讹错百出，远违愚意。其轻率如此，情何以堪！此谬种之流传，小则凭添我莫名的烦扰，大则贻害学术。故思忖再三，谨借拙作三印之机声明于此：凡他文征引余说而未明注正式出版物者，概不反映我之意见。呜呼！此虽无奈之举，但非此无以绝误学误我之患矣！

冯　时

2009 年 9 月 21 日

客次于台北东吴大学

中国社会科学出版社"社科学术文库"
已出版书目

"社科学术文库"收录的是中国社会科学院历届"优秀科研成果奖"获奖图书，作者多为中国社会科学院知名学者。中国社会科学出版社再版这些图书，是因为其对所在专业领域影响深远，仍有社会需求，也是为了抢救部分已经绝版的经典佳作。我们愿为经典的传承、文脉的接续略尽绵薄之力。

再版之际，部分耄耋之年的老学者，不顾年迈体弱，对作品进行了大幅的修订。他们这种对学术孜孜以求的精神，值得后辈敬仰和学习。

1. 冯昭奎：《21世纪的日本：战略的贫困》，2013年8月再版。

2. 张季风：《日本国土综合开发论》，2013年8月再版。

3. 李新烽：《非凡洲游》，2013年9月再版。

4. 李新烽：《非洲踏寻郑和路》，2013年9月再版。

5. 韩延龙、常兆儒编：《革命根据地法制文献选编》，2013年10月再版。

6. 田雪原：《大国之难：20世纪中国人口问题宏观》，2013年11月再版。

7. 中国社会科学院科研局编：《中国社会科学院学术大师治学录》，2013年12月再版。

8. 李汉林：《中国单位社会：议论、思考与研究》，2014年1月再版。

9. 李培林：《村落的终结：羊城村的故事》，2014年5月再版。

10. 孙伟平：《伦理学之后》，2014年6月再版。

11. 管彦波：《中国西南民族社会生活史》，2014年9月再版。

12. 敏泽：《中国美学思想史》，2014年9月再版。

13. 孙晶：《印度吠檀多不二论哲学》，2014年9月再版。

14. 蒋寅主编：《王渔洋事迹征略》，2014年9月再版。

15. 中国社会科学院财经战略研究院：《科学发展观：引领中国财政政策新思路》，2015 年 1 月再版。

16. 高文德主编：《中国民族史人物辞典》，2015 年 3 月再版。

17. 李细珠：《张之洞与清末新政研究》，2015 年 3 月再版。

18. 王家福主编、梁慧星副主编：《民法债权》，2015 年 3 月再版。

19. 管彦波：《云南稻作源流史》，2015 年 4 月再版。

20. 施治生、徐建新主编：《古代国家的等级制度》，2015 年 5 月再版。

21. 施治生、刘欣如主编：《古代王权与专制主义》，2015 年 5 月再版。

22. 何振一：《理论财政学》，2015 年 6 月再版。

23. 冯昭奎编著：《日本经济》，2015 年 9 月再版。

24. 王松霈主编：《走向 21 世纪的生态经济管理》，2015 年 10 月再版。

25. 孙伯君：《金代女真语》，2016 年 1 月再版。

26. 刘晓萌：《清代北京旗人社会》，2016 年 1 月再版。

27. 陈之骅、吴恩远、马龙闪主编：《苏联兴亡史纲》，2016 年 10 月再版。

28. 朱庭光主编、张椿年副主编：《外国历史大事集》，2017 年 3 月再版。

29. 冯时：《中国天文考古学》，2017 年 5 月再版。

30. 马西沙、韩秉方：《中国民间宗教史》（上、下），2017 年 5 月再版。